농촌지도사

농촌지도론

CONCEPT

서울고시각

**Stand by
Strategy
Satisfaction**

새로운 출제경향에 맞춘 수험서의 완벽서

머리말

농촌지도는 한마디로 농촌사회에서 전개되는 사회교육활동이라고 할 수 있는데, 최근에는 그 의미를 넓게 보아 그 대상과 영역을 확대하여 농업인과 농촌지역뿐만 아니라 도시민과 도시지역까지 확대 적용하는 사회교육활동이라고 말할 수 있다.

본서 **컨셉 농촌지도론**은 오직 농촌지도직 공무원 시험을 준비하기 위한 수험서이다. 시판되는 농촌지도론 수험서로는 최근 시험경향을 따라가지 못하고 있기 때문에 수험생들에게는 양질의 수험서에 대한 갈증이 극심하다. 이러한 수험생의 갈증과 고충을 해갈하기 위해 본서가 출간하기에 이르렀다.

공무원 시험에서 '농촌지도론'이라는 과목으로 시험을 보는 직렬은 유일하게 '지도직' 뿐이다. 현재 대학교 교과과정에서 선택하는 교과서는 '전략적 농촌지도론'이기 때문에 본서는 이 교과서를 충실하게 반영하였으며, 또한 '전정판 농촌지도론'의 주요 개념들도 본서에 포함시켜서 공무원 시험에 철저히 대비할 수 있도록 구성하였다.

컨셉 농촌지도론은 다른 '컨셉' 시리즈와 동일하게 객관식 공무원 시험에 최적화된 구성으로 본서 한 권만으로도 완벽하게 합격할 수 있도록 준비하였다.

본서의 구성은 행정학적 접근을 시도하였는데, **1편은 농촌지도 기초이론, 2편은 농촌지도 정책론, 3편은 농촌지도 조직론, 4편은 인적자원론 및 환류론**이 그것이다.

농촌지도공무원의 가장 큰 특징은 전문성(professionalism)이라고 말할 수 있다. 전문성의 부재는 농업행정공무원의 주요 행정업무와 차별화할 수 없게 만들고, 이는 농촌지도기관만의 고유 기능과 역할을 하지 못하도록 만들어 농촌지도조직의 위상과 입지가 더욱 좁혀지게 되는 상황이 된다.

preface

위기는 곧 기회이다. 한·미 FTA 재협상 결과로 농업부문의 또 다른 위기와 기회가 다가올 것이다. 1997년 IMF 위기 이후로 시장개방화가 우리 농업과 농업인에게 위기로 다가왔으며, 우리나라 농촌지도기관의 위상도 상당부분 수축되어 왔음을 부인할 수는 없다. 하지만 지금까지와는 달리 농업인 및 도시민의 소득증대와 삶의 질 향상에 도움이 될 수 있는 실질적인 지도기능을 새롭게 창조하고 도전해 나간다면, 농촌지도기관의 고객인 농업인과 도시민들에게까지 그 존재가치를 인정받는 기관으로 거듭날 것이다.

부디 여러분은 농촌지도공무원 시험에 당당히 합격하여 농업인과 도시민이 희망하는 농촌지도사업을 수행하기 위하여 전문성을 가지고, 타 기관에 비하여 '상대적 우위'를 점하는 양질의 공공서비스를 제공할 수 있는 인적 자원(human resource)이 되도록 진력을 다하자.

수험생 여러분들이 마음속에 그리던 꿈(Vision)을 펼쳐 보이길 바라며, 농업·농촌 분야의 진정한 professional이 되도록 하자!

끝으로 어려운 출판환경 속에서도 **컨셉 농촌지도론** 책이 출간되어 빛을 볼 수 있도록 관심을 보여주신 서울고시각 김용관 회장님과 김용성 사장님께 감사드리며, 책다운 책을 출간하기 위하여 늘 애쓰는 담당 편집자들에게도 감사를 드린다.

저자 드림

CONTENTS

PART 01. 농촌지도 기초

Chapter. 1   사회과학 기초 / 3

- 제1절 자연현상 VS 사회현상   3
- 제2절 사회현상을 이해하는 관점   5
- 제3절 사회현상 탐구방법   7
- 제4절 자료수집 방법   12
- 제5절 사회과학 주요개념   16

Chapter. 2   농촌지도 개념 / 20

- 제1절 농촌지도 개념   21
- 제2절 농촌지도 역사   43
- 제3절 인접 학문과의 관련성   47
- 제4절 농촌 사회·문화·경제적 요인   54
- 기출 및 예상 문제 / 67

Chapter. 3   농촌지도 이론 / 83

- 제1절 성인학습이론   84
- 제2절 혁신전파이론   109
- 제3절 기술수용모형   134
- 기출 및 예상 문제 / 139

Chapter. 4   농촌지도 접근법 및 추진체계 / 157

- 제1절 농촌지도체계   158
- 제2절 사업적 성격의 농촌지도   182
- 제3절 농촌지도사업의 변화   195
- 기출 및 예상 문제 / 198

이 책의 차례

PART 02. 정책론

Chapter. 1   정책 과정 / 215

Chapter. 2   Plan-농촌지도계획 / 220

     제1절 농촌지도계획   221
     제2절 전략적 기획   229
     제3절 전략적 농촌지도사업   247
     기출 및 예상 문제 / 256

Chapter. 3   Do-농촌지도집행 / 272

     제1절 농촌지도실천   273
     제2절 농촌지도방법   277
     기출 및 예상 문제 / 301

Chapter. 4   See-농촌지도평가 / 316

     제1절 농촌지도 평가   317
     제2절 농촌지도의 평가모형   327
     제3절 농촌지도 평가절차   331
     기출 및 예상 문제 / 340

CONTENTS

PART 03. 조직론

Chapter. 1 한국의 농촌지도조직 / 359

제1절 농촌지도 조직체계   360
제2절 우리나라 농촌지도 발달   372
제3절 지도사업 추진체계의 변화   381
제4절 농업경영지도   387
기출 및 예상 문제 / 396

Chapter. 2 외국의 농촌지도조직 / 410

제1절 미국   411
제2절 일본   427
제3절 네덜란드   436
제4절 한국 지도조직의 시사점   445
기출 및 예상 문제 / 449

PART 04. 인적자원론

Chapter. 1 농촌지도요원 전문성 / 463

제1절 지도공무원 선발·교육   464
제2절 농촌지도공무원의 역량 및 교육체계   474
제3절 농촌지도요원 경력단계   488
제4절 외국 농촌지도공무원 HRD   492
기출 및 예상 문제 / 500

이 책의 차례

Chapter. 2 농촌 리더십 / 508

제1절 리더십 이론	509
제2절 농촌 리더	514
기출 및 예상 문제 / 526	

Chapter. 3 농촌 인적자원개발(HRD) / 536

제1절 농업인 지도	537
제2절 농촌청소년지도	543
제3절 농촌여성지도	557
제4절 소농중심 농촌지도	575
기출 및 예상 문제 / 582	

Chapter. 4 농촌지도사업 성과·과제 / 598

제1절 농촌지도사업 문제점·개선방안	599
제2절 농촌지도사업 성과·과제	607
기출 및 예상 문제 / 615	

APPENDIX 부록

- 농촌진흥법   623
- 지방 연구직 및 지도직 공무원의 임용 등에 관한 규정   631
- 뉴샤텔 이니셔티브(Neuchatel Initiative) 회의에 채택한 「세계농촌지도사업에 대한 아시시 선언」   642
- 2020. 서울 농촌지도사 농촌지도론 기출문제   643

PART

01

농촌지도 기초

Chapter 1   사회과학 기초
Chapter 2   농촌지도 개념
Chapter 3   농촌지도 이론
Chapter 4   농촌지도 접근법 및 추진체계

컨셉 농촌지도론

Chapter 01 사회과학 기초

단원 키워드
1. 자연현상과 사회현상
2. 기능론과 갈등론
3. 양적 연구와 질적 연구
4. 사회현상 탐구방법
5. 사회구조, 사회집단, 사회조직
6. 공식조직과 비공식조직
7. 지위와 역할

제1절 자연현상 VS 사회현상

(1) 자연현상 특징

① **몰가치성** : 자연현상은 인간의 의지나 가치와 무관하게 발생하는 현상임
  - 예 가뭄이나 홍수는 인간의 의지나 가치와 무관하게 발생함
② **존재 법칙** : 자연현상은 인간의 인식 여부와 상관없이 단지 자기 스스로의 원리에 따라 사실 그대로 존재하는 현상임
  - 예 지구가 자전한다는 사실은 인간의 인식 여부와 상관없이 존재함
③ **필연성과 인과 법칙** : 자연현상은 원인과 결과의 관계가 엄격한 법칙으로 존재하여 어떤 원인에 따른 결과가 필연적으로 발생함
  - 예 물은 가열하여 100℃가 되면 끓어 기체로 변함
④ **보편성** : 자연현상은 시간, 장소와 상관없이 동일한 조건 또는 원인에 의해 동일한 현상이 발생함

(2) 사회현상 특징

① **가치 함축성** : 사회·문화현상은 인간이 바람직하다고 생각하는 가치나 신념을 반영하여 발생함
  - 예 정의를 실현하기 위해 제2차 세계 대전을 일으킨 전범들을 재판함
② **당위(當爲) 법칙** : 사회·문화현상은 마땅히 그러해야 한다거나 그러하지 말아야 한다는 인간의 판단에 따라 발생하거나 사라지기도 함
  - 예 빼앗긴 나라를 되찾아야 한다는 당위에 따라 독립 운동을 함

③ 개연성과 확률의 원리 : 사회·문화현상 간에는 원인과 결과가 엄격한 법칙으로 관련되기보다 확률적으로 관련을 맺고 있어 예외적인 현상이 나타날 수 있음
   - 예) 정부가 통화량을 증가시키면 물가가 상승할 확률이 높으나 반드시 그렇게 되는 것은 아님
④ 보편성과 특수성 : 시대와 사회를 초월하여 동일하게 나타나는 사회·문화현상이 존재하면서 동시에 시대와 사회에 따라 다양하게 나타나는 사회·문화현상이 존재함
   - 예) 혼인은 시대와 사회를 초월하여 보편적으로 나타나는 대표적인 사회·문화현상이면서 동시에 시대와 사회에 따라 그 형태나 방식, 의미 등에서 특수성을 가짐

구분	자연현상	사회현상
의미	인간의 의지나 가치와 무관하게 자연 법칙에 따라 일어나는 모든 현상 예) 여름이 가면 가을이 옴, 가뭄, 태풍, 눈사태 등	인간의 의지와 가치에 따라 인위적으로 만들어지는 모든 현상 예) 인권은 존중되어야 함, 학교생활, 교통 문제, 정치, 경제, 종교 등
특징	보편성 : 다른 것이 존재하지 않음	보편성 + 특수성 : 사회·문화현상은 사회마다 공통적인 보편성을 지닌 반면 그 사회가 처한 사회적 맥락과 환경에 따라 특수성을 나타내기도 함
가치문제	몰가치적(沒價值的) : 인간의 의지와 관계없이 발생	가치 함축적 : 인간의 의지와 가치가 개입되어 발생
인과관계	분명	불분명

현상의 지배법칙	• 존재(sein)의 법칙
	  (~이 있다, ~이 없다)
	• 인과 법칙
	• 필연 법칙
		• 당위(should)의 법칙
		  (~해야 한다, ~하지 말아야 한다)
		• 규범 법칙
		• 자유 법칙

학문 연구방법	확실성의 원리 : 예외적인 현상이 없다.	확률의 원리 ≒ 개연성의 원리 ≒ ~한 경향이 있다.

(3) 사실 VS 가치

구분	사실(fact)	가치(value)
의미	• 있는 그대로 존재하는 객관적인 자료나 현상 • 주관적 평가와 규범적 판단이 배제된 객관적인 영역	• 바람직한 것에 대한 사람들의 주관적 관념 • 옳고 그름에 대한 주관적이고 규범적인 판단기준 • 의사결정자가 동일한 상황하에서 서로 다른 결정을 내리는 것은 가치가 다르기 때문
학문영역	자연과학의 기초	사회과학의 기초

제2절 사회현상을 이해하는 관점

(1) 기능론(균형론)
① 전제 : 사회와 유기체 간에는 상당히 많은 공통점이 있음(사회 유기체설)
② 기본 입장
  ㉠ 사회는 유기체처럼 제각각의 기능을 수행하는 다양한 부분들로 구성되어 있음
  ㉡ 각각의 부분들은 사회가 유지되고, 전체적으로 원활하게 작동하는 데 기여하는 역할을 수행함
  ㉢ 사회는 상호의존적인 관계를 맺고 있는 각 부분들이 유기적으로 결합한 하나의 전체임
  ㉣ 사회의 유지에 필요한 핵심적인 가치나 규범에 관하여 사회적 합의가 존재함
  ㉤ 유기체가 자동 안정화 기능에 의해 항상성을 갖듯이 사회도 구성 요소들의 역할 수행에 의해 조화와 균형, 질서와 안정 상태를 이루고 있음
③ 비판 : 혁명과 같은 사회 구조의 급격하고도 근본적인 변동을 설명하기 곤란하며, 사회 질서와 안정을 강조하여 기득권층의 이익을 대변하는 논리로 이용될 우려가 있음

(2) 갈등론
① 전제 : 희소가치의 배분에 관하여 각 계급의 이익은 양립할 수 없음
② 기본 입장
  ㉠ 사회는 이익을 둘러싸고 대립하는 계급으로 구성되어 있음
  ㉡ 어느 한 계급에게 이익이 되는 사회구조나 제도는 필연적으로 다른 계급에게 손해를 줌
  ㉢ 사회 구조나 제도는 지배와 피지배의 관계를 반영하여 형성되었으며, 지배 계급의 이익 보호와 계급 재생산의 수단이 됨
  ㉣ 지배 계급과 피지배 계급 간에는 갈등이 필연적이며, 이러한 갈등이 현 상태의 파괴와 사회 변동의 원동력이 됨
  ㉤ 현존하는 질서와 안정은 사회적 합의에 의해 형성된 것이 아니라 지배 계급에 의해 강요된 것이므로 사회 변동은 필요하며 바람직함
③ 비판 : 사회 각 부분 간의 복잡한 관계를 지배와 피지배의 관계로 단순화하고, 사회적 합의를 경시함

구분		기능론적 관점	갈등론적 관점
의미		사회·문화현상은 사회의 유지와 존속에 필요한 기능을 수행하기 위해 발생하는 현상	사회·문화현상은 집단 간의 갈등으로 인해 발생하는 현상
갈등 (사회문제)		• 기능 수행의 문제에서 비롯된 비정상적이고 병리적 현상(부분적 문제) • 일시적인 현상	• 구조적 모순(내재적 모순)에서 비롯된 일상적이고 필연적 현상(구조적 문제) • 사회 변동의 원인 • 사회 발전의 계기
사회 변동		• 비정상적 현상 • 사회 문제의 원인	• 정상적인 현상 • 사회 발전의 의미
불평등		긍정적인 현상 ⇨ 사회적 효율성 증대	부정적인 현상 ⇨ 갈등, 위화감 조성
특징		• 통합, 균형, 질서, 합의, 협동, 상호의존 강조, 사회 유기체설 • 기득권층을 옹호하는 보수적 성향	• 갈등, 강제, 마찰, 긴장, 변동 강조 • 진보적 성향
학자		Spencer, Comte, Durkheim	Marx
비판		• 지배 집단의 이익을 옹호하는 보수적 관점 • 갈등의 발생 원인과 영향을 간과 • 급격한 사회변동(예 혁명)을 설명하기 곤란함	• 사회 변동을 강조하여 사회 안정과 질서, 사회의 유지와 존속을 경시함 • 사회 각 구성 요소들 간의 합리적 역할 분담을 설명하기 곤란함
사례	법	법은 사회 질서 유지 기능을 한다고 봄	법을 기득권층의 지배를 정당화하는 수단으로 봄
	학교	구성원의 사회화, 인재 선발과 양성 기능을 담당	지배 집단의 가치 주입, 사회적 불평등을 재생산하는 곳
	청소년 문제	가족과 사회의 제도들이 제 기능을 다하지 못해서 청소년 문제 발생	자본주의의 불평등한 계층 구조가 청소년 문제의 원인
	정리 해고제	정리 해고제가 국제 경쟁력 제고와 경기 조절을 위해 나름대로 기능을 한다고 봄	정리 해고제가 자본가가 노동자를 억압하기 위한 도구라고 봄

제3절 사회현상 탐구방법

```
┌─────────────────────────────────────────────────────┐
│   사회현상과 자연현상의 특성이 본질적으로 같다고 볼 수 있는가?   │
└─────────────────────────────────────────────────────┘
        ↓ 예                              ↓ 아니오
┌──────────────────┐              ┌──────────────────┐
│   자연과학적 방법    │              │   반자연과학적 연구   │
│  (방법론적 1원론)   │              │  (방법론적 2원론)   │
└──────────────────┘              └──────────────────┘
        ⇩                                  ⇩
┌──────────────────┐              ┌──────────────────┐
│      양적 연구      │              │      질적 연구      │
└──────────────────┘              └──────────────────┘
```

(1) 양적 연구(실증적 연구)

① 전제 : 사회현상이 자연현상과 본질적으로 동일한 특성을 지니고 있다고 보는 실증주의를 바탕으로 함

② 기본 입장
   ㉠ 자연현상과 마찬가지로 사회·문화현상에 대한 측정과 계량화(수량화), 통계적 분석이 가능함
   ㉡ 자연현상에 대한 연구에서와 마찬가지로 사회·문화현상에 대한 연구에서도 연구 대상이 되는 현상만 존재하는 단순화된 현실을 가정할 수 있으며, 통제된 실험이 가능함
   ㉢ 자연현상에 인과 법칙이 내재해 있듯이 사회·문화현상 간에도 인과 법칙이 존재함
   ㉣ 자연현상에 대한 연구를 통해 법칙을 발견하듯이 사회·문화현상에 대한 자연 과학적인 연구를 통해 일반화나 법칙을 발견할 수 있음(방법론적 일원론)
   ㉤ 연구자의 주관적 가치를 배제한 과학적인 연구 방법과 절차를 통해 사회·문화현상의 연구에서도 객관성을 확보할 수 있음

③ 연구 목적
   ㉠ 복잡한 현실 세계에 내재한 규칙성을 발견함으로써 일반화나 법칙을 정립하고자 함
   ㉡ 사회·문화현상에 대한 인과 법칙을 발견함으로써 이미 발생한 현상을 초래한 과거의 원인을 설명하거나 이미 발생한 현상이 초래할 미래의 결과를 예측하고자 함

④ 일반적인 연구 과정
   ㉠ 문제 인식 및 연구 주제의 선정 : 기존에 존재하는 이론이나 가설, 새롭게 등장한 주장 등에 대한 연구자의 관심으로부터 연구 주제가 선정됨

ⓛ 가설 설정 : 연구 주제에 대한 잠정적인 결론을 제시하는 단계로서 변수와 변수 간의 관계를 논리적으로 설정함

ⓒ 연구의 설계
- 개념의 조작적 정의 : 가설에서 등장한 추상적 개념을 측정 가능한 개념으로 정의하는 것으로서 추상적 개념의 속성을 보여 주는 구체적인 지표를 설정하는 과정임
- 세부 실행계획 구상 : 연구 대상, 자료 수집 방법, 자료 분석 방법, 연구 기간, 연구 비용, 연구의 윤리성 확보 방안 등 연구의 진행에 필요한 세부적인 계획을 설계하는 과정임

ⓔ 자료 수집 : 조작적으로 정의된 개념에 따라 실제 현실에서 존재하는 경험적인 자료를 수집하는 과정으로서 양적 자료의 수집을 위해 주로 질문지법이나 실험법 등을 활용함

ⓜ 자료 분석 : 수집된 자료를 정리하여 분석하는 과정으로서 주로 통계 분석 기법을 활용해 독립변수와 종속변수 간의 관계를 파악하기에 편리한 표나 그래프를 작성함

ⓗ 가설 검증 : 분석 결과에 따라 가설의 타당성을 평가하고 수용 여부를 결정하는 과정임

ⓢ 결론 도출 및 일반화 : 가설의 타당성이 인정되면 연구 주제에 대한 결론을 도출하고, 다른 상황에 적용 가능한 일반화를 정립함

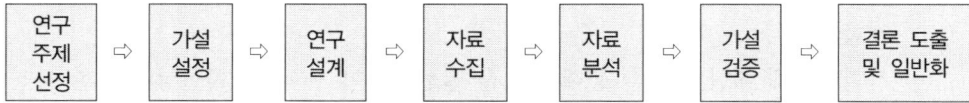

▪ 양적 연구의 일반적인 흐름

> **참고** 가설
>
> ① 개념 : 어떤 관련성을 지닌 일련의 현상 간의 관계를 잠정적으로 설정한 진술로서 과학적 검증을 거쳐 그 타당성이 검증되어야 할 대상임. 가설은 반복되는 과학적 검증을 통해 점차 그 타당성이 인정되고 이론으로 발전하게 됨
> ② 가설의 요건
> - 원인에 해당하는 독립변수와 결과에 해당하는 종속변수를 갖고 있어야 함
> - 두 변수 간 관계의 방향이 명확해야 함. 즉, 두 변수 간 양(+)의 관계와 음(-)의 관계 중 하나를 설정하거나 두 변수 간 아무 관련이 없다는 식으로 관계의 방향을 설정해 주어야 함

⑤ 평가 및 비판
  ㉠ 유용성 : 사회·문화현상에 대한 측정과 계량화, 통계 분석을 통해 정밀하고 정확한 연구 결과를 얻을 수 있으며, 다양한 상황에 적용할 수 있는 일반화나 법칙의 발견에 유리함
  ㉡ 한계 : 계량화하여 분석하기 곤란한 사회·문화현상의 연구에는 적합하지 않으며, 행위 주체인 인간의 주관적 가치를 배제한 연구를 함으로써 사회·문화현상에 대한 피상적인 연구에 그칠 우려가 있음

(2) **질적 연구(해석적 연구)**
  ① 전제 : 사회현상은 자연현상과 본질적으로 다른 특성을 지님
  ② 기본 입장
    ㉠ 자연현상과 달리 사회·문화현상은 행위 주체인 인간에 의해 주관적으로 의미가 부여되고, 행위 주체에 의해 의미가 구성되므로 이에 대한 측정과 계량화, 통계적 분석은 무의미함
    ㉡ 자연현상에 대한 연구에서와 달리 사회·문화현상에 대한 연구에서는 연구 대상이 되는 변수만 존재하는 단순화된 현실을 가정할 수 없으며, 통제된 실험이 불가능함
    ㉢ 자연현상과 달리 사회·문화현상은 원인과 결과로 분리되지 않으며, 모든 현상은 상호 밀접하고 복잡하게 관련을 맺으며 존재함
    ㉣ 자연현상에 대한 연구와 달리 사회·문화현상에 대한 연구에서는 인과 법칙의 발견을 추구해서는 안 되며, 상황 맥락 속에서 규정되는 사회·문화현상의 의미에 대한 해석을 시도해야 함(방법론적 이원론).
    ㉤ 연구행위도 사회·문화현상이므로 연구자의 주관적 가치를 배제한 객관적인 연구는 어려움
  ③ 연구 목적
    ㉠ 행위자의 주관적 가치 및 행위 동기, 상황 맥락과 불가분의 관계에 있는 사회·문화현상에 대하여 심층적으로 이해하고자 함
    ㉡ 개별적인 사회·문화현상에 대하여 심층적으로 이해함으로써 다른 사회·문화현상을 이해하는 데 참고할 만한 정보를 제공하고자 함
  ④ 일반적인 연구 과정
    ㉠ 문제 인식 및 연구 주제의 선정 : 표면적으로 드러나 있지 않은 주관적 세계에 대한 심층적인 이해의 필요성을 느끼는 사회·문화현상을 연구 주제로 선정하는 단계임

　　ⓒ 연구의 설계 : 연구 대상, 자료 수집 방법, 자료 해석 방법, 연구 기간, 연구 비용, 연구의 윤리성 확보 방안 등 연구의 진행에 필요한 세부적인 계획을 설계하는 과정임
　　ⓒ 자료 수집 : 행위 주체의 주관적인 가치나 행위 동기 등 주관적 세계를 해석할 수 있는 경험적인 자료를 수집하는 단계임. 주로 오랜 기간에 걸친 일상생활 관찰이나 면접 등을 활용해 질적 자료를 수집하는데, 자료 수집 과정에서 연구자의 직관적 통찰이 활용되며, 비공식적 자료의 수집도 중시됨
　　ⓔ 자료 해석 : 감정 이입적인 이해 기법 등을 통해 수집된 자료에서 행위자의 주관적 가치나 동기 등 주관적인 의미를 파악하는 과정임
　　ⓜ 결론 도출 : 개별적인 자료로부터 해석된 행위자의 주관적 세계가 갖는 의미를 종합하여 연구 주제에 대한 결론을 도출하는 과정임
⑤ 평가 및 비판
　　㉠ 유용성 : 통계 자료와 같은 양적 분석 자료나 인과 법칙과 같은 단순화된 진술로 파악할 수 없는 사회·문화현상의 주관적 측면을 심층적으로 이해하는 데 유리함
　　㉡ 한계 : 정밀한 연구를 통한 일반화나 법칙 발견에 적합하지 않으며, 연구자의 주관적 가치 개입의 우려가 크다는 비판을 받음

구분	실증적 연구방법(양적)	해석적 연구방법(질적)
연구의 목적	사회·문화현상에 관한 일반적 인과 법칙의 발견	사회·문화현상이나 인간 행동의 주관적 의미 해석
자료	계량화(수치화)된 자료	언어와 행동
사례의 수	다수	소수
사회·문화 현상의 특징	• 현상을 지배하는 법칙 존재 • 연역적 방법, 방법론적 1원론 • 인과관계를 설명함	• 맥락과 의도에 따라 구성 • 귀납적 방법, 방법론적 2원론 • 사회현상을 기술함
경험적 증거	객관적으로 관찰 가능	주관적 의식, 동기, 직관에 대한 심층적 이해 가능
연구자와 연구대상자의 관계	• 연구 대상과의 거리 유지 • 인과관계를 설명	• 연구 대상에 개입 • 현상을 기술
연구 방법	문헌연구, 실험법, 설문지법, 통계적 방법	문헌연구, 참여관찰, 심층면접, 사례연구
학자	Comte	Weber

> **참고** 과학적 연구의 과정(W. L. Wallace)
>
>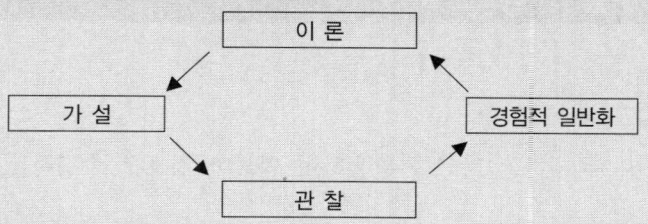
>
> 위 모형은 과학적 연구의 고정이 연역적 과정과 귀납적 과정의 순환으로 이루어짐을 보여 주고 있다. 이론에서 사실에 대한 관찰로 가는 과정은 연역적 과정이며, 사실 관찰에서 일반화를 거쳐 이론으로 나아가는 과정은 귀납적 과정에 해당한다.

제4절 자료수집 방법

(1) 문헌 연구법
① 의미 : 이미 존재하는 자료를 활용하여 필요한 정보를 수집하는 방법
② 특징
  ㉠ 양적 자료와 질적 자료 수집에 모두 활용될 수 있음
  ㉡ 신문 기사, 인터넷 문서, 논문, 도서, 그림, 동영상 등 문헌의 형태는 다양함
  ㉢ 2차 자료의 수집용으로 활용되는 경우가 많음
③ 장점과 단점

장점	• 시간과 비용 측면에서 효율적임 • 시간과 장소의 제약으로부터 비교적 자유로움 • 기존 연구 동향이나 성과 파악을 통한 참고 자료 수집에 적합함
단점	• 문헌의 정확성과 신뢰성을 확보하기 곤란한 경우가 많음 • 자신의 연구 주제에 정확하게 부합하는 자료를 구하기 어려움 • 문헌 해석 시 연구자의 주관적 가치가 개입될 우려가 있음

> ✪ 1차 자료와 2차 자료 : 연구자가 연구에서 분석하는 자료 중 연구자 자신의 의도에 따라 직접 수집하여 최초로 분석되는 자료를 1차 자료라고 하고, 다른 연구에서 수집하고 분석하여 재분석되는 자료를 2차 자료라고 함

(2) 질문지법
① 의미 : 조사 주제에 부합하도록 미리 작성해 놓은 질문을 조사 대상자에게 제시하여 자료를 수집하는 방법
② 특징
  ㉠ 일반적으로 양적 자료를 수집하여 통계 분석할 목적으로 활용됨
  ㉡ 조사 대상자에게 같은 형식 및 내용의 질문과 응답 항목이 제시되는 구조화·표준화된 자료 수집 방법에 해당함
  ㉢ 모집단을 대상으로 전수 조사를 수행하기도 하지만 표본 집단을 추출하여 표본 조사를 수행하는 경우가 일반적임
  ㉣ 문자 언어를 활용하여 수행하기도 하지만 전화 조사와 같이 음성 언어를 활용하는 경우도 많음

③ 장점과 단점

장점	• 다수를 대상으로 대량의 자료를 수집하는 데 유리함 • 비교적 시간과 비용 측면에서 효율적임 • 분석 기준이 명확하고 통계 처리가 용이하여 비교 분석 연구에 적합함 • 정확성과 객관성이 높음
단점	• 문자 언어를 통해 조사할 경우 문맹자에게 활용 곤란함 • 회수율, 응답률이 낮게 나타나는 경우가 많음 • 무성의한 응답, 악의적인 응답 가능성을 배제할 수 없음 • 표본 집단의 대표성이 낮을 경우 조사 결과를 일반화하기 곤란함

(3) 실험법

① 의미 : 다른 변수를 통제한 후 조사 대상자에게 독립변수에 해당하는 인위적인 조작을 가하고 그로 인해 나타나는 종속변수의 변화를 파악하는 자료 수집 방법

② 특징
  ㉠ 일반적으로 양적 자료를 수집할 목적으로 활용됨
  ㉡ 조사 대상자와 연구 상황을 조사자의 의도에 따라 설계한다는 점에서 가장 엄격한 통제가 가해지는 자료 수집 방법에 해당함
  ㉢ 자연 과학에서 널리 활용되는 자료 수집 방법임

③ 장점과 단점

장점	• 인과 관계의 발견을 통해 법칙을 파악하는 데 유리함 • 정확성, 정밀성, 객관성이 높은 결론을 도출할 수 있음 • 양적 자료로서 집단 간 비교 분석이 용이함
단점	• 자연 과학의 실험과 달리 사회 과학에서는 엄격하게 통제된 실험이 곤란함 • 실험 대상이 인간이라는 점에서 윤리적 문제가 발생하기 쉬움 • 통제된 상황에서의 실험 결과를 실제 사회에 적용하는 데 한계가 있음

(4) 면접법

① 의미 : 조사 대상자와 대면하면서 조사 주제에 대한 질문을 하여 필요한 자료를 수집하는 방법

② 특징
  ㉠ 일반적으로 질적 자료를 수집할 목적으로 활용됨
  ㉡ 일반적으로 명확한 주제 의식을 가지고 조사에 임하지만 조사 대상자, 진행 상황, 응답 내용 등에 따라 질문의 내용이나 형식 등을 유연하게 제시하는 비구조화·비표준화된 자료 수집 방법에 해당함
  ㉢ 심층적인 조사를 위해 소수를 대상으로 수행하는 경우가 일반적임

ⓔ 래포, 즉 신뢰 관계를 기반으로 한 허용적인 분위기의 형성이 조사 목적 달성에 중요한 역할을 함
　③ 장점과 단점

장점	• 조사 대상자의 행위 동기나 가치 등 주관적인 세계를 심층적으로 이해하는 데 유리함 • 신뢰 관계 형성을 통해 응답 거부나 회피, 무성의한 응답, 조사 의도를 훼손하는 악의적인 응답의 문제를 방지할 수 있음 • 대화를 통해 자료를 수집하므로 문맹자에게도 실시할 수 있음 • 자료 수집 과정에서 조사자가 유연성이나 융통성을 발휘할 수 있음
단점	• 비교적 시간과 비용 측면에서 비효율적임 • 유연하게 접근함으로써 분석 기준이 불명확하여 통계 처리나 비교 분석에 부적합함 • 조사 주제에 부합하는 소수의 전형적인 조사 대상자를 선정하기 곤란함 • 조사자의 편견이나 주관적 가치가 자료수집 및 해석과정에 개입할 우려가 큼

(5) **참여 관찰법**(participatory observation)
　① 의미 : 조사 대상자의 일상생활 세계에 참여하여 필요한 자료를 수집하는 방법
　② 특징
　　㉠ 일반적으로 질적 자료를 수집하기 위한 용도로 활용됨
　　㉡ 조사 대상자의 일상생활을 조작하거나 간섭하지 않으면서 자료를 수집하는 가장 전형적인 비구조화・비표준화된 자료 수집 방법에 해당함
　　㉢ 심층적인 조사를 위해 비교적 장기간에 걸쳐 수행하는 경우가 많음
　③ 장점과 단점

장점	• 조사 대상자의 일상생활 세계를 심층적으로 이해하는 데 유리함 • 이민족, 문맹자 등 의사 소통이 곤란한 집단을 대상으로 조사를 수행할 수 있음 • 조사자가 직접 관찰하고 수집한 정보로서 자료의 실제성을 확보할 수 있음 • 언어로 표현하기 곤란한 현상도 조사할 수 있음
단점	• 관찰하고자 하는 현상이 나타날 때까지 기다려야 하므로 시간과 비용 측면에서 비효율적 • 분석 기준이 불명확하여 통계 처리나 비교 분석에 부적합함 • 통제하지 않는 상황에서 이루어지는 현장 연구로서 예상하지 못한 상황이 발생할 경우 대처하기 곤란함 • 관찰자의 편견이나 주관적 가치가 자료 해석 과정에 개입할 우려가 큼

정리 | 자료수집 방법의 특징 비교

- 질문지법의 가장 큰 장점은 시간과 비용이 절약됨. 다른 자료수집 방법이 상대적으로 시간과 비용이 많이 들어감
- 질문지법과 실험법 : 양적 자료수집 유리. 변수 간 관계를 분석하는 목적으로 사용되기 때문에 자료의 계량화, 조작화, 객관성 정도가 높지만 심층적 자료수집에는 한계가 있음
- 면접법과 참여관찰법 : 질적 자료수집 유리. 깊이 있는 자료수집에는 유리하지만, 일반화가 곤란하고 연구자의 주관 개입 가능성이 높음

특징 \ 자료 수집방법	질문지법	실험법	면접법	참여관찰법
경제성	높음	낮음	낮음	낮음
조작화 정도	높음	아주 높음	낮음	아주 낮음
계량화 가능성	높음	높음	낮음	낮음
주관개입 가능성	낮음	낮음	높음	높음

제5절 사회과학 주요개념

(1) 사회 구조

① 의미
　㉠ 개인이나 집단 간의 상호 작용이 반복되어 안정되고 정형화된 틀을 이루고 있는 상태
　㉡ 형성 과정 : 사회적 행동의 교환 → 사회적 상호 작용의 발생 → 사회적 관계의 형성과 지속 → 사회 구조의 형성 예 자본주의(사유재산제, 화폐제도), 관료제, 산업화 등

② 특성

지속성	사회 구성원이 바뀌어도 사회 구조는 쉽게 변하지 않고 오랫동안 유지됨
안정성	사회 구성원들은 사회적으로 구조화된 행동을 함으로써 안정된 사회적 관계를 유지할 수 있음
변동성	장기적으로는 구성원의 가치관, 신념 등의 변화에 따라 사회적 관계가 변화하므로 사회 구조도 변화할 수 있음
강제성	사회 구조는 구성원들로 하여금 특정 행위를 하도록 구속할 수 있음

③ 기능
　㉠ 순기능 : 사회 구조는 개인들이 사회에서 행동할 수 있는 일정한 범위와 행동 양식을 규정함으로써 개인들의 행동 양식을 예측 가능하게 해 주며, 사회 통합에 기여함
　㉡ 역기능 : 개인의 자유 의지와 관계없이 개인의 행동을 규제하여 개인의 자유와 삶에 부정적인 영향을 미칠 수 있고 집단적으로 저항이 일어나 사회 변동이 초래되기도 함

(2) 사회집단

① 의미 : 둘 이상의 사람들이 소속감과 유대감을 가지고 지속적으로 상호 작용을 하는 집합체. 집단은 성원의 참여동기를 충족시키는 가치를 창조할 때 그들의 참여가 활성화 됨

② 기능
　㉠ 구성원의 자아 정체감을 형성하게 하고 자아실현의 장을 제공함
　㉡ 구성원의 사회적 관계를 형성시킴
　㉢ 사회화 기능을 담당하며 사회적 욕구를 충족시킴 → 인간은 사회적 동물이기 때문
　㉣ 구성원에게 사회적 지위와 역할 및 소속감을 부여함

③ 결합 의지에 따른 사회집단의 분류 : 공동 사회와 이익 사회

구분	공동 사회(Gemeinschaft)	이익 사회(Gesellschaft)
결합 형태	본질 의지(선천적, 자연발생적 의지) 공동의 가치관을 바탕으로 정서적이고 전인격적인 관계가 맺어짐	선택 의지(후천적, 인위적, 합리적 의지)
결합 방식	공동의 신념, 습관, 혈연, 지연에 의한 운명적 결합	특수 목적 달성을 위한 계약과 규칙에 따른 결합
인간 관계	친밀한 인간관계	비인격적, 형식적 인간관계
예	가족, 친족, 이웃, 또래 집단, 농촌공동체(자연 촌락), 민족 등	학교, 회사, 정당, 조합, 각종 단체, 동호회, 동문회, 종친회, 국가 등

④ 접촉 방식에 따른 사회집단의 분류 : 1차집단과 2차집단

구분	1차집단	2차집단
의미	구성원 간의 대면(對面) 접촉과 친밀감을 바탕으로 형성된 집단 원초집단이라고도 함	간접적 접촉을 기본으로 하며, 특정한 목적이나 이해관계를 달성하기 위해 인위적으로 결합된 집단
특징	• 구성원들 간에 전인격적이고 비형식적인 인간관계가 나타남 • 개인의 인성 및 가치관 형성에 중요한 역할을 하며, 구성원의 자아 형성과 사회 유지에 기여함 • 도덕, 관습 등 비공식적인 수단에 의해 사회 통제와 질서 유지가 이루어짐 • 인간관계가 지속적이며, 집단의 규모가 대체로 작고, 구성원들은 지리적으로 근접해 있음	• 구성원들 간에 부분적이고 형식적인 인간관계가 나타남 • 구성원 간의 간접 접촉, 수단적인 만남이 이루어짐 • 규칙, 법률 등 공식적 수단에 의해 사회 통제가 이루어짐 • 인간관계가 일시적이고, 집단의 크기가 대체로 대규모임
예	가족, 문중, 놀이 집단, 이웃, 촌락, 지역 공동체	학교, 회사, 정당, 조합, 각종 단체, 도시, 국가 등

⑤ 농촌주민집단의 분류

구조적으로 분류	비공식 집단	공식 집단
구성원의 상호작용형태로 분류	1차집단	2차집단
구성원의 참여동기로 분류	공동사회집단	이익사회집단
특성	집단목적·역할구조·권력구조 등이 불분명하고, 유동성이 많으며, 업무수행의 계속성이 있으며, 비논리적임	비공식 집단과 대조적인 특성을 가짐

⑥ 1차집단, 비공식집단, 공동사회집단의 비슷한 특성
집단목적·역할구조·권력구조 등이 불분명하고, 유동성이 많으며, 업무수행의 계속성이 있으며, 비논리적임

(3) 사회 조직

① 의미 : 사회집단 중에서도 그 목표와 경계가 뚜렷하고, 구성원의 지위와 역할이 명확하며, 목적 달성을 위한 공식적인 규범과 절차가 체계적으로 규정되어 있는 집단

② 분류

	공식 조직	비공식 조직
의미	구성원의 지위와 역할이 명확히 규정되고 정해진 절차에 의해 특정 목적을 달성하기 위한 조직	공식 조직 내에서 그 구성원들이 친밀감과 유대감을 바탕으로 공통의 관심사나 취미에 따라 자발적으로 형성한 집단 공식 조직에 비해 구성원 간 관계가 수평적이고 비교적 친밀한 인간관계를 형성함
사례	회사, 학교, 정당, 군대, 환경보호단체(NGO), 사회학회, 수질오염학회 등	회사 내 동호회·향우회·동창회, 대학 내 동아리 등

③ 특징
㉠ 공식적인 규범을 통해 구성원들의 행동을 통제함
㉡ 형식적이고 수단적인 인간 관계가 나타남
㉢ 조직의 공식적 목표와 과업 달성을 기준으로 구성원을 평가함
㉣ 일반적인 사회집단에 비해 구성원의 지위와 역할이 명확하게 조직화됨

(4) 지위와 역할

① 지위
  ㉠ 개념
    ⓐ 한 개인이 사회 내에서 차지하는 위치
    ⓑ 한 성인 남자의 경우 가정에서는 남편·아버지·가장이라는 지위에 있고, 직장에서는 사원·과장·부장의 지위에 있음
  ㉡ 지위의 유형
    ⓐ 귀속 지위 : 태어나면서부터 선천적, 운명적으로 가지게 된 지위
      예) 남자, 여자, 아들, 딸 등
    ⓑ 성취 지위 : 개인적 노력이나 능력에 의해 얻어지는 지위
      예) 교사, 의사, 엄마, 아빠, 아내, 남편 등
    ⓒ 전통 사회에서는 귀속 지위가, 현대 사회에서는 성취 지위가 더 강조됨

② 역할
  ㉠ 역할 : 일정한 지위에 대해 집단 내에서 기대되는 행동 방식
  ㉡ 역할행동(역할수행) : 한 개인이 자신에게 주어진 역할을 실제로 수행하는 방식으로, 역할과 역할 행동의 비교는 보상과 제재의 기준이 됨
    ⓐ 역할 기대의 차이, 역할 기대에 대한 해석의 차이, 상황이나 능력의 차이로 인해 사람마다 다르게 나타남
    ⓑ 역할 행동이 역할과 일치하는가의 여부에 따라, 즉 일치하는 경우 사회적 보상이 이루어지고, 일치하지 않는 경우 여러 가지 사회적 제재가 가해지게 됨
  ㉢ 역할갈등 : 두 가지 이상의 지위에 따라 기대되는 역할이 서로 충돌하거나 하나의 지위에 대해 상반되는 역할이 기대될 때 발생하는 심리적 갈등으로, 다원화되고 복잡한 현대 사회에서 더욱 증가하는 양상을 보임

(5) 문화의 의미

① 좁은 의미
  - 정신적·물질적으로 진보된 상태, 고급스럽고 세련된 것, 예술의 의미로 사용
  - 야만·미개와 대비되는 의미
  - 사례 : 문화생활, 문화시설, 문화인, 문화행사, 신문의 문화면 등

② 넓은 의미
  - 한 사회 성원들이 학습을 통해 가지는 공통의 행동 및 사고 방식
  - 지식, 신앙, 예술, 도덕, 법률, 관습, 의식주 등을 포함하는 생활양식의 총체
  - 자연과 대비되는 의미
  - 사례 : 한국문화, 서양문화, 청소년문화, 농경문화, 음식문화 등

③ 문화의 속성 : 공유성, 학습성, 축적성, 변동성, 총체성

Chapter 02 농촌지도 개념

단원 키워드

1. 농촌지도 어원
2. 농촌지도 정의
3. 세계 농촌지도의 발달 과정
4. 농촌지도의 기능·목적·특성
5. 농촌지도 인접학문과의 관련성

나라마다 농촌지도 영역이 광범위하고, 시기·맥락에 따라 사업 목적과 기능이 다르기 때문에 농촌지도의 통합적 정의는 어렵다. 농촌지도 개념을 정의하기 위해 농촌지도 어원, 세계적 발달과정, 농촌지도의 목적과 기능, 인접학문과의 비교 등을 통해 다원적 측면에서 재정립되어야 한다.

농촌지도 어원은 19세기 후반 영국 케임브리지와 옥스퍼드 대학에서 일반시민을 대상으로 개설된 대학확장교육(university extension education)에서 출발하였으며, 미국은 협동확장체계(cooperative extension system, CES)를 농촌지도 의미로 사용하여 공적재원으로 USDA-주립대학교-지역행정조직의 교육·연구를 연계시킨 비형식적 교육활동 의미로 사용하였다.

최근 FAO·World Bank는 농촌지도가 농업연구·교육을 포함하는 광범위 지식체계라는 의미에서 일련의 시스템적 시각에서 농업지식정보체계(AKIS/RD)라고 정의하며, OECD는 농업지식체계(AKS)라고 정의한다.

농촌지도론은 사회교육, 지역개발, 커뮤니케이션, 기술혁신뿐만 아니라 인적자원개발까지 다양한 학문영역의 간학문적(interdisciplinary) 응용분야이다.

제1절 농촌지도 개념

1 농촌지도 어원·기원

농촌지도는 대학이 일반인을 대상으로 실시하는 교육에서 출발하였으며, 그들의 문제를 해결하는 데 자문하고 불을 밝혀 도와주고 필요한 정보를 쉽게 이해할 수 있도록 하는 일련의 봉사활동
FAO(세계식량농업기구)·World Bank(세계은행) 등 국제기구와 영국·독일 등 유럽 각국은 농촌지도(cooperative extension work)를 자문활동(advisory service)이라 하고, 일본은 '협동농업기술보급사업', 중국은 '추광사업', 우리나라는 '농촌지도사업'이라고 명명함

(1) 영국
① 19세기 후반 영국 Cambridge와 Oxford 대학에서 정규학생이 아닌 일반시민을 상대로 개설한 공개강좌, 즉 대학확장교육(university extension education)이라고 부름
② 확장(extension)이라는 용어는 1873년 Cambridge대학에서 일반시민에게 제공하였던 교육혁신(educational innovation)을 소개하면서 처음 사용함

(2) 미국
① 농촌지도(cooperative extension work ; 협동확장활동)는 협동확장체계(Cooperative Extension System, CES)라 하여 공적 재원(public-funded)을 바탕으로 USDA-주립대학-지역행정조직단위의 교육·연구를 연계시킨 비형식적 교육 활동
② 영국의 extension 개념은 미국으로 전파되어 주립대학에서 실시되었는데 주로 농민 대상 교육에서 농촌지도가 본격 출발하게 됨

> ✚ 확장(extension)의 본래 의미 : 대학이 갖고 있는 인적·물적·과학적 자원을 일반시민에게까지 확대한다는 뜻

(3) 농촌지도의 다의성

확장(extension)이라는 용어는 영국에서 시작하여 유럽 국가들을 거쳐 미국으로 전파됨. 초기는 대상의 확대에 비중을 두었지만 20세기 이후 각국에서 자문활동(advisory service 또는 advisory work)으로 불리면서 일련의 자문·봉사 활동에 비중을 둠
① **자문 활동(advisory service)** : 최근 영국, 독일, 세계식량기구(FAO), 세계은행(World Bank) 등 유럽 각국에서 사용하는 농촌지도의 의미
② **교육, 훈련, 컨설팅의 의미**
  ㉠ 독일(또는 네덜란드)의 '불밝힘 활동(voorlichting)' : 가야 할 길을 쉽게 갈 수 있

도록 불을 밝혀주는 활동. 영국·독일은 전문가가 목적에 도달할 수 있는 최선의 방법에 대하여 조언을 제공하지만, 무엇을 선택하는가에 대한 책임은 자문 받는 사람에게 있음
- ⓒ 인도네시아는 'torch(penyuluhan)', 말레이시아는 'perkembangan' : 독일과 같은 의미. 식민지 시대 행정가에 의해 소개되어 후진국·개발도상국에서도 사용됨
- ⓒ 스페인은 'capacitacion' : 일반적으로 '훈련'을 가리키지만 사람들의 기술을 향상시키는 의도
- ⓔ 오스트리아는 'Forderung' : 바람직한 방향으로 가게 한다는 의미

③ 확장(extension) 및 자문활동(advisory service)
- ⊙ 한국의 '농촌지도사업(農村指導事業)' : 어떠한 목적이나 방향으로 남을 가르쳐 이끈다는 의미(지도)
- ⓒ **중국의 추광사업(推廣事業)** : 옮기고 넓힌다는 의미(추광)
- ⓒ 일본의 '농업개량보급사업' : 농업에 대한 미흡한 점을 보완하여 더 좋게 고치는 '개량(改良)'과, 널리 전파시켜 많은 사람들이 효과를 누리게 하는 '보급(普及)'이라는 의미. 최근 협동농업기술보급사업으로 개칭함

2 농촌지도의 일반적 정의

(1) 행정측면의 지도

① 의미
- ⊙ 행정지도란 '공무원이 행정목적을 달성하기 위하여 시민에게 영향을 미치려는 활동으로서 법적 구속력(강제력)을 직접 수반하지 않는 행위'를 말함
- ⓒ 행정주체가 의도하는 바를 실현하기 위하여 국민의 임의적(자발적) 협력을 기대하여 행하는 비권력적 사실행위(권고, 알선 등)로도 정의됨

② 유형
- ⊙ **규제적 행정지도** : 공익 또는 행정목적에 위반되는 행위를 규제 또는 예방하려는 지도 예 주정차 위반 지도
- ⓒ **조정적 행정지도** : 대립되는 당사자들의 이해관계를 조정하려는 지도
- ⓒ **조성적 행정지도** : 시민의 이익이나 복리를 증진시키기 위한 봉사적 성격의 지도 (조언적, 촉진적 지도) 예 농촌지도

③ 발생원인
- ⊙ **법규범의 경직성** : 급격한 행정환경과 행정수요의 변화에 법규범이 신속하게 대응 못함 → 민간부문의 정부의존도가 높거나 입법조치가 탄력적이지 못할 때 대응이 용이

ⓒ 행정국가의 등장과 민간부문의 정부의존적 경향 : 민간부문의 정부의존도가 높을 때 유용
　　ⓒ 시장실패 : 규제와 함께 시장실패를 극복하기 위한 정부개입의 수단
　　ⓔ 법과 현실의 괴리 : 무비판적인 서구제도의 이식으로 구조(제도·법규)와 기능간 괴리
　　ⓜ 공무원와 시민의 행태 : 편의주의(편리한 방법), 정의적 행태(덜 냉혹한 행정지도 선호), 공무원의 군림적·하향적 행정행태, 시민의 피동적 행태 등
④ 효용
　　㉠ 행정의 적시성·상황적응성 제고 : 새롭거나 긴급한 행정수요에 응급적으로 대응할 수 있게 함 → 민간부문의 정부의존도가 높거나 입법조치가 탄력적이지 못할 때 대응이 용이
　　ⓒ 행정의 간편성 제고 : 간편한 절차로 시간과 노력을 절약하면서도 행정활동을 할 수 있음
　　ⓒ 행정의 원활화 : 행정체제와 일반시민 사이의 갈등고 분쟁을 줄이는데 기여
　　ⓔ 온정적 행정의 촉진 : 냉혹한 법집행보다는 상대방의 입장을 고려하여 결정함
　　ⓜ 행정절차의 민주화 : 당사자의 참여에 의한 합의와 의견 경청으로 절차적 민주화를 구현
　　ⓗ 필요한 비밀의 보호 : 문서나 공개적 절차에 의존하지 않음
⑤ 폐단
행정국가하에서 정부규제와 더불어 팽창되어 왔던 행정지도는 현대시민사회의 등장과 다음 폐단으로 인하여 축소일로
　　㉠ 법치주의의 침해 : 직접적인 법규의 수권을 필요로 하지 않으므로 정당한 법규의 권위 실추 우려
　　ⓒ 불분명한 행정책임과 구제수단의 미흡 : 비강제성과 복종의 임의성 때문에 행정지도에 의한 피해 구제 곤란
　　ⓒ 공익에 대한 침해 : 행정기관과 상대와의 결탁으로 제3자나 공익 침해 우려
　　ⓔ 행정의 형평성 상실과 밀실화 : 요식적 절차를 거치지 않는 비공개적 행위와 공무원의 재량남용 우려
　　ⓜ 행정의 과도한 팽창 : 행정지도는 정부규제와 더불어 행정팽창의 주범
　　ⓗ 비효율적 운영 : 획일주의, 형식주의, 졸속지도, 단기적 관심, 권위주의, 남발우려 등

(2) 학자별 농촌지도의 정의

① Maunder(1972) : 농촌에 사는 사람들을 가르치는 활동을 통해 그들의 삶의 질을 높이는 활동
② Mosher(1978) : 농업인에게 지식과 기술을 제공하고 이를 통해 농업생산성과 물리적인 삶의 질을 향상시키는 활동
③ Adams(1982) : 농업인이 가지고 있는 문제를 분석하고 확인하도록 도와주는 활동
④ Swanson(1984) : 농촌에 사는 사람들을 보조하는 서비스나 시스템을 제공하여 농업기술이나 방법을 향상시키고 생산성, 소득, 삶의 질 등을 향상시키는 활동
⑤ Oakley & Garforth(1985) : 농촌주민의 생활을 향상시키기 위하여 주민과 함께 활동하는 과정으로, 생산성 향상을 도와주고 능력을 개발하는 활동
⑥ Edgar(1989) : 농촌지도를 '사회교육체계'라고 정의. 3측면에서 정의
  ㉠ 인류를 가르치는 사업(teaching)
  ㉡ 인류를 돕는 사업(helping)
  ㉢ 혁신을 실천하도록 격려하는 사업(inspiring)
⑦ Van den Ban & Hawkins(1996) : 7사항을 체계적으로 전개하는 일련과정
  ㉠ 농업인이 현재와 미래의 상태를 분석하도록 도와주는 과정
  ㉡ 분석을 통해 밝혀진 문제점을 농업인이 명확히 인식하도록 도와주는 과정
  ㉢ 지식을 증대시키고 문제에 대한 통찰력을 개발시켜 기존의 지식을 구조화하도록 도와주는 행위
  ㉣ 특정 문제해결과 관련된 상세한 지식과 정보를 획득하고 가능한 대안들을 발견할 수 있도록 도와주는 행위
  ㉤ 농업인 자신이 처한 상황에서 가장 적절한 대안을 책임감 있게 선택할 수 있도록 도와주는 행위
  ㉥ 농업인 자신이 선택한 것을 실천할 수 있도록 동기를 촉진시키는 행위
  ㉦ 자신의 의견 형성과 의사결정의 기술을 향상시키고 평가하도록 도와주는 체계적인 과정
⑧ 임상봉(1995) : 농촌지도(rural extension)란 농업지도(agricultural extension)보다 광범위한 개념으로 농촌개발 또는 농촌구조개선을 촉진하기 위하여 정보를 수집·관리하고, 새로운 정보를 창출하며, 농촌개발 관련 고객에게 제공하는 것(정보제공의 기능을 강조)
⑨ 최민호(1995) : 농촌지도요원이 농촌지도 대상을 일방적으로 지도하는 과정이 아니라, 농촌지도 대상자가 자신의 직업이나 생활에서 자신의 문제를 스스로 인식하고 주도적으로 해결하도록 동기 부여하고 필요한 지식·기술·정보를 제공하여 스스로 합

리적 의사결정을 할 수 있도록 도와주고 자문하고 교육하는 활동
⑩ 종합 : 농촌지도란 농촌주민을 대상으로 동기·필요정보·지식·기술 등을 제공하도록 도와주며, 자문·교육하는 활동을 통하여 농업생산성을 향상시키거나 농촌주민의 삶의 질을 향상시키는 일련의 활동

(3) 농촌지도의 다의성

① Wikipedia : 농촌지도(rural extension, agricultural extension, advisory service)는 실생활에 종사하고 있는 농촌 주민에게 복지증진과 권익신장을 위하여 농업·가정·지역사회의 발전을 스스로 도모할 수 있는 인격과 능력을 배양하는 실천적 사회교육활동

② Purcell & Anderson(1997) : 농촌지도사업(rural extension service)의 용어는 정의하는 사람마다 다르게 규정

③ Feder, Willett & Zijp(2002)
농촌지도는 단일 개념으로 정의하기 어렵고, 해당 국가가 처한 상황에 따라 농촌개발(Rural Development), 농업개발(Agricultural Development), 인적자원개발(Human Resource Development) 중 우선순위가 다르므로 농촌지도의 목적과 기능에 차이가 있다고 봄
농촌지도 정의는 '기능(function)으로서의 농촌지도'와 '체계(system)로서의 농촌지도'로 귀결된다고 주장함

㉠ 기능으로서의 농촌지도
지도사업은 대학의 확장사업(university extension)에서 도출된 확장(extension)이라는 용어로서 다양한 개발 영역에 적용될 수 있는 하나의 기능적 요소에 해당
ⓐ 지속가능한 농산물의 생산, 가공, 유통을 위해 다양한 방향에서 관련 기술을 보급하는 기능을 수행
ⓑ 농장, 농촌집단, 지역사회를 동원하고 조직하는 기능을 수행
ⓒ 교육을 통해 잠재역량과 인적자원을 개발하고 개인과 지역의 역량을 향상시키는 기능을 수행

㉡ 체계로서의 농촌지도
기술을 보급하고, 인적·물적 자원을 동원하며, 교육하고 있는 공공기관과 민간기관을 모두 포함

▪ 지도사업의 다양한 사회영역에서 기능요소(FAO)

교육	농업	농촌개발	건강(보건)	산업
대학 지도사업(평생교육)	농업지도	농촌개발지도	건강관리지도	산업교육

(4) 사회교육으로서의 농촌지도

농촌지도는 그 성격상 사회교육의 일종이며, 사회교육 이론과 원리가 그대로 적용됨

① 농촌발전을 위한 교육사업(Coombs & Ahmed)
- ㉠ 일반기초교육 : 국어, 수학, 과학과 환경에 대한 기초적인 지식과 이해 등 초등학교와 중학교 수준에서 배워야 할 일반적 내용의 교육
- ㉡ 직업교육 : 여러 가지 경제활동과 생계유지에 필요한 지식 및 기술을 개발시키기 위한 내용의 교육
- ㉢ 가정생활 개선교육 : 보건, 위생과 영양, 가사, 양육, 주택개량, 가족계획 등 주로 가정생활의 질을 향상시키기 위하여 필요한 지식, 기술, 태도에 관한 교육
- ㉣ 지역사회 개선교육 : 농촌개발사업을 활성화시키기 위하여 중앙정부, 지방자치단체, 협동조합, 지역사회 개발사업 등에 관한 내용의 교육

② 형식교육 VS 사회교육

구분	형식교육	사회교육
사례	학교교육	농촌지도
교육구조	조직화와 구조화가 높음	조직화와 구조화가 낮음
교육내용	이론적, 추상적, 학문적	기능적, 실용적
교육기간	장기간의 이수	단기간 이수
교육보상	연기된 보상	직접적 보상
교육장소	장소 제한이 많음	장소의 공간적 제한이 적음
교육방법	교사 중심	학습자 중심
학습자	학습자 연령의 제한	학습자 연령의 무제한
교사	자격증 필요	다양한 교육배경
졸업	졸업이 사회적 성취 좌우	사회적 성취와 관련 적음
교육기능	일반화된 지식 강조	가변적 지식 강조
교육목표	미래 지향적	현재 지향적

③ 학교교육의 구조적 모순과 사회교육의 필요성(Coombs & Ahmed)
- ㉠ 학교는 농촌주민들의 생활과 유리된 기관으로 존재한다.
- ㉡ 학교에서 가르치는 학습내용 및 학습경험은 직업준비적인 성격을 띠기 때문에 실제 현장과 많이 유리되어 있다.
- ㉢ 학교자체의 구조는 학생보다 교사 중심으로 되어 있기 때문에 학습(leaning)보다 교수(teaching)에 보다 주력하고 있다.
- ㉣ 학습결과는 직접적 보상을 받아야 효과적인데, 학교체제는 연기된 보상을 받게 되어 있다.

ⓜ 학교의 교수방법은 인지적 영역을 중심으로 하는 전근대적 방법이다.
④ 사회교육의 필요성(Lengrand)
  ㉠ 대중매체의 발달과 정보의 급증
  ㉡ 경제수준의 향상과 여가의 증대
  ㉢ 생활양식과 인간관계의 균형 상실
  ㉣ 이데올로기의 위기
  ㉤ 현대의 급격한 사회구조의 변화와 인구의 증대
  ㉥ 과학적 지식과 기술의 발달
  ㉦ 민주화를 위한 정치적 도전
⑤ 사회교육의 특성(Brembeck)
  ㉠ 인간의 기본적 욕구에 기초를 둔 교육
  ㉡ 인간평등의 구현에 공헌하는 교육
  ㉢ 실제의 세계에 보다 연관되어 있는 교육
  ㉣ 비용이 적게 드는 교육
  ㉤ 이수에 시간이 적게 드는 교육
  ㉥ 학습자 중심으로 이끌어지는 교육
⑥ 평생교육
  ㉠ 1970년 UNESCO가 평생교육의 이념을 교육의 기본정책으로 채택하여 세계 각국에 보급한데서 비롯됨
  ㉡ 한 개인이 유아기부터 노년기까지 평생동안의 체계적이고 종합적인 교육을 받는 것. 특히, 취학 전 아동기·유아기의 교육과 사회교육을 학교교육과 동등한 위치에서 통합적으로 모두 포함하고 있음을 강조
  ㉢ 형식교육의 양적 팽창으로 인한 질적 저하와 극단적 분화에서 오는 비인간화 현상을 시정하고 학령 전 교육, 학교교육, 사회교육을 유기적으로 통합하여 가정·학교·사회가 다 함께 인간을 인간답게 육성하려는 교육의 노력을 의미한다.
  ㉣ 새로운 시도에서 평생교육은 형식교육의 제한성을 극복하고, 상대적으로 사회교육과 학령 전 교육을 강조하고 그들의 조직화·계획화를 주장하고 있으며, 3가지 교육 간에 통합과 조정이 필요함. 학교에만 교육의 책임을 맡길 것이 아니라 가정과 사회도 교육의 장으로서 기능을 다하여야 한다는 개념

(5) **농촌발전으로서의 농촌지도**
  ① 농촌발전의 의미
   농촌지도는 농촌발전을 위한 사업의 일종이다.

- ㉠ 농촌사회가 다원적인 측면에서 균형적으로 조화롭게 진보되고 안정된 사회로 변화하는 과정
- ㉡ 농촌주민의 균등한 참여를 전제로 하며 농업생산뿐만 아니라 수입의 공평한 분배와 농촌주민의 경제적·비경제적 측면의 안정, 보다 적극적인 국가사회에의 참여

  ✚ 농업발전 : 농촌사회의 경제적 발전. 농촌발전보다는 좁은 의미

② 농촌개발의 접근법
  - ㉠ 행정적 접근 : 일방적이고 현실적 차원에서 접근하는 방식
  - ㉡ 교육적 접근 : 쌍방적이고 미래지향적 교육을 목표로 하는 방식
  - ㉢ 자족적 접근 : 농촌주민 스스로 농촌개발에 참여하는 방식

③ Clack의 종합농촌개발
  - ㉠ 종합농촌개발의 필수 성격
    - 농촌개발계획과 전체적인 국가개발계획과의 상호관련성
    - 정치, 경제, 사회, 기술적 요인의 총괄성
  - ㉡ 종합농촌개발의 기본 요구조건
    - 농촌의 빈곤층에 대한 취업알선 기회 부여
    - 이익의 공정분배 도모
    - 개발활동과 의사결정과정에서의 농민참여 유도
    - 지역자원의 합리적 관리

④ 농촌행정 VS 농촌지도

구분	농촌행정	농촌지도
목표	농업증산 및 식량수급	영농상의 문제점 해결
주기능	규제, 조장, 관리	기술전달, 사회교육
원리	법령에 의한 권력작용 및 이에 근거한 일방적 조정·통제	농민의 자발적 참여를 전제로 교육적 원리에 입각한 쌍방적 접근
주요업무	인허가, 등록, 신고, 증명, 지원 등 행정적 업무	기술교육, 새품종·새기술 전달, 다수확 시범 및 전시포 설치, 청소년·여성 지도 등 교육업무
접촉수단	이·통장을 통한 직선적 접촉	농촌학습단체 육성을 통한 우회적 접촉과 시범, 전시 및 교육
공무원	농업직공무원	농촌지도사
공무원의 자질	• 농림자원통계 • 행정법, 농업실무 • 자재 및 생산물 수급계획 수립	• 교육학, 인간관계, 심리이론 • 교수법, 교재제작 활용법 • 농업전문지식 및 기술

(6) 농촌지도의 이념
  ① 이념의 의미 : 어떤 현상이나 활동에 대하여 이런 것이라 믿고, 이래야 하며, 이렇게 하였으면 하고 바라는 관념이나 정신
  ② 농촌지도의 이념 : 농촌지도의 기본정신과 이상. 농촌지도의 본질과 목적, 접근법이 이랬으면 하는 기본정신과 철학을 의미함
  ③ <u>합의 수준의 농촌지도이념</u>
    ㉠ 농촌주민과 함께 인간 개개인의 발전과 행복을 추구하고 있다.
    ㉡ 농업과 농촌발전을 통한 국가발전을 지향하고 있다.
    ㉢ 세계와 인류의 발전을 지향하고 있다.

(7) 농촌지도의 기본성격
  ① 미국 농무성 · 주립대학 · 농촌지도위원회 보고서
    ㉠ 사업내용과 사업추진방법에 있어서 농촌지도는 교육적 사업의 하나이다(대학이 지도사업을 관장함).
    ㉡ 농촌지도는 비형식적 · 비학점제의 교육으로서 모든 연령의 사람을 위한 사업이다.
    ㉢ 농촌지도는 교육을 통해 주민의 문제를 결정하고 해결하며, 기회를 이용할 수 있도록 도와주는 사업이다.
    ㉣ 농촌지도는 지방주민이 쉽게 접근할 수 있고, 주민의 영향력에 좌우되는 반자치단체인 일선지도센터를 통해 전개된다.
    ㉤ 주민 스스로 자기자신을 위해 의사결정을 할 수 있도록 사실적 정보를 객관적으로 제시하고 분석한다.
    ㉥ 농촌지도는 협동적 성격을 갖는다(반드시 연방 · 주 · 군 정부가 같은 재정적 보조와 사업전개를 해야 하는 것은 아님).
    ㉦ 지도내용은 실용적 · 문제중심적 실정에 의거하여야 한다.
    ㉧ 국가의 재정적 · 행정적 뒷받침으로 농촌지도가 국가적 목적을 달성함과 지역적 우선순위에 따라 특수지역의 필요를 충족시키는 사업이다.
    ㉨ 농촌지도기구는 전문적인 기관으로서 대학이나 농촌지도원직으로 훈련받은 사람이 전개해야 한다.
  ② 기본성격의 종류
    ㉠ <u>교육적 성격</u>
      ⓐ 농촌지도는 <u>인간의 행동과 자질의 함양을 직접 목표</u>로 하는 사업이며, 농업생산 · 농가소득 등 물질의 증대를 직접 목표로 하는 사업이 아니다.
        • 농촌지도는 <u>행동적 변화를 통해 경제적 · 사회적 개선을 도모하는 사업</u>
        • 농촌지역주민의 잠재성과 창의성을 개발하여 농업생산과 생활향상을 꾀할

　　　수 있도록 필요한 정보·지식을 제공하고, 필요시 함께 토의·상의·격려·조언하는 사업
　ⓑ 농촌지도는 학교교육과 다른 사회교육(비형식)적 성격을 갖는다.
　　・사회교육 대상자는 이질적이고, 교육내용은 실용적이며 현재지향적
　　・사회교육은 농장, 가정 등 현장에서 토의·대화·연시·인쇄물 등 다양한 방법을 활용
　　・비형식 교육의 교육자는 모든 분야에 대해 넓게 알고 있어야 함
　ⓒ 농촌지도는 행정적 과정과 다른 교육적 과정으로 추진된다.
　　・행정적 과정이 주체지향(행정공무원에 의한 행정목표 달성)이라면, 교육적 과정은 객체지향(교육대상자에 의해 교육목표 달성)
　　・교육은 행정에 비하여 객체의 자발성과 자원성이 강조되며, 다루는 내용도 자유로움
　　・교육과정은 교육대상자에게 학습경험(자아와 환경과의 상호작용)을 갖게 하는 과정

ⓒ 민주적 성격

민주주의 : 국민의, 국민에 의한, 국민을 위한 정치체제
　ⓐ 농촌주민의(of) : 모든 의사결정이 농촌주민에게 달려 있음
　ⓑ 농촌주민에 의한(by) : 농촌지도의 계획·실천·평가는 농촌주민 참여를 전제로 함
　ⓒ 농촌주민을 위한(for) : 농촌지도가 원칙적으로 농촌주민의 소득증대와 복지향상에 의해 전개됨. 농촌지도는 농촌주민 개인의 발전을 통한 농촌지역사회발전을 추구하고, 이를 통해 국가발전을 도모하는 사업임

> **참고　민주주의**
>
> (1) 민주주의 의미
>   ① 정치형태로서 민주주의(고대) : 민주주의(democracy) = 민중(demos) + 지배(kratos), 민주주의는 민중(다수)의 지배를 의미
>   ② 사회구성원리(이념)로서 민주주의(근대) : 공동체를 운영하는 하나의 정치형태일 뿐만 아니라 공동체 자체를 인위적으로 구성하는 원리, 즉 인간의 존엄성에 바탕을 둔 국가·사회 운영의 원리
>   ③ 생활원리로서 민주주의(현대) : 민주적 의사 결정 방식을 정치 생활에만 한정시키지 않고, 모든 생활 영역으로 확대시킨 사회생활의 실천 원리
> (2) 민주주의 이념
>   ① 인간의 존엄성 : 모든 인간은 인간이라는 이유만으로 존중되어야 하며, 인간은 수단이 아닌 목적적 존재로 이해되어야 함. 모든 인간은 태어날 때부터 불가침, 불가양의 권리를 가진다는 자연법사상에 근거를 둠 → 시민혁명 이후 기본권 보장 사상으로 발전함

> [헌법 제10조] 모든 국민은 인간으로서의 존엄과 가치를 가지며, 행복을 추구할 권리를 가진다. 국가는 개인이 가지는 불가침의 기본적 인권을 확인하고 이를 보장할 의무를 진다.
> ② **자유** : 외부로부터의 각종 구속이나 타율적인 강제를 받지 않고 자신의 의지에 따라 선택할 수 있는 자연법상의 권리. 국가로부터의 자유, 국가에로의 자유, 국가에 의한 자유
> [헌법 제12조] ① 모든 국민은 신체의 자유를 가진다. 누구든지 법률에 의하지 아니하고는 체포·구속·압수·수색 또는 심문을 받지 아니하며, 법률과 적법한 절차에 의하지 아니하고는 처벌·보안처분 또는 강제노역을 받지 아니한다.
> ③ **평등** : 균등한 기회 속에서 능력에 따른 대우를 받는 것. 법 앞의 평등, 기회균등의 원리, 실질적 평등
> [헌법 제11조] ① 모든 국민은 법 앞에 평등하다. 누구든지 성별·종교 또는 사회적 신분에 의하여 정치적·경제적·사회적·문화적 생활의 모든 영역에 있어서 차별을 받지 아니한다.
> (3) 민주주의 원리
> ① **국민주권 원리** : 국가의 의사를 최종적으로 결정할 수 있는 주권이 국민에게 있고, 국가권력의 성립과 행사는 국민의 동의에 의해 가능하다는 것
> [헌법 제1조] ② 대한민국의 주권은 국민에게 있고, 모든 권력은 국민으로부터 나온다.
> ② **입헌주의 원리** : 국가의 최고법인 헌법(국민의 자유와 권리를 보장하고 국가 기관의 조직과 권한을 정하는 최고의 법)에 따라 정부가 조직되고 권력이 행사되는 것
> ③ **권력분립 원리** : 국가 권력을 여러 국가 기관에 나누어 분배하고 이들 국가 기관이 서로 견제와 균형을 취하도록 하는 것. 입법권(의회 : 법의 제정), 행정권(정부 : 법의 집행), 사법권(법원 : 법의 적용)으로 나누는 삼권분립 체제 채택 → 견제와 균형의 원리
> ④ **대의 정치** : 국민이 선출한 대표자에 의해 정부를 구성하고 국민은 간접 참여로 주권을 행사함
> ⑤ **지방자치제** : 일정한 지역을 기초로 하여 주민이 스스로 선출한 기관을 통하여 그 지역의 사무를 자율적으로 처리하는 제도

ⓒ 균형적 성격
   ⓐ **지역단위간 균형** : <u>농촌주민, 지역사회, 국가 각 수준의 목적들이 상호 간 상보적 관계를 유지하고 있어야 함</u>
   ⓑ **지도영역간 균형** : 농업발전, 환경보전, 가정생활개선, 관광발전 등 여러 영역을 연관시켜 균형있게 개선해야 함
   ⓒ **지도대상간 균형** : 농촌주민과 도시주민, 생산자와 소비자, 남자와 여자, 어린이·청소년·장년·노인을 대등한 비중으로 균형있게 다루어야 함
ⓔ 협동적 성격
   ⓐ 농촌지도는 농업관계기관 상호 간 수평적, 횡적, 유기적으로 상호 협동해야 효과적으로 수행할 수 있음 → 농촌지도의 학제적 성격
      예 농업연구기관과 대학은 영농기술을, 농업행정기관은 사업재정을, 농업협동조합은 영농자금 융자를 지원함
   ⓑ 산학연 협동을 통해 자원을 효율적으로 활용함
   ⓒ 미국의 경우 주립대학-연방정부 농무성-농민단체가 상호협동체제를 이룸

(8) 농촌지도의 필요와 목적

① 농촌지도의 필요성
  ㉠ 현대산업사회적 특성에서 농촌지도의 필요성 : 과학의 발달, 신속한 사회변화, 국제개방화, 산업의 전문화, 지식수준의 향상
  ㉡ 국가발전적 측면에서 농촌지도의 필요성 : 식량생산, 도·농간 균형발전, 농촌청소년 지도, 농촌주민의 현대적 시민자질, 농촌가정생활의 합리적 운영

② 농촌지도의 일반목적
  - 합리적 영농을 통한 농업생산을 증대할 수 있는 자질을 길러줌
  - 효율적 시장유통을 통하여 소득증대를 도모할 수 있는 자세와 능력 제고
  - 지역실정에 맞는 작목을 복합영농할 수 있는 능력 개발
  - 농업기계화와 협동영농에 대한 능력 배양
  - 가정생활을 행복하게 영위할 수 있는 자질 배양
  - 건전한 시민성과 합리성을 기르고, 복지증진을 위한 협동능력 배양
  - 애향정신, 개발의욕증진 등 스스로 향토발전에 공헌할 수 있는 자세확립
  - 자연자원보호와 개발·활용하는데 필요한 자세와 능력배양
  - 국제사회에 대한 안목증대와 인류발전에 대한 책임의식

③ 농촌지도목표의 분류
  ㉠ 인간행동을 중심으로 한 분류
    - <u>인지적 영역</u>(知, cognitive domain) : 지식, 이해력, 사고력, 분석력, 평가력, 종합력 등
    - <u>정의적 영역</u>(德, affective domain) : 태도, 흥미, 습관, 성격, 가치관 등
    - <u>심체적 영역</u>(技, psychomotor domain) : 건강, 숙련기능, 전문기능, 예술기능 등
  ㉡ 지도내용을 중심으로 한 분류
    - **경제적 영역** : 농업생산, 농외소득증대, 농산물유통, 농업경영 등
    - **사회적 영역** : 사회복지사업, 농촌주민의 사회참여, 건전한 사회의식 함량개발 등
    - **문화적 영역** : 농촌생활환경개선, 문화시설 확충, 전통문화개발 등
    - **보건적 영역** : 농촌주민의 보건·영양 개선, 위생관리 등
    - **자연환경보전 목적** : 인간의 삶의 질을 높이기 위해 자연환경과 생활환경의 중요성 부각

④ <u>농촌지도 영역</u>(Miller)
  - 농업생산의 효율화
  - 가정생활의 개선
  - 합리적 의사결정력 배양
  - 지도력 배양
  - 청소년 지도
  - 지역사회개발

- 농산물 시장유통 및 이용의 효율화
- 자연자원 및 환경자원의 보호, 개발
- 사회경제적 지도
- 공공사업교육
- 국제 농촌지도사업
- 소비자 교육

> **보충** 미국 연방정부 보고서의 농촌지도 영역(1991)
>
> - 식량의 안전과 질
> - 국제적 농산물 유통
> - 어린이의 건전육성
> - 미국농촌의 재활성화
> - 지속적 농업
> - 폐기물 관리
> - 물의 질
> - 청소년 지도

3 농촌지도의 최근 정의

- 지식·혁신 시스템(knowledge and innovation system) : 지식의 전달·교류에 관한 보다 복잡한 차원의 개념. 혁신시스템에는 농업 연구와 지도기관뿐만 아니라 관련 조직, 기업 및 개인의 네트워크 등도 포함
  - 지식 이전(knowledge transfer) : 정보의 소통. 농업연구나 다른 사람의 경험에서 얻은 지식이 실용적이고 사용가능한 방식으로 반드시 농업인에게 전달되어야 함
  - 지식 교류(knowledge exchange) : 지식은 농업인과 연구자 사이에서 상호이익이 되는 방향으로 교류될 수 있다는 의미
- 농업지식정보체계(AKIS/RD, Agricultural Knowledge and Information Systems for Rural Development) : FAO & World Bank에서 사용
  = 농업지식체계(AKS, Agricultural Knowledge System) : CECD에서 사용

> **보충** 농업지식체제(AKS) 흐름
>
> ① 1950~60년대 : 국가농업연구기관(NARI, National Agricultural Research Institute)의 연구 결과를 농촌지도기관을 통해 농업인에게 전달하는 선형적 기술보급모형(linear model)이었음
> ② 1970년대 : 국가농업연구체계(NARS, National Agricultural Research System), 국가농촌지도체계(NAES, National Agricultural Extension System), 국가농업교육훈련체계(NAETS, National Agricultural Education & Training System)가 개별적으로 공존하면서 연계·협력이 이루어지는 농업연구-지도-교육체계가 관심받음
> ③ 1980년대 : 농업인을 체계의 중심으로 두면서 연구, 지도, 교육 간의 연계를 강조하는 농업지식정보체계(AKIS)가 대두
> ④ 2000년대 : 농업혁신체계(AIS)가 등장

(1) 농업지식정보체계(AKIS/RD, 또는 농업지식체계)

① 의미
  ㉠ 농업지식정보체계는 농업인, 농업교육자, 연구자, 농촌지도요원을 통합하고, 이들이 속한 다양한 분야에서 도출되는 지식(knowledge)과 정보(information)를 활용하여 농업경영 개선과 생산수준 향상을 동시에 도모하려는 것
  ㉡ 농촌지도를 기능·목적적 차원의 정의보다는 일련의 체제적 관점에서 정의함. 농촌지도가 농업연구와 농업교육을 포함하는 광범위한 지식체계라는 테두리 안에서 기능을 발휘하고 있기 때문

② 농업지식정보체계 구성 3요소
  농업연구(research), 농촌지도(extension), 교육(education).
  ㉠ <u>3요소는 개별적으로 기능하기보다 하나의 체제 내에서 상호보완적</u>인 투자 관계이면서 연속성을 유지하도록 계획·실천되어야 함
  ㉡ 농업지식체계는 농업인-관계기관 간 긴밀한 유대관계를 통하여 학습효과를 증진시키고, 농업관련 지식·기술·정보를 새로이 창출·공유하며, 효과적으로 활용할 수 있음
  ㉢ 관련 모든 행위자가 농업인 또는 농촌지역 행위주체와 관계를 맺으며, 관계 양상(화살표)이 쌍방향으로 표시됨 → <u>하향식(top-down) 접근방법이 아님</u>

③ AKIS/RD 특징
  ㉠ 농업지식정보체계에서 농촌지도는 농가와 농업교육시스템으로부터 적절한 정보를 수용하여 현장관찰자(정책담당자, 농업교사, 농업인 등)에게 피드백 해주는 역할 수행
  ㉡ 지도는 농업관련 직업 및 고등교육(대학) 시스템과 직접 연계되어 있으며, 지도사업에 종사할 인력을 배출하기도 함
  ㉢ 농촌지도사가 전달하는 농업지식은 농업연구개발 과정에서 응용과 적용을 통해 도출된 것이기 때문에 농업지도와 농업연구는 훨씬 더 긴밀한 관계에 놓여있음

④ <u>AKIS/RD 전략적 비전과 지도원리 전략</u>(FAO & World Bank)
  ㉠ 농업지식정보체계는 재정적·사회적·기술적으로 지속 가능하다.
  ㉡ 농업지식정보체계는 지식과 기술의 창출과 공유, 흡수에 적절하고 효과적인 과정이다.
  ㉢ 농업지식정보체계는 농업인의 요구를 반영한 프로그램에 참여하도록 동기를 부여하는 요구지향적인 시스템이다.
  ㉣ 농업인, 교육, 연구와 지도 간의 접촉(interface)이고, 통합(integration)이다.
  ㉤ 시스템의 구성요소들은 각자의 기능에 대한 책임을 져야 한다.

⑤ AKIS/RD 한계·대책
　㉠ AKIS/RD 한계
　　ⓐ 시스템 각 구성요소 간 지휘·명령체계가 매우 중요한데, 연구와 지도 간 연계가 쉽지 않음. AKIS/RD 구성요소와 농업인 간 활동(cross institutional activity)에 대한 예산지원을 통해 구성요소 간 연계가 강화됨
　　ⓑ 농업지식체계모델에 기반하여 실천하고 있는 국가들조차 모델의 정합성에 의문을 제기함
　　ⓒ 국가가 재정을 제공하는 연구-지도-교육훈련 체계가 비효율적이고 관료화되었으며 농업인 요구에 부응하지 못함
　㉡ AKIS/RD 대책 : 여러 국가에서 지도기관의 다각화 또는 지도서비스 전달의 민영화, 연구 및 지도에 대한 농업인의 비용 부담, 연구과제에 대한 경쟁 공모제 도입, 엄격한 평가절차 강화 등이 나타남

(2) 농업혁신체계(AIS)

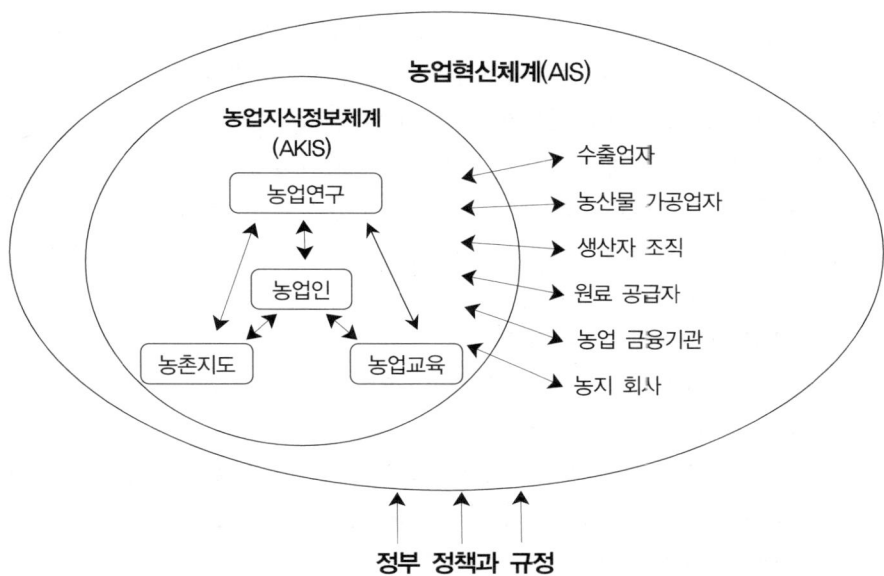

혁신체계가 다른 체계보다 훨씬 복잡하고 어려우며, 현장 밖에서 혁신을 미세하게 조정하기 어렵다고 인식함

① 의미
  ㉠ 최근 농촌지도사업을 농업혁신체계(AIS, Agricultural Innovation System)의 구성요소 중 하나로 인식
  ㉡ 농업혁신체계는 경제협력개발기구(OECD) 국가에서 과학과 기술정책을 주도하는 데 널리 활용된 국가혁신체제(NIS, National System of Innovation) 개념에 기반을 두며, NIS는 진화경제학자(evolutionary economists)가 개발함
  ㉢ 개발도상국 농업부문에 국가혁신체계 개념을 적용시킬 때 농업연구·지도·교육을 넘어 다양한 이해관계자 간의 파트너십을 강조
② 특징
  ㉠ AIS의 다양한 참여
    ⓐ 농업혁신체계에 전통적 농업연구·지도·교육기관 이외에 참여하는 파트너는 농식품체계에서 혁신을 주도하는 모든 요소[농산물 원료 제공자, 가공업체, 수출회사, 비정부기구(non-governmental organization, NGO), 미디어 등]가 포함됨
    ⓑ 최근 고부가가치 제품 요구의 증가와 대형유통업체의 등장 같은 농식품체계의 변화가 나타나면서 농산업회사와 민간회사가 특별한 관심을 받고 있음
  ㉡ AIS의 구성요소 중 하나인 농촌지도의 역할
    ⓐ 농업지식정보체계(AKIS)는 농업혁신체계(AIS)의 하부시스템으로 볼 수 있음
    ⓑ 지도기관은 농업혁신체계에서 촉진·조정·지원 등 중요한 기능을 수행
    ⓒ AKIS/AIS 관점에서 지도사업의 역할은 고객의 제약 요소나 새로운 기회의 출현을 잘 구명하여 고객을 지도할 전략을 설계하고 행동하도록 돕는 것
  ㉢ 현장에 실용가능한 연구 강조
    ⓐ 농업혁신체계에서 혁신의 중심점이 연구(Research)라는 시각에서 벗어나 연구도 다양한 혁신의 근원들 중 하나로 인식함
    ⓑ 농업경영체가 현장에서 실행하고 활용하며 상호작용하는 과정을 통하여 학습한(learning through doing, using and interacting) 지식·정보가 혁신시스템으로 들어오게 됨
    ⓒ 기관, 조직, 관리 영역의 혁신은 특히 현장과 거리가 있는 연구보다 현장에서의 학습과정(onsite learning process)에서 더 많이 일어남

■ 국가농업연구체계 VS 농업지식정보체계 VS 농업혁신체계

구분	국가농업연구체계 (NARS)	농업지식정보체계 (AKIS)	농업혁신체계 (AIS)
목적	농업R&D, 보급기능의 강화	농업·농촌부문 종사자 대상의 지식 전달과 소통	농업생산 및 마케팅 체제 전반의 혁신 능력 강화
행위자	국립농업과학 연구기관, 농과대학 및 기관, 지도기관, 농가	국립농업과학 연구기관, 농과대학 및 기관, 지도기관, 농가, NGO, 산업체	공공·민간 영역의 모든 농 관련 주체
결과	기술개발, 기술이전	기술적용, 농업생산혁신	생산, 마케팅, 정책, 산업체 부문에서 기술 및 구조혁신의 결합
운영원리	과학을 기술개발에 이용	지식의 축적과 접근	사회·경제 변화에 지식을 활용
혁신 메커니즘	기술이전	상호 학습	상호 학습
시장과 결합	미약함	낮음	높음
정책의 역할	자원배분, 우선순위 책정	연계틀 마련	요소통합과 연계틀 마련
필요역량	인프라, 인적자원개발	농업부문 행위자 간 소통 강화	소통강화, 상호작용 및 학습, 혁신을 위한 조직구조 마련, 환경 조성

✪ 국가농업연구체계(NARS), 농업지식정보체계(AKIS), 농업혁신체계(AIS)는 각각 장단점이 있으며 서로 연계되고 누적됨(World Bank)
✪ 국가농업연구체계가 지식 생산에 초점을, 농업지식정보체계는 지식의 생산·전파에 관심을, 농업혁신체계는 지식의 생산·전파·적용에 초점을 둠

(3) 농업지식혁신체계(AKIS)

① 의미
  ㉠ 농업지식혁신체계(Agricultural Knowledge and Innovation System)는 농업지식 및 혁신전파와 관련된 주체들의 참여형 농업정책에 의해 탄생
  ㉡ 1960년대 농업지원보급시스템이었던 농업지식체계(AKS)에서 발전
  ㉢ 농업 분야에서 의사결정·문제해결·혁신을 지원하기 위해 시너지를 창출하면서 지식과 정보의 확산, 활용, 복원, 저장, 전달, 변화, 성성에 관여하는 조직 및 종사자들 간 상호작용

② 특징
  ㉠ 수요자 참여에 의한 연구개발(R&D)과 지식공유 방식, 이를 뒷받침하는 네트워킹 체제를 갖춤

ⓛ 기존 '지도사업' 개념과 다른 협력·공유 사업모델로서, 산학연협력체제·혁신체제(innovation system)·클러스터(cluster) 등이 주 모델로 활용됨

③ AKIS 4대 구성요소 : 연구, 지도, 교육, 지원

　㉠ 연구(research) 분야

　　● 핀란드의 SCSTI : 다수의 주체가 지분을 소유한 유한회사로서 혁신 프로세스를 가속화하기 위해 민·관이 파트너십을 구축하여 필수 미래 분야인 에너지, 환경, 보건, 참살이 등에서 장기적으로 협력하고 있음

　　　✪ SCSTI : 핀란드, 과학기술 및 혁신전략센터, Strategic Centers for Science and Technology and Innovation

　　● 프랑스의 NARA : 농민이 설립·운영하고 농업 R&D기관이 참여하는 형태로 응용연구, 실험, 기술지원, 전문성, 교육, 보급전문기관의 성격을 가짐. 연구결과를 지역 상황에 맞게 수정함으로써 농업인 기대를 충족시키는 연구 프로젝트를 운영함. 분야별 특화된 1,000명의 응용과학자로 구성, 농업 생산지 인근에 소재함. 농업 R&D기관은 과학위원회의 지원을 받으며, 프랑스 농업부의 감독 하에 공적 자금 지원을 받음

　　　✪ NARA : 프랑스, 응용 농업연구네트워크 : Network for Applicative Research in Agriculture

　㉡ 농촌지도 분야

　　● 덴마크 '농업자문기구(DAAS, Danish Agricultural Advisory Service)'

　　　ⓐ DAAS는 영농단체연합회 소속 농업인이 소유·운영하면서 농업의 모든 문제와 관련된 운영기술(● 농업회계, 생산 및 농장운영)을 농민에게 자문함

　　　ⓑ DAAS는 덴마크 내 1개 국립지식센터와 31개 지역지원센터를 통해 농업연구와 현장농업을 연계하여 새 기술이 농장 및 관련 분야에 빨리 정착될 수 있도록 지원함

　㉢ 농업교육(agricultural education) 분야

　　● 프랑스의 AKIS와 연계한 '중등농업교육학교(Place of Secondary Agriculture Education in the AKIS)

　　프랑스 농업혁신에 기여하고 있는 AKIS 중등농업교육학교는 연구센터, 기술보급 서비스, 관련 네트워크 및 민간기업과의 파트너십을 통해 혁신 및 개발 프로젝트에도 참여함

　㉣ 지원시스템(support system) 분야

　　● EU 농업회의소 플랫폼(PCA, Platform of Chamber of Agriculture)

　　PCA는 유럽 14개국에서 활동, 150개의 독립 농업회의소로 구성, 직원수가 15,000명 정도, 500만 명 이상의 농업인, 지방자치단체, 응용연구기관 및 농촌기업에게 보급 및 자문 서비스를 제공함

4 농촌지도의 목적

(1) 개념

① 농촌지도 목적의 의미
  ㉠ 농촌지도를 통하여 이룩하고자 하는 일종의 최종 종착점
  ㉡ 농촌지도 목적에 대한 이해·의식이 있어야 지도 내용, 지도 방법과 선택, 지도사업 평가, 농촌지도대상자, 농촌지도 홍보가 가능함
  ㉢ 농촌지도 목적은 영구불변한 것이 아니라 시대적 양상과 사회적 변동에 따라 변화되므로 새로이 검토·수정해 나가야 함
  ㉣ 목적은 구체적이고 이해하기 쉽고 실현 가능한 것이어야 함
  ㉤ 목적은 사업에 포함되는 모든 영역과 분야를 포괄적으로 다루어야 하며, 호소력 있고 매력 있는 문장으로 진술되어야 함
  ㉥ 어떠한 사업 목적은 그 자체가 방향제시적 기능, 평가기준적 기능, 의사전달적 기능이 있어야 하므로 어떤 사업이나 활동의 전개과정에 있어서 기본지침이 될 목적을 뚜렷하고 선명하게 설정해야 함

② Davidson & Ahmad의 농촌지도 기능
  - 교육(education) : 농업인에게 교육을 제공할 뿐만 아니라 교육 여건을 조성하는 것. 정보제공과 기술전이를 넘어 농업인이 적극적으로 참여할 수 있도록 촉진하는 것. "지식이야말로 힘이고, 교육은 동기부여다(Knowledge is power and education is empowerment.)"
  - 정보 제공(disseminating information) : 농업인의 생산능력(productivity capability)을 강화하는 데 필요한 정보를 제공하는 것
  - 기술 전이(transferring technology) : 농업인에게 새로운 기술과 기법을 영농 현장에 적용하도록 도와주는 것

③ Van den Ban & Hawkins의 농촌지도 목적
  - 이전(transferring) : 연구자가 농업인에게 농업기술과 지식을 전달·보급하는 것
  - 자문(advising) : 농업인의 의사결정을 도와주는 것
  - 자극(stimulating) : 자발적으로 농업·농촌개발에 참여할 수 있도록 촉진시키는 것
  - 조력(enabling) : 목적과 가능성을 명확히 하고 이를 실현할 수 있도록 하는 것
  - 교육(educating) : 농업인의 능력을 향상시키기 위해 가르치는 것

④ Feder, Willett & Zijp
  농촌지도 책임자에게 가장 중요한 목적은 바람직한 농업·농촌개발을 자극하는 것

(2) 최근 새로운 농촌지도 목적

① 농업지식정보체계(AKIS/RD)에서는 농촌지도의 기능·영역을 확대 해석
  ㉠ 기존 농촌지도의 단순 목적 : 농업인의 생산성 향상과 수익 증대를 위한 정보전달 과정 **예** 아시아와 아프리카 국가
  ㉡ 광의의 목적 : 농촌지도의 목적은 농업생산 관련지식을 포함하여 신용, 공급, 판매, 시장정보 등과 같은 농업발전의 전반적인 영역으로 확대됨
  ㉢ 최광의의 목적 : 농촌지도는 농업과 관련된 비형식적 평생교육을 제공하는 기능으로서 농업인·배우자·청소년·지역사회·도시화훼업자 등을 포함한 다양한 계층을 학습대상으로 하고 있으며, 궁극적으로는 농업개발, 지역사회자원개발, 단결심 고취, 협동조직 개발 등과 같은 다양한 목표를 추구함
    예 미국의 협동지도체계 : 농업인에게 프로그램 계획과 의사결정 과정에 참여를 포함하여 다양한 방식으로 그들에게 권한을 부여함

② 미국 농무부·주립대학의 농촌지도 목적
  - 농업 및 농업관련사업(agribusiness)의 생산·시장·유통의 효율화를 통하여 미국 농업을 강화함으로써 미국의 소비와 수출을 위한 식량과 섬유를 공급하는 데 도움이 될 수 있는 정보를 제공한다.
  - 모든 국민의 생활의 질을 향상시키기 위하여 환경의 보호를 확실히 하며, 국가의 자연 및 환경 자원의 현명한 이용과 관리를 위한 개인과 집단의 의사결정능력을 향상시킨다.
  - 가정생활을 개선하고, 성인과 청소년의 생활기술, 태도, 가치관을 발전·강화시키는 데 조력함과 동시에 이러한 것들이 자발적이고 생산적이며 동시에 조화로운 사회를 건설하는 데 도움이 되도록 한다.
  - 개인, 지역사회 또는 주정부, 지방정부의 능력을 강화함으로써 공공정책의 문제점이나 지역적 요구 및 문제점을 더욱 효과적으로 해결할 수 있게 한다.
  - 지방, 주 또는 연방 정부의 여러 기구나 기관 또는 민간부문과의 협력 하에 대중을 위한 교육 및 정보체계를 개발·실행한다.
  - 국내 및 국제적 문제점의 이해 증진 및 개발도상국에 대한 연구, 지도 개념의 전달에 조력한다.

(3) 농촌지도의 대상과 방법적인 측면

① 무형식 학습(informal learning)
  ㉠ 지도는 다양한 산업과 관련하여 그 대상에게 지속적으로 제공되는 성인교육으로 무형식 학습을 의미함

ⓛ 형식적 교육(formal education)의 영역을 넘어, 특정 산업인력 또는 지역 및 주민을 대상으로, 총체적인 지식·태도·기술·실천의 변화를 지원하기 위하여, 지식 교류와 활용, 서비스를 통한 다양한 비형식적 학습과정을 중재하고 문제해결을 돕는 역할을 수행함
② 교육·학습과정의 측면과 전문적 의사소통(communication)의 개입 : 교육적 설계, 학습과정, 학습기법 및 도구, 다양한 매체활용의 조정(coordination)과 촉진(facilitating)을 중재하는 역할
③ 각종 산업부문관련 민간 및 공공 기관들을 통하여 이루어지는 다양한 무형식적 학습형태의 생활 전반에 관련한 사회교육
④ 직업적 측면에서 기술 향상과 직업 지속성을 위한 계속교육(continuous education)
⑤ 개인적 생애 발전 측면에서 평생학습(lifelong learning)

(4) Bloom의 지도사업 목적

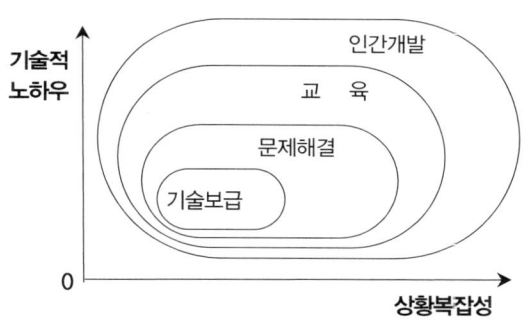

① 농촌지도의 궁극적 목적 구분

R&D의 핵심 부분으로 특정 신기술 보급(technology transfer)에서부터 현장에서 직면하는 문제를 해결해 나갈 역량을 지니도록 하는 문제해결(problem solving), 더 포괄적이고 보편적인 인문·사회과학적 인식을 제공하는 교육으로, 한층 더 거시적인 인간개발(Human Development)을 제시함

② 궁극적인 사회교육으로서 농촌지도

㉠ 모든 이가 학습자이며, 변화의 가능성과 잠재력에 대한 신념에서 출발
㉡ 농촌지도의 수행자는 농업인과 그 가족들(학습주체)이 농업경영과 생산 활동에 대한 새로운 지식과 기술(학습내용)을 배우고, 전달받은 교육과제를 수행(학습과정)하면서, 태도의 변화와 목표의식 및 실제적 행동변화(학습평가)를 통하여 생산성 향상, 수익 증진, 삶의 질 개선 등으로 그 지속적인 영향력(학습성과)을 제고함

③ 필요한 학습역량(learning competency)
  ⊙ 자신의 문제·필요·방해요인 및 기회요인들을 평가할 수 있는 분석력과, 필요와 문제를 대처해 나갈 수 있는 지식과 기술을 지니고 문제해결력을 갖추는 것
  ⓒ 개인의 자기주도적 학습·협동적 집단행동과 사회활동을 통하여 조직적 실천학습 속에서 민주적 지도력, 경영기술, 정보 습득 및 응용을 자발적으로 선택할 수 있는 의사결정력이 무엇보다도 필수
  ⓒ 학습역량의 기반 : 자발성(volunteerism), 주도성(self-direction), 다양성(diversity) 및 융통성(flexibility), 강화(reinforcement) 원리 등이 있음

제2절 농촌지도 역사

인간이 작물을 재배하고 가축을 기르기 시작한 것은 거의 1만 년 전이며, 농업에 대한 실제 활동 기록은 3000년 전 고대 이집트, 메소포타미아, 중국으로 거슬러 올라갈 수 있음. 이것은 농촌지도 역사가 인류 역사와 동일한 선상으로 이해할 수 있음

1 근대 농촌지도의 기원

근대 농촌지도의 기원은 농업교육으로 보는 관점과 농민조직들의 협의회인 농업협회로 보는 관점으로 구분

(1) 농업교육 관점

농촌지도의 기원을 유럽의 르네상스 시기로 봄
① 르네상스 이전 : 주지주의 학문에 대한 관심 때문에 농업 같은 실용 중심의 학문에 대한 관심이 부족하였음
② 르네상스 이후
　㉠ 르네상스가 도래하면서 인간의 현실문제에 관한 과학적 접근을 시도하면서 농업 같은 실용주의 교육에 대한 관심 고조
　㉡ 16~17세기의 라블레(Rabelais), 루소(Rousseau), 페스탈로치(Pestalozzi) 등 많은 학자들이 교육적 관점에서 자연과 노동의 중요성을 강조, 실제로 실험학교를 통해 농업교육의 중요성을 강조
　㉢ 농업교육의 강조를 통해 1779년 헝가리 자바에서 최초 농업학교가 설립
　㉣ 1797년 케스트헤이(Keszthely)에서 조지콘 아카데미(Georgicon Academy) 설립(유럽 농업대학의 모델)

(2) 농업협회 관점

① 농촌지도 기원을 유럽·북미의 농촌지도사업으로 보는 관점
　㉠ 유럽 : 1723년 스코틀랜드에서 조직된 'The Society of Improvers in the Knowledge of Agriculture'가 농업협회의 최초 형태
　㉡ 미국 : 1744년 Franklin의 지도하에 결성된 'The American Philosophical Society'와 1785년 결성된 'The Philadelphia Society for Promoting Agriculture'에 의해 농촌지도 관련 사업 추진

② 농업협회의 발달
  ㉠ 초기의 농업협회는 농업에 관계한 사람들이 모여서 서로 정보를 교환하고 협력하기 위한 목적으로 설립
  ㉡ 농업협회가 점차 발전함에 따라 지역조직까지 확대, 농업관계 정보를 활자화하여 비회원에게까지 전파함
  ㉢ 대학교수를 초청하여 강의를 듣거나 품평회를 주관함 예 1818년 Brighton에서 메사추세츠협회(Massachusetts Society)의 품평회

③ 농업협회의 활동 특성
  ㉠ 미국 농업발전을 위한 후원단체의 활동으로서 연방정부에 농무성과 농업을 가르칠 주립대학 설립의 필요성을 환기시킴
  ㉡ 1790년 연방단위에서 처음으로 농업 분야의 업무를 담당하기 위한 사무소가 설치·운영
  ㉢ 1862년 링컨 대통령 시기에 미 농무부가 설립

2 세계 농촌지도의 발달

(1) Rivera(1992)

세계 농촌지도의 공통적인 변화 동향을 제시함

시기	19세기 후반	2차대전~1980년대	1980년대 이후
흐름	소외계층에 대한 사회적 관심	농업을 통한 산업발전의 기반 확보	농촌지도사업의 다양화
목적	소외된 계층에게 새로운 기회제공	식량증산을 통한 국부 창출	다양한 농업·농촌·농업인 문제해결
주요 활동	• 귀족과 부유층 자제들을 중심으로 대학 주변의 소외된 주민에게 '읽고 쓰는 것', '생활을 영위하는 데 필요한 기술을 교육	• 흉작으로 농촌경제가 파탄에 이르자 농업인을 교육하여 농업을 개량하기 위한 활동 착수 • 2차대전 후 많은 국가가 자국의 부족한 식량을 자급하고 수입식량을 대체하기 위해 증산에 필요한 생산기술을 보급	• 국토의 균형발전을 위한 지역개발사업 • 농업인의 보건, 복지환경 및 농촌생활환경사업 • 소득개발을 중시하여 종래의 일반적 기술보급에서 전문화된 컨설팅 사업으로 변화
주요 특징	• 소외된 자에 대한 관심과 이들의 지위향상을 위한 계몽활동이 중심	• 농업이 국민경제 내에서 먹거리, 유기원료를 공급하는 산업의 역할을 제대로 수행하는 데 초점	• 일부 국가는 농촌 문제에 관심을 가지면서 지도사업의 범위를 확대 • 일부 국가는 농업기술에 한정하여 지도사업의 효율화 방안모색

(2) Feder, Willett & Zijp(2002)

세계적인 농촌지도의 흐름을 제시함

① 초기 식민지시대
- ㉠ 개발도상국가 농촌지도사업의 동향은 코모디티 프로그램(commodity program) 강조
  - ✤ 코모디티 프로그램 : 농촌에 거주하는 사람에게 직접 생필품을 지원하고 원조하는 형태의 사업, 후진국을 중심으로 아직까지도 존재
- ㉡ 농촌지도사업은 다목적 농촌개발의 성격을 가짐
- ㉢ 식민지 권력층이 농촌전문가를 파견하여 건강·보건, 세금징수, 인구조사 등의 역할을 수행

② 1950년대
- ㉠ 농촌지도사업은 국가 차원에서 농촌지도가 제도화되고 중단기 발전계획이 수립되어 추진되기 시작
- ㉡ 위계적이고 독려식 과정으로 기술보급이 이루어지는 전달체계였음
- ㉢ 아직까지 대학체제가 존재하지 않거나 취약했기 때문에 대학보다 주로 행정당국의 주관에 의해 추진되고, 연구기관과 연계도 미흡함
- ㉣ 주로 선진국 농업기술을 후진국·개발도상국에 이전하는 확산모델(diffusion model)이 적용되기 시작

③ 1960년대
- ㉠ 이전 시기의 농촌지도사업의 목적과 전략(선진농업기술의 이전)을 지속하며 그 과정에서 지도자-농업인 간 대인커뮤니케이션(interpersonal communication)이 중요한 방법으로 활용됨
- ㉡ 개별 농가에 대한 관심보다 농촌지역을 하나의 사업단위로 생각하는 지역사회개발에 초점을 맞춤
- ㉢ 농산물을 대량으로 생산하려는 녹색혁명(green revolution)이 시작

④ 1970년대
- ㉠ 1960년대 중반부터 공공부문이 확대되면서 식량자급을 위한 농업의 기술적 문제에 대한 지도와 자문이 더 체계적으로 진행됨
- ㉡ 농촌지도를 전담하는 기관이 제도적으로 설치·운영되기 시작
  - ⓐ 농촌지도기관의 50%가 1970년대 이후 새롭게 조직 또는 개편됨
  - ⓑ 지도사업 특징은 통합농촌개발(integrated rural development) 성격
  - ⓒ 농촌지도방법으로 T&V 시스템(training & visiting system) 등장
  - ⓓ 농촌지도의 전파 모델을 통해 기술권리 획득 모델(get the technology right model)이 도입

　　　ⓒ 농가 수준에서 해결하기 어려운 문제를 해결할 수 있는 통합적 농촌지도 전략에 도 불구하고 농가들이 기술을 수용하지 않는 경향도 나타남
　⑤ 1980년대
　　　㉠ 농촌지도사업의 <u>전환기 시기로, 참여접근법이 급속히 강조</u>
　　　㉡ <u>여성의 생산성 증대와 생태계 보전에 대한 관심이 부각됨</u>
　⑥ 1990년대
　　　㉠ 새로운 접근법이 시도되는 전환기
　　　㉡ 공공부문에 재정집행과 관련하여 <u>민주화가 실현</u>
　　　㉢ 방법론적으로 <u>연구자와 농민 사이에 직접적 네트워킹이 강조</u>
　　　㉣ 농촌지도의 재정에 대한 지속가능한 접근은 융통성과 다면적 파트너를 포함시키게 됨

제3절 인접 학문과의 관련성

농촌지도론은 사회교육, 지역개발, 커뮤니케이션, 기술혁신뿐만 아니라 최근의 인적자원개발(Human Resource Development, HRD)까지 다양한 학문 영역의 간학문적(interdisciplinary) 응용 분야에 해당됨

1 미국의 농촌지도(협동지도사업)

(1) 협동확장체계(CES, Cooperative Extension System)

공적인 재원(public funded)을 바탕으로 USDA-주립대학-지역행정조직 단위의 교육과 연구를 연계한 비형식적(nonformal) 교육 활동

① 협동(cooperative)의 의미

서로 연계·협조하는 파트너로서 3조직을 포함. 3수준의 정부기관은 공적 자원과 각 기관의 미션과 목적, 프로그램의 우선순위를 바탕으로 서로 협력적인 파트너십 관계를 구축함

㉠ 연방정부의 파트너로서 USDA의 협동연구교육지도청(CSREES, Cooperative State Research, Education, and Extension Service)
  ✪ 2009년 CSREES는 NIFA로 개명
㉡ 주정부의 파트너로서 주립대학에서 수행하는 협동지도사업(CES, Cooperative Extension Service)
㉢ 지역 파트너로서 지방 행정기관 또는 지역 농촌지도 프로그램 관장기관

② 확장(extension)의 의미

㉠ USDA와 주립대학(land-grant institutions)이 캠퍼스가 아닌 곳에서 민간인에게 지식과 다른 자원을 확대하는 역할을 수행함으로써 파트너를 확대시키는 것
㉡ 농촌지도 프로그램은 지역 사회와 가정에서 지역 고객들의 요구와 문제점, 이슈들을 반영함

③ 시스템(system)의 의미

㉠ 연구기관이나 대학에서 연방-주-지역의 전문가들이 실제적이고, 편향되지 않은 정보를 주민에게 제공하는 국가적 차원의 교육체계
㉡ 비학점 교육(noncredit education)을 통해 제공되는 정보는 지역 주민이 일상에서 문제들을 진단·해결하는 데 도움이 되도록 대학에서 제공하는 서비스

(2) 미국 협동지도사업(CES)의 특징(Seevers)

① 농촌지도는 법률에 의거 정부기관에서 시행한다.
② 농촌지도는 연방, 주, 지역 정부 간의 협력관계다.
③ 농촌지도에서의 연구와 지도조직은 동등한 파트너다.
④ 정보의 제공은 연구에 기반하여야 한다.
⑤ 고객의 참여는 순수하게 자발적이다.
⑥ 고객에게 기술적 서비스를 제공한다.
⑦ 농촌지도는 헌신적이다.
⑧ 농촌지도요원이 매우 중요하며, 그 누구에게도 편향되지 않은 서비스를 제공한다.
⑨ 농촌지도의 현장은 주로 농업, 가정 경제 관련 영역이다.
⑩ 농촌지도프로그램은 농업인과 지역사회의 요구에 기반하고 있다.
⑪ 교육 프로그램의 계획-집행-평가에 자원지도자의 참여가 중요하다.
⑫ 농촌지도 프로그램은 유연하면서도 가치 있다.
⑬ 농촌지도는 교육기관들의 보편적인 미션과는 매우 다른 교육기관이다.
- 고착된 교육과정이 없다.
- 학년과 학위도 없다.
- 수업 장소로서 농장, 가정, 산업현장 등 캠퍼스 밖에서 무형식적으로 운영된다.
- 다양한 영역의 전문가들을 교수자로 활용한다.
- 지도 대상은 다양하고 이질적이다.
- 문제 해결을 위한 이론적인 것보다는 보다 실제적인 주제를 제공한다.
- 농촌지도는 다양한 교수기법을 무형식적으로 활용하여 수행되고, 교육 대상자의 정신과 물리적 행위의 변화를 요구하는 특성을 가진 교육이다.

2 유럽의 농촌지도

(1) 유럽 농촌지도의 특징

① 일종의 자문활동
  농업인과 관계자들이 함께 현명한 결정과 더 나은 해결책을 토의·모색하는 전형적인 사회활동
② 지도사업 대상 및 영역의 불명확성
  ㉠ 최근 농업인의 평생학습에 대한 요구가 증가하고 있는 상황에서 다른 사회과학과 밀접히 연결되어 있기 때문

ⓒ 작물, 동물, 기술 등에 대한 새로운 지식과 내용을 계속 이해해야 하므로 한 분야의 깊이 있는 전문가(specialist)보다는 다방면에 걸쳐 박식한 자(generalist)를 요구하기 때문
　　ⓒ 유럽 농촌지도는 농업자문서비스(AAS, Agricultural Advisory System), 농업지식정보체계(AKIS, Agricultural Knowledge εnd Information System), 농업혁신체계(AIS, Agricultural Innovation System) 등으로 발전됨
　③ 유럽 농촌지도학의 복잡성
　　㉠ 유럽 농촌지도학은 농업관련 학문 중 가장 복잡한 분야에 해당. 응용연구이고 부분적 실천연구이며 여러 학문에 연계되어 있고, 방법과 내용에서도 사회과학이면서 농업과 농촌개발이 복합적으로 존재함
　　ⓒ 학문적 성과를 올리기 어렵고, 연구비 확보의 어려움과 젊은 학자의 부족으로 귀결됨. 1960년대 이후 농촌지도 연구가 농학자, 지리학자 등과 같은 다른 분야 전문가에 의해 이루어지고, 국제컨설턴트와 같은 비과학자에 의해서 논문이 주로 작성되었으며, 전문화된 과학적 학회지가 거의 없는 등 학문으로서 지속·유지될 수 있는 기준에 미치지 못함
　④ 유럽 농촌지도학의 교과과정
　　농촌지도방법과 관리, 농촌사회학, 농업저널리즘, 농업경제, 가정경제 등으로 구성되며, 주요 연구 분야는 변화관리, 설득커뮤니케이션, 다문화간 커뮤니케이션과 교육, 혁신과 전파, 영향평가연구 등

(2) **국제적 최신 농업 아젠다**
　농업의 중요성이 강조되고, 향후 농업교육·훈련에 대한 거대 수요가 예측됨
　① 세계는 더 많은 식량·사료·섬유·연료·토지생산물을 필요로 하는 반면, 토지·물·다른 생산수단은 제한되어 있고, 기후가 변화하고 있음
　② 토지의 집약적 이용 필요성이 높아지고 농산물 생산 가격이 높아지는 상황은 농업과 농촌개발에 오히려 밝은 미래가 예측됨
　③ 최근 국제농업연구컨설팅그룹(CGIAR, Consultative Group on International Agricultural Research)이 농촌지도를 강조함
　④ 농업연구세계포럼(GFAR, The Global Forum on Agricultural Reserch)도 지도사업의 연계를 강조함
　⑤ 뉴샤텔 이니셔티브(Neuchatel Initiative)에서도 농업연구세계포럼과 협력하고, 농촌지도세계포럼(GFAAS, The Global Forum on Agricultural Advisory Service)을 설립하려는 노력이 있음

> **보충** Neuchatel Initiative
>
> ㉠ 1995년 스위스 뉴샤텔에서 열린 회의에 출발함
> ㉡ 농업·농촌개발에 관련된 전문가 네트워크
> ㉢ 농촌지도사업 기금제공기구(세계은행, FAO 등) 간 대화 유도, 농촌지도사업 핵심이슈설정, 공동인식 도출, 공동활동 촉진 등의 자문활동을 함

3 농촌사회교육 및 지역사회개발

(1) 농촌사회교육

① 세계 농촌지도는 규모·역사·전문성으로 보아 가장 크고 체계화된 사회교육으로, 농촌지도를 농촌사회교육과 동일하게 봄
② 농촌지도/농촌사회교육 : 대상 면에서 차이가 없으나 내용 면에서 차이가 있음
  ㉠ 농촌지도 : 새로운 농업기술 보급, 생활개선 지도, 농촌청소년 교육에 역점을 둠
  ㉡ 농촌사회교육 : 농촌지도보다 범위가 넓음. 농촌주민이 비농가인 경우가 점차 늘어남에 따라 지도내용도 농업기술 중심에서 벗어나서, '농촌지도(권위적, 비민주적)'에서 '농촌사회교육'으로 발전·확장됨. 민주화·산업화의 현대사회 발전 때문

(2) 지역사회개발

① 농촌지도 발전 추이
  ㉠ 농촌지도 → 농촌사회교육 → 지역사회개발
  ㉡ 1948년 UN이 지역사회개발을 세계 각국 정책의 하나로 채택할 것을 권장하여 농촌지도사업에서 이를 반영함
  ㉢ 1958년 미국 농촌지도사업에서 처음 지역사회개선(community improvement)이 농촌지도사업의 중점 사업으로 공식 인정받음
② 지역사회의 발전을 위한 농촌지도

농촌지도사업	지역사회개발
농업과 생활개선에만 중점	지역주민의 건강, 교육, 교통 문제 등 지역사회의 다양한 문제를 다룸
개개 농민의 기술 변화에 일차적인 역점을 두며, 농촌지도에서 다루는 집단 활동은 개개인에게 영향력을 미치기 위한 부차적인 수단에 불과함	개개인 또는 개인의 행동보다 사회집단을 더 강조

③ 학자들 주장
　㉠ Smith & Wilson
　　ⓐ 농촌지도와 지역사회개발의 관계를 이상적으로 보며 지역사회개발은 지역사회에 사는 모든 주민이 참여할 수 있는 것으로 상정함
　　ⓑ 기존 농촌지도로 효과를 거두기 힘들었던 사업은 지역사회의 개인과 집단을 지역개발사업에 참여시키도록 유도함
　　ⓒ 지역사회개발의 지도력은 지도원이 보다 지역사회 주민 편에서 활동할 것을 요구하며, 지역사회개발이 농촌지도를 민주화하는 방향으로 전환시킴
　㉡ Phifer & List : 농촌지도와 지역사회개발의 긴밀한 관계 또는 농촌지도의 새로운 방향으로서의 지역사회개발의 위상을 강조함
　㉢ Roberts
　　ⓐ 지역사회개발에 대한 사회교육적 접근을 체계화하면서 사회교육자의 지역사회개발에 대한 관심을 유도함
　　ⓑ 미국『지역사회개발학회지(Journal of the Community Development Society)』는 1970년부터 출간하여 1980년대 말까지 농촌지도전문가가 30% 이상 기고함

4 농촌지도학·농촌사회교육·지역사회개발 비교

(1) 공통점
① 일정한 지역의 성인 남녀를 위한 비형식적 사회교육에 역점을 둔다.
　미국에서 농촌지도를 지도교육(extension education)이라 하고, 교육학에서 지역사회교육(community education)이나 학습공동체활동(community of practice, COP) 등이 지역사회개발과 사회교육의 불가분 관계로 인정함
② 도시지역보다 농촌지역사회에 더 큰 비중을 둔다.
　지역사회개발은 우리나라 새마을운동처럼 상대적으로 취약한 지역사회에 역점을 두고 균형 발전을 두고 있기 때문에 지역사회개발이 농촌개발과 동일시될 만큼 도시보다 농촌을 더욱 많이 다룸
③ 연구 과정이나 실제 사업수행에서 대상자의 참여를 무엇보다 강조한다.
　연구 대상자(보통 지역사회 주민)가 아닌 주체자 또는 참여자로서 지역사회 주민 입장을 강조한 참여연구법을 국제사회교육협회(ICAE)가 적용함
　사회과학계에서 질적 연구와 실천 연구를 강조하던 학자들이 응용사회과학에 해당하는 농촌지도와 농촌사회교육에서도 참여적 기법을 강조함

④ 어떤 학문적 계보를 가지고 발전된 것이 아니라 다학문적·간학문적(interdisciplinary) 접근의 특성을 가진다.
- 농촌지도가 각종 농업기술, 농업경제, 농업교육, 농촌사회 등을 배경으로 발전됨
- 농촌사회교육도 일반 사회교육과 달리 농촌지도를 중심으로, 농민에게 보건교육을 실시하면 보건학이나 간호학이, 여가선용교육을 시키면 사회체육이나 각종 기술교육이 연계됨
- 지역사회개발은 사회과학뿐 아니라 보건·건축·조경·수리/토건·적합기술 같은 자연과학과, 신학·선교학(기독교 지역사회개발) 같은 특수분야까지 종합학문적 성격을 가짐

(2) 차이점

농촌지도·농촌사회교육·지역사회개발의 차이점

구분	농촌지도	농촌사회교육	지역사회개발
주요 관련 학문 분야	농업기술, 생활과학	사회교육학	교육학, 사회학, 사회복지학, 경제학, 행정학, 지리학 등
주민접근 전략	농장 및 가정 방문	개인, 집단, 대중접촉의 혼합	주로 집단 및 조직 접근
대상을 보는 관점	• 교육대상 : 농민, 농가주부, 농촌청소년 • 전문인력 : 지도사, 지도요원	• 교육대상 : 농민, 농가주부, 농촌청소년 • 전문인력 : 학습도우미, 촉진자, 교사	• 교육대상 : 지역사회 및 사업추진주체자로서 주민 • 전문인력 : 지역사회개발요원, 사업조정관
대상의 범위	농촌, 농업, 농민	농촌, 농업, 농민	도시까지 확장

① 관련 학문적 측면
  ㉠ 농촌지도 : 농업기술과 생활과학이 강조됨
  ㉡ 농촌사회교육 : 사회교육학의 한 범주로서 농촌지역에서 전개되는 사회교육을 넓게 다룸
  ㉢ 지역사회개발 : 농업기술과 생활과학 이외에도 교육학, 사회학, 사회복지학, 커뮤니케이션학, 경제학, 행정학, 보건학 등을 전공하면서 지역사회개발학을 전공할 수도 있음. 특히 지역개발의 경우 농촌지도·농촌사회교육보다 지역사회개발과 긴밀한 관계를 맺고 경제학, 지리학, 지질학, 토목공학, 조경학과 같은 물리적 자원 활용과 긴밀한 관계를 가짐

② 주민 접근 전략 측면
   ㉠ **농촌지도** : 농장 및 가정 방문과 같은 개인적 접촉을 주로 활용
   ㉡ **농촌사회교육** : 개인적·집단적·대중적 접촉을 때와 장소에 따라 탄력적으로 적용
   ㉢ **지역사회개발** : 지역사회개발위원회의 조직운영같이 주로 집단적 접촉이나 조직적 접근방법을 더 많이 활용
      ✪ 상대적 의미 : 농촌지도가 집단적 접근·대중 홍보 방법을 쓰지 않는 것은 아니며, 지역사회개발도 집단적 결정 전에 설득을 위한 개인적 접촉이 중시됨
③ 주민을 바라보는 시각
   ㉠ **농촌지도** : 교육자적 시각에서 농민·농가주부·농촌청소년을 교육 대상으로 하며, 지도 전문인력을 지도사 또는 지도요원(extension educator, extension worker, extension agent)이라 호칭함
   ㉡ **농촌사회교육** : 담당자를 교사라고도 하지만, 학습도우미·촉진자(learning mentor, facilitator)란 용어를 더 많이 사용함. 권위적 성인교사의 위치에서 민주적 학습촉진자의 역할을 강조함
   ㉢ **지역사회개발** : 전문요원을 교사로 칭하는 경우는 거의 없고, 지역사회 개발요원(community development worker/agent), 사업조정관(program coordinator)이라 호칭함. 사업추진 주체자는 지역사회주민이고 개발요원은 사업 수행 책임과 조정 역할을 강조함
      ✪ 상대적 의미 : 지도사에게 민주적 조정이나 사업촉진 역할이 없는 것이 아니고, 지역사회개발 요원에게 교육자적·지도적 역할도 있음
④ 대상의 범주
   ㉠ 지금까지는 지역사회개발에서 농촌, 농업, 농민을 중시해 옴
   ㉡ 향후 급격한 도시화에 따라 점차 도시·농촌이 통합되고, 지역사회개발에서 농촌지도·농촌사회교육에서 크게 다루지 않았던 도시지역 발전문제를 많이 다루게 될 것으로 예상됨

제4절 농촌 사회·문화·경제적 요인

- 산업화와 도시화 속에서 농업·농촌에 대한 전반적 위기감이 고조되고 있음
- 농가인구와 농지면적의 감소는 생산성 향상으로 극복하고, 부가가치가 높은 농작물을 많이 재배하며 '백색혁명'으로 계절의 한계를 극복하였음
- 최근 귀농·귀촌 현상이 증가하고 결혼이민자들이 늘어나는 등 인적구성원이 다양해지고 있음
- 농촌지도요원과 농업·농촌의 많은 관계자들은 이러한 농업·농촌의 사회·문화적 변화의 흐름을 인지하고 농촌지도사업의 개선방향을 모색해야 함

1 농촌사회의 구조와 문화

- 사회구조(social structure) : 사회가 가족, 종족, 산업 등으로 집단화 또는 분화를 통하여 나누어지는 구성요소와 정형화가 나타나는 현상. 개인의 태도, 욕구, 기대, 사회적 기회의 획득 등은 소속집단의 사회구조에서 영향을 받음
- 문화 : 어떤 특정사회가 소유하고 있는 생활과 행동양식. 관습, 전통, 태도, 규범*, 생산방식을 포괄함. 문화는 사회적 유산으로서 개개 사회구성원에 의하여 후천적으로 학습되며 또 새로이 변화하며, 관습과 습관의 우연적 집합이 아니라 사회구성원이 생활설계와 영위를 편하게 하기 위하여 발전시켜 옴

보충 사회규범*

(1) 사회규범의 이해
   ① 의미 : 사회생활에서 사회 구성원이 지켜야 할 행위의 준칙(옳고 그름을 판단하는 기준)
   ② 목적 : 사회의 질서를 유지하고, 공동체 생활을 온전하게 영위하기 위함
   ③ 형성 : 사회 구성원들의 동의에 기초하여 만들어짐
(2) 사회규범의 특성
   ① 당위성
     - 인간이 사회적으로 행위를 함에 있어 '해야만 하는 행위'와 '하지 말아야 하는 행위'를 판단하는 기준으로 작용
     - 사회적으로 좋거나 올바른 것으로 생각되는 행위를 '하도록'하고, 반대로 나쁘거나 옳지 않다고 생각되는 행위를 '못 하도록' 함
   ② 다양성과 상대성
     - 사회규범은 그 사회 구성원들이 속한 사회·문화적 환경을 토대로 만들어짐 → 사회규범을 통해 그 사회의 시대적 가치관이나 사회적 상황을 이해할 수 있음
     - 사회규범은 시간과 공간에 따라 다양한 모습으로 나타남

- 사회규범은 시간과 공간에 따라 그 내용이 상대적으로 달라질 수 있음
(3) 사회규범의 종류
① 관습 : 일정한 행위가 사회 구성원들 사이에서 오랜 세월 동안 반복됨에 따라 사회적 행위의 기준으로 인정된 것. 주로 인간의 외면적 행위를 규율함
  예) 성년의식, 혼인의식, 장례의식, 제사의례(관혼상제)
② 도덕 : 선(善)의 구현 및 사회의 존속과 평화를 위해 필요한 가치의 기준 또는 규범. 인간의 내면적 양심·동기에 바탕을 두고 있음
  예) 생명에 대한 존중, 어른에 대한 공경, 폭력의 금지 등
③ 종교규범 : 종교상의 계율이 사회 구성원의 행위 규범으로 인정된 것
  예) 팔정도, 십계명
④ 법 : 국가 권력에 의해 그 내용과 집행 및 제재의 방법을 명확하게 제도화시켜 놓은 규범. 주로 인간의 외면적 행위를 규율하며, 국가에 의해 강제됨

(1) **농촌사회의 구조적 요인**

사회구분단, 농촌지역사회 내의 사회집단·여론지도자 등

① 사회구분단(social divisions)
  ㉠ 농촌주민을 집단이나 사회로 구분하는 요인(연령, 가족, 촌락, 계층, 행정, 인구, 교육, 종교, 상업, 경제 수준 등)이 있으며, 이러한 요인에 따라 농촌주민을 태도, 욕구, 가치관, 문화, 생활방식 등에 상대적 차이가 있는 집단으로 구분함
  ㉡ **지도요원의 역할** : 농업인 또는 농가경영체(집단)의 상대적 역할과 특성 차이를 이해하고, 그 차이가 농업·농촌의 변화와 변화의 수용여부, 농촌개발을 효과적으로 촉진시킬 수 있는지 고려해야 함

② 농촌사회집단
  ㉠ 농촌사회는 공식적·비공식적, 영속적·일시적, 자생적·비자생적 등 다양한 분류에 따른 크고 작은 집단이 있으며, 집단구성원 간 사회적 유대와 협동생활을 유지하게 되며, 집단규범과 가치기준이 있음
  ㉡ **지도요원의 역할** : 사회집단들의 규범과 가치, 주요 관심사 등을 파악하여 지도대상 집단으로 적절히 활용함

③ 여론지도자
  ㉠ 어느 사회나 사회구성원의 행동·태도·의사결정에 영향을 미치고 존경받는 공식적·비공식적 여론지도자가 있는데, 이들은 대면적 의사전달망(interpersonal communication)을 통해 지도력을 발휘하며, 혁신의사 전파를 촉진하거나 저해할 수도 있음
  ㉡ **지도요원의 역할** : 여론지도자가 어떠한 역할을 수행하고 있고, 지도사업에 그들을 움직이고 도움을 받을 수 있는 방법을 고민해야 함

(2) 지역사회의 문화적 요소

<u>영농형태</u>, <u>토지소유방식</u>, <u>사회의식</u>(문화의식×), <u>전통적 의사전달방법</u> 등

① 영농방식
- ㉠ **영농은 농업인의 생활양식 및 생활수단과 직결됨** : 영농형태와 영농방식은 그 사회의 다양한 생활수준, 토지소유와 활용방식, 노동·자본·기술 투입방식 등과 밀접함. 농업인 또는 농가경영체의 노동구조와 생활양식은 타 산업에 비해 현장과 직간접적으로 연결되어 있음
- ㉡ **지도요원** : 영농의 변화나 혁신사항을 소개할 경우 영농방식을 고려해야 함

② 토지소유형태
- ㉠ 토지소유 정도와 소유방식(자작농, 소작농)이 농촌의 인간관계 형식 및 농촌사회 구조의 성격을 규정함
- ㉡ **지도요원** : 농민의 토지소유 형태에 따라 수용 가능한 적정기술과 혁신사항을 전달해야 함

③ 사회의식
- ㉠ 사회의식은 그 사회가 갖는 문화의 핵심 단면을 나타내는 의식
    - **예** 종교, 축제, 추수감사제, 기우제, 결혼식, 장례식, 회갑잔치 등
- ㉡ 사회의식은 농촌사회에 큰 영향을 미쳤으나 최근 농촌사회에 급속한 변화와 전통 문화의 해체가 진행됨
- ㉢ **지도요원** : 사회의식에 참여하여 그 지역사회의 문화와 관습을 이해하고, 농촌주민의 문제인식과 상호신뢰를 형성해야 함

④ 전통적 의사전달방법
- ㉠ 가무, 연극, 지역속담, 종교모임, 사랑방모임, 우물가모임, 계모임 등을 통해 모든 농촌사회는 정보를 전파, 관념·의식을 공유하는 의사전달 방법을 가짐
- ㉡ **지도요원** : 전통적 의사전달 활동에 참여하여 지역사회 주민의 공동감정, 사고방식, 영농 태도 등을 파악하고, 전통적 의사전달수단을 통하여 혁신의사를 효과적으로 보급할 수 있음

2 농촌지도환경의 변화(1970년 이후)

농업주요지표의 변화

구분	1970년	1990년	2010년	2020년	2030년	단위
농가인구	14,422	6,661	3,068	2,295	1,732	천명
농가호수	2,483	1,767	1,177	1,078	924	천호
경지면적	2,298	2,109	1,715	1,574	1,488	천ha
벼 재배면적	1,203	1,244	892	809	802	천ha
농가소득	650	1,895	3,212	3,910	5,746	만원
농외소득 비율	23.1	25.7	40.3	48.2	62.0	%
농가인구 65세 이상 비율	4.9	11.5	34.9	45.2	51.4	%
농업부가가치	10,762	16,827	20,691	18,705	18,755	10억원

① 농가인구 : 지난 40년간 20% 수준으로 감소
② 농가호수 : 지난 40년간 절반 수준으로 감소
③ 경지면적
  • 연평균 1.5만ha 내외로 완만하게 감소. 향후 거의 같은 추세로 예측
  • 경지면적은 2010년 172만ha에서 2020년 158만ha로 감소, 2030년 150만ha 예상
  • 벼 재배면적은 2010년 89만ha에서 2017년 80만ha, 2022년 76만ha로 완만하게 감소 예상
④ 농업생산액 : 중장기적으로 완만하게 증가 전망
⑤ 농업소득 : 농업소득은 정체되는 반면에 농외소득이 빠른 속도로 증가 전망
⑥ 농업총소득 : 2010년 11조 8,850억 원에서 2020년에 10조 1,610억 원으로 소폭 하락 전망
⑦ 농가인구 65세 이상 비율 : 2020년대 후반에 50% 전당
⑧ 농업부가가치 : 감소세로 전망

(1) 농촌 인구구조의 변화

① 농가인구 변화

구분	1970	1980	1990	2000	2010	단위
총인구	32,241	38,124	42,869	47,008	48,580	천명
농가인구	14,422	10,827	6,661	4,031	3,062	천명
농인구비율	44.7	28.4	15.5	8.6	6.3	%
군부인구	–	16,002	11,102	9,381	–	천명
총가구	5,857	7,969	11,355	14,312	17,574	천호
농가구	2,483	2,155	1,767	1,383	1,177	천호
농가구비율	42.4	27.0	15.6	9.7	6.7	%
가구당인구	5.81	5.02	3.77	2.91	2.60	명

- 농촌지역의 인구는 전반적으로 계속해서 감소
- 농가는 116만 3천 가구, 농가인구는 296만 2천 명으로 전년대비 각각 1.2%, 3.3% 감소
- 고령화에 따른 농업 포기, 전업(專業) 등으로 전년에 비해 농가는 1만 4천 가구(1.2%), 농가인구는 10만 1천 명(3.3%) 감소
- 총가구 중 농가 비중은 6.7%, 총인구 중 농가인구 비중은 6.0%로 감소, 전년대비 각각 0.2%p 감소

② 도시 및 농촌인구의 변화

구분	1995	2000	2005	2010	연평균증감률
전국	44,069	46,136	47,279	48,580	0.6
동	35,036	36,755	38,515	39,823	0.9
읍면	9,572	9,381	8,764	8,758	−0.6
읍	3,484	3,756	3,944	4,200	1.3
면	6,088	5,625	4,820	4,558	−0.9
읍면 비중	21.5	20.3	18.5	18.0	

- 농촌(읍면) 인구는 1995년에 약 957만 명, 2000년에 938만 명, 2010년에 약 876만 명
- 면부의 인구가 크게 감소. 연평균증감률은 −0.6%
- 도시(동) 인구는 연평균 0.9%의 증가율로 꾸준히 증가

③ 농촌지역사회의 지속가능성을 위협하는 문제
- 농촌인구의 감소 : 최근 농촌인구의 감소폭이 둔화되고, 출산력의 저하로 유소년 인구가 감소하고 있고, 이는 농촌지역에서 생산인구로 유입되는 비율에 있어서 한계를 보임
- 농촌의 고령화 : 고령인구비율(65세 이상 인구비율)이 2000년 기준 14.5%, 2010년 기준 20%, 2024년 기준 50% 이상
- 향후 농촌지도사업이 대도시 근교의 다양한 인구 구성 및 종사자의 다양성과는 달리 여전히 전통적인 농업지대가 존재하므로 더욱 다양하고 밀착된 농촌지도사업이 필요함
- 낙관적 측면 : 최근 농촌인구의 감소폭이 줄어들고 있고, 오히려 2020년까지 지역개발, 귀농귀촌, 결혼이민 등의 외부유입 등의 원인으로 농촌인구가 증가할 것이라는 예측

④ 남녀 농가인구 및 호당 농가인구 ☑ 기출

연도	농가(천호)	농인구비율(%)	농가인구			호당 농가인구
			(천명)	남(%)	여(%)	
2000	1,383	8.6	4,031	48.9	51.1	2.91
2010	1,177	6.3	3,062	49.0	51.0	2.60
2020	1,035	4.5	2,314	49.8	50.2	2.30
2022	1,022	4.2	2,165	49.4	50.6	2.12
2024	973	3.9	2,003	-	-	2.05

⑤ 유소년/생산가능인구/노인인구

구분	1970	1980	1990	2000	2010	2024
농촌인구(천명)	18,173	16,002	11,102	9,381	8,758	2,003
노인인구 : 65세 이상 (비중)	773 (4.3)	897 (5.6)	1,004 (9.0)	1,359 (14.5)	1,806 (20.6)	1,100 (55%)
생산가능인구 : 15~64세 (비중)	9,227 (50.8)	9,392 (58.7)	7,473 (67.3)	6,287 (67.0)	5,665 (64.7)	
유소년인구 : 15세 미만 (비중)	8,173 (45.0)	5,713 (35.7)	2,625 (23.6)	1,735 (18.5)	1,287 (14.7)	

(2) 농업생산 농가구조의 변화

① 농가 현황
- 농가 가구 유형 : 주로 2인 가구, 2011년 평균 가구원수는 2.55명
- 농가 가구원수 : 2인 가구(48.7%), 3인 가구(16.4%), 1인 가구(15.1 %) 순

② 경지규모별 농가 현황

경지규모별 농가 비중(2011년)

구분	경지없는 농가	경지있는 농가(ha)						계
		~0.5	0.5~1	1~2	2~3	3~5	5~	
호수(천호)	12	478	281	219	76	56	41	1,163
비중(%)	1.0	41.1	24.2	18.8	6.5	4.8	3.6	100

- 0.5ha 미만과 3.0ha 이상 농가가 증가하여 경지의 규모화가 어느 정도 진행되고 있음
- 경지규모 5ha 이상 농가들도 4만 가구 정도로 3% 차지
  전통적인 농가와는 다른 형태의 지도능력이 요구됨. 농업법인이나 회사법인이 운영되고 있고, 수익을 많이 내는 경영인도 있기 때문에 농업 인력도 경영자, 기술자, 노동자층으로 각 집단에 적절한 형태의 인력 교육이 운영되어야 함
- 경지가 없는 농가가 1% 정도 차지
  노령층, 임대농가, 또는 은퇴농가 등. 자립할 수 있는 수준으로 기술적·경영적·사회적 지원이 필요함. 기존처럼 적절한 작목 선택과 경영능력뿐만 아니라, 자립할 때까지 필요한 복지적 지원이 필요함. 그 중에서도 영세농은 각 농가에 따라 다른 지원이 필요함

③ 경지규모별 농가호수

연도	규모별 농가수(천호)								경종외 농가	농가 호수
	~0.1	0.1~0.5	0.5~1	1~1.5	1.5~2	2~3	3~	계(ha)		
1970	26	761	824	446	193	124	37	2,411	72	2,483
1980	14	598	748	438	191	108	31	2,128	28	2,156
1990	15	468	544	352	191	129	44	1,743	24	1,767
2000	30	410	379	219	132	114	85	1,369	14	1,383
2010	22	449	287	141	87	77	94	1,163	13	1,177

(3) 농가경제의 변화

① 전업·겸업농가 변화

구분	전업 (단위 ; 천호)	겸업(단위 ; 천호)			계
		1종 겸업	2종 겸업	소계	
1970	1,681(67.7%)	488	315	802	2,483
1980	1,642(76.2%)	295	218	513	2,155
1990	1,052(59.5%)	386	326	715	1,767
2000	902(65.2%)	225	257	481	1,383
2010	627(53.3%)	193(16.4%)	356(30.3%)	549(46.7%)	1,177
2011	630(54.2%)	181(15.6%)	351(30.2%)	532(45.8%)	1,163
2018	580(56.8%)	115(11.3%)	324(31.8%)	440(43.1%)	1,020
추세(비중)	감소	감소	증가	증가	감소

✪ 1종 겸업 : 연간총수입 중 농업수입이 50% 이상인 농가
✪ 2종 겸업 : 연간총수입 중 농업수입이 50% 미만인 농가

- 2011년 전체 농가의 54.2%(63만 가구)가 전업농가, 45.8%(53만 3천가구)가 겸업농가
- 겸업농가의 증가 : 2종 겸업농가 30.2%, 1종 겸업농가 15.6%. 겸업농가의 비율이 2001년 이후 꾸준히 증가하여 2010년에는 46%에 달한 것으로 나타나 농가 경제활동의 다각화(diversification)가 진행됨.
- 1990년 이후 1종 겸업농가의 비율이 낮아졌음에 비해 2종 겸업농가의 비율은 2000년 이후 계속 높아짐

② 농가소득
- 농촌 지역경제의 실태를 보여 주는 대표적인 지표
- 농가소득은 1990년부터 2010년까지 전반적으로 증가 추세
- 농외소득의 비율은 빠르게 증가하여 2007년부터 농외소득이 농업소득보다 많음

③ 농가소득 전망
- 농가소득은 꾸준히 증가할 것으로 예측
- 농업소득은 계속 감소 추세. 농업소득 증가에 한계가 있으므로 다양한 정책적 접근이 필요함
- 생산기술·경영능력 미흡으로 인한 농업소득 부족은 교육과 지도를 통해 개선이 가능한 문제이나, 마케팅 능력·시장구조의 문제는 쉽게 해결이 안 됨
- 마케팅 능력은 시장 수요를 신속히 판단하고 결정을 내리며, 적절한 위기관리를 해야 한다는 점에서 생산 전 과정에 영향을 주므로 단기간에 해결되기 어려움

■ 우리나라 농가소득 전망

구분	호당 농가소득			계
	호당 농업소득	농외소득	이전수입	
2011	1,065	1,403	951	3,420
2016	933	1,751	1,008	3,692
2021	906	2,045	1,095	4,047

✪ 이전수입은 이전소득과 비경상소득을 포함한 합계

(4) 농촌의 다문화 현황

- 다문화 가구수(2010) : 전국 다문화 가구 38만 7천호, 그 중 농어촌 거주 가구는 7만 2천호로 18.6%를 차지
- 다문화 가구 비율 : 2.2%(도시 및 농어촌 지역의 모든 거주 가구 포함)
- 읍·면 지역 다문화 가구 비율 : 읍 2.1%, 면 2.3%
- '1인 가구' 및 '1인 가구원' 수의 비율 : 도시 ≫ 농어촌 지역
    → 농촌이 도시에 비해 결혼 이민으로 성립하는 다문화 가구가 더 많음을 의미함
- 다문화 가구의 가구원 중 '귀화인과 결혼했거나 이민자와 결혼한 2인 이상 친족 가구원'의 비율 : 도시 77.4%, 농어촌 72.4%
- '비친족 가구원' 수의 비율 : 도시 ≪ 농어촌 다문화 가구
    → 내국인과 결혼하지 않은 외국인 노동자가 농어촌의 일반 가정에서 동거인으로 거주하는 경우가 상당히 많음을 의미함

■ 다문화 가구수

구분		도시 (천호)	농어촌(천호)			전국
			계	읍	면	
다문화 가구원	1인가구원 (비중)	103 (30)	15 (21)	7	8	118 (30)
	내국인(귀화) (비중)	6 (1.9)	0.5 (0.7)			6.5 (2)
	외국인 (비중)	97 (31)	15 (20)	7	8	112 (29)
	2인 이상 친족가구원 (비중)	189 (60)	42 (59)	18	24	231 (60)
	내국인(출생) + 내국인(귀화) (비중)	34 (11)	13 (18)	5	8	47 (12)
	내국인(출생) + 외국인 (비중)	76 (24)	22 (31)	9	13	99 (25.5)
	외국인 + 외국인 (비중)	64 (20)	5 (7.5)	3	2	70 (18)
	기타 (비중)	14 (4)	1 (2)			15 (4)
	비친족 가구원 (비중)	23 (7)	15 (20)	6	9	38 (10)
	계	315	72	31	41	387

✪ 내국인 출생 : 국적법상 출생에 의한 국적취득자로 현재 대한민국 국민인 자
✪ 내국인 귀화 : 국적법상 출생 이외의 방법(귀화, 인지 등)에 의한 국적취득자로 현재 대한민국 국민인 자

■ 다문화 가구원수

구분		농어촌(천호)		
		계	읍	면
다문화 가구원	1인가구원 (비중)	15 (7)	7	8
	내국인(귀화) (비중)	0.5 (0.2)	0.3	0.2
	외국인 (비중)	15 (7)	7	8
	2인 이상 친족가구원 (비중)	154 (72)	62	92
	내국인(출생) + 내국인(귀화) (비중)	53 (25)	19.5	33.6
	내국인(출생) + 외국인 (비중)	84 (39)	33	51
	외국인 + 외국인 (비중)	13 (6)	7	6
	기타 (비중)	4.7 (2)	2.5	2.2
	비친족 가구원 (비중)	44 (20)	16	28
	계	213	85	128

(5) 사회변화와 농촌발전

사회는 트렌드에 의해서 빠른 사회변화가 유도되는데, 트렌드는 정책에 의해서 형성·결정되는 것이 아니라 사회가 불가피하게 당면하게 됨. 사회변화를 주도하는 메가트렌드는 농촌사회의 미래에도 긍정·부정적 영향을 미치므로 바람직한 방향으로 전환해 나가야 함

▪ 메가트렌드가 농업·농촌에 미치는 영향

메가트렌드	핵심요소	농업농촌에 미치는 영향
• 세계화	• FTA 지속적 진행 • 중국 경제성장 • 동북아 블록경제 태동	• 농업의 축소 및 광범위한 구조조정 • 한계제조업의 쇠퇴
• 도시화의 진전과 교통의 발달	• 기존 도시의 외연적 확대 • 다양한 신도시의 출현 • 고속·광역 교통체계 구축	• <u>전국 반나절 생활권 형성</u> • 대도시 중심의 광역생활권 형성 • 여가공간, 정주공간으로서의 농촌의 매력 증대
• 신기술의 발전 및 정보화	• 디지털 네트워크 기술의 발달 • 바이오기술의 발달 • 제품의 멀티미디어화, 개인화, 이동화, 보안화 • 사이버레이션 등 새로운 인간관계 형성·기존 도시의 외연적 확대	• <u>지역공동체의 약화 및 사이버 공동체의 발달</u> • 유비쿼터스 시대 도래 • 농촌복지 수준의 향상
• 저출산 고령화	• 인구증가율 및 경제성장 둔화 • 고령층의 사회참여 확대 및 고령친화 산업의 발달 • 세대간 갈등 심화	• 농촌사회의 활력 저하 및 지역경제 위축, 공공 역할 증가 • 농촌주민의 복지수요 급증 • 외국인의 유입 증가
• 웰빙을 추구하는 소비패턴 확산	• 고령소비층의 확대 및 안전과 건강 중시 • 소비의 고급화, 차별화, 감성 중시 • 삶의 질에 대한 가치 증가	• 농촌 어메니티를 활용한 지역개발활동 활성화 • 귀농, 귀촌 인구의 증가 • 친환경농업의 확대
• 환경과 자원문제 심화	• 지구온난화 • 개도국의 경제성장과 자연자원 수급 불안 • 환경산업의 발전과 대체연료 개발	• <u>자원순환형 농업의 발달</u> • <u>바이오매스 등 신농업 출현</u>

(6) 농촌사회변화의 장애요인

① 전통과 권위주의
  ㉠ 농민들은 전통과 관습주의적 삶을 추구하는 경향이 있어 새로운 변화에 회의적이기 쉽고 피동적일 수 있다.
  ㉡ 그들은 자신의 문화양식과 가치관에 대한 지나친 신념과 권위를 가지고 있다.
  ㉢ 농촌지도요원과 같은 타인이 자신의 생활방식과 영농방식 등을 변화시키려 할 때 매우 저항적이고, 실패에 따른 권위손상에 민감한 반응을 보인다.

② 정의적 가치평가기준
  ㉠ 농민들은 <u>합리적 가치평가기준</u>보다도 정의적 가치평가기준을 더 선호하는 경향이 있다.
  ㉡ 생산성과 경제성이 우수한 신품종이 소개되어도 식생활 관습, 맛, 외관 등의 문화적 요인 때문에 수용하지 않는 경우가 있다.

③ 사회적 책임
  농촌사회에서는 사회적 책임, 또는 지역사회나 어느 집단에서의 개인적 지위에 수반되는 사회적 책임이 강조되는 경향이 있다.

④ 농촌사회구조
  ㉠ 농촌사회에서 연령·성·종교·영농규모 등의 사회구분적 요인, 사회집단의 종류와 분포, 여론지도자의 활동 등과 같은 사회구조적 특성이 농촌지도활동에 심각한 장애가 되는 경우가 있다.
  ㉡ 어느 유력한 집단이나 여론지도자의 특성이 새로운 변화의 수용에 부정적일 때에는 농촌지도요원이 의도한 변화가 성공적으로 이루어지기가 매우 힘들다.

⑤ 공무원에 대한 태도
  ㉠ 농민은 전통적으로 공무원을 기피하고 자신을 이용하는 사람으로 생각하는 경향이 있다.
  ㉡ 농촌지도공무원은 농민의 반감을 사기 쉬우므로 자신을 채무상환, 세금징수, 주민박해 등의 인상과 연루되지 않고 하나의 봉사자로서 인식되도록 해야 한다.

⑥ 커뮤니케이션
  ㉠ 어떤 의사를 농민에게 전달하는 경우 농촌지도요원과 농민 간의 언어적·지적 사회문화, 배경적 능력의 차이는 효과적 의사전달의 장애요인이 된다.
  ㉡ 이를 극복하기 위하여 농촌지도요원은 보다 쉬운 말로 보다 쉽게 설명하여야 하고, 자신을 농민의 사회문화와 동질화시키는 것이 필요하다.

Chapter 02 기출 및 예상 문제

01 인간 행동을 중심으로 한 정의적 영역에 속하는 것은? ● 21 경북 농촌지도사(변형)

① 건강
② 가치관
③ 지식
④ 분석력

해설 정의적 영역(德) : 태도, 흥미, 습관, 성격, 가치관 등

02 학교교육과 사회교육에 대한 설명으로 옳은 것은? ● 20. 경남 농촌지도사

㉠ 학교교육의 교육보상은 연기된 보상을 받는다.
㉡ 사회교육의 교육기능은 가변적 지식을 강조한다.
㉢ 학교교육의 교육내용은 사회교육에 비해 이론적, 추상적, 학문적이다.
㉣ 사회교육의 교육구조는 학교교육에 비해 고도의 조직화와 구조화가 이루어져 있다.

① ㉠, ㉡
② ㉢, ㉣
③ ㉠, ㉡, ㉢
④ ㉠, ㉢, ㉣

해설 학교교육의 교육구조는 사회교육에 비해 고도의 조직화와 구조화가 이루어져 있다.

구분	형식교육	사회교육
사례	학교교육	농촌지도
교육구조	조직화와 구조화가 높음	조직화와 구조화가 낮음
교육내용	이론적, 추상적, 학문적	기능적, 실용적
교육기간	장기간의 이수	단기간 이수
교육보상	연기된 보상	직접적 보상
교육장소	장소 제한이 많음	장소의 공간적 제한이 적음
교육방법	교사 중심	학습자 중심
학습자	학습자 연령의 제한	학습자 연령의 무제한
교사	자격증 필요	다양한 교육배경
졸업	졸업이 사회적 성취 좌우	사회적 성취와 관련 적음
교육기능	일반화된 지식 강조	가변적 지식 강조
교육목표	미래 지향적	현재 지향적

정답 01 ② 02 ③

03. 합의수준의 농촌지도이념에 대한 설명으로 가장 옳지 않은 것은?
●20. 서울 농촌지도사

① 농촌주민과 함께 인간 개개인의 발전과 행복을 추구한다.
② 농업과 농촌발전을 통한 국가발전을 지향한다.
③ 세계와 인류의 발전을 지향한다.
④ 농촌지역사회의 희생을 바탕으로 국가발전을 추구한다.

해설 합의 수준의 농촌지도이념
㉠ 농촌주민과 함께 인간 개개인의 발전과 행복을 추구하고 있다.
㉡ 농업과 농촌발전을 통한 국가발전을 지향하고 있다.
㉢ 세계와 인류의 발전을 지향하고 있다.

04. 농촌지도의 기본성격 중 교육적 성격에 대한 설명으로 가장 옳은 것은?
●20. 서울 농촌지도사

① 지도대상자가 학습경험을 가질 때 비로소 농촌지도목표에 도달할 수 있다.
② 모든 의사결정은 지도대상자에게 달려 있으며, 그 책임도 지도대상에게 있다.
③ 농촌주민, 지역사회 및 국가의 목적들은 상호 간 상보적 관계를 유지해야 한다.
④ 농촌지도기구가 독자적으로 농촌지도(교육)사업을 전개할 수 없는 것은 아니다.

해설 ② 민주적 성격 : 모든 의사결정은 지도대상자에게 달려 있으며, 그 책임도 지도대상에게 있다.
③ 균형적 성격 : 농촌주민, 지역사회 및 국가의 목적들은 상호 간 상보적 관계를 유지해야 한다.
④ 협동적 성격 : 농촌지도기구가 독자적으로 농촌지도(교육)사업을 전개할 수 없는 것은 아니다.

05. 농촌지도사업의 세계적 흐름에 대한 설명으로 가장 옳지 않은 것은?
●20. 서울 농촌지도사

① 1950년대 농촌지도사업은 국가 차원에서 농촌지도가 제도화되고 중·단기 발전계획이 수립되어 추진되기 시작하였다.
② 1970년대 농촌지도사업은 통합적 농촌개발이며 이때 농촌지도 방법으로 훈련·방문 시스템(Training & Visiting System)이 등장하였다.
③ 1980년대 농촌지도사업은 전환기로서 참여접근법이 강조되었고 여성의 생산성 증대와 생태계 보전에 대한 관심이 부각되었다.
④ 1990년대 농촌지도사업은 개별 농가에 대한 관심보다는 농촌지역을 하나의 사업단위로 고려하는 지역사회개발에 초점이 맞추어졌다.

해설 1960년대 농촌지도사업은 개별 농가에 대한 관심보다는 농촌지역을 하나의 사업단위로 고려하는 지역사회개발에 초점이 맞추어졌다.

정답 03 ④ 04 ① 05 ④

06 농촌지도, 농촌사회교육 및 지역사회개발의 공통점으로 옳지 않은 것은?

● 18. 경북 농촌지도사(변형)

① 도시지역보다 농촌지역사회에 더 큰 비중을 둔다.
② 연구 과정이나 실제 사업수행에서 대상자의 참여를 무엇보다 강조한다.
③ 일정한 지역의 성인 남녀를 위한 비형식적 사회교육에 역점을 둔다.
④ 어떤 학문적 계보를 가지고 발전하였다.

해설 어떤 학문적 계보를 가지고 발전된 것이 아니라 다학문적 · 간학문적(interdisciplinary) 접근의 특성을 가진다.

07 사회집단은 접촉방식에 따라 1차집단과 2차집단으로 구분할 수 있다. 다음 중 2차집단이 아닌 것은?

① 이익단체
② 또래집단
③ 회사
④ 정당

해설 접촉 방식에 따른 사회집단의 분류 : 1차집단과 2차집단

구분	1차집단	2차집단
의미	구성원 간의 대면(對面) 접촉과 친밀감을 바탕으로 형성된 집단 원초집단이라고도 함	간접적 접촉을 기본으로 하며, 특정한 목적이나 이해관계를 달성하기 위해 인위적으로 결합된 집단
특징	• 구성원들 간에 전인격적이고 비형식적인 인간관계가 나타남 • 개인의 인성 및 가치관 형성에 중요한 역할을 하며, 구성원의 자아 형성과 사회 유지에 기여함 • 도덕, 관습 등 비공식적인 수단에 의해 사회 통제와 질서 유지가 이루어짐 • 인간관계가 지속적이며, 집단의 규모가 대체로 작고, 구성원들은 지리적으로 근접해 있음	• 구성원들 간에 부분적이고 형식적인 인간관계가 나타남 • 구성원 간의 간접 접촉, 수단적인 만남이 이루어짐 • 규칙, 법률 등 공식적 수단에 의해 사회 통제가 이루어짐 • 인간관계가 일시적이고, 집단의 크기가 대체로 대규모임
예	가족, 문중, 놀이 집단, 이웃, 촌락, 지역 공동체	학교, 회사, 정당, 조합, 각종 단체, 도시, 국가 등

정답 06 ④ 07 ②

08 농촌지도의 의미에 대한 설명으로 옳지 않은 것은?

① extension 개념은 미국 주립대학에서 주로 농민 대상 교육에서 농촌지도가 처음으로 시작되었다.
② 일본의 농촌지도사업은 '농업개량보급사업'에서 최근 '협동농업기술보급사업'으로 개칭하였다.
③ 스페인의 농촌지도는 'capacitacion'으로 일반적으로 '훈련'을 가리킨다.
④ 중국의 농촌지도는 옮기고 넓힌다는 의미로 추광사업(推廣事業)이라고 한다.

해설 국가별 농촌지도의 의미
- 영국 : 확장(extension)이라는 용어는 1873년 Cambridge대학에서 일반시민에게 제공하였던 교육혁신(educational innovation)을 소개하면서 처음 사용함
- 미국 : 영국의 extension 개념은 미국으로 전파되어 주립대학에서 실시되었는데 주로 농민 대상 교육에서 농촌지도가 본격 출발하게 됨
- 독일(또는 네덜란드)의 '불밝힘 활동(voorlichting)'
- 스페인은 'capacitacion' : 일반적으로 '훈련'을 가리키지만 사람들의 기술을 향상시키는 의도
- 오스트리아는 'Forderung' : 바람직한 방향으로 가게 한다는 의미
- 한국의 '농촌지도사업(農村指導事業)' : 어떠한 목적이나 방향으로 남을 가르쳐 이끈다는 의미(지도)
- 중국의 추광사업(推廣事業) : 옮기고 넓힌다는 의미(추광)
- 일본의 '농업개량보급사업' : 최근 협동농업기술보급사업으로 개칭함

09 2000년 세계식량기구와 세계은행에서 제시한 농업지식정보체계(AKIS/RD)의 전략적 비전과 지도원리의 전략으로 옳지 않은 것은?

① 농업지식정보체계는 재정적, 사회적, 기술적으로 지속가능하다.
② 농업인들의 요구를 반영한 프로그램에 참여하도록 동기를 부여하는 산출지향적인 시스템이다.
③ 시스템의 구성요소들은 각자의 기능에 대한 책임을 져야 한다.
④ 농업인, 교육, 연구와 지도 간의 접촉이고 통합이다.

해설 AKIS/RD 전략적 비전과 지도원리 전략(FAO & World Bank)
㉠ 농업지식정보체계는 재정적·사회적·기술적으로 지속 가능하다.
㉡ 농업지식정보체계는 지식과 기술의 창출과 공유, 흡수에 적절하고 효과적인 과정이다.
㉢ 농업지식정보체계는 농업인의 요구를 반영한 프로그램에 참여하도록 동기를 부여하는 요구지향적인 시스템이다.
㉣ 농업인, 교육, 연구와 지도 간의 접촉(interface)이고, 통합(integration)이다.
㉤ 시스템의 구성요소들은 각자의 기능에 대한 책임을 져야 한다.

정답 08 ① 09 ②

10 학교교육과 사회교육에 대한 설명으로 옳지 않은 것은?

① 학교교육의 교육구조는 조직화와 구조화가 높으나, 사회교육은 조직화와 구조화가 낮다.
② 학교교육의 교육기능은 가변적 지식강조이나, 사회교육은 일반화된 지식을 강조한다.
③ 학교교육의 교육목표는 미래지향적이나, 사회교육은 현재지향적이다.
④ 학교교육의 교육보상은 연기된 보상이나, 사회교육은 직접적 보상이다.

해설 학교교육 VS 사회교육

구분	형식교육	사회교육
사례	학교교육	농촌지도
교육구조	조직화와 구조화가 높음	조직화와 구조화가 낮음
교육내용	이론적, 추상적, 학문적	기능적, 실용적
교육기간	장기간의 이수	단기간 이수
교육보상	연기된 보상	직접적 보상
교육장소	장소 제한이 많음	장소의 공간적 제한이 적음
교육방법	교사 중심	학습자 중심
학습자	학습자 연령의 제한	학습자 연령의 무제한
교사	자격증 필요	다양한 교육배경
졸업	졸업이 사회적 성취 좌우	사회적 성취와 관련 적음
교육기능	일반화된 지식 강조	가변적 지식 강조
교육목표	미래 지향적	현재 지향적

11 Feder, Willett, Zijp가 제시한 농촌지도의 세계적 흐름에 대한 설명으로 옳지 않은 것은?

① 초기 식민지시대에는 코모디티 프로그램이 강조되었다.
② 1960년대는 지도자와 농업인 사이의 대인커뮤니케이션이 중요한 방법으로 활용되었다.
③ 1980년대는 농촌지도를 전담하는 기관이 제도적으로 설치되고 운영되기 시작하였다.
④ 1990년대는 방법론적으로 연구자와 농민 사이에 직접적인 네트워킹이 강조되었다.

해설 1970년대는 농촌지도를 전담하는 기관이 제도적으로 설치되고 운영되기 시작하였다.
1980년대는 참여접근법이 급속히 강조되었고, 여성의 생산성 증대와 생태계 보전에 대한 관심이 부각되었다.

정답 10 ② 11 ③

12. 국가농업연구체계, 농업지식정보체계, 농업혁신체계의 특징으로 옳지 않은 것은?

① 다양한 이해관계자들을 고려하게 되면 농업지식정보체계는 농업혁신체계의 하부시스템으로 볼 수도 있다.
② 농업혁신체계에서 행위자는 국립농업과학 연구기관, 농과대학 및 기관, 지도기관 및 농가에 한해 있다.
③ 농업혁신체계에서 정책은 요소통합과 연계틀을 마련하는 역할을 한다.
④ 국가농업연구체계에서는 시장과의 결합력이 미약하다.

해설

구분	국가농업연구체계(NARS)	농업지식정보체계(AKIS)	농업혁신체계(AIS)
목적	농업R&D, 보급기능의 강화	농업·농촌부문 종사자 대상의 지식 전달과 소통	농업생산 및 마케팅 체제 전반의 혁신 능력 강화
행위자	국립농업과학 연구기관, 농과대학 및 기관, 지도기관, 농가	국립농업과학 연구기관, 농과대학 및 기관, 지도기관, 농가, NGO, 산업체	공공·민간 영역의 모든 농 관련 주체
결과	기술개발, 기술이전	기술적용, 농업생산혁신	생산, 마케팅, 정책, 산업체 부문에서 기술 및 구조혁신의 결합
운영원리	과학을 기술개발에 이용	지식의 축적과 접근	사회·경제 변화에 지식을 활용
혁신 메커니즘	기술이전	상호 학습	상호 학습
시장과 결합	미약함	낮음	높음
정책의 역할	자원배분, 우선순위 책정	연계틀 마련	요소통합과 연계틀 마련
필요역량	인프라, 인적자원개발	농업부문 행위자 간 소통 강화	소통강화, 상호작용 및 학습, 혁신을 위한 조직구조 마련, 환경 조성

13. 미국의 협동지도사업(CES)의 특징으로 옳지 않은 것은?

① 농촌지도는 법률에 의거 정부기관에서 시행한다.
② 농촌지도 프로그램은 농업인과 지역사회의 요구에 기반하고 있다.
③ 교육기관들의 보편적인 미션이 존재하는 교육기관이다.
④ 지도요원은 그 누구에게도 편향되지 않은 서비스를 제공한다.

해설 미국 협동지도사업(CES)의 특징(Seevers)
① 농촌지도는 법률에 의거 정부기관에서 시행한다.
② 농촌지도는 연방, 주, 지역 정부 간의 협력관계다.
③ 농촌지도에서의 연구와 지도조직은 동등한 파트너다.
④ 정보의 제공은 연구에 기반하여야 한다.

정답 12 ② 13 ③

⑤ 고객의 참여는 순수하게 자발적이다.
⑥ 고객에게 기술적 서비스를 제공한다.
⑦ 농촌지도는 헌신적이다.
⑧ 농촌지도요원이 매우 중요하며, 그 누구에게도 편향되지 않은 서비스를 제공한다.
⑨ 농촌지도의 현장은 주로 농업, 가정 경제 관련 영역이다.
⑩ 농촌지도프로그램은 농업인과 지역사회의 요구에 기반하고 있다.
⑪ 교육 프로그램의 계획–집행–평가에 자원지도자의 참여가 중요하다.
⑫ 농촌지도 프로그램은 유연하면서도 가치 있다.
⑬ 농촌지도는 교육기관들의 보편적인 미션과는 매우 다른 교육기관이다.

14 다음 보기에서 설명하고 있는 구조적 요인은 무엇인가?

> 어느 사회에나 사회구성원의 태도와 행동, 의사결정에 중요한 영향을 미치고 그들에게서 존경을 받으며, 이들은 대면적 의사전달망을 통해 영향력을 행사한다.

① 사회구분단 ② 농촌지도요원
③ 여론지도자 ④ 농촌사회집단

해설 ㉠ 농촌사회의 구조적 요인 : 사회구분단, 농촌사회집단, 여론지도자
㉡ 지역사회의 문화적 요인 : 영농방식, 토지소유형태, 사회의식, 전통적 의사전달방법

15 농촌지도의 성격을 종합 분석하여 보면 크게 4가지 측면으로 나눌 수 있는데, 이에 속하지 않는 것은?

① 민주적 성격 ② 행동적 성격
③ 균형적 성격 ④ 협동적 성격

16 다음 농촌지도의 기본성격 중 농촌지도 이외의 농촌개발기관들과 수평적으로 혹은 상하로 유기적으로 협동해야 효과적이라는 성격은?

① 균형적 성격 ② 협동적 성격
③ 민주적 성격 ④ 교육적 성격

해설 협동적 성격
㉠ 농촌지도는 농업관계기관 상호 간 수평적, 횡적, 유기적으로 협동해야 효과적으로 수행할 수 있음
㉡ 산학연 협동을 통해 자원을 효율적으로 활용함
㉢ 미국의 경우 주립대학–연방정부 농무성이 협동체제를 이룸

정답 14 ③ 15 ② 16 ②

17 다음 제시문은 농촌지도의 특성 중 무엇을 의미하는가?

> 농촌주민, 지역사회 및 국가의 각 수준에서 설정될 수 있는 목적들은 상호 간에 상보적, 상반적 혹은 의무관계를 지지할 수 있다.

① 교육적 특성
② 협동적 특성
③ 균형적 특성
④ 민주적 특성

해설 **균형적 성격** : 농촌주민, 지역사회, 국가 각 수준의 목적들이 상호 간 상보적 관계를 유지하고 있어야 한다.

18 농촌지도의 성격이 틀린 것은?

① 국가시책 달성을 위한 행정 독려
② 민주적인 사회교육
③ 실용적이고 문제중심적인 지도내용
④ 지도사와 농민, 농민 상호 간의 협동사업

해설 농촌지도는 행정독려적 성격을 가장 경계해야 한다.

19 다음 농촌지도에 대한 설명으로 틀린 것은?

① 농촌지도란 성인과 청소년이 실천을 통해서 배우는 교외교육활동이다.
② 농촌지도는 형식적 교육으로써 일정 연령의 사람을 위한 사업이다.
③ 농촌지도는 농촌주민이 일상적 농업경영, 가정생활 그리고 기타 농촌생활에 과학적인 지식을 적용하도록 촉진하는 교실외 교육이다.
④ 농촌가족으로 하여금 자연과학 및 사회과학을 농업경영, 가정생활 그리고 1차적 지역사회생활에 적용하도록 촉진하는 학교외 노변교육이다.

해설 **미국 농무성 보고서의 농촌지도의 성격**
  ㉠ 농촌지도는 교육적 사업의 하나이다.
  ㉡ 농촌지도는 비형식적·비학점제의 교육으로서 모든 연령의 사람을 위한 사업이다.
  ㉢ 지도대상자는 평소에 느끼는 문제를 결정하고 해결하며, 그 결과에 대해 책임을 질 수 있도록 해야 한다.
  ㉣ 목적에 있어서 지역단위간, 지도영역간, 지도대상간 균형적 발전을 도모해야 한다.
  ㉤ 주민 스스로 자기자신을 위해 의사결정을 할 수 있도록 사실적 정보를 객관적으로 제시하고 분석한다.

정답 17 ③ 18 ① 19 ②

20 다음 전통적 관점의 농촌지도의 목적이 아닌 것은?

① 영농에 관한 능력의 배양
② 농업생산을 증대할 수 있는 능력배양
③ 향토발전에 공헌할 수 있는 자세확립
④ 인생의 가치인식

해설 **농촌지도의 일반목적**
- 합리적 영농을 통한 농업생산을 증대할 수 있는 자질을 길러줌
- 효율적 시장유통을 통하여 소득증대를 도모할 수 있는 자세와 능력 제고
- 지역실정에 맞는 작목을 복합영농할 수 있는 능력 개발
- 농업기계화와 협동영농에 대한 능력 배양
- 가정생활을 행복하게 영위할 수 있는 자질 배양
- 건전한 시민성과 합리성을 기르고, 복지증진을 위한 협동능력 배양
- 애향정신, 개발의욕증진 등 스스로 향토발전에 공헌할 수 있는 자세확립
- 자연자원보호와 개발·활용하는데 필요한 자세와 능력배양
- 국제사회에 대한 안목증대와 인류발전에 대한 책임의식

21 농촌지도목표의 분류가 다른 것은?

① 경제적 영역
② 정의적 영역
③ 심체적 영역
④ 인지적 영역

해설 **농촌지도목표의 분류**
㉠ 인간행동을 중심으로 한 분류
  - 인지적 영역(知) : 지식, 이해력, 사고력, 분석력, 평가력, 종합력 등
  - 정의적 영역(德) : 태도, 흥미, 습관, 가치관, 성격 등
  - 심체적 영역(技) : 건강, 숙련기능, 전문기능, 예술기능 등
㉡ 지도내용을 중심으로 한 분류
  - 경제적 영역 : 농업생산, 농외소득증대, 농산물유통, 농업경영 등
  - 사회적 영역 : 사회복지사업, 농촌주민의 사회참여, 건전한 사회의식 함량개발 등
  - 문화적 영역 : 농촌생활환경개선, 문화시설 확충, 전통문화개발 등
  - 보건적 영역 : 농촌주민의 보건·영양 개선, 위생관리 등

22 다음 농촌지도사업의 목표로 적합하지 않은 항목은?

① 학교교육
② 합리적 생각
③ 진취적 태도
④ 실천하는 농민 양성

정답 20 ④ 21 ① 22 ①

23 다음 중 밀러의 분류에 의한 농촌지도의 영역이 아닌 것은?

① 국가시책의 달성
② 농업생산의 효율화 추구
③ 자연자원의 보호 및 이용
④ 경영관리능력 향상 지도

해설 농촌지도 영역(Miller)
- 농업생산의 효율화
- 가정생활의 개선
- 합리적 의사결정력 배양
- 농산물 시장유통 및 이용의 효율화
- 자연자원 및 환경자원의 보호, 개발
- 사회경제적 지도
- 지도력 배양
- 청소년 지도
- 지역사회개발
- 공공사업교육
- 국제 농촌지도사업
- 소비자 교육

24 국가발전 측면에서 농촌지도의 필요성이 아닌 것은?

① 식량생산
② 도시와 농촌의 균형발전
③ 농촌가정생활의 합리적 운영
④ 자연자원보존

해설 농촌지도의 필요성
㉠ 현대산업사회적 특성에서 농촌지도의 필요성 : 과학의 발달, 신속한 사회변화, 산업의 전문화, 지식수준의 향상
㉡ 국가발전적 측면에서 농촌지도의 필요성 : 식량생산, 도·농간 균형발전, 농촌청소년 지도, 농촌주민의 현대적 시민자질, 농촌가정생활의 합리적 운영

25 다음 중 현대산업사회의 특성에서 농촌지도의 필요성에 속하는 것은?

① 산업의 전문화
② 식량자급의 필요성 대두
③ 농촌청소년지도의 필요성
④ 농촌, 도시와의 균형적 발전
⑤ 자연자원의 효율적 이용

해설 현대산업사회적 특성에서 농촌지도의 필요성 : 과학의 발달, 신속한 사회변화, 산업의 전문화, 지식수준의 향상

26 농촌지도사업이 지향하는 이념에 대한 설명으로 거리가 먼 것은?

① 농촌주민의 소득증대와 복지증진
② 국가의 산업발전 촉구와 농업전통문화 보존
③ 국가발전과 복지사회건설
④ 농촌의 발전과 개발

정답 23 ① 24 ④ 25 ① 26 ②

해설 농촌지도이념
　㉠ 농업과 농촌발전을 통한 국가발전을 지향하고 있다.
　㉡ 농촌주민과 함께 인간 개개인의 발전과 행복을 추구하고 있다.
　㉢ 세계와 인류의 발전을 지향하고 있다.

27 지역사회개발에 필요한 요건이 아닌 것은?

① 필요한 주민만의 참여가 요구된다.
② 주민의 협동으로 수행되는 것이 원칙이다.
③ 주민들의 능력에 맞는 사업을 선정한다.
④ 주민들 모두가 원하는 것의 선정이 필수적이다.

해설 지역사회생활의 편리를 도모하기 위하여 그 지역주민의 공동 문제를 힘을 합해 자발, 자주, 자조적으로 해결하는데 지도와 조언이 필요하다.

28 다음 농촌지도와 지역사회개발과의 차이점 중 잘못된 것은?

① 농촌지도사업은 소득증대사업을 추구한다.
② 농촌지도에서 전문인력을 지도요원으로, 지역사회개발에서는 사업조정관이라 호칭한다.
③ 농촌지도는 농민의 영농기술향상에 역점을 두고, 지역사회개발은 주민의 태도변화와 환경개선에 역점을 둔다.
④ 농촌지도는 낙후지역의 종합적 개발전략에 따라 발생했고, 지역사회개발은 대학교육 중 사회교육일환으로 시작되었다.

해설 농촌지도는 대학교육 중 사회교육일환으로 시작되었고, 지역사회개발은 낙후지역의 종합적 개발전략에 따라 발생했다.

29 전 세계적으로 농촌지도사업을 의미하는 단어로, 영국에서 최초로 사용된 용어는?

① 혁신　　　　　　　　　　　② 확장
③ 자문　　　　　　　　　　　④ 숙련

해설 1873년 Cambridge대학에서 일반시민에게 제공하였던 교육혁신(educational innovation)을 소개하면서 확장(extension)이라는 용어를 처음 사용하였다.

정답 27 ① 28 ④ 29 ②

30 농촌지도의 영역에 속하지 않는 것은?

① 지도력 배양
② 지역사회의 개발
③ 성인농촌주민지도
④ 농산물의 시장유통(市場流通) 및 이용효율화
⑤ 자연자원 및 환경자원의 보호·개발·이용

해설 농촌지도 영역(Miller)
- 농업생산의 효율화
- 가정생활의 개선
- 합리적 의사결정력 배양
- 농산물 시장유통 및 이용의 효율화
- 자연자원 및 환경자원의 보호, 개발
- 사회경제적 지도
- 지도력 배양
- 청소년 지도
- 지역사회개발
- 공공사업교육
- 국제 농촌지도사업
- 소비자 교육

31 학교교육과 사회교육의 차이에 대한 설명으로 가장 거리가 먼 것은?

① 학교교육의 교육내용은 이론적·추상적·학문적인 반면, 사회교육은 기능적·실용적이다.
② 학교교육의 기간은 단기간인 반면, 사회교육은 장기간이다.
③ 학교교육의 장소는 공간적 제한이 있는 반면, 사회교육은 장소의 제한이 없다.
④ 학교교육의 교수방법은 교수 중심적인 반면, 사회교육은 교육대상자 중심적이다.

해설

구분	형식교육	사회교육
사례	학교교육	농촌지도
교육구조	조직화와 구조화가 높음	조직화와 구조화가 낮음
교육내용	이론적, 추상적, 학문적	기능적, 실용적
교육기간	장기간의 이수	단기간 이수
교육보상	연기된 보상	직접적 보상
교육장소	장소 제한이 많음	장소의 공간적 제한이 적음
교육방법	교사 중심	학습자 중심
학습자	학습자 연령의 제한	학습자 연령의 무제한
교사	자격증 필요	다양한 교육배경
졸업	졸업이 사회적 성취 좌우	사회적 성취와 관련 적음
교육기능	일반화된 지식 강조	가변적 지식 강조
교육목표	미래 지향적	현재 지향적

정답 30 ③ 31 ②

32. 농촌지도와 농촌행정에는 공통점과 차이점이 있다. 다음 중 차이점에 대해 바르게 설명된 것은?

① 농촌지도의 주목표는 농업증산 및 식량수급, 농업공무원교육이다.
② 농촌행정의 주업무는 다수확기술교육, 새기술 전달이다.
③ 농촌행정은 교육적 원리에 입각한다.
④ 농촌지도의 주기능은 새기술 전달, 사회교육이다.

해설

구분	농촌행정	농촌지도
목표	농업증산 및 식량수급	영농상의 문제점 해결
주기능	규제, 조장, 관리	기술전달, 사회교육
원리	법령에 의한 권력작용 및 이에 근거한 일방적 조정·통제	농민의 자발적 참여를 전제로 교육적 원리에 입각한 쌍방적 접근
주요업무	인허가, 등록, 신고, 증명, 지원 등 행정적 업무	기술교육, 새품종, 새기술 전달, 다수확 시범 및 전시포 설치, 청소년·여성 지도 등 교육업무
접촉수단	이·통장을 통한 직선적 접촉	농촌학습단체 육성을 통한 우회적 접촉과 시범, 전시 및 교육
공무원	농업직공무원	농촌지도사
공무원의 자질	• 농림자원통계 • 행정법, 농업실무 • 자재 및 생산물 수급계획 수립	• 교육학, 인간관계, 심리이론 • 교수법, 교재제작 활용법 • 농업전문지식 및 기술

33. 농촌지도와 농촌행정의 차이점을 연결한 것으로 바르지 못한 것은?

	농촌행정	농촌지도
① 목표	영농상의 문제점 해결	농업증산 및 식량수급
② 소속공무원	농업공무원	농촌지도사
③ 교육기능	규제, 조장, 관리	기술전달, 사회교육
④ 주요업무	증명, 등록, 신고	새품종, 새기술 전달

34. 다음 농촌지도사업에 관한 설명 중 가장 타당한 것은?

① 농촌발전을 위한 교육적 사업이 주목적이다.
② 농촌발전을 위한 행정적 사업 중 하나이다.
③ 미래지향적인 성격의 형식교육 사업이다.
④ 농민의 복지증진을 위한 생산 소득증대사업이다.

해설 농촌지도는 교육적 사업의 하나이다.

정답 32 ④ 33 ① 34 ①

35 농촌지도의 기본성격에 대한 설명으로 거리가 먼 것은?

① 지도대상자들은 책임을 져야 하고 균형적 발전을 도모해야 한다.
② 교육을 통하여 지도대상자들은 평소에 느끼는 문제를 결정하고 해결하며, 그 결과에 대하여 책임을 질 수 있도록 해야 한다.
③ 협동적 사업으로서 정부와 지도소 및 지도대상자의 비용부담률이 비슷하여야 한다.
④ 목적에 있어서 지역단위 간, 지도영역 간 및 지도대상 간의 균형적 발전을 도모해야 한다.

> 해설 농촌지도는 협동적 사업으로서 농업관계기관 상호 간 수평적, 횡적, 유기적으로 협동해야 효과적으로 수행할 수 있고, 산학연 협동을 통해 자원을 효율적으로 활용할 수 있다.

36 농촌지도의 기본성격 분류 중 민주적 성격을 가장 잘 설명한 것은?

① 농촌주민은 농촌지도사의 권장사항을 따르기만 하면 된다.
② 농촌지도의 계획, 실천, 평가는 농촌지도사를 위주로 농민도 참여한다.
③ 농촌지도의 민주적 성격이란 농촌주민의, 농촌주민에 의한, 농촌주민을 위한 것을 말한다.
④ 농촌지도는 우선적으로 사회복지와 국가발전을 위한 것이어야 한다.

> 해설 농촌지도의 민주적 성격
> ㉠ 농촌주민의(of) : 농촌주민에게 의사결정이 달려 있음
> ㉡ 농촌주민에 의한(by) : 지도 계획, 실천, 평가는 농민참여를 전제로 함
> ㉢ 농촌주민을 위한(for) : 지도가 농촌주민의 소득증대와 복지향상에 의해 전개됨

37 농촌지도의 기본성격 중 협동적 성격에 대한 설명으로 잘못된 것은?

① 농촌지도는 타 기관과 협동할 때 그 효과를 올릴 수 있다.
② 우리나라는 농촌관계기관 상호 간 수평적, 횡적, 유기적으로 협동해야 효과적 수행이 가능하다.
③ 자원을 효율적으로 이용할 수 있다.
④ 미국은 주립대학과 연방정부의 농무성이 협동체제를 이루고 있다.
⑤ 협동적 성격은 상·하 간의 계층적 성질이다.

> 해설 농촌지도의 협동적 성격은 상·하 간의 계층적 성질이 아니라 농업관계기관 상호 간 수평적, 횡적, 유기적 성질이다.

정답 35 ③ 36 ③ 37 ⑤

38 다음은 농촌지도사업의 어떤 특성에 속하는가?

> 농촌지도사업은 농촌인에 의한 농촌개발사업이다. 지도공무원이 일방적으로 사업을 계획하고 실천하는 것이 아니라 농촌인과 함께 사업을 계획하고 실천 및 평가하여야 한다.

① 교육 과정적 특성
② 민주적 특성
③ 협동적 특성
④ 종합적 특성
⑤ 사회 교육적 특성

39 농촌지도가 목적하는 인간행동의 인지적 영역은?

① 기술, 기능
② 지식, 이해, 사고력, 종합력, 평가력
③ 가치관, 태도, 흥미, 습관 등
④ 가치관, 문제해결력
⑤ 기술, 가치관, 태도

해설 인간행동을 중심으로 한 분류
- 인지적 영역(知) : 지식, 이해력, 사고력, 분석력, 평가력, 종합력 등
- 정의적 영역(德) : 태도, 흥미, 습관, 가치관, 성격 등
- 심체적 영역(技) : 건강, 숙련기능, 전문기능, 예술기능 등

40 교육이 목적하는 인간행동의 세 가지 영역 중에서 정의적 영역에 속하지 않는 것은?

① 가치관
② 기술
③ 태도
④ 흥미
⑤ 성격

해설 • 정의적 영역(德) : 태도, 흥미, 습관, 가치관, 성격 등

41 클라크가 제시한 종합농촌개발의 4가지 조건에 속하지 않는 것은?

① 농촌의 빈곤층에 취업알선
② 합리적 교육
③ 이익의 공정분배
④ 지역자원의 합리적 관리

해설 Clack의 종합농촌개발
　㉠ 종합농촌개발의 필수 성격
　　• 농촌개발계획과 전체적인 국가개발계획과의 상호관련성
　　• 정치, 경제, 사회, 기술적 요인의 총괄성

정답 38 ②　39 ②　40 ②　41 ②

ⓒ 종합농촌개발의 기본 요구조건
- 농촌의 빈곤층에 대한 취업알선 기회 부여
- 이익의 공정분배 도모
- 개발활동과 의사결정과정에서의 농민참여 유도
- 지역자원의 합리적 관리

42 Coombs와 Ahmed가 분류한 농업발전을 위한 교육내용에 포함되지 않는 것은?

① 교양교육과 인성교육
② 직업교육
③ 일반기초교육
④ 지역사회개선교육

해설 농촌발전을 위한 교육사업(Coombs & Ahmed)
㉠ 일반기초교육
㉡ 직업교육
㉢ 가정생활 개선교육
㉣ 지역사회 개선교육

43 농업교육의 기원을 찾고자 한다. 관련이 깊은 것은?

① 종교혁명
② 르네상스
③ 산업혁명
④ 미국혁명

해설 농촌지도의 기원을 유럽의 르네상스 시기로 본다.

44 농촌사회를 변화시키는데 장애가 되는 요소라고 볼 수 없는 것은?

① 전통과 권위주의
② 정의적 가치평가기준
③ 변화에 대한 적극적인 대처
④ 농촌사회구조

해설 농촌사회변화의 장애요인
㉠ 전통과 권위주의
㉡ 정의적 가치평가기준
㉢ 사회적 책임
㉣ 농촌사회구조
㉤ 공무원에 대한 태도
㉥ 커뮤니케이션

정답 42 ① 43 ② 44 ③

Chapter 03 농촌지도 이론

단원 키워드
1. 성인학습이론 및 교수학습 전략
2. 지식이전체계의 원리와 특징
3. 혁신전파이론의 개념과 특징
4. 기술수용모형의 특징

- **농촌사회의 이해** : 농촌지도요원은 농촌사회의 구조적 요인 특히, 농촌문화와 농촌의 사회문화적 변동, 농촌사회 변화의 장애요인 등에 대해 알아야 한다. 농촌지도 대상이 주로 농촌에 거주하는 성인이며, 주요 전달기법(delivery method)이 교육방법으로 이루어지고 있어 성인학습자에 대한 이해가 선행되어야 한다. 성인교육을 위해 성인학습자에 대한 이해가 필수이므로 성인의 신체적·심리적·사회적 특성을 이해하고, 성인학습자의 특성을 고려한 교수법을 설정해야 한다.
- **학습이론** : 농촌지도와 관련한 다양한 학습이론 중 기능습득이라는 훈련 측면에서 살펴보면, 성인학습이론(adult learning theory)·사회학습이론(social learning theory)·학습전이 이론 등이 있으며, 성인 교육에서 교수학습 설계원리와 교수방법에 대해서도 알아야 한다.
- **혁신이론** : 농촌지도의 고유 이론으로는 혁신전파(diffusion of innovations)가 대표적이다. 혁신전파이론에 대한 문제점이 거론되었으며, 최근 그에 다한 대안도 함께 제시되고 있다.
- **기술수용모형**(technology acceptance model) : 최근에 연구가 진행되고 있다.

제1절 성인학습이론

농촌지도의 대상이 주로 농촌지역의 성인이며 성인학습자에 대한 이해가 먼저 필요함. 지식정보의 전달기법으로 교육(education) 기법으로 이루어지고 있고 최근 패러다임이 교육에서 학습(learning)으로 바뀌고 있음

1 교수학습과정

(1) 교수학습의 의미

① 교수 VS 학습

교수(teaching)	학습(learning)
• 교육자의 활동	• 교육대상자의 활동
• 지식과 정보를 제공함으로써 교육대상자의 행동을 변화시키는 것	• 피교육자 스스로 훌륭한 지식, 태도, 기술 등을 가지기 위하여 의도적으로 활동하는 과정
• 교육대상자로 하여금 유인물과 사회현상에서 필요한 정보를 스스로 얻어내도록 도와주는 과정	• 학습 자체에도 관심을 가질 뿐만 아니라, 결과적으로 행동적 변화가 초래되도록 하는 과정
• 스스로 그들의 미래를 설계하여 성취하는데 필요한 학습을 하도록 도와주는 과정	• 학습자 스스로의 의사결정과정이며 선택과정
• 교육자와 피교육자간 유기적인 인간관계가 조성되는 과정	• 학습자의 이전 경험과 새로운 경험을 결부시키고 통합하는 과정(Bender)

② 훈련 VS 교육

훈련(training)	교육(education)
• 모방적인 반응의 과정	• 창조적인 상호작용
• 연습·모방적 행동·기억·즉각적 결과 사용방법 등을 위한 단순한 과정	• 비판적인 자기평가가 강조되며, 새로운 경험과의 창조적인 통합과 스스로의 선택과정이 주어지는 심오한 과정

(2) 학습이론(강화이론)

학습이 어떻게 해서 생기며 어떠한 심리적 기제가 학습에 관여하는가를 밝히는 이론

① 연합이론 : 조건화이론(자극-반응이론)

학습을 자극과 반응의 연합으로 보는 입장

㉠ <u>시행착오설</u>(Thorndike, 1899) : 자극과 반응의 결합이 유기체에 만족을 줄 때는 강화되며, 불만족을 줄 때는 약화된다는 이론. 학습을 시행착오의 과정으로 보고,

일련의 자극과 반응의 결합으로 보았다.
- ⓒ 조건반사설(고전적 조건화이론, Pavlov 이론) : 타액의 분비를 유도해 내는 과정을 설명함으로써 조건화된 자극이 조건화된 반응을 이끌어내는 과정을 설명하는 이론(자극-반응 실험)
- ⓒ 조작적 조건형성설(Skinner 강화이론 ; 1953) : 어떤 조작적·유의적 자극을 주면 동물은 자발적으로 반응을 조건형성한다는 이론. 행동의 결과를 조건화함으로써 행태적 반응을 이끌어내는 과정을 설명하는 강화이론
② 인지이론 : 학습을 인지구조의 획득 및 변화로 설명하는 입장
- ⊙ 통찰설 : 시행착오나 과거의 경험으로 문제를 해결하는 것이 아니라, 그가 처한 상황을 진단하고 적절한 방법을 강구하여 문제를 해결한다는 이론
  - 예 유인원이 바나나를 따기 위해 상자를 쌓아서 문제를 해결함
  - → 이것은 지각의 재조직화를 이루어 문제를 해결할 수 있도록 통찰한 것임
- ⓒ 정보처리설 : 주어진 자극을 컴퓨터가 정보처리하는 과정처럼, 주어진 자극이나 정보를 변형·계산·비교평가·결정하는 시뮬레이션의 과정을 통해 학습한다는 이론
③ 현대적 학습이론
- ⊙ 잠재적 학습이론
  - 강화라는 인위적 조작이 없어도 학습은 잠재적으로도 가능
  - 다만 학습결과를 행동으로 옮기는 데에는 강화가 필요
- ⓒ 인지적 학습이론(Tolman)
  - 인간을 외부자극에 대한 수동적인 반응체로 간주하는 조건화이론에 반발
  - 외부의 자극보다는 인간의 내면적 욕구 기대, 만족 등 자발적 인지가 학습의 동력
- ⓒ 사회적 학습이론(Bandura)
  - 환경과 인간의 인지적 상호작용을 통해 행위가 습득되는 과정을 사회적 학습이라고 정의
  - 학습은 강화 + 인지, 인지 + 환경의 종합적 산물이라는 것. 외부의 자극과 자발적 인지는 물론 환경요소(모방이나 대리학습)가 학습에 종합적으로 영향을 줌

(3) 학습원리

① Jacobsen이 제시한 학습원리

자콥슨은 학습자의 행동변화에 중점을 두어, 학습으로 인해 초래된 학습성과의 유형에 따라 학습원리를 진술하였다. 학습성과를 기초적으로 지식, 기능, 태도의 세 영역으로 구분하여 상대적으로 보아 영역별로 더욱 효과가 있는 학습원리를 제시하고 있다.

㉠ 지식 : 개인의 시각·청각·후각·미각·촉각의 5관을 통하여 지각된 모든 정보. 지식의 학습은 지각이론*에 의하여 가장 적절히 설명될 수 있다.

> **보충 지각이론***
> ㉠ 사람은 자신의 기대, 욕구, 경험 등에 따라 자신에게 중요하다고 생각되는 것만 선택적으로 지각하고 기억하는 경향이 있다.
> ㉡ 교수학습과정에서 지식이 효과적으로 학습·기억되기 위해서는 소개된 지식이 학습자의 기대, 욕구, 경험 등과 긴밀한 관련이 있어야 하며, 논리적·시간적·공간적으로 일관성·공통성·체계성이 있어야 한다.

㉡ 기능 : 개인이 신속하고 숙련되게 실행할 수 있는 행동 또는 활동. 기능의 습득은 그에 대한 행동의 반복을 필요로 하므로 기능의 학습을 설명하기 위해서는 반복적 행동의 역동적 과정과 원인을 설명하는 강화이론*이 적절하다.

> **보충 강화이론*(reinforcement theory)**
> ㉠ 정적(正的) 보상이나 쾌감을 받았던 행동은 반복·강화되고, 부적(負的) 보상이나 불쾌감을 받았던 행동은 억제·약화된다.
> ㉡ 기능 학습은 기능습득과정에서 내적 보상(자신의 능력신장, 성취감, 자아존중감 등)을 개발하는 것이 외적 보상과 같이 효과적이다.

㉢ 태도 : 물리적·심리적·사회적 환경에 대한 개인의 습관적 사고유형으로 정의될 수 있다. 태도는 복잡한 심성구조인데, 지식·신념·정서·평가의 요소로 복합되어 있다. 습관화된 태도는 개인으로 하여금 주위환경의 여러 상황에 대하여 기존에 형성되어 일반화된 반응경향을 보이도록 개인의 행동을 선행경향화한다. 이러한 태도의 형성과 변화는 인지균형이론*에 의하여 설명될 수 있다.

> **보충 태도의 인지균형이론*(cognitive balance theory)**
> ㉠ 의미 : 개인이 사회문화적 성장과 생활 속에서 형성된 기성의 태도가 새로운 경험과 서로 모순되지 않게 균형상태를 유지하거나 회복하려는 과정을 통하여 새롭게 태도가 형성되고 변화된다는 이론
> ㉡ 태도의 변화 : 태도는 기존의 인지균형상태에 새로운 지식, 정보, 환경변화 새로운 경험 등이 주어졌을 때 변화될 수 있다. 태도는 개인의 태도체계 내에서 상호의존적으로 서로 연관되어 있기 때문에 한순간 급격한 변화가 나타나지 않고, 다분히 자신의 인생경험과 인성구조에 달려있다.

② 농촌지도에서 고려되어야 할 학습원리(Bender)
　㉠ 관심의 원리 : 학습내용에 대하여 피교육자들이 관심과 흥미를 가질 때 학습효과

가 증진된다. 학습에서는 먼저 피교육자로 하여금 지도하려고 하는 사항에 대하여 관심을 갖도록 동기를 부여하여야 한다.
ⓒ **필요충족의 원리** : 피교육자들은 필요나 문제의식이 학습을 통하여 해결·충족되고 있다고 생각할 때 학습효과가 증진된다. 성인들은 그들이 어떤 필요나 문제를 자각하였을 때 교육에 참가한다.
ⓒ **사고의 원리** : 학습 시에 학습자가 스스로 학습내용을 사고하고, 주어진 자극을 평가하고 검토하여 보는 기회가 주어질 때 학습효과는 증대된다. 일방적으로 설명을 듣게 하는 것보다도 학습자가 스스로 과거의 경험을 되살리고 그가 알려고 하는 것과 학습하고 있는 것과의 관계를 확인하게 하며, 스스로 문제를 해결해 보도록 학습 시에 가끔 질문하여 그들의 사고력을 자극하여 주면 학습효과가 높아진다.
ⓔ **참여의 원리** : 학습이란 학습자 자신의 자기활동 과정이다. 학습자가 학습에 능동적으로 많이 참여하면 그만큼 많은 학습을 얻게 된다.
ⓜ **강화의 원리** : 강화란 어떤 행동에 대하여 보상을 주는 것을 말한다. 학습자가 학습도중에 자신의 의견을 이야기 할 때 "매우 좋은 말씀입니다." 또는 "훌륭한 답변입니다." 등으로 학습자에게 칭찬과 인정감을 주어 스스로 만족감을 가지게 만드는 것이 필요하다.

(4) 교수학습의 기능

① 구조기능론적 기능
ⓐ 구조기능론에서는 사회는 사회의 개개 구성요소들이 상호의존을 통하여 균형적 상태를 유지하고 있을 때가 가장 바람직하다고 한다.
ⓑ 구조기능론적 입장에서의 사회교육은 현대의 급격한 사회변동에 대처하기 위해 사회구성원의 재사회화, 재사회적응능력의 신장 등이 기능을 주로 담당해야 한다고 주장한다.

② 갈등론적 기능
ⓐ Karl Marx : 사회변동은 혁명의 형태로 나타나며, 계급투쟁은 바로 경제적인 계급 사이의 갈등에서 비롯된다고 주장하였다.
ⓑ Coser : 갈등은 사회구조에서 상호관계를 분리시키는 요인을 제거하며 구조관계를 재통합시키기 때문에, 갈등은 사회의 긴장을 해소시키고 사회체제의 파괴보다는 안정을 조성하는 하나의 과정이며, 역할분할 및 사회화에 긍정적인 기능을 수행한다고 하였다.
ⓒ Illich : 사회교육이 해야 할 일은 기존사회가 지니고 있는 구조적 모순을 제거하는 기능을 가지는 것이므로, 소극적이고 순종적이던 인간을 적극적·창의적으로 개조하는 일이라고 주장한다.

2 성인학습자의 학습이론

(1) 성인학습자의 특성

① 성인 : 생활연령, 발달 정도, 사회적 역할수행 능력에 따라 달리 규정됨
  ㉠ 개인적 차원 : 자기관리를 통해 자기 자신의 생활에 대해 일차적 책임을 질 수 있는 만 18세 이상의 사람
  ㉡ 조직적 차원 : 가치를 창출하는 생산적 기능을 수행하는 사람
  ㉢ 사회적 차원 : 사회적 역할 수용과 책임 수행 능력을 갖춘 사람으로서 결혼을 하여 독립된 가정을 가진 사람

② 성인학습자의 특성
  ㉠ 성인학습자 집단은 서로 다른 심리·사회적 발달 단계에 있으며, 다양하고 풍부한 경험을 바탕으로 상이한 교육적 필요에 의해 학습하게 됨
  ㉡ 인간은 성인으로 성숙해감에 따라 자기주도적 인간으로 변하고, 풍부한 학습자원이 되는 경험을 축적하며, 학습에 대한 준비로 발달과정상 사회적 역할을 지향하고, 교과 중심에서 수행 중심의 학습으로 변화함

■ 성인학습자의 특성

구분	내용
다양한 경험	성인학습자는 풍부하고 다양한 경험을 가지고 있음
자발성	성인학습자는 강제적이거나 의무적이 아니라 자신이 배울 필요가 있다고 생각하는 것을 학습함
현업활용성	성인학습자는 배운 것을 현업에 돌아가서 곧 활용하기를 원함
감정적 특성	성인학습자는 기분에 따라서 학습효과가 좌우되는 특성이 있음

③ 성인기의 변화
  ㉠ 신체적 측면(노화에 초점)
   • 성인의 생리적인 작용은 신경 계통의 노화에 의해 반응속도가 느려지고 새로운 대상에 대한 순발력 있는 반응을 저하시킴
   • 유전적·생물학적 영향을 받는 유동성 지능(예 수리능력, 공간지각능력)의 경우 연령이 높아짐에 따라 쇠퇴하는 경향
   • 환경과의 접촉을 통해서 형성되고 굳어지는 결정성 지능(예 언어능력, 문제해결능력)의 경우는 연령이 올라가면 높아지는 경향

ⓒ 심리적 측면
- 성인은 살면서 겪었던 긍정적·부정적 누적된 경험을 자기 분야에서 자기중심적으로 사고하는 심리 상태를 만듦
- 부정적 경험과 신체적 기능의 감퇴는 자신감이 저하되고, 새로운 일을 할 때 조심성을 높임
- 옛것과 친근한 사물에 대해 고집이 강해지는 경직성의 증가는 새로운 것을 학습하는 데 두려움을 증가시킴

④ 성인의 교육적 요구(needs)
㉠ Erickson, Havighurst는 성인에 대한 사회적 요구와 심리적 특성의 상호작용에 따른 변화의 단계를 제시함
㉡ 발달과업에 따라 성인의 교육적 요구가 발생함. 성인은 자신에게 부과된 여러 과업을 성공적으로 수행하기 위해서 필요한 새 지식과 기술을 필요로 하기 때문. 성인은 사회적·심리적·생물학적 발달과업을 수행하는 데서 결핍을 느끼면 곧 교육을 필요로 하는 '요구'사항이 생김

⑤ 성인학습자의 교수 방향
- 교육의 출발점을 다양하게 제시함
- 내재적 동기부여를 함
- 학습에 대한 강화는 정적 강화가 더 효과적임
- 환경요인을 고려함
- 학습의 극대화를 위해 정보를 조직적으로 제시함
- 체계적 반복이 필요함
- 의미 있는 학습과제를 제시함
- 능동적 참여 분위기를 조성함

(2) 성인학습이론(Adult Learning Theory)
학습이론은 학자마다 다양한 관점으로 구분함. 많은 학습이론 중 기능 습득이라는 훈련 측면에서 주로 접근함

① 성인학습이론에서 성인의 특성
교육심리학자는 형식교육이론의 한계를 인식하고 성인어 맞는 성인학습이론을 개발하였고, 성인은 형식적 교육환경에서 많은 시간을 할애할 수 없기 때문에 성인학습이론은 특히 훈련프로그램을 개발하는 것이 중요함
- 성인은 자신들이 무언가를 왜 학습하는지 알고 싶어한다.
- 성인은 자기주도적인 성향을 가지고 있다.

- 성인은 더 많은 직무 관련 경험을 학습 상황에 적용한다.
- 성인은 학습하기 위해 <u>문제중심</u> 접근방식으로 학습 경험에 임한다.
- 성인은 <u>내·외부의 동기인자들</u>에 의해 학습 동기화가 이루어진다.

② <u>성인의 독특한 교육적 특성(Mayer & Bender)</u>

성인은 다양한 방법으로 학습하는데, 그 중 시각적 방법 또는 상호작용을 통한 학습을 선호함. 성인은 자신의 삶의 전환기를 극복하기 위한 학습을 원하고, 극복에 도움이 되는 학습에 적극 참여함. 성인은 자신의 요구를 평가하고, 학습활동을 계획하고, 학습목표를 설정하며, 자신의 학습을 평가하는 데 적극 참여함

- 성인이 겪은 생활 속 다양한 경험들은 그들의 관심 영역을 넓히고, 이성과 판단력을 강화시키고, 문제해결자로서의 능력을 배양시킴
- 성인은 직업적 성취·개인적 성취·자아실현 욕구가 강하기 때문에 학습하는 데 동기화가 잘 됨. 성인은 활동지향적이며 직접적 유용성이 있는 내용에 더 많은 관심을 가지고, 배운 것을 직접 적용하기를 원함
- 성인은 시간적 제약 속에서 많은 역할과 책임 등을 수행해야 함 → 성인교육자는 성인의 제한된 시간성과 다양한 지위·역할에 대하여 관심을 가짐
- 성인 대부분은 오랜 기간 학습을 받지 않았기 때문에 수업에 불안감을 보임. 일부는 선입관 때문에 새로운 학습을 어렵게 하지만, 성인이 건강하고 동기화만 된다면 학습 욕구가 생김
- <u>성인의 개인차는 학생들의 개인차보다 심하기</u> 때문에 개인차를 고려하는 교육이 필요함

③ 교육훈련에서 성인학습이론의 함의

설계이슈	함의
자아개념(self concept)	교수에 있어서 상호 계획과 협력
경험	사례와 적용을 위한 기초로서 학습경험의 사용
준비도	학습자의 흥미와 역량에 근거한 교수 개발
시간조망	내용의 즉시적 적용
학습에 대한 오리엔테이션	주제중심보다 문제중심

성인은 아동·청소년과 다른 특성을 가지므로 대상에 알맞은 실천방법을 선정해야 농촌지도의 실효성을 거둘 수 있음

(3) 사회학습이론
  ① 사회학습이론(Social Learning Theory, Bandura)
    ㉠ 일상적인 상황에서 학습하는 현상을 설명함
    ㉡ 인간은 훌륭하고 지식이 많다고 생각되는 타인·모델을 관찰하면서 학습함
    ㉢ 강화되거나 보상받은 행동은 반복하며, 보상받은 모델의 행동이나 기술은 관찰자에 의해 채택됨
  ② 새로운 행동·기술의 학습
    ㉠ 직접 행동·기술을 사용한 결과를 경험하면서 학습한다.
    ㉡ 타인을 관찰하고 그들 행동의 결과를 보는 과정을 통해서 학습한다.
    ㉢ 학습은 개인의 자기효능감(self-efficacy)에 의해 영향을 받는다.
      자기효능감은 언어적 설득, 논리적 검증, 다른 모델의 관찰, 과거의 성취 등 여러 방법을 사용하여 증가함
  ③ 사회학습이론에 따른 인지적 과정(학습) 4단계

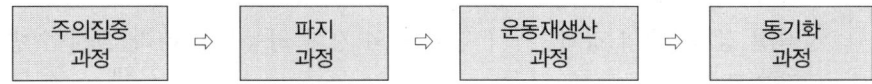

    ㉠ 1단계 : 주의집중 과정
      ⓐ 학습자는 모델을 관찰할 수 있는 물리적 역량(감각적 능력)을 가지고 있어야 함. 만약 학습자가 모델 관찰을 통해서 다른 기술과 행동을 성공적으로 학습해 왔다면, 더욱 그 모델에 주의하게 됨
      ⓑ 학습자의 주의집중 과정에 영향을 주는 요인
        • 관찰자의 흥미, 개인적인 과거의 경험 등 관찰자의 특징
        • 관찰자와의 동질성, 모델 자체의 매력 등과 관련한 모델의 특징
        • 자신에게 이익이 되는지 여부와 관련된 모델 자극의 특성
        • 좋아하거나 자주 접하는 집단 구성원의 행동을 더 많이 관찰하고 모방하는 것과 관련한 교제 유형
    ㉡ 2단계 : 파지 과정(기억 과정)
      ⓐ 학습자는 모델을 관찰한 후 일정 시간이 지난 후 행동을 모방하기 때문에 이를 일정한 방식으로 상징적 부호(시각적·언어적 형태)로 저장함
      ⓑ 파지 과정에서 시연이 중요한데, 시연은 마음속으로 상상해보는 내적 시연과 실제로 행동으로 나타내는 외적 시연이 있음. 이는 학습자의 수준에 의해 영향을 받음

ⓒ 3단계 : 운동재생산 과정
  ⓐ <u>모델이 받았던 것과 동일한 강화를 받게 되는지 확인하기 위해</u> 학습자가 관찰한 행동을 <u>시도하는 것</u>을 말함
  ⓑ 재생산 능력은 학습자가 행동·기술을 회상해낼 수 있는 정도에 따라 결정되며, 학습자는 행동을 수행하거나 기술을 재연할 수 있는 물리적 역량이 있어야 함
  ⓒ 학습자가 행동의 정확한 표현을 위해 운동 기능을 갖추어야 하며 개개인 발달수준에 의해 영향을 받음
  ⓓ 첫번째 시도는 관찰한 행동을 완벽하게 수행할 수 없기 때문에, 교육자는 학습자에게 관찰 행동의 수행을 수정할 수 있게 연습할 기회와 적절한 피드백을 제공해야 함
ⓔ 4단계 : 동기화 과정
  ⓐ 개인의 재생산 능력이 아무리 뛰어나도 충분한 유인가치·동기 없이는 행동을 수행하지 않음 → 학습자는 긍정적 결과를 유도하는 모델 행동을 더욱 선호하게 되며, 사회학습이론은 강화된 행동이 계속 반복될 것이라고 강조함(반두라)
  ⓑ 직접 강화, 대리 강화, 자기 강화 등의 강화 가능성에 따라 실제 수행 여부가 좌우됨
  ⓒ 행동모델링 교육훈련, 멀티미디어 교육훈련 프로그램 등은 사회학습이론에 의해 영향 받은 훈련방법에 해당함

(4) 학습전이 이론
  ① 학습전이 개념
    ㉠ 교육훈련 프로그램 참여자가 그들이 학습한 것을 효과적으로 적용하는 것
    ㉡ 교육을 통해서 습득한 지식, 기술, 태도를 실제 직무에 효과적으로 적용하는 과정
    ㉢ 학습전이가 조직의 교육훈련에 대한 유효성의 중요한 잣대이기 때문에 교육훈련의 유효성을 제고하기 위하여 어떻게 학습전이를 제고할 것인가가 매우 중요함
    ㉣ 학습 프로세스의 "so what" 혹은 "now what" 단계로 언급되는데, "그래서 이것의 의미는 무엇이며, 학습한 것을 내 상황에 어떻게 적용할 수 있는가?"라는 의미
    ㉤ 학습전이는 계획 프로세스의 새 구성요소는 아니고, 교육훈련 참가자가 더욱 구체적이고 유용한 결과를 요구하기 때문에 관심이 증가되고 있는 프로세스의 구성요소임

② 학자들 정의
  ㉠ Tannenbaum & Yuki, Wexley & Latham
    ⓐ "교육훈련 전이란 피훈련자가 교육훈련을 통해 습득한 지식, 기술, 태도 등을 직무 상황에서 효과적으로 적용하는 정도를 의미한다"고 정의
    ⓑ 교육훈련의 전이 정도가 높을수록 조직은 실제로 교육훈련을 통해서 의도했던 효과를 기대할 수 있음
    ⓒ 교육훈련의 전이 정도가 낮은 경우 조직은 실제 직구현장에서 교육훈련의 효과를 얻기기 어려움
  ㉡ Baldwin & Ford
    ⓐ "피훈련자가 교육훈련에서 학습한 지식, 기술 등을 자신의 업무에 적용하고 활용하는 것
    ⓑ 전이의 구분 : 훈련된 기술과 행동이 직무 상황에서 적용되는 정도인 '일반화'와, 훈련된 기술과 행동이 직무에서 계속 사용되는 기간을 의미하는 '유지'로 구분
  ㉢ Robinson & Robinson : 획득한 지식, 기술, 태도를 현장에 적용하는 것
③ 학습전이에 대한 영향요인
  상사 관련 변인, 동료 관련 변인, 조직의 변화가능성, 기대되는 성과(보상) 관련 변인
  ㉠ 상사의 지원 : 학습자가 학습한 것을 업무 상황에 적용할 수 있도록 지원해 주고 강화해 주는 정도를 인식하는 정도
    ⓐ Holton, Enos
      • 상사의 지원 및 동료의 지원과 상사의 제재 및 동료의 제제를 구분함
      • 학습전이를 위한 전이풍토의 요인에 대한 연구는 상사가 지원하는 정도를 중심으로 수행되었는데, 이것은 상사의 지원이 학습전이를 촉진하는 핵심요소라는 것을 의미함
    ⓑ Noe
      • 상사의 지원을 낮은 수준에서부터 높은 수준으로 구분
      • 가장 낮은 수준의 지원활동은 교육훈련 참여를 허락하는 것(acceptance)이며, 그 다음은 격려(encouragement), 상사의 참가(participation), 강화(reinforcement), 실습 기회의 제공(practice skill), 지원활동(교육훈련에 직접 훈련가로서 참여하여 가르치는 것 ; teaching in program) 순으로 높음(지원 > 실습 > 강화 > 참가 > 격려 > 교육허락)
      • 지원 수준이 높을수록 학습전이가 잘 일어남

- ⓛ 상사의 제재
    - ⓐ 교육받은 것을 업무에 적용하려고 할 때 상사가 부정적인 반응을 보이는 것
    - ⓑ 개인이 교육받은 것을 업무에 적용하는 것에 상사가 무관심하거나, 부정적 피드백을 주거나 어떠한 피드백도 주지 않는 것
    (상사의 제재가 학습전이에 유의미한 영향력을 미치지 못한다는 연구결과에서 유의미한 관계를 보인다는 결과도 있음)
- ⓒ 동료의 지원
    - ⓐ 개인이 교육받은 것을 업무 상황에 적용하는 데 있어 주위 동료가 지원해 주고 강화해 주는 정도
    - ⓑ 교육받은 것을 업무에 적용하는 데 주위 동료들이 목표를 설정해 주고, 지원해 주며, 긍정적 피드백을 주고, 교육 상황과 비슷한 상황을 제공해 주는 정도
    - ⓒ 학습전이는 학습자 간 지원 네트워크를 구성함으로써 강화됨. 지원 네트워크는 학습자들의 면대면 미팅, 전자메일을 통한 의사소통이 포함되며, 이를 통하여 학습전이의 성공 경험을 공유함
        - **예** 교육내용을 구성하는 데 필요한 자원을 어떻게 구했는지, 교육내용의 활용을 방해하는 근무환경에 어떻게 대처할 수 있는지 등을 공유함
- ⓔ 동료의 제재 : 동료들이 자신이 교육받은 것을 업무에 적용할 때, 동료들이 부정적인 반응을 보이는 정도에 대한 인식
- ⓜ 조직의 변화 가능성
    - ⓐ 새로운 기술을 업무 상황에 사용하는 것에 대한 조직의 반응이나 규범을 개인이 지각하는 정도
    - ⓑ 개인이 교육을 통해 습득한 새로운 지식이나 기술을 사용하는 것에 대해 조직이 지원하고 격려하는 풍토인지를 측정하는 것
    - ⓒ 변화 가능성은 새로운 변화에 대한 조직구성원의 태도와 조직의 목적과 가치가 새로운 변화를 수용하고 지원하는지에 대한 교육 참가자의 인식으로 구성됨. 조직구성원이 직무수행방식을 기존의 것만 고수하고 새로운 방식에 거부감을 갖는 경우 그 조직의 변화가능성은 매우 낮지만, 새로운 시도에 대해 조직이 긍정적일 것이라고 인식하게 되면, 교육 참가자는 교육 내용을 직무에 적용하는 행동에 제약을 적게 받음
    - ⓓ 변화 가능성에는 개인이 교육에서 배운 기술을 사용할 때 조직이 지원하는 정도가 포함됨
- ⓗ 조직보상
    - ⓐ 조직보상은 외적 강화와 내적 강화로 구분함

- 외적 강화 : 학습자가 교육에서 얻은 기술과 행위를 사용하는 것에 대해 임금 인상 등 외부에서 보상을 받는 것
- 내적 강화 : 학습전이에 대하여 내부적 인정이나 높은 평가 등 내부에서의 보상

ⓑ Holton
- 조직보상은 교육을 통해 습득한 기술을 업무에 적용했을 때 개인이 거둔 긍정적 성과와 부정적 성과
- 긍정적 성과에는 승진·보너스·임금 상승 등, 부정적 성과에는 징계·벌점·승진의 방해 등이 있음

ⓒ Enos : 보상의 종류를 언어적 보상(verbal rewards)과 금전적 보상(monetary rewards)으로 구분함

3 성인교육에서 교수학습

(1) 교수학습 전략

1) 문제중심학습(PBL, Problem Based Learning)
① PBL 개념
㉠ PBL은 문제(problem)가 학습자의 적극적 참여와 지식구성 과정을 촉진할 수 있다는 관점. 문제를 중심으로 이루어지는 교육 프로그램의 구체적 모형을 제공함
㉡ PBL은 의과대학에서 주로 사용되던 교수방법으로, 의과대학 학생이 미래의 의사로서 직면하게 되는 비구조적(구조적×) 문제를 다룰 수 있는 지식과 기능을 획득하기 위해서 전통적 교수방법보다 실제 문제를 중심으로 학습자의 적극적 참여가 이루어지는 방법이 더욱 효과적일 것이라는 인식에서 출발함

② 문제중심학습(PBL) 구성
문제제기 단계 → 문제 재확인 단계 → 발표 단계 → 문제 결론 단계
㉠ 문제제기 단계
ⓐ 문제를 확인하고 가능한 해결안을 찾기 위한 첫 번째 시도를 하는 단계
ⓑ 실제 문제가 주어지고 문제 원인과 해결책을 제시하는 과정으로 구성
ⓒ 학습자는 강사, 조교, 다양한 자료의 도움을 받으며, 공통 학습 및 개별 학습을 병행하여 진행함
ⓓ 문제제기의 4가지 관점
이 관점이 문제해결 활동과 학습 활동을 전체적으로 안내함
- 생각 : 문제의 원인, 결과, 가능한 해결안에 관한 학생의 추측을 포함함
- 사실 : 질문을 통하여 수집한 정보로서 가설 설정에 중요함

- 학습 과제 : 문제를 해결하기 위해 학생이 이해할 필요가 있는 부분
- 향후 계획 : 문제를 해결하기 위해 학생들이 해야 하는 일

ⓒ 문제 재확인 단계
ⓐ 문제제기 단계에서 확인된 자료를 중심으로 문제에 대한 재평가를 실시
ⓑ 문제제기 단계에서 확인된 생각, 사실, 학습과제, 향후 계획의 사항을 재조정함으로써 문제에 대한 최적의 진단과 해결안을 도출함

ⓒ 발표 단계
공동 학습 및 최종 결론을 전체 학생 앞에서 발표함으로써 상대방의 대안 아이디어와 자기의 것을 비교하는 활동

ⓔ 문제 결론 단계
학습자들이 자신의 학습 결과를 정리하며 자신의 수행에 대한 평가를 스스로 실시하는 단계

2) 액션러닝(AL, Action Learning)
① 개념
㉠ 소규모로 구성된 한 집단이 조직, 그룹, 개인이 직면하고 있는 실질적인 문제와 원인을 규명하고, 이를 해결하기 위한 방법을 모색하여 대안을 현장에 적용하며, 이러한 과정에 대한 성찰을 통한 학습
㉡ 집단 구성원 개개인의 목적과 조직 전체의 요구를 동시에 충족시킬 수 있는 학습형태

✪ Reg Revans : 액션러닝을 최초 사용, 영국 케임브리지 대학의 심리학자

② 액션러닝 구성요소(Marquart, 6가지)
문제, 그룹, 질의 및 성찰, 실행의지, 학습의지, 촉진자
㉠ 문제
ⓐ 액션러닝에 적합한지를 선택할 때, 반드시 해결해야 하는 문제로서 조직 이익과 직결되는 실제 문제(가상문제 ×)여야 하며, 실현가능한 것이어야 함
ⓑ 조직의 여러 부분에 영향을 미치는 복잡한 문제, 전문가의 대안으로 해결되지 않는 문제, 해결방안을 제시하지 못한 문제, 기술적인 문제가 아닌 조직적인 특성과 관련된 문제 등

㉡ 그룹(액션러닝의 주체)
ⓐ 문제에 대해 진정한 관심이 있는 사람, 문제에 대해 지식이 있는 사람, 그룹의 결정사항을 실행할 권한이 있는 사람 등으로 구성
ⓑ 조직 구성원은 편안하게 문제를 제기할 수 있도록 서로 능력이 비슷하지만 반드시 다양성을 갖는 구성이 되어야 함

ⓒ 외부전문가를 활용할 경우 구성원이 의존하려는 경향을 유의해야 함
ⓓ 조직의 난제를 해결하는 가장 큰 장애는 구태의연한 시각과 방법임
ⓒ 질의 및 성찰 : 액션러닝에서 가장 중요한 요소
  ⓐ 질의 : 액션러닝은 적절한 답변보다 적절한 질문에 더 큰 비중을 둠. 책·강의 등 기존 프로그램화된 지식에 의존하는 대신, 질문을 통해 새로운 지식이 필요한 분야가 무엇인지를 확인하며, 지식을 재조직할 수 있는 계기가 됨
  ⓑ 성찰 : 참가자는 행동, 실험, 경험에 대한 성찰을 통해 경험의 결과나 파급효과를 고찰하게 되며, 이는 새로운 방법을 적극 숙고하게 되며, 다른 상황에서 얻은 지식을 활용할 수 있게 됨
ⓔ 실행의지
  ⓐ 액션러닝 그룹은 아이디어만 제안하는 그룹이 아니라, 직접 실행하는 그룹이어야 함
  ⓑ 다른 사람이 실행하게 될 보고서·제안서를 작성하는 일은 구성원의 의지, 효율성, 학습의 저하 등을 가져올 수 있음
ⓜ 학습의지
  ⓐ 액션러닝은 문제해결을 통해 즉각적·단기적 이익을 얻는 것이 목적이 아니라, 학습한 내용을 전 조직과 개인의 삶에 적용하는 것에 의미를 둠
  ⓑ 참가자의 시급한 프로젝트 처리가 아니라 과제 원인을 찾는 것이 우선임을 알려서 개인, 팀, 조직의 지식과 역량을 강화해 나가야 함
ⓗ 촉진자(facilitator)
  ⓐ 촉진자는 구성원이 지속적으로 학습하고 자신감을 기르며 새로운 아이디어를 발전시킬 수 있도록 환경을 조성해야 함
  ⓑ 촉진자는 액션러닝 참가자가 진행 상황과 문제해결 방법에 대해 성찰할 수 있도록 도와줌
  ⓒ 촉진자는 참가자의 상호작용·다양한 행동을 성찰하도록 요청할 수 있으며, 문제해결 과정에 개입하기도 하고, 구성원이 학습한 것을 성찰하도록 시간을 조정하기도 함

③ 액션러닝 프로세스
분석과 여건 조성, 개발, 운영, 평가와 사후관리의 4단계로 구분하며, 다시 각 단계의 하위 단계로 10단계의 프로세스로 구성됨
각 단계는 시간적으로 동시에 또는 역순으로 진행될 수 있음
㉠ 1단계 : 요구분석 단계
  ⓐ 프로그램을 통해 얻고자 하는 결과를 구체화하는 단계(프로그램의 실시 목적)

　　ⓑ 조직 또는 팀의 잠재요구(potential needs)를 발견하고 정의하는 작업, 교육 대상 집단의 특성을 분석하고 기업 특유의 액션러닝 프로그램의 핵심성공요인을 탐색하는 작업 등이 진행됨
ⓒ 2단계 : 성공여건을 조성하는 단계
　　ⓐ 조직 최고경영층을 상대로 액션러닝의 개념과 운영 프로세스 관련 설명회를 실시함
　　ⓑ 이를 통해 스폰서를 확보하고 지지를 획득하며 과제선정위원회를 구성하고 과제선정 절차를 확립함
　　ⓒ 과제선정 절차를 확립하고 나면 과제해결을 통해 얻고자 하는 결과를 정의하고 교육 참가자를 선발함
ⓒ 3단계 : 액션러닝 프로그램 <u>전체를 설계하는</u> 단계
ⓔ 4단계 : <u>집합교육 프로그램</u>을 개발하는 단계
　　ⓐ 액션러닝 관련 모듈(프로그램의 개별 요소)을 개발하고 액션러닝과 각 모듈 간의 관계를 명확하게 하는 작업을 수행함
　　ⓑ 필요하다면 사내 강사 양성과정을 추가로 개발하고 운영할 수 있음
ⓜ 5단계 : <u>액션러닝 워크북을 개발하는</u> 단계
워크북에는 주로 액션러닝 운영 프로세스와 과제선정 기준 및 절차, 학습팀 미팅 운영방법 및 운영양식, 학습팀 운영원칙(ground rules), 과제 제출 방법 및 양식, 학습과제의 평가 기준 및 방법 등의 내용을 제시함
ⓗ 6단계 : <u>가상공동체</u>(cyber community)를 개발하는 단계
참가자 간의 의사소통 및 정보교류, 운영팀과 참가자, 스폰서와 촉진자 간의 의사소통의 기능을 하고 조직 내 액션러닝 지원 분위기를 형성함
ⓢ 7단계 : <u>촉진자(facilitator) 양성</u> 과정
조직 내 여러 학습팀 간의 방향을 통일하고 촉진자 간의 노하우를 공유할 수 있음
ⓞ 8단계 : 운영 단계
과제선정위원회, 집합교육, 학습팀 미팅, 가상공동체, 촉진자 양성 및 촉진자 그룹 등 크게 5가지 영역에서 이루어짐
ⓩ 9단계 : 결과 발표, 평가 및 평가결과 활용 단계
　　ⓐ 학습 결과 발표회를 운영할 수 있는데, 액션러닝 결과를 발표하고 그간 노고를 치하하기 위한 축하의 장
　　ⓑ 인사반영 등의 목적에 필요할 경우, 평가회 외의 학습결과 평가를 위한 워크숍(workshop)을 실시할 수 있음

ⓒ 10단계 : 사후관리 단계
　　ⓐ 액션러닝 프로그램에 참가했던 참가자를 지속적으로 사후관리(follow-up)하는 단계
　　ⓑ 참가자들이 학습결과를 자신의 업무나 개인 측면에서 활용 여부를 확인함
　　ⓒ 참가자 외의 스폰서를 대상으로 사후관리도 이루어지는데, 액션러닝 프로그램을 통한 과제실행 계획 및 문제해결 결과의 지속적 추진 여부 및 성과를 확인함

■ 액션러닝 개발 프로세스

분석과 여건조성	개발	운영	평가와 사후관리
1. 요구분석 • 프로그램실시목적 • HRD 토대분석	3. 전체설계 • 프로그램 구조설계 • 프로그램 프로세스 설계	8. 운영 • 과제선정위원회 • 집합교육 • 학습팀 미팅 • 가상공동체 • 촉진자 양성 및 촉진자와 학습팀 미팅	9. 결과발표, 평가 및 평가 결과 활용 • 결과발표회 또는 평가워크숍 • 인사반영 또는 사내 외 홍보
2. 성공여건조성 • 액션러닝 이해도모 • 스폰서 확보	4. 집합교육프로그램 • 액션러닝 관련모듈 • 각 모듈과 AL간의 관계 명확화		
	5. 액션러닝 워크북 • AL진행 concept • AL참가자와 운영자를 위한 가이드라인		10. 사후관리 • 참가자대상 사후관리 • 스폰서대상 사후관리
	6. 가상공동체 • 정보공유기능 • 사내 KMS와 연계		
	7. 촉진자 양성과정 • 사내 외 촉진 대상 • 촉진자 스킬		

(2) 교수·학습 방법

1) 강의(lecture)

① 의미 : 강의는 가장 오랫동안 가장 널리 보급된 교육훈련 방법
　교수자의 지식과 정보, 기술이나 기능, 철학과 신념을 언어를 통해 자세하고 체계적

으로 설명하여 학습자를 이해·공감시킴으로써 교수자의 견해를 받아들이게 하는 방법
- ② 강의법 사용
  - ㉠ 주로 강사가 짧은 시간 내에 많은 양의 정보를 제공하고자 할 때
  - ㉡ 학습자가 강의내용을 이해할 수 있는 충분한 경험과 명확한 학습동기를 가지고 있을 때
  - ㉢ 학습자의 인원이 다른 기법을 사용하기에 다소 많을 때
- ③ 장점
  - ㉠ 경제적임. 교수자 한 사람이 많은 인원의 학습자를 대상으로 강의할 수 있으며, 비교적 짧은 시간에 많은 내용을 전달함으로써 시간과 비용을 절약 가능
  - ㉡ 새로운 지식을 전달하거나 수업의 첫머리에 수업을 안내하거나 개요를 설명할 때, 수업의 끝부분에 수업내용을 요약하고 강조하고자 할 때 매우 유용함
- ④ 단점
  - ㉠ 교수자가 학습자의 참여를 유도한다고 해도 교사 중심으로 수업이 진행되기 때문에 학습자가 수업에 적극적으로 참여할 기회가 적음
  - ㉡ 교수자가 학습자 개인별 차이를 고려하기 어려움
  - ㉢ 교수자 능력이 모자라거나 수업 준비가 철저하지 않을 경우 비효과적인 강의가 진행됨
- ⑤ 유의 사항
  - ㉠ 강사는 학습자를 파악하고 이를 적극 활용해야 함
  - ㉡ 강사는 세부적인 내용으로 들어가기 전에 학습내용이나 시간 등의 교육에 대한 전반적인 조망을 제시해 주어야 함
  - ㉢ 강의는 어려운 것보다 쉬운 것부터 시작하는 것이 좋음

2) 토의(discussion)
- ① 의미
  - ㉠ 토의 방법은 교수자와 학습자 간, 학습자 상호 간의 커뮤니케이션이 활발하게 일어나는 교수법
  - ㉡ 집단 구성원이 구두 표현을 통해 서로 의견을 발표함으로써 각 개인이 해결할 수 없는 문제를 공동의 집단사고로 해결하려는 방법
- ② 특징 : 토의 방법은 학습자들에게 피드백, 명확한 설명, 관점을 공유할 기회를 제공함으로써 일방적인 강의법의 한계를 극복할 수 있으며, 간단한 정보나 지식의 습득보다는 고차적인 인지능력의 함양에 더 적합한 방법

③ 토의법 유형

그룹 토의, 강의식 포럼, 심포지엄, 패널, 토론, 대화, 버즈 그룹 등

㉠ 그룹 토의(group discussion) : 2명이나 그 이상의 사람이 의견, 경험, 정보를 나누고 함께 아이디어를 제시한 후 평가를 하는 방식으로 진행됨. 그룹토의에서 참가자는 합의나 더 나은 의견을 도출하기 위해 서로 협동함

㉡ 강의식 포럼(lecture forum) : 한 사람이 강의도 하고, 특정 부분에 대해 질문도 받는 형식으로 진행됨

㉢ 심포지엄(symposium) : 소수의 사람이 깊이있게 연구하여 발표하는 토의법으로, 어떤 주제를 소수 사람이 여러 측면으로 각각 체계적으로 연구하여 발표하고 청중이나 사회자가 질문하고 응답하는 방식. 3명이나 그 이상의 사람들이 서로 다른 시각으로 짤막한 발표를 하고 난 뒤 사회자의 진행으로 질문과 답변을 하는 방식으로 진행되는 토의법

㉣ 패널(panel, 배석토의) : 3명이나 그 이상의 사람들이 그룹 앞에서 특정 주제에 대해 토의를 한 후 사회자의 진행으로 그룹 토의를 하는 방식으로 진행됨. 패널 토의는 심포지엄과 유사한 형식으로 진행되는데, 심포지엄이 발표자와 사회자 사이에서만 상호작용이 일어남

㉤ 토론(debate) : 2명의 발표자가 사회자의 진행으로 하나의 주제를 놓고 서로 다른 관점에서 발표하는 방식

㉥ 대화법(conversation) : 두 사람이 참가자 앞에서 주제에 관해 자유롭게 토의하는 방식

㉦ 버즈 그룹(buzz group) : 큰 집단을 5~10여 명의 소집단으로 나누어 주제를 토의하고, 나중에 큰 집단으로 모여 결과를 보고하는 방식의 토의법

3) 사례연구(Case Study)

① 의미

㉠ 특정 개체를 대상으로 하여 그 대상의 특성이나 문제를 종합적이며 심층적으로 기술·분석하는 것

㉡ 강의자가 실제적인 상황을 이용하여 만든 사례를 통해 학습자의 문제해결 능력을 함양시키는 교수방법

㉢ 사례연구법은 1871년 하버드대 Christopher Columbus Langdell 교수가 창안

② 사례 선정시 점검사항 : 사례연구의 핵심은 적절한 사례에 있음

㉠ 사례가 현실성이 있는지 검토할 필요가 있다.

㉡ 실제적인 해결방안이 나올 수 있을 정도의 충분한 자료가 사례에 수록되어 있어야 한다.

　　　ⓒ 강사가 학습자에게 학습시키고자 하는 이론이나 원칙이 사례에 반영되어 있어야 한다.
　　　ⓔ 제한된 시간 내에 마칠 수 있는 정도의 수준인지를 점검해야 한다.
　③ 사례 제작 절차

교육대상자 선정	먼저 사례연구를 사용할 교육대상자를 선정해야 함
⇩	
학습목표 작성	그 대상자에 따라 교육시킬 이론이나 원칙을 골라 학습목표를 작성해야 함
⇩	
사례 제작	• 신문기사, 방송물, 개인적 경험, 우화, 인터뷰 등을 참고하여 학습목표 달성을 위해 적합한 상황을 토대로 사례를 만든 후 사례 제목을 결정함 • 사례 내용을 정리한 뒤, 학습목표를 달성할 수 있는 질문을 만듦
⇩	
Pilot test	개발된 사례를 학습자 전체에게 배포하기 전에 이를 테스트
⇩	
수정 및 보완	테스트하고 수정 및 보완함
⇩	
학습자에게 적용	학습자 전체에게 배포

　④ 학습자의 활동 과정
　　　㉠ 사례의 문제점을 확인하게 되고, 그 중 중요한 것과 덜 중요한 것을 선별함
　　　㉡ 문제를 분석하고 차이(gap)를 시정하기 위한 논리적 사고를 적용하며, 문제해결 방법을 고안함
　　　㉢ <u>일반적 문제해결 과정</u> : 중요한 사실을 재진술함 → 사실로부터 추론함 → 문제를 기술함 → 대안적 해결책을 개발하고 난 후 각각의 결과를 기술함 → 행동 과정을 결정하고 지원함

4) **야외훈련**(outdoor education)
　① 의미 : 학습자들이 직접 신체적 체험을 함으로써 학습자들 간의 공동체 의식과 성취의식을 기를 수 있는 교수기법
　② 장점 : 최근 기업교육에서 많이 쓰는 기법으로, 의사소통이나 신뢰 및 인식을 강화하기 위한 자극적인 기회를 제공함

③ 단점
  ㉠ 학습자들이 직접 야외 활동을 하는 것이기 때문에 돌발 상황이 발생할 가능성이 있으며, 이로 인해 학습자나 교수자가 부상을 입는 경우가 발생함
  ㉡ 야외훈련은 지식·기술·정보 등을 직접 학습자에게 전달하지 않고, 대인관계기술이나 정서적 측면의 교육적 효과를 목적으로 하기 때문에 그 결과가 비가시적
  ㉢ 일부는 야외훈련이 그 효과에 비해 많은 비용과 시간을 소모하기 때문에 비효율적이라고 주장함

5) 경영자 코칭(executive coaching)
  ① 의의
    ㉠ 최근 기업에서 리더에 대한 개발 목적의 개입방안 중 개인 관점의 코칭에 대한 관심이 많아짐. 코칭을 받는 리더는 상위계층 경영자이기 때문에 임원코칭이라 불림
    ㉡ 코치(코칭을 제공하는 사람)는 내부 컨설턴트 또는 외부 전문가일 수도 있으며, 과거에 성공했던 경영자·경영 컨설턴트로서 폭넓은 전문성을 가진 행동과학자가 되기도 함
  ② 주요목적
    ㉠ 관련 기술의 학습을 촉진함
    ㉡ 코치는 전면적 변화를 실행하고, 구체적인 도전과제(예 까다로운 상사에 대처하며 서로 다른 문화권에서 온 사람들과 일하는 것)를 처리하는 방법에 대해 조언을 해줌
    ㉢ 코치를 활용하면 <u>쟁점문제를 토의할 기회와 쟁점을 이해하고 유익한 객관적인 피드백과 대안을 제공할 수 있으며, 완전한 비밀을 유지할 수 있는 사람과 함께 아이디어를 시도해 볼 수 있는 기회를 가짐</u>
    ㉣ 코치가 강화해 줄 수 있는 행동과 기술 유형 : 경청, 의사소통, 영향력 행사, 관계 구축, 갈등처리, 팀빌딩, 변화의 착수, 회의 진행, 부하 개발 등
  ③ 장점 : 공식적 훈련에 비해 편의성, 비밀유지, 유연성, 개인에 대한 배려 등
  ④ 약점
    ㉠ 제한된 시간 동안 사용할 경우조차도 <u>일대일 코칭의 비용이 높음</u>. 이는 주로 경영자에게만 코칭을 사용하는 이유가 됨
    ㉡ 유능한 코치가 부족함. 경영자와 좋은 업무관계를 유지해서 객관성과 전문성을 유지할 수 있는 코치를 찾는 것이 중요함
    ㉢ 잠재적 문제점을 피하기 위해서 조직은 경영자 코치의 선택과 이용에 관해 분명한 지침을 정해야 함

6) 게임법

① 의미
- ㉠ 게임의 속성을 이용한 학습방법으로, 문제해결 및 의사결정 능력을 향상시키기 위한 교수방법
- ㉡ 학습자가 흥미로운 환경을 제공받고, 그 안에서 정해진 규칙에 따라 열심히 노력하면 목적에 달성할 수 있는 경쟁적·도전적 요소를 첨가한 학습 환경임

② 특징
- ㉠ 학습자 개개인에게 팀이 제시한 목표를 달성하도록 하기 위해 구성원 상호 간 혹은 자신이 접하는 환경에 대해서 어떤 태도를 가져야 할 것인가를 통찰해 볼 수 있도록 하기 위한 방법
- ㉡ 강의실에서 모의 실행기법으로 이루어지지만 실제생활에서 야기되고 있는 실제 여건을 반영할 수 있어야 함

③ 장점
- ㉠ 체험적 학습으로 참여자에게 현실감을 심어줄 수 있으며, 학습 참여자 전원이 게임에 참가하기 때문에 동료 간 상호학습이 이루어짐
- ㉡ 학습속도가 매우 빨라서 참여자의 순발력을 개발하는 데 도움이 되며, 학습자의 몰입을 유도할 수 있음

④ 단점
- ㉠ 학습목표를 상실하고 과열한 경쟁심만 유발시킬 가능성이 있으며, 지나치게 흥미만 강조하게 되어 학습목표를 상실하기도 함
- ㉡ 게임 자체의 설계가 잘못되어 학습활동의 목적과 결부되지 않을 수 있으며, 일반 강의식 수업보다는 학습시간이 많이 소요됨

7) 역할연기(role playing)

① 의미
- ㉠ <u>2명 혹은 그 이상의 교육생에게 다른 사람들 앞에서 배정된 역할을 연기하도록 하는 방법</u>
- ㉡ 역할연기법은 1900년대 초 미국 정신과 의사들이 환자들의 역할극(role playing)을 통하여 정신건강 회복을 위해 이용한 방법
  - ✪ 역할 : 하나의 기대되는 행동유형으로 타인과의 상황, 시선에 대한 감정들은 사람들의 행동에 영향을 주며 사람들의 다양한 상황에서 책임을 다하는 방법
  - ✪ 연극의 3요소 : 배우, 무대, 관객

② 목적 : 학습자의 감정에 대한 탐구, 학습자의 태도·가치·인식에 대한 통찰력의 획득, 문제해결 스킬과 태도의 개발, <u>다양한 방식을 통한 주제에 대한 탐구</u>

③ 역할연기 활동 절차 ☑ 기출

그룹 준비시키기 (warm up the group)	문제를 규명하고 소개하고, 이를 명확하게 하며, 문제 상황을 해석하고 이슈를 탐구하며, 역할연기에 대해 설명함
⇩	
참가자 선정하기 (select participants)	역할을 분석하고, 역할연기자를 선정함
⇩	
무대 준비하기 (set the stage)	연기 동선을 준비하고, 역할을 재진술하며, 문제 상황을 이해하는 활동을 함
⇩	
관찰자 준비시키기 (prepare the observers)	관찰 포인트를 결정하고, 각 관찰자별 관찰 과업을 할당함
⇩	
역할 연기하기 (enact)	본격적인 역할연기를 시작하고 이를 유지함
⇩	
토론 및 평가 (discuss and evaluate)	역할연기 중 잠깐의 휴식(break)을 가지는데, 이 때 역할연기 활동에 대해 리뷰하고 중요한 초점에 대해 논의하며 다음 연기의 개발에 대해 논의하고 평가하는 활동을 함
⇩	
재역할 연기하기 (reenact)	다시 수정된 역할을 연기함
⇩	
토론 및 평가 (discuss and evaluate)	역할연기가 모두 끝난 다음 역할연기 활동에 대한 2차 논의 및 평가를 함
⇩	
경험 공유 및 일반화 (share experience and generalize)	문제 상황과 실제 경험 및 현재 상황을 연계하고 행동의 일반적 원칙을 탐구하는 경험 공유 및 일반화 단계를 거쳐 역할연기 활동을 종료함

8) 인바스켓 기법(in-basket method)

① 의미 : 교육훈련 상황을 실제 상황과 비슷하게 설정하는 것으로, 주로 문제해결 능력이나 계획 능력을 향상시키는 교수방법

② 인바스켓 기법에 의해 개발되는 능력 : 우선순위를 정하고 사안 간의 관련성, 추가적 정보요구 등에 관한 상황판단능력, 보고서 작성 기법, 회의 개최 계획, 의사결정과 대안모색에 관한 자율성 등

> **보충** in-basket 사례
>
> 먼저 학습자는 메일을 통해 제시된 일련의 자료를 검토하게 된다.
> 중요하고 긴급한 문제(확보자재 재고 소진의 위험, 고객의 불평, 상급자의 보고 요청 등)뿐만 아니라, 일상적 업무(만찬회 연설 요청, 회사야유회 날짜결정 등)가 혼합된 자료들을 받게 된다. 학습자는 이러한 자료를 이용하여 정해진 시간 안에 내린 여러 의사결정에 관해 분석·평가를 받게 된다.

9) **행동모델링(behavior modeling)**

① 의미
  ㉠ Bandura의 사회학습이론에 기초를 두고 있으며, 많은 행동 패턴은 다른 사람의 행동으로부터 학습된다고 전제함
  ㉡ 사회학습이론의 두 유형
    ⓐ 모방학습 : 인간이 연상적인 환경과의 관계에서 의도적·무의식 중에 새로운 것을 모방하는 과정을 통해서 학습하는 것
    ⓑ 관찰학습 : 대부분 인간의 행동이 타인을 관찰하고 그를 본보기로 삼아 행동을 수행함으로써 학습된다는 것

② 행동모델링 기법을 통한 학습의 구성요소
  모델의 행동, 행동의 결과에 따른 강화, 학습자의 인지적 과정
  ㉠ 모델의 행동 : 관찰자, 즉 학습자에게 정보를 전달하는 것. 살아있는 모델, 상징적 모델, 언어적 설명·교수 등이 포함됨
  ㉡ 행동의 결과에 따른 강화 : 학습과정을 촉진하는 역할을 하며, 학습을 일으키기 위한 필요조건은 아님
  ㉢ 학습자의 인지적 과정 : 학습자의 행동이 강화 연습에 의해 조성되기보다 오히려 인지적인 과정에 의해 안내받는 것임을 의미함

③ 행동모델링에 의한 학습 과정(≒사회학습이론)
  주의집중 과정 → 파지 과정 → 운동재생산 과정 → 동기화 과정
  ㉠ 주의집중 과정 : 학습자는 모델의 특성과 행동의 기능적 가치 등 모델에게 주의를 기울임
  ㉡ 파지 과정 : 학습자는 일정 시간이 경과한 후 모방하기 위해서 모델의 행동을 기억장치에 저장하게 되는데, 이때 저장을 용이하게 하기 위해 상상 등을 통한 내적 시연과 직접 해보는 외적 시연 방법을 활용함
  ㉢ 운동재생산 과정 : 학습자가 관찰한 행동을 정확하게 표현하는 과정
  ㉣ 동기화 과정 : 학습자로 하여금 행동을 수행하도록 하기 위해 충분한 유인과 동기를 필요로 함

10) 경영게임 및 시뮬레이션

① 의미 : 피훈련자는 모의 게임을 통해 복잡한 문제를 분석하고 결정을 내려야 하며(사례와 공통점), 피훈련자는 자신이 내린 결정의 결과를 다루는데, 결정을 내린 후에 발생한 결과에 대해 피드백을 받게 됨(사례와 차이점)

② 경영게임
계량적 재무정보를 강조하며 공식 훈련 프로그램에서 배운 분석 및 결정기술을 연습하기 위해 사용됨

③ 시뮬레이션
  ㉠ 시뮬레이션은 경영게임에서 발전하였지만, 인간관계 사례·역할연기·인바스켓·집단문제해결 실습 등의 훈련방법과 많은 특징을 결합함
  ㉡ 대단위 시뮬레이션은 인지기술과 의사결정만큼 대인관계 기술을 강조함
  ㉢ 대단위 시뮬레이션의 실제
    ⓐ 대단위 시뮬레이션은 전형적으로 여러 사업부문을 가진 하나의 가상조직을 다룬다. 참가자는 조직에서 서로 다른 직위를 배정받으며, 1~2일 동안 관리자로서 책임을 실행한다.
    ⓑ 시뮬레이션 전에 참가자는 광범위한 배경 정보(조직의 제품과 서비스에 대한 기술, 재무보고서, 산업 및 시장조건, 조직도, 직위의 의무와 책임 등)를 제공받는다. 참가자는 실제 조직처럼 전략 및 운영에 대한 의사결정을 내리며, 서로의 결정에 반응을 보이지만, 경영게임과 달리 그들이 내린 의사결정의 재무 결과에 대한 정보는 받지 못한다.
    ⓒ 시뮬레이션이 끝난 후 참가자는 집단과정과 개인의 기술 및 행동에 대한 피드백을 받는다. 참가자의 행동·결정을 지켜본 관찰자가 피드백을 제공한다.
  ㉣ 피드백 : 피드백은 시뮬레이션의 가장 핵심적 성공요인이 됨. 동일 집단의 참가자들에게 주는 피드백은 그들이 의사결정과 갈등해소과정을 이해하고 개선하기 위해 사용될 수 있음

> **보충 미시뮬레이션 사례 : 거울회사**
>
> 가장 잘 알려진 시뮬레이션 사례로는 CCL(center for creative leadership)에서 개발한 비지니스 시뮬레이션 '거울회사(Looking Glass, Inc.)'가 있다.
> ㉠ 시뮬레이션에 참여한 회사 관리자 대부분은 의사결정을 성급하게 내렸으며, 문제의 본질과 이용 가능한 기회를 파악하기 위해 정보를 수집하기보다는 자신이 내린 결정을 정당화시키기 위해 정보를 수집하였다.
> ㉡ 시뮬레이션이 끝난 후 피드백을 하였는데, 참가자는 자신의 비효과적인 행동을 인식하게 되었고 이것은 회사 문화와 일치하였다.

④ 한계 및 대책
  ㉠ 한계
    ⓐ 짧은 기간 게임에 참여함으로써 참가자는 시간 경과에 따른 일련의 행동조치들이 반드시 포함되어야 하는 행동을 효과적으로 사용하기 어려움
    ⓑ 경영게임과 시뮬레이션에 대한 연구들은 리더십 개발에 유용하지만, 어떤 유형의 학습이 일어나는지, 학습을 촉진하는 조건은 무엇인지를 파악하기 위한 연구가 더 필요함
    ⓒ 시뮬레이션에 참여한 참가자가 대인기술과 문제해결기술을 자동적으로 학습한다고 가정하였으나, 폭넓은 준비와 시뮬레이션 동안 구체적인 피드백과 지도를 통한 계획적 개입, 훈련 후에 학습한 교훈에 대한 집중적 토의가 필요함
  ㉡ 해결책 : 장기간에 걸쳐 진행되고, 보다 도전적인 개발활동을 통합하며, 참가자 행동과 조직에 미치는 결과에 대해 더 많은 피드백을 받을 수 있게 설계되어야 함

제2절 혁신전파이론

혁신전파이론(innovation diffusion theory, 개혁의 확산)은 농촌지도의 대표적 이론으로, 사회일반에서 혁신의 사회적 분위기가 고조되면서 가장 대표적인 혁신 이론으로 재조명되고 있으며, 기업에서 핵심인재 선발 및 새로운 아이디어 창출에서도 가장 지배적 이론으로 부각됨

1 등장 배경

(1) 혁신의 개념과 발생배경

① 혁신의 의의

혁신은 혁신 그 자체로 가치가 있는 것이 아니라, 다른 사회문화적 체계로 전파됨으로서 그 가치가 생기는 것이다. 농업연구기관에서 새로운 기술을 개발하였다 하여 가치가 있는 것이 아니라, 새로운 기술이 적용대상자인 농민들에게 전달됨으로써 비로소 그 가치가 생기는 것이다.

㉠ Schumpeter : 기업가의 창조적 활동에 의한 혁신적 생산방법 또는 생산수단의 새로운 결합을 통한 기술혁신

> **참고 슘페터의 혁신**
> ㉠ 혁신은 기업활동에 새로운 방법이 도입되어 획기적인 새로운 국면이 나타나는 현상
> ㉡ 생산기술의 변화만이 아니라 새로운 경영기법의 도입, 새로운 상품의 개발, 새로운 시장의 개척, 새로운 경영조직의 결성, 새로운 생산방법의 도입, 새로운 자원의 획득 등을 포함하는 넓은 개념, 블루 오션(blue ocean) 전략 필요함
> ㉢ 혁신 = 창조적 파괴(creative destruction)의 과정
> ㉣ 이윤발생의 원천이자 자본주의 경제발전의 원동력
> ㉤ **기업가 정신** : 혁신에는 상당한 위험 부담이 따르는데 이러한 위험을 무릅쓰고 혁신을 추구하는 기업가의 모험적이고 창의적인 의지

㉡ Jewkes : 혁신과정으로서 과학·발명·개발의 세 단계를 들고, 기술혁신이란 세 가지 현상의 복합적 생성물이라고 정의함

② 혁신의 발생 배경

㉠ 사회·문화적 배경 : 사회·문화적 조건에 대한 관심을 갖는 것이다.
㉡ 개인적 배경 : 새로운 혁신사항을 구상하는 것은 결국 개인이기에 어떤 동기에서 사람들이 새로운 것을 창안하느냐 함을 알아보는 것이다.

③ 혁신발생에 영향을 주는 사회문화적 요인(Barnett)
　㉠ 아이디어의 집적 : 한 사회가 가지고 있는 문화적 유산의 양과 질에 맞는 수준에서 혁신이 결정된다.
　㉡ 아이디어의 집중 : 아이디어의 축적은 혁신발생의 최소한의 조건일 뿐이다. 사회적 정보도 서로 분산되지 않게 재결합하고 수정하여야만 혁신이 쉽게 발생한다.
　㉢ 공동노력 : 여러 개인이 협동하면서 새로운 것을 탐구할 때 새로운 사업이 개발될 가능성이 크다.
　㉣ 이질적 요소 간의 접합 : 서로 다른 가치관, 사물, 관습들이 접촉을 하게 되면 질적으로 전혀 새로운 것이 나타날 가능성이 크다.
　㉤ 변동의 기대 : 새로운 것, 즉 혁신을 기대하는 분위기 속에서는 혁신이 일어날 가능성이 크다.
　㉥ 권위주의 : 사회적으로 권위주의나 보수주의가 팽배할수록 혁신의 발생이 일어날 가능성이 줄어든다.
　㉦ 경쟁 : 경쟁적 분위기는 인간의 욕망을 자극하여 혁신을 가능하게 한다.
　㉧ 기존가치의 변혁 : 종래의 사회적 위치나 규범, 가치관 등의 변혁이 일어날수록 혁신의 가능성이 크다.

④ 혁신을 창조하는 사람들의 특성
　㉠ 명예욕 : 비범한 인간이 되고 싶다는 욕망, 새로운 아이디어에 대한 독점욕, 타인의 모방대상이 되고 싶은 욕망 등으로, 이는 혁신자에게서 나타난다.
　㉡ 긴장해소의 욕구 : 사람은 내외의 여러 가지 끊임없는 자극과 행동에 대하여 반응하고 적응하는데, 이런 반응과 적응의 과정 중에 혁신이 발생한다.
　㉢ 자아규정의 욕구 : 자아규정이란 자기를 하나의 지속적이며 통합된 실체로 유지하려는 욕구인데, 이 욕구가 강할수록 새로운 사항을 많이 창출한다.
　㉣ 창작욕구 : 새로운 것을 만들어 내는 행위 그 자체, 즉 창작욕구가 강한 사람일수록 혁신창출의 가능성이 높다.
　㉤ 기피의 욕구 : 주어진 생활양식에 불만을 품는 사람일수록 현실조건의 변경으로써 새로운 사항을 창출하고자 한다.
　㉥ 보상적 욕구 : 원래 목적하던 바를 실패하여 욕구좌절을 당했을 때 그 보상작용의 형태에는 여러 가지가 있는데, 혁신과 관련되는 반응형식에는 우회·공격과 새로운 욕구 등이 있다.

(2) 혁신전파이론의 등장배경

① 제1·2차 세계대전 이후
　㉠ 세계적으로 전후 피해 복구, 자국 식량증산, 안정적 식량 확보를 최우선과제로 선

정하고 농업개혁과 신기술 보급에 중점을 두던 시기
ⓛ 농업의 새로운 아이디어를 개발·보급하는 데 농업인은 아이디어를 수용하는 데 시간적 차이를 보임. 이렇게 농업인이 새로운 아이디어를 채택하는 데 개인차가 있는 것은 단순히 경제적 이유 외에도 다른 요인들이 작용할 것으로 생각하면서 전파연구(diffusion research)의 시작 계기가 됨

② 1950년대 이후
㉠ 미국 등 선진국에서 지도요원에게 혁신의 전파과정을 교육시킴
ⓛ 대학에서도 농촌지도방법에 대한 강좌가 개설되어 혁신전파에 대한 교육이 이루어짐
ⓒ 아이오와 주립대의 확산연구 : Ryan & Gross의 옥수수 교잡종 전파에 관한 연구로 확산연구의 중심지가 됨. 농민을 대상으로 인터뷰를 통해 혁신의 수용성 요인들을 밝히려는 노력과, 그 이후 혁신전파 연구의 주요 방법이 됨

③ 1960년대
㉠ 1962년 미국 농촌사회학과 커뮤니케이션 분야의 학자인 E. Rogers가 『혁신의 전파(Diffusion of Innovations)』를 출간하면서 이론을 체계화시킴
ⓛ 로저스는 농업 혁신의 전파 과정을 분석하던 중 유치원·학교에서 교육의 확산 연구에서도 농업혁신 전파와 유사한 결과를 보임 → 이후 확산연구 결과를 정리하여 보편적 확산 모델을 구축
ⓒ 혁신 전파에 대한 연구는 최초 농업 혁신에서 시작되었으나 다른 학문 분야로 확대됨. 로저스는 농촌사회학에서 커뮤니케이션학으로 학문 영역을 옮기면서 다양한 영역에 혁신전파이론을 적용·설명하였으며, 혁신전파이론이 모든 혁신의 전파에 적용될 수 있다고 주장

④ 국내 소개
㉠ 1962년 에버릿 로저스가 『혁신의 전파』를 출판하면서 소개됨
ⓛ 혁신전파이론이 세계적으로 농촌지도사업의 가장 핵심 모델이며, 최민호(1988, 1995)의 『농촌지도론』에서 간략히 소개됨

⑤ 의사전달과정 VS 혁신전파과정

구분	의사전달과정	혁신전파과정
원천	모든 사람	발명자, 과학자, 변화촉진자
내용	모든 사항	혁신 사항
경로	전달매개 경로	전달매개 경로
수신자	사회체계 구성원	사회체계 구성원
효과	시간적·공간상의 결과	시간적·공간상의 결과

> **보충 의사전달**
>
> ① 의사전달 요소
>   ㉠ 의사전달자 : 의사전달의 주도자. 전달자는 전달사항을 보내려는 뚜렷한 목적의식을 갖고 있어야 함
>   ㉡ 전달사항 : 전달자가 수신자에게 전하려는 생각, 지식, 태도 등
>   ㉢ 전달방법 : 전달사항이 수신자에게로 전달되는 매개체
>   ㉣ 전달경로 : TV, 라디오, 신문, 그림 등
> ② 수용에 영향을 주는 요인 : 혁신의 특성, 혁신과정 요인, 사회구조적 요인, 지역사회의 특성, 외부 지원 등
> ③ 수신자의 행동 : 계속적 수용, 중절, 계속적 비판, 뒤늦게 수용

2 혁신전파이론

- 혁신전파이론의 핵심 개념 : 혁신(innovation), 전파(diffusion)
- Rosers의 혁신전파 : 혁신은 사회체제 내 의사결정자들 사이에서 시간 흐름과 함께 여러 경로를 통해서 전달되는 과정이며, 전파는 새로운 아이디어라고 인식되는 메시지의 파급에 관계되는 커뮤니케이션의 특수한 형태로 봄
  ✪ 커뮤니케이션 : 구성원 간 상호 이해를 위해 정보가 생산되고 공유되는 과정

(1) 혁신전파의 4요소

전파(확산) : ① 하나의 혁신(innovation)이 ② 시간(time)을 두고, ③ 사회체계의 구성원(member) 사이에서, ④ 특정 채널(channel)을 통해 커뮤니케이션이 이루어지는 과정(communication process)

혁신전파 4요소	혁신	새롭게 지각된 아이디어, 실체, 객체
	시간	(2) 혁신성, (3) 수용률, (4) 의사결정과정(지식, 설득, 결정, 실행, 확인)
	구성원	혁신자, 조기수용자, 조기다수자, 후기다수자, 지체자
	채널	매스미디어, 대인 채널

① 혁신(innovation)
  ㉠ 혁신(Rosers) : 개인 혹은 조직 등의 수용 단위에서 새롭게 지각된 아이디어(idea), 실체(practice), 객체(object). 어떤 아이디어가 최초로 사용되거나 발견된 이후에 시간이 지나 객관적으로 새로운 것인지 아닌지 판단하는 것은 크게 문제되지 않음
  ㉡ 혁신에서 새로움(newness)이란 반드시 새로운 지식을 의미하는 것은 아니며, 지식, 설득 또는 수용 여부의 결정과 같은 용어로 표현될 수 있음. 개인이 지각한 아이디어의 새로움은 개인의 반응을 결정하는데, 만일 어떤 아이디어가 개인에게 새롭다고 느껴지면 그 아이디어는 혁신에 해당됨

ⓒ 모든 혁신의 수용·전파가 반드시 바람직한 것만은 아님. 특정 상황의 개인에게 바람직하지만, 다른 상황에 있는 잠정 수용자에게는 그렇지 않을 수 있음
ⓓ 혁신전파이론에서 언급되는 새로운 아이디어는 기술적 혁신에 해당함
  ✪ 기술 : 원인-결과의 관계상에 내재된 불확실성을 줄이려는 도구적 행위의 디자인
  ✪ 기술의 구성요소 : 기술을 구체화하는 도구로 구성된 하드웨어 측면, 도구를 위한 지식으로 구성된 소프트웨어 측면

② 시간(time)

시간은 혁신성, 혁신의 수용률, 혁신-의사결정 과정과 관계가 매우 깊음

㉠ 혁신성 : 의사결정단위가 사회체계 내의 다른 사람보다 새로운 아이디어를 채택함에 있어 상대적으로 신속한 정도. 혁신성에 근거하여 사회체제의 구성원을 혁신자, 조기수용자, 조기다수자, 후기다수자, 지체자 등 5가지 유형으로 구분

㉡ 혁신의 수용률 : 혁신이 사회체계 구성원에 의해 채택되는 데 걸리는 상대적 속도

㉢ 혁신-의사결정 과정
  ⓐ 개인(또는 다른 의사결정 단위)이 혁신을 처음 인지한 후부터 개혁에 대한 태도 형성, 채택 여부 결정, 새로운 아이디어의 실행과 이용, 그러한 결정에 대한 확산에 이르기까지의 과정
  ⓑ 개인은 혁신의 기대된 결과에서의 불확실성을 줄이기 위해 혁신결정과정의 각 단계에서 정보를 추구함
  ⓒ 결정 단계는 혁신의 채택(취할 수 있는 최고의 행동과정, 혁신을 전적으로 이용하려는 결정) 또는 거부(개혁을 채택하지 않는 결정)를 선택

③ 사회체계 구성원(member)

㉠ 사회체계
  ⓐ 공동의 목표달성을 위해 함께 문제해결에 관여하는 상호 연결된 단위들의 집합
  ⓑ 사회체계는 체계 내 단위들의 정형화된 배치이며, 사회체계 내 인간 행동에 안정성과 규칙성을 부여해 줌
  ⓒ 사회체계의 사회구조나 커뮤니케이션구조는 혁신의 전파를 촉진 또는 방해하기도 함

㉡ 여론지도력(opinion leadership)
  ⓐ 의미 : 한 개인이 원하는 방향으로 다른 사람의 태도나 행동에 공식적으로 영향력을 행사할 수 있는 정도
  ⓑ 변화주도자 : 혁신대상자들로 하여금 변화주도체가 원하는 방향으로 혁신을 결정하도록 영향을 주려는 사람을 말함
  ⓒ 보조수행원 : 혁신주도자에 비해 덜 전문적이지만 잠재적 혁신 수용자의 결정에 영향을 주기 위해 그들과 잦은 접촉을 함

　　　ⓒ 혁신 결정의 형태
　　　　ⓐ **선택적 혁신 결정** : 사회체계 내의 다른 사람들의 결정과는 관계없이 개인에 의해 혁신의 채택이나 거부를 선택하는 것
　　　　ⓑ **집합적 혁신 결정** : 사회체계의 구성원의 합의에 의하여 혁신의 채택이나 거부가 선택되는 것
　　　　ⓒ **권위에 의한 혁신 결정** : 사회체계에서 권력이나 지위, 기술적 능력을 가진 비교적 소수의 개인들에 의해 혁신의 채택이나 거부가 선택되는 것
　　　　ⓓ **부수적 혁신 결정** : 혁신 결정의 세 형태 중 둘 이상의 연쇄적 혼합인 결정, 이는 혁신에 대한 최초의 결정이 내려진 뒤에 혁신의 채택이나 거부가 선택되는 것
　　　ⓔ **혁신의 결과** : 사회체계가 혁신에 영향을 미치는 마지막 방법, 혁신의 수용여부의 결과로 개인·사회체계에서 일어나는 변화
　④ **커뮤니케이션 채널**
　　　⊙ 의미 : 혁신 메시지를 한 개인에게서 다른 개인으로 전해주는 수단
　　　ⓒ 채널의 종류
　　　　ⓐ **매스미디어 채널** : 혁신의 존재를 알리는 데 효과적
　　　　ⓑ **대인 채널** : 새로운 아이디어에 대한 태도를 형성하거나 변화시키고, 채택 여부 결정에 영향을 미치는 데 효과적. 대부분 개인은 전문가에 의한 과학적 연구결과에 의한 혁신 평가보다 이미 혁신을 수용했던 지인들의 주관적인 평가를 통해 혁신을 평가함
　　　ⓒ 이질성
　　　　ⓐ 의미 : 상호작용하는 둘 이상의 사람들이 신념, 교육수준, 사회경제적 지위 등의 속성에 있어서 차이가 나는 정도
　　　　ⓑ 혁신에서 커뮤니케이션은 어느 정도 이질성이 존재하는데, 보다 효과적인 커뮤니케이션은 동질적인 사람 간에 발생하고, 이질성은 커뮤니케이션의 장애물이 되기도 함

(2) 혁신성 결정요인

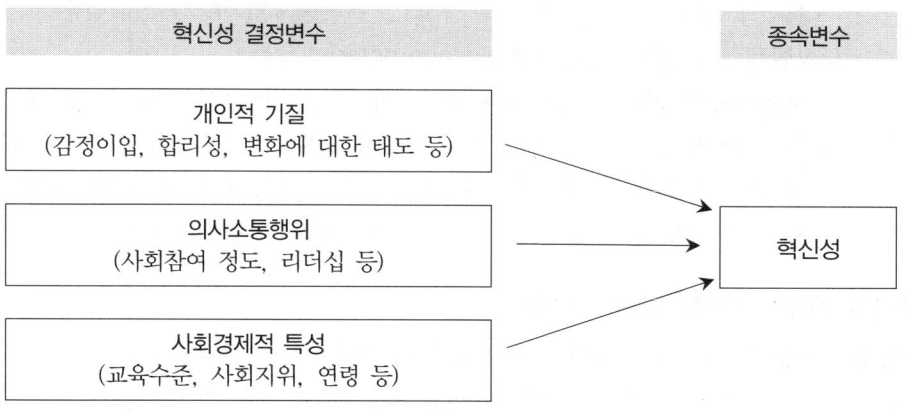

▪ 혁신성 결정요인

사회시스템 내의 개인은 혁신을 동시에 수용하지 않음
① 종속변수 : 혁신성(innovativeness)
  ㉠ 혁신성 : 혁신을 다른 사람보다 빨리 받아들이는 정도
  ㉡ 혁신전파 연구에서 혁신자(innovators)의 특성을 구명하는 연구가 가장 많은데, 연구자와 정책담당자는 농업 분야의 혁신기술 전파를 촉진하기 위해 변화촉진자인 지도기관을 통해 이루어지며, 기술을 빨리 받아들이는 농가는 새로운 기술의 효용성을 평가하는 역할을 담당함으로써 다른 농가의 기술수용에 큰 영향을 미치기 때문
② 독립변수 : 혁신성을 결정하는 개인특성
  ㉠ 개인적 기질(personality)
    ⓐ 개인적 기질 변수 : 감정이입(empathy), 합리성(rationality), 변화에 대한 태도 등
    ⓑ 조기수용자는 후기수용자에 비해 공감력이 더 뛰어나고, 덜 독단적이며, 추상적 개념을 다루는 능력이 더 탁월하고, 더 합리적이며, 더 지성적이고, 변화에 대해 더 우호적이고, 불확실성과 위험을 다루는 능력이 더 많고, 과학에 대해 더 우호적인 태도를 가지고, 덜 운명론적이고, 자아효능감도 크고, 공식교육·높은 신분의 직업 등에 대한 높은 열망을 가짐
  ㉡ 의사소통행위(communication behavior)
    ⓐ 의사소통 행위 변수 : 사회참여 정도, 리더십 등
    ⓑ 조기수용자는 후기수용자보다 사회참여의 정도가 더 높고, 사회체계의 대인 네트워크에서 상호 연결된 정도가 더 크고, 더 범지역적이고, 변화촉진자와 더

많은 접촉을 가지고, 대중매체와 더 많이 노출되고, 정보탐색이 더 활발하고, 혁신에 대해 더 많은 지식을 가지고, 여론지도력 정도가 더 높음
ⓒ 사회경제적 특성(socioeconomic characteristics)
ⓐ 사회경제적 변수 : 연령, 교육수준, 사회지위 등(연령은 혁신성과 무관함)
ⓑ 조기수용자는 후기수용자에 비해 공식적 교육을 더 많이 받았고, 더 지적이며, 더 높은 사회적 지위를 가지고 있으며, 높은 신분으로의 사회적 이동 정도가 크고, 대규모의 단위(농장, 회사, 학교 등)에 소속되어 있음

(3) 혁신수용률에 영향을 미치는 요인

수용률 : 사회시스템 내 개인들에 의해 혁신이 수용되는 상대적 속도
　　　　수용률은 일정 기간에 얼마나 많은 개인이 혁신을 선택하였는가로 측정
　　　　수용률이 높을수록 S자형인 누적수용률은 더 가파르게 나타남
　　　　혁신은 그 종류에 따라 수용률 속도와 최종 수용률에 차이가 있음
　　　　혁신이 갖고 있는 단체의 특성이 수용률 변량의 49~87%를 좌우함

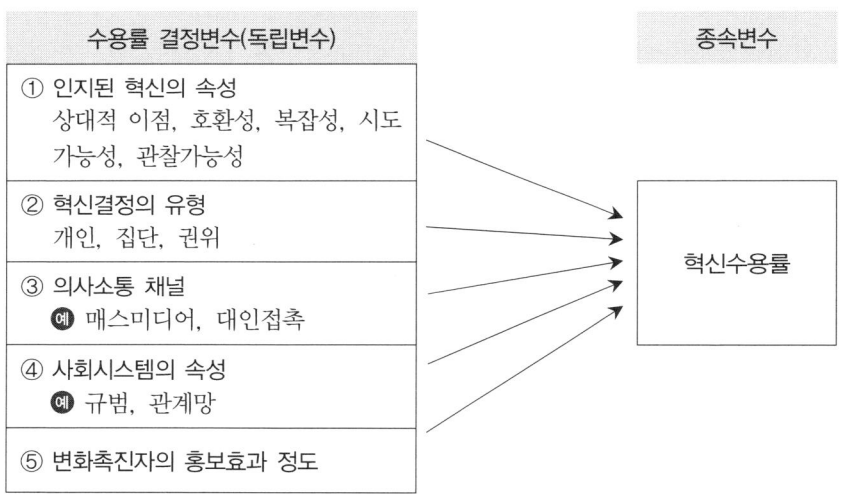

① 인지된 혁신의 속성(perceived attribute of innovation)
　　로저스는 혁신의 속성이 수용방식과 수용률에 중요한 영향을 미치는 요인이라고 주장하고, 혁신의 수용에 영향을 미치는 속성을 5가지로 분류함
　　㉠ 상대적 이점(relative advantage)
　　　　ⓐ 혁신이 기존 아이디어보다 얼마나 더 좋은가를 수용자가 느끼는 정도
　　　　ⓑ 상대적 이점과 수용률은 정(+)의 관계

ⓒ 상대적 이점의 정도는 경제적 측면, 사회적 위신, 편리성, 만족 등이 중요함
ⓓ 혁신이 객관적 이익을 주는가는 중요하지 않고, 수용자가 혁신을 이롭다라고 인식하는 것이 중요함
ⓛ 호환성(compatibility) ≒ 적합성
  ⓐ 혁신이 잠재적 수용자가 갖고 있는 기존의 가치관, 과거의 경험, 욕구에 부합하는 것으로 인지되는 정도
  ⓑ 혁신의 호환성은 수용률과 정(+)의 관계
  ⓒ 기존 사회체계의 가치·규범에 부합하는 아이디어는 빠르게 채택되지만, 부합하지 않는 개혁은 느리게 채택되며, 개혁이 채택되기 위해서는 새 가치체계의 채택이 선행되어야 함
ⓒ 복잡성(complexity)
  ⓐ 혁신을 이해하거나 사용하기에 어렵다고 인지되는 정도
  ⓑ 혁신의 복잡성은 수용률과 부(-)적인 관계
  ⓒ 어떤 혁신은 이해하기 어려워 채택 속도가 느려지고, 이해가 쉬운 아이디어는 더 빠르게 채택됨
ⓔ 시행가능성(trial-ability)
  ⓐ 수용자가 혁신을 한정된 범위 내에서 시험해볼 수 있는 정도
  ⓑ 혁신 시행가능성은 수용률과 정(+)적인 관계
  ⓒ 시험 가능한 혁신이 불가능한 혁신보다 대체로 더 빨리 채택되는데, 시험 가능한 혁신은 불확실성을 줄여주기 때문
ⓜ 관찰가능성(observability)
  ⓐ 혁신의 결과가 타인에게 보여질 수 있는 정도
  ⓑ 혁신의 관찰가능성은 수용률과 정(+)적인 관계
  ⓒ 사람들은 혁신의 결과가 가시적일수록 혁신을 수용할 가능성이 높아짐. 눈에 보이는 혁신의 군집화는 관찰가능성의 중요성을 보여줌 예 시범포

② 혁신결정의 유형
  ㉠ 일반적으로 의사결정이 집단보다 개인단위로 이루어질 때 수용률이 높아짐
  ㉡ 의사결정 참여자 수가 많을수록 수용률은 떨어지기 때문에 의사결정 참여자 규모를 줄이는 것이 수용률 속도를 높일 수 있음

③ 의사소통 채널
  ㉠ 의사소통 경로는 한 개인이 다른 개인에게 메시지를 주고받기 위한 수단이며, 혁신기술은 의사소통 경로를 통해 잠재적 수용자에게 확산됨

ⓒ 대중매체는 혁신기술을 알리는 데 효과적이며, 대면접촉은 혁신기술을 설득하는 데 가장 효과적
ⓒ 사람들은 전문가 의견이나 과학적 연구결과보다는 혁신기술을 수용한 주위 사람들의 주관적 의견에 더 영향을 받음
ⓔ 상호작용하는 사람들의 이질성과 동질성도 커뮤니케이션에 영향을 미치는데, 교육수준·사회적 지위·신념 등이 동질적일수록 커뮤니케이션이 더 효과적

④ 사회시스템의 속성
ⓐ **사회시스템** : 공통 목표를 달성하기 위하여 공동으로 문제해결에 참여하는 상호 관련된 의사결정단위의 집합
ⓑ 사회시스템은 혁신기술의 확산을 촉진(개방적일 때) 또는 방해(폐쇄적일 때)하기도 함

⑤ 변화촉진자의 홍보효과 정도
ⓐ 변화촉진자는 혁신수용률이 높아지게 노력하지만 변화촉진자의 노력과 수용률은 선형적 관계가 성립하는 것은 아님
ⓑ 변화촉진자의 노력은 여론지도자(opinion leader)가 수용하는 초기단계에 가장 크지만, 수용자가 증가하여 임계량을 넘어서면 변화촉진자의 노력은 큰 의미가 없음

(4)-1. 혁신-의사결정 과정

① 의미
ⓐ **혁신전파과정** : 서로 다른 문화체계나 사회집단 또는 개인 사이에서 혁신사항이 전달되는 과정(사회적 과정)
ⓑ **혁신-의사결정과정(innovation-decision process)**
  ⓐ <u>혁신전파과정에 근거하여 개인이 혁신사항을 받아들이는 과정(개인의 심리적 과정)</u>
  ⓑ <u>혁신을 최초로 인지하고 그에 대한 태도를 형성하며 궁극적으로 혁신을 수용 혹은 거부할 것이라고 결정하고 이행하는 것</u>, 자신의 결정에 대해 확신하게 되는 전체적인 과정

② 혁신-의사결정과정 5단계(Rosers)

인지단계 (awareness stage)	• 전달사항에 대하여 수신자가 의식을 하는 단계로서 혁신사항에 대하여 지식기능(knowledge function)을 하는 단계
관심단계 (interest stage)	• 전달사항에 관심과 흥미를 가져 그것에 대하여 관심을 가지고 알아보는 단계 • 어느 신품종이나 새로이 개발된 기술 등 혁신사항에 대하여 수신자로 하여금 심리적 충동이 발동되게 <u>설득기능(persuasion function)을 하는 단계</u> 예 성공사례, 선진지 견학
평가단계 (evaluation stage)	• 전달사항의 특성과 장단점을 조사하고 자기 자신의 여러 가지 사정과 결부시켜 전달된 사항을 받아들일까(수용) 혹은 거절할까(배척)를 결정하고 선택하는 사고의 마지막 단계, 즉 의사결정기능(decision function)을 말함
시행단계 (trial stage)	• 마음으로 결정한 사항을 실제의 행동으로 시험적으로 소규모로 실천하여 보는 단계 예 어떤 농민이 신품종을 매스컴을 통해 알게 되었고, 금년에 자기 논의 1/2에 신품종을 재배함
수용단계 (adoption stage)	• 시행의 결과가 만족스러울 때 전달사항 혹은 의사결정사항을 본격적으로 받아들이고 적용하는 단계

③ 혁신-의사결정 과정상 문제점(Rogers & Shoemaker)
　㉠ 혁신전파의 결과는 수용이나 기각으로 끝날 수도 있는데, 종래의 이론은 언제나 수용으로 귀결된다는 점
　㉡ 종래의 혁신전파 과정은 5단계로 되어 있으나 실제는 혁신전파 과정 중 시행 단계는 거치지 않는 경우가 많으며, 평가는 전파의 한 단계가 아니라 모든 단계에서 이루어진다는 점
　㉢ 혁신전파 과정이 수용이나 기각으로 끝나는 경우에도, 수용자나 기각자는 새로운 정보를 갖게 됨에 따라 그들이 수용이나 기각했던 사실을 의심하거나 더 강한 확신을 하게 됨

(4)-2. **혁신-의사결정 모델의 새 기능(Rosers & Shoemaker)**

✪ 혁신-의사결정과정 : 개인이 혁신을 수용하는 데 불확실성을 제거하기 위해 정보를 추구하거나 가공하는 행위

Rosers
- 인지 : 의식
- 관심 : 흥미
- 평가 : 의사결정
- 시행 : 소규모 실천
- 수용 : 본격적 적용

　→ 비판 →

Rosers & Shoemaker
- 지식기능(knowledge function) : 인지, 방법, 원리(인지적)
- 설득기능(persuasion function) : 심중 태도형성(심리적)
- 의사결정기능(decision function) : 수용/거부
- 실행기능(implementation function) : 외적 행동, 재발명
- 확인기능(confirmation function) : 불연속

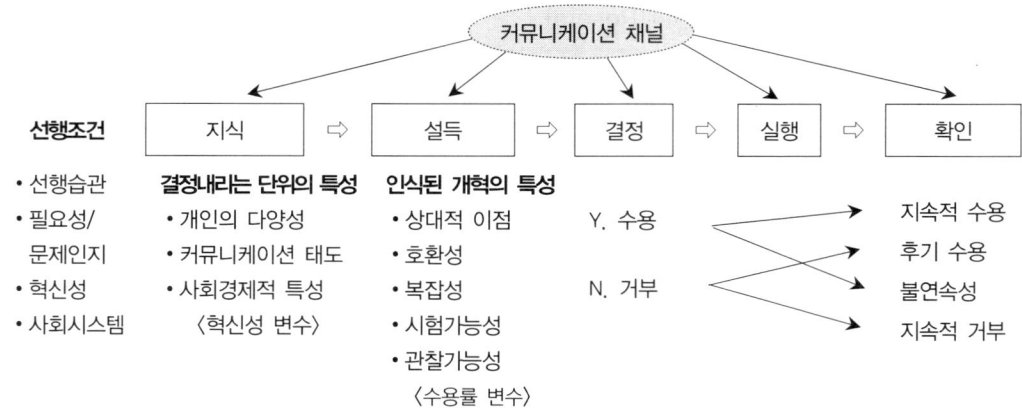

① 지식 단계
　㉠ 혁신인지 : 개인은 혁신의 존재를 알게 되고, 어떻게 이루어지며 어떻게 작용하는지를 이해함에 따라, 혁신에 대한 지식을 얻음
　　ⓐ 수용자는 혁신을 인지하고 지식을 갖게 되는 과정에서 비교적 수동적임
　　ⓑ 선택적 노출·선택적 지각을 통해 혁신에 대한 요구(needs)가 혁신을 인지(perception)하게 하고 그에 대한 지식(knowledge)을 획득하게 함

> ✪ 선택적 노출(selective exposure) : 기존의 자신의 태도 및 신념과 일치하는 메시지에 대해 주목하고 선택적으로 받아들이려는 경향
> ✪ 선택적 지각(selective perception) : 사람이 혁신의 필요성을 느끼지 않는 한 혁신과 관련된 메시지에 자신을 노출시키려 하지 않으며, 비록 혁신 메시지에 노출되었다고 하더라도 자신의 태도나 요구(needs)에 부합하지 않으면 그로 인해 큰 영향력을 받지 않는 경향

　　ⓒ 사람은 선택적 노출·선택적 지각 경향이 있기 때문에 새로운 것을 접촉하더라도 그 존재 자체를 인식하지 못하기도 함
　㉡ 사람들이 혁신을 요구하는 이유
　　ⓐ 사람의 욕구와 현실 간 괴리는 불만족(혼돈) 상태에 놓임 → 대안으로 혁신이 존재한다는 것을 알았을 때 혁신을 요구함(혁신의 존재가 요구를 발생시킴, 그 역도 성립함)
　　ⓑ 변화주도자는 새 아이디어를 알림으로써 혁신대상자 간 혁신의 요구를 야기시킴. 혁신의 존재에 대한 지식은 혁신을 더 배우고 수용하려는 동기를 부여함

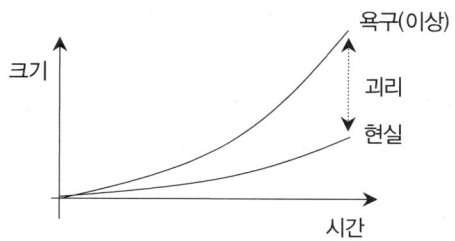

ⓒ 혁신에 관한 3가지 지식유형 : 자신이 수용할 혁신의 효율성을 판단하는 능력은 방법지식이나 원리지식을 얼마나 지니는가에 따라 다름
  ⓐ 인지지식(awareness-knowledge) : 보통 혁신을 인지함과 동시에 '혁신이란 무엇인가?', '혁신은 어떻게 작용하는가?', '왜 작용하는가?' 등에 대한 물음을 갖게 되며, 수용자는 혁신이 작용하는 기제 및 원리 등에 관한 지식을 추구하려는 경향이 있음
  ⓑ 방법지식(how-to knowledge) : 혁신을 적절하게 사용하는 데 필요한 정보. 수용자는 혁신을 어느 정도 선택해야 하고, 어떻게 사용하는지 등을 이해해야 함. 방법지식이 전무할 경우 수용을 거부할 수 있음
  ⓒ 원리지식(principles-knowledge) : 혁신이 어떻게 작용하는가에 관련된 기능적 원리와 관련된 정보. 예 농민에게 신품종 비료를 수용하게 하기 위해 어느 정도 생물학 지식을 주입해야 함
ⓓ 지식 수용 여부 : 혁신을 일찍 인지한 사람은 교육 수준 및 사회적 지위가 높아 대체로 혁신자·조기수용자와 비슷한 특징을 갖지만, 그들이 더 빨리 수용하는 것은 아님. 수용자가 혁신을 자기 상황과 무관하다고 느끼는 경우 새 아이디어를 고려하더라도 단지 지식 상태로 머물거나 수용하지 않음

② 설득 단계
  ㉠ 설득 : 수용자의 심중에서 태도가 형성되거나 변화하는 것. 변화주도체가 의도한 방향으로 변화하지는 않음
  ㉡ 수용자는 혁신에 대해 호의적이거나 비판적 태도를 보이는데, 혁신에 대해 호의적이라 하더라도 실제로 수용하지 않는 경우가 나타남
  ㉢ 지식단계에서 정신적 활동이 주로 인지적(지식습득)이라면, 설득단계는 정서적·심리적(혹은 감정적) 사고과정임
  ㉣ 설득 단계는 혁신에 대한 일반적 지각이 형성·발전되기 때문에 선택적 지각의 문제가 태도를 결정짓는 데 매우 중요함. 상대적 이점, 호환성, 복잡성과 같은 개인의 지각된 특성들이 중요함
  ㉤ 모든 혁신은 어느 정도 불확실성을 동반함. 수용자는 혁신이 어떻게 작용하는지 확신이 없으므로 자신의 선택이 동료 집단의 의견과 동일한지 확인받고 싶어함

　　　　(강화). 이러한 과정을 통해 수용자는 수용이나 거부 같은 행위에 변화가 일어남
③ 결정 단계(Plan)
　　㉠ 결정 단계 : 수용자가 혁신을 수용 또는 거부를 선택하는 행위가 일어남
　　　　✪ 수용 : 혁신을 통해 가능한 행위를 충분히 이용하기로 선택하는 것
　　　　✪ 거부 : 혁신을 이용하지 않기로 선택하는 행위
　　㉡ 혁신의 불확실성을 극복하는 방법 : 부분적으로 새 아이디어를 시험해보는 것이 좋으며, 변화주도자(change agents, 변화촉진자)와 여론지도자(opinion leader)가 새 아이디어를 지지함으로써 혁신-의사결정을 촉진하기도 함
　　㉢ 혁신거부 : 수용자는 혁신-의사결정의 모든 단계에서 언제라도 거부 가능
　　　　ⓐ **능동적 거부(active reject)** : 혁신 수용을 고려해보지만 결국 수용하지 않기로 결정하는 것
　　　　ⓑ **수동적 거부(non-adoption)** : 혁신의 이용조차 고려하지 않는 거부
④ 실행 단계(Do)
　　혁신을 통해 이득(benefit)을 볼 수 있다고 판단되면 수용자는 실행 단계로 나아감
　　㉠ 의미
　　　　ⓐ 실행 : 수용자가 혁신을 사용하는 것
　　　　ⓑ 혁신-의사결정과정에서 실행단계 이전 과정은 생각하고 결정하는 것을 포함하는 정신적 작용이라면, 실행은 새 아이디어를 실생활에 적용하는 외적인 행동이 변화하는 것을 의미함
　　　　ⓒ 실행 단계에서도 여전히 혁신 결과에 대한 불확실성이 상존함. 혁신 불확실성을 줄이기 위해 실행 단계에서 수용자는 능동적으로 정보를 추구하게 되며, 수용자가 혁신을 실행하려 할 때 변화주도자는 기술적 보조 역할을 수행하기도 함
　　　　ⓓ 혁신이 자신의 상황에 적용될 때 새 의미를 부여하며 혁신의 수용과 전파 과정에 활발히 참여하게 됨
　　　　ⓔ 혁신은 단지 고정된 실체가 아니라, 혁신 사용자는 새 아이디어를 사용함으로써 배우고 의미를 부여함으로써 혁신을 구축해 나감
　　㉡ 재발명(reinvention)
　　　　대부분 재발명은 혁신-의사결정과정의 실행단계에서 발생함
　　　　ⓐ **의미** : 혁신을 수용하고 실행하는 과정에서 수용자에 의해 본래의 혁신이 변화되거나 수정되는 정도
　　　　ⓑ **발명(invention)과 혁신(innovation) 구분**
　　　　　　발명은 새로운 것이 발견되거나 만들어지는 과정이고, 혁신 수용은 모든 가능한 행위의 맥락에서 혁신을 완전히 이용하겠다는 결정

ⓒ 발명과 혁신 간 차이는 확연히 구분되지 않음
혁신은 사회체계 속으로 확산되는 고정적 실체가 아니기 때문이며, 재발명은 혁신을 수용하고 실행하는 과정에서 사용자가 혁신을 변형·변경시키는 정도를 의미하고, 엄수(fidelity)는 재발명의 반대 개념에 해당
ⓓ 재발명 정도가 높을수록 그 혁신의 수용률은 높아지고, 지속될 가능성이 높아짐
ⓔ **연구개발기관 입장** : 혁신을 재발명하는 것에 대해 비호의적임. 재발명함에 따라 본래 혁신이 지향한 목적을 반영할 수 없고, 혁신의 성과를 측정하기 어렵고, 본래의 혁신은 그 정체성을 잃을 수가 있기 때문
ⓕ **수용자 입장** : 혁신이 재발명되는 것에 대해 매우 바람직하게 여김. 수용된 혁신을 실행하는 도중 어느 정도 문제가 발생할 수 있으므로 수용자는 자신의 상황에 맞게 변경시키려는 경향이 나타나며, 이것이 혁신수용자에게 유익함
ⓒ 재발명이 일어나는 경우(로저스)
- 이해하기 다소 복잡하고 어려운 혁신의 경우
- 수용자가 변화주도자나 이전 수용자와 직접적으로 접촉하지 않았거나 수용자가 혁신에 대해 자세히 알 수 없는 경우
- 컴퓨터나 인터넷과 같이 보편적인 개념이거나 다양한 어플리케이션을 제공하는 혁신인 경우
- 사용자의 다양한 문제를 해결하기 위해 혁신이 실행될 때
- 혁신에 대한 소유권을 가지고 있다는 긍지나 자신감이 있는 경우(다른 사람들과 다르게 보이도록 자기만의 방식으로 변경, pseudo-reinvention)
- 변화주도자가 혁신대상자들로 하여금 혁신을 수정, 개선하도록 영향을 미치기 때문
- 혁신을 수용하는 조직의 구조에 맞게 혁신을 조정하는 경우
- 후기수용자는 조기수용자의 시행착오 및 오류 등을 경험했기 때문에 혁신 전파 후기에 자주 재발명됨

⑤ 확인 단계(See)
㉠ 수용자는 혁신-의사결정 이후 결정에 대한 강화를 통하여 자신의 결정을 스스로 확인할 수 있음. 혁신에 대립되는 메시지에 노출되면 혁신 결정을 번복할 수 있고, 확인단계에서 불일치가 생기면 그것을 줄이기 위해 노력함
㉡ **혁신의 불연속(discontinuance)** : 수용한 혁신을 중단하는 것
ⓐ **대체(replacement)** : 현재의 혁신을 대신하는 더 좋은 혁신을 수용하기 위해 기존의 혁신을 중단하는 것

ⓑ 불만족(disenchantment) : 혁신 성과에 대해 만족하지 못함으로써 혁신을 거부하기로 결정하는 것. 혁신수용자는 자신에게 적합하지 않거나 다른 대안보다 상대적으로 이점이 없다고 생각하면 불만족을 느끼게 되며, 후기수용자는 조기수용자에 비해 혁신을 중단하기 쉬움
ⓒ 혁신 불연속의 이유 : 새 아이디어가 실행단계에 있는 수용자에게 있어 충분히 관례화되지 않았기 때문. 개인 신념이나 과거 경험에 비추어 적합하지 않은 혁신은 비교적 중단되기 쉬움
② 혁신-의사결정과정의 단계
  ⓐ 혁신-의사결정 초기 3단계인 지식 → 설득 → 결정 과정이 반드시 순차적으로 발생하는 것은 아님
  ⓑ 지식 → 설득 → 결정의 순서는 수용자의 사회문화적 환경과 밀접히 관련됨
  ⓒ 개인주의 문화에서는 개인의 자유와 상반되기 때문에 찾아보기 어렵지만, 집단주의 문화(한국·중국·인도네시아 등)에서는 혁신을 수용하는 과정에서 집단의 압력이 작용하는 경우 혁신 의사결정이 지식 → 결정 → 설득 순서로 결정됨(개인주의 문화는 개인 목표가 집단보다 우선시되는 반면, 집단주의 문화는 집단 목표가 개인보다 우위에 있기 때문)
  ⓓ 지식단계와 결정단계는 가장 명백히 존재하는 단계이지만, 설득단계는 비교적 모호한 편

> **참고 개인주의 VS 집단주의 문화**
> ① **개인주의** : 인간의 능력을 평가할 때 출신성분이나 종교·출신지역 등의 집단이나 귀속적인 요소에 의해서 평가하는 것이 아니라 개인의 실적이나 자격 등 객관적인 요소에 의해 평가하는 것. 이는 실적에 대한 보상을 중시하는 청교도정신에 기인함. 선진국의 행정문화에서 주로 나타남
> ② **집단주의** : 혈연, 지연, 학연 등 배타적이면서도 특수한 관계를 강조하는 연고주의가 지배하며, 개인보다는 귀속적 요인이나 집단중심의 사고방식이 우선함. 우리나라의 행정문화에서 나타남

(5) 사회체제 구성원 : 혁신자의 범주

> **보충 혁신수용 곡선**
> ① Ryan & Gross(1950) 연구
>   ㉠ 목적 : 육종된 옥수수를 수용한 농민의 수를 분석하여 S형 확산곡선을 시험
>   ㉡ 방법 : 혁신수용 속도가 누적 정규곡선을 기준으로 얼마나 이탈하는지 알아보기 위해 카이스퀘어 검증(Chi-square goodness-of-fit test)을 사용함

ⓒ 분석 : 전파과정의 초기에는 새로운 아이디어에 대해 강한 저항감이 작용하는 것이며 채택자의 수가 임계점(critical mass)에 이르면 저항감은 사라짐
　　✪ 임계점 : 혁신전파가 스스로 일어날 수 있는 지점
　　ⓓ 결과 : 시간에 따른 수용속도는 일반적으로 정규 S형 곡선을 그리고, 수용자 분포는 종형 곡선을 따르고 정규분포에 가까워짐
　　ⓔ 결론 : S형 분포곡선이 필히 정규분포를 띠게 됨에 따라 수용자 범주를 효율적으로 분류할 수 있음
② Lionberger(1960) 연구
　　똑같은 유형의 데이터로 축적 그래프를 그렸는데 S곡선이나 성장곡선을 나타냄. 두 곡선은 처음 혁신기술을 수용하는 소수 농민이 있고, 그후 대다수 농민이 새 기술을 수용하는 것을 보여줌

로저스는 농업혁신 수용이 정규분포곡선을 나타냄으로써 곡선의 평균을 계산하는 것에 의해 수용자의 범주를 분류함

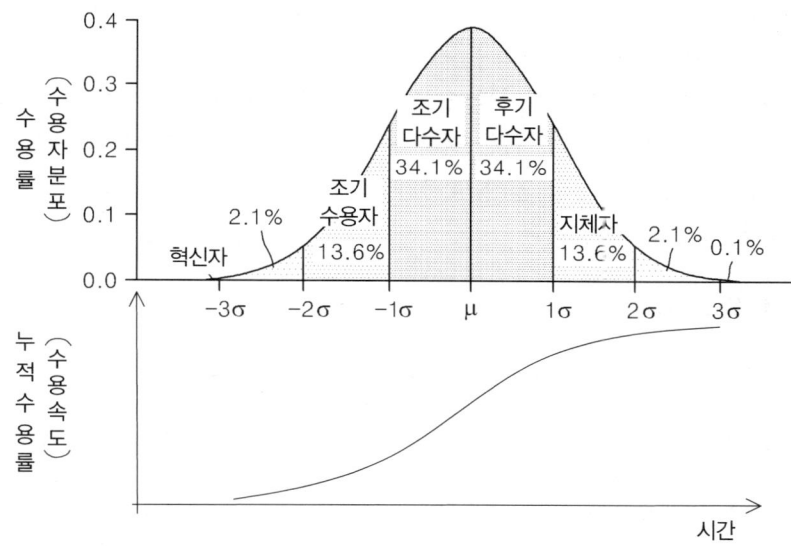

① 모험심이 강한 혁신자(innovator)
　㉠ 특징
　　ⓐ 혁신자는 성급하고 대담하고 무모할 정도로 모험심이 강하고, 새 아이디어에 과도한 흥미를 가짐에 따라 범지역적인 사회관계로 이끄는 경향이 있음
　　ⓑ 혁신자 계층은 개개인이 멀리 떨어져 있더라도 공통 커뮤니케이션 패턴을 가지고 있고 친구관계에 있는 경우가 많음
　　ⓒ 혁신자는 새로운 아이디어가 반드시 성공적일 수 없다는 사실을 기꺼이 받아들여야 하며 때로는 실패도 감내해야 함

　　　ⓓ 혁신자는 새로운 아이디어가 체계로 흘러가는 문지기(gate keeper) 역할을 수행함. 혁신자가 구성원에 의해서 존경받지는 않지만 <u>전파 과정에서 매우 중요한 역할</u>을 하는데 외부에서 혁신을 들여와 사회체계에서 새 아이디어가 확산되는 가장 근원적인 역할을 수행함
　　ⓒ 혁신자의 필수 전제조건
　　　ⓐ <u>재정적으로 넉넉해야</u> 혁신 수용에 따르는 손실의 부담을 덜게 됨
　　　ⓑ <u>복잡한 기술·지식을 이해하고 적용하는 능력</u>이 필요하며, 수용할 당시 불확실성에 대해 어느 정도 대처할 수 있어야 함
　② <u>존경받는 조기수용자</u>(early adopter)
　　ⓐ 조기수용자는 혁신자보다 사회체계에서 더 통합적인 부분을 담당함
　　　혁신자가 범지역적·국제적 움직임을 가진 반면 조기수용자는 <u>지역적 성격</u>을 가짐. 조기수용자는 다른 수용자보다 <u>여론지도력(opinion leadership)</u>이 더 높기 때문에 잠재적 수용자는 혁신에 대한 조언과 정보를 위해 이들에게 문의함
　　ⓑ 조기수용자는 혁신이 사회체계로 전파될 때 <u>임계점을 형성</u>시킴
　　　조기수용자는 새 아이디어를 수용하기 전에 의논해야 할 사람으로 간주되며, 혁신주도자는 일반적으로 혁신 전파를 도모하기 위해 조기수용자와 접촉함. 조기수용자는 보통 사람보다 많이 앞서가는 계층은 아니지만 다른 구성원에게 어떠한 '역할 모델'을 하기 때문

> **보충　조기수용자**
>
> ⓐ 인지된 혁신사항의 가치를 비교적 일찍 인정하고 틀림없다고 확인할 때에 바로 수용하는 사람들. 농촌지도사업 측면에서 가장 바람직한 사람들
> ⓑ 일반적으로 젊고 교육정도가 높으며, 활동적이고 독서를 많이 하며, 지역사회의 여론지도자(opinion leader)로서 역할을 수행함
> ⓒ 지역주민들로부터 존경과 신뢰를 받는 사람들

　③ <u>신중한 조기다수자</u>(early majority)
　　ⓐ 조기다수자는 혁신 전파가 사회체계의 평균에 도달하기 직전까지 혁신을 수용하는 계층
　　ⓑ 조기다수자는 수용자 중 구성원이 가장 많으며, <u>전체 구성원의 1/3</u> 정도 차지
　　ⓒ 조기다수자는 동료와 자주 상호작용하나 체계 내에서 여론지도자로 활동하는 경우는 많지 않으며, 상대적으로 일찍 수용하거나 매우 늦게 수용하는 사람들 사이를 연결하는 경향이 있고, <u>대인 네트워크에서도 상호 연결되는 지점</u>에 위치함

ⓔ 혁신결정 시기는 혁신자와 조기수용자보다 오래 걸림. 새 아이디어를 완전히 수용하기 전에 어느 정도 더 생각하며, 혁신 수용에 의도적으로 신중한 태도를 취함

> **보충 조기다수자**
>
> ㉠ 혁신사항을 신중하게 검토하고 관찰하여 조기수용자 다음으로 비교적 일찍 수용하는 사람들
> ㉡ 상대적으로 나이가 많은 편이고 신중성을 기하며 경제적으로 상층~중층이 많으며, 지역사회의 유지들이 이 그룹에 속함

④ 회의적 후기다수자(late majority)
　　㉠ 후기다수자는 혁신 전파가 그 사회체계의 평균점에 도달한 직후 수용하는 성향이 있는 계층, 보수적·회의적 성격이며, 경제적으로 비교적 하위계층 그룹. 체계 구성원의 1/3 정도 차지
　　㉡ 후기다수자는 보통 경제적 필요에 의해, 주변 사람들의 사회적 압력에 이끌려 혁신을 수용함. 혁신에 매우 회의적이고 조심스러운 태도로 접근하고 다른 사람들이 이미 혁신을 수용하고 나서야 수용함
　　㉢ 후기다수자가 혁신을 자발적으로 수용하기 위해서는 혁신이 안전하다고 느낄 만큼 확신이 있어야 하고, 사회적 규범이 긍정적 평가를 해 줘야 하며, 동료의 압력이 필수적임
　　㉣ 대부분 후기다수자는 경제적 여유가 적거나 혁신의 위험을 불식시킬 정신적·물질적 자원이 넉넉하지 못함

⑤ 전통적 지체자(laggard)
　　㉠ 지체자는 혁신을 마지막으로 수용하는 계층으로 여론 지도력이 매우 낮음. 가장 보수적 성격이며, 경제적으로 극빈층 그룹
　　㉡ 가장 지역 중심적이며 대부분 사회적 네트워크에서 고립되어 있으며, 행위적 결정을 할 때 보통 과거에 의존하며 이전에 무엇을 행했느냐가 중요함
　　㉢ 주로 전통적 가치를 가지고 있는 구성원과 상호작용하며, 혁신과 혁신주도체를 의심하거나 부정적으로 평가함
　　㉣ 지체자는 혁신결정과정이 상대적으로 오래 걸림. 새 아이디어를 인지하고, 지식으로 축적하고, 이를 채택하고, 사용하기까지 긴 시간이 필요함
　　㉤ 지체자는 경제적으로 불안정하기 때문에 혁신을 권유하는 것이 조심스러움. 이들이 새 아이디어를 수용하기 위해 불확실성이 완전히 저거되어야 하기 때문에 혁신에 대해 저항하는 것은 일반적임

3 혁신전파이론의 비판·대안

(1) **친혁신적 편향(a pro-innovation bias)**

① 의미
  ㉠ 혁신이 사회체계의 모든 사람에게 전파·수용되어야 하며, 전파는 더욱 빠르게 일어나야 하고, 혁신은 재발명·거부되면 안 된다는 의미
  ㉡ 혁신주도체의 지원을 받아 수행되었으며, 성공하지 못한 혁신전파 연구보다 수용률 같이 가시적 결과를 제시한 성공한 연구에 집중했기 때문에 친혁신적 편향이 내재되어 있음

② 친혁신 편향을 벗어나는 최우선 단계 : 친혁신 편향이 있을지도 모른다는 인식을 하는 것

③ <u>친혁신 편향을 극복하기 위한 대안</u>
  - 혁신이 어떻게 전파되었는지에 대한 사후 자료수집에 대한 대안적 접근방법이 검토되어야 한다.
  - 학자들은 연구대상이 되는 혁신이 어떻게 선정되는가에 보다 신중해져야 한다.
  - 연구자는 개인의 인식과 상황을 충분히 이해할 수 있다면 혁신의 거부·중단·재발명이 빈번하게 발생한다는 점과, 그러한 행동이 개인 관점에서 볼 때 합리적이라는 점을 인정해야 한다.
  - 연구자은 혁신이 전파되는 폭넓은 맥락에 대해 연구해야 한다.
  - 혁신을 수용하게 되는 동기에 대한 이해를 높여야 한다.

(2) **개인 책임 편향(individual blame bias)**

① 의미
  ㉠ 혁신주체의 편향 : 혁신의 잠재 수용자인 개인보다 혁신을 주도하는 혁신주도체를 편드는 혁신전파의 연구 경향
  ㉡ 개인 책임 : 개인이 소속된 체계보다 본인이 문제의 책임을 져야 한다고 보는 경향
  ㉢ 체계 책임(system blame) : 체계의 개별 구성원의 문제에 대해 체계가 책임을 져야 한다고 보는 입장
  ㉣ 개인 책임 편향이 늘 부적절한 것은 아니지만 혁신이 전파되는 행위를 설명하기에는 부족함

② <u>혁신주도자가 혁신을 수용하지 않는 이유를 개인 책임으로 돌리는 이유</u>
  - 연구후원자가 개인 책임 편향을 가진 혁신주도체라면 연구자는 개인 책임적 태도를 받아들이기 때문

- 연구자가 체계 책임 요인을 변화시키는 것은 어려운 반면 개인 책임 변인은 변화시키기 쉽다고 생각하기 때문
- 연구대상으로서 체계보다 개인이 접근하기 용이하며, 대부분 연구자은 분석단위를 개인에 초점을 맞추고 있기 때문

③ 개인 책임 편향 극복 방안
- 연구 분석 단위를 개인으로만 한정할 것이 아니라 다른 대안을 강구해야 함
- 연구자는 탐색 자료가 수집될 때까지는 사회문제 원인에 대해 열린 마음을 유지해야 하며, 개인 책임 편향을 보이는 혁신주도자의 정의를 받아들이는 데 신중해야 함
- 문제 개선을 갈구하는 혁신주도자 같은 사람들보다 잠재적 수용자·거부자를 포함한 모든 참가자가 혁신의 전파 문제의 정의에 포함되어야 함
- 개인에 국한된 변인뿐만 아니라 사회구조·커뮤니케이션구조와 연관된 변인이 혁신전파연구에 포함되어야 함

(3) 혁신전파 과정에서 회상의 문제

① 회상의 문제점

혁신전파 연구에서 시간은 중요한 변수인데, 응답자가 혁신을 수용하기로 결정한 시점에 대한 자료를 얻는 것이 어려움

- ㉠ 회상의 부정확성 : 혁신전파는 시간 경과에 따라 일어나는 과정이기 때문에 방법론적 제약을 받게 되는데, 응답자가 새 아이디어를 채택한 시점에 대해 본인의 회상자료(recall data)에 의존하기 때문. 자신이 경험한 과거 혁신 경험을 재구성하기 위해 과거를 회상할 때 그 정확성 정도는 개인차에 따라 달라짐
- ㉡ 횡단면적 자료수집 : 혁신전파 연구는 혁신이 전파되어가는 연속적 흐름을 추적할 필요가 있는데, 주로 응답자에게 설문조사를 하는 횡단적(cross-sectional) 자료에 대한 상관관계 분석(correlational analyses)으로 이루어짐. 설문조사방법은 편리하지만 전파 과정을 포함시키지 못하고, 특히 특정 시점에 대한 자료를 수집할 경우 시간 같은 중요 변인을 응답자의 회상에 의존하여 측정하게 됨
- ㉢ 1회성 설문조사 : 1번의 설문조사는 시간적 순서나 인과성 문제를 설명해 주지 못하고, 설문조사 자료의 상관관계 분석은 변인들 간 인과성 문제를 찾기 어렵게 만듦

② 시간 차원에 대한 자료수집을 하기 위한 대안적 연구설계(해결책)

현장실험, 종단적 패널 연구, 기록문서의 이용, 혁신-의사결정과정에 대한 다양한 응답자에게서 수집된 자료를 이용한 사례연구 등

- ㉠ 현장실험 : 다양한 독립변수가 종속변수(혁신 수용)에 미치는 영향을 평가하는 데

　　　적절함. 현장실험은 실제상황에서 혁신을 위한 개입 전·후를 각각 측정하여 자료를 얻는 실험이며, 응답자의 회상 문제를 피하고 대안적 혁신전파 전략의 평가를 위해 더 많이 이용할 필요가 있음
　　ⓒ 다수의 설문조사 : 혁신전파 과정의 여러 시점에서 자료를 수집함. 응답자의 회상 시기를 짧게 나눌 수 있고, 응답자가 보다 정확하게 회상할 수 있음
　　ⓒ 수용시점에 대한 연구 : 응답자들이 혁신을 수용한 시기에 수용에 관한 세부사항을 제공하도록 하는 수용 시점에 대한 연구로 해결 가능함

(4) 형평성 문제
그동안 혁신전파 연구는 혁신을 통한 사회경제적 이익이 사회체계의 개인간 분배가 어떻게 되는지에 관한 문제를 다루지 못했음

① 문제 제기
　　㉠ 혁신전파 연구는 미국에서 시작되어 1960년대 이후 전 세계적으로 확대되었고, 특히 개발도상국에서 적극 도입함
　　㉡ 그러나 1970년대 서구 혁신전파의 패러다임을 개발도상국에 적용하는 과정에서 여러 문제가 제기됨. 미국에서 발전한 혁신전파이론이 사회문화적으로 다른 개발도상국의 상황에 적용될 수 있는가 하는 적합성에 관한 문제가 발생함. 특히 개발도상국에서 혁신전파가 사회경제적 격차를 확대시키는 문제가 발생

> **보충 개발에 대한 개념의 학문적 변화(1970년대)**
>
> ① 개발에 대한 지배적 패러다임의 기본요소
> 　개발 패러다임은 개발 주도체로부터 기술혁신의 전이가 일어남
> 　• 산업화와 도시화를 통한 경제적 성장
> 　• 주로 산업화된 나라들에서 이전되는 자본중심적·노동절약적인 기술
> 　• 개발 과정의 속력을 높이기 위해 주로 정부 경제학자나 금융가에 의한 중앙집중식 계획
> 　• 무역이나 산업 선진국과의 외부적 관계보다는 개발도상국 자체에 주로 내재된 저개발의 원인들
> ② 오늘날 개발의 정의
> 　환경에 대한 보다 큰 지배력을 획득함으로써 다수의 사람들을 위해 사회적·물질적 진보를 가져오고자 하는 사회적 변화를 위한 폭넓은 참여 과정

② 개발도상국에서 혁신전파의 문제
　　㉠ 개발도상국에서는 권력·정보·경제적 부가 소수에게 집중되어 있음
　　　부의 편중이라는 사회구조는 혁신전파의 본질뿐만 아니라 기술적 변화의 이해득실에도 영향을 주는데, 고전적 혁신전파모델은 개도국과 다른 사회문화적 조건에

서 형성된 것이기 때문에 이 이론을 무비판적으로 수용하게 되면 개도국의 사회구조적 변화 같은 본질적 문제는 다루지 못함
ⓒ 개발도상국은 사회구조가 개인의 기술혁신 결정에 큰 영향을 미침
개발기관은 혁신적이고, 부유하고, 교육수준이 높고, 정보추구형 대상자에게 지원을 제공하는 경향이 있음. 개발기관이 모든 대상자와 접촉하기 어렵기 때문에 개발기관과 가장 동질적으로 반응하는 혁신 대상자에게 집중함. 진보적 농업인은 적극 새 아이디어 수용, 경제적 수단, 쉬운 신용 확보, 대규모 농장 소유 등으로 인하여 전체 농업 생산에 효과가 크게 나타남

③ 혁신 수용 결과적 측면
혁신전파 결과가 매우 중요함에도 혁신기관·연구자은 큰 관심을 갖지 않았음
㉠ 혁신 결과에 대한 연구가 부족했던 이유
- 혁신주도기관은 혁신 결과가 항상 긍정적일 것이라 가정하며 사람들에게 수용하도록 강조하는 경향이 있음
- 연구자의 설문조사 방식도 혁신 결과를 연구하기에 적당하지 않았음
- 혁신 결과를 양적으로 측정하기 어려움
㉡ 혁신 결과의 분류
- 바람직한 결과 대 바람직하지 않은 결과
바람직한 결과는 혁신이 개인·사회체계에 기능적으로 작용했을 때 발생하는 효과이며, 바람직하지 않은 결과는 혁신이 개인·사회체계에 역기능적으로 작용했을 때 발생하는 효과. 대다수 혁신이 긍정적·부정적 결과를 공통적으로 발생시키므로, 바람직한 결과와 바람직하지 않은 결과를 완벽하게 분리할 수도 없음
- 직접적 결과 대 간접적 결과
직접적 결과는 혁신을 수용함에 따라 개인·사회체계에서 나타나는 즉각적 변화를 말하며, 간접적 결과는 혁신의 직접적 결과의 효과로서 개인·사회체계에 나타나는 변화(혁신 결과의 효과)
- 예측된 결과 대 예측되지 않은 결과
예측된 결과는 사회체계의 구성원이 혁신에 대해 의도했던 결과를 말하며, 예측되지 않은 결과는 혁신 결과 중 사회체계의 구성원이 의도하지 않거나 인정하지 않은 변화
㉢ 혁신의 본질적 3요소
ⓐ 혁신 결과는 다양한 양상이 공존하며, 혁신의 본질적 3요소로 설명함
- 형태(form) : 직접적으로 관찰 가능한 혁신의 외양과 내용
- 기능(function) : 혁신이 사회구성원의 삶의 방식에 기여하는 양상

- 의미(meaning) : 사회구성원이 혁신에 대해 가지는 주관적·무조건적인 인식의 차원

ⓑ 혁신주도체는 혁신대상자에게 혁신의 형태·기능은 쉽게 설명하지만, 의미의 문제를 명확히 해결해 주기 어려움

④ 혁신주도체의 혁신 목표
- 혁신주도체는 혁신 전파로 인해 사회체계에 역동적 균형상태가 유지되기를 바람

> ✪ 안정적 균형 : 혁신이 도입된 사회체계의 구조·기능에 거의 변화가 없는 상태
> ✪ 역동적 균형 : 혁신으로 인한 변화에 대해 사회체계가 감당(상응하는 대처)할 수 있는 상태
> ✪ 불균형 : 혁신으로 인한 변화가 사회체계가 적응을 할 수 없거나 변화의 속도를 따라갈 수 없는 경우

- 사회체계가 얻을 수 있는 이익을 제고하고, 구성원에게 이익이 균형 배분되기를 바람. 그러나 혁신이 전파됨에 따라 초기수용자와 후기수용자 간 사회경제적 격차가 더 벌어짐

⑤ 혁신전파 결과 사회경제적 격차가 커지는 구조적 이유 및 대응전략

혁신주도체가 특별한 노력을 기울이고 사회경제적 격차를 줄이기 위한 커뮤니케이션 전략이 효과적으로 사용된다면 격차를 완화할 수 있음. 로저스는 혁신전파로 사회적 격차가 벌어지는 것은 필연이 아니다라고 주장함

㉠ 이유 1 : 상위계층이 하위계층보다 혁신의 존재에 대한 인식이 빠르고 관련 정보에 접근할 수 있는 기회가 더 많다.

→ 대응전략
- 사회 전체에 도달할 만큼 풍부한 정보를 제공해야 하며, 적어도 메시지를 전달함으로써 사회경제적 지위가 높은 수용자에게만 더 많은 이익이 돌아가는 일이 없도록 할 필요가 있다.
- 혁신을 위한 메시지를 사회경제적 지위가 낮은 수용자의 교육수준, 믿음, 의사소통 습관에 맞게 고안해야 한다.
- 사회적 하위계층에 도달하는 커뮤니케이션 채널을 적극 활용한다.
- 사회적 하위층은 혁신에 대해 지각하고 이를 사회적으로 논의할 수 있는 작은 집단들로 조직되어야 한다.
- 혁신주도자는 전통적으로 혁신자와 초기수용자와 접촉하던 관행에서 벗어나 후기다수자 및 지체자 등의 집단들에 대한 접촉을 게을리 하지 않아야 한다.

㉡ 이유 2 : 상위계층은 혁신에 대해 주위 사람들이 평가하는 정보를 듣거나 수집할 수 있는 기회가 더 많다.

→ 대응전략
- 혁신주도체는 체계 내에서 혜택 받지 못한 사람 사이에 위치하는 여론지도자들을 식별하여 집중적으로 접촉할 필요가 있다.

- 혁신주도자의 보조수행원을 하위계층에서 선출하여 높은 동질성을 통해 그들과 접촉할 수 있도록 해야 한다.
- 하위계층이 특정한 리더십을 통해 혁신에 대한 결정을 내리고 그에 대한 사회적 강화를 받을 수 있도록 일정한 조직이나 집단으로 형성할 필요가 있다.
ⓒ 이유 3 : 상위계층은 하위계층보다 혁신을 수용하는 데 소요되는 여유자본이 더 많다.
  → 대응전략
  - 하위층에 적합한 혁신들이 추진되어야 한다.
  - 하위층이 고비용의 혁신을 수용하는 데 자원적 도움을 줄 수 있는 사회적 조직이 형성되어야 한다.
  - 프로그램의 우선순위(program priorities) 등을 포함, 혁신전파 프로그램을 기획하고 실행하는 데 하위계층이 참여할 수 있는 수단이 마련되어야 한다.
  - 특별히 하위계층과 협업할 수 있는 전파기관이 만들어져야 한다.

(5) 우리나라 농촌지도에서 혁신이론의 함의

① 혁신이론의 한계
  ㉠ 지도사업은 매년 변화하고 있고, 지도사업에 대한 연구는 축소되고 있고, 많은 국가의 지역사회 공동체 단위에서 농업기술센터가 감소하고 있음
  ㉡ 지역사회개발 프로그램이 없는 상태로 농촌지도사업이 진행되고 있는 실정에다 지도사업이 농촌사회 변화에 어떤 영향을 주는지에 대한 연구가 부족함

② 혁신전파이론이 발전하기 위한 고려사항
  ㉠ 소외된 농민에게 적용 : 부유하고 혁신적인 농민보다 조금 소외된 농민에게 초점을 맞추어야 함. 농민이나 지도요원이 위험을 더 많이 감수할수록 이들에게 더 많은 이점을 줄 수 있음
  ㉡ 지도사업의 성격 변화 : 오늘날 지도사업의 대상은 농민·농촌지역사회·소비자인가, 지도사업 노력의 성과는 무엇인가?라는 질문에 대한 성찰이 필요함
  ㉢ 지도사업 방법이 어떤 농민에게 성공에 도움을 주는지, 성공을 배제시키는지 인지하고 혁신전파이론을 변화시켜 나가야 함
  ㉣ 농촌지도요원은 지도사업을 연구하는 사회과학자를 자신과 반대논리를 가진 사람으로 인식하므로, 사회과학자의 비판은 지도요원에게 인지되지 못함. 이를 개선하기 위한 대안이 필요함
  ㉤ 혁신전파이론의 새로운 변화 : 혁신전파이론의 가장 부정적 결과는 농가에게 경제적 불평등을 조장한 것인데 이러한 불평등을 시정해야 함

제3절 기술수용모형

1 기술수용모형의 개념

(1) 의미

① 합리적 행동이론(TRA, Theory of Reasoned Action)
TRA에서 인간의 행동❹은 실제로 행동할 것인지의 의도❸에 따라 결정되며, 행동의 의도는 행동에 대한 태도❷와 주관적 규범❶에 영향을 받음
- ✪ 태도 : 행동의 결과가 긍정적인 것인지 부정적인 것인지에 대한 믿음
- ✪ 주관적 규범 : 다른 사람들이 자신의 행동을 어떻게 생각할 것인지에 대한 믿음

② 기술수용모형(TAM, Technology Acceptance Model)
- ㉠ TAM : 혁신기술인 컴퓨터 수용에 대한 사용자의 행동을 설명하는 모형(Davis, 1986)으로, 정보기술 즉 컴퓨터와 같은 혁신기술의 수용행동을 설명하려는 것
- ㉡ TRA가 인간의 일반적 행동을 설명한다면, TAM은 개인의 정보기술 수용에 영향을 미치는 중요 요인으로, 신념 변수인 지각된 유용성·지각된 용이성을 설정하고 있음
- ㉢ 외부 변수는 지각된 유용성·지각된 용이성❶에 영향을 미치고, 지각된 유용성·지각된 용이성은 정보기술수용에 대한 개인 태도❷에 영향을 미치고, 그 태도는 이용의도❸에 영향을 미치고, 이용의도는 최종적으로 이용행동❹을 결정하게 됨

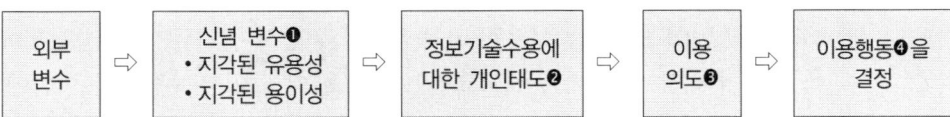

(2) 농업인이 신기술수용에 적극적이지 않은 이유

① 신기술 수용에 소극적인 이유
- ㉠ 사람은 오랜 시간 환경과 시스템에 맞게 적응하고, 효능이 입증된 기술을 신뢰하지만, 신기술은 부자에게만 유리하고 식품안전에 불리한 도구라는 인식 때문
- ㉡ 전통적으로 위험을 감수하지 않는 소규모 자작농은 신기술 수용에 적극 나설 이유가 없음

② 신기술 수용에 영향을 미치는 요인
- ㉠ 농민 개개인의 성별·연령·교육 수준과 함께 경작 규모, 정보에 대한 접근성, 토지 소유 유무, 농업 외 소득, 기반시설 유무 등

ⓒ 농가의 규모가 크고, 농민의 자신감이 클수록 신기술을 채택할 가능성이 높음
ⓒ 농업 및 농업 이외 소득이 높을수록, 농민 자신이 최신 정보를 많이 갖고 있을수록 신기술에 대한 거부감이 낮음

> **참고** 식품안전에 대해 이해관계자에게 널리 수용되기 위한 조건
> ㉠ 기술 도입 과정을 보다 조심스럽게 다루어야 함
> ㉡ 특정 환경의 요구 조건에 적합해야 함
> ㉢ 별다른 노력을 들이지 않고도 쉽게 활용될 수 있어야 함
> ㉣ 사용자의 이해와 활용이 손쉽게 이루어질 수 있어야 함
> ㉤ 신기술은 각 지역사회 및 현재의 농업 관행에 사회경제적 근간을 적극 포용함으로써 즉각적인 기술 활용의 이점이 있어야 함

(3) 신기술 도입 촉진

① 신기술 도입과정에서의 유의점
  ㉠ 모든 농가에게 적용되는 범용적 접근은 기술적용에 해가 될 수 있기 때문에 각기 다른 농업에 종사하는 농민의 필요에 대해 세심하게 고려해야 함
  ㉡ 농업기술의 도입·적용·활용을 위해서는 조직적 확대 서비스와 기타 서비스 제공자의 조력이 반드시 필요함
  ㉢ 가치 있는 새 농업기술은 지역 농업사회까지 전달되는 과정에서 그 혁신성을 상실하게 되는데, 충분한 정보가 제공되지 못하고 응용성이 부족할 뿐만 아니라 각종 실수까지 더해지기 때문

② 신기술 도입을 위한 핵심쟁점
  • 소규모 단위로 농민의 단체행동을 권장함
    신기술을 받아들이고 기술적 변화에 적응하기 위해서는 일정 규모의 경제가 요구되므로 농민은 조직화를 통해 충족시킬 수 있고, 농민조직은 조직원의 협상력을 배가시켜 주며, 신용 및 기타 농업 관련 투자에 대한 접근성을 높여줌
  • 대규모 농가는 신기술 적용에 적합하고, 위험을 감수하는 사람들에 의해 쉽게 수용된다는 인식이 강하지만, 소규모 농가의 경우 위험에 취약하고 가용자원이 충분치 못한데다 파편화되어 있기 때문에 신기술 수용시 기술적 보조가 필요함
  • 대규모 상업적 영농업체는 민간부문 서비스를 충분히 활용하지만, 소규모 농가는 신기술 도입 단계부터 지속적으로 지원해야 함
  • 신기술이 상업적 존속 가능성을 가지고 있어야 함
    기술변화를 보조하는 원조프로그램의 재원조달 만료와 함께 실패로 돌아가곤 하는 문제점을 극복해야 함

- 농촌은 능력·교육·재정적 자원이 부족하고 기술발전 정보를 입수하더라도 이해하기 어렵기 때문에 기술발전을 따라가기 어려움
- 농업기술전문가와 정책입안자는 신기술 배포·적용에 필요한 방안을 준비하는 핵심역할을 하며, 신기술을 노출시켜 신기술 수용비율을 높여야 함
- 신기술 적합성을 전면 탐색하는 일은 적음. 신기술 적용시도는 시범도입단계에서 미비한 분석결과 실패하게 되고, 신기술은 한정된 적용 범위만 도입 후 더 확산되지 못한 채 사장되어 버림
- 농업 분야는 성적(性的) 편견을 고착시키는 현상이 나타남
  실제로 여성은 소규모 식품산업 분야에 집중되어 있는데, 신기술이 성차별 완화에 기여하기 위해 여성 농민도 신기술을 쉽게 수용할 수 있도록 노력해야 하며, 이 부분에서 기획, 현장화 및 R&D(연구개발) 역할이 필요함

2 기술수용모형 과정

(1) 신념변수

Davis는 컴퓨터 수용행위에 관련되는 2개의 특별한 신념으로 연구를 수행함

지각된 용이성 (PE, perceived ease of use)	지각된 유용성 (PU, perceived usefulness)
특정 시스템을 사용하는 것이 힘들지 않을 것이라고 개인이 믿는 정도	특정 시스템을 사용하는 것이 업무수행을 향상시켜 줄 것이라고 개인이 믿는 정도
예측과정	예측결과
새로운 농업기술을 수용하는 과정	새로운 농업기술의 수용을 통해 얻게 되는 것에 관한 것
이용의 초기단계에서 지각된 용이성의 효과는 주로 직접적	지각된 유용성을 통하여 간접적이며 약한 효과를 가져옴

(2) 태도(A, attitude)

① 기술수용모형의 태도
  ㉠ 어떠한 개념에 대해 좋아하거나 싫어하는 개인의 일반적 감정
  ㉡ 한 개인이 어떠한 행동을 하는 것이 '좋은 것인지', '나쁜 것인지', 그 행동을 '좋아하는지', 싫어하는지'를 나타내는 판단

② 지각된 유용성·용이성에 영향을 받는 태도
  ㉠ 자신에게 유용하여 그것을 이용하는 것이 효율적이라는 신념이 들면 태도와 행동에 영향을 미침

ⓛ 개인의 태도는 어떠한 행동에 대한 개인의 신념과 감정을 나타냄
ⓒ 태도는 이용을 직접 결정하지는 않지만, 이용을 결정하기 전에 행하게 되는 이용의도에 영향을 미침

(3) 이용의도(BI, behavior intention)
① 이용의도
  ㉠ 이용의 가장 즉각적인 결정요소
  ㉡ 인간의 모든 이용은 일차적으로 의도를 가지고 있음. 이용을 하기 위해서는 우선 의도를 가져야 하며 어떠한 이용행동도 의도하는 바가 없이는 이루어지지 않음
② 이용행동의 예측
  계획을 바꿀 정도로 큰 변화요인이 아니라면, 의도는 이용행동을 가장 잘 예측함

(4) 확장된 기술수용모형

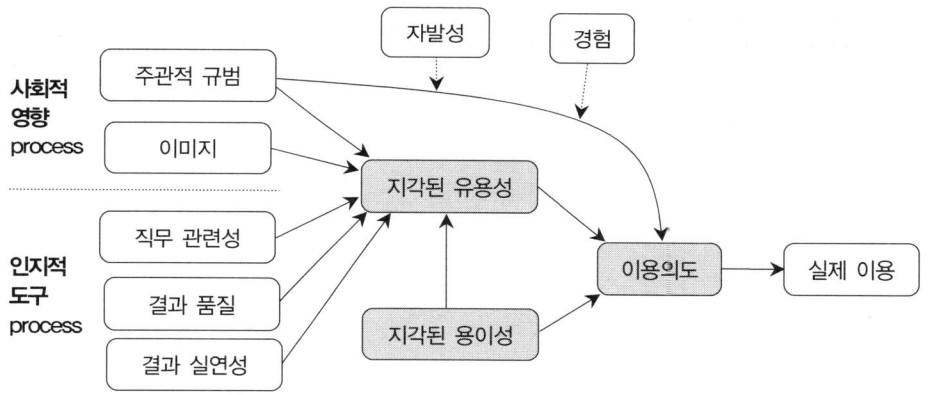

① 기술수용모형을 확장한 것
  ㉠ 기술수용모형의 핵심독립변수인 유용성·용이성, 종속변수인 이용의도는 그대로 포함하며, 외부변수를 구체적으로 삽입하거나 기술 특성에 따른 새로운 측정변수를 추가함
  ㉡ 기술수용에 대한 사람들의 이용의도는 지각된 유용성·용이성에 의해 결정되고, 외부변수들의 영향을 지각된 유용성·용이성에 의해 매개됨
  ㉢ 합리적 행위이론의 주관적 규범과 자발성을 추가하고, 지각된 유용성에 선행하는 요인으로서 이미지, 결과 실연성 등을 포함함
  ㉣ 사회적 영향 프로세스(주관적 규범, 자발성, 이미지)와 인지적 도구 프로세스(직무 관련성, 결과품질, 결과 실연성, 지각된 용이성)가 지각된 유용성에 영향을 미침

② 확장된 기술수용모형에서 기술이용
　㉠ 사용자가 자발적으로 이용하는 것을 원칙으로 하고 있어 사용자는 내부화로 인해 기술의 유용성을 지각할 수 있음
　㉡ 사회적 영향(촉진 및 지원)을 통해 사용자는 기술이용이 유용하다고 지각함

■ 혁신전파이론 VS 기술수용모형

구분	혁신전파이론	기술수용모형
차이점	혁신에 대한 호의적·비호의적 태도 형성을 설명하지만, 어떻게 이 태도가 실제 혁신기술의 수용·거부로 발전하는가에 대해 설명하지 못하고, 혁신전파이론이 직접적 관계와 주 영향에 대해서만 초점을 맞추고 있다는 비판을 받음	'신념 → 태도 → 이용의도 → 이용'이라는 인과관계에 관한 이론적 연결고리를 비교적 명확히 제시해 줌
공통점	혁신전파모형·기술수용모형 모두 다양하고 광범위한 기술수용을 설명·예측하는 모델이라는 점과 여러 연구에서 상호 보완관계에 있음(혁신전파이론과 기술수용모형은 다른 학문적 근원에서 출발했음에도 불구하고 상당히 유사함)	

Chapter 03 기출 및 예상 문제

01 Bender의 학습원리 중 학습이란 학습자 자신의 자기활동 과정이라는 원리는 무엇인가?

● 21 경북 농촌지도사(변형)

① 강화의 원리　　② 참여의 원리
③ 사고의 원리　　④ 관심의 원리

해설
- Bender의 학습원리 : 관심의 원리, 필요충족의 원리, 사고의 원리, 참여의 원리, 강화의 원리
- 참여의 원리 : 학습이란 학습자 자신의 자기활동 과정이다. 학습자가 학습에 능동적으로 많이 참여하면 그만큼 많은 학습을 얻게 된다.

02 교육훈련 상황을 실제 상황과 비슷하게 설정하는 것으로, 주로 문제해결 능력이나 계획 능력을 향상시키는 교수방법은?

● 21 경북 농촌지도사(변형)

① 인바스켓　　② 경영게임
③ 시뮬레이션　　④ 역할연기

03 혁신이 사회체제로 전파될 때 임계점(critical mass) 이후로 혁신을 받아들이는 집단은?

● 21 경북 농촌지도사(변형)

① 후기다수자　　② 조기수용자
③ 후기다수자　　④ 조기다수자

해설 조기수용자는 혁신이 사회체계로 전파될 때 임계점을 형성한다. 임계점 이후로 혁신을 받아들이는 다음 집단은 조기다수자가 된다.

04 성인학습이론으로 옳지 않은 것은?

● 20 경남 농촌지도사

① 성인은 자기주도적 성향을 가지고 있다.
② 성인의 개인차가 학생보다 심하지 않다.
③ 문제중심으로 접근방식으로 학습 경험을 임한다.
④ 내·외부 동기인자들에 의해 학습 동기화가 이루어진다.

해설 성인의 개인차는 학생들의 개인차보다 심하기 때문에 개인차를 고려하는 교육이 필요하다.

정답 01 ②　02 ①　03 ④　04 ②

05 다음 중 혁신수용률에 대한 설명으로 옳은 것은? ● 20 경남 농촌지도사

① 모든 혁신의 수용 및 전파는 바람직하다.
② 혁신의 수용률은 혁신이 사회체계 구성원에 의해 채택되는 데 걸리는 상대적 속도이다.
③ 사회체계에서 권력이나 지위, 기술적 능력을 가진 비교적 소수개인에 의해 혁신이 채택되거나 거부가 선택 되는 것을 선택적 혁신결정이라 한다.
④ 혁신에서 커뮤니케이션은 이질적 사람들 사이에 더 효과적이다.

해설 ① 모든 혁신의 수용·전파가 반드시 바람직한 것만은 아니다. 특정 상황의 개인에게 바람직하지만, 다른 상황에 있는 잠정 수용자에게는 그렇지 않을 수 있다.
③ 사회체계에서 권력이나 지위, 기술적 능력을 가진 비교적 소수개인에 의해 혁신이 채택되거나 거부가 선택 되는 것을 권위에 의한 혁신결정이라 한다.
④ 혁신에서 커뮤니케이션은 어느 정도 이질성이 존재하는데, 보다 효과적인 커뮤니케이션은 동질적인 사람 간에 발생하고, 이질성은 커뮤니케이션의 장애물이 되기도 한다.

06 다음 중 조기다수자에 대한 설명으로 옳은 것은? ● 20 경남 농촌지도사

① 대인 네트워크에서 상호 연결되는 지점이고 전체 구성원의 1/3을 차지한다.
② 다른 수용자보다 여론지도력이 높다.
③ 사람들이 혁신에 대한 조언과 정보를 위해 문의를 구한다.
④ 주변 사람들의 사회적 압력으로 혁신을 수용한다.

해설 ② 조기수용자, ③④ 후기다수자
신중한 조기다수자(early majority)
㉠ 조기다수자는 혁신 전파가 사회체계의 평균에 도달하기 직전까지 혁신을 수용하는 계층
㉡ 조기다수자는 수용자 중 구성원이 가장 많으며, 전체 구성원의 1/3 정도 차지
㉢ 조기다수자는 동료와 자주 상호작용하나 체계 내에서 여론지도자로 활동하는 경우는 많지 않으며, 상대적으로 일찍 수용하거나 매우 늦게 수용하는 사람들 사이를 연결하는 경향이 있고, 대인 네트워크에서도 상호 연결되는 지점에 위치함
㉣ 혁신결정 시기는 혁신자와 조기수용자보다 오래 걸림. 새 아이디어를 완전히 수용하기 전에 어느 정도 더 생각하며, 혁신 수용에 의도적으로 신중한 태도를 취함

정답 05 ② 06 ①

07 다음 성인교수학습법에 대한 설명으로 옳은 것은?

● 20 경남 농촌지도사

① 액션러닝은 의과대학에서 주로 사용하는 교수방법이다.
② 문제중심학습의 구성요소는 학습의지, 촉진자, 실행의지, 그룹 등이다.
③ 역할연기는 특정 개체를 대상으로 하여 그 대상의 특성이나 문제를 종합적이며 심층적으로 기술분석하는 것이다.
④ 시뮬레이션은 경영게임에서 발전되었으며 피드백은 가장 핵심적 성공요인이 된다.

해설
① 문제중심학습은 의과대학에서 주로 사용하는 교수방법이다.
② 액션러닝의 구성요소는 학습의지, 촉진자, 실행의지, 그룹, 문제, 질의 및 응답 등이다.
③ 사례연구는 특정 개체를 대상으로 하여 그 대상의 특성이나 문제를 종합적이며 심층적으로 기술분석하는 것이다.

08 성인학습자의 특성에 따른 교수 방향에 대한 설명으로 가장 옳지 않은 것은?

● 20. 서울 농촌지도사

① 교육의 출발점을 다양하게 제시한다.
② 내재적 동기부여보다 외재적 동기부여에 초점을 둔다.
③ 학습에 대한 강화는 부적 강화보다 정적 강화가 더 효과적이다.
④ 학습의 극대화를 위해 정보를 조직적으로 제시한다.

해설 외재적 동기부여보다 내재적 동기부여에 초점을 둔다.
성인학습자의 교수 방향
- 교육의 출발점을 다양하게 제시함
- 내재적 동기부여를 함
- 학습에 대한 강화는 정적 강화가 더 효과적임
- 환경요인을 고려함
- 학습의 극대화를 위해 정보를 조직적으로 제시함
- 체계적 반복이 필요함
- 의미 있는 학습과제를 제시함
- 능동적 참여 분위기를 조성함

정답 07 ④ 08 ②

09 성인학습자의 학습이론 중 사회학습이론에 따른 인지적 과정(학습)의 4단계를 순서대로 바르게 나열한 것은?

●20. 서울 농촌지도사

① 주의집중 → 동기화 → 운동재생산 → 파지
② 주의집중 → 파지 → 운동재생산 → 동기화
③ 동기화집중 → 파지 → 운동재생산 → 주의집중
④ 파지 → 주의집중 → 운동재생산 → 동기화

해설 사회학습이론에 따른 인지적 과정(학습)의 4단계 : 주의집중 → 파지 → 운동재생산 → 동기화

10 성인교육의 교수학습 전략 중 액션러닝(Action Learning)에 대한 설명으로 가장 옳지 않은 것은?

●20. 서울 농촌지도사

① 액션러닝은 적절한 답변보다 적절한 질문에 더 큰 비중을 둔다.
② 액션러닝은 학습한 내용을 전 조직과 개인의 삶에 적용하는 것에 의미를 둔다.
③ 액션러닝 그룹은 문제에 관심이 있는 사람, 문제에 대한 지식이 있는 사람, 그룹의 결정사항을 실행할 권한이 있는 사람 등으로 구성된다.
④ 액션러닝은 문제해결을 통해 즉각적 이익을 얻는 것에 목적이 있다.

해설 액션러닝은 문제해결을 통해 즉각적·단기적 이익을 얻는 것이 목적이 아니라, 학습한 내용을 전 조직과 개인의 삶에 적용하는 것에 의미가 있다.

11 혁신의 의사결정과정 및 수용자 범위에 대한 설명으로 가장 옳지 않은 것은?

●20. 서울 농촌지도사

① 혁신의 의사결정과정 중 관심단계는 혁신사항에 대한 설득기능을 담당한다.
② 혁신의 의사결정과정에 참여하는 사람이 많을수록 수용률은 감소하게 된다.
③ 혁신에 대한 조기수용자의 지배적 가치관은 존경이라 할 수 있으며, 지역적인 성격을 가진다.
④ 혁신에 대한 조기수용자는 후기수용자에 비해 소규모 조직에 속해서 일하는 경우가 많다.

해설 혁신에 대한 조기수용자는 후기수용자에 비해 대규모 조직에 속해서 일하는 경우가 많다.

정답 09 ② 10 ④ 11 ④

12. 액션러닝에 대한 설명으로 옳지 않은 것은?
●18. 경북 농촌지도사(변형)

① 액션러닝은 적절한 질문보다 적절한 답변에 더 큰 비중을 둔다.
② 액션러닝 그룹은 아이디어만 제안하는 그룹이 아니라, 직접 실행하는 그룹이어야 한다.
③ 액션러닝은 즉각적·단기적 이익을 얻는 것이 목적이 아니라, 학습한 내용을 전 조직과 개인의 삶에 적용하는 것이다.
④ 액션러닝의 문제는 기술적인 문제가 아닌 조직적인 특성과 관련된 문제이다.

해설 액션러닝은 적절한 답변보다 적절한 질문에 더 큰 비중을 둠

13. 기술수용모형에서 신념변수의 비교가 잘못된 것은?
●18. 경북 농촌지도사(변형)

① 지각된 용이성은 예측결과를, 지각된 유용성은 예측과정을 중시한다.
② 이용의 초기단계에서 지각된 용이성의 효과는 주로 직접적이다.
③ 지각된 유용성은 특정 시스템을 사용하는 것이 업무수행을 향상시켜 줄 것이라고 개인이 믿는 정도를 말한다.
④ 지각된 유용성은 새로운 농업기술의 수용을 통해 얻게 되는 것에 관한 것이다.

해설

지각된 용이성	지각된 유용성
특정 시스템을 사용하는 것이 힘들지 않을 것이라고 개인이 믿는 정도	특정 시스템을 사용하는 것이 업무수행을 향상시켜 줄 것이라고 개인이 믿는 정도
예측과정	예측결과
새로운 농업기술을 수용하는 과정	새로운 농업기술의 수용을 통해 얻게 되는 것에 관한 것
이용의 초기단계에서 지각된 용이성의 효과는 주로 직접적	지각된 유용성을 통하여 간접적이며 약한 효과를 가져옴

14. 액션러닝의 개발단계의 프로세스가 옳은 것은?

① 전체설계 → 촉진자 양성과정 → 액션러닝 워크북 → 가상공동체 → 집합교육프로그램
② 전체설계 → 집합교육프로그램 → 액션러닝 워크북 → 가상공동체 → 촉진자 양성과정
③ 액션러닝 워크북 → 가상공동체 → 촉진자 양성과정 → 전체설계 → 집합교육프로그램
④ 액션러닝 워크북 → 가상공동체 → 전체설계 → 집합교육프로그램 → 촉진자 양성과정

정답 12 ① 13 ① 14 ②

해설 **액션러닝 프로세스**
㉠ 1단계 : 요구분석 단계
㉡ 2단계 : 성공여건을 조성하는 단계
㉢ 3단계 : 액션러닝 프로그램 전체를 설계하는 단계
㉣ 4단계 : 집합교육 프로그램을 개발하는 단계
㉤ 5단계 : 액션러닝 워크북을 개발하는 단계
㉥ 6단계 : 가상공동체(cyber community)를 개발하는 단계
㉦ 7단계 : 촉진자(facilitator) 양성 과정
㉧ 8단계 : 운영 단계
㉨ 9단계 : 결과 발표, 평가 및 평가결과 활용 단계
㉩ 10단계 : 사후관리 단계

15 액션러닝에 대한 설명으로 옳지 않은 것은?

① 액션러닝은 적절한 답변보다 적절한 질문에 더 큰 비중을 둔다.
② 액션러닝에 적합한 문제인가 선택할 때는 반드시 해결해야 하는 문제여야 한다.
③ 질의 및 성찰과정은 액션러닝에서 가장 중요한 요소이다.
④ 액션러닝은 문제해결을 통해 즉각적이고 단기적인 이익을 얻는 것을 목적으로 한다.

해설 액션러닝은 문제해결을 통해 즉각적이고 단기적인 이익을 얻는 것이 목적이 아니라, 학습내용을 전 조직과 개인의 삶에 적용하는 것에 의미를 둔다.

16 Rogers & Shoemaker가 새롭게 제시한 혁신전파 기능에 대한 설명으로 옳지 않은 것은?

① 지식-설득-의사결정-실행-확인의 기능이 있다.
② 지식 단계에서 정신적 활동이 주로 정서적인 것인 반면 설득 단계에서의 사고는 인지적인 것이다.
③ 혁신에 대한 지식에는 인지, 방법, 원리지식이 있다.
④ 대부분의 재발명은 실행 단계에서 발생한다.

해설 지식 단계에서 사고는 인지적인 것인 반면, 설득 단계에서 정신적 활동이 주로 정서적인 것이다.

정답 15 ④ 16 ②

17 기술수용모형에 대한 설명으로 옳지 않은 것은?

① 혁신기술의 하나인 컴퓨터 수용에 대한 사용자들의 행동을 설명하기 위해 개발되었다.
② 지각된 유용성은 '특정시스템을 사용하는 것이 힘들지 않은 것'이라고 믿는 정도를 말한다.
③ 외부변수 → 지각된 유용성·용이성 → 태도 → 이용의도 → 실제이용의 순서이다.
④ 기술수용에 대한 사람들의 이용의도는 지각된 유용성과 지각된 용이성에 의해 결정된다.

> **해설**
> - **지각된 용이성** : 특정 시스템을 사용하는 것이 힘들지 않을 것이라고 개인이 믿는 정도
> - **지각된 유용성** : 특정 시스템을 사용하는 것이 업무수행을 향상시켜 줄 것이라고 개인이 믿는 정도

18 다음 중 농촌성인교육의 특성에 관한 설명으로 거리가 먼 것은?

① 학습동기화가 충분히 이루어진 상태이다.
② 성인의 경험은 판단력 강화에 도움을 준다.
③ 성인의 학습능력 개인차는 상대적으로 크다.
④ 선입견이 적은 편이다.

> **해설** 성인의 독특한 교육적 특성(Mayer & Bender)
> - 성인이 겪은 생활 속 다양한 경험들은 그들의 관심 영역을 넓히고, 이성과 판단력을 강화시키고, 문제해결자로서의 능력을 배양시킴
> - 성인은 직업적 성취·개인적 성취·자아실현 욕구가 강하기 때문에 학습하는 데 동기화가 잘 됨. 성인은 활동지향적이며 직접적 유용성이 있는 내용에 더 많은 관심을 가지고, 배운 것을 직접 적용하기를 바람
> - 성인은 시간적 제약 속에서 많은 역할과 책임 등을 수행해야 함 → 성인교육자는 성인의 제한된 시간성과 다양한 지위·역할에 대하여 관심을 가짐
> - 성인 대부분은 오랜 기간 학습을 받지 않았기 때문에 수업에 불안감을 보임. 일부는 선입관 때문에 새로운 학습을 어렵게 하지만, 성인이 건강하고 동기화만 된다면 학습 욕구가 생김
> - 성인의 개인차는 학생들의 개인차보다 심하기 때문에 개인차를 고려하는 교육이 필요함

정답 17 ② 18 ④

19. Rosers의 혁신의사결정 과정의 5단계 과정을 기술한 것은?

① 관심→인지→평가→시행→수용
② 평가→인지→관심→시행→수용
③ 인지→관심→평가→시행→수용
④ 관심→평가→인지→시행→수용

해설 혁신-의사결정과정 5단계(Rosers)
㉠ 인지단계(awareness stage)
㉡ 관심단계(interest stage)
㉢ 평가단계(evaluation stage)
㉣ 시행단계(trial stage)
㉤ 수용단계(adoption stage)

20. 혁신이 전파되어 가는 과정에서 영향을 미치는 요인이 아닌 것은?

① 혁신
② 전달매개경로
③ 시간적 공간
④ 구성원의 관심

해설 혁신전파의 4요소
전파(확산)란 ① 하나의 혁신(innovation)이 ② 시간(time)을 두고, ③ 사회체계의 구성원(member) 사이에서, ④ 특정 채널(channel)을 통해 커뮤니케이션이 이루어지는 과정(communication process)이다.

21. 교수(teaching)란 무엇인가?

① 스스로의 활동을 통하여 행동적 변화를 일으키는 과정
② 타인의 도움으로 변화되는 수동적 과정
③ 학습자가 좀 더 그리고 잘 배우도록 학습과정을 도우며 이끄는 과정
④ 모방적인 반응의 과정

해설

교수	학습
교육자의 활동	교육대상자의 활동
• 지식과 정보를 제공함으로써 교육대상자의 행동을 변화시키는 것 • 교육대상자로 하여금 유인물과 사회현상에서 필요한 정보를 스스로 얻어내도록 도와주는 과정 • 스스로 그들의 미래를 설계하여 성취하는데 필요한 학습을 하도록 도와주는 과정 • 교육자와 피교육자간 유기적인 인간관계가 조성되는 과정	• 피교육자 스스로 훌륭한 지식, 태도, 기술 등을 가지기 위하여 의도적으로 활동하는 과정 • 학습 자체에도 관심을 가질 뿐만 아니라, 결과적으로 행동적 변화가 초래되도록 하는 과정 • 학습자 스스로의 의사결정과정이며 선택과정 • 학습자의 이전 경험과 새로운 경험을 결부시키고 통합하는 과정(Bender)

정답 19 ③ 20 ④ 21 ③

22 학습자 스스로의 의사결정과정이며, 선택과정인 것을 일컫는 것은?

① 학습 ② 교수
③ 모방 ④ 훈련

23 다음 여러 학습이론 중 강화이론에 의해 설명될 수 있는 것은?

① 지식 ② 태도
③ 기능 ④ 구조

해설 기능의 습득은 그에 대한 행동의 반복을 필요로 하므로 기능의 학습을 설명하기 위해서는 반복적 행동의 역동적 과정과 원인을 설명하는 강화이론이 적절하다.

24 물적 · 심리적 · 사회적 환경에 대한 개인의 습관적 사고 유형은 어느 것인가?

① 지능 ② 지식
③ 태도 ④ 학습

해설 태도 : 물리적 · 심리적 · 사회적 환경에 대한 개인의 습관적 사고유형으로 정의될 수 있다. 태도는 복잡한 심성구조인데, 지식 · 신념 · 정서 · 평가의 요소로 복합되어 있다. 습관화된 태도는 개인으로 하여금 주위환경의 여러 상황에 대하여 기존에 형성되어 일반화된 반응경향을 보이도록 개인의 행동을 선행경향화한다. 이러한 태도의 형성과 변화는 인지균형이론에 의하여 설명될 수 있다.

25 태도변화를 유도하기 위하여 가장 효과적인 학습원리에 대한 내용을 내포한 것은?

① 지각이론 ② 부적 보상
③ 인지균형이론 ④ 정적 보상

해설 ㉠ 태도의 인지균형이론 : 개인이 사회문화적 성장과 생활 속에서 형성된 기성의 태도가 새로운 경험과 서로 모순되지 않게 균형상태를 유지하거나 회복하려는 과정을 통하여 새롭게 태도가 형성되고 변화된다는 이론
㉡ 태도의 변화 : 태도는 기존의 인지균형상태에 새로운 지식, 정보, 환경변화 새로운 경험 등이 주어졌을 때 변화될 수 있다. 태도는 개인의 태도체계 내에서 상호의존적으로 서로 연관되어 있기 때문에 한순간 급격한 변화가 나타나지 않고, 다분히 자신의 인생경험과 인성구조에 달려있다.

정답 22 ① 23 ③ 24 ③ 25 ③

26 학습자에게 칭찬과 인정감을 주어 학습효과를 증대하는 학습원리는?

① 강화의 원리 ② 사고의 원리
③ 동기의 원리 ④ 고개의 원리

해설 **강화의 원리** : 강화란 어떤 행동에 대하여 보상을 주는 것을 말한다. 학습자가 학습도중에 자신의 의견을 이야기할 때 "매우 좋은 말씀입니다." 또는 "훌륭한 답변입니다." 등으로 학습자에게 칭찬과 인정감을 주어 스스로 만족감을 가지게 만드는 것이 필요하다.

27 학습은 학습자가 전에 어떠한 경험을 하였는가에 따라 그 교수방법을 달리해야 한다는 것은 일반 학습원리 중 어느 원리인가?

① 연관의 원리 ② 동기의 원리
③ 강화의 원리 ④ 참여의 원리
⑤ 사고의 원리

해설 **사고의 원리** : 학습 시에 학습자가 스스로 학습내용을 사고하고, 주어진 자극을 평가하고 검토하여 보는 기회가 주어질 때 학습효과는 증대된다. 일방적으로 설명을 듣게 하는 것보다도 학습자가 스스로 과거의 경험을 되살리고 그가 알려고 하는 것과 학습하고 있는 것과의 관계를 확인하게 하며, 스스로 문제를 해결해 보도록 학습 시에 가끔 질문하여 그들의 사고력을 자극하여 주면 학습효과가 높아진다.

28 다음 중 농촌지도에 있어서 고려되어야 할 학습원리가 아닌 것은?

가. 보상의 원리	나. 필요충족의 원리
다. 강화의 원리	라. 성과의 원리
마. 관심의 원리	바. 참여의 원리

① 가, 라 ② 나, 다, 라
③ 다, 마, 바 ④ 가, 라, 마, 바

해설 **농촌지도에서 고려되어야 할 학습원리(Bender)** : 관심의 원리, 필요충족의 원리, 사고의 원리, 참여의 원리, 강화의 원리

29 갈등론적 사회변동을 이론적 체계로 확립한 사람은?

① Karl Marx ② Coser
③ Schumpeter ④ Rosers

정답 26 ① 27 ⑤ 28 ① 29 ①

해설 **Karl Marx** : 갈등론적 사회변동을 이론적 체계로 확립한 학자. 사회변동은 혁명의 형태로 나타나며, 계급투쟁은 바로 경제적인 계급 사이의 갈등에서 비롯된다고 주장하였다.

30. 갈등론자들의 주장에 따르면 사회교육의 기능을 어디에 두자고 주장하는가?

① 사회화
② 현실이해
③ 인간성 회복
④ 경제적 효율성 증대

해설 갈등론자들은 사회교육의 기능은 사회화에 두는 것이 아니라 인간성 회복에 두어야 한다고 주장한다.

31. Barnett가 제시한 혁신발생에 영향을 주는 요인이 아닌 것은?

① 창작욕구
② 권위주의
③ 공동노력
④ 경쟁

해설 **혁신발생에 영향을 주는 사회문화적 요인(Barnett)**
㉠ 아이디어의 집적 : 한 사회가 가지고 있는 문화적 유산의 양과 질에 맞는 수준에서 혁신이 결정된다.
㉡ 아이디어의 집중 : 아이디어의 축적은 혁신발생의 최소한의 조건일 뿐이다. 사회적 정보도 서로 분산되지 않게 재결합하고 수정하여야만 혁신이 쉽게 발생한다.
㉢ 공동노력 : 여러 개인이 협동하면서 새로운 것을 탐구할 때 서로운 사업이 개발될 가능성이 크다.
㉣ 이질적 요소 간의 접합 : 서로 다른 가치관, 사물, 관습들이 접촉을 하게 되면 질적으로 전혀 새로운 것이 나타날 가능성이 크다.
㉤ 변동의 기대 : 새로운 것, 즉 혁신을 기대하는 분위기 속에서는 혁신이 일어날 가능성이 크다.
㉥ 권위주의 : 사회적으로 권위주의나 보수주의가 팽배할수록 혁신의 발생이 일어날 가능성이 줄어든다.
㉦ 경쟁 : 경쟁적 분위기는 인간의 욕망을 자극하여 혁신을 가능하게 한다.
㉧ 기존가치의 변혁 : 종래의 사회적 위치나 규범, 가치관 등의 변혁이 일어날수록 혁신의 가능성이 크다.

32. 다음 중 혁신이란 용어는 누구로부터 연유되었는가?

① 슘페터
② 코 서
③ 일리치
④ 바네트

해설 **슘페터의 혁신**
㉠ 혁신은 기업 활동에 새로운 방법이 도입되어 획기적인 새로운 국면이 나타나는 현상
㉡ 생산 기술의 변화만이 아니라 새로운 경영 기법의 도입, 새로운 상품의 개발, 새로운 시장의 개척, 새로운 경영 조직의 결성, 새로운 생산 방법의 도입, 새로운 자원의 획득 등을 포함하는 넓은 개념, 블루 오션(blue ocean) 전략 필요함
㉢ 혁신 = 창조적 파괴(creative destruction)의 과정

정답 30 ③ 31 ① 32 ①

ⓔ 이윤 발생의 원천이자 자본주의 경제발전의 원동력
ⓜ 기업가 정신 : 혁신에는 상당한 위험 부담이 따르는데 이러한 위험을 무릅쓰고 혁신을 추구하는 기업가의 모험적이고 창의적인 의지

33 다음 중 수용자의 교육정도, 생활수준 등의 성격에 해당되는 혁신성 결정변수는 어느 것인가?

① 사회, 경제적 특성
② 교육, 문화적 특성
③ 개인적 선 변인
④ 의사전달적 행동

해설 혁신성을 결정하는 변수
㉠ 사회경제적 변수 : 연령, 교육수준, 사회지위 등(연령은 혁신성과 무관함)
㉡ 개인적 기질 변수 : 감정이입, 합리성, 변화에 대한 태도 등
㉢ 의사소통 행위 변수 : 사회참여 정도, 리더십 등

34 지역사회에서 혁신사항을 가장 먼저 수용하는 사람은?

① 조기수용자
② 조기다수자
③ 혁신자
④ 후기다수자

35 혁신자의 특성에 대한 설명 중 거리가 먼 것은?

① 모험심과 투기심이 강하다.
② 지역사회에서 생활수준과 교육수준이 높은 사람들이다.
③ 대단히 신중하여 업무의 치밀함을 보인다.
④ 새로운 혁신사항을 그 지역사회에 가장 먼저 전파한다.

해설 모험심이 강한 혁신자(innovator) 특징
㉠ 혁신자는 성급하고 대담하고 무모할 정도로 모험심이 강하고, 새 아이디어에 과도한 흥미를 가짐에 따라 범지역적인 사회관계로 이끄는 경향이 있음
㉡ 혁신자 계층은 개개인이 멀리 떨어져 있더라도 공통 커뮤니케이션 패턴을 가지고 있고 친구관계에 있는 경우가 많음
㉢ 혁신자는 새로운 아이디어가 반드시 성공적일 수 없다는 사실을 기꺼이 받아들여야 하며 때로는 실패도 감내해야 함
ⓔ 혁신자는 새로운 아이디어가 체계로 흘러가는 문지기 역할을 수행함. 혁신자가 구성원에 의해서 존경받지는 않지만 전파 과정에서 매우 중요한 역할을 하는데 외부에서 혁신을 들여와 사회체계에서 새 아이디어가 확산되는 가장 근원적인 역할을 수행함

정답 33 ① 34 ③ 35 ③

36 농촌지도사업의 측면에서 가장 바람직한 수용자이면서, 혁신사항의 가치를 일찍 인정하고 좋다는 것을 확인하면 즉시 수용하는 것과 관련이 깊은 것은?

① 혁신자
② 후기다수자
③ 조기다수자
④ 조기수용자

해설 존경받는 조기수용자(early adopter)
㉠ 조기수용자는 혁신자보다 사회체계에서 더 통합적인 부분을 담당함
　혁신자가 범지역적·국제적 움직임을 가진 반면 조기수용자는 지역적 성격을 가짐. 조기수용자는 다른 수용자보다 여론지도력(opinion leadership)이 더 높기 때문에 잠재적 수용자는 혁신에 대한 조언과 정보를 위해 이들에게 문의함
㉡ 조기수용자는 혁신이 사회체계로 전파될 때 임계점을 형성시킴
　조기수용자는 새 아이디어를 수용하기 전에 의논해야 할 사람으로 간주되며, 혁신주도자는 일반적으로 혁신 전파를 도모하기 위해 조기수용자와 접촉함. 조기수용자는 보통 사람보다 많이 앞서가는 계층은 아니지만 다른 구성원에게 어떠한 '역할 모델'을 하기 때문

37 다음 중 농촌지도사업에서 여론지도자로 가장 잘 활용할 수 있는 수용자 집단은?

① 후기다수자
② 혁신자
③ 조기수용자
④ 조기다수자

38 수용자를 수용의 시간경과에 따라 분류할 수 있다. 그 분류 중 가장 사회경제적 지위가 높은 집단이 속해 있는 범주는?

① 조기다수자
② 후기다수자
③ 조기수용자
④ 지체자

해설 조기다수자 : 상대적으로 나이가 많은 편이고 신중성을 기하며 경제적으로 상층~중층이 많으며, 지역사회의 유지들이 이 그룹에 속한다.

39 정규분포곡선상의 수용자 분류에서 일반적으로 나이가 많고 신중성을 가지며 경제적으로 중층 또는 상층의 계층에 있는 부류는?

① 혁신자
② 조기수용자
③ 조기다수자
④ 후기다수자
⑤ 지체자

정답 36 ④　37 ③　38 ①　39 ③

해설 **조기다수자** : 상대적으로 나이가 많은 편이고 신중성을 기하며 경제적으로 상층~중층이 많으며, 지역 사회의 유지들이 이 그룹에 속한다.

40 전달된 사항에 대한 수신자의 심리적 반응과정을 뜻하는 것은?

① 의사전달과정
② 의사결정과정
③ 수요과정
④ 심리과정
⑤ 반응과정

해설 ㉠ 혁신전파과정 : 서로 다른 문화체계나 사회집단 또는 개인 사이에서 혁신사항이 전달되는 과정(사회적 과정)
㉡ 혁신-의사결정과정(innovation-decision process) : 혁신전파과정에 근거하여 개인이 혁신사항을 받아들이는 과정(개인의 심리적 과정)

41 보기는 기술수용의 단계로 볼 때 어느 단계에 속하는가?

> 어떤 농민이 최신 다수확장려품종을 매스컴을 통하여 알았다. 금년에는 자기 논 3,000평 중 1/2에 이 품종을 심었다.

① 인지단계
② 관심단계
③ 평가단계
④ 시행단계
⑤ 수용단계

해설 **시행단계(trial stage)** : 마음으로 결정한 사항을 실제의 행동으로 시험적으로 소규모로 실천하여 보는 단계

42 수용과정의 시간적인 단계에서 볼 때 전달사항의 수용 또는 배척이 나타나는 단계는?

① 인지단계
② 관심단계
③ 평가단계
④ 시행단계
⑤ 확신단계

해설 **평가단계(evaluation stage)** : 전달사항의 특성과 장단점을 조사하고 자기 자신의 여러 가지 사정과 결부시켜 전달된 사항을 받아들일까 혹은 거절할까를 결정하고 선택하는 사고의 마지막 단계, 즉 의사결정기능(decision function)을 말한다.

정답 40 ② 41 ④ 42 ③

43. 다음 중 지도활동단계에서 성공사례나 선진지 견학 등을 실시하는 것은 어느 단계에서 하는가?

① 수용단계
② 평가단계
③ 관심단계
④ 시행단계

해설 관심단계(interest stage) : 전달사항에 관심과 흥미를 가져 그것에 대하여 관심을 가지고 알아보는 단계. 어느 신품종이나 새로이 개발된 기술 등 혁신사항에 대하여 수신자로 하여금 심리적 충동이 발동되게 설득기능(persuasion function)을 하는 단계

44. 혁신의사결정과정 중 각 단계에 대한 설명으로 옳지 않은 것은?

① 인지단계란 전달사항에 대하여 의식하는 단계이다.
② 관심단계란 전달사항에 대하여 관심과 흥미를 갖는 과정이다.
③ 평가단계란 전달사항의 수용여부를 판단하는 과정이다.
④ 시험단계란 의사결정의 결과로서 전달사항을 실제생활에 소규모로 실천하는 과정이다.
⑤ 수용단계란 결과에 만족하여 시험적으로 적용하는 과정이다.

해설 혁신-의사결정과정 5단계
  ㉠ 인지단계(awareness stage) : 전달사항에 대하여 수신자가 의식을 하는 단계로서 혁신사항에 대하여 지식기능(knowledge function)을 하는 단계
  ㉡ 관심단계(interest stage) : 전달사항에 관심과 흥미를 가져 그것에 대하여 관심을 가지고 알아보는 단계. 어느 신품종이나 새로이 개발된 기술 등 혁신사항에 대하여 수신자로 하여금 심리적 충동이 발동되게 설득기능(persuasion function)을 하는 단계
  ㉢ 평가단계(evaluation stage) : 전달사항의 특성과 장단점을 조사하고 자기 자신의 여러 가지 사정과 결부시켜 전달된 사항을 받아들일까 혹은 거절할까를 결정하고 선택하는 사고의 마지막 단계. 즉 의사결정기능(decision function)을 말함
  ㉣ 시행단계(trial stage) : 마음으로 결정한 사항을 실제의 행동으로 시험적으로 소규모로 실천하여 보는 단계
  ㉤ 수용단계(adoption stage) : 시행의 결과가 만족스러울 때 전달사항 혹은 의사결정사항을 본격적으로 받아들이고 적용하는 단계

정답 43 ③ 44 ⑤

45 수용과정을 시간적인 기능면에서 잘 설명한 것은?

① 지식기능 → 설득기능 → 의사결정기능 → 적용기능
② 설득기능 → 지식기능 → 의사결정기능 → 확인기능
③ 지식기능 → 의사결정기능 → 설득기능 → 확인기능
④ 설득기능 → 지식기능 → 의사결정기능 → 확인기능
⑤ 확인기능 → 지식기능 → 설득기능 → 의사결정기능

해설 혁신-의사결정 모델의 새 기능(Rosers & Shoemaker)
 • 지식기능(knowledge function) : 인지, 방법, 원리
 • 설득기능(persuasion function)
 • 의사결정기능(decision function) : 수용/거부
 • 실행기능(implementation function) : 재발명
 • 확인기능(confirmation function) : 불연속

46 혁신의사결정과정의 시계열적인 단계 중 혁신에 대하여 태도를 형성할 때 인지되는 기능은?

① 지식기능
② 설득기능
③ 확인기능
④ 의사결정기능

해설 설득단계에서 수용자의 심중에서 태도가 형성되거나 변화하는 양상이 나타난다.

47 개인 또는 의사결정 단위가 혁신사항에 대한 수용과 배척에 대한 선택을 하게끔 하는 활동을 할 때 일어나는 것은?

① 지식
② 설득
③ 결정
④ 실천

해설 결정단계에서 수용자가 혁신을 수용 또는 거부를 선택하는 행위가 일어난다.

정답 45 ① 46 ② 47 ③

48 혁신 수용률을 규제하는 변수를 설명하는 것이 아닌 것은?

① 지각된 혁신의 속성
② 혁신의사결정
③ 전달매개경로
④ 선행조건

해설 혁신수용률에 영향을 미치는 요인
① 인지된 혁신의 속성 : 상대적 이점, 호환성, 복잡성, 시도가능성, 관찰가능성
② 혁신결정의 유형 : 개인, 집단, 권위
③ 의사소통 채널 : 매스미디어, 대인접촉
④ 사회시스템의 속성 : 규범, 관계망
⑤ 변화촉진자의 홍보효과 정도

49 다음 중 혁신사항의 특성과 거리가 먼 것은?

① 상대적 유리성
② 복잡성
③ 시행성
④ 관찰성
⑤ 참여지향성

해설 인지된 혁신의 속성 : 상대적 이점, 호환성, 복잡성, 시도가능성, 관찰가능성

50 농민의 혁신사항 수용을 위해 설치하는 시범포가 강조하고자 하는 특징을 내포하는 설명은?

① 관찰성
② 적합성
③ 시행성
④ 상대적 유리성

해설 관찰가능성(observability)
㉠ 혁신의 결과가 타인에게 보여질 수 있는 정도
㉡ 혁신의 관찰가능성은 수용률과 정(+)적인 관계
㉢ 사람들은 혁신의 결과가 가시적일수록 혁신을 수용할 가능성이 높아짐. 눈에 보이는 혁신의 군집화는 관찰가능성의 중요성을 보여줌

51 혁신사항의 특성 중 「혁신사항이 수용하려는 가치관, 경험, 그리고 지역사회의 규범 및 관습과 관련성」과 밀접한 것은?

① 복잡성
② 시행성
③ 적합성
④ 상대적 유리성

정답 48 ④ 49 ⑤ 50 ① 51 ③

해설 호환성(compatibility)
ⓐ 혁신이 잠재적 수용자가 갖고 있는 기존의 가치관, 과거의 경험, 욕구에 부합하는 것으로 인지되는 정도
ⓑ 혁신의 호환성은 수용률과 정(+)의 관계
ⓒ 기존 사회체계의 가치·규범에 부합하는 아이디어는 빠르게 채택되지만, 부합하지 않는 개혁은 느리게 채택되며, 개혁이 채택되기 위해서는 새 가치체계의 채택이 선행되어야 함

52 의사전달의 요소가 아닌 것은?

① 의사전달자
② 전달사항
③ 전달방법
④ 전달경로
⑤ 전달목적

해설 의사전달 요소
㉠ 의사전달자 : 의사전달의 주도자. 전달자는 전달사항을 보내려는 뚜렷한 목적의식을 갖고 있어야 함
㉡ 전달사항 : 전달자가 수신자에게 전하려는 생각, 지식, 태도 등
㉢ 전달방법 : 전달사항이 수신자에게로 전달되는 매개체
㉣ 전달경로 : TV, 라디오, 신문, 그림 등

53 전달사항의 수용에 영향을 주는 요인이 아닌 것은?

① 전달자의 특성
② 혁신의 특성
③ 사회구조의 요인
④ 지역사회의 특성
⑤ 외부지원

해설 수용에 영향을 주는 요인 : 혁신의 특성, 혁신과정 요인, 사회구조적 요인, 지역사회의 특성, 외부지원 등

54 의사결정 후 나타나는 수신자의 행동이 아닌 것은?

① 계속적 수용
② 무반응
③ 중절
④ 뒤늦게 수용
⑤ 계속적 비판

해설 의사결정 후 수신자의 행동 : 계속적 수용, 중절, 계속적 비판, 뒤늦게 수용

정답 52 ⑤ 53 ① 54 ②

Chapter 04

농촌지도 접근법 및 추진체계

단원 키워드
1. 농업지식체계의 발달에 따른 농촌지도사업의 변화
2. 변화하는 농촌지도사업의 패러다임과 역할
3. 세계적 지도사업 동향
4. 우리나라 지도사업의 변화

전 세계 농촌지도 접근방법은 매우 다양하나, 공통 지도방법에서는 성인교육의 절차를 따르고, 지도내용은 농업·농촌과 관련된 내용을 다루며, 지도목적은 생산성 증대, 의식 개선 등을 통한 농촌 주민의 삶의 질을 개선하는 데 있다.

농촌지도 접근법 유형을 보면 지역이나 학자에 따라 매우 다양하며 보편적으로 응용할 수 있는 최상의 접근법은 존재하지 않는다. 다만, 각 접근법의 장·단점을 고려하여 특정 상황·시대에 맞는 방법을 선택하고 재구성하여 활용할 필요가 있다.

전통적 한국 농촌지도사업은 농업기술보급모델에 기반한 지도사업을 수행해왔다. 농업기술보급모델에서 농촌지도사업은 시험연구 결과인 자연과학적 지식(scientific knowledge)을 농업인 활용기술(farmer oriented technology)로 가공하여 부가가치를 높여 주는 활동으로 고도의 전문성과 창의성이 요구된다.

유럽 많은 국가에서 지도사업의 민영화가 진행되고 있으며, 공공농촌지도사업에 대한 수요와 요구도 높아지고 있다. 이에 따라 농촌지도사업 관련 체계 및 제도, 정책, 내용, 방법과 매체 등의 변화가 나타나고 있다.

제1절 농촌지도체계

1 농촌지도 접근법

(1) 접근법의 개념·특성

① 농촌지도의 접근방법(approach)
  ㉠ 협의 : 특정지역에서 농촌지도사업이 효과적으로 작동될 수 있도록 조직화된 전략과 방법의 조화
  ㉡ 광의 : 농촌지도사업의 활동 유형으로 이념, 조직의 구조와 지도력, 자원, 프로그램, 타 기관과의 연계 등이 종합적으로 반영된 것
    • 지도방법 : 성인교육의 절차를 따름
    • 지도내용 : 농업·농촌과 관련된 내용을 다룸
    • 지도목적 : 생산성 증대, 의식 개선 등을 통한 농촌 주민 삶의 질 개선

② 농촌지도 접근의 역사적 측면
  ㉠ 대부분 나라는 미국식 농촌지도가 도입되기 전 그 나라 실정에 맞는 지도사업이 수행되었음
  ㉡ 제2차 세계대전 이후 미국 영향력이 커지면서 미국식 농촌지도방법이 각국 농촌지도 발달에 큰 영향을 미침
  ㉢ 현재는 미국식 농촌지도와 그 나라 지도방식이 상호작용하여 독특한 경험과 사회구조에 적응된 여러 형태의 농촌지도가 전개됨

③ 농촌지도 접근의 유형
  ㉠ 지역·학자에 따라 다양하지만 보편적으로 적용할 수 있는 최상의 접근방법은 존재하지 않으며, 각 접근법의 장단점을 고려하여 특정 상황·시대에 맞는 방법을 선택해야 함
  ㉡ 농촌지도 접근법은 국가 중심적이고 하향식(top-down)에서 주민 참여(bottom-up)가 많아지고 의견이 반영되고 있음
  ㉢ 단순 기술이전에서 종합적·포괄적 농촌지도를 다룸

(2) 농촌지도 접근법의 분류

① 네갈(Negal, 1997)의 접근법 : 일반적 고객 접근, 선택적 고객 접근
  ㉠ 일반적 고객 접근
    • 정부 주도의 일반적 지도(Ministry Based General Extension)

- 훈련·방문 지도접근(Training and Visit Extension, T&V)
- 종합적 사업 접근(The Integrated Approach)
- 대학 중심의 지도사업(University Based Extension)
- 농촌개발사업(Animation Rurale)

ⓒ 선택적 고객 접근
- 상품 지향적 지도사업(Commodity Based Extension)
- 상업서비스로서의 지도사업(Extension as a Commercial Service)
- 고객중심 및 고객이 통제하는 지도사업(Client-Based and Client-Controlled Extension)

② 미국식 농촌지도 접근법(Seevers, 1997)
개도국에서 주로 사용할 수 있는 농촌지도 접근법
- 훈련·방문 지도접근(Training and Visit Extension, T&V)
- 프로젝트 접근(Project Approach)
- 농민우선주의 접근(Farmer First Approach)
- 영농체계연구지도접근(Farming Systems Research and Extension, FSR&E)

③ 국내 농촌지도 접근법
- 기존 접근법 : 전통적 농촌지도 접근법, 종합농촌개발 접근법, 협동자조 접근법
- 새로운 접근법 : 훈련·방문 지도접근, 영농체계연구지도접근, 농민우선주의 지도접근

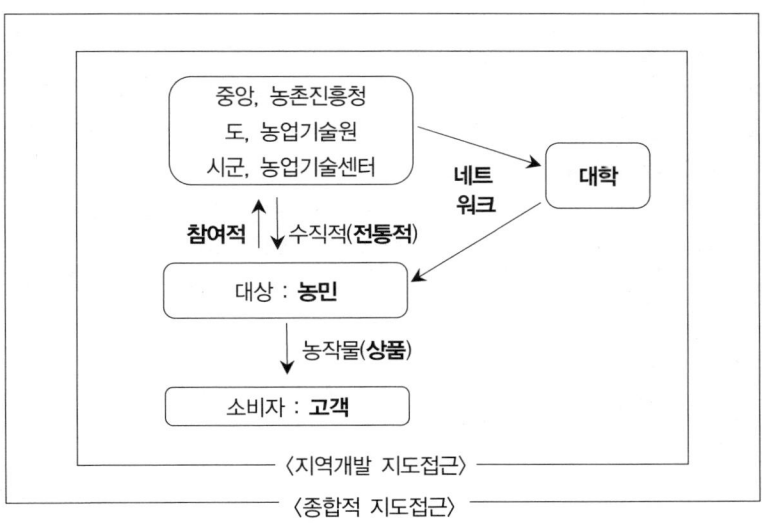

▪ 농촌지도 접근법 모식도

농촌지도 접근방법

1. 국가농촌지도 접근		공공영역 주도로 현장의 농업인에게 무상으로 자문을 제공하는 표준형 접근방식
	일반적 농촌지도 (general agricultural extension)	1980년 이전까지 지배적으로 이루어지던 전통적인 농촌지도의 유형
	훈련방문 지도 (training & visit extension)	비효율적이던 일반적 농촌지도의 개선방안으로 1970년대 후반에 나타남
	교육기관에 의한 지도 (educational institution)	교육기관, 주로 농과대학이 국가농촌지도를 수행함
	공공기관 계약 지도 (publicly-contracted extension)	정부와 계약한 민간회사 또는 비정부조직(NGO)이 지도사업 수행
	전략적 지도 캠페인 (strategic extension campaign)	국가농촌지도사업에 사람들의 참여를 결합시키는 방법. FAO에서 개발함
2. 생산자주도 농촌지도 (producer-led extension services)		지도과정에 지식과 자원을 생산하도록 농업인을 관여시킴
	생산자조직 지도방식 (producer-organized extension services)	전적으로 생산자들에 의해 계획되고 관리되는 방식
	영농체계개발 지도 (farming systems development extension)	지도, 연구자와 지역 농업인 또는 농업인 단체 간의 파트너십 필요
	참여적 농촌지도 (participatory extension)	집단회의를 조성하고, 요구와 우선순위를 구명하고, 지도활동을 계획하거나 생산체계를 개선하도록 고유 지식을 활용하는 농업인의 역량 제고
	농촌활성화 (animation rurale, AR)	하향식 패턴의 개발프로그램을 타파하기 위한 전략으로서 아프리카 프랑코폰(francophone)에서 최초로 적용된 방식
3. 목적집단 지도방식 (targeted extension services)		주로 전문가, 고객, 지역 또는 시간에 초점을 두고 고비용을 회피하려는 지도접근방식
	특성화 지도방식 (specialized extension services)	특정 생산물 또는 영농방식(관개, 비료, 산림 관리 등)의 생산성 개선을 위한 노력에 초점을 둠
	프로젝트 지도방식 (project-based extension)	특정 기간 동안 한정된 장소에서 농촌지도 자원의 증가에 초점을 둠
	고객집단 지도방식 (client group-targeted extension)	영세농, 여성, 소농 또는 소수인종과 같이 특정 유형의 농업인 집단에 초점을 둠

4. 상업화된 농촌지도 (commercialized extension services)	주로 농촌지도서비스의 상업화에 의존함
비용분담 농촌지도 (cost-sharing extension)	농업인에게 사업비 분담을 요구하는 농촌지도방식
상업화된 농촌지도 자문서비스 (commercial extension advisory services)	무료 공공지도사업의 한계와 농업인이 신뢰할 수 있는 전문적인 서비스를 추구함에 따라 향후 더욱 보편화될 것임
농산업지도 (agribusiness extension)	농가의 생산과 관리를 지원하는 바람직한 농촌지도사업의 제공을 요구하거나 혜택을 받는 제품 구매자와 투입요소 제공자의 상업적 관심 지원
5. 매체를 통한 지도 (media extension)	일반 대중에게 지도기관 외 차원의 노력에 대한 지원 또는 정보서비스 제공
대중매체를 통한 지도 (mass media extension)	대중에게 맞춤형 순수 정보서비스 제공
대중매체를 활용한 지도 (facilitated mass media)	이슈에 대한 이해와 논의를 촉진하기 위해 대중매체 정보서비스와 현장의 지도요원 또는 자원자와의 연계
의사소통기법 (communication technologies)	유선 또는 인터넷을 통해 농촌주민이 전문가 또는 전문적인 정보원과 접촉하게 함

(3) 농업연구-지도의 이론적 모형

① 전통 기술보급모델의 발전 과정
  ㉠ T&V법 → 영농체계연구지도(FSR&E) → 농민우선 → 참여연구로 발전
  ㉡ 점점 농민이 수동적 역할에서 적극적 역할로 참여를 확대해 옴

② 기술보급 모형(transfer of technology model) : 행위자 모형
  ㉠ 혁신전파이론에 기반한 행위자 모형(actor model)
  ㉡ 농업연구사와 농촌지도사의 행동 특성, 동기, 자질, 사기 등을 중심으로 설명하는 이론
  ㉢ 관련 이론 : 훈련·방문(T&V), 농민우선(farmer first)
  ㉣ 농업연구기관에서 개발한 신기술 이전을 위해 지도사업을 활용함
  ㉤ 기술보급은 일련의 방법이라기보다 기술보급 체계도를 의미함
  ㉥ 농가를 농업연구기관에서 개발한 신기술의 수용자면으로 여기는 개발 시각으로 선형적(linear)이고 하향식(top-down) 방식을 취함
  ㉦ 우리나라 농촌지도사업은 농업기술보급모델에 기반한 지도사업을 수행함
  ㉧ 농촌지도사업은 시험연구 결과(자연과학 지식)를 농업인 활용기술(farmer oriented technology)로 가공하여 부가가치를 높여 주는 고도의 전문성·창의성이 필요한 활동임

③ 시스템 모형(system model)
  ㉠ 조직 간의 연계, 정보 흐름도, 조직역할 업무 진단, 업무 분석, 연구지도 연계 등을 중심으로 설명하는 이론
  ㉡ 관련 접근법 : 영농체계연구지도(farming system research and extension), 농업지식체계(agricultural knowledge system), 투입산출 모형(input-output model, 미국 위스콘신 주립대학교에서 개발)
④ 행위자모형과 시스템모형이 복합적용된 접근법
  현장연구(on-farm research), 참여연구(participatory action research)
⑤ 참여연구 접근
  ㉠ 1975년 성인교육 운동과 함께 1980년대 후반 '농민우선'과 'Participatory Technology Development'라는 개념으로 등장함
  ㉡ FAO나 세계은행에서 개발하여 운용
  ㉢ 특징은 지속가능한 농업과 자연자원 개발을 위한 접근방법
  ㉣ 참여연구는 연구·지도과정에 농민 참여를 중시하는데, 농업연구·농촌지도과정에서 농민 역할을 중요하게 고려함
  ㉤ 농촌평가를 위한 접근법으로 사용됨
    • **농촌평가의 구분** : 신속한 농촌평가(rapid rural appraisal)·참여적 농촌평가(participatory rural appraisal)
    • 신속한 농촌평가법(여전히 상의하달식 접근법)은 외부인의 관점에 중심을 둔다면, 참여적 농촌평가법은 지역주민이 스스로 주체가 되어 평가하는 접근법
    • 신속한 농촌평가보다 참여적 농촌평가방법이 발전되어 나타난 접근법

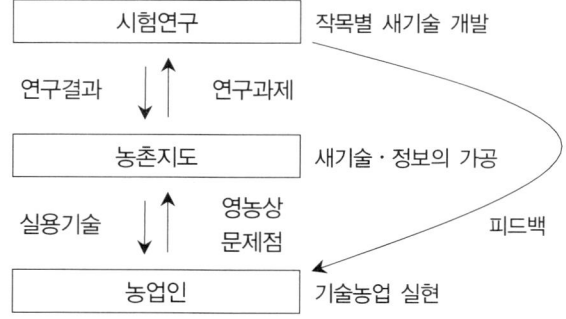

(4) 농촌지도체계의 유형

```
            ┌─────────────────────────────┐
            │        농촌진흥청            │
            │ (농촌지원국, 소속기관기술지원과) │
            └─────────────────────────────┘
┌──────────────┬──────────────────────┬──────────────────┐
│  (정보) 수집  │        가공          │    분산(전파)     │
├──────────────┼──────────────────────┼──────────────────┤
│ • 시험연구 결과│ • 지도사업 활용 검토  │ • 신기술보급 시범사업│
│ • 농업인 개발기술│ • 단편기술 종합화 및 사업개발│ • 농업인 기술교육│
│ • 사이버 문헌정보│ • 교재개발 및 기술자료집 제작│ • 현지 기술지원│
└──────────────┴──────────────────────┴──────────────────┘
```

• 기술보급사업 기본계획 통보   • 연구과제 기술 수요조사, 생육조사, 제도개선
• 기술가공 자료 확산   • 사업선정 및 평가보고, 기술지원 요청
• 핵심기술 및 기술지원 평가

농업기술원
특화작목시험장

• 기술보급사업 기본계획 통보   • 기술수요 과제 발굴
• 기술가공 자료 확산   • 사업 운영결과 보고

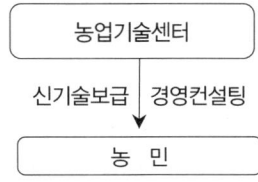

농업기술센터

신기술보급 | 경영컨설팅

농 민

▪ 농업기술보급사업 추진체계

① **농민조합기구형**
  ㉠ 농업연구와 농촌지도가 농민 필요에 의해 자연 발생<u>적</u>으로 태동한 형태
  ㉡ <u>영국, 프랑스, 독일, 덴마크</u> 등 서구의 <u>농민조합이 전문지도원을 채용</u>하여 새로운 농업기술에 대해 지도하는 형태
  ㉢ 대만과 일본의 농회의 지도기능도 이와 유사한 유형에 속함

② **학교외연교육형**
  ㉠ 학교교육 기능이 먼저 발전된 일부 <u>선진국 유형</u>
  ㉡ <u>미국, 스위스</u>가 대표적
  ㉢ 농업연구를 하는 농과대학이 농촌지도를 농과대학의 외연기능으로 수행하는 형태

③ **민간주도형**
  ㉠ 농촌지도 <u>비용의 수혜자 부담 정책의 도입에 따라 지도사업이 민영화된 경우</u>
  ㉡ 과거 국가주도·정부조직 형태가 아닌 <u>민영화를 통해 시장지향적 컨설팅 및 수요자 중심의 농촌지도</u>가 전개됨

ⓒ 영국, 네덜란드, 뉴질랜드 등
④ 정부조직형
  ㉠ 2차대전 후 미국 영향을 받아 도입한 것으로 정부의 국가적 식량문제 해결을 최우선 과제로 삼았으며, 최근 농촌개발에 초점을 두는 형태
  ㉡ 농림부 하부조직형과 외청 조직형, 정부 각 부처 분산조직형, 국가계선조직형, 지방정부조직형 등
    예 우리나라 농식품부 하부조직이 점차 지방정부조직형으로 전환
  ㉢ 한국, 일본, 태국 등
  ㉣ 시대변화에 따른 여러 시스템적 문제들에 농업연구·지도체계가 농민조합기구형과 학교외연교육형은 잘 적응하지만, 정부조직형은 적응하지 못함
  ㉤ 정부조직형이 시대변화에 적응을 못하는 이유
    • 정부조직형 국가는 주로 농업후진국이라는 것과, 체계의 문제점이 많은 모형을 채택하고 있기 때문
    • 정부조직형은 공급자 중심의 일방적 하향식 관료구조로서, 낮은 기술수준의 농가에게 보편적 검증된 기술을 대량 보급할 때는 유리하지만, 수요자 요구를 받아들이거나 현장에서 적시에 사용가능한 다변화된 기술을 개발하는 데 한계가 있기 때문
    • 정부조직형은 농과대학이 농촌지도와 상호 연결되는 기능이 부족하고, 선진농가의 요구를 받아들이는 기능이 약하기 때문

> 🔍 **보충** **농촌지도조직의 정부조직형**
>
> ㉠ **농업행정기구주도형**
>   우리나라의 경우 중앙단위에 농림축산식품부 외청으로 농촌진흥청을 두어 농업연구와 농촌지도사업을 전개하며, 도-시군 단위에서는 농업행정과 협동적 관계를 유지하고 있다.
> ㉡ **정부기관통합형**
>   농촌개발과 관련된 각종 정부부처가 협동과 조정을 통하여 농촌개발에 관여할 수 있도록 하나의 상설위원회를 설치하여, 위원회에서 농촌지도를 포함한 지역사회종합발전을 위한 모든 업무를 담당하고 있는 조직형이다. 중앙 단위에 국가발전위원회(위원장은 수상), 하부수준에서 각 단위의 개발위원회(위원장은 기관장)를 설치한다.

📌 **정리** 농촌지도체계

구분	특징	비고
농민조합기구형	• 농민의 필요에 의해 자연발생적으로 태동 기구형 • 농민조직이 전문지도원을 채용하여 지도	덴마크, 프랑스, 타이완(대만) 등
학교외연교육형	• 학교교육 기능이 먼저 발전된 일부 선진국 유형 교육형 • 농업발전을 위한 사회교육적 기능이 강조	미국, 스위스 등
민간주도형	• 농촌지도 비용의 수혜자 부담정책 도입, 지도사업 민영화 • 시장지향적 컨설팅 및 수요자 중심의 농촌지도	영국, 네덜란드, 뉴질랜드 등
정부조직형	• 정부주도의 식량자급, 농촌개발 목적에서 출발 • 농림부 하부조직형과 외청 조직형으로 구분	한국, 일본, 타이 등

(5) 농촌지도조직 유형의 장단점

농업 행정주도형	장점	• 명령의 통일을 이룰 수 있음 • 기관통합형보다 조직적·능률적이며 책임있게 일할 수 있음 • 기관통합형에 비하여 행정의 책임소재가 분명하므로 농민의 의견과 필요에 좀더 민감할 수 있음
	단점	• 사업이 자의적으로 수행될 가능성이 있음 • 농촌개발과 직접적으로 관련하는 다른 부처와 조정이 어려움
정부 기관통합형 예 인도	장점	• 모든 결정이 여러 사람의 견해와 경험을 토대로 이루어짐 • 위원회제는 의사결정이 집단적으로 행해지므로 모든 자의적·조변석개적 행동을 방지할 수 있음 • 각 참여자에게 자유로이 의견을 교환하게 함으로써 창의적 결정이 이루어짐
	단점	• 의사결정이 신속하지 못하여 시간과 경비 낭비가 많음 • 위원회에서 각 부처간 의견이 대립되는 경우 합리적 문제해결에 도달할 가능성이 낮음
대학주도형	장점	• 혁신기술과 정보의 소유가 신속함 • 교육적 성격이 강화되어 행정적 성격이 완전히 배제되므로 선진사회에 적당한 조직유형임
	단점	• 지도내용에 있어서 실용성이 결여될 가능성이 있음 • 지도대상자에게 모든 의사결정을 맡기므로 지도 효과가 늦게 나타남
농민조직체 주도형 예 대만	장점	• 민주적 이상에 적합한 형태
	단점	• 사업이 농민의 필요와 문제에 중심을 두기 때문에 계획된 사업이 일관성이 없고 산만하며 평면적이고 깊이가 없음 • 조직의 혁신기술과 정보의 소유가 늦고 사업계획 자체가 농업생산부문에 치중되는 경향이 있어 사회경제적 요인과 농업경제부문의 문제점을 반영하지 못함

2 전통적 농촌지도 접근

(1) 일반농촌지도 접근(the general extension approach)

① 의미
- ⊙ 일반농촌지도 접근 : 전통적 농촌지도 접근법(traditional extension approach, 최민호), 정부주도의 일반적 지도(ministry-based general extension, 네갈)와 같은 접근법. 세계의 여러 국가에서 채택했으며, 일반적으로 가장 고전적인 농촌지도 시스템으로 평가받음
- ⓒ 사회를 균형론적 관점에서 바라봄(기능론)
- ⓒ 농촌사회의 발전이 더딘 이유 : 교육·기술이 도시에 비해 상대적으로 부족하기 때문 → 농업인 기술보급·교육을 제공하면 농업인의 삶이 개선될 것이라는 전제
- ⓔ 목적 : 영농기술의 보급·확산을 통해 생산성을 향상시켜 농가소득을 증진

② 특징
- ⊙ 지도사업 전체 기획을 정부에서 통제 : 농촌지도과정을 농업행정 부처의 업무로 보고 행정부처를 상위기관으로 하여 일선에 하부기관들이 위계적으로 설치·운영됨
- ⓒ 중앙에서 농업인에게 일방적으로 정보를 전달하는 하향식으로 운영
- ⓒ 지도대상 : 농촌 거주 모든 주민
- ⓔ 지도사업이 지방행정구역에 임용된 현장지도요원에 의해 수행됨 : 센터에 소속되어 전시포를 통해 농업인을 지도하고, 농촌지도요원은 개별농업인을 방문하며 정부 권장사항을 수용하도록 유도하고, 성공적 신기술이 개발되었을 때 전시(예 라디오, 포스터 등을 활용)를 통해 지역농업인의 방문을 유도함

③ 장점
- ⊙ 농업정책을 지역단위 농촌까지 전달하기 용이함 : 중앙행정기관이 주도하고 지역의 하부기관이 참여하기 때문. 말단 행정구역까지 사무실이 설치되어 농촌지도요원이 배치되기 때문에 국가 전역을 상대로 정책을 펼칠 수 있으며, 이러한 점을 활용해 농촌지도사업의 일관성 유지가 가능
- ⓒ 중앙정부의 통제 용이 : 중앙정부가 농업인에게 필요한 정보를 신속하게 전달

④ 단점
- ⊙ 쌍방적 정보흐름의 결여 : 농업인의 관심, 문제, 요구 등이 농촌지도 채널을 통해 중앙에 전달되지 않으며, 지역 특성을 반영한 지도사업을 실행하기 어려움
- ⓒ 그 결과 지도요원은 현장 상황에 적합하지 않은 중앙 실천사항을 받아들이도록 독려함

          ⓒ 지도요원은 농업 규모가 크고, 부유한 농업인을 대상으로 지도사업을 수행함
          ⓔ **비용이 많이 들고**, 비효율적 : 지도요원의 수가 많고, 이들의 급여를 지급하기 때문에 많은 비용이 소요됨

  (2) **농촌종합개발 접근**
    ① 의미
        ㉠ 사회를 균형적 관점에서 파악(기능론)
        ㉡ 여러 가지 이념과 교육방법을 상호절충하여, 농촌개발에 필요한 여러 가지 기본 요소들을 단일 '농촌개발경영체제' 아래 통합하고, 능민들로 하여금 개발과정에 널리 참여하고 협동하도록 조장하는 접근법
        ㉢ 농촌개발은 농촌개발에 관여하는 모든 기능이나 기관의 상호협동에 의해서만 일어난다고 가정함. 교육·기술이 단독으로 농민에게 소개되어서는 아무 효과가 없다고 봄
        ㉣ 주목적 : 농업개발에 필요한 지식·교육뿐만 아니라 운송·신용·영농자재 구입·영농구조 개선 등을 균형있게 조달할 수 있는 제도나 하부구조 설립
        ㉤ 농촌의 경제적 발전은 물론 적극적으로 사회·문화적 발전을 기대함
    ② 지도대상 : 농촌 거주 모든 남녀노소. 지역실정에 따라 농업 분야뿐만 아니라 건강, 사회복지, 문화적 활동 등 다양하고 광범위한 내용을 다룸
    ③ 특징
        ㉠ 정부의 어느 한 부처 소관으로 이루어지기보다 특정 지역단위로 하나의 종합적 개발센터를 설립해 전개함
        ㉡ **조정자로서의 지도요원** : 변화촉진자로서는 물론 조정자로서 기능을 더 수행함. 일선에서 여러 관계기관 간 다양한 기능과 교육활동을 상호보완할 수 있어야 하기 때문

  (3) **협동자조 접근**
    ① 의미
        ㉠ **사회를 갈등 측면에서 파악** : 농촌이 개발되기 위해 농촌지도는 갈등 상태에서 불이익을 당하는 농촌이나 소농을 위해 전개되어야 한다고 주장
        ㉡ 패배주의에 젖어 있는 농민을 각성시켜 자신들이 조직체를 결성하고, 상호 협동하여 스스로 권익을 옹호하면서 농촌개발을 성취하여야 한다고 주장
        ㉢ 경제적인 양적 발전보다 인간적 측면의 질적 발전을 더 강조함

② 궁극적 목적
　㉠ 주로 교육적 수단을 통해 전통적 농촌의식을 개발하여 사회 빈곤층인 농민에게 생의 의욕·자신감을 고취시킴
　㉡ 자유스러운 삶을 추구할 수 있는 능력을 개발·함양함으로써 농촌의 경제·문화·사회적 발전을 추구함

③ 지도대상 : 원칙은 모든 농촌주민이지만, 그들 중 <u>비편익 계층인 소농</u>·소외당하는 여성·청소년들에 대한 지도를 더 강조함

④ 교육내용
　㉠ 경제·사회·문화적 측면 전반을 다루며, 특히 학습단체를 형성하거나 방송망을 활용하여 주민 의식개발을 위하여 문맹퇴치 교육, 드라마·민속음악·체육사업 등을 통한 문해력의 향상, 가난·질병·무기력 등 퇴치를 통한 삶의 기초능력 배양, 자조적 협동의식과 참여의식 개발을 위한 교육활동을 전개함
　㉡ 교육활동은 주민참여에 의한 상향식 계획수립에 따름

⑤ **농촌지도요원** : 설득자로서 역할보다 농촌주민을 위한 상호협조자 또는 상담자로서 기능을 가진 교육자로서 그들의 의식화를 촉진시키는 역할을 수행

■ 전통적 농촌지도 접근법

구분	일반적 농촌지도 접근	종합농촌개발 접근	협동자조 접근
배경	• 사회는 균형에 바탕 • 농업인에게 기술이나 교육을 전달하면 농업은 개선 가능함	• 사회는 균형에 바탕 • 농촌개발은 농촌개발에 관여하는 모든 기능이나 기관의 상호협동에 의해서만 가능함	• 사회를 갈등적 측면에서 파악 • 농촌지도는 불이익을 받는 농촌이나 소농의 이익을 반영해 줘야 함
목적	• 생산성 향상을 통한 농가소득 증진	• 농업개발에 필요한 지식·교육뿐 아니라 운송, 신용, 영농자재 구입, 영농구조개선 등을 균형있게 조달할 수 있는 제도·하부구조 설립	• 교육적 수단을 통해 전통적 농촌의식을 개발하여 사회빈곤층인 농민에게 생의 의욕·자신감을 고취시킴
교육 방법	• 주로 전시를 통해 생산기술을 교육(하향식)	• 농업을 포함한 다양한 내용을 다양한 방법으로 교육	• 농촌사회 전반의 경제·사회·문화적 측면을 학습단체나 방송망 활용을 통해 교육(상향식)
지도자 역할	• 교육자적 변화촉진자/설득자/독려자	• 변화촉진자/조정자	• 상호협조자적·상담자적 교육자
장점	• 농촌지도를 교육적 사업으로 확립 • 정책을 농촌에 전달하기 용이	• 농촌개발을 광의적으로 이해 • 경제적 발전 중심의 사고에서 탈피	• 새로운 시각 제시
단점	• 농촌개발에 대한 협의적 이해 • 쌍방적 정보흐름의 결여	• 방법론적 문제 제시 부족	• 자체적 노력에 너무 크게 의존

3 새로운 농촌지도 접근법

(1) 교육기관 접근(educational institution approach)

① 의미
  ㉠ 대학중심 지도체계(University based extension) : 교육기관 중심으로 농촌지도를 실시하는 접근, 농업학교와 대학이 가진 기술을 농업인이 배울 수 있도록 함
  ㉡ 미국 주립대학 기반의 농촌지도 : 미국 농촌지도는 USDA와 각 주정부, 주립대학 및 군(County)의 센터 간의 협력으로 이루어짐. 지도사업 목표가 실습교육 → 기술전이 → 인적자원개발이라는 넓은 개념으로 전환
  ㉢ 대학 교수나 전문지도요원이 농업인과의 접촉이 필요하다고 가정함

② 대학이 농촌지도사업의 주된 책임기관은 아니지만, 부수적 활동을 통해 지도사업의 주된 역할을 수행하는 형태
② 목적
    ③ 농업인은 과학적 지식을 배울 수 있고, 교수와 학생들은 농업현실을 파악할 수 있도록 함
    ⑤ 프로그램의 기획은 대부분 교육기관에서 하지만 일부는 농업인이 기획과정에 참여하기도 함
    ⓒ 무형식교육(informal education) 형태로 집단·개인에게 다양한 방법으로 지도함 → 농업연수·농촌지도활동 참여율이 성공 여부를 결정함
③ 장점
    ③ 연방정부는 별도의 행정체계와 비용을 들이지 않고 전문가를 확보할 수 있고, 학교는 연구와 관련된 현장을 경험할 수 있음
    ⑤ 전문적 학자와 현장 지도요원이 접촉할 수 있고, 전문가 확보 비용을 줄일 수 있으며, 학교는 시험장으로서 현장을 확보할 수 있음
④ 단점
    ③ 대학 교수가 농촌지도를 담당할 경우 농촌지도가 지나치게 학술적으로 흘러서 농민 입장에서 실용적이지 못할 수도 있음
    ⑤ 농촌지도사업에 대한 농업행정 부서와 교육기관 간의 경쟁적인 분위기를 조성할 수 있음

(2) **훈련·방문지도 접근(T&V, Training & Visit extension)**
① 배경
    ③ 훈련·방문지도 접근은 세계은행(World Bank)에서 개발하고 지원하여 아시아, 아프리카, 중남미 등의 50여국에서 채택함
    ⑤ 1970년대 초반 아시아 지역에서 시작된 T&V 접근은 주로 소농 구조하의 저소득·저기술 농가의 기술정보 부족을 지도요원의 정기적 방문·훈련을 통해 개별 농가의 생산성·소득을 향상 → 전체 식량증산을 도모함
② 의미
    ③ T&V는 몇 단계의 위계 조직구조를 갖고 있으며, 주요 작목의 농가·단체에 내용전문가(연구자)가 2주에 한 번씩 방문일정을 수립하여 정기적으로 상호작용하는 것
    ⑤ T&V는 새로운 형태의 농촌지도사업이 아니라 전통 지도체제의 단점인 조직상의 문제점을 보완하여 효율성을 높이는 접근법

ⓒ T&V는 연구↔지도↔농민 사이에 조직적·정형화된 연계체제를 구축함
ⓓ 과제별 전문지도사(subject matter specialist)는 지도사업의 각 단계에 배치되어 일반지도사·주재지도사의 고정된 훈련프로그램을 담당하고, 주재지도사는 고정된 방문프로그램에 의해 담당 농가를 방문함

③ T&V 특징
　㉠ **지도요원의 전문성** : 농촌지도서비스의 목적이 농가소득 제고에 있고, 사업수행자의 전문성에 따라 사업의 성패가 좌우된다고 보기 때문에, 개별농가의 상황에 따라 지도사는 관련분야 지식을 끊임없이 습득·연구·전문기술 숙지하는 훈련을 받아야 함
　㉡ **단일지휘체계의 농촌지도** : 지도사업은 기술/행정이라는 양면에서 일원적 지휘계통을 유지해야 하는데, 지도사업 유관기관(학교, 연구기관, 농민단체, 지방행정관서 등)과 지속적 협력을 유지하지만 사업 자체의 관리·통제는 지도사업 담당기관에서 일관성 있게 관리해야 함
　㉢ **집중성** : 지도요원은 오직 지도사업에만 전념하며, 각각 영역·지위에 맞는 분리된 고유 지도업무만 담당해야만 농가 생산·소득을 제고할 수 있음
　㉣ **시의성(時宜性)** : 지도요원의 농가 방문·지도, 지도요원의 교육훈련 등이 시의 적절히 이루어져야 효율적 자원사용과 지도가 이루어짐
　㉤ **현장 위주의 농촌지도** : 모든 연구·지도요원이 정기적으로 현장 농민과 접촉해야 함. 방문일정은 농민에게 사전에 통지하고, 지도요원은 농민 의견을 충분히 청취해야 함
　㉥ **지도요원의 지속적 훈련** : 규칙적·지속적 훈련으로 지도요원의 기술·지식을 최신화하고, 농가의 특정과제에 대한 해결책을 토론·제시할 수 있어야 함
　㉦ **연구와의 연계** : 지도사·연구사는 정기적 워크숍과 합동현장방문을 통해 현장환경과 과제를 인식해야 함 → 연구요원은 현장 과제의 적절한 해결책을 개발하고, 이를 지도요원이 농가에 제시함

④ T&V 장점
　• 지도사의 기술·경영 훈련과 빈번한 지역농가 방문으로 훈련·지도가 효율적으로 연계됨
　• 지도기관과 일선 지도요원의 직접 연결로 조직구성이 일원화되어, 기술지원과 조정이 용이하고 사업 중복성을 피해 효율성이 높아짐
　• 지도사업의 초점이 교육에 맞추어져 일선 지도사는 교육·정보전달 기능만 수행함
　• 과제별 전문지도사를 통해 연구기관↔지도기관↔농가 간 기술정보전달을 유지하고 농가 문제점이 신속하게 지도·연구기관에 피드백될 수 있음

- 지도사가 담당할 지도영역에 대한 책임 한계를 분명히 하여 지도사와 지도사업에 대한 지역사회의 신뢰가 제고됨

⑤ T&V 단점
- 하향식 구성으로 사업기획단계에 개별농가의 참여가 배제됨
- 사업의 계획 및 진행이 시간적 유연성이 없음
- 지나치게 많은 수의 인적자원이 요구됨
- 대중전달매체의 효과적 이용을 배제함
- 지도기관이 권위적으로 운영될 가능성이 있음
- 정보전달 과정에서 왜곡되거나 부적절한 정보가 수집될 수 있고 정보전달 속도가 느릴 때 문제가 야기됨

(3) 영농체계 연구지도 접근(Farming Systems Research and Extension)

① 의미(FSR&E)

한 농가의 여러 영농과제보다는 개별농가 전체의 물리적·생물적·사회경제적 조건과 목표·특성·자원·생산활동·경영활동을 종합적 체제로 보고, 연구·지도함으로써 정책개선·생산지원·농가 복리증진·생산성을 제고하는 사업체계

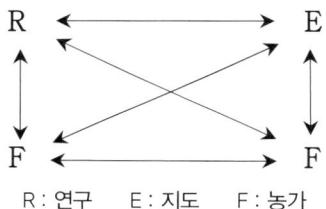

■ network 지도체계 구조

② 특징
- ㉠ 전통 연구지도체계가 연구 – 지도 – 농민의 선형구조를 보이지만, FSR&E는 지식망(network) 구조를 보이고, 지도사업의 주체와 객체가 같은 영역에서 구성원 간 상호작용이 쉽고, 사업목적이 일치되어 사업 조정이 용이함
- ㉡ 소규모 농가(소농) 위주로 사업이 시작되어 연구하고 평가받음. 학문적 연구보다 직접적 문제해결에 초점을 맞추며, 한 농가의 총체적 문제들을 파악하고 그 결과의 수용가능성을 평가함. 분야 간 연계와 상호작용이 잘 이루어져야 하며 자연과학의 실증적 지식과 사회과학의 가치판단까지 포함하는 종합적 지식이 필요함
- ㉢ 사적인 농가의 연구·지도에서 시작하는 공공 프로그램이지만 그 결과는 농가뿐 아니라 사회에 대한 수용성도 고려해야 함

ⓔ FSR&E 수행단계 : 대상농가 및 지역 선정 → 과제파악 및 기초자료 분석 → 현장 연구계획 → 현장 연구 및 분석 → 시험 및 평가 → 결과 보급 및 지도
③ 장점
- 농가의 현장(on farm)연구를 통하여 농가 중심의 기술개발과 수용
- 농민과 연구·지도와의 상호연계를 증진시켜 직접적인 과제해결
- 연구·지도 대상 간의 목적이 일치하며, 사업의 효율성을 증진시킴
- 특정영농체계에 대한 전체적 접근을 통하여 전문성을 확보함
④ 단점
- 다학문적 접근을 추구하고 있어 FSR&E팀의 목표와 전략 결정과정에서 학문 분야 간 다양한 견해가 나타날 수 있어 조정에 많은 시간·노력이 필요함
- 정부나 유관기관의 사업에 대한 이해가 다르지 않을 경우 연구사나 지도사가 과다한 업무로 사업을 수행하는 어려움
- 특정작목이나 영농체계에 대한 전문적 팀 접근으로 영농체계의 목표나 환경변화가 잦은 경우 사업 자체가 재구성되어 지속성이 낮고 비경제적임
- 연구, 지도, 수용까지 시간이 오래 걸려 당면문제해결에 시의 적절하게 대응하지 못함

(4) 농민우선주의 지도접근(FF, Farmer First Approach)
① 배경
기존 기술전달형 연구지도 사업이 관료적·중앙집중적 방법으로 진행되었기 때문에 제3세계 영세농가의 다양한 요구를 수용하지 못하는 점을 개선하기 위하여 농가를 연구지도 사업에 직접 참여토록 함
② 의미
㉠ 농민이 새 기술을 배우고 농장에 적용하는 능력을 배양하는 것이 목적
㉡ 명령보다 원칙·방법을 농민 스스로 선택해서 배우도록 함
㉢ 모든 사업 수행과정에 농가가 주체가 되며, 지도·연구기관은 농가의 사업 수행을 장려·지원하며, 서비스를 제공하고 조력자로서의 역할을 담당함
③ 특징
㉠ 목표는 단순한 기술 전달보다 농민이 새 기술을 배우고 농장에 적용하는 능력을 배양하는 것을 목표로 함
㉡ 연구과제 선정은 기술보급형이 학자·지도사·정부관료 등에 의해 수행되지만, 농민우선형은 농민 스스로 우선과제를 선정하고 유관기관은 단순히 조력자 역할만 수행함
㉢ 기술개발의 거점은 연구실·시험장이라기보다 농가의 현장이 됨

　　ⓔ 지도 내용은 명령·실행사항이라기보다 원칙·방법 등이 됨
　　ⓜ 전달 방법은 독려가 아니라 농민의 선택에 의함

■ 전통적 기술전달형 VS 농민우선주의 접근

구분	기술전달형	농민우선형
주목적	기술전달	기술취득능력개발
과제분석	연구, 지도, 행정	농민
R&D 거점	연구실, 시험장	현장
지도 내용	실행사항	원칙, 방법
지도 방법	독려	선택

④ 농민우선주의 지도사업의 단계 : 분석, 선별, 실험
　㉠ 분석 단계
　　ⓐ 농가 : 분석의 모든 과정에서 농가가 주체가 되고 농가목표나 우선순위가 먼저 고려됨
　　ⓑ 지도·연구·행정 등 유관기관 : 주도적 역할보다 농가의 과제해결을 위한 실험이 될 수 있도록, 농민이 필요로 하는 사항·재료를 요구할 수 있도록 자문 활동을 담당함
　㉡ 선별 단계
　　ⓐ 농가 : 과제해결에 필요한 정보·재료를 선택함
　　ⓑ 유관기관 : 농가가 선별한 여러 가지 재료·종자·품종·비료·기술·방법·지식을 조사하고 공급하며, 실험장·선진농가 견학 기회를 마련하여 농가 선별과정을 촉진함
　㉢ 실험 단계
　　ⓐ 농가 : 실험설계와 관리·개선·평가의 모든 단계에 참여함
　　ⓑ 유관기관 : 실험을 지원하고 농가의 자문에 응하며, 농가 실험에 사용하게 될 재료와 방법을 제공함

■ 농민우선주의 사업수행 단계

구분	농가 활동	지도기관의 역할
분석	주체, 목표	촉진, 격려, 자문
선별	선택	조사, 공급, 견학기획
실험	실험설계	지원, 자문, 물자와 방법 제공

⑤ 장점
- 농업 형태가 복잡·위험한 후진농가에 적응하기 용이함
- 사업 전 과정이 현장에서 이루어져 현장에서 필요한 기술이 개발되고, 그 기술의 현장 적응력이 높음
- 기술개발의 전 과정이 농민 주도로 이루어져서 전통적 사업에 비해 외부 조력이 부족해도 지속성이 높음

⑥ 단점
- 사업수행이 전적으로 농민에 의해 이루어지기 때문에 농민의 사업수행능력이 낮으면 사업의 효율성이 낮음
- 전통 연구기관의 역할에 비추어 제도적 변화가 선행되어야 함
- 사업수행에 시간과 노력이 많이 필요함

(5) 농민학교(FFS, Farmer Field School)

① 배경
1980년대 후반 FAO에서 개발하여 동아시아의 벼 병해충종합관리법(Integrated Pest Management, IPM) 확산을 위해 소개되면서 아시아, 아프리카, 라틴아메리카 등지로 확대됨

② 의미 및 특징
㉠ 농민학교는 비형식적 성인교육(nonformal adult education, 가장 큰 특징)에 기반한 집단자문 과정으로서 현장 관찰, 장기간 연구조사와 다양한 활동에 관심가짐
㉡ 농민학교는 지역 영농체계의 주요 특성에 관한 기술적 전문성을 갖도록 농민을 임파워먼트하는 것을 목표로 삼음
㉢ 농민학교는 농촌지도사업의 패러다임 전환으로 일컫는데, 농민이 분석적 능력·비판적 사고능력·창조성을 개발하고, 더 나은 의사결정을 하도록 학습하는 데 도움을 주는 교육훈련프로그램으로 참여기법을 활용함

(6) 전문상품중심 접근

① 의미
㉠ 특정상품의 생산성을 증대하기 위해서는 집중적 노력이 필요함
㉡ 연구, 투입물, 산출, 마케팅, 신용 등의 기능을 복합적으로 지도하는 것이 효과적이라고 봄
㉢ 해당상품 생산농가의 조합에 의해 농촌지도가 이루어지며, 조합원을 교육시키는 것이 주요 활동임

ㄹ 수출작물(커피, 설탕, 담배, 목화, 고무 등), 가축, 우유, 수리·개선 등에 주로 적용됨

② 특징
ㄱ 상품중심 접근의 사업기획은 품목조직이 담당함
- 예 목화개발위원회가 지도목표, 지도내용, 사업시기 등을 결정
ㄴ 품목조직의 농촌지도요원이 고도로 전문화된 지도사업을 실행하기도 함
ㄷ 지도는 주로 말(언어)이나 개별농장 방문을 통해서 이루어지며, 인쇄물이 제공되기도 하지만 비중이 낮은 편

③ 장점
ㄱ **생산문제에 적절한 지도가 이루어짐** : 지도는 특정품목을 위한 투입물, 마케팅 등에 의해 조정되기 때문에 농촌지도 활동은 효율적·효과적
ㄴ 지도가 1가지 작물에 집중되기 때문에 평가·점검하기 쉽고, 비용면도 효과적
ㄷ 연구·마케팅 인력의 협력이 이루어져 지도가 적절한 시기·방법으로 생산자에게 전달됨
ㄹ 좁은 범위에 초점이 맞추어지기 때문에 밀착된 경영과 감독이 가능하며, 소수정예화가 가능

④ 단점
ㄱ 작목생산조직을 우선하다보니 농업인의 관심사가 후순위로 밀림
ㄴ 농업 이외의 다른 측면의 농촌지도서비스가 제공되지 않음
ㄷ 특정작물이 더 이상 이익이 되지 않는데 품목조합이 그 작물만 고집할 때 문제가 발생함

(7) **프로젝트 접근법(project approach)**

① 의미
ㄱ 상대적으로 짧은 기간 성취 가능한 것을 프로젝트로 수행하는 방법
ㄴ 외부 자금이 제공되기 때문에 기증 기관이 프로그램을 기획함

② 특징
ㄱ 효과적 사업(활동)은 외부 재정적 지원이 더 없더라도 지속가능하다는 가정
ㄴ 전시(모범)가 프로젝트 접근법의 목적이며, 농촌지도방법을 시험할 뿐만 아니라 대규모 농촌지도사업의 일부로 수행되기도 함

③ 장점
ㄱ 성공여부 측정은 프로젝트 기간 동안의 단기간 변화를 대상으로 함
ㄴ 효과를 빨리 달성하고 측정할 수 있지만, 정해진 기간 내 변화가 없으면 성공 여부는 측정되지 않음

ⓒ 신규로 적용하고 싶은 방법·기술을 시험할 수 있고, 특정과제에 대해 집중 적용할 수 있음
④ 단점
ⓐ 사업기간이 짧고 비용이 많이 들어감
ⓑ 프로젝트가 제시한 아이디어가 신속하고 광범위하게 적용되지 않을 수도 있음

(8) **비용분담 접근(The cost sharing approach)**
① 의미 : 농촌지도사업에 소요되는 비용을 국가, 지방, 농업인이 분담하는 방식
② 특징
ⓐ 가정 : 수혜자가 비용 일부를 부담하는 것이 목표 성취에 유리함. 지도사업이 대상자에게 보다 나은 서비스를 위해 외부·내부가 비용을 공동 부담해야 함. 농업인은 스스로 농업생산성을 높여야 한다는 의식을 갖게 되고, 지방 정부는 농촌지도자금 확보의 당위성을 갖게 됨
ⓑ 목적 : 농업인 스스로 필요한 것을 배우도록 돕는 것이며, 이것은 농업인이 비용분담을 해야 하는 근거가 됨
ⓒ 지역주민은 기획 과정에 강한 목소리를 낼 수 있으며, 자신의 욕구가 충족되지 않으면 비용을 분담하지 않을 수도 있음
③ 장점
ⓐ 비용분담 접근이 지속되면 지도사업의 내용과 방법이 고객에게 적절하기 때문에 지역주민 만족도가 높아짐
ⓑ 지도인력 선정에서 지역주민이 영향력을 행사할 수 있고, 중앙정부는 비용을 절감할 수 있음
④ 단점
ⓐ 중앙정부의 통제가 어려움
ⓑ 참여접근 보고서 작성, 재정관리, 행정관리 등이 복잡해서 이익보다 손해가 커질 수 있음

(9) **상업적 서비스로서의 농촌지도(extension as commercial service)**
① 농촌지도의 상업적 서비스
ⓐ 농촌지도의 민영화, 농업의 산업화한 형태
ⓑ 공급회사의 판매전략 또는 농업생산자가 요구하는 전문화된 상담 서비스로서, 조직이나 개인 목표는 이익 창출이고, 고객만족과 일맥상통함
ⓒ 상업적 농촌지도의 고객도 이익 중심적이며, 이들 목적은 구입한 투입이나 계약한 전문가를 적절하게 활용하는 것임

② 비용부담의 문제
  ㉠ 상업적 농촌지도의 등장은 누가 농촌지도의 비용을 감당할 것인가에 대한 문제가 대두됨
  ㉡ 점차 예산이 부족해지면서 농촌지도를 공공무료서비스라는 생각이 힘들어지자, 참여자들이 실제로 자문료를 내야 한다고 주장함
  ㉢ 상업적 공급자의 경우 농촌지도 비용을 연구나 홍보비처럼 상품가격에 포함시킴
  ㉣ 개인 자문은 대규모 또는 특별한 생산자에게 지원할 수 있음
  ㉤ 상업적·공공적 요소를 혼합한 접근방식은 독일의 일부 주에서 시행함
    예 Brandenburg의 농림부는 자문에 대한 보조금을 지불함
③ 한계
  ㉠ 민영화와 비용공동부담은 더 나은 효과성이나 능률을 갖게 했지만 대부분 재정적 압박에서 비롯된 것임
  ㉡ 개인은 공공보다 합당한 수익에만 관심을 갖고, 공익적 정보제공은 공공영역의 책임으로 남겨짐

4 농촌주민참여와 농촌지도

(1) 사회참여의 의의
  ① 사회참여의 정의
    ㉠ 사회참여란 개인의 사회적 활동의 하나로서 어떤 단체나 조직체에 단순한 개입이나 참석보다도 더욱 적극적이고 능동적으로 개입하는 활동
    ㉡ 개인적 욕구충족을 위하여 사회규범에 따라 물리적·공간적 차원보다 높게 역동적인 사회적 상호작용을 바탕으로 심리적·물질적으로 개입하고 관여하는 것
  ② 사회참여의 종류(Cohen과 Uphoff, 1977)
    사회참여는 의사결정, 수행, 혜택, 평가의 순서로 단계적으로 나타나므로 상호역동적으로 영향을 미칠 뿐만 아니라 순환의 효과가 수반된다.
    ㉠ 의사결정 참여 : 개인이나 주민이 그에게 관련되는 모든 사업의 계획이나 방향결정에 있어서 직접 혹은 간접으로 참여하는 것. 사회참여에 있어서 기초적이며 핵심적인 형태로써, 농촌지도계획의 참여가 의사결정 참여에 해당한다.
    정치와 교육에서 강조되는 과정으로써, 개인의 의사결정에 직접 참여할 때에는 직접참여라 하며, 참가자에게 자신의 의사나 권리를 위임할 때에는 간접적 참여라 한다.

ⓒ 수행 참여 : 어떤 사업이 수행될 때 개인이 그것에 필요한 자원을 제공한다든가 혹은 그가 그 사업이 효과적으로 수행되도록 직접적으로 도와주는 행동적 참여. 농촌지도의 실천에서 민간농촌지도자의 전시포 운영, 자원지도자의 청소년지도 등이 이에 속한다.

ⓒ 혜택 참여 : 어떤 사업이나 활동의 결과로써 이루어진 성과에 대한 혜택을 개인이나 주민이 받는 것을 말한다. 물질적 이익의 경제적 혜택, 교육과 훈련·공공봉사 등의 사회적 혜택, 존경심·사회적 안정감 등의 개인적 혜택이 있다.

ⓔ 평가 참여 : 어떤 사업이나 활동에 대한 평가활동에 개인이나 주민이 직접·간접으로 참여하는 것을 의미할 때에는 직접참여라 하며, 여론형성에 영향을 주거나 직접참여자에게 의견이나 정보제공 등을 할 때에는 간접참여라 한다.

(2) 주민참여의 필요성

① 농촌주민을 지도계획에 참여시킬 때의 효과(Kelsey와 Hearne)
- 농촌주민들의 의견과 필요가 반영된다.
- 농촌주민의 좋은 착상이나 지도력을 활용할 수 있다.
- 농촌지도에 대한 농촌주민의 지원을 확보할 수 있다.
- 농촌지도를 농촌주민들 자신의 사업으로 생각하게 된다.
- 농촌주민들이 농촌지도를 더욱 가치 있게 생각한다.
- 농촌주민들이 참여하여 토의하다 보면 많은 학습을 할 수 있다.

② 규준적 농촌지도 VS 자발적 농촌지도

규준적 농촌지도	자발적 농촌지도
참여가 활발하지 못할 때	농촌주민의 참여가 활발할 때
• 대부분 외부기관이나 정부에 의하여 조직·운영되었으며, 이념적으로는 하의상달식의 민주적이기 보다는 상의하달식의 권위적이고 지시적이다. • 소수의 농촌 엘리트 중심으로 운영된다. • 발전의 이익 역시 그런 소수에게 돌아간다. • 조직의 분위기도 공식적이며 일방적인 지시가 성행한다. • 조직의 운영이나 원리 등은 농촌주민의 필요에 의한 것이 아니라 외생적이다.	• 조직은 내부기관이나 정부에 의하여 구성되었더라도 운영은 농민들을 중심으로 되고 있다. • 가난한 다수농민을 중심으로 운영되며, 의사결정도 일방적인 지시로서가 아니라 대면적인 의사소통에 의하여 이루어진다. • 발전의 이익 역시 공평히 분배된다. • 조직의 분위기는 비공식적이며 쌍방적이다. • 조직의 목적과 활동에 보다 많은 유연성이 있다.

(3) 농촌주민참여의 장애

① 주민참여를 방해하는 농촌지도구조(Hoonsteiner)
- 농촌지역사회 내의 소수 엘리트를 중심으로 사업을 진행하였다.
- 현존 권력구조가 민주주의 체제로 변화되었다는데 관심을 기울이지 않았다.
- 조화관을 중심으로 농촌사회를 판단하였으므로 농촌사회의 개인이나 계층, 그리고 이익집단들 사이에는 긴장과 갈등이 있다는 사실을 경시하였다.
- 농촌주민의 능력을 경시하였기 때문에 상의하달식의 권위적이고 일방적인 노력이 최선인 것으로 인식하였다.
- 농촌지도요원들은 교육받은 사람들이기에 지역의 주민들과 위화감이 조성되었다.

② 주민참여를 가로막는 사회·경제적 요인(Swanson)
- 시간적, 공간적 제약을 많이 받는다.
- 참여의 가치 및 중요성을 인지하지 못한다.
- 지역의 계급의식이나 계층구조가 참여를 방해한다.
- 농촌주민의 회합시 적당한 사회자가 없어 곧 싫증을 낸다.
- 과거에는 발전의 이익이 소수에게만 국한되었기 때문에 관심을 갖지 않는다.
- 과거에는 소수 엘리트 중심으로 운영되었기에 참여를 두려워하거나 참여의 정보를 갖지 못하는 경우가 많다.
- 농촌지도사가 참여의 필요성을 느끼지 못하므로 적극참여의 권유를 받지 못한다.
- 지도력 배양에만 중점을 두었기 때문에 시민성의 훈련이 되지 않아 참여의 결과 계속참여의 흥미를 상실한다.

(4) 농촌지도위원회

① 위원회의 필요성
농촌주민참여의 가장 이상적 형태는 모든 주민이 직접 참여하는 방식이지만, 시간적·공개적 여건이 마련되지 않고, 모든 주민이 참여할 경우 시간·노력이 더욱 소모되고, 의사결정을 하기가 더 어렵다. 따라서 선진국은 예전부터 주민의 대표자로 구성된 위원회를 구성하여 농촌지도에 참여토록 하는 농촌지도위원회를 두었다.

② 위원회의 기능
㉠ 자문 : 계획위원이 지도사업의 전반적 사항을 지도사에게 자문해야 한다.
㉡ 의사결정 : 계획위원이 계획내용의 결정에 참여해야 한다.
㉢ 전달 : 계획위원이 지역사회의 모든 정보를 계획위원회에 알리고, 위원회의 토의·결정사항을 지역주민에게 전달해야 한다.
㉣ 홍보 : 위원이 주민, 지역유지, 관계기관, 지역사회조직체 등에 홍보하여 지도사업에 참여하도록 해야 한다.

ⓜ 승인 : 계획위원회가 지도계획을 승인하여 공식적으로 그 타당성을 인정하여 재가하는 것을 의미한다.
ⓑ 실행 : 위원이 필요시 지도대상자 모집, 전시, 직접 지도를 해야 한다.

③ 위원회의 조직형태
  ㉠ 지역실정과 참여자 수에 따라 다른데, 10명 내외이면 하나의 위원회를 두고, 20명 내외일 때는 분과위원회로 나누어 운영한다.
  ㉡ 분과위원회는 작목(과제)별 위원회로 구분하거나, 과정별 위원회(지도계획 분과위, 지도실천 분과위, 지도평가 분과위)로 구분한다.

④ 위원회 위원의 자격요건 : 계획위원회나 평가위원회는 주민대표와 농촌관련단체 대표가 위원으로 참여한다. 선발위원회(농촌지도요원과 신망이 두터운 주민대표 2~3명으로 구성)에서 위원회 위원을 선발한다.
  - 지도력과 과거의 유사활동에의 경험
  - 지역의 분산
  - 교육이나 사회경제적 지위의 분산
  - 농촌지도사업이나 농촌개발에 대한 열성
  - 이익집단이나 작목별 분산
  - 충분한 시간을 제공할 수 있는 사람
  - 관점이나 의견의 피력에 능동적인 사람
  - 책임감을 가지며 의사결정에 승복할 수 있는 사람

제2절 사업적 성격의 농촌지도

(1) 농촌지도사업(agricultural advisory service) 개념
① 농촌지도사업은 농촌지도(agricultural extension)에서 발전된 형태로서 공공연구기관의 새 지식·기술을 농업인에게 보급하고자 계획된 사업
② 개발도상국에서 농촌지도사업은 전체적·기능적 역할을 확대하고 있으며, 농촌지도요원은 단순 정보전달자가 아니라 조언자(advisor), 촉진자(facilitator), 지식전달자(knowledge broker)로서의 역할을 수행
③ 농업인을 교육시키고 메시지를 전달하는 수준을 넘어 농업인이 집합적으로 조직화되어 활동할 수 있도록, 유통·가공 관련 이슈를 주도하며, 지역 내 기관·관계자와 협력적 관계를 맺을 수 있도록 도움을 주는 것
④ 농업인은 단순히 기술수용자라기보다 기술개발 과정에서의 파트너로 봄
⑤ 지도사업 제공 기관도 공공기관뿐만 아니라 NGO(nongovernmental organization)와 민간부문까지 확대됨
⑥ 농산물 생산에 관계된 사람들이 삶의 질을 개선할 수 있도록 문제를 해결하고, 정보·기술을 확보하는 데 조력하고 지원하는 기관의 전체적 기능

(2) 다원적 농촌지도사업
① 의미 : 농촌지도사업을 협치구조(governance structure) 하에서 수행하고 비용을 지불하기 위한 제도의 선택 다양성
② 특징
  ㉠ 다원적 농촌지도사업은 예산·인력 부족과 같은 제약요인을 극복할 수 있을 뿐만 아니라 특정 지역 또는 전문 영역에 필요한 맞춤형 서비스를 제공할 수 있음
  ㉡ 관계자들의 참여를 최대한 유도할 수 있음
  ㉢ 다원적 지도체계에서 정부는 지도사업에 관계되는 이해당사자들(예 농민단체, 민간회사, NGO 등)을 위한 촉진자 역할을 수행해야 함
③ 수요자 지향 서비스
  ㉠ 수요자는 서비스를 받기 위해 시간·비용 같은 자원을 투자하여 그들의 요구·필요·가치를 충족하는 것이라고 정의하며, 수요자 지향(demand-driven) 농촌지도사업이 지도사업의 개혁으로 부각됨
  ㉡ 수요자 지향 서비스는 사용자에 대한 서비스 제공자의 책임과, 자유롭게 서비스 제공자를 선택할 수 있는 능력에 따라 구분함. 농업인은 요구되는 새 기술에 대한

인식이 낮아서 수요자 지향 서비스에 대한 관심이 저조함
ⓒ 지도사업의 수행주체와 비용분담 구조에 따른 구분
→ 공공부문, 민간부문, 제3부문으로 구분

■ 다원적 농촌지도사업의 구분

비용부담자 사업제공자		공공	민간		제3자	
			농업인	민간회사	NGOs	FBOs
공공(정부)		공공지도사업 (지방화)	수혜자가 비용 부담하는 공공 지도사업	공공부문과 계약한 민간회사	공공부문과 계약한 NGOs	공공부문과 계약한 FBOs
민간(회사)		공적예산으로 민간사업자와 계약	수혜자가 비용 부담하고 민간 회사가 수행	민간회사가 자사제품의 마케팅 정보 제공	민간부문과 계약한 NGOs	민간부문과 계약한 FBOs
제3자	NGOs	공적예산으로 NGO와 계약	농업인이 비용 부담하고 NGO 가 지도사 고용	민간회사가 지도사업을 수행할 NGO와 계약	NGOs가 자체직원을 고용하여 무료사업 제공	-
	FBOs	공적예산으로 FBO와 계약	농업인이 비용 부담하고 FBO 가 지도사 고용	-	FBO에 고용된 직원의 비용을 NGO가 부담	FBOs가 자체직원을 고용하여 회원에게 사업제공

④ NGO
  ㉠ 의의
    ⓐ NGO는 한마디로 시민들의 자발적이고 능동적인 참여로 이루어지고 자원봉사주의에 입각하여 회원들의 직접적인 이익과 관계없이 공익추구를 목적으로 하는 비영리민간단체(NPO ; Non-profit Org.)를 의미하며 제5의 힘이나 시민의 힘에 비유되기도 함
    ⓑ NGO에 의한 자발적인 봉사활동을 공동생산(co-production)이라고 하며 J.L.Brudney와 R.E.England는 이를 시민이 행정서비스 생산에 자발적으로 참여하는 것으로서 공무원과 민간인의 협동적 생산(공생산 또는 협동생산)이라고 정의
    ⓒ 제3섹터, 비영리기구(Non-Profit Org, : NPO), 비정부기구(Non-Governmental Org. : NGO), 시민사회단체(Civil Society Org, : CSO) 등 나라마다 다양한 용어 사용

　　ⓒ **NGO 특징** : NGO는 현대시민사회의 주역으로서 NGO의 개념적 속성은 제3영역의 조직, 자발적 조직, 비영리적 조직, 자치적 조직, 지속적·공식적 조직, 비종교적 조직, 비정치적 조직이라는 점(L.M.Salamon). 사적 영역(공간)에서 공익적 기능을 수행하는 사적인 공식조직
　　　ⓐ **사적 영역의 사적 조직** : 정부의 간섭을 받지 않는 비정부조직
　　　ⓑ **공식적(지속적) 조직** : 공식적 조직이란 어느 정도 지속성을 지닌 조직을 의미함. 정기적 회의활동, 사업계획을 갖고 정관 혹은 회칙을 갖춘 조직들이라는 점. 1945년 이후 UN헌장에서도 NGO를 공식적인 협의대상기구로 인정(Salamon)
　　　ⓒ **비영리조직** : 조직구성을 위해 이윤을 획득·추구하지 않으며 공익을 추구함. 이타성, 무보수성 또는 편익의 비배분성(non-profit-distributing)이라는 특성을 가짐
　　　ⓓ **자발적 자치조직** : 자기통치성을 가진 자치조직
　　　ⓔ **공익을 추구하는 조직** : 공익을 추구하되 정부 및 시장부문과 독립적으로 운영되는 제3영역의 민간(사적)조직

(3) 농촌지도사업의 유형

농촌지도사업은 농업인과 소비자 등 공공 이익을 위해 추진되기 때문에 공공서비스에 해당됨

① **일반적 공공서비스 의미**
　　㉠ 사회공동체의 편익을 위하여 제공되는 재화와 용역
　　㉡ 사회공동의 공동목적을 위해 제공되는 서비스
　　㉢ 공공기관뿐 아니라 민간부문에서 제공되는 비경합성과 비배제성을 지닌 서비스
　　㉣ 공공서비스는 공공기관이 시민(국민)들의 공적인 수요를 충족시키기 위해 생산, 공급하는 서비스이며 공공기관이 국민에게 공급하는 유·무형의 생산물

② **공공서비스 특징**
　　㉠ **비경합성**(non-rivalness) : 공공서비스는 여러 명이 공동으로 소비할 때 한 사람의 소비가 다른 사람의 소비량을 감소시키지 않음
　　㉡ **비배제성**(non-consumption) : 서비스에서 얻어지는 효용이 어느 특정인에게만 한정되지 않는 것
　　㉢ **커다란 외부효과**(externality) : 외부효과란 하나의 서비스 공급이 그로 인해 막대한 다른 파급효과를 불러오는 것
　　㉣ **많은 무임승차자**(free riders) : 공공서비스는 누구나 집단적으로 소비할 수 있으므로 그 비용을 부담하지 않고 서비스 혜택을 누림

③ 배제성·경합성(소비 특성) 유무에 따른 구분
공공서비스의 비배제성·비경합성 특성 때문에 원활한 서비스 공급과 적절한 생산을 위해서 정부 개입이 필요함(불필요X)

■ 공공서비스의 유형

		소비 특성	
		집단적	개별적
배제성	배제 불가능	집합재 (collective goods)	공유재 (common pool goods)
	배제 가능	요금재 (toll goods)	민간재 (private goods)

④ 배제성·경합성 정도에 따른 농업정보기술 유형

		경합성(rivalry)	
		저(low)	고(high)
배제성 (excludability)	저 (low)	공공재(public goods) • 시간과 무관한 제품, 광범위한 적용의 마케팅 및 경영정보	공유재(common-pool goods) • 지역에서 활용가능한 자원 또는 투입요소로 표현되는 정보 • 조직개발에 관한 정보
	고 (high)	요금재(toll goods) • 시간에 민감한 제품, 마케팅 및 경영정보	민간재(private goods) • 고객에 맞춘 정보 또는 조언 • 상업화 가능한 투입요소로 표현되는 정보

⑤ 편익의 귀속성과 시민편의에 따른 구분
• 공공서비스의 편익의 귀속에 따라 시민 전체에 귀속되는 공익적 서비스, 개인에게 귀속되는 사익적 서비스로 구분
• 시민생활에 꼭 필요한 필수적 서비스, 선택적 서비스로 구분

		편익의 귀속성	
		공익적	사익적
시민생활 편의	필수적	공익적·필수적	사익적·필수적
	선택적	공익적·선택적	사익적·선택적

㉠ 공익적·필수적 서비스 : 공익성이 높고 시민생활을 영위하는 데 기초적·필수적 서비스 분야

ⓒ 사익적·필수적 서비스 : 사익성이 높지만 주민생활에 기초적·필수적 서비스 분야. 편익의 개인적 귀속이라는 특성으로 공공부문의 공급에 한정하지 않고 다양한 공급 주체가 존재함

ⓒ 공익적·선택적 서비스 : 공익성이 높지만 주민생활을 영위하는 데 2차적 이상의 선택적 서비스 분야. 편익이 특정지역에 귀속되는 경우가 많으며, 납세자 이익 원칙이 적용됨. 예 시민회관, 노인정 운영 등

ⓔ 사익적·선택적 서비스 : 사익성이 높고 주민생활의 영위에서 2차적 이상의 선택적 서비스 분야. 편익의 개인적 귀속이라는 특성으로 민간부문이 공급하고 개인이 서비스 비용을 부담

⑥ 지도사업의 추진 주체와 편익에 따른 구분 : 국가주도 VS 민간주도

㉠ 국가주도 지도사업

권력 집중도에 따라 중앙집권화와 지방화로 구분

ⓐ **중앙집권화(centralization)** : 중앙정부 주도의 기술혁신 및 농촌개발을 하는 국가의 지도체계

예 태국(태국농업지도청 ; Department of Agricultural Extension, DOAE), 베트남(농수산지도센터 ; National Agricultural and Fishery Extension Center, NAFEC), 중국(농업기술지도센터 ; National Agricultural Technology Extension and Service Center, NATESC) 등

ⓑ **지방화(decentralization)** : 지방 지도수요에 기초한 중앙지방의 협력사업이 이루어지는 국가 지도체계

예 한국(농촌진흥청 ; RDA), 미국(NIFA), 필리핀(National Extension System for Agriculture and Fisheries, NESAF) 등

㉡ 민간주도 지도사업

민간화(Privatization)와 상업화(Commercialization)로 구분

ⓐ **민간화*** : 민간회사, 협의기구, 협동조합 등에서 지도사업을 수행
- 민간회사 : 네덜란드(DLV), 스위스(Agrideia), 영국(Agricultural Development and Advisory Service, ADAS)
- 협의기구 : 프랑스(농업회의소), 독일의 니더작센(Niedersachsen) 등 3개 주
- 협동조합 : 덴마크, 대만(농회) 등

ⓑ **상업화** : 개인컨설팅(예 독일 작센안할트)과 정부(국가/지방)사업 중 특정 서비스만 수익자가 부담하는 경우

> **참고** 공공부문의 민간화*
>
> ① 의의
>   ㉠ E.S.Savas(1987)는 민간화(privatization)를 공공서비스의 제공이나 이를 위한 재산의 소유에서 정부의 영역을 줄이고 민간의 영역을 늘리는 것이라고 정의
>   ㉡ 민간화란 1980년대 정부실패 이후 신공공관리론이 강조한 전략으로 좁게는 국가기능이나 공기업의 재산을 민간에 이양하거나 넘기는 것(외부 민간화)을 의미한다고 볼 수 있으나, 넓게는 자율화·경쟁 촉진·민간기법의 도입 등 내부민간화를 포함하여 공공영역을 줄이거나 민간부문을 확장시키는 모든 움직임을 의미함(E.Savas).
>   ㉢ 공공서비스의 공급(주선)과 생산을 정부가 모두 담당하는 전통적인 방식과 달리 최근에는 공급(provide)과 생산(produce)을 분리하여 생산주체를 다양화하고 있다. 공공서비스의 생산방식을 생산주제와 방식(수단)을 기준으로 구분해 보면 정부가 공공서비스를 직접 생산할 필요성은 상당히 약해짐
>
> ② 폐단
>   ㉠ 책임성의 저하
>   ㉡ 도덕적 해이(역대리인 이론) : 정보격차로 인한 대리손실문제
>   ㉢ 형평성의 저해
>   ㉣ 안정성의 저해
>   ㉤ 서비스제공비용(공공요금)이 정부에 의한 공급 때보다 상승할 우려

(4) 공공농촌지도사업의 역할

공공지도사업 수행에 있어 중요한 것은 지역주민을 개발하고, 지역조직을 구성하고, 지역개발을 촉진하는 것임

① 세계은행(World Bank)의 농업개혁 목표
  - 시장접근을 개선하고 효율적인 가치사슬(value chain)을 만든다.
  - 소규모 농가의 경쟁력을 강화하고 시장진입을 촉진한다.
  - 생계 영농이나 낮은 기술 수준의 직업에 종사하는 농촌주민의 생활을 개선한다.
  - 농촌에서 농업과 농업 외 분야의 고용을 촉진하고 기술을 향상시킨다.

② 농촌진흥청의 농촌지도사업
  ㉠ 정의 : 농업, 농식품, 농촌생활과 관련된 기술과 정보를 농업인과 소비자에게 보급하는 사업으로, 새로 개발된 농업기술과 생활정보를 교육 및 시범 사업을 통하여 신속하게 보급하고, 경쟁력 있는 농업전문인력을 체계적으로 육성하는 포괄적인 사회교육사업
  ㉡ 농촌지도사업의 주요 기능과 역할
    - 양질의 안전한 국민식품 생산 공급을 위한 기술보급
    - 농업생산성 향상과 농업경영의 합리화를 위한 기술보급
    - 지속적 농업의 실현을 위한 환경보전농업 기술보급

- 지식·정보화 시대에 부응한 농업 생활정보의 체계적 제공
- 지역농업 특성화를 위한 기술지원

③ 소규모 농가의 가치사슬로의 참여 조건 : 계약영농, 생산자조합
　㉠ 계약영농
　　ⓐ 장점 : 농업인의 시장출하가 보장되고 가격에 대한 불안정성을 줄이며, 투입재(종자, 비료 등)가 제공되기도 함
　　ⓑ 단점 : 계약자 중 한쪽이 계약을 파기하면 상대방이 큰 손해가 발생함 예 농업인이 다른 구매자에게 판매하거나, 회사에서 계약가격에 구매를 거절하거나, 생산물 품질이 저하되는 경우
　㉡ 생산자조합 : 시장에 농업인을 연결시키는 핵심전략
　　ⓐ 장점 : 관리, 이윤분배, 소유권에 농업인의 참여로 인해 생산성 향상 효과가 있으며, 조합이 더 나은 가격을 받기 위해 계약구매자와 함께 일할 수도 있고 조합이 계약영농을 통해 위험성을 경감시킬 수 있음
　　ⓑ 단점 : 관리 역량이 부족하고 때로 회원들 간 단합의 어려움

④ 시장지향전략 육성 조건
　㉠ 생산/공급·가격 등에 대한 시장정보를 제공하고, 농업인에게 조직화의 이점을 알리고, 조직 구성을 위한 지식·태도·기술을 제공해야 함
　㉡ 농업인(농가경영체)이 생산자 조직을 만들어 대규모 무역업자·수출업자·가공업자 등과 직접 협상할 수 있도록 도와야 함
　㉢ 소규모 농가가 소득창출을 위한 시장지향전략을 개발하도록 도와야 함
　㉣ 농업인이 비즈니스를 만들고 기업가로 발전하도록 촉진해야 함

⑤ 공공농촌지도사업의 새로운 역할
　㉠ 영농이 비즈니스가 되도록 촉진하는 역량을 개발해야 함
　㉡ 농업인을 조직화하고 시장지향전략에 대한 정보개발을 위한 계획을 수립해야 함
　㉢ 농업인이 이윤 창출할 수 있게 시장분석과 시장동향을 파악해야 함

(5) **농촌지도사업 민영화와 패러다임 변화**

① 지도사업의 민영화 배경
　㉠ 공공지도기관의 관료주의 극복과 효율화를 위해 수요지향적 지도사업 추진
　㉡ 지도사업 개혁에 대해 새로운 평가기준으로 효율성보다 효과성이 제기됨

② 농촌지도환경 변화의 특징
　농촌지도환경의 많은 변화로 인하여 1980년 이후 공공지도사업 비중이 줄어들고, 유럽 일부 선진국에서 농촌지도체계가 민영화됨. 민간자문서비스는 농산물 투입재 생산자·공급자, 농가와 계약재배를 하는 식품가공회사들이 주체가 되어 제공함

㉠ 농촌지도, 연구, 교육, 직업훈련, 자문서비스는 현재의 농업인 요구를 고려해야 하며, 미래의 요구도 예측해야 함
㉡ 농업인 요구를 적절한 시점에 충족시키기 위해 농촌지도사업이 농업인의 참여 하에 운영되어야 함
㉢ 시장의 신호 이해, 생산물 선택, 생산과정상 신기술 적용, 생산의 합리화, 새로운 투자를 위해서 농업인은 더 많은 정보를 필요로 하므로, 이러한 정보가 수집·선택·정교화되어야 하며 유용하게 활용되어야 함
㉣ 선진전문농가는 소규모 가족농과 전혀 다른 목표를 가짐. 덴마크나 네덜란드 등 일부 국가만 서로 다른 직업훈련과 지도서비스를 제공하고 있음

③ 민영화가 진행된 국가에서의 논의점
㉠ 민간 or 공공 지도사업 중 어떤 모델이 더 나은 서비스를 제공할 수 있고, 미래를 위해 적합한 모델인가?
㉡ 소규모 가족농의 소득 창출을 위해서 외부 지원이 필요한데, EU의 정책적 개입이 없이 교육프로그램, 집중적 지도서비스, 농촌기반시설을 설치하기 위한 재정적 지원, 사회적 자본(social capital)을 종합적으로 지원할 수 있는가?
㉢ 농업인을 위한 정보의 양과 질을 개선하기 위하여 지도사업에서 어떻게 인터넷을 유용한 수단으로 활용할 것인가?

④ 공공농촌지도사업의 패러다임 변화(Swanson)
패러다임 변화를 위해 공공농촌지도사업은 보다 지방자율 추진(분권화), 농업인 참여 확대, 시장주도적으로 변화해야 하며, 이를 위해 공공농촌지도사업에 대한 전략적 투자가 필요함
㉠ 공공농촌지도사업은 생산물 혁신보다 과정 혁신에 우선순위를 두어 소규모 농가의 소득을 증진시킬 수 있도록 도와야 함
㉡ 민간 분야는 생산물 혁신에, 공공지도사업은 과정 혁신에 초점을 두어 농촌지도요원이 촉진자·지식중개자로서 활동해야 함
㉢ 소규모 농가를 위한 과정 혁신은 대부분 지역에 특화됨
㉣ 혁신적 농업인은 과정 혁신에 있어서 핵심 역할을 하게 됨
㉤ 공공농촌지도사업은 자연자원관리(natural resource management)의 실행에 더 높은 우선순위를 두어야 함

(6) 지도사업 개혁을 위한 분석틀(framework)

조건 상황			
E. 정책환경	S. 서비스제공자의 잠재적 역량	F. 영농체계 및 시장접근성	F. 지역사회 측면
• 정치체제의 유형 • 농업정책 · 개발 전략	• 지역 역량 • NGO 역량 • 민간부문 역량	• 농업·환경의 잠재력 • 작목·가축 유형 • 시장 접근성	• 토지규모 현황 • 교육수준 • 성별 역할 • 협조 능력

↕ fit

지도체계 특성		
G. 협치구조	M. 조직, 관리, 역량	A. 지도 방법
• 재원확보를 위한 공공·민간·NGO·농민단체 역할 • 지방화 수준 • 연계 및 협력	• 조직 문화 • 경영적 접근(관리) • 지도인력·역량 • 동기, 책임지향	• 고객 수·유형 • 특별한 내용 • 기술 활용 • 사전교육

요구 ↕ 책임성

P. 성과(서비스 품질)	H. 농가 경영체	I. 파급 효과

• 효율성
• 효과성
• 타당성
• 내용(수요자 요구지향)
• 대상집단
• 피드백
• 추진일정 준수
	• 역량 향상
	• 의사결정
	  - 혁신의 채택
	  - 변화(경영, 마케팅, 생산성)
		• 수확량, 생산성
		• 소득, 고용 증대
		• 혁신의 확산
		• 소득재분배
		• 환경적 효과
		• 임파워먼트(동기부여)
		• 성별을 고려한 파급 효과
		• 가치사슬의 강화

① 혁신연구의 등장배경
    ㉠ 종래의 혁신에 관한 접근
        ⓐ 선형 모델(linear model)에 기초하여 개별 행위에 영향을 주는 맥락(context)의 중요성을 간과함

ⓑ 선형 모델에서 혁신은 연구집단에서 생산된 새로운 지식이 흘러가서 생산과정에 적용된 결과로 나타난다고 설명함. 새로운 지식이 일단 유통되면 지식이 전파·확산된다고 가정함
ⓒ 기존 혁신 패러다임은 '혁신 수용'이라는 개념에 초점
ⓛ 최근의 혁신연구
　ⓐ 블랙박스(black box)로 처리되었던 '혁신 메커니즘'에 집중한 연구는 학제적 개방성을 추구하면서 '학습' 과정에 초점을 맞춘 새로운 이론 틀을 개발함(학습은 기존의 인지적 틀(cognitive framework)에 정보를 부가하거나 기존 틀을 개선하며 이루어짐)
　ⓑ 개인이 사회적·물리적 맥락과 상호작용하며 학습한다는 점을 인식하게 되면서 '맥락'의 중요성이 부각됨
　ⓒ 개인뿐만 아니라 조직도 학습하기 때문에 혁신을 '체계적 성격을 갖는 현상'으로 이해하고, 집합적 활동의 소산으로서 혁신가(innovator)가 활동하는 사회구조에 따라 그 과정과 결과가 달라질 수 있음
　ⓓ 지방농촌진흥기관의 궁극적 목표는 '농촌을 혁신하는 것'으로서, 농업인·농촌주민·지역발전에 기여할 수 있는 사람들이 스스로 학습하고 조직화하는 과정을 도와야 함

② 농촌지도사업 설계 및 분석틀
ⓛ 국제식량정책연구소(International Food Policy Research Institute, 2006)는 각 국가 특성에 맞는 다원화된 지도사업 형태를 선정하는 분석틀을 제시
ⓛ 정책결정이 이루어지는 체제를 정의하고, 결정에 영향을 주는 조건상황을 규명하여 지도사업의 설계·개혁할 수 있고, 지도사업 모니터링·평가체계 설계에 이점을 제공함
ⓒ 분석틀은 간학문적 접근을 수용하고, 다양한 사업 결과물을 비교함으로써 보편적 분석틀을 제공함
ⓛ 정책적 측면에서 정책입안자와 지도사업관리자는 조건상황에서 직·간접적으로 영향을 주는 변수들을 구분하는 것이 중요함
ⓛ 지도사업특성(협치구조, 조직·관리·역량, 지도방법)이 선택적 변수이고, 조건상황이 제시됨
ⓑ P·I영역은 지도사업 성과와 파급효과에 대한 부분
ⓢ 농가 상황(H)이 특히 중요한데, 지도사업설계(농가경영체의 요구와 지도기관 책무의 메커니즘 형성)뿐만 아니라 효과에서 모두 적정성을 갖추어야 함

③ 지도사업 설계
  ㉠ 지도사업 계획시 의사결정자와 지도기관은 조직구조, 조직·관리·역량, 지도방법 등 시스템 설계를 결정할 수 있는 특성을 선택해야 함
  ㉡ 특정 상황에서 농촌지도 예산확보와 사업수행을 위한 최적의 체계 설계는 학습과정(learning process)으로 귀결됨. 학습이 전국적·지역적 네트워크를 지원할 수 있고, 지도사업 기획자·관리자·실행자 간 경험을 공유하고 해결책을 찾아내는 데 일조함
  ㉢ 전 세계 농촌지도 개혁의 과거 경험을 분석함으로써 연구가 학습과정을 지원할 수 있음. 비용편익분석, 성과, 파급효과의 다양한 모델이 적절한 체계를 구명하고 조직학습을 촉진함

④ 분석틀의 각 영역

| 조건상황 E·S·F 영역 | ⇒ | 지도사업특성 G·M·A 영역 | ⇒ | 성과 P 영역 | ⇒ | 농가경영체 H 영역 | ⇒ | 파급효과 I 영역 |

✪ 협치구조, 지도조직·경영·역량, 지도기법과 달리 분석틀은 농촌지도사업의 해결(disentangling)을 강조하는데 이는 최적합(best fit) 솔루션을 구명하는 것이 중요함
✪ P·H·I 영역은 효과분석(impact chain analysis)에 해당함

  ㉠ E 영역 : 정책적 환경
    ⓐ 지도사업의 예산을 확보하여 사업을 시행하기 위한 다양한 모델의 적절성을 실행하는 데 영향을 미치는 요인
    ⓑ 국가의 정치적 우선순위와 농업개발 전략이 절대적으로 중요한 요인이 됨
  ㉡ S 영역 : 서비스제공자 역량
    ⓐ 잠재적 사업제공자의 능력은 적절한 지배구조를 결정하는 데 중요한 요소인데, 민간·NGO 부문이 취약하고 공공행정이 강한 국가에서는 지도사업 수행에서 공공영역이 상대적 장점을 가짐
    ⓑ 지도사업에서 민간영역이 기능을 확대하기 위해서는 경제적 기회가 중요하며, 아웃소싱같이 전문적 지도사업을 수행할 능력을 갖춘 민간회사·NGO가 출현하기 위해서는 시간이 필요함
  ㉢ F 영역 : 영농조직, 사회경제적 조건
    ⓐ 영농조직에는 농업과 환경적 잠재력, 생산하고 있는 작물과 가축의 종류, 달성 가능한 시장지향 수준 농가의 토지, 자본과 다른 투입요소들에 대한 접근성 등이 포함됨
    ⓑ 사회경제적 관점에서 자산·인종·교육 같은 농촌주민의 이질적 특성뿐만 아니라 농가경영체를 양성할 수 있는 농민조직의 유형·수준이 중요함

ㄹ G 영역 : 협치구조
  ⓐ 협치구조(governance structure)는 농촌지도사업을 추진하는 기관의 구조상의 특성을 의미함
  ⓑ 농촌지도사업 추진기관의 구조에는 농촌지도사업의 예산을 추진하는 정부(공공조직), 민간, 제3의 부문 등이 있음
  ⓒ 정책입안자가 공공으로 조성된 지도사업의 특징을 결정하며, 민간회사·농민조직·농업회사 등이 지원하고 관리하는 지도사업의 발생을 위한 조건을 만듦
ㅁ M 영역 : 역량, 관리, 조직
  ⓐ 지도조직·인력·역량은 지도사업의 제공을 위한 능력과 협치구조에서의 사업이 관리되는 방법을 의미함
  ⓑ 협치구조가 게임의 규칙(rules)이라면 지도조직·인력·역량은 선수(players)와 방법(way)에 해당
  ⓒ M 영역에는 지도대상자의 규모·교육수준·기술·태도·동기와, 농촌지도요원의 사기(aspiration)와 인센티브·임무지향·직업윤리와 조직문화 등이 포함됨
  ⓓ 모니터링과 평가체계, 성과관리시스템과 같은 관리절차가 적용됨. 특히, 지도사업과 농가의 특징을 규정하는 연결고리로서 농가로부터의 피드백은 중요한 관리도구가 됨
ㅂ A 영역 : 지도방법
  ⓐ 농가와 교류하는 지도사업의 현장지도요원이 활용하는 지도방법을 의미함
  ⓑ 지도방법은 사업 대상고객(농업인, 단체)의 규모, 특정 작목 또는 가축의 생산, 경영 결정, 집단 활동 등 조언을 제공하는 의사결정 유형과 같은 다양한 측면과 인터넷, 라디오 등과 같은 미디어의 활용을 고려하여 결정해야 함
ㅅ P 영역 : 성과
  ⓐ 조언(advice)의 내용과 질, 여성농업인과 소외계층 고려, 사업 제공의 효율성을 의미함
  ⓑ 고객과 관계자의 컨설팅에 적합한 성과지표를 구명하는 데 매우 유용함
ㅇ H 영역 : 농가 경영체
  ⓐ 요구사항을 만들어낼 수 있는 농가경영체와 고객의 능력이 농촌지도사업의 중요한 요소에 해당
  ⓑ 이 능력은 농가의 특성과 지도사업의 특성으로부터 영향을 받음
  ⓒ 분권화된 통치구조, 농가들이 선호하는 지도요원, 반응관리적 접근과 참여적 지도방법의 활용은 농가가 목소리를 낼 가능성을 높이고, 지도사업 제공자가 책무성을 갖도록 하는 요인이 됨

㊈ I 영역 : 파급효과
  ⓐ 농촌지도사업의 고유목표에 대한 영향(Impact) 정도를 의미함
  ⓑ 파급효과는 주로 농가와 고객, 분석에서 통제될 필요가 있는 다른 요인들에 따라 결정되는 의사결정에 달려 있음

제3절 농촌지도사업의 변화

세계적으로 농촌지도사업의 패러다임이 전환되면서 정부주도 농촌지도사업의 위축과 민영화의 확대 등으로 나타남

(1) 농촌지도사업 체계

① 농촌지도의 과학화
  ㉠ 농촌지도는 많은 다른 학문의 집합체이며, 지도체계·접근법·지도방법에 따른 효과에 대한 평가 등이 학문적으로 진행됨
  ㉡ 일반적으로 농촌지도를 과학적 학문보다 과정으로 인식하는데, 농촌지도를 과학적 학문 분야로 만들기 위해서는 농업기술보급 중심의 지도사업 대상에 농촌이라는 지리적 공간(locus)을 포함하고 농촌주민복지를 중점 목표(focus)로 설정해야 함

② 농촌지도체계의 변화
  ㉠ 세계의 사회·경제·환경적 변화에 따라 모든 농촌지도체계는 현재와 미래의 지역적·세계적 도전을 받아들일 수 있도록 적합한 제도와 기관을 발전시켜야함
  ㉡ 농업혁신체계(agricultural innovation systems)에서 농촌지도의 기능과 역할의 연계가 중요함

(2) 농촌지도 정책

① 지도정책을 확대하기 위해서는 지도사업접근법이나 혁신과정을 보여 주는 것만이 아니라 농촌지도를 정부정책에 연결시킬 수 있어야 함
② 지도사업은 정부정책에 영향을 받고 있고, 지도사업은 정책결정이 잘 이루어지도록 지원해야 함
③ 정책결정자는 공공재(public goods)를 통하여 생물 다양성·물 관리·바이오에너지·기후변화·혁신·식량안보 등의 과제를 해결해야 하는데, 농촌지도가 이러한 과제를 해결하는데 기여해야 함

(3) 농촌지도의 연계

① 지도사업에 대한 정보, 특히 우수한 지도사업 사례를 공유할 수 있는 우수사례센터(a center of excellence)가 필요함
② 국제적 농촌지도 네트워크가 있으면 지도전문가뿐만 아니라 교육이나 정책결정자도 네트워크를 활용할 수 있음

(4) 농촌지도사업 홍보

① 농촌지도사가 어떤 일을 수행하는지, 어떤 역량을 가졌는지 등에 대한 홍보가 너무 부족함
② 지도사업의 성과에 대한 증명 : 세계식량정책연구소(IFPRI)는 농촌지도사업의 투자 수익률이 63%라고 보고함
③ 농촌지도대상자(소비자 포함)가 지도사업 프로그램이나 정책을 접할 수 있도록 어떤 사업이 어디에서 이루어지고 있는지 <u>지도사업을 적극적으로 홍보할 필요가 있음</u>

(5) 농촌지도사업 내용

① 지도사업을 둘러싼 상황(맥락, context) 변화 : 경쟁이 더욱 심해지고, 불확실성이 높아지고, 다양해지는 등 여러 측면의 변화
② 농업인 관련 이슈 : 지속가능한 농업/식품시스템, 시장, 농촌과 도시의 관계, 기업가 정신, 개인적·사회적 기술, 건강과 안전 등
③ 지도사 관련 이슈 : 변화하는 지도사의 역할, 지도직의 윤리, 새롭게 요구되는 기술 등
④ 농촌지도의 정체성(identity) 변화 : <u>지도요원의 정체성이 무너진 상태</u>에서 과거로의 회귀는 현실적으로 불가능함
⑤ 지도사의 교육훈련 : <u>단순기술 전달을 넘어선 농촌지도의 본질적 내용이 강화되어야</u> 하는데, 대학 교과과정의 보완, 입직 후 평생교육을 통한 정체성 강화가 필요함

(6) 농촌지도사업 방법과 매체

① 지도방법
  ㉠ 자문, 훈련, 네트워킹, 인터넷, 가상커뮤니티 등 다양하지만 보다 중요한 것이 전문가체계(expert systems)임
  ㉡ 지도사나 촉진자가 농업인·수혜자에게 지도서비스를 제공하였고, 이때 만들어진 네트워크를 통해 실천연구(action research)가 필요함
  ㉢ 유럽 국가의 목표는 생산 증대, 역량 제고, 권한위임(empowerment), 네트워킹, 지지, 혁신, 정보사용 또는 올바른 정보선택 등이며, 궁극적으로 지속가능성을 목표로 하고, 이를 위해 지도사의 책무성(accountability)과 수혜자와의 신뢰(trust) 가 잘 조화되어야 함
② 지도사업의 대상 : 농업인 같은 목표 집단(target groups)과 소비자를 포함한 일반인으로 나눌 수 있는데, <u>양자 간 정보 격차와 다양성이 증가되고 있음</u>. 이런 문제는 개별 국가보다 다양한 민간기구, 국제기구 등과 네트워크를 형성하여 해결할 필요가 있으며, 특히 FAO의 역할이 중요함

③ 지도사업 평가
  ㉠ 지도사업 효과에 대한 모니터링과 평가를 통하여 효과를 측정하고 품질을 관리하는 것이 중요함
  ㉡ 성과에 대해 통계적인 정량 평가와 질적 보고서(정성평가) 형태를 활용할 수 있으며, 지도전문가 네트워크(학습조직)를 통해 상호 학습하면서 평가할 수 있음
④ **농촌지도사의 역할** : 과거 지식근로자(knowledge workers, 자문가·훈련자·멘토·촉진자·지식중개자·지식관리자 등)에서 이제는 지식체계(knowledge system) 안에 다양한 주체들 간 연계고리(link)를 만들고, 네트워킹과 커뮤니케이션을 촉진함으로써 공동 이해를 구축하며, 공동 지식을 나누어 함께 실행하도록 해야 함

> ✪ 학습조직(Daft) : 선발된 일부 구성원이 아니라 구성원 모두가 학습주체라는 인식으로 지식을 창출하고 활용하고 전달·공유하는데 능숙하며, 새로운 지식과 통찰력을 업무에 반영하기 위해 기존의 행동양식을 바꾸는데 능숙한 조직

Chapter 04 기출 및 예상 문제

01 전통적 농촌지도 접근법에 대한 설명으로 옳지 않은 것은? ● 21 경북 농촌지도사(변형)

① 협동자조 접근법을 사회균형적인 방법으로 접근했다.
② 농촌종합개발 접근법은 농촌의 경제적 발전은 물론 적극적으로 사회·문화적 발전을 기대한다.
③ 종합농촌개발 접근법 단점은 방법론적 문제 제시가 부족하다.
④ 일반농촌지도 접근법은 행정구역 말단까지 사무실이 설치되어 농촌지도요원이 배치되기 때문에 국가 전역을 상대로 정책을 펼칠 수 있다.

해설 협동자조 접근법은 사회를 갈등적 측면으로 접근했다.

02 전문상품중심 접근법에 대한 설명으로 옳지 않은 것은? ● 21 경북 농촌지도사(변형)

① 특정상품의 생산성을 증대하기 위해서는 집중적 노력이 필요하다.
② 품목조직의 농촌지도요원이 고도로 전문화된 지도사업을 실행한다.
③ 농업형태가 복잡하고 위험한 후진농가에 적응하기 용이하다.
④ 해당상품 생산농가의 조합에 의해 농촌지도가 이루어지며, 조합원을 교육시킨다.

해설 농민우선주의 접근법은 농업형태가 복잡하고 위험한 후진농가에 적응하기 용이하다.

03 공공농촌지도사업의 패러다임 변화로 옳지 않은 것은? ● 21 경북 지도사(변형)

① 새로운 지도사업을 시도할 때 부농위주로 효율성을 제고해야한다.
② 혁신적 농업인은 과정 혁신에 있어서 핵심 역할을 하게 된다.
③ 민간 분야는 생산물 혁신에, 공공지도사업은 과정 혁신에 초점을 둔다.
④ 공공농촌지도사업은 자연자원관리(natural resource management)의 실행에 더 높은 우선순위를 두어야 한다.

해설 공공농촌지도사업은 생산물 혁신보다 과정 혁신에 우선순위를 두어 소규모 농가의 소득을 증진시킬 수 있도록 도와야 한다.
공공농촌지도사업의 패러다임 변화(Swanson)
㉠ 공공농촌지도사업은 생산물 혁신보다 과정 혁신에 우선순위를 두어 소규모 농가의 소득을 증진시킬 수 있도록 도와야 함

정답 01 ① 02 ③ 03 ①

ⓒ 민간 분야는 생산물 혁신에, 공공지도사업은 과정 혁신에 초점을 두어 농촌지도요원이 촉진자·지식 중개자로서 활동해야 함
ⓒ 소규모 농가를 위한 과정 혁신은 대부분 지역에 특화됨
ⓒ 혁신적 농업인은 과정 혁신에 있어서 핵심 역할을 하게 됨
ⓒ 공공농촌지도사업은 자연자원관리(natural resource management)의 실행에 더 높은 우선순위를 두어야 함

04 다음 설명하는 내용의 농촌지도 접근방법은 무엇인가? ●20 경남 농촌지도사

- 농촌이 개발되기 위해 농촌지도는 갈등 상태에서 불이익을 당하는 농촌이나 소농을 위해 전개되어야 한다고 주장한다.
- 궁극적 목적은 주로 교육적 수단을 통해 전통적 농촌의식을 개발하여 사회 빈곤층인 농민에게 생의 의욕·자신감을 고취시키는 것이다.
- 경제적인 양적 발전보다 인간적 측면의 질적 발전을 더 강조한다.

① 농촌종합개발 접근방법
② 협동자조 접근방법
③ 일반농촌지도 접근방법
④ 영농체계개발지도 접근방법

05 국가농촌지도 접근방법으로 가장 옳지 않은 것은? ●20. 서울 농촌지도사

① 훈련·방문지도(Training & Visit Extension)
② 영농체계개발지도(Farming Systems Development Extension)
③ 전략적 지도 캠페인(Strategic Extension Campaign)
④ 교육기관에 의한 지도(Educational Institution)

해설

1. 국가농촌지도 접근	일반적 농촌지도(general agricultural extension)
	훈련방문 지도(training & visit extension)
	교육기관에 의한 지도(educational institution)
	공공기관 계약 지도(publicly-contracted extension)
	전략적 지도 캠페인(strategic extension campaign)
2. 생산자주도 농촌지도	생산자조직 지도방식(producer-organized extension services)
	영농체계개발 지도(farming systems development extension)
	참여적 농촌지도(participatory extension)
	농촌활성화(animation rurale, AR)

정답 04 ② 05 ②

06 국가별 농촌지도 유형을 옳게 짝지은 것은? ● 20. 서울 농촌지도사

① 민간주도형 - 뉴질랜드
② 학교외연 교육형 - 덴마크
③ 정부조직형 - 타이완
④ 농민조합기구형 - 네덜란드

해설 ② 학교외연 교육형 - 미국, 스위스 등
③ 정부조직형 - 한국, 일본, 타이 등
④ 농민조합기구형 - 덴마크, 프랑스, 타이완(대만) 등

07 협동자조 농촌지도 접근법에 대한 설명으로 가장 옳은 것은? ● 20. 서울 농촌지도사

① 교육과 정보를 하향식으로 전달하며, 농가소득 증진을 최우선으로 한다.
② 교육 및 기술이 단독으로 전파되어서는 아무런 효과가 없다고 강조한다.
③ 경제적인 측면의 양적 발전보다는 인간적인 측면의 질적 발전을 더 강조한다.
④ 수혜자가 비용의 일부분을 담당해야 그 지도의 효과가 크다고 강조한다.

해설 ① 일반농촌지도 접근
② 농촌종합개발 접근
④ 비용분담 접근

08 일반농촌지도 접근법에 대한 설명으로 옳지 않은 것은? ● 18. 경북 농촌지도사(변형)

① 농업정책을 지역단위 농촌까지 전달하기 용이하다.
② 농촌지도사업의 일관성 유지가 가능하다.
③ 비용이 적게 들고, 효율적이다.
④ 쌍방적 정보흐름의 결여되어 있다.

해설 일반농촌지도 접근법은 비용이 많이 들고, 비효율적이다.
일반농촌지도 접근법

장점	㉠ 농업정책을 지역단위 농촌까지 전달하기 용이함 : 중앙행정기관이 주도하고 지역의 하부기관이 참여하기 때문. 말단 행정구역까지 사무실이 설치되어 농촌지도요원이 배치되기 때문에 국가 전역을 상대로 정책을 펼칠 수 있으며, 이러한 점을 활용해 농촌지도사업의 일관성 유지가 가능 ㉡ 중앙정부의 통제 용이 : 중앙정부가 농업인에게 필요한 정보를 신속하게 전달
단점	㉠ 쌍방적 정보흐름의 결여 : 농업인의 관심, 문제, 요구 등이 농촌지도 채널을 통해 중앙에 전달되지 않으며, 지역 특성을 반영한 지도사업을 실행하기 어려움 ㉡ 그 결과 지도요원은 현장 상황에 적합하지 않은 중앙 실천사항을 받아들이도록 독려함 ㉢ 지도요원은 농업 규모가 크고, 부유한 농업인을 대상으로 지도사업을 수행함 ㉣ 비용이 많이 들고, 비효율적 : 지도요원의 수가 많고, 이들의 급여를 지급하기 때문에 많은 비용이 소요됨

정답 06 ① 07 ③ 08 ③

09 농민우선주의와 전통적 기술전달형 비교에 대한 설명으로 옳지 않은 것은?

● 18. 경북 농촌지도사(변형)

① 전통적 기술전달형의 주목적은 기술취득능력 개발이다.
② 농민우선형의 지도 내용은 원칙과 방법을 강조한다.
③ 전통적 기술전달형의 지도방법은 독려를, 농민우선형은 선택을 중시한다.
④ 농민우선형의 기술개발의 거점은 연구실·시험장이라기보다 농가의 현장이 된다.

해설

	기술전달형	농민우선형
주 목적	기술전달	기술취득능력개발
과제분석	연구, 지도, 행정	농민
R&D 거점	연구실, 시험장	현장
지도 내용	실행사항	원칙, 방법
지도 방법	독려	선택

10 다음 중 농촌지도체계의 유형이 다른 나라는?

① 영국
② 네덜란드
③ 뉴질랜드
④ 스위스

해설 **농촌지도체계**

구분	특징	비고
농민조합 기구형	• 농민의 필요에 의해 자연발생적으로 태동 기구형 • 농민조직이 전문지도원을 채용하여 지도	덴마크, 프랑스, 타이완 등
학교외연 교육형	• 학교교육 기능이 먼저 발전된 일부 선진국 유형 교육형 • 농업발전을 위한 사회교육적 기능이 강조	미국, 스위스 등
민간 주도형	• 농촌지도 비용의 수혜자 부담정책 도입. 지도사업 민영화 • 시장지향적 컨설팅 및 수요자 중심의 농촌지도	영국, 네덜란드, 뉴질랜드 등
정부 조직형	• 정부주도의 식량자급, 농촌개발 목적에서 출발 • 농림부 하부조직형과 외청 조직형으로 구분	한국, 일본, 타이 등

정답 09 ① 10 ④

11 영농체계연구지도 접근법에 대한 설명으로 옳지 않은 것은?

① 대농 위주로 사업이 시작되어 연구하고 평가받는다.
② 전통 연구지도체계가 연구 – 지도 – 농민의 선형구조를 보이지만, FSR&E는 지식망(network) 구조를 보인다.
③ 지도사업의 주체와 객체가 같은 영역에서 구성원 간 상호작용이 쉽다.
④ 한 농가의 여러 영농과제보다는 개별농가 전체 조건과 목표·특성·자원·생산활동·경영활동을 종합적 체제로 본다.

해설 **영농체계 연구지도 접근(Farming Systems Research and Extension)** : 한 농가의 여러 영농과제보다는 개별농가 전체의 물리적·생물적·사회경제적 조건과 목표·특성·자원·생산활동·경영활동을 종합적 체제로 보고, 연구·지도함으로써 정책개선·생산지원·농가 복리증진·생산성을 제고하는 사업체계
  ㉠ 전통 연구지도체계가 연구 – 지도 – 농민의 선형구조를 보이지만, FSR&E는 지식망(network) 구조를 보이고, 지도사업의 주체와 객체가 같은 영역에서 구성원 간 상호작용이 쉽고, 사업목적이 일치되어 사업 조정이 용이함
  ㉡ 소규모 농가(소농) 위주로 사업이 시작되어 연구하고 평가받음. 학문적 연구보다 직접적 문제해결에 초점을 맞추며, 한 농가의 총체적 문제들을 파악하고 그 결과의 수용가능성을 평가함

12 협동자조적 접근법에 대한 설명으로 옳은 것은?

① 농촌지도는 불이익을 받는 농촌이나 소농의 이익을 반영해 줘야 함
② 농업인에게 기술이나 교육을 전달하면 농업은 개선 가능함
③ 주로 전시를 통해 생산기술을 교육
④ 농업개발에 필요한 지식·교육뿐 아니라 운송, 신용, 영농자재 구입, 영농구조개선 등을 균형있게 조달할 수 있는 제도·하부구조 설립

정답 11 ① 12 ①

[해설] 어떤 농민이 최신 다수확장려품종을 매스컴을 통하여 알았다. 금년에는 자기 논 3,000평 중 1/2에 이 품종을 심었다.

구분	일반적 농촌지도 접근	종합농촌개발 접근	협동자조 접근
배경	• 사회는 균형에 바탕 • 농업인에게 기술이나 교육을 전달하면 농업은 개선 가능함	• 사회는 균형에 바탕 • 농촌개발은 농촌개발에 관여하는 모든 기능이나 기관의 상호협동에 의해서만 가능함	• 사회를 갈등적 측면에서 파악 • 농촌지도는 불이익을 받는 농촌이나 소농의 이익을 반영해 줘야 함
목적	• 생산성 향상을 통한 농가 소득 증진	• 농업개발에 필요한 지식·교육뿐 아니라 운송, 신용, 경농자재 구입, 영농구조개선 등을 균형있게 조달할 수 있는 제도·하부구조 설립	• 교육적 수단을 통해 전통적 농촌의식을 개발하여 사회 빈곤층인 농민에게 생의 의욕·자신감을 고취시킴
교육 방법	• 주로 전시를 통해 생산기술을 교육	• 농업을 포함한 다양한 내용을 다양한 방법으로 교육	• 농촌사회 전반의 경제·사회·문화적 측면을 학습단체나 방송망 활용을 통해 교육
지도자 역할	• 교육자적 변화촉진자/설득자/독려자	• 변화촉진자/조정자	• 상호협조자적·상담자적 교육자

13 Negal의 농촌지도 접근방법의 유형 중 일반적 고객 접근으로만 묶인 것은?

가. 상품 지향적 지도사업 나. 종합적 사업 접근
다. 상업서비스로서의 지도사업 라. 고객중심 및 고객이 통제하는 지도사업
마. 대학 중심의 지도사업 바. 훈련방문지도접근

① 가, 나, 라 ② 가, 나, 라, 다
③ 나, 마, 바 ④ 나, 라, 마, 바

[해설] 네갈(Negal, 1997)의 접근법
 ㉠ 일반적 고객 접근
  • 정부 주도의 일반적 지도(Ministry Based General Extension)
  • 훈련·방문 지도접근(Training and Visit Extension, T&V)
  • 종합적 사업 접근(The Integrated Approach)
  • 대학 중심의 지도사업(University Based Extension)
  • 농촌개발사업(Animation Rurale)
 ㉡ 선택적 고객 접근
  • 상품 지향적 지도사업(Commodity Based Extension)
  • 상업서비스로서의 지도사업(Extension as a Commercial Service)
  • 고객중심 및 고객이 통제하는 지도사업

정답 13 ③

14 농촌지도 접근법 중 T&V의 장점으로 옳지 않은 것은?

① 사업의 효율성이 높아진다.
② 사업의 진행의 시간적인 면에서 유연성이 있다.
③ 농가의 문제점이 신속하게 지도 및 연구기관에 피드백된다.
④ 지도사들의 훈련과 지도가 효율적으로 연계된다.

해설 T&V 장점
- 지도사의 기술·경영 훈련과 빈번한 지역농가 방문으로 훈련·지도가 효율적으로 연계됨
- 지도기관과 일선 지도요원의 직접 연결로 조직구성이 일원화되어, 기술지원과 조정이 용이하고 사업 중복성을 피해 효율성이 높아짐
- 지도사업의 초점이 교육에 맞추어져 일선 지도사는 교육·정보전달 기능만 수행함
- 과제별 전문지도사를 통해 연구기관 ↔ 지도기관 ↔ 농가 간 기술정보전달을 유지하고 농가 문제점이 신속하게 지도·연구기관에 피드백될 수 있음
- 지도사가 담당할 지도영역에 대한 책임 한계를 분명히 하여 지도사와 지도사업에 대한 지역사회의 신뢰가 제고됨

15 농민우선주의 지도접근에 대한 설명으로 옳지 않은 것은?

① 모든 사업수행의 과정에는 농가가 주체가 되어야 한다.
② 지도내용은 명령이나 실행사항이기보다는 원칙이나 방법 등이 되고, 전달방법도 독려가 아니라 농민의 선택에 의해 이루어진다.
③ 농민이 새로운 기술을 배우고 농장에 적용하는 능력을 배양하는 목적이 있다.
④ 외부의 조력이 부족한 경우에는 지속되지 못하는 단점이 있다.

해설 농민우선주의 접근의 장점
- 농업 형태가 복잡·위험한 후진농가에 적응하기 용이함
- 사업 전 과정이 현장에서 이루어져 현장에서 필요한 기술이 개발되고, 그 기술의 현장 적응력이 높음
- 기술개발의 전 과정이 농민 주도로 이루어져서 전통적 사업에 비해 외부 조력이 부족해도 지속성이 높음

16 공공서비스 유형으로 옳지 않은 것은?

① 배재성, 개별적 – 민간재
② 비배재성, 개별적 – 공유재
③ 배재성, 집단적 – 요금재
④ 비배재성, 집단적 – 시장재

정답 14 ② 15 ④ 16 ④

해설 공공서비스의 비배제성·비경합성 특성에 따른 구분

		소비 특성	
		집단적	개별적
배제성	배제 불가능	집합재 (collective goods)	공유재 (common pool goods)
	배제 가능	요금재 (toll goods)	민간재 (private goods)

17 지도사업 개혁을 위한 최근의 혁신연구방법이 아닌 것은?

① 선형 모델(linear model)에 기초하여 개별 행위에 영향을 주는 맥락(context)의 중요성을 강조한다.
② 학제적 개방성을 추구하면서 '학습' 과정에 초점을 맞춘다.
③ 개인이 사회적·물리적 맥락과 상호작용하며 학습한다는 점을 인식하게 되었다.
④ 개인뿐만 아니라 조직도 학습하기 때문에 혁신을 '체계적 성격을 갖는 현상'으로 이해한다.

해설 선형 모델(linear model)에 기초하여 개별 행위에 영향을 주는 맥락(context)의 중요성을 간과하였지만, 최근 혁신연구방법은 맥락의 중요성을 강조한다.

18 우리나라는 중앙단위에 농림수산식품부 외청으로 농촌진흥청을 두어 농촌지도사업을 전개하게 되는데 우리나라의 농촌지도조직의 유형은?

① 정부기관통합형
② 농업행정기관 주도형
③ 농민조직주도형
④ 대학주도형

해설 **농촌지도조직의 정부조직형**
㉠ 농업행정기구주도형 : 우리나라의 경우 중앙단위에 농림축산식품부 외청으로 농촌진흥청을 두어 농업연구와 농촌지도사업을 전개하며, 도-시군 단위에서는 농업행정과 협동적 관계를 유지하고 있다.
㉡ 정부기관통합형 : 농촌개발과 관련된 각종 정부부처가 협동과 조정을 통하여 농촌개발에 관여할 수 있도록 하나의 상설위원회를 설치하여, 위원회에서 농촌지도를 포함한 지역사회종합발전을 위한 모든 업무를 담당하고 있는 조직형이다. 중앙 단위에 국가발전위원회(위원장은 수상), 하부수준에서 각 단위의 개발위원회(위원장은 기관장) 설치한다.

정답 17 ① 18 ②

19 농촌지도조직의 유형 중에서 농촌지도사업을 정부기관에서 시행하지 않고, 농민조직체에서 이행하는 조직형태에 관한 설명은?

① 정부기관통합형
② 농업행정기관주도형
③ 대학주도형
④ 농민조직주도형

해설 　농민조합기구형
- 농민의 필요에 의해 자연발생적으로 태동한 기구형
- 농민조직이 전문지도원을 채용하여 지도함

20 다음 중 정부기관통합형의 단점으로 적합한 것은?

① 사업이 자의적으로 수행될 가능성이 있고 농촌개발과 직접적으로 관련하는 다른 부처와의 조정이 어렵다.
② 정부기관통합으로 인해 결정단계에서 신속한 처리가 어렵다.
③ 지도내용에 있어 실용성이 결여될 가능성이 있다.
④ 사업이 농민의 필요와 문제에 너무 중심을 둠으로써 계획된 사업의 일관성이 없고 산만하다.

해설 　①은 농업행정기관주도형, ③은 대학주도형, ④는 농민조직주도형을 설명한 것이다.

21 다음은 국가별 농촌지도유형이다. 틀린 것은?

① 정부기관통합형은 인도에서 채택하고 있다.
② 농업행정기관주도형은 한국에서 채택하고 있다.
③ 대학주도형은 미국에서 채택하고 있다.
④ 덴마크는 지방정부가 주관한다.

해설 　덴마크는 농민단체(농민연합과 소농협회)가 농촌지도를 수행한다.

22 다음 중 선진국일수록 지향해야 할 농촌지도의 방향은?

① 정부기관통합형
② 농업행정기관주도형
③ 농민조직주도형
④ 종합농촌개발

정답　19 ④　20 ②　21 ④　22 ③

23 다음과 같은 유형의 농촌지도는?

> 장점 : 훈련과 지도의 효율적 연계, 조직의 구성이 간편하고 일원화, 지도사업의 초점이 교육에 맞추어짐. 지도사가 담당할 지도범위와 영역에 대한 책임의 한계 명확
> 단점 : 하향식, 사업계획단계에서 농가 배제

① 영농체계연구지도
② 훈련방문지도
③ 농민우선 지도
④ 전통적 농촌지도

해설 훈련방문지도
㉠ 장점
- 지도사의 기술·경영 훈련과 빈번한 지역농가 방문으로 훈련·지도가 효율적으로 연계됨
- 지도기관과 일선 지도요원의 직접 연결로 조직구성이 일원화되어, 기술지원과 조정이 용이하고 사업 중복성을 피해 효율성이 높아짐
- 지도사업의 초점이 교육에 맞추어져 일선 지도사는 교육·정보전달 기능만 수행함
- 과제별 전문지도사를 통해 연구기관 ↔ 지도기관 ↔ 농가 간 기술정보전달을 유지하고 농가 문제점이 신속하게 지도·연구기관에 피드백될 수 있음
- 지도사가 담당할 지도영역에 대한 책임 한계를 분명히 하여 지도사와 지도사업에 대한 지역사회의 신뢰가 제고됨

㉡ T&V 단점
- 하향식 구성으로 사업기획단계에 개별농가의 참여가 배제됨
- 사업의 계획 및 진행이 시간적 유연성이 없음
- 지나치게 많은 수의 인적자원이 요구됨
- 대중전달매체의 효과적 이용을 배제함
- 지도기관이 권위적으로 운영될 가능성이 있음
- 정보전달 과정에서 왜곡되거나 부적절한 정보가 수집될 수 있고 정보전달 속도가 느릴 때 문제가 야기됨

24 세계적으로 가장 보편적인 농촌지도 접근법이라 평가받는 것은?

① 전통적 농촌지도 접근법
② 정의적 사고를 통한 접근법
③ 협동·자조 접근법
④ 종합농촌개발 접근법

해설 **전통적 농촌지도 접근법** : 일반농촌지도 접근, 정부주도의 일반적 지도, 여러 국가에서 채택하고, 가장 고전적 농촌지도 시스템이다.

정답 23 ② 24 ①

25 다음 중 농촌개발을 협의적 의미로 이해하는 농촌지도 접근방법은?

① 협동·자조 접근법
② 전통적 농촌지도 접근법
③ 종합농촌개발 접근법
④ 의식개발 접근법
⑤ 정의적 사고를 통한 접근법

해설	일반적 농촌지도 접근	종합농촌개발 접근	협동자조 접근
	• 사회는 균형에 바탕 • 농업인에게 기술이나 교육을 전달하면 농업은 개선 가능함 • 농촌개발에 대한 협의적 이해	• 사회는 균형에 바탕 • 농촌개발은 농촌개발에 관여하는 모든 기능이나 기관의 상호협동에 의해서만 가능함	• 사회를 갈등적 측면에서 파악 • 농촌지도는 불이익을 받는 농촌이나 소농의 이익을 반영해 줘야 함

26 다음 전통적 농촌지도의 접근법에 대한 설명으로 틀린 것은?

① 식량작물이나 축산물 등의 증산을 통한 농가소득의 증진과 같은 경제적 측면에 두고 있다.
② 이 접근법은 사회의 불균형에 그 바탕을 두고 있다.
③ 중남미와 아시아의 많은 나라에서 가장 많이 채택되고 있다.
④ 국가의 농업정책, 농업목표, 정책우선순위의 범주 안에서 독자적으로 업무를 수행한다.

해설 사회의 불균형에 그 바탕을 두고 있는 접근법은 협동자조 접근이다.

27 농촌지도의 접근유형은 농업발전, 농민발전 등의 과정에서 다양하게 전개될 수 있는데, 전통적 접근법의 설명에 해당되는 것은?

① 농업생산 기술전파에 의해 발전이 촉진되는 것이라 생각한다.
② 다양한 이념을 상호 절충하여 농촌개발을 이룩한다.
③ 소외계층 스스로가 자신들의 발전을 이룩해야 한다.
④ 경제적인 양적 발전보다 인간적인 측면의 질적 발전을 강조한다.

해설 ②는 종합농촌개발 접근, ③④는 협동자조 접근에 해당한다.

28 농촌지도사업의 접근형태 중 전통적 농촌지도 접근법의 특징으로 보기 어려운 것은?

① 사회를 균형적 관점에서 파악하고 있다.
② 농촌지도요원은 농업 규모가 크고, 부유한 농업인을 대상으로 지도사업을 수행한다.
③ 농촌개발 시 필요한 여러 가지 요소를 단일 '농촌개발경영체제' 아래 통합한다.
④ 농촌지도 내용의 생산기술 전파에 중점을 둔다.

> 해설 농촌개발 시 필요한 여러 가지 요소를 단일 '농촌개발경영체제' 아래 통합하는 것은 종합농촌개발 접근법이다.

29 농촌지도사업의 접근형태 중 전통적 농촌지도 접근법의 특징으로 보기 어려운 것은?

① 전문적인 직무훈련과 현직훈련은 농촌지도기관에서 자체적으로 실시한다.
② 농촌지도기관은 교육학, 커뮤니케이션 등의 복합적 이론에 근거를 두고 있다.
③ 농업, 경제, 국가가 하나의 단위체로 농촌지도에 참여한다.
④ 소수의 진보적 지도층 농민을 대상으로 설득자 또는 촉진자로서의 역할을 수행한다.

> 해설 전통적 농촌지도 접근은 전형적인 농림부 소관이며, 국가의 농업정책, 농업목표, 정책우선순위의 범주 안에서 독자적으로 업무를 수행한다. 지도기관은 전문적으로 훈련된 지도사를 근간으로 중앙-도-시군 단위가 단계적으로 상부기관의 감독과 지도를 받는 것이 일반적이다.

30 농촌발전 접근법에 관하여 경제적 발전 중심의 사고에서 벗어난 접근법은?

① 전통적 농촌지도 접근법
② 종합농촌개발 접근법
③ 협동자조 접근법
④ 의식개발 접근법

> 해설 종합농촌개발 접근은 전통적 농촌지도 접근 같은 경제적 발전 중심의 사고에서 탈피하여 농촌개발은 농촌개발에 관여하는 모든 기능이나 기관의 상호협동에 의해서만 가능하다고 본다.

31 다음 중 사회를 갈등적 측면에서 파악하고 있는 접근법은?

① 협동자조 접근법
② 종합농촌개발 접근법
③ 질풍노도적 사회구조를 파악한 접근법
④ 전통적 농촌지도 접근법

정답 28 ③ 29 ③ 30 ② 31 ①

32. 빈곤층이나 소외당하는 여성, 청소년들에 대한 지도를 특히 강조하고 있는 접근법은?

① 의식개발 접근법
② 종합농촌개발 접근법
③ 전통적 농촌지도 접근법
④ 협동자조 접근법

해설 협동자조 접근법은 교육적 수단을 통해 전통적 농촌의식을 개발하여 사회 빈곤층인 농민에게 생의 의욕·자신감을 고취시키는 것을 목적으로 한다.

33. 협동자조적 접근에 의한 농촌지도의 궁극적인 목적은?

① 농촌의 종합적 발전
② 농촌의 경제·문화·사회발전
③ 농업경제의 발전
④ 농촌계몽·선도

해설 협동자조 접근의 궁극적 목적은 교육적 수단을 통해 전통적 농촌의식을 개발하여 사회 빈곤층인 농민에게 생의 의욕·자신감을 고취시키고 자유스러운 삶을 추구할 수 있는 능력을 개발함으로써, 농촌의 경제·문화·사회적 발전을 기하는데 있다.

34. 다음이 제시하는 농촌지도 접근법은?

> 교육적인 수단에 의하여 전통적인 농촌의식을 개발하여 사회의 빈곤층인 농민들에게 생의 의욕과 자신감을 고취시키고 자유스러운 삶을 추구하도록 능력을 함양시키는데 강조를 둔다.

① 종합농촌개발 접근
② 전통적 농업 접근
③ 협동자조적 접근
④ 대중농업적 접근

35. 다음 중 참여의 종류가 아닌 것은?

① 감사평가
② 평가참여
③ 수행참여
④ 의사결정참여

해설 사회참여의 종류(Cohen과 Uphoff, 1977) : 의사결정참여, 수행참여, 혜택참여, 평가참여 등

정답 32 ④ 33 ② 34 ③ 35 ①

36 다음 사회참여방법의 종류는 무엇인가?

> 개인이나 주민이 그에 관련되는 모든 사업의 계획이나 방향결정에 있어서 직접 혹은 간접 참여하는 것을 말한다.

① 수행참여
② 평가참여
③ 의사결정참여
④ 혜택참여

해설 **의사결정 참여** : 개인이나 주민이 그에게 관련되는 모든 사업의 계획이나 방향결정에 있어서 직접 혹은 간접으로 참여하는 것. 사회참여에 있어서 기초적이며 핵심적인 형태로써, 농촌지도계획의 참여가 의사결정 참여에 해당한다.
정치와 교육에서 강조되는 과정으로써, 개인의 의사결정에 직접 참여할 때에는 직접참여라 하며, 참가자에게 자신의 의사나 권리를 위임할 때에는 간접적 참여라 한다.

37 농촌지도계획에 농민의 주도적 참여로 얻을 수 있는 기대효과로 거리가 먼 것은?

① 농촌주민이 더욱 가치있는 사업으로 농촌지도를 기대한다.
② 농촌주민의 정부에 대한 자신의 요구를 당당히 펼칠 수 있다.
③ 좋은 착상을 농민으로부터 얻을 수 있다.
④ 농촌주민으로부터 농촌지도에 대한 자원을 확보할 수 있다.

해설 **농촌주민을 지도계획에 참여시킬 때의 효과(Kelsey와 Hearne)**
• 농촌주민들의 의견과 필요가 반영된다.
• 농촌주민의 좋은 착상이나 지도력을 활용할 수 있다.
• 농촌지도에 대한 농촌주민의 지원을 확보할 수 있다.
• 농촌지도를 농촌주민들 자신의 사업으로 생각하게 된다.
• 농촌주민들이 농촌지도를 더욱 가치 있게 생각한다.
• 농촌주민들이 참여하여 토의하다 보면 많은 학습을 할 수 있다.

38 농촌지도계획에 농촌주민이 참여해야 하는 이유로 보기 어려운 것은?

① 농민의 필요를 농촌지도사업에 반영할 수 있다.
② 농민의 착상과 지도력을 활용할 수 있다.
③ 농촌지도계획의 시간과 노력을 줄일 수 있다.
④ 농촌주민을 토의 속에서 학습시킬 수 있다.

정답 36 ③ 37 ② 38 ③

39 농촌지도위원회의 기능이 아닌 것은?

① 농촌지도계획의 수립을 위한 자문, 해설
② 농촌지도계획의 수립을 위한 타당화
③ 농촌지도계획의 수립을 위한 전달매개
④ 농촌지도사업의 실질적 주체자

해설 농촌지도위원회의 기능
㉠ 자문 : 계획위원이 지도사업의 전반적 사항을 지도사에게 자문해야 한다.
㉡ 의사결정 : 계획위원이 계획내용의 결정에 참여해야 한다.
㉢ 전달 : 계획위원이 지역사회의 모든 정보를 계획위원회에 알리고, 위원회의 토의·결정사항을 지역주민에게 전달해야 한다.
㉣ 홍보 : 위원이 주민, 지역유지, 관계기관, 지역사회조직체 등에 홍보하여 지도사업에 참여하도록 해야 한다.
㉤ 승인 : 계획위원회가 지도계획을 승인하여 공식적으로 그 타당성을 인정하여 재가하는 것을 의미한다.
㉥ 실행 : 위원이 필요시 지도대상자 모집, 전시, 직접 지도를 해야 한다.

40 농촌지도계획위원회의 주도적 역할을 담당하는 사람은?

① 농업관계기관대표
② 농민대표
③ 농촌행정기관의 대표
④ 농촌지도사
⑤ 농촌주민단체의 대표

41 만약 지도사업계획 수립을 위한 위원회를 조직한다면 어떠한 사람들로 구성하여야 가장 바람직한가?

① 지도원 + 농업관계자 대표
② 지도원 + 농업관계자 대표 + 농민대표
③ 지도원 + 농업교육자 + 농협대표
④ 지도원 + 농업행정기관대표 + 농업교육자

해설 계획이나 평가위원회는 주민대표와 농촌관련단체 대표가 위원으로 참여한다. 선발위원회(농촌지도요원과 신망이 두터운 주민대표 2~3명으로 구성)에서 위원회 위원을 선발한다.

정답 39 ④ 40 ④ 41 ②

PART

02

정책론

- Chapter 1   정책 과정
- Chapter 2   Plan-농촌지도계획
- Chapter 3   Do-농촌지도집행
- Chapter 4   See-농촌지도평가

컨셉 농촌지도론

Chapter 01 정책 과정

단원 키워드
1. 정책의제설정
2. 정책결정(Plan)
3. 정책집행(Do)
4. 정책평가(See)

1 정책의 의미

(1) 정책의 개념
① **일반적 개념**: 정책이란 공익을 추구하거나 공적 문제의 해결을 위하여 장래 가장 바람직한 결과를 가져다 줄 수 있다고 판단되는 정부의 행동방안
② **D.Easton**: 정책을 체제로의 투입에 대한 산출로 보고 정책을 사회전체를 위한 가치의 권위적 배분이자 정치체제가 내리는 가치의 권위적 결정으로 정의
③ **H.D.Lasswell**: 목적가치와 실행을 투사한 계획
④ **Y.Dror**: 매우 불확실하고 복잡한 동태적 상황 속에서 국가 및 공공단체가 공익의 구현을 위해 만든 미래지향적인 행동지침

(2) 정책의 특성
① **계획·정책·법률의 상호관계**: 기획론자(E.Jantsch)에 따를 때 계획은 장기적·포괄적·일관성이 높은 반면, 법률은 빈번히 수정되므로 일관성이 낮다는 점에서 보면, 이들 관계는 계획 > 정책 > 법률이 되며, 흐름도 계획→정책→법률 순으로 진행됨
② **정책·행정·관리의 상호관계**: 관리는 행정의 특수한 현상이며, 행정이 정책의 수단이라는 점에서 보면, 이들 관계는 정책 > 행정 > 관리가 됨

(3) 정책의 구성요소
정책의 3요소라 하면 정책목표·정책수단·정책대상을 들며, 4요소에는 정책결정자(주체)가 포함됨
① **정책목표**: 정책이 달성하려는 미래의 바람직한 상태나 방향으로 정책의 존재이유가 됨. 주관적·당위적·가치적·규범적 성격을 가짐

② 정책수단 : 정책목표를 달성하기 위한 방안이자 정책의 실질적 내용으로서 가장 중요한 구성요소
③ 정책대상 : 정책이 적용되는 대상집단으로서 비용부담집단(희생자)이나 이익향수집단(수혜자)을 말함

2 정책 과정

(1) **정책의제설정**

① 의제설정의 의미
  ㉠ 정책문제(policy problem) : 바람직한 것(이상)과 바람직하지 못한 것(현실)과의 차이
  ㉡ 정책의제(policy agenda) : 정책담당자가 공식적으로 다루기로 결정한 정책문제로써 정책적 해결 필요성의 사회문제
  ㉢ 정책의제 설정(policy agenda setting) : 정책문제를 정의하는 행위로써 정부가 정책적 해결을 위하여 사회문제를 공식적인 정책의제로 채택하는 과정이며 사회문제의 정부귀속화 과정

② 정책의제 설정의 중요성
  의제설정은 문제해결의 첫 단계이자 가장 많은 정치적 갈등이 발생되며 정책목표나 대안의 실질적인 선택과 범위의 한정이 여기서 이루어진다. 어떤 문제가 정부관료제에 의하여 정식 논의대상으로 채택되느냐, 되지 못하느냐의 문제이므로 매우 중요한 단계임

③ 의제설정과정의 특성
  ㉠ 정책문제를 인지하거나 의제를 설정하는 과정은 주도집단의 이해관계나 주관이 개입되어 고도의 복잡성과 다양성, 역동성을 띠며 결정자의 주관적 판단에 의해 채택되므로 자의적·인공적·주관적으로 인지되는 경우가 많음
  ㉡ 따라서 반드시 객관적·합리적 과정을 거치는 것은 아니며 가장 많은 갈등이 수반되는 과정임

④ 의제설정에 영향을 주는 요인
  ㉠ 문제의 중요성 : 영향을 받는 집단(이해관계집단)이 크고(많고) 문제의 내용이 대중적이고 중요한 것일수록 의제화 가능성이 높음
  ㉡ 이해관계 : 이해관계자가 넓게 분포하고 조직화의 정도가 낮을 때 의제화가 어려움

ⓒ 쟁점화의 정도 : 관련 집단들에 의하여 예민하게 쟁점화된 것이거나 국민적·정치적 관심이 클수록 의제화 가능성이 큼
② 문제의 인지집단의 규모 : 문제를 인지(제기)하는 집단의 규모가 클수록 의제화 가능성이 높음
⑩ 문제의 구체성 : 논란이 있으나 문제가 추상적일 때 의제화 가능성이 높다는 의견이 지배적임
ⓑ 사회적 중요성 : 사회 전체에 주는 충격의 강도(파급효과)가 클수록 의제화 가능성이 높음
ⓢ 선례의 유무 : 새로운 문제보다 관례화된 문제일수록 의제화 가능성이 높음
ⓞ 해결책의 유무 : 해결책이 있을수록 의제화 가능성이 높음
ⓧ 문제의 복잡성 : 단순한 문제가 복잡한 문제보다 채택 가능성이 높음

(2) **정책결정**
① 정책결정의 개념
정책결정(policy making)이란 공익을 추구하거나 공적 문제의 해결을 위하여 미래의 합리적이고 바람직한 정부의 대안을 탐색·평가·선택하는 일련의 동태적·역동적 과정
② 정책결정의 특징
㉠ 정치성 : 정치적 환경 하에서 정치적 영향을 받음
㉡ 공공성 : 공적문제의 해결, 공익 추구, 인본주의적 성격
㉢ 가치성과 규범성 : 최적대안을 선택하기 위한 규범적 가치 판단
㉣ 동태성·복잡성 : 많은 갈등과 이해관계의 상호작용
㉤ 미래지향성 : 미래의 행동대안 선택
㉥ 의사결정의 한 형태 : 여러 대안 중 최적 대안을 선택하는 과정으로 합리성을 추구함
③ 정책결정 과정
㉠ 정책의제 형성 : 여러 사회문제 중에서 정부당국이 심각성을 인정하여 적극적인 해결책을 모색하기 위하여 궁극적으로 채택한 정책문제
㉡ 정책목표의 설정 : 정책이 나아가야할 기본적인 방향 및 가치 설정
㉢ 정보의 수집·분석 : 대안 탐색을 위한 자료 수집·분석
㉣ 대안의 작성·탐색 개발 : 목표 달성을 위한 모든 방안을 강구
㉤ 모형의 작성 : 대안 탐색에 도움을 주거나 대안의 결과를 예측하기 위하여 복잡한 현실을 단순화시킨 대치물 작성

- ⓑ 예상결과 예측 및 대안의 평가 : 대안의 장단점을 파악·평가하여 예상결과 예측·비교
- ⓢ 우선순위 선정기준 선정 : 민주성, 능률성, 형평성, 경제적 합리성, 정치적 합리성 등
- ⓩ 우선순위 선정 : 대안의 예상결과에 따라 가장 바람직한 대안 순으로 우선순위를 정함
- ⓧ 종합판단 : 우선순위 조정 및 대안의 최종 선택

(3) 정책집행

① 정책집행의 의의
  - ㉠ 정책집행(policy implementation)이란 권위 있는 정책지시를 실천에 옮기는 과정으로서 일반적으로 정책의 내용을 실현시키는 과정으로 정의됨. 정책의 내용은 정책목표와 정책수단으로 이루어지는데 이 중 정책집행은 정책수단을 실현시키는 것임
  - ㉡ 정책목표는 정책의 존재이유가 되며 정책목표의 달성은 정책집행이 있어야만 가능하다는 점에서 정책집행은 정책의도나 목표를 구현해 주는 정책의 실질적인 내용에 해당함

② 정책결정과의 관계
  - ㉠ 집행과정에서 정책내용이 실질적으로 구체화되기 때문에 정책집행도 본질적으로 의사결정행위이며, 정책집행은 결정과정과 분리된 독립적 과정이 아님
  - ㉡ 정책집행과정은 정책결정에 비하여 상대적으로 정치적 성격이 약하고, 구체적·기술적·기계적·전문적 성격이 강하지만 오늘날 정책집행은 자동적·기계적 과정이 아니라 정책결정과 마찬가지로 여러 가지 변수가 작용하는 역동적·정치적 과정에 해당함

③ 정책평가와의 관계
정책의 최종성과나 영향을 평가하는 총괄평가보다 정책수단이 어떤 인과경로를 거쳐 정책결과를 가져왔는지를 평가하는 과정평가가 중시되면서 집행과정도 정책평가에서 중요한 의미를 가짐

(4) 정책평가

① 정책평가 개념
  - ㉠ 협의
    - ⓐ 정책평가(policy evaluation)란 일반적(협의)으로는 정책대안이 소기의 효과를 가져 왔는가를 판단하는 단계로서 정책이나 공공사업기획이 그 대상에 미

친 효과(정책 임팩트)를 달성코자 하는 정책목표와 관련지어 객관적이고 체계적·실증적으로 검토하는 것
　　ⓑ 정책수단(독립변수, 원인변수)과 정책목표 또는 효과(종속변수, 결과변수)간의 인과관계를 설정·검증하려는 것으로 평가결과를 정책과정에 환류시켜 정책과정을 개선하려는 것
　ⓒ 광의 : 사후평가(총괄평가) 외에 정책이 제대로 집행되고 있는가를 평가하는 과정평가(형성평가)나 정책결정단계에서의 평가를 의미하는 정책분석도 포함
② 정책평가의 필요성
　㉠ 정책결정과 집행에 필요한 정보 제공 : 정책평가의 가장 중요한 목적으로서 일종의 환류 기능
　㉡ 정책과정상의 책임 확보
　　ⓐ 법적 책임 : 집행활동(하위층)이 법규나 회계규칙에 합치되도록 강제하는 책임
　　ⓑ 관리적 책임 : 관리자(중간층)가 능률적·효과적으로 집행업무를 관리해야 할 책임
　　ⓒ 정치적 책임 : 정치체제 담당자(상층부)가 국민들에게 선거 등을 통해서 지는 책임
　㉢ 이론구축에 의한 학문적 기여 : 정책수단과 정책결과 간의 인과관계를 확인·검증하여 이론을 구축하고 학문적 인과성을 밝혀 줌으로써 사회과학의 발전에 기여
　㉣ 정책 실험 및 비용 절감 등
　　ⓐ 여러 기법을 사용하여 정책을 실험과정으로 유도
　　ⓑ 평가는 단기적으로 비용이 수반되나 장기적으로는 비용과 시행착오를 줄여줌
　　ⓒ 왜곡된 평가를 막고 체계적·과학적인 평가(정책평가조사)로의 유도

Chapter 02 Plan-농촌지도계획

> **단원 키워드**
> 1. 우리나라 농촌지도계획의 개념
> 2. 전략적 기획의 절차와 특징
> 3. 농촌지도기관별 전략적 기획 수립

농촌지도계획은 농촌지도사업의 목적·방법·절차 등을 구체적으로 기술하는 과정으로서 농촌지도사업의 가장 기초적인 과정이며 농촌지도가 무엇을 해야 하며, 왜 그것을 해야 하는가를 명확히 한다.

농촌지도사업 계획은 중앙, 도, 시·군단위의 농촌지도기관이 농촌지도사업의 효율적인 실천을 위해 지도대상인 농업인과 관련기관 및 단체가 참여하여 지도사업의 환경변화를 정확히 분석하고 그 목적과 실천방법 등에 대한 계획을 수립하는 것이다.

1997년 이후 농촌지도기관의 지방화로 인해 농촌지도계획도 많은 변화가 일어난다. 사업예산의 확보와 지역단위 사업을 해당 지도기관에서 계획·실행할 수 있는 전체적 역량 부족으로 지역 실정에 맞는 지역단위 지도사업 전개에는 한계가 있다. 우리나라 농촌지도의 전략적 기획 과정을 도입하여 그 한계를 극복할 필요가 있다.

제1절 농촌지도계획

1 농촌지도계획의 의의

(1) 농촌지도과정과 농촌지도계획

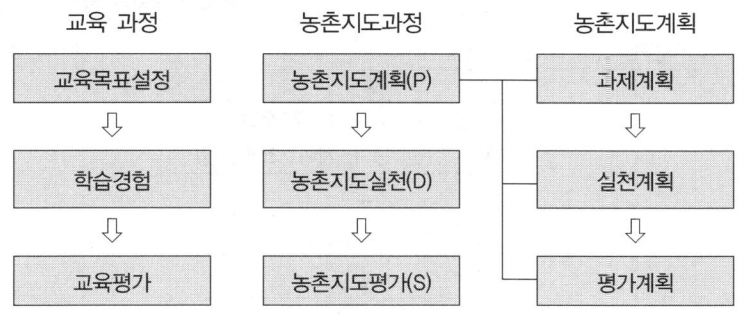

① 농촌지도과정
  ㉠ 과제계획
    - 농촌지도를 어떠한 방향으로, 무엇을 전개할 것인가를 결정하는 과정
    - 농촌지도의 목적을 설정하는 과정으로 가장 핵심이 되는 계획의 과정
    - 이 부분의 계획을 농촌지도관계계획 혹은 설정이라고도 한다.
  ㉡ 실천계획
    - 실천을 계획하는 과정으로, 지도목적을 달성하기 위해 여러 가지 사업과 활동을 전개해야 하는데, 어떠한 사업과 활동을 언제·어디서·누가·어떻게 할 것인가를 미리 결정하여 두는 과정
    - 이 부분의 계획을 실행계획이라고도 한다.
  ㉢ 평가계획
    평가를 계획하는 과정으로, 농촌지도의 사업과 활동에 대한 평가를 언제·어디서·누가·어떻게 할 것인가를 결정하는 과정
② 농촌지도 계획과정
  농촌지도 계획과정을 보다 세분화 하면 6가지로 나뉨
  ㉠ 지도계획위원회의 조직과 운영
  ㉡ 장기지도계획 수립
  ㉢ 장기지도계획서 작성
  ㉣ 연간활동계획 수립(실행계획 수립)

ⓜ 지도 및 활동을 통한 계획의 실천
ⓗ 성과의 평가와 실적발표 및 계획의 수정

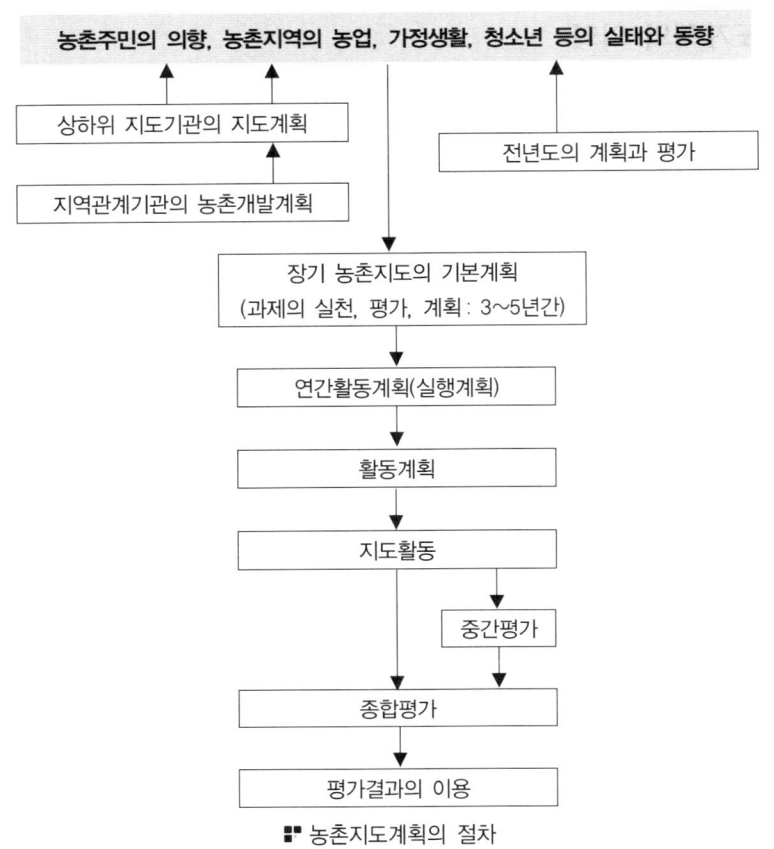

▪ 농촌지도계획의 절차

③ **농촌지도계획의 의미** : 농민대표들을 중심으로 계획위원회를 구성하여, 그 지역사회의 전반적인 실태와 동향을 파악하고, 전년도의 계획, 도와 중앙의 농촌지도계획, 지역사회기관의 농촌개발계획, 국내·외 사회경제동향 등을 조사·분석하여, 장기지도계획과 실행계획을 수립하는 입체적이고 포괄적인 과정이다.

(2) 농촌지도계획의 성격

① Black(1968)의 경제개발계획의 성격(3가지) : 종합성, 일반성, 장기성
  ㉠ 종합성 : 물리적 개발뿐만 아니라 사회적·정신적 개발도 포함하여야 한다.
  ㉡ 일반성 : 개발계획은 더 나은 상태로 접근하기 위한 전반적인 의도의 표시에 불과하며, 개별적·구체적 확약이나 규칙은 아니다.

ⓒ 장기성 : 개발계획은 1년 내에 실현할 수 있는 성질의 것이 아니라 5년, 10년 혹은 50년의 장래를 전망하여 설계한다.
② 기타 농촌지도계획의 성격 : 주민참여성, 연관성, 연속성, 계절성 등
　ⓐ 주민참여성 : 농촌지도계획에 지도대상자인 농촌주민들을 반드시 참여시켜 농촌지도요원, 관계기관대표, 농업전문가 등과 함께 계획을 하여야 한다.
　ⓑ 연관성 : 농촌지도계획에서 각 단계별로 상호연관성이 있어야 하며, 또한 지역 내의 관계기관사업을 참작하여야 한다. 또한 상하기관의 지도사업들과 상호연관시켜 계획을 수립하여야 한다. 하나의 지역단위에서 독립적으로 사업계획을 수립할 수는 없으며, 시·군단위에서 사업계획을 수립하더라도 국가의 농업정책·지도사업의 목적 등을 고찰해야 하며, 상부로부터 사업계획수립에 필요한 여러 가지 자원을 지원받지 않으면 안 된다.
　ⓒ 연속성 : 농촌지도계획이 연도간, 계획기간 중에 단절되는 것이 아니고 순환된다. 평가는 평가하는 것으로 끝나는 것이 아니고 다음 단계의 계획에 반영되므로, 지난해 사업들은 올해 사업과 연속성이 있다.
　ⓓ 계절성 : 농촌지도의 계획은 농민들의 참여가 잘 되도록 하기 위해서 가장 바쁜 농번기를 피하여 교육시기와 기간이 고려되어야 한다.

(3) 농촌지도계획 방식의 발달

Kelsey and Hearne(1967)의 미국 농촌지도계획의 수립방식

① **주체 중심 사업계획**
　<u>영농구조가 단순하고 영농소득이 생산에만 좌우되던 옛날 농촌사회</u>에서는 농촌지도사들이 쉽게 농촌과 농민의 문제를 파악할 수 있었으므로, 지도사가 일방적으로 농촌지도계획을 수립할 수 있었다.

② **객체 중심 사업계획**
　농촌사회가 발전하게 됨에 따라 농사 작목도 지역에 따라 다양해지고, 농민의 관심과 욕구도 서로 상이해짐으로써 농촌지도사가 일방적으로 계획을 수립할 수 없게 되었다. 농촌지도계획은 <u>농민들과 함께 계획</u>하는 객체 중심 사업계획의 방식을 채택하게 되었다.

③ **사실 중심 사업계획**
　사회가 더욱 발전하고 신속해짐에 따라 객체 중심 사업계획수립도 여러 가지 모순과 부작용을 낳게 되었다. 농민의 필요와 관심에 중심을 두었으므로 계획에 일관성이 없고, 그 지역사회에 가장 중요한 사업에 대하여 집중적으로 자원과 노력을 투자할 수 없게 되었고, 지역사회 밖의 사회경제적 변화에 신속하게 대처할 수 없게 되었다. 그

래서 그 지역사회 내적·외적 사실을, 농업 외적 사실을 조사·분석하여 그것을 기초로 지도사, 농민대표, 관계기관대표 및 전문가와 함께 사업을 계획하는 방식인 사실중심 사업계획이 등장하였다.

❷ 농촌지도계획 수립과 절차

(1) 농촌지도사업 계획수립

① 농촌지도계획 의미
  ㉠ 정의 : 농촌지도요원, 농민대표, 관계기관 및 단체의 대표 및 농업전문가 등이 함께 모여 지역사회 내외의 현황을 분석하여 종합적인 지역사회 발전을 위한 장기적 농촌지도 목적을 설정하고 그것을 효과적으로 달성하기 위한 실행계획과 타당한 평가 및 수정계획을 수립하는 계속적이고 의도적인 의사결정과정
  ㉡ 농촌지도계획에는 3~5년간의 장기적인 안목에서 계획을 수립하는 농촌지도 기본계획(master plan, 장기지도계획)이 있고, 그 안에 각 연도별로 수립해야 하는 실행계획(annual plan of work, 연간활동계획)이 있으며, 최소 단위의 활동계획(plan of work)이 있음
  ㉢ 농촌지도계획은 지도사업의 목적·방법·절차 등을 구체적으로 기술하는 과정으로서 지도사업의 가장 기초적 과정이며 농촌지도가 무엇을 해야 하며, 왜 그것을 해야 하는가를 밝혀야 함

② 실행계획 : 연간활동계획
  ㉠ 연간활동계획은 장기지도계획을 근간으로 그 해에 달성하여야 할 일들이 무엇인가를 확인하고, 특히 그 해에 성취하여야 할 지도사항을 파악하고 난 뒤에 실행계획을 수립하여야 한다.
  ㉡ 지도과정별로 그 지역사회의 실정과 문제점을 간단히 기록 → 그 해 성취하여야 할 지도목표를 구체적으로 세분하여 설정 → 지도목표를 달성하기 위한 활동과제를 선정하여 활동과제별로 활동내용, 활동방법, 활동시기, 활동책임자 등에 대해 작성

③ 활동계획
  ㉠ 활동계획은 연간활동계획서를 근간으로 농촌지도사가 직접 농촌주민과 만나 지도할 하나하나의 활동계획을 수립해야 한다.
  ㉡ 활동계획 항목 : 활동과제명, 활동목표, 지역현황과 문제점, 도입과정(동기유발방법), 지도방법별 지도내용, 책임지도사 및 조력자(자원지도자), 지도대상자, 지도장소 및 일시, 요약 및 평가, 교재 및 교구

④ 농촌지도계획의 원리(최민호)
- 충분한 자료와 설명이 있어야 한다.
- 관계기관과 긴밀히 협동하여야 한다.
- 농촌지역사회의 실정에 기초를 두어야 한다.
- 주어진 자원의 한계 내에서 계획하여야 한다.
- 농촌지도계획에는 농촌주민이 참여하여야 한다.
- 사업계획은 사회변화에 따라 수정·보완되어야 한다.
- 농촌지도계획은 영세민과 노약자의 보호에 관심을 두어야 한다.
- 농촌지도사는 변화촉진자로서 그 지역사회의 관습과 문화적인 측면을 이해하고 있어야 한다.
- 현재의 계획은 과거의 계획과 미래의 계획이 상호 연관되도록 작성하여야 한다.
- 계획은 국가-시·도-시·군-읍·면의 각 단위에서 일관성이 유지되어야 한다.

⑤ 농업인 만족을 위한 사업계획 수립시 고려사항
　㉠ 기본사업에 대한 객관적 분석과 평가가 전제되어야 함. 당초 사업이 농업인에게 효과가 있었는지 평가할 수 있는 측정도구를 개발·활용해야 함
　㉡ 지도사업에 대한 장기전망을 마련하고 이것을 바탕으로 사업목적과 우선순위를 결정하여 예산을 확보할 수 있는 분야별 전문가들의 협의체를 적극 활용해야 함
　㉢ 지도사업 계획수립을 위해서 농업인(지도고객) 요구를 정확히 파악해야 함. 지역별로 농업인의 구체적 요구를 사업계획 수립시 반영해야 함

(2) **지도사업 계획수립 양상**

우리나라 농촌지도사업은 중앙단위의 농촌진흥청, 도 단위의 농업기술원, 시·군단위의 농업기술센터에서 계획을 수립하여 사업을 추진하다가, 지방자치제 시행으로 1997년 이후 중앙과 지방 지도기관으로 이원화됨

① 이원화 이전
　㉠ 지도사업 계획은 중앙에서 농촌지도사업 기본방향과 사업현황을 제시하는 농촌지도사업기본지침을 수립하고, 도 농업기술원에서 기본지침을 바탕으로 도별 지도사업지침을 작성하면 시·군 농업기술센터에서 지역특성에 맞게 농업인지도계획을 수립하였음
　㉡ 지도사업 계획수립의 현실적합성 여부
　　ⓐ 전년도 및 이전 지도사업에 대한 객관적·종합적 평가가 선행되어야 함
　　ⓑ 지도사업 추진예산과 관련하여 적절한 사업계획을 수립해야 함
　　ⓒ 지도대상인 농업인이 지도사업 계획수립에 어느 정도 참여하여 농업인의 요구를 충족해야 함

② 지방자치 도입 이후 : 이원화
　㉠ 지도기관은 국가단위의 농정(농업정책, 농촌정책)을 홍보·보급하는 수단이자, 지역단위 사업(프로그램)을 계획·실행해야 할 주체가 됨
　㉡ 과거의 중앙기관의 기본지침을 하급기관으로 하달하던 계획방식과 더불어 개별 지도기관 단위의 사업 계획·시행이 가능해짐
　㉢ 중앙 예산의 감소와 지자체 재정자립도 등 지도사업 예산확보의 한계, 지자체 간 경쟁의 심화도 지도사업의 한계로 작용함
　㉣ 사업예산의 확보와 지역단위 사업을 지도기관에서 계획·실행할 수 있는 역량 부족으로 지도사업의 난항을 겪음

(3) **농촌지도계획 절차**
　✪ 요구(needs) : 현재의 산출과 기대 산출 간의 격차
　✪ 요구분석(needs assessment) : 현재의 산출과 기대 산출 간의 격차를 측정하여 우선순위별로 배열하고 그 격차를 해소할 수 있는 방법을 모색하는 공식적인 과정
　✪ 필요격차(need gap) : 농촌지도계획에서 현재 주민의 지식, 기술, 태도의 정도와 목표하는 바람직한 수준의 지식, 기술, 태도의 정도 차이

　① 계획(plan)
　　지역실정 조사·분석 → 지역사회 문제결정 → 장기 농촌지도목표 설정 → 실천계획 및 평가계획 → 장기 지도계획서 작성

㉠ 지역실정 조사·분석	Kaufman과 English의 지역요구를 분석하는 방법 ⓐ Alpha 요구분석 • 지역실정의 분석에 대한 아무런 제약조건 없이 전면적인 개혁을 목적으로 실시됨 • 요구분석의 가장 기본적인 형태이며 가장 큰 변화를 초래할 수 있지만, 위험부담이 높음 • 농촌지도사업의 현행정책이나 방법 등이 지역에서 필요로 하는 것과 일치하느냐의 여부를 아무 제약 없이 분석하여, 그에 따른 결과대로 새로이 계획을 수립하는 방법 ⓑ Beta 요구분석 • 현행 지도사업은 그 수행상 큰 문제가 없다는 전제조건 하에서 단순히 현재상황과 바람직한 상황만의 차이(필요격차)를 분석하는 방법 • α-요구분석만큼 큰 변화를 가져오지 않지만, 지도사업의 방법과 결과를 모두 개선한다는 측면에서 기타 요구분석보다는 범위가 넓음 ⓒ Gamma 요구분석 • α와 β분석을 한 결과 현재상황과 바람직한 상황에는 차이가 있다는 사실이 발견되었을 때, 지도사업 목표의 우선순위를 결정하기 위하여 사용됨

㉠ 지역실정 조사·분석	• 지도사업은 1가지 사업을 수행하는 것이 아니라 여러 사업을 수행하는데, 이런 여러 사업은 그 필요격차가 서로 다르며, 어떤 사업에 우선순위를 두어야 하는가를 분석하는 것 ⓓ Epsilon 요구분석 • γ 분석 결과, 사업별 목표에 대한 우선순위가 결정된 후 그 목표가 달성되었는지 여부를 분석하는 방법 • 총괄평가와 비슷함 ⓔ Zeta 요구분석 • 결과보다는 결과를 수행하기 위한 방법이나 과정이 제대로 이행되었는가를 분석하는 방법 → 과정평가와 비슷함 • 사업 수행 도중 여러 차례 분석하여 사업의 궤도를 수정할 수 있음
㉡ 지역사회 문제결정	지역문제 우선순위 결정시 고려사항 • 문제에 관계되는 농촌주민의 수 • 문제에 의해 좌우되는 소득의 정도 • 문제해결에 대한 주민의 관심도 • 문제해결에 필요한 자원의 가용 여부
㉢ 장기 농촌지도 목표 설정	농촌지도 목표 설정시(교육목표를 설정할 때) 기준 • 인간의 기본욕구의 기준 : 기본욕구가 충족되어야 함 • 민주주의적 이상의 기준 : 민주주의 이념을 실현해야 함 • 사회적 적절성의 기준 : 사회변화에 적응해야 함 • 일관성과 비모순의 기준 : 상호중립 또는 상합적이어야 함 • 포괄성과 종합성의 기준 : 인지적·정의적·심체적 영역을 동시에 발달시킬 수 있는 목표를 설정해야 함 • 가치와 가능성의 기준 : 성취가 가능한 목표를 설정해야 함 • 행동적 해석의 기준 : 실제 행동으로 나타나야 함
㉣ 실천계획 및 평가계획	ⓐ 실천계획 수립 • 장기목표에서 설정한 도달수준·양을 연도별로 계획함 • 연도별 목표를 달성하기 위해 지도방침과 전략 등을 세움 • 농업관계기관과 어떻게 협동할 것인가를 계획함 ⓑ 평가계획 수립 • 평가를 언제, 어디서, 누가, 무엇을, 어떻게를 기준으로 평가할 것인가를 계획함
㉤ 장기 지도계획서 작성	장기지도계획서 작성 이유 • 지도유관 기관·인사에게 지도가 어떤 방향으로, 왜, 어떻게 전개될 것인가를 알려줌 • 예산확보 등 대외홍보에 도움이 됨 • 예산·노력·시간낭비·시행착오를 줄임 • 농촌지역사회 내 다른 기관과 협동하기 위한 지침 제공 • 인사이동에 대비할 수 있음

② 실천(Do)

활동계획 작성	ⓐ 연간활동계획 • 장기지도계획서에 따라 지도사는 연간활동계획서을 작성함 • 연간활동계획(실행계획)은 그 해에 달성해야 할 일들이 무엇인가를 파악함 ⓑ 연간활동계획 수립 • 지도과제별로 지역사회의 실정과 문제점을 기록함 • 그 해에 성취해야 할 지도목표를 구체적으로 세분하여 설정함 • 설정한 지도목표를 달성하기 위한 활동과제(활동내용, 활동방법, 활동시기, 활동책임자 등)를 선정함
활동 전개	

③ 평가(See)

결과평가	• 지도평가계획 : 평가를 어떻게, 누가, 언제, 어디서, 무엇을 기준으로 할 것인가를 계획하여 주는 것 • 지도평가 : 계획위원회가 설정한 장기지도목표가 얼마나 성공적으로 달성되었는가를 검토하는 것 • 수정계획 : 장기계획이 성안된 후 새로운 사회변화와 연구결과, 시행착오에 대처하기 위하여 수정 방침과 의도를 밝혀주는 것 • 평가는 하나의 평가위원회를 조직하여 평가하는 것이 타당성과 객관성이 높음

🔎 보충   요구분석을 위하여 조사·정리해야할 사항

㉠ 일반현황 : 지리, 기후, 역사
㉡ 인구 : 인구증감, 이동형태, 연령구조, 교육정도, 수입정도
㉢ 노동력 : 취업자의 남녀비율, 노동력의 질적 수준, 취업분야, 고용조건 등
㉣ 가정생활 : 식생활, 주생활, 가족관계, 가정관리
㉤ 청소년 : 청소년 통계, 생활, 새마을청소년회
㉥ 사회집단 : 지역사회의 형식·비형식 집단들
㉦ 자연자원 : 공유지·사유지, 개간지, 간척지, 수자원, 산림자원, 지하자원, 관광자원 등
㉧ 영농현황
  • 경지 : 소유면적과 형태, 경지정리, 수리·배수 실태, 토양조건 등
  • 농업생산 : 작목별 영농규모, 수량과 품질, 재배기술문제 등
  • 농업경영 : 농업자금, 농업노동, 경영방식, 협동조직, 영농소득 등
  • 농산물시장 유통가공 : 농산물 출하시기와 방법, 농자재구입, 가공실태 등
  • 농업기계 : 보유수, 소유실태, 이용실태, 관리기술적 문제 등
㉨ 농외소득 : 지역사회의 상업·공업, 근교지역의 농외취업, 부업, 농외소득수준
㉩ 지방행정 및 공공기관

제2절 전략적 기획

1 전략적 기획의 개념

(1) 기획의 개념

① 기획(planning)의 정의

기획 개념은 광범위하고, 어디에 초점을 두느냐에 따라 다르게 정의되며, 1950년 미국 예산편성과정에 사용되다가, 1960년대 중반 대기업 대브분이 사용하는 과정에서 일반화하면서 기획에 관한 이론이 체계화됨

㉠ Fayol : 미래를 예측하고 그것에 대비하는 활동. 기대하는 목표, 준수해야 할 과정, 그 과정상 여러 단계 및 활용해야 하는 수단 등 운영에 대한 모든 계획을 포함

㉡ Simon : 미래를 위한 제안, 제안된 대안의 평가와 제안을 달성하는 방법과 관련된 행동

㉢ Dror : 최적의 수단(방법)으로 목표를 달성하기 위하여 미래의 행위에 관한 일련의 결정을 내리는 과정. 특정한 목표를 달성하기 위하여 최선의 이용 가능한 방법과 절차를 선택하기 위한 의식적·계속적 시도

㉣ Alexander : 종합적으로 정리, 인간 행위의 기본적인 행동이며, 예시적이고, 선택을 통한 미래 행동의 결정

㉤ 종합

ⓐ 어떤 목적을 달성하기 위하여 미래를 예측하여 어떤 대상에 변화를 발생시킬 행동을 설계하는 것

ⓑ 실제로 실천할 수 있도록 무엇을 어떻게 이루어야 하는가를 결정하는 것

ⓒ 어디로 가야 할 것인가를 정하고 이를 가장 효과적·효율적 방법으로 달성하기 위한 요구조건을 구명하기 위한 과정

② 기획 VS 계획의 차이

기획(planning)	계획(plan)
미래의 활동을 예측하는 행위로 계획을 수립·작성·집행하는 과정	기획을 통해 산출되는 결과물
계속적·동적·절차적 개념	최종적·산출적 개념
절차와 과정을 의미	문서화된 활동목표와 수단을 의미

③ 기획 VS 정책의 차이
  ㉠ 정책(policy)은 기획에 선행하는 기획을 위한 기본적인 프레임워크이며, 기획은 정책목표와 그것을 달성하기 위한 구체적 수단과 방법을 명시하고, 정책수행의 우선순위와 중점을 밝히며, 그 결과를 예측해 주는 지적 과정
  ㉡ 정책은 기획에 선행하는 것이며, 계획은 정책의 구체화를 위한 수단으로서 기획의 결과에 해당

> **참고 기획과 정책의 관계**
> • 기획론자 : 정책은 기획의 결과물
> • 정책론자 : 기획은 정책을 실천에 옮기기 위해서 어떤 행동노선을 설계하는 것
> • 중도 입장 : 기획과 정책간 상하위 개념의 논쟁은 불필요하며 용도와 존재형식이 다를 뿐 동일한 개념으로 봄

④ 기획의 본질적 특성
  ㉠ 목표지향성 : 기획은 설정된 목표나 정책을 구체화하는 과정
  ㉡ 미래지향성 : 미래의 바람직한 활동계획을 준비하는 예측과정으로 불확실성이 지배
  ㉢ 합리적 과정 : 무형적 요인 등이 작용하므로 전적으로 합리적 과정이라 할 수는 없지만 정치적·역동적인 정책결정에 비해서 합리성 추구
  ㉣ 의사결정과정 : 목적을 효율적으로 달성하기 위한 최적수단의 선택과정
  ㉤ 계속적 준비과정 : 기획은 조직이 집행할 계속적인 작은 의사결정을 준비하는 과정
  ㉥ 변화지향성 : 기획은 현상을 타파하고 더 나은 방향으로의 변화를 지향
  ㉦ 행동지향성 : 실천과 행동을 위한 문제해결능력의 향상과 현실의 개선에 역점
  ㉧ 국민의 동의·지지 획득수단 : 기획은 통치의 정당성을 확보하는 수단
  ㉨ 정치적 성격 : 기획은 현재의 상태를 변화시키려는 것이므로 정치적 대립이 불가피
  ㉩ 통제성 : 바람직한 미래를 구현하려는 의도적인 수정과 통제활동이므로 개인의 창의력을 저해하거나 획일과 구속으로 인한 절차상 비민주성을 내포

(2) **전략적 기획**(SP, strategic planning)
  ① 발달
    ㉠ 어원 : "to plan(계획하다)"이라는 그리스어 "stratego"
    ㉡ 초기 연구 : 정치·군사적 측면에서의 리더 선발에 관한 것이며, 리더는 외부환경의 위협과 도전에 대처하기 위한 계획을 수립하고 자원을 통합하는 역할을 수행함

② 전략의 의미
- ✪ '전략'이란 용어에는 장기 미래, 동태적 환경(상황), 불확실성, 변화 등을 내포하고 있음
  - ⊙ 전략은 대규모 전쟁에서 승리하기 위하여 인적·물족 자원 등의 여러 조건과 상황을 이용하려는 고차원적 접근을 뜻하기 때문에, 특정 소규모 전쟁 승리를 위한 계책 마련의 저차원적 접근인 전술(tactics)과는 구별됨
  - ⓒ 전략은 민간 부문에서도 적용되어 왔으며, 당면문제의 근시안적 해결보다 장기적으로 여러 변수(조직 내·외부 환경요인 등을 포함)를 면밀히 검토·분석함으로써 사업이익을 극대화하는 기획과정을 활용함

③ 전략적 기획의 정의
무엇을 왜 해야 하는지를 지시해 주는 기본적 결정과 행동을 위한 통제된 노력으로 조직 전반에 걸친 일반적 지침을 제공하는 기획
- ⊙ Steiner : 전략적 기획을 기본적 조직 목표, 목적, 정책 등을 수립하고 조직의 목표를 달성하기 위해 사용될 전략을 개발하는 체계적인 노력
- ⓒ Olsen & Eadie : 조직의 실제목표가 무엇이며 조직이 특정 업무수행을 왜 해야 하는지에 대한 결정과 행동을 산출해내는 훈련된 노력
- ⓒ Bryson : 조직이 무엇이며, 무엇을 해야 하며, 왜 그것을 해야 하는지에 대한 기본적인 결정과 행동을 만들어내는 훈련된 노력
- ⓔ Drucker
  - 전략적 기획을 기업의 미래에 대한 최대한의 지식을 바탕으로 '체계적으로' 기업의 의사결정을 하고, 그 결정을 수행하려는 노력을 구체화하고, 피드백을 통해 기대치에 대한 결과를 측정하는 지속적 '과정'
  - 비즈니스 전략적 기획은 요령(tricks)이 아니라 기교(techniques)이며, 예측하는 것이 아니며, 미래의 의사결정을 다루는 것이 아니라 현재 결정의 장래성(futurity)을 다루는 것이며, 위험(risks)을 제거하려는 시도가 아니라고 정의함

■ 전략적 기획의 학자별 정의

연구자	정의
Steiner	기본적 조직 목표, 목적, 정책 등을 수립하고, 조직의 목표를 달성하기 위해 사용될 전략을 개발하는 체계적인 노력
Olsen & Eadie	조직의 실제 목표가 무엇이며 조직이 특정업무 수행을 왜 해야 되는지에 대한 결정과 행동을 산출해내는 훈련된 노력
Bryson	한 조직이 무엇이고, 무엇을 해야 하며, 왜 그것을 해야 하는지에 대한 기본적 결정과 행동을 산출해내는 훈련된 노력
Blacker	전략적 기획을 계획된 미래의 성과, 성과를 달성하기 위한 방법, 성과달성을 측정·평가하는 방법에 대하여 의사결정을 하는 계속적·체계적 과정
Arizona 주	기관의 임무, 목적과 성과 측정을 정의함에 있어 고객, 이해관계자와 정책결정자뿐만 아니라 기관장의 전폭적 지지를 필요로 하는 참여 과정
Poister & Streib	조직의 전략적 의제를 발굴하기 위한 모든 주요한 활동, 기능 그리고 지시 등을 통합할 수 있는 집중적인 관리 과정
김신복	조직이 생존과 발전을 위하여 반드시 생각하고 수행해야 할 일들이 무엇인가를 찾아내는 데 활용될 수 있는 개념, 절차 및 도구

④ 전략적 기획의 특징
  ㉠ 불확실한 환경 하에서 장기적 결정을 합리적으로 수행
  ㉡ 안정된 환경 하에서 정해진 목표를 달성하는 전통적 장기기획과는 다름
  ㉢ 위기(Threat)와 약점(Weakness)은 최소화, 기회(Opportunity)와 강점(Strength)은 최대로 활용 → SWOT 분석
  ㉣ 조직의 임무(Mission) → 비전(Vision) → 전략목표(Goal) → 성과목표(Objectives)의 공유
  ㉤ 대내외적 부문간 연계와 통합 강조
  ㉥ 전략적 관리, 전략적 예산 등으로 연결되어야 함

⑤ 한계
  ㉠ 많은 시간과 비용 소모
  ㉡ 불확실한 환경에서는 장기적으로 합리적 기획이 불가능
  ㉢ 제한된 합리성이나 점진적 결정의 현실적 불가피성을 고려하지 못함

(3) 전통적 기획 VS 전략적 기획

① 전통적 기획
- ㉠ 주어진 목표를 예산이나 사업으로 구체화하기 위해 활용되는 것
- ㉡ 기존의 조직 역할에 초점
- ㉢ 과거에서 현재까지의 추세에 기초하여 가장 높은 미래를 가정하여 목표 달성을 추구하는 경향이 강하기 때문에 장래의 환경 변화에 따른 대처능력이 부족함
- ㉣ 법규 및 기획부서의 지위 등에 따라 많은 제약을 받음

② 전략적 기획
- ㉠ 전략적 이슈의 확인 및 해결을 위해 활용되는 것으로, 조직 내외 환경에 대한 평가를 통해 비전을 추구하면서 조직의 미래 모습을 구체적으로 제시함
- ㉡ 정책결정 측면에서 조직의 모든 실제적·잠재적 역할을 고려하게 되어 정치적 상황에 보다 탄력적으로 대응할 수 있음
- ㉢ 정책집행 측면에서 법령·지침의 제약을 상대적으로 덜 받아 재량의 범위가 넓음. 계획 내용에서 주요 이해관계를 종합적으로 고려하기 때문에 실제적 유용성이 높음

■ 전통적 기획 VS 전략적 기획(必 암기!)

구분	전통적 기획	전략적 기획
기간	단기 또는 중기(1~5년)	장기간(5~20년)
사용목적	정책(목표)의 구체적 수단	관리도구
재량범위	최소화	최대화(복잡한 문제를 다루기 위해)
방향성	주로 물리적 개발, 토지 이용	기능을 위한 전략
포괄성	포괄적	선택적
형식성	획일	다양
목표	전제	전제되지 않음
방법	추세연장법에 의한 미래예측에 기초	불연속성 전제
과정	변경이 어려움	변경 수용

(4) 전략적 기획의 특성

① 특징
- ㉠ 전략적 기획(SP)은 조직의 비전(vision)과 사명(mission), 또는 가치(value)를 확인하고, 이를 수정·보완하는 과정이 중요함. 조직의 존재이유를 부여하는 사명을 확인함으로써 조직이 경쟁하게 될 상황을 거시적으로 알 수 있고, 조직 내 발생하는 갈등을 완화함으로써 구성원에게 동기 부여를 자극함

　　　ⓒ SP는 조직과 연관된 내·외적 환경 여건을 중요하게 여기기 때문에, 조직 내부 장점(S)·단점(W)을 분석하고 조직 외부 기회(O)·위협(T) 요인을 어떻게 효과적으로 대처하느냐에 초점을 둠
　　　ⓒ SP는 조직이 직면한 전략적 이슈를 확인하고 해결하는 데 역점을 둠
　　　　✪ 전략적 이슈 : 목표(what), 수단(how), 철학(why), 위치(where), 시기(when), 이해관계자 집단(who) 등에 있어서의 갈등과 같은 문제를 효과적으로 해결하기 위해 불확실한 상황에 대처할 준비를 갖추는 것
　　　ⓔ SP는 정책형성과 정책집행을 연결하는 안전장치의 역할을 함. 정책형성과 정책집행체계가 잘 되어 있더라도 정책환경에 변화가 생기면 정책이 실패할 수 있기 때문에 이를 예방하기 위한 수단적 방안을 마련하는 것임
　　　ⓜ SP는 분석보다 종합(synthesis)에 더 역점을 둠. 전략적 기획가는 조직의 재량범위, 조직의 비전·사명을 명확히 확인하며, 조직의 강점·약점·기회·위협요인 등을 탐색하고 모든 정보를 종합하는 역할을 해야함
　② 전략적 기획의 장점
　　　㉠ SP는 기본적으로 환경 변화에 대응하기 위한 기획이지만, 사후 상황 극복뿐만 아니라 선도적(proactive) 변화를 추구함
　　　㉡ SP는 성과 관리하는 데 있어 유용한 수단으로 진단, 목표설정, 전략형성 과정이기 때문에 성과지향적 관리에 있어 필수적임. 성과 대상을 설정하고, 진행사항을 모니터링하기 위한 방법을 구체적으로 제시하며, 진행 중인 운영계획·자본계획·예산지침을 제공함
　　　㉢ SP는 조직을 미래지향적으로 전환시킴. 광범위한 정보수집, 다양한 대안탐색, 현재의 결정이 미래에 미치는 관련성을 강조함
　　　㉣ SP는 고객의 지지 확보와 조직 내부의 커뮤니케이션을 강화시킴. 기본적으로 고객지향적 관리이기 때문에 기획과정 전반에 고객 요구·기대를 반영하고, 목표 명확화와 전략계획의 효율적 집행을 확보하기 위해 조직 내 커뮤니케이션을 강조함
　③ 전략적 기획의 한계
　　　㉠ 일반적 한계
　　　　ⓐ SP의 비용(costs)이 편익(benefits)보다 클 때 사용할 이유가 없음
　　　　ⓑ 조직지도자가 뛰어난 직관을 갖고 있는 경우 조직전체가 참여하는 전략적 기획은 비효율적임
　　　　ⓒ 조직 의사결정과정이 지나치게 복잡한 경우 몸소 부딪치는 방식이 현실적임
　　　　ⓓ 위기에 처한 조직의 경우 전략적 기획을 위한 능력, 자원, 적극적 후원이 충분하지 않기 때문에 SP는 옳은 선택이 아닐 수 있음

ⓛ **Mintzberg의 전략적 기획의 문제점**
  ⓐ SP가 미래예측에 기반을 두고 있다는 점. 미래예측은 현재 분석에 기초하는데 미래에 대한 불확실성이나 예측의 부정확성을 고려할 때 사전에 특정의 상황을 가정하고 계획을 수립한다는 것이 무의미할 수 있음
  ⓑ SP가 수립되기 위해서는 조직관리자(기획가)가 일상 업무에서 떨어져서 상황을 분석해야 하는데, 계획과 실천이 유기적으로 연계되기 어려움
  ⓒ 전략적 기획이 많은 경우 직관적이며, 공식화하기 어려운 내용을 담고 있어 반복되기 어려움. 공식화가 안 된다면 조직에서 활용할 수 있는 도구로서 의미가 축소됨

ⓒ **Olsen & Eadie의 전략적 기획의 평가**
  ⓐ 전략적 기획에 대한 설계가 지나치게 추상적이며, 사회적·정치적 역동성을 제대로 반영하지 못함. 그러나 공공조직의 임무·목표의 구체화는 해당 조직의 생존을 위한 경쟁력을 강화시켜 줌
  ⓑ 전략적 기획의 단계별 과정이 너무 경직되어 있거나, 급속한 환경변화에 신속하게 대응하지 못함. 그러나 전략적 기획이 변화지향적이기 때문에 이러한 속성을 단계별 과정에 적극 반영함으로써 경직성·대응성의 개선을 도모할 수 있음
  ⓒ 전략적 기획 과정은 실제 취지와 달리, 관료제의 역기능과 유사하게 독창적·혁신적 변화에 대해 저항·반발을 초래할 수 있음. SP 모형이 현 상태 유지로 결정된다면, 변화 기회 자체를 상실하게 됨

② **Bryson의 평가**
  책무성 문제를 비판. 전략적 기획은 정치적 의사결정(정치인의 통제)에 의해 대체되면 안 되며, 오히려 정치적 의사결정의 미숙한 형태를 개선시켜야 함

ⓜ **Ansoff의 평가**
  ⓐ 공공조직 목표에 대한 비판. 공공부문은 민간부문의 존재이유(Mission)에 대한 정당성 측면에서 본질적으로 다르기 때문에 이윤추구를 목표로 할 수는 없음. 민간부문은 기업윤리 테두리에서 이윤극대화라는 동기부여가 수용됨. 그러나 공공부문의 조직목표는 이윤추구보다 공익적 차원에서 사회적 책임성, 조직 생존의 장기전략 수립, 참여자 간 합의도출 같은 목표가 제시되어야 함
  ⓑ 전략적 기획 과정에 대한 정보의 불충분·부적합성, 측정·평가에 대한 불만, 전문관료의 비전문성, 공공관리자의 사적 이익반영(추구), 윤리의식 결여, 변화에 대한 도전 및 위험 회피, 시간적 제약 등의 난제들을 해결해야 함

　　　ⓑ 김신복

　　　　공공부문의 특수성 때문에 전략적 기획이 민간기업처럼 활용되기 어려움

　　　　　ⓐ 의사결정할 때 견제와 균형의 원칙 때문에 기관장이 독자적으로 결정을 내릴 수 있는 범위가 제한됨

　　　　　ⓑ 공공조직의 경우 전략의 효과성을 측정할 수 있는 성과지표가 없음

　　　　　ⓒ 조직구조, 인사, 예산의 경직성은 조직 관리자가 전략을 성공적으로 집행하는 제약조건으로 작용함

　(6) **전략적 관리**(SM, strategic management)

　　전략적 기획(SP)과 전략적 관리(SM)는 동의어가 아님

　　① 의미

　　　㉠ Koteen : 장기적인 조직성과를 성취하기 위한 관리자의 의사결정과 행동(decisions and actions)

　　　㉡ Crow & Bozeman : 전략적 관리는 조직 목표를 달성하기 위한 조직관리의 개선방식으로서, 조직내부의 기능·활동을 통합하고, 외부환경에 유연하게 대응하면서, 정책·사업 등에 대한 효율적·종합적 계획의 수행을 통해 조직관리 행태에 영향을 주려는 과정

　　　㉢ 전략적 기획을 전략적 관리의 기초로, 전략적 기획의 확장을 전략적 관리로 인식함(전략적 관리가 최고관리자가 거시적 관리방침을 정할 때 발생하는 것이 아니라, 모든 조직 수준의 결정과 행동이 기초적인 전략과 정책에 의해 추진될 때 사용되기 때문)

　　② SM의 목적

　　　㉠ 전략적 관리는 조직의 모든 부서와 조직운영체계를 통하여 전략적 비전을 확산하는 것

　　　㉡ 전략관리는 전반적 관리업무와 기획기능의 결합이므로, 전략적 기획보다 포괄적 수준이며, 조직환경과의 역동적 상호작용 및 분석을 고려함

　　③ **전략적 관리의 원칙**(Bozeman & Straussman)

　　　㉠ 장기적 관점

　　　㉡ 조직 목적 및 목표 계층제 간의 융화

ⓒ 전략적 관리와 기획은 상호 독자적인 실행이 아니라는 인식
ⓓ 환경에 대한 적응이 아닌 환경변화에 대한 예측과 대응적 관점
→ ⓐ·ⓑ은 전략적 기획과 큰 차이가 없으나, SM은 상대적으로 ⓒ·ⓓ을 강조함. 정치적 권위(political authority)를 전략적 공공관리 측면에서 중요 영향변수로 인식함

④ SM의 특징
  ⓐ 전략을 개발·수립하는 과정인 전략적 기획은 전략관리의 핵심 부분으로, 더욱 복잡해지는 행정환경 속에서 정부조직이 주어진 상황에 단순 반응하기보다는 오히려 변화 자체를 추구하면서 사전에 대처해야 함
  ⓑ SP가 적절한 전략 결정을 형성하는 것이라면, SM은 기업의 전략적 산출물(예 새로운 시장·상품·기술의 생산)을 생산하는 것이 초점
  ⓒ SM은 조직 부서별 SP를 단순 통합 수준이 아니라, 그 이상의 조직 전반에 대한 복합적 의미를 가짐
  ⓓ SM은 기업의 최종적 목표가 되며, 모든 사업별·기능별·계층별 조직운영 및 전략적 결정을 연계한 운영체계의 발전을 목적으로 함
  ⓔ 조직문화, 기업가치, 관리 스타일, 책임성, 신념, 윤리의식 등을 중요하게 여기고, 단기적 기업이익추구와 장기적 기업성장(발전) 간의 갈등요소를 관리 측면에서 조정함
  ⓕ 기업 비전이 조직구성원 모두에게 공감대를 형성하지 못할 경우 전략적 관리의 추진과정과 실효성에 문제가 발생하며, 조직의 생존문제와도 직결됨

> **참고 전략적 관리**
> ① 의의
>   ⓐ 전략적 관리(strategic management)는 신자유주의 및 신공공관리론, 균형성과관리 등에 입각하여 공공부문에 도입된 기업식 관리전략의 일종으로 개방체제하에서 환경과의 관계를 중시하는 변혁적·탈관료적 관리전략임
>   ⓑ 전략적 관리의 주된 목적은 조직과 그 조직이 처한 환경 사이에 가장 적합한 상태를 형성하는 것으로서 조직은 우선 장기적인 관점에서 자신의 대내적 강점 및 약점과 환경으로부터의 위협 및 기회를 분석하고 확인하며, 이러한 분석에 기초하여 최적의 전략을 수립하는 것
>   ⓒ 전략적 관리는 전략적 선택, 위기관리전략, 전략적 리더십, 변혁적 리더십, 전략적 기획모형 등을 포함하는 개념이며, 하버드정책모형의 TOWS전략이 핵심
>   ⓓ 전략적 관리는 단기적·폐쇄적·미시적 관점에 집착한 MBO가 장기적 관점에서 전략적 관리를 하지 못한 데에 대한 반발로 등장함
> ② 특징
>   ⓐ 보다 나은 상태로 전진해 가려는 관리로서 장기목표를 지향하는 목표지향적·개혁적 관리체제
>   ⓑ 조직의 변화에는 장기간이 소요된다는 장기적 시간관과 조직의 환경에 대한 이해를 강조함

ⓒ 외부 환경뿐만 아니라 조직자체의 내부 역량 분석을 중시→조직의 강점과 약점, 기회와 위협 등 조직내외 상황적 조건도 면밀히 중시
　　ⓔ 부서별 활동을 분리하는 전통적·일상적 관리와 달리 미래의 목표성취를 위한 전략을 개발·선택하고, 이를 위한 주요 조직활동의 통합·연계를 중시

2 공공부문의 전략적 기획의 과정

(1) 공공부문의 전략적 기획

1960~70년대에는 전통적 기획의 한계점을 극복하기 위한 시도로 기획에 대한 포괄적 접근법에 대한 관심이 고조됨. 전략적 기획은 조직 전반에 대한 일반적 지침을 제공하며 전략이라는 개념은 전통적 행정모델을 관리적 모델로 변화시켜서 민간기업과 공공부문에서도 미래지향적 정책결정의 합리성을 제고함

① 기업의 전략적 기획의 필요성
　ⓐ 1970년대 국제경쟁의 심화, 사회적 차원의 변화, 군사적·정치적 불확실성, 국제 경기침체 등의 요인들에 의해 대두됨 예 석유파동(1979)
　ⓑ 사업기획보다 기업의 비전 차원에서 최고경영자 수준의 고차원적 기획을 의미하며, 조직부서·CEO의 지지와 수용이 필수적
　ⓒ 민간부문 전략은 당면문제해결도 중요하지만 더 장기적 관점에서 조직운영 전반의 변수들을 체계적으로 검토·분석·평가하는 과정이며, 기업이익실현뿐 아니라 기업 생존 차원의 합리적 선택과 전략적 기획·관리 과정에 해당함

② 공공부문의 전략적 기획 발전과정
　ⓐ 1960년대 중반 : 미국에서 지방정부의 능력 형성을 위한 노력 시작
　ⓑ 1970년대 중반 : 세계경제침체가 가속함에 따라 지방정부의 능력 형성을 통한 대등한 동반자적 중앙-지방관계를 구축하는 것이 지방의 생존을 보장할 것이라는 주장이 대두됨
　ⓒ 1980년대 : 미국 주정부는 지방정부의 처우를 제고했으며, 지방정부의 문제가 곧 주정부의 문제라는 점을 각성하고 새로운 주정부-지방정부 간의 관계를 정립함. 주정부가 지방정부에 대한 구속력을 완화할수록 지방정부는 더 효과적으로 기능할 수 있고, 지방의 능력도 증가하여 여러 문제를 더 효과적으로 처리함
　ⓓ 1990년대 : 급속한 변화 과정에서 지방정부 주민의 욕구를 충족시키고, 직·간접적 관련자의 폭넓은 참여를 바탕으로 지방정부의 능력을 제고하기 위해 전략적 기획 접근법이 각광을 받음

③ 공공부문 VS 민간부문
  ㉠ 공공부문과 민간부문의 차이점
    ⓐ 공공부문 : 법규 해석 및 적용 범위의 차이, 정부 구율 및 규칙의 제약, 정치적 영향, 고객과 이익집단의 압력 등이 조직 내·외적 환경변수들이 민간부문보다 강하게 작용
    ⓑ 민간부문 : 목표의 단순화, 경제적 이윤 및 이익 지향적 목표설정, 시장 메커니즘을 통한 감시, 조직운영의 비공개성 등
  ㉡ 공공·민간부문 공통점 : 조직생존을 위협하는 요소들을 제거하고, 조직의 부(wealth)와 안전을 증진할 수 있는 대안을 선택(의사결정)하는 것이 전략의 가장 기본적인 내용
④ 공공부문의 전략
  일종의 관리적 틀·기법·계획들을 내포함
  • 공공조직과 외부환경변수 간의 갈등 완화 및 조정 차원의 계획 수립
  • 조직 미션·목적·목표에 대한 구체화
  • 효과적 집행을 위한 방법에 대한 합리적인 설계가 강조되고, 민간보다 전략적 기획의 접근법·세부내용 등이 간결해짐

(2) 공공부문의 전략적 기획 모형
  ① Sorkin, Ferris & Hudak
    ㉠ 1단계 : 공공조직
    ㉡ 2단계 : 조직의 당면 이슈의 명확한 정의
    ㉢ 3단계 : 이슈들에 대한 조직 외적 분석(O, T)과 전망, 각각의 이슈에 대하여 외부환경의 변화(예 경제 상황, 기술력, 시장추세 등)로서 제기되는 기회, 위협요소 등에 대한 분석
    ㉣ 4단계 : 조직 내적 분석(S, W)과 평가 단계, 해당 공공조직의 능력평가에 따른 강점, 취약점 등에 대한 분석
    ㉤ 5단계 : 조직 미션(M)·목적·목표(G)에 대한 설정 과정
    민간조직의 경우 2단계 과정에서 이루어지지만, 공공부문은 공공재의 특성으로 5단계에 해당함
    ㉥ 6단계 : 전략발전 단계는 목표달성을 위한 대안(O)을 비교·분석·평가하는 과정. 독창적·합리적인 사고와 철저한 검토과정을 수반함. 공공부문은 양적 평가와 질적 평가에 의해 대안을 검토해야 하기에 민간보다 주관적 평가가 강함
    ㉦ 7단계 : 계획 발전 단계는 누가, 무엇을, 어떻게, 언제. 자원조달은 어디에서 등과 같이 세부적 계획내용을 담음

◎ 8단계 : 집행단계는 현실 상황에서 공공 전략적 기획의 적용 및 실행

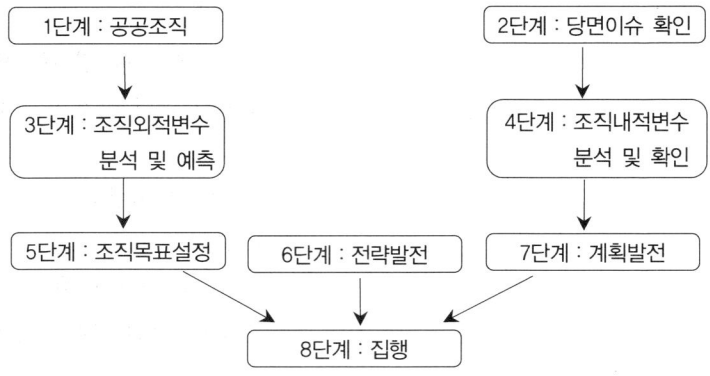

② Bryson의 전략적 기획 과정

저서 「Strategic Planning of Public and Nonprofit Organization」
환경분석, 전략적 쟁점의 식별, 전략 형성 등의 절차를 중시하며, 전략적 기획과정의 채택 및 추진에 대한 조직 내외 의사결정자나 여론지도자 간 기본 합의를 전제로 함. 다른 학자에 비해 공적·비영리 조직의 특성이 반영되어 있으며, 지방정부의 능력 형성을 위한 전략적 기획과정을 적절하게 설명함

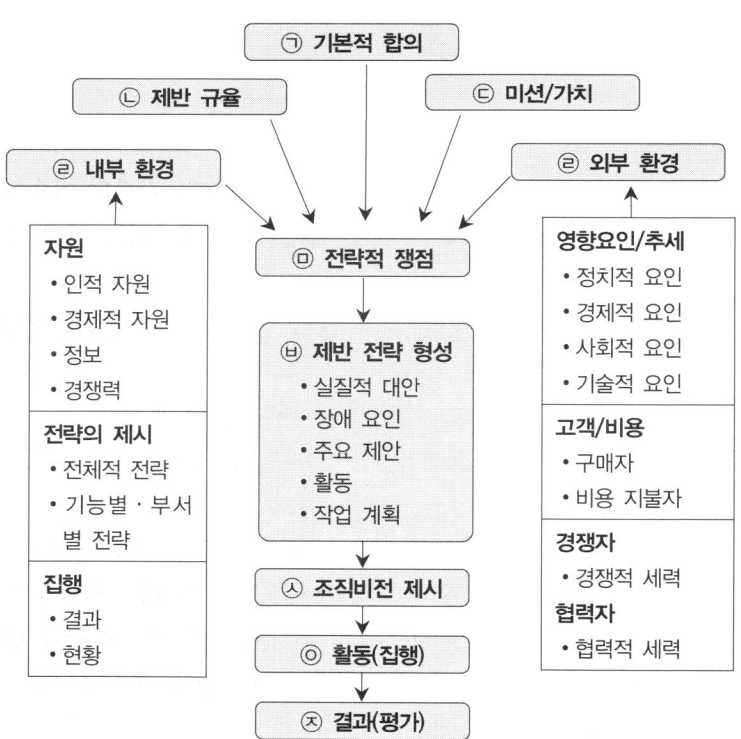

㉠ 전략적 기획과정에 관한 주창과 합의
전략적 기획의 착수에 필요한 자원이 연계되어야 하며, 전략적 기획팀(or 위원회)을 조정하는 기획이 있어야 함
- 전략적 기획 노력의 가치
- 직·간접적으로 관련될 조직·단위·집단·요원
- 특정적 진행단계
- 보고 양식과 시기 등에 관한 합의를 도출해야 함

㉡ 조직의 제반 규율 파악
- 당면한 조직의 공식·비공식적 규율의 수집 정리
- 규율의 준수에 따른 현안문제의 해석
- 규율에 따른 불필요한 제약요건을 제거

㉢ 미션과 가치의 명확화
ⓐ 조직 내 불필요한 갈등을 방지하고, 합리적 의사결정과 생산적 활동에 몰입할 수 있으며, 존립의 사회적 정당성·존재이유를 제시해 줌
ⓑ 조직 미션·가치의 분류는 이해관계자 분석과 미션 진술문을 통해 가능하며, 미션에 관한 합의가 공감대를 얻으면 조직의 힘의 원천으로 작용함

㉣ 내·외부환경 진단
ⓐ 외부의 기회(opportunity)·위협(threat) 요소 발견 : 정치·경제·사회적·기술적 요인과 추세를 모니터하고 분석하고, 전략적 기획팀은 민원인·고객·납세자·경쟁자·협력자 등 다양한 관련집단에 대해 모니터링을 실시함
ⓑ 내부의 강점(strength)·약점(weakness)을 파악 : 조직내부의 환경을 평가, 평가 범주는 체제모형*에 입각하여 자원(투입)·현재 전략(처리)·집행(산출)의 요소이며, 정보관리체제(MIS)를 갖춘 조직은 강점과 약점을 평가하는 데 유리함

㉤ 전략적 이슈 확인
ⓐ <u>전략적 기획의 핵심과정으로 조직이 직면한 근본적 정책대안을 파악하는 것으로, 대안선택은 조직의 실체(identity)·역할·역할의 근거 등을 정의하는 데 중요함</u>
ⓑ **전략적 이슈와 갈등** : 문제해결의 대상(what), 방법(how), 철학(why), 장소(where), 시기(when)에 따라 비용(cost)·편익(benefit)을 받는 집단들(who)과 관계됨
ⓒ 전략적 이슈는 명료해야 하며, 쟁점(issue)을 정책문제로 전환시키기 위한 요인들이 열거되어야 함

ⓑ 제반 전략 형성
  ⓐ 전략은 대개 전략적 쟁점(이슈)을 해결하기 위해 개발되는데, 경우에 따라 조직목표나 성공 비전을 제시하기 위하여 개발되기도 함
  ⓑ 전략적 기획팀은 비전·대안 등을 직·간접적으로 달성하기 위한 주요 전략을 수립함
  ⓒ 전략계획의 검토 및 채택
    주요 전략이 제시된 후 실제로 집행되도록 장기로는 2~3년간 필요한 조치를 검토해야 하며, 단기로는 6~12개월간 상세 작업계획표에 집행사항을 명확하게 기록해야 함
ⓢ 조직의 비전설정
  ⓐ 조직의 미래상을 '성공의 비전'으로 설명해야 함
  ⓑ 비전은 조직의 존재를 정당화시켜 주는 사회적 목적을 강조하며, 간단하고 고무적이어야 함
  ⓒ 비전에는 조직의 임무, 기본철학과 핵심가치, 다양한 기본전략, 업무수행기준, 주요 결정사항, 모든 구성원이 준수해야 하는 윤리기준 등이 포함되어야 함
ⓞ 효과적인 집행계획 개발
ⓩ 전략적 기획 및 전략에 대한 재평가

> **참고 체제모형***
>
>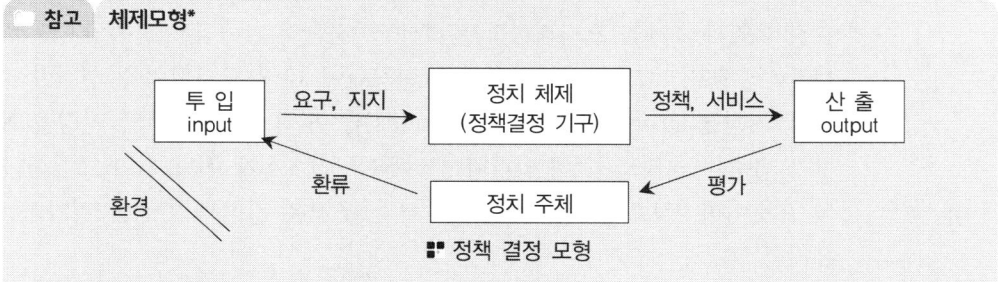
>
> ▪ 정책 결정 모형
>
> 체제모형은 환경과 상호작용을 통하여 균형을 유지해 나감
> ① **환경** : 체제에 대한 요구나 지지를 발생시키며 체제로부터의 산출을 받아들이는 에너지의 근원(고객, 수혜자, 이익집단, 경쟁조직 등)
> ② **투입** : 환경으로부터 행정체제로 투입되는 요구·희망·지지·자원 등으로 이에는 국민의 지지나 반대 등의 적극적 투입과 소극적 투입(무관심)이 있음
> ③ **전환** : 환경요소로부터의 투입을 받아 그 결과로서 어떤 산출을 내기 위한 체제 내의 작업절차로서 목표를 설정하고 필요한 정책을 결정하는 일련의 내부과정(행정조직 신설이나 결정과정 등)
> ④ **산출** : 환경으로부터의 투입을 받아 전환과정을 거쳐 다시 환경에 응답하는 결과물로서 정책·법령·재화·규제·용역(서비스)의 제공 및 기타 모든 형식적인 응답
> ⑤ **환류** : 투입에 대한 산출의 결과가 다음 단계의 투입요소에 연결되는 과정으로 기존의 투입물을 수정하거나 새로운 투입물을 형성하는 단계. 일종의 시정조치단계(feedback)

③ Rowley, Dolence, Lujan의 전략적 기획 모델
  ㉠ KPI(key performance indicators, 핵심성과지표) 개발
  ㉡ 외부환경진단 수행
  ㉢ 내부환경진단 수행
  ㉣ SWOT 분석
  ㉤ 브레인스토밍(자유의사토의법, 집단자유토의)
  ㉥ SWOT 분석 결과 항목들의 잠재적 영향력 평가
  ㉦ 미션, 목적과 목표, 전략 수립
  ㉧ KPI를 충족시키는 능력에 대한 의도했던 전략, 목적 및 목표의 효과를 알아보기 위한 교차영향분석 수행
  ㉨ 전략, 목적과 목표의 승인 및 실행
  ㉩ KPI에 관한 전략, 목적 및 목표의 실제 파급효과의 모니터링 및 평가

> ✪ Bryson VS Rowley·Dolence·Lujan
> • 유사점 : 환경을 이해하고 행동을 요구함
> • 차이점 : 중요한 리더십 역량으로 고려되는 비전설정(Bryson)

④ Allison & Kaye의 공공·비영리부문의 7단계 전략적 기획 과정

단계		내용		결과
준비	1단계	• 기획의 필요성 인식 • 계획 준비 사항 점검 • 기획참여자 선정 • 필요한 정보 확인	결과 →	계획준비 상태와 계획에 대한 협의
미션·비전 표명	2단계	• 사명선언서 작성 • 비전선언서 작성	결과 →	사명선언서(M)와 비전선언서(V)의 초안
환경조사	3단계	• 필요한 정보 추가 • 과거와 현재 전략 표명 • 내외부 이해관계자 정보 • 추가적 전략이슈 확인	결과 →	주요 이슈 파악 전략적 정보 구축
우선순위 결정	4단계	• SWOT 분석 • 사업의 경쟁력 분석 • 미래 핵심전략 선정 • 상하위 목표 기술	결과 →	우선순위, 장단기 목표(G) 협의·결정
전략계획 작성	5단계	• 전략계획 작성 • 계획안 제출 • 구체적 계획 선택	결과 →	전략계획안 도출
전략기획 실행	6단계	• 연차운영계획 개발 • 연차운영계획 작성	결과 →	구체적 연차운영계획 예산 편성
모니터링·평가	7단계	• 전략기획 과정 평가 • 전략계획안의 모니터링 • 계획 업데이트	결과 →	평가 및 계획에 대한 지속적인 점검

⑤ 애리조나주의 전략적 기획 모형

각 행정기관이 전략계획을 수립할 때 스스로 질문하고, 답변을 도출하는 과정을 거침

㉠ 1단계

ⓐ 조직이 스스로 현재 어디에 있는가?

ⓑ 행정기관이 내·외부 평가를 통해 자기 조직의 현재 상황과 환경 여건을 스스로 평가해보고, 조직 서비스를 직·간접적으로 활용하는 고객 및 이해관계자를 공식적으로 확인하는 것

ⓛ 2단계
  ⓐ 조직이 나가야 할 곳은 어디인가?
  ⓑ 사명(mission)의 개발, 비전(vision) 개발, 원칙(principle) 개발, 목표(goal) 개발, 하위목표(objectives) 개발 등을 의미함

  ✪ mission : 조직이 도달하고자 하는 조직목적에 대한 간결하고 종합적 진술
  ✪ vision : 바람직한 미래상
  ✪ principle : 조직의 핵심가치
  ✪ goal : 3년 이상의 기간이 경과한 시점에서의 바람직한 결과
  ✪ objectives : 목표의 성취를 위한 구체적이고 측정 가능한 하위목표

ⓒ 3단계
  ⓐ 조직 성과를 어떻게 측정할 것인가?
  ⓑ 측정가능성·책임성·지속적 개선가능성을 고려하여 성과측정지표를 개발하는 것, 개발이 어려울 경우 다른 공공조직의 성공사례와 비교·평가하는 것도 허용됨

ⓓ 4단계
  ⓐ 조직이 목표를 어떻게 달성할 것인가?
  ⓑ 전략 계획을 구체적으로 집행하기 위한 전략과 수단을 구체화하고 적절하게 지원을 배분하는 행동계획을 개발하는 것

ⓔ 5단계
  ⓐ 조직의 성과를 측정할 수 있는가?
  ⓑ 조직의 성과관리에 대한 확인, 성과를 측정하고 관리정보를 수집·관리하는 성과관리시스템을 개발하는 것

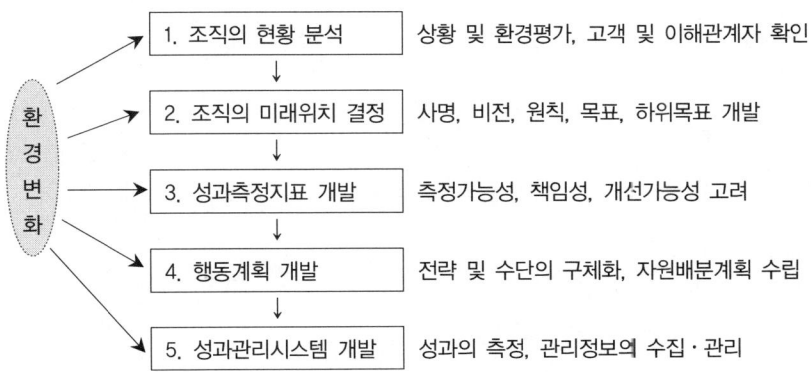

⑥ 전략적 기획모형의 공통변수(Wechsler & Backoff)
- 외부 환경영향 정도
- 전략적 통제활동 범위
- 전략적 행동의 강도
- 조직전략의 목표(정치적·조직적·정책적 목표 등)
- 변화지향성
- 전략적 관리 범위
- 전략적 관리 행위 수준
- 전략적 활동의 방향

✪ 전략적 기획의 구체적 방법과 모델의 적정성·타당성보다, 조직 내·외부에서 기획에 필요한 정보를 얻어서 분석하고, 조직과 기획참여자의 전략적 사고와 행동을 만들어내는 것이 중요함

⑦ 전략적 기획 과정상 공통 요소
  ㉠ 환경적 검토 : 정치·경제·문화적 주요 요인을 검토하고, 이 요인들이 조직 및 지역사회와 어떠한 관련성을 가지는지 확인하는 것
  ㉡ 조직의 사명과 목적에 대한 결정 : 환경적 검토에 기초하여 새로운 접근법이나 새로운 서비스를 제공하기 위한 기회와 이슈를 확인함
  ㉢ SWOT 분석 : 내부 및 외부의 강점, 약점, 기회, 위협, 자원적 한계 등을 분석하고, 이어 사명과 목적의 달성을 위한 구체적인 행동계획을 개발하며, 정책 및 사업의 우선순위를 결정함
  ㉣ 집행(Do)전략의 개발 및 집행과정에 대한 모니터링(See) : 집행을 위한 실제적인 전략을 개발하고 집행과정을 모니터링하며 평가함

제3절 전략적 농촌지도사업

1 지도사업을 위한 전략적 기획

(1) 농촌지도에서 전략적 기획 도입
  ① 도입 필요성
    ㉠ 지방자치의 성공 여부는 지역주민들의 자발적·적극적인 참여가 중요하고, 지방자치단체가 주도적으로 지역주민의 기대와 요구에 대응하면서 지속적 지역사회발전을 달성하는 것이 중요함
    ㉡ 지방자치를 위한 전략적 기획은 지방자치단체의 조직·행정의 효율성과 더불어 지역사회 경쟁력 강화에 필수적
  ② 우리나라 지방자치단체 전략관리를 위한 성과관리제 도입
    ㉠ 심사평가 제도, 성과주의 예산제도(Performance Budgeting System, PBS), 목표관리제(Management by Objective, MBO), 행정서비스 헌장 등을 도입함
    ㉡ 이러한 제도는 중앙정부 주도로 도입되어 지역 실정에 맞는 성과관리시스템과 거리가 멀고, 여러 제도가 통합 운영되지 못하여 효율성이 낮음 → 원인은 전략적 기획(성과관리의 전제조건)이 미비하고 성과관리의 효율성을 담보하는 예산제도가 부족하기 때문
  ③ 심사평가 제도
    ㉠ 개념 : 심사평가란 정부가 시행하는 사업이나 시책에 대하여 그 집행상황을 파악하고 시행결과 또는 집행과정을 분석·평가하는 성과 monitering(사업감시) 제도로서 2001년 이후 정부업무평가제도(기관평가제)로 확대됨
    ㉡ 기준
      • 경제성 분석 : 비용의 절감도
      • 능률성 분석 : 투입과 산출의 관계 및 시간·노력의 절감
      • 균형성 분석 : 관련사업과의 균형적 추진여부
      • 진도 분석 : 일정 점검
      • 효과성 분석 : 집행성과의 분석(가장 핵심적 기준)
    ㉢ 정부업무평가 제도
      ⓐ 정부업무평가는 중앙행정기관·지방자치단체·공공기관 등의 통합적인 성과관리체제의 구축과 자율적인 평가역량의 강화를 통하여 국정운영의 능률성·효과성 및 책임성을 향상시키는 것을 목적으로 하는 우리나라 공식적 정책평

　　　　가제도임(정부업무평가기본법)
　　ⓑ 2001년 종래 「정부업무 심사평가 및 조정에 관한 규정」(대통령령)을 폐지하고 「정부업무 등의 평가에 관한 기본법」을 제정·시행하다가, 통합적인 성과관리 체제의 구축을 위해 2006년부터 현행 「정부업무평가기본법」이 새롭게 제정·시행됨
④ 성과주의 예산
　㉠ 성과주의 예산(PBS : Performance Budgeting System) : 예산을 사업별·활동별로 구분하여 편성하는 성과중심의 예산. 주요사업(기능)을 몇 개의 사업(사업)으로 나누고 이를 다시 몇 개의 세부사업(활동)으로 나눈 다음 세부사업별로 단위원가와 업무량을 산출하여 예산을 편성하는 사업중심의 예산제도. 재원과 사업을 직접 연계시키는 기능중심, 사업중심, 활동중심, 관리중심, 원가중심, 능률중심, 산출중심, 실적중심 예산
　㉡ 신성과주의 예산(New Performance Budgeting) : 예산집행 결과 어떠한 산출물을 생산하고 어떠한 성과를 달성하였는가를 측정하고 이를 기초로 책임을 묻거나 보상을 하는 1990년대 결과중심 예산체계. 1990년대 선진국 예산개혁의 흐름은 자율성과 융통성을 부여하되, 책임성을 확보하는 방향으로의 개혁이며, 책임성 확보는 성과평가를 통해서 실현되며 이러한 성과평가를 예산과 연계한 제도가 신성과주의 예산임

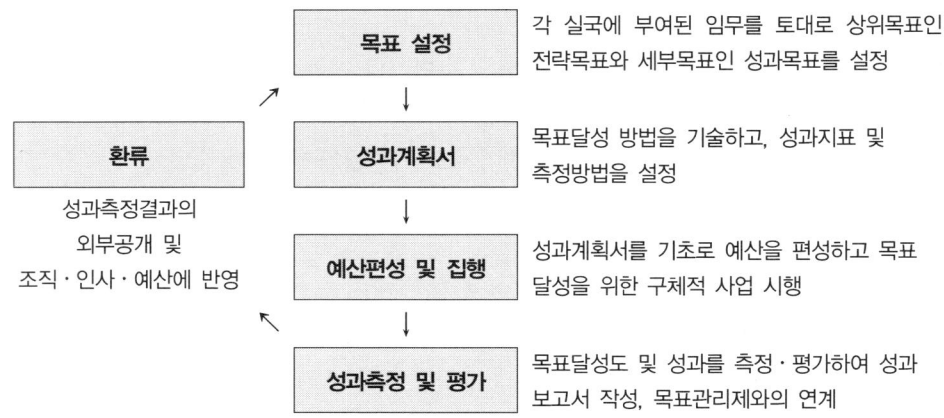

⑤ 목표관리제
　㉠ 목표관리(MBO : Management by Objectives)란 목표를 중시하는 민주적·참여적 관리기법의 일종으로 원래는 OD(조직발전) 등과 함께 동태적이고 종합적인 조직관리체제였으나, 공공부문에는 1970년대 미국에서 예산기법으로 도입되었음

- ㄴ MBO란 상하 조직구성원의 참여를 통해서 부서의 목표를 명확히 설정하고 구성원의 개개목표 내지 책임을 합의하에 부과한 다음 수행결과를 공동으로 평가하고 환류시켜 궁극적으로 조직의 효과성 향상에 기여하고자 하는 동태적·민주적인 관리체제
- ⑥ 행정서비스헌장 제도
    - ㄱ 시민헌장제도(citizen's charter)는 각 공공기관에 대하여 의무조항을 명시하고 일반국민이 당연히 누려야 할 권리를 천명하여 서비스의 기준(표준)을 설정하여 불이행시 국민이 시정조치와 보상을 요구할 수 있도록 한 고객중심적 서비스 관리 제도
    - ㄴ 시민헌장제도의 핵심은 성과지표를 개발하고 그것을 서비스기준과 연계시키는 방안을 구체화하는 것 → 성과관리의 일종
    - ㄷ 행정서비스헌장 7대 원칙
        - 서비스는 고객 입장과 편의를 최우선으로 고려하는 고객중심적일 것
        - 고객에게 제공되는 서비스의 내용은 고객이 쉽게 알 수 있도록 구체적이고 명확할 것
        - 행정기관이 제시할 수 있는 가장 높은 수준의 서비스를 제공할 것
        - 서비스의 제공에 소요되는 비용과 고객의 편익이 합리적으로 고려된 서비스의 기준을 설정할 것
        - 서비스와 관련된 정보와 자료를 쉽고 신속하게 얻을 수 있도록 할 것
        - 잘못된 서비스에 대한 시정 및 보상조치를 명확히 할 것
        - 제공된 서비스에 대한 고객의 여론을 수렴하여 이를 서비스의 개선에 반영할 것

(2) 우리나라 농촌지도에서 전략적 기획 도입시 주의점

- 전략적 기획은 급속한 환경변화 요인 및 추세에 대한 탐색·분석을 통해 지방정부의 발전을 도모하려는 체계적·종합적 기획 및 정책개발활동임.
- 전략적 기획의 과정은 SWOT 분석 및 PEST 분석 → 전략적 쟁점을 도출 → 적절한 대안·해결방안 등의 전략을 수립 → 전략의 체계적 집행 → 지방정부의 발전목표 및 방향을 구체화하는 접근법임
- 개방적인 전략적 기획 과정은 조직구성원의 많은 참여가 바람직하며, 정치지도자·민선공무원·전문행정가·지역사회단체 등의 적극적 지원이 요구됨

✪ PEST 분석 : Political, Economic, Social, Technological analysis

- ① 전략적 기획 도입 성공을 위한 전략적 기획의 특성
    - ㄱ 기획구조적 특성 : 전략적 기획이 1회성이 아닌 연속 순환되도록 그 과정이 공식화되어야 하고, 외부고객과의 커뮤니케이션 및 조직 내 수직적·수평적 커뮤니케

이선이 활성화되어야 하며, 하위조직이 직접 예산과정 및 기획과정에 참여할 수 있는 분권적 구조여야 함
- ⓒ **기획방법적 특성** : 기획 과정에서 현재 및 미래 관점에서 내·외부 환경분석과, 고객 및 이해관계자에 관한 분석이 필요함
- ⓒ **성과평가적 특성** : 성과평가 결과를 전략적 기획과정의 개선 및 구성원의 성과제고를 위해 활용해야 하고, 이를 위해 평가정보를 체계적으로 관리하고 성과평가가 인센티브(보상)와 연계되어야 함

② 우리나라 지방자치단체가 전략적 기획 도입시 고려할 점
- ㉠ 공공조직에 <u>전략적 기획을 도입하는 궁극 목적은 전략계획 수립이 아니라, 조직의 '기획 역량(organizational capability to plan)을 강화'</u>하여 변화하는 환경에 조직이 능동적으로 대응함으로써 바람직한 비전을 실현하는 것임. 현재 지방자치단체가 전략계획 성격인 장기계획을 수립하고 있지만 외부전문가가 아닌 자체적 전략적 기획을 추진하는 역량이 부족함
- ㉡ 전략적 기획 과정에서 환경분석·이해관계자 분석을 면밀히 하지 않으면, 미래 환경변화에 대처하지 못하고, 계획방향 자체가 잘못됨. 현재 우리나라 중·장기계획 수립은 환경분석·이해관계자 분석이 미약하여 전략목표 달성에 문제가 발생함
- ㉢ 전략적 기획의 성공적 추진을 위해서 자치단체장의 적극적·참여적 리더십이 필수적. 자치단체장의 리더십은 제도도입 자체를 결정하는 중요한 요인으로, 조직 전체에 영향력을 발휘하는 자치단체장의 역할은 대단히 중요함
- ㉣ 전략적 기획의 성공요인으로 조직의 커뮤니케이션 활성화가 핵심이 됨. 조직 외부 이해관계자의 의견 수렴과, 조직구성원 모두가 내부 커뮤니케이션을 통해 전략적 기획의 전 과정에 참여함으로써 계획수립·집행에 있어서의 효과성까지도 확보해야 함

③ 지방자치단체의 전략적 기획 도입시 교훈
- ㉠ 자치단체 리더의 전략적 마인드와 철저한 리더십이 전략적 기획이 성공적으로 도입·수행되기 위해 가장 중요한 조건임. 전략적 기획은 하나의 수단일 뿐 최종판단은 기관장에게 달려 있음. 전략적 기획, 모든 자료분석, 정책결정 수단은 조직을 기능하게 하는 주체가 아니라 구성원의 직관·논리적 판단을 지원하는 역할을 하는 것임
- ㉡ '기획' 그 자체가 많은 비용(시간, 재원 등)이 필요함. 비용을 최소화하며, 그 지역의 특수성과 구체적 요구(needs)를 고려하여 전략적 기획 과정을 개발해야 함. 전략적 기획 그 자체가 끝(end)이 아니며 그 계획이 집행(Do)되기 전에는 어떤 결과물(results)도 생산하지 못함

2 우리나라 농촌지도의 전략적 기획 과정

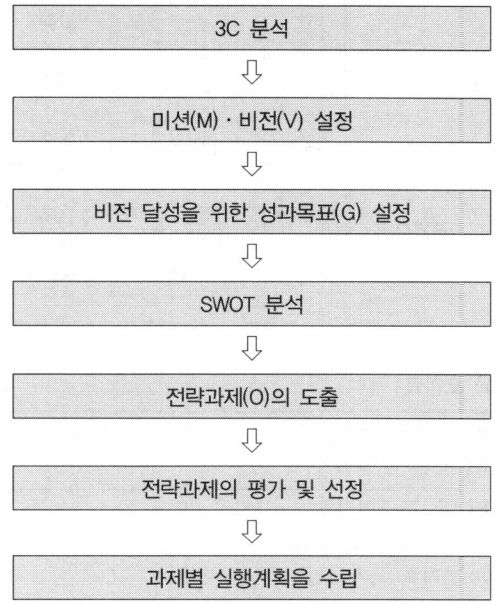

(1) 3C 분석 : 지도조직 내·외부 환경분석
  ① 전략적 기획의 첫 단계
    ㉠ 지도조직의 미래 방향은 조직 내·외부 환경 평가를 근거로 도출된 쟁점들의 해결을 결정하는 방향이 되므로 이 분석으로 전략적 쟁점(과제)을 파악하는 것
    ㉡ 내·외부 이해관계자에 대한 분석과 이와 관련된 정보 수집함
    ㉢ 환경분석 단계의 결과물 : 주요 이슈 파악과 전략적 정보구축
  ② 3C 분석
    조직 내·외부 환경분석에 가장 널리 쓰이며, 고객(Customer), 자사(Corporate), 경쟁자(Competitor)에 대한 정보를 분석하는 기법
    조직 내·외부 환경분석은 고객, 자사, 경쟁자, 거시적 외부 환경분석을 하는 것임
    ㉠ 고객 분석 : 지도사업의 고객에 대해 분석하는 것
    ㉡ 자사 분석 : 자사의 강점과 약점을 분석하고 자사의 경쟁우위 창출 가능성을 식별하는 것
    ㉢ 경쟁사 분석 : 경쟁사의 생산능력, 경쟁사의 시설투자 규모의 진척 정도, 경쟁사의 주요고객 및 판매전략 등을 분석하는 것
    ㉣ 거시적 외부 환경분석 : 조직 산업영역의 동향을 살펴보고, 이에 영향을 줄 수 있는 최근의 이슈들을 탐색하여 산업의 중·장기적 전망을 파악하는 것

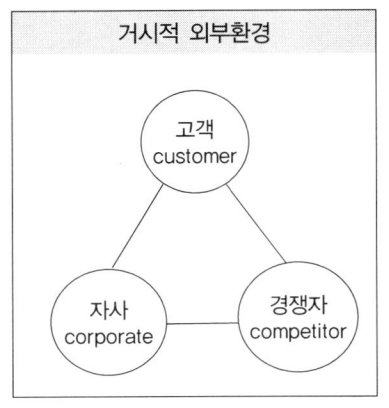

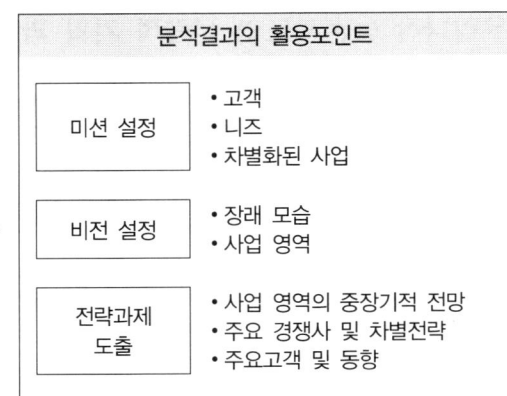

■ 3C 분석 및 결과의 활용 포인트

거시적 환경분석	• 정치, 경제, 사회, 문화, 기술 등의 측면에서 우리 조직에 영향을 줄 수 있는 이슈들은 무엇인가?
고객분석 customer	• 고객은 누구인가? • 고객의 크기 및 변화 추이는? • 주 고객의 특성과 속성은 무엇인가? • 고객만족의 핵심요소는 무엇인가? • 현재 제공되는 서비스는 고객의 기대수준을 넘어서는가?
자사분석 corporate	• 우리 센터의 주요 지도업무(서비스)는 무엇인가? • 우리 지역의 주요 품목은? • 우리 센터의 전략, 목표는? • 우리 센터에 대한 고객 평가는? • 우리 센터/지역의 강점과 약점은? • 우리 센터/지역의 강점과 약점은?
경쟁자 분석 competitor	• 우리센터 또는 지역의 주 경쟁자는? • 경쟁자의 목표는? • 주 경쟁자의 강점과 약점은? • 경쟁자의 주 고객은? • 경쟁자의 현재 전략과 미래의 전략은?

(2) 미션 · 비전 설정

① 미션(Mission)

㉠ 의미 : 왜 존재하는가에 대한 이유를 밝히는 진술문으로, 조직이 수행하는 사업(일)을 왜 해야만 하는가에 대한 진술

㉡ 특징 : 미션은 조직 전체에 존재목적의 일관성과 명쾌성을 유지시켜 주고, 조직구성원에게 모든 의사결정의 준거를 제공함. 사업 본질에 대한 분명한 의사소통을

통해 조직 내 모든 구성원이 열정을 가지게 하며, 조직 외부인의 이해와 지지를 얻어낼 수 있음
ⓒ 미션 진술문의 구성
- 주요 고객 및 표적시장(for whom)
- 고객이 기대·요구하는 바(what do they want)
- 사업영역(what & how to sell) : 조직에 기여하기 위해 직원들이 제공하고자 하는 차별화된 산출물의 영역

② 비전(Vison)
ⓐ 의미
ⓐ 미래의 일정 시점에 되고 싶은 모습, 즉 조직이 나아가고자 하는 미래의 바람직한 모습이며, 호소력 있는 미래상
ⓑ 3~5년 후에 달성될 수 있는 명확하게 표현된 목표이자 모두가 원하는 것, 상상할 수 있는 것
ⓒ 조직의 모든 사람이 믿을 수 있으며, 중요한 측면에서 지금 존재하는 것보다 나은 미래를 제시함으로써 미래에 대한 포부를 보여 주는 것(Lussier & Achua)
ⓑ 비전 슬로건 : 비전을 함축하거나, 비전 달성을 위한 행동지침을 표현한 것
ⓒ 비전 진술문 3요소
- 어떤 조직인가(Who the organization is)
- 어떤 일을 하는가(What the organization does)
- 조직은 어디로 가야 하는가(Where the organization is going)

③ 미션 사례
ⓐ 오하이오주 농촌지도
- 조직의 미션 : "연구에 기반한 교육프로그램을 통하여 사람들이 그들의 삶과 커뮤니티를 강화하도록 돕는다."
- 조직의 비전 : "OSU Extension은 개인, 가족, 공동체, 사업과 산업, 조직이 오하이오인의 삶을 발전시키도록 돕는 파트너로서 역동적인 교육주체가 된다."
ⓑ 미네소타대학 농촌지도
- 조직의 미션 : "미네소타의 시민들과 공동체의 중대한 요구에 대하여 높은 품질, 적절한 교육 프로그램과 정보를 제공한다."
- 조직의 비전 : "국가적인 프로그램 리더십을 발휘하고 연방정부의 조력활동을 통해 농업이 지식에 기반하는 국제적 산업으로서 과학자와 교육자의 혁신에 의해 유지되도록 만든다."

(3) 성과목표(G) 설정

비전은 약간 추상적·포괄적 내용이기 때문에, 성과목표는 비전을 달성하기 위한 전략 과제를 도출하기 전에 비전 달성의 의미를 구체화할 수 있는 내용을 규정하는 것으로, 양적 개념을 적용하여 수치로 표현한 것임

(4) SWOT 분석

① SWOT 기법
  조직과 환경분석을 통해 강점·약점, 기회·위협요인을 규정하고, 이를 토대로 전략을 수립하는 기법

② SWOT 분석요소
  ㉠ 강점(strength) : 경쟁자와 비교하여 고객으로부터 우위에 있다고 인식되는 부분
  ㉡ 약점(weakness) : 경쟁자와 비교하여 고객으로부터 열세에 있다고 인식되는 부분
  ㉢ 기회(opportunity) : 외부환경에서 유리한 조건이나 상황요인
  ㉣ 위협(threat) : 외부환경에서 불리한 조건이나 상황요인

③ SWOT 분석 절차 : 환경분석 → 자사역량 분석 → 환경 대응전략 도출
  ㉠ 환경분석(OT) : 환경 변화의 요소나 속성, 그 내용(기회·위협)의 구분, 영향의 정도를 분석
  ㉡ 자사역량 분석(SW) : 지도기관이 가진 현재 역량의 강점·약점을 평가하여 변화하는 환경에 어떻게 대응할 것인가에 대한 전략을 모색하기 위해 필요한 과정
  ㉢ 대응전략 도출 : 변화하는 환경에 대응하기 위해 우리가 무엇을 해야 할 것인가를 결정하는 일

④ SWOT 분석을 할 때 현장에서 방법상 문제
  ㉠ 환경
    ⓐ 환경인식의 기법이나 예측 분석방법이 제대로 갖춰지지 않을 경우, 환경에 대한 자의적 선발과 해석으로 중요한 환경요소들이 간과될 수 있음
    ⓑ 환경의 기회(O)·위협(T)요인의 인식이 쉽지 않음. 요인 정도가 약하면 기회와 위협으로 분류되지 않게 되고, SWOT 분석 작업에서 제외됨
  ㉡ 조직
    ⓐ 조직역량 검토에 있어서 강점·약점에 대한 명확한 인식이 쉽지 않고, 미래에 우리 조직의 강점·약점 분석은 자의성이 개입됨
    ⓑ 강점인가 약점인가에 대한 해석도 불명확함. 실제 상황에서 이것이 강점인지, 약점인지를 판단 가능함
    ⓒ 핵심 역량으로 간주해야 할 두드러지지 않는 요소가 강점·약점 분류에서 빠져 버리는 경우가 있음

ⓒ 대안

SWOT 분석에서 각 대안들의 상관관계나 보완관계를 파악하기 어려움. 각 대안들이 어떤 부류의 조치를 의미하는 것인지 이해하기 어렵고, 그것을 종합하기도 어려움

(5) 전략과제 도출

① SWOT 분석을 통해 사업의 경쟁력을 분석하여 우선순위에 따라 미래의 핵심 전략을 선정하고, 상·하위 목표를 기술하며 전략적 계획을 작성함
② SWOT 분석을 이용한 전략과제를 개발하기 위한 전략 유형
  ㉠ SO 전략(강점-기회전략) : 시장의 기회를 활용하기 위해 강점을 사용하는 전략
  ㉡ ST 전략(강점-위협전략) : 시장의 위협을 회피하기 위해 강점을 사용하는 전략
  ㉢ WO 전략(약점-기회전략) : 시장의 기회를 활용하여 약점을 극복하는 전략
  ㉣ WT 전략(약점-위협전략) : 시장의 위협을 회피하고 약점을 최소화하는 전략

(6) 전략과제의 평가 및 선정

① 다양한 전략과제를 도출하고 이를 평가하여 우선순위를 정함
② 우선순위 판단 기준 : 긴급성, 중요성, 실행가능성, 파급성 등

(7) 과제별 실행계획 수립

① 전략과제 중 우선순위가 높은 전략과제의 실행계획서을 수립하고, 실행계획서에는 전략과제, 평가기준, 평가지표, 실행 프로세스, 담당(책임)자, 기간 등이 포함됨
② 전략적 계획이 작성되면 연차 운영계획을 작성함
③ 포함해야 할 결과지향적 활동
  전략적 기획은 목표지향(Goal)보다 결과지향적(results) 활동으로 쟁점에 대한 자원배분이 핵심
  ㉠ 현재의 정책과 사업안을 재검토한다.
  ㉡ 일반계획, 재정계획, 투자계획, 기술발전계획 등 현재의 다른 기획안들을 수정한다.
  ㉢ 새로운 정책 또는 사업계획을 채택한다.
  ㉣ 달성수준과 측정 가능한 목표를 파악한다.
  ㉤ 행동계획의 구성요소를 가능하면 각 부서와 개인의 성과목표와 통합한다.
  ㉥ 계획안을 적절하게 감독하고 평가할 수 있는 과정과 방법을 제도화한다.
  ㉦ 계획과정 상에서 환류로 얻은 정보와 교훈은 최고경영진과 이해관계자에게 적절히 전달되어야 한다.

기출 및 예상 문제

01 Kaufman과 English의 지역요구를 분석하는 방법으로 옳은 것은?

● 21 경북 농촌지도사(변형)

① Epsilon 요구분석은 γ 분석 결과, 사업별 목표에 대한 우선순위가 결정된 후 그 목표가 달성되었는지 여부를 분석하는 방법이다.
② Gamma 요구분석은 현행정책이나 방법 등이 아무 제약 없이 분석하여, 그에 따른 결과대로 새로이 계획을 수립하는 방법이다.
③ Alpha 요구분석은 지도사업의 방법과 결과를 모두 개선한다는 측면에서 기타 요구분석보다는 범위가 넓다.
④ Beta 요구분석은 지도사업은 여러 사업을 수행하는데, 어떤 사업에 우선순위를 두어야 하는가를 분석하는 것이다.

해설   ② Alpha 요구분석은 현행정책이나 방법 등이 아무 제약 없이 분석하여, 그에 따른 결과대로 새로이 계획을 수립하는 방법이다.
③ Beta 요구분석은 지도사업의 방법과 결과를 모두 개선한다는 측면에서 기타 요구분석보다는 범위가 넓다.
④ Gamma 요구분석은 지도사업은 여러 사업을 수행하는데, 어떤 사업에 우선순위를 두어야 하는가를 분석하는 것이다.

02 우리나라 농촌지도에서 전략적 기획 도입시 주의점으로 옳지 않은 것은?

● 21 경북 농촌지도사(변형)

① 전략적 기획이 1회성이 아닌 연속 순환되도록 그 과정이 공식화되어야 한다.
② 전략적 기획의 성공요인으로 조직의 커뮤니케이션 활성화가 핵심이 된다.
③ 전략적 기획의 궁극적 목적은 전략 수립에 있다.
④ 성과평가가 인센티브(보상)와 연계되어야 한다.

해설   공공조직에 전략적 기획을 도입하는 궁극 목적은 전략계획 수립이 아니라, 조직의 '기획 역량(organizational capability to plan)을 강화'하여 변화하는 환경에 조직이 능동적으로 대응함으로써 바람직한 비전을 실현하는 것이다.

정답   01 ①   02 ③

03 우리나라 농촌지도의 전략적 기획과정이 옳은 것은? ●21 경북 농촌지도사(변형)

① 미션·비전설정 → SWOT분석 → 3C분석 → 과제별 실행계획 수립 → 전략과제 도출 → 전략과제 선정
② 3C분석 → 미션·비전설정 → SWOT분석 → 과제별 실행계획 수립 → 전략과제 도출 → 전략과제 선정
③ 미션·비전설정 → 3C분석 → SWOT분석 → 전략과제 도출 → 전략과제 선정 → 과제별 실행계획 수립
④ 3C분석 → 미션·비전설정 → SWOT분석 → 전략과제 도출 → 전략과제 선정 → 과제별 실행계획 수립

04 3C 분석에 대한 설명이 옳지 않은 것은? ●21 경북 농촌지도사(변형)

① 조직 내·외부 환경분석에 가장 널리 쓰인다.
② 자사(Corporate)와 경쟁자(Competitor)를 대상으로 정보를 분석하는 기법이다.
③ 우리조직의 강점과 약점을 분석하는 것은 자사분석에 해당한다.
④ 거시적 외부 환경분석은 조직 산업영역의 동향을 살펴보는 것이다.

해설 3C 분석은 고객(Customer), 자사(Corporate), 경쟁자(Competitor)에 대한 정보를 분석하는 기법이다.

05 다음 중 전통적 기획과 전략적 기획에 대한 설명이 모두 옳은 것은? ●20 경남 농촌지도사

> ㉠ 전략적 기획의 기간은 장기적이다.
> ㉡ 전략적 기획은 재량의 범위를 최소화 한다.
> ㉢ 전통적 기획은 주어진 목표를 사업으로 구체화한다.
> ㉣ 전통적 기획은 추세연장법에 의한 미래예측에 기초한다.

① ㉠, ㉣
② ㉡, ㉢
③ ㉠, ㉡, ㉢
④ ㉠, ㉢, ㉣

해설 전통적 기획은 재량의 범위를 최소화 하지만, 전략적 기획은 복잡한 문제를 다루기 위해 재량의 범위를 최대화 한다.

정답 03 ④ 04 ② 05 ④

06
영농구조가 단순하고 영농소득을 생산에만 의존하는 농촌사회에 적용되던 농촌지도계획 방식은?
●20. 서울 농촌지도사

① 주체 중심 사업계획 ② 객체 중심 사업계획
③ 사실 중심 사업계획 ④ 종합 중심 사업계획

해설 주체 중심 사업계획은 영농구조가 단순하고 영농소득을 생산에만 의존하는 농촌사회에 적용되던 농촌지도계획 방식이다.

농촌지도계획 방식의 발달
- 주체 중심 사업계획 : 농촌지도사가 일방적으로 지도계획을 수립
- 객체 중심 사업계획 : 농촌지도계획은 농민들과 함께 계획
- 사실 중심 사업계획 : 지도사, 농민대표, 관계기관대표 및 전문가와 함께 사업을 계획

07
Kaufman과 English의 지역요구 분석방법 중 Alpha 요구분석에 대한 설명으로 가장 옳지 않은 것은?
●20. 서울 농촌지도사

① 지역실정 분석에 대한 아무런 제약조건 없이 전면적 개혁을 목적으로 한다.
② 가장 큰 변화를 초래할 수 있지만 위험부담이 높다.
③ 현행 지도사업은 수행상 큰 문제가 없다는 전제조건 하에 현재상황과 바람직한 상황의 차이를 분석한다.
④ 요구분석의 가장 기본적인 형태이다.

해설 Beta 요구분석은 현행 지도사업은 수행상 큰 문제가 없다는 전제조건 하에 현재상황과 바람직한 상황의 차이를 분석한다.

08
전략적 기획에 대한 설명으로 가장 옳지 않은 것은?
●20. 서울 농촌지도사

① 전략적 기획은 조직의 비전과 사명, 또는 가치를 확인하고, 이를 수정 또는 보완하는 과정이 중요하다.
② 전략적 기획은 기본적으로 환경 변화에 대응하기 위한 기획이지만, 사후 상황 극복뿐만 아니라 선도적 변화를 추구한다.
③ 과거에서 현재까지의 추세에 기초해 가장 높은 미래를 가정하여 목표 달성을 추구하는 경향이 강하다.
④ 정책집행 측면에서 법령이나 지침의 제약을 상대적으로 덜 받는다.

해설 과거에서 현재까지의 추세에 기초해 가장 높은 미래를 가정하여 목표 달성을 추구하는 경향이 강한 것은 전통적 기획이다.

정답 06 ① 07 ③ 08 ③

09 SWOT 분석에 대한 설명으로 옳지 않은 것은?
● 18. 경북 농촌지도사(변형)

① 환경에 대한 자의적 선발과 해석을 할 수 있다.
② SWOT 분석 절차는 환경 분석, 자사역량 분석, 환경 대응전략 도출 순이다.
③ 환경분석은 강점과 약점을, 자사역량분석은 기회와 위협을 구분하는 것이다.
④ SWOT 분석에서 각 대안들의 상관관계나 보완관계를 파악하기 어렵다.

10 전통적 기획과 전략적 기획에 대한 비교 설명으로 옳지 않은 것은?

① 전통적 기획의 사용목적은 정책의 구체적 수단, 전략적 기획은 관리의 도구이다.
② 전통적 기획의 재량범위는 최대화, 전략적 기획은 최소화 시킨다.
③ 전통적 기획의 과정은 변경이 어려우나, 전략적 기획은 변경을 수용한다.
④ 전통적 기획의 형식은 획일적이나, 전략적 기획은 다양하다.

해설

구분	전통적 기획	전략적 기획
기간	단기 또는 중기(1~5년)	장기간(5~20년)
사용목적	정책(목표)의 구체적 수단	관리도구
재량범위	최소화	최대화(복잡한 문제를 다루기 위해)
방향성	주로 물리적 개발, 토지 이용	기능을 위한 전략
포괄성	포괄적	선택적
형식성	획일	다양
목표	전제	전제되지 않음
방법	추세연장법에 의한 미래예측에 기초	불연속성 전제
과정	변경이 어려움	변경 수용

11 다음 전략적 기획을 정의한 학자는 누구인가?

> 전략적 기획은 요령이 아니라 기교이며, 예측하는 것이 아니며, 미래의 의사결정을 다루는 것이 아니라 현재 결정의 장래성을 다루는 것이며, 위험을 제거하려는 시도가 아니다.

① 슈타이너 ② 브라이슨
③ 드러커 ④ 올센과 이디

정답 09 ③ 10 ② 11 ③

12 Mintzberg의 전략적 기획의 문제점이 아닌 것은?

① 조직 의사결정과정이 지나치게 복잡한 경우 몸소 부딪치는 방식이 현실적이다.
② 미래에 대한 불확실성을 고려할 때 사전에 특정 상황을 가정하고 계획을 수립한다는 것이 무의미할 수 있다.
③ 직관적이며 공식화하기 어려운 내용을 담고 있어 반복되기 어렵다.
④ 계획과 실천이 유기적으로 연계되기 어렵다.

해설　Mintzberg의 전략적 기획의 문제점
　㉠ SP가 미래예측에 기반을 두고 있다는 점. 미래예측은 현재 분석에 기초하는데 미래에 대한 불확실성이나 예측의 부정확성을 고려할 때 사전에 특정의 상황을 가정하고 계획을 수립한다는 것이 무의미할 수 있음
　㉡ SP가 수립되기 위해서는 조직관리자(기획가)가 일상 업무에서 떨어져서 상황을 분석해야 하는데, 계획과 실천이 유기적으로 연계되기 어려움
　㉢ 전략적 기획이 많은 경우 직관적이며, 공식화하기 어려운 내용을 담고 있어 반복되기 어려움. 공식화가 안 된다면 조직에서 활용할 수 있는 도구로서 의미가 축소됨

13 전략적 관리와 전략적 기획에 관한 설명으로 옳지 않은 것은?

① 전략적 기획을 전략적 관리의 기초로, 전략적 기획의 확장을 전략적 관리로 본다.
② 전략적 관리는 전략적 기획보다는 포괄적인 수준을 요구한다.
③ 전략적 기획은 장기적 조직성과를 성취하기 위한 관리자의 의사결정과 행동이다.
④ 전략적 관리는 주어진 상황에 단순 반응하기보다는 오히려 변화 자체를 추구한다.

해설　전략적 관리란 장기적 조직성과를 성취하기 위한 관리자의 의사결정과 행동을 말한다.

14 우리나라 농촌지도의 전략적 기획과정의 순서로 옳은 것은?

① 미션과 비전 설정 → 3C 분석 → 성과목표 설정 → SWOT 분석 → 전략과제의 도출 → 전략과제의 평가 및 선정 → 실행계획 수립
② 3C 분석 → 미션과 비전 설정 → 성과목표 설정 → SWOT 분석 → 전략과제의 도출 → 전략과제의 평가 및 선정 → 실행계획 수립
③ 3C 분석 → 미션과 비전 설정 → 성과목표 설정 → 전략과제의 도출 → SWOT 분석 → 전략과제의 평가 및 선정 → 실행계획 수립
④ 3C 분석 → 성과목표 설정 → 미션과 비전 설정 → SWOT 분석 → 전략과제의 도출 → 전략과제의 평가 및 선정 → 실행계획 수립

정답　12 ①　13 ③　14 ②

15 SWOT 분석에 대한 설명으로 옳지 않은 것은?

① SWOT기법은 조직의 환경분석을 통해 강점과 약점, 기회와 위협 요인을 규정하고 이를 토대로 전략을 수립하는 기법이다.
② 강점, 약점, 기회, 위협 등 4가지 요소를 분석한다.
③ 분석절차는 환경분석, 자사의 역량분석, 환경변화에 대응하기 위한 전략 도출의 순으로 이루어진다.
④ 현장에서 분석할 때 자의적 선발과 해석을 배제할 수 있는 장점이 있다.

해설 SWOT 분석을 할 때 현장에서 방법상 문제
   ㉠ 환경인식의 기법이나 예측 분석방법이 제대로 갖춰지지 않을 경우, 환경에 대한 자의적 선발과 해석으로 중요한 환경요소들이 간과될 수 있음
   ㉡ 조직역량 검토에 있어서 강점·약점에 대한 명확한 인식이 쉽지 않고, 미래에 우리 조직의 강점·약점 분석은 자의성이 개입됨
   ㉢ 강점인가 약점인가에 대한 해석도 불명확함. 실제 상황에서 이것이 강점인지, 약점인지를 판단 가능함
   ㉣ 핵심 역량으로 간주해야 할 두드러지지 않는 요소가 강점·약점 분류에서 빠져 버리는 경우가 있음
   ㉤ 환경의 기회(O)·위협(T)요인의 인식이 쉽지 않음. 요인 정도가 약하면 기회와 위협으로 분류되지 않게 되고, SWOT 분석 작업에서 제외됨
   ㉥ SWOT 분석에서 각 대안들의 상관관계나 보완관계를 파악하기 어려움. 각 대안들이 어떤 부류의 조치를 의미하는 것인지 이해하기 어렵고, 그것을 종합하기도 어려움

16 농촌지도의 이 과정은 농촌지도를 어떠한 방향으로 무엇을 전개할 것인가를 결정하는 과정이다. 농촌지도 목적을 설정하는 과정으로 가장 핵심이 되는 이 과정은 무엇인가?

① 과제계획
② 실천계획
③ 실행계획
④ 평가계획

해설 **과제계획**: 농촌지도를 어떠한 방향으로, 무엇을 전개할 것인가를 결정하는 과정, 농촌지도의 목적을 설정하는 과정으로 가장 핵심이 되는 계획의 과정, 이 부분의 계획을 농촌지도관계계획 혹은 설정이라고도 한다.

정답 15 ④ 16 ①

17 다음 중 농촌지도계획의 절차를 바르게 나열한 것은?

① 문제의 분석 - 목적의 설정 - 평가의 계획 - 실천계획
② 문제의 분석 - 목적의 설정 - 실천계획 - 평가의 계획
③ 문제의 분석 - 평가의 계획 - 목적의 설정 - 실천계획
④ 문제의 분석 - 평가의 계획 - 실천계획 - 목적의 설정

해설 **농촌지도계획 절차** : 지역실정 조사·분석 → 지역사회 문제결정 → 장기 농촌지도목표 설정 → 실천계획 및 평가계획 → 활동계획 수립 → 결과 평가

18 다음 중 농촌지도사업의 계획수립 4단계가 옳은 것은?

① 실태파악 - 계획수립 - 실천 - 지도방법 결정
② 계획수립 - 실태파악 - 실천 - 평가
③ 실태파악 - 계획수립 - 실천 - 평가
④ 지도대상 결정 - 지도항목 결정 - 실천 - 평가

19 스미스가 제시한 농촌지도 목표설정시 참고사항으로 거리가 먼 것은?

① 포괄성과 연관성의 기준
② 일관성의 기준
③ 비모순의 기준
④ 사회적 적절성의 기준
⑤ 민주적 이상의 기준

해설 **농촌지도 목표 설정시(교육목표를 설정할 때) 기준**
- 사회적 적절성의 기준 : 사회변화에 적응해야 함
- 인간의 기본욕구의 기준 : 기본욕구가 충족되어야 함
- 민주주의적 이상의 기준 : 민주주의 이념을 실현해야 함
- 일관성과 비모순의 기준 : 상호중립 또는 상합적이어야 함
- 행동적 해석의 기준 : 실제 행동으로 나타나야 함
- 가치와 가능성의 기준 : 성취가 가능한 목표를 설정해야 함
- 포괄성과 종합성의 기준 : 인지적·정의적·심체적 영역을 동시에 발달시킬 수 있는 목표를 설정해야 함

정답 17 ② 18 ③ 19 ①

20
농촌지도목표 설정 시에 참고할 수 있는 사항으로 스미스 등이 제시한 것에 속하지 않는 것은?

① 사회적 적절성의 기준 ② 구체성과 개발가능성의 기준
③ 일관성과 비모순의 기준 ④ 민주주의적 이상의 기준

21
다음 중 농촌지역사회 문제결정과 관계없는 것은?

① 문제에 관계되는 농촌주민의 수
② 문제에 의해 좌우되는 소득의 정도
③ 문제해결에 필요한 자원의 가용 여부
④ 문제에 관계되는 농촌주민의 교육정도

해설 지역문제 우선순위 결정시 고려사항
- 문제에 관계되는 농촌주민의 수
- 문제에 의해 좌우되는 소득의 정도
- 문제해결에 대한 주민의 관심도
- 문제해결에 필요한 자원의 가용 여부

22
다음 중 현재의 산출과 기대 산출 간의 격차를 측정하여 그 격차를 해소할 수 있는 방법을 모색하는 공식적인 과정은?

① 요구분석 ② 인지단계
③ 평가과정 ④ 괴리분석

해설 요구분석 : 현재의 산출과 기대 산출 간의 격차를 측정하여 우선순위별로 배열하고 그 격차를 해소할 수 있는 방법을 모색하는 공식적인 과정

23
다음 중 현재 상황과 바람직한 상황과의 차이를 나타내는 것을 무엇이라 하는가?

① 요구분석 ② 사용자분석
③ 필요격차 ④ 알파분석

해설 필요격차 : 농촌지도계획에서 현재 주민의 지식, 기술, 태도의 정도와 목표하는 바람직한 수준의 지식, 기술, 태도의 정도의 차이

정답 20 ② 21 ④ 22 ① 23 ③

24 다음 중 농촌지도계획 수립시 요구분석 사항 중 영농현황에 해당하지 않는 것은?

① 농산물 출하시기와 방법
② 소유면적과 형태
③ 인구의 연령구조
④ 작목별 영농규모

해설 요구분석 사항 중 영농현황
- 경지 : 소유면적과 형태, 경지정리, 수리·배수 실태, 토양조건 등
- 농업생산 : 작목별 영농규모, 수량과 품질, 재배기술문제 등
- 농업경영 : 농업자금, 농업노동, 경영방식, 협동조직, 영농소득 등
- 농산물시장 유통가공 : 농산물 출하시기와 방법, 농자재구입, 가공실태 등
- 농업기계 : 보유수, 소유실태, 이용실태, 관리기술적 문제 등

25 다음 중 농촌지도 사업목표의 우선순위를 결정하기 위해 사용하는 요구분석방법은?

① Alpha 분석
② Beta 분석
③ Gamma 분석
④ Zeta 분석

해설
⊙ Alpha 요구분석 : 지역실정의 분석에 대한 아무런 제약조건 없이 전면적인 개혁을 목적으로 실시됨. 농촌지도사업의 현행정책이나 방법 등이 지역에서 필요로 하는 것과 일치하느냐의 여부를 아무 제약 없이 분석하여, 그에 따른 결과대로 새로이 계획을 수립하는 방법. 요구분석의 가장 기본적인 형태이며 가장 큰 변화를 초래할 수 있지만, 위험부담이 높음
⊙ Beta 요구분석 : 현행 지도사업은 그 수행상 큰 문제가 없다는 전제조건 하에서 단순히 현재상황과 바람직한 상황만의 차이(필요격차)를 분석하는 방법. α-요구분석만큼 큰 변화를 가져오지 않지만, 지도사업의 방법과 결과를 모두 개선한다는 측면에서 기타 요구분석보다는 범위가 넓음
⊙ Gamma 요구분석 : α 와 β 분석을 한 결과 현재상황과 바람직한 상황에는 차이가 있다는 사실이 발견되었을 때, 지도사업의 목표의 우선순위를 결정하기 위하여 사용됨. 지도사업은 1가지 사업을 수행하는 것이 아니라 여러 사업을 수행하는데, 이런 여러 사업은 그 필요격차가 서로 다르며, 어떤 사업에 우선순위를 두어야 하는가를 분석하는 것
⊙ Epsilon 요구분석 : γ 분석 결과, 사업별 목표에 대한 우선순위가 결정된 후 그 목표가 달성되었는지 여부를 분석하는 방법. 총괄평가와 비슷함
⊙ Zeta 요구분석 : 결과보다는 결과를 수행하기 위한 방법이나 과정이 제대로 이행되었는가를 분석하는 방법. 사업 수행 도중 여러 차례 분석하여 사업의 궤도를 수정할 수 있음

정답 24 ③ 25 ③

26
카프만과 잉글리쉬가 제시한 요구분석 중 이미 실시되고 있는 사업을 분석할 필요가 있을 경우 가장 먼저 실시해야 하는 것은?

① Beta 요구분석
② Gamma 요구분석
③ Epsilon 요구분석
④ Zeta 요구분석

해설 새롭게 사업을 시작할 경우에는 Alpha 요구분석을 해야 하지만, 이미 실시되고 있는 사업인 경우 Epsilon 요구분석을 하여 기존 지도사업의 결과를 측정한다. 그 결과 지도사업의 효율성이 저하되었다면, Beta 요구분석을 하여 현재상황과 바람직한 상황간 필요격차를 측정한 후, Gamma 요구분석을 하여 사업별 우선순위를 결정해서 지도사업계획을 수립한다. 수립된 계획에 따라 사업을 실시할 때 Zeta 요구분석을 수시로 측정하여 사업의 목표ㆍ계획을 수정해야 한다.

27
다음 중 농촌지도계획의 원리와 관련이 먼 것은?

① 농촌지도는 농촌에서 요구되는 전문적인 분야에서 채택해야 한다.
② 지역실정을 토대로 한 지도이어야 한다.
③ 민주적인 방법에 의한 지도이어야 한다.
④ 국가정책과 상충되는 면이 없어야 한다.

해설 농촌지도계획의 원리(최민호)
- 충분한 자료와 설명이 있어야 한다.
- 관계기관과 긴밀히 협동하여야 한다.
- 농촌지역사회의 실정에 기초를 두어야 한다.
- 주어진 자원의 한계 내에서 계획하여야 한다.
- 농촌지도계획에는 농촌주민이 참여하여야 한다.
- 사업계획은 사회변화에 따라 수정ㆍ보완되어야 한다.
- 농촌지도계획은 영세민과 노약자의 보호에 관심을 두어야 한다.
- 농촌지도사는 변화촉진자로서 그 지역사회의 관습과 문화적인 측면을 이해하고 있어야 한다.
- 현재의 계획은 과거의 계획과 미래의 계획이 상호 연관되도록 작성하여야 한다.
- 계획은 국가–시ㆍ도–시ㆍ군–읍ㆍ면의 각 단위에서 일관성이 유지되어야 한다.

28
다음 중 활동의 계획수립시 포함되어야 할 항목으로 거리가 먼 것은?

① 교재 및 교구
② 활동과제명
③ 지도대상자
④ 도입과정
⑤ 지역발전방향

해설 활동계획 항목 : 활동과제명, 활동목표, 지역현황과 문제점, 도입과정(동기유발방법), 지도방법별 지도내용, 책임지도사 및 조력자(자원지도자), 지도대상자, 지도장소 및 일시, 요약 및 평가, 교재 및 교구

정답 26 ③ 27 ① 28 ⑤

29. 농촌지도사업계획의 성격 중 일반성이 의미하는 것은?

① 물리적 개발뿐만 아니라 사회적, 정신적 개발도 포함해야 한다는 것이다.
② 농촌지도계획은 각 단계별로 상호 연관적이어야 한다는 것이다.
③ 더 나은 상태로의 접근을 위한 전반적인 의도의 표시이며 구체적인 것은 아니라는 점이다.
④ 농민 참여가 잘 되도록 하기 위하여 농번기를 피하여 교육시기의 기간이 고려되어야 한다는 것이다.

해설   Black(1968)의 개발계획의 성격(3가지) : 종합성, 일반성, 장기성
　　　㉠ 종합성 : 물리적 개발뿐만 아니라 사회적·정신적 개발도 포함하여야 한다.
　　　㉡ 일반성 : 개발계획은 더 나은 상태로 접근하기 위한 전반적인 의도의 표시에 불과하며, 개별적·구체적 확약이나 규칙은 아니다.
　　　㉢ 장기성 : 개발계획은 1년 내에 실현할 수 있는 성질의 것이 아니라 5년, 10년 혹은 50년의 장래를 전망하여 설계한다.

30. 농촌지도계획이 갖추어야 할 성격이 아닌 것은?

① 종합성
② 일반성
③ 장기성
④ 독자성

해설   농촌지도계획의 성격 : 종합성, 일반성, 장기성 이외에 주민참여성, 연관성, 연속성, 계절성 등

31. 농촌지도계획의 순서 중 가장 먼저 하여야 하는 것과 가장 늦게 하여야 하는 것을 짝지은 것 중 타당한 것은?

① 지역실정 조사·분석 – 활동계획서 작성
② 장기목적 설정 – 활동계획서 작성
③ 지역실정 조사·분석 – 실천계획 및 평가계획
④ 지역문제결정 – 장기지도계획서 작성

해설

계획(Plan)	지역실정 조사·분석
	지역사회 문제결정
	장기 농촌지도목표 설정
	실천계획 및 평가계획
	장기 지도계획서 작성
실천(Do)	활동계획 작성
	활동 전개
평가(See)	결과평가

정답   29 ③   30 ④   31 ①

32 농촌지도계획의 절차 중 실천단계에 속하는 것은?

① 지역문제의 결정
② 장기목적의 설정
③ 실천계획 및 평가계획
④ 장기지도계획서 작성
⑤ 활동계획의 작성

33 농촌지도계획의 원리로 가장 거리가 먼 것은?

① 농촌지도계획은 농촌지역사회의 실정에 기초를 두어야 한다.
② 농촌지도계획에는 농촌주민이 참여하여야 한다.
③ 관계기관과 긴밀하게 협동하여야 한다.
④ 사업계획은 사회변화에 관계없이 일관성 있게 추진되어야 한다.

34 문제해결법의 절차를 설명한 것이다. 맞는 것은?

① 문제의 인식과 정의 → 해결방안의 선택 → 문제의 분석과 진술 → 대안모색 → 선정된 방안의 실행
② 문제의 분석과 진술 → 문제의 인식과 정의 → 대안모색 → 해결방안의 선택 → 선정된 방안의 실행
③ 문제의 인식과 정의 → 대안모색 → 문제의 분석과 진술 → 해결방안의 선택 → 선정된 방안의 실행
④ 문제의 인식과 정의 → 문제의 분석과 진술 → 대안모색 → 해결방안의 선택 → 선정된 방안의 실행

> **해설** 정책결정 과정(≒문제해결 절차)
> ㉠ 정책의제 형성 : 여러 사회문제 중에서 정부당국이 심각성을 긍정하여 적극적인 해결책을 모색하기 위하여 궁극적으로 채택한 정책문제
> ㉡ 정책목표의 설정 : 정책이 나아가야할 기본적인 방향 및 가치 설정
> ㉢ 정보의 수집·분석 : 대안 탐색을 위한 자료 수집·분석
> ㉣ 대안의 작성·탐색 개발 : 목표 달성을 위한 모든 방안을 강구
> ㉤ 예상결과 예측 및 대안의 평가 : 대안의 장단점을 파악·평가하여 예상결과 예측·비교
> ㉥ 우선순위 선정기준 선정 : 민주성, 능률성, 형평성, 경제적 합리성, 정치적 합리성 등
> ㉦ 우선순위 선정 : 대안의 예상결과에 따라 가장 바람직한 대안 순으로 우선순위를 정함
> ㉧ 종합판단 : 우선순위 조정 및 대안의 최종 선택
> ㉨ 정책 집행

정답 32 ⑤ 33 ④ 34 ④

35
농촌지도계획은 여러 단계로 분류된다. 이 중 필요격차(need gap)를 파악하기 위해 반드시 필요한 단계는?

① 지역사회의 조사 분석
② 단기 농촌지도목표의 설정
③ 장기 농촌지도목표의 설정
④ 실천계획의 수립

해설 지역실정 조사·분석 과정에서 Beta 요구분석을 할 때 필요격차가 나타난다.

36
지역문제의 우선순위를 결정할 때 고려하여야 할 사항으로 적합하지 않은 것은?

① 문제에 관계되는 농촌주민의 수
② 문제에 의하여 좌우되는 소득의 정도
③ 문제해결에 대한 주민의 관심도
④ 문제해결에 관련된 지역유지의 관심도

해설 지역문제 우선순위 결정시 고려사항
- 문제에 관계되는 농촌주민의 수
- 문제에 의해 좌우되는 소득의 정도
- 문제해결에 대한 주민의 관심도
- 문제해결에 필요한 자원의 가용 여부

37
Kaufman과 English에 의한 지역 요구분석방법 중 지역실정의 분석에 대한 아무런 제약조건 없이 전면적인 개혁을 목적으로 실시되는 것은?

① Alpha 요구분석
② Beta 요구분석
③ Gamma 요구분석
④ Epsilon 요구분석

해설 Alpha 요구분석 : 지역실정의 분석에 대한 아무런 제약조건 없이 전면적인 개혁을 목적으로 실시됨. 농촌지도사업의 현행정책이나 방법 등이 지역에서 필요로 하는 것과 일치하느냐의 여부를 아무 제약 없이 분석하여, 그에 따른 결과대로 새로이 계획을 수립하는 방법. 요구분석의 가장 기본적인 형태이며 가장 큰 변화를 초래할 수 있지만, 위험부담이 높음

38
다음 중 현재상황과 바람직한 상황만의 차이를 분석하는 방법은?

① Beta 요구분석
② Gamma 요구분석
③ Epsilon 요구분석
④ Zeta 요구분석

정답 35 ① 36 ④ 37 ① 38 ①

해설   Beta 요구분석 : 현행 지도사업은 그 수행상 큰 문제가 없다는 전제조건 하에서 단순히 현재상황과 바람직한 상황만의 차이(필요격차)를 분석하는 방법. α-요구분석만큼 큰 변화를 가져오지 않지만, 지도사업의 방법과 결과를 모두 개선한다는 측면에서 기타 요구분석보다는 범위가 넓음

39 다음 설명 중 틀린 것은?

① 농촌지도계획은 상위지역단위와 하위지역단위의 지도계획과 상호보완적인 관계를 유지하여야 한다.
② 한 기간의 지도사업을 평가하여 그 결과를 다음 기간 지도사업에 반영하여서는 안 된다.
③ 농촌의 모든 지도과정은 농촌지역실정의 조사에서 시작하여 그것을 기초로 상호 연관시켜 평가까지 이루어져야 한다.
④ 농촌지도사업의 과정은 그 지역의 장기 농촌지도목표를 수행한다.
⑤ 사업계획과 그 업적을 모든 관련인사와 기관에게 알린다.

해설   농촌지도의 평가는 농촌주민들이 농촌지도를 통하여 성취된 행동적 변화 정도를 측정함과 동시에 그에 관련된 농촌지도과정의 적절성을 조사하여, 그 결과를 앞으로의 지도사업에 활용하기 위하여 필요한 자료와 정보를 체계적으로 수집·분석하고 활용하는 과정이다.

40 농촌지도 기본계획의 설정기간은?

① 1년   ② 2년
③ 5~10년   ④ 3~5년

해설   농촌지도계획에는 3~5년간의 장기적인 안목에서 계획을 수립하는 농촌지도 기본계획(master plan)이 있고, 그 안에 각 연도별로 수립해야 하는 연간계획 혹은 실행계획(annual plan of work)이 있으며, 최소 단위의 활동계획(plan of work)이 있다.

41 농촌지도를 위한 1년간의 구체적 생활계획은?

① 기본계획   ② 실행계획
③ 활동계획   ④ 평가계획
⑤ 장기계획

정답   39 ②   40 ④   41 ②

42 지도사업에 관련되는 모든 사람에게 지도사업이 왜, 어떠한 방향으로 어떻게 전개될 것인가를 명확하게 알려주기 위해 필요한 것은?

① 장기지도계획서
② 단기지도계획서
③ 연간활동계획서
④ 실천계획서

43 농촌지도 장기계획서의 작성 이유가 아닌 것은?

① 단순한 지도계획의 보고용으로 사용한다.
② 예산확보 등 대외홍보에 도움이 된다.
③ 예산, 노력, 시간의 낭비와 시행착오를 줄일 수 있다.
④ 타 기관과 협동지침(協同指針)을 제공한다.
⑤ 인사이동에 대비할 수 있다.

> **해설** 장기계획서 작성 이유
> • 지도유관 기관·인사에게 지도가 어떤 방향으로, 왜, 어떻게 전개될 것인가를 알려줌
> • 예산확보 등 대외홍보에 도움이 됨
> • 예산·노력·시간낭비·시행착오를 줄임
> • 농촌지역사회 내 다른 기관과 협동하기 위한 지침 제공
> • 인사이동에 대비할 수 있음

44 농촌지도, 경제개발, 사회개발에서 장기계획서를 작성하는 이유가 아닌 것은?

① 지도계획의 평가를 용이하게 한다.
② 농촌지역사회 내의 다른 기관 및 조직체와 협동하기 위한 지침을 제공한다.
③ 예산, 노력, 시간의 낭비와 시행착오를 줄인다.
④ 지도에 관계되는 모든 기관과 인사에게 지도방향과 이유, 전개방법 등을 제시해 준다.

45 활동계획을 수립할 때 도움이 되는 내용이 아닌 것은?

① 활동과제명
② 활동목표
③ 과거 활동계획 수립 시 상황
④ 지도방법별 지도내용

> **해설** 활동계획 항목 : 활동과제명, 활동목표, 지역현황과 문제점, 도입과정(동기유발방법), 지도방법별 지도내용, 책임지도사 및 조력자(자원지도자), 지도대상자, 지도장소 및 일시, 요약 및 평가, 교재 및 교구

정답 42 ① 43 ① 44 ① 45 ③

46 농촌지도사업의 중요한 목표와 그 추진방안을 중심으로 장기농촌지도계획을 마련하는 곳은?

① 군 단위 지도계획위원회
② 도 단위 지도계획위원회
③ 중앙 단위 지도계획위원회
④ 면 단위 지도계획위원회

47 계획위원회가 설정한 장기지도목표의 달성 정도를 검토하는 단계는?

① 지도평가단계
② 지도계획수립단계
③ 지도계획실천단계
④ 지도위원회의 자문단계

해설 목표의 달성도를 효과성이라고 하며, 효과성은 평가단계에서 실시 한다.

정답 46 ③ 47 ①

Chapter 03
Do-농촌지도집행

단원 키워드

1. 농촌지도실천의 원리
2. 농촌성인의 교육적 특성
3. 농업정보기술의 장단점과 특성
4. 농촌지도의 다양한 방법

농촌지도 효과를 증대시킬 수 있는 다양한 지도방법을 설명하고 효과적인 지도방법을 선택하기 위한 의사결정에 도움을 줄 것이다.

개별적 사업일지라도 하나의 프로그램 안에 여러 가지 방법이 사용된다. 농촌지도요원이 어떤 방법을 선택할 것인가는 주변 환경과 사업의 구체적 목적에 따라 달라지고, 다양한 방법을 어떻게 사용할 것인가도 결정해야 한다.

제1절 농촌지도실천

1 성인의 교육적 특성

(1) 성인의 발달단계

Moore와 Simpson은 성인 발달단계를 국면접근법과 단계접근법으로 분류하였으며, 국면접근법은 연령과의 관계를 강조한 반면 단계접근법은 연령독립적이다.

① 국면접근법
  ㉠ 국면접근법은 성인의 생활주기를 4계절의 변화주기에 비유하며, 봄은 유년기, 여름은 청년기, 가을은 중년기, 겨울은 노년기에 해당하는데, 계절의 변화처럼 사람은 나이에 따라 발달 특성의 차이를 보인다.
  ㉡ Levinson의 연구

아동 및 청소년기 (3~17세)	사회생활의 기초에 대한 훈련의 시기로서, 성인들에 의해 주어진 생활양식을 따라야 할 의무가 있음
초기 성인기 (22~40세)	그 자신의 생활에 대한 선택과 유지·개선을 하여야 함
중기 성인기 (45~60세)	가정, 사회, 직업생활에 있어서 중심적인 의치와 역할을 수행하는 시기
후기 성인기 (65세 이상)	사회적 생활의 중심권에서 벗어나 중재자로서의 역할을 수행하는 시기

  ㉢ 사람들이 발달단계를 밟는 이유는 연령이 많아짐에 따라 신체생리적 상태의 변화, 사회적 관계의 변화, 직업지위적 관계의 변화 때문이다.

② 단계접근법
  ㉠ 단계접근법은 사람의 행동변화를 연령보다는 과거의 개인적 경험이나 심리적 경험의 총체로 이루어진다고 본다. 즉, 같은 연령의 사람일지라도 과거의 경험이 누적된 심리적인 상태에 따라 전혀 다른 발달적 특성을 보이고 있다고 주장한다.
  ㉡ 키츠너의 단계접근법의 특징
    • 인간의 발달은 내적으로 조직되어 있다.
    • 인간은 단계별로 독특한 특성을 보이므로, 그 단계들을 쉽게 구분할 수 있다.
    • 단계별 특성들은 형태의 복잡성과 부분적 분화성을 강화하는 방향으로 진전되고 있다.
    • 인간의 발달은 대체로 점진적이기는 하지만 가끔 돌연변이를 보이고 있다.

③ 성인발달단계 연구의 교육적 측면

국면접근법과 단계접근법이 공통적으로 교육에 주는 가치는 인간의 발달단계에 따른 교육의 내용 및 방법을 결정해야 한다는 사실이다. 아동과는 연령적·심리적으로 다른 특성을 보이는 성인에게 같은 논리를 적용할 수 없다는 것이다.

(2) 성인의 학습능력

① 학자들의 주장
- ㉠ Thorndike : 선천적 능력의 우열에 의하여 학습능력의 최성기가 거의 일정하다고 하였으며, 학습능력의 정상곡선과 연령과의 관계를 밝혔는데, 20~25세가 학습능력의 최성기라 하였다. 성인의 학습부적당론은 학습능력의 쇠퇴보다는 성인생활의 현실이 학습에 적극적일 수 없다고 보았다.
- ㉡ Kidd : 20세 이후부터 인간의 신체적 조건이 감퇴되며, 특히 시각과 청각이 현저하다고 하였다. 그러나 이러한 장애는 쉽게 극복할 수 있으며, 학습에 있어서 중요한 요소는 연령보다 특정과업의 실천량이라고 하였다.
- ㉢ Knowles : 인간의 지능발달은 26세 전후가 그 정점이고, 그 뒤 40년간은 1년마다 1%의 비율로 쇠퇴하며, 쇠퇴하는 학력 그 자체가 아니고 학습의 속도이며, 그 원인은 학습성과를 실제에 응용하지 아니하기 때문이라 하였다.
- ㉣ Birren : 학습능력이 연령차이보다 학습에 대한 관심, 집중, 태도, 동기, 신체조건의 차이가 더 크게 좌우한다고 주장했다.

② 농촌성인의 교육적 특성
- ㉠ 교육훈련 참여도
  - 청·장년 농업인이 고령 농업인보다 높음
  - 교육수준이 높은 농업인이 교육수준이 낮은 농업인보다 높음
  - <u>식량작물 이외 작목 농업인이 식량작물 농업인보다 높음</u>
  - 창업농이 승계농보다 높음
  - 영농경력이 적은 농업인이 영농경력이 많은 농업인보다 높음
- ㉡ 농업인이 가장 많이 활용하는 학습방식 : 이웃·학습조직을 통한 주변 농가들과의 대화, 영농관련 서적·신문·잡지 등의 인쇄매체, 집합식 교육훈련, 방송매체, 전문가 자문, 인터넷 검색, 영농 관련 행사 참여의 순
- ㉢ 교육훈련 요구영역 : 농업인은 생산기술, 마케팅 이외에도 다양한 영농 영역에 대한 훈련을 요구함
- ㉣ 농업인이 선호하는 교육방식 : 소규모 인원으로 구성된 강의 및 토론식 교수학습, 견학을 통한 학습

ⓜ 선호하는 교육장소 : 현장사례를 직접 체험할 수 있는 장소
ⓑ 선호하는 강사 유형 : 농업현실과 특성을 잘 이해하고 있는 강사

② 농촌지도실천의 개념

(1) 농촌지도실천의 의미·범주
① 의미
  ㉠ '계획(Plan) → 실천(Do) → 평가(See)'라는 농촌지도의 3가지 과정 중 하나로 농업인이 농업에 적용했을 때 유익한 결과를 가져다줄 수 있는 정보, 영농방법, 사고방식을 변화시키는 과정
  ㉡ 농업인의 문제 해결과 그 결과를 전파하는 과정
  ㉢ 농촌지도계획이 잘 수립되었을지라도 실천이 되지 않으면 그 효과는 미비하기에 농촌지도실천은 농촌지도의 성공을 위해 필수적 과정
② 농촌지도실천의 범주
  농촌지도 대상의 특성, 실천 원리, 지도 방법 등
  ㉠ 농촌지도 실천대상 : 농촌지역에 거주하는 남녀노소 모든 사람을 위한 사회교육 과정. 주로 농촌의 성인·청소년 등을 대상으로 하는 교육적 활동
  ㉡ 실천 원리 : 사회교육 실천 원리, 농촌지도실천 원리
  ㉢ 지도 방법 : 개인, 집단, 대중

(2) 농촌지도 실천의 원리
① 사회교육 실천의 원리
  • <u>자발학습의 원리</u> : 학습자가 자발적 의지에 따라 교육에 참여해야 학습에 대한 관심과 흥미를 유발시키고 지속적 동기를 유발시켜 학습효과를 높일 수 있다는 원리
  • 자기주도적 학습 원리 : 자기 스스로 학습의 주체가 되어야 학습효과를 높인다는 원리. 학습기간, 학습시기, 학습방법, 학습결과의 수용 여부, 스스로 학습에 대한 판단도 주도적으로 결정함
  • 상호학습의 원리 : 학습자 스스로 횡적으로 상호작용하여 학습할 때 효과가 높아짐
  • <u>현실성의 원리</u> : 교육이 실제 생활과 밀접해야 한다는 의미로, <u>가정·직장·사회생활과 연관된 내용일 때 학습효과가 높음</u>
  • 다양성의 원리 : 교육대상자가 이질적이고 다양하므로 그들의 요구와 관심도 다양함. 교육 시간·장소·방법 등이 다양하며, 융통성이 있어야 함

- **능률성의 원리** : 최선의 교육자, 방법, 장소 등을 동원해야 함. 성인의 시간은 부족하며 학습기회를 얻기 어렵기 때문에 교육을 통해 얻는 것이 없고 효율적 진행이 안 되면 참석하려 하지 않음
- **참여교육의 원리** : 교육의 계획, 실천, 평가에 교육대상자들이 적극적으로 참여할 때 교육의 효과가 높아짐
- **오락성의 원리** : 교육방법으로서 오락, 게임, 연극 등을 활용한다는 의미로서, 오락이나 유희를 삽입할 때 교육효과가 높아짐

② 농촌지도실천에서 적용되어야 할 원리
- 실용적 학습내용을 중심으로 하여야 한다.
- 농촌지역사회 내에서의 가시적 결과를 가지고 지도하여야 한다.
- 다양한 지도방법을 활용하여야 한다.
- 지도 장소의 교육환경은 불편이 없도록 정비되어야 한다.
- 교육대상자로 하여금 그들의 경험과 의견을 표현하도록 유도하여야 한다.
- 지도대상자가 근거리에서 접할 수 있는 사례를 들어 설명하는 것이 좋다.
- 성인의 자아의식을 상하게 해서는 안 된다.
- 지도 후에 서로 교제할 수 있는 기회를 제공하는 것이 좋다.
- 성인은 학습을 즐기므로 흥미있게 지도하여야 한다.

> **보충** Verner와 Booth의 성인교육실천의 원리

- 교육자적 태도를 일체 버려라.
- 참가자를 중심으로 하라.
- 사실을 전하라.
- 공통의 분위기를 만들어라.
- 상대방에게 질문을 하게 하라.
- 강사도 함께 배우라.
- 반증은 하더라도 논쟁은 하지 말라.
- 사실을 간단명료하게 말하라.
- 의문을 일으키도록 하라.
- 배우는 방법을 가르치라.
- 생활을 도와주라.
- 가장 좋은 시간을 선택하라.

제2절 농촌지도방법

1 농촌지도방법의 분류

(1) 접촉방식에 따른 분류

농촌지도 초기에는 접촉방식과 접촉자의 수에 따라 분류함

구분	개별접촉방식	집단접촉방식	대중접촉방식
지도 방법	농가 방문, 지도기관방문, 결과 전시(집단접촉방식으로 분류하기도 함), 전화, 개인응답	회의, 단기회의, 화상회의, 강의, 지도자 교육, 포럼, 방법 전시, 현장답사(견학), 농업조직, 수련활동, 워크숍, 평가회	TV, 뉴스, 라디오, 신문, 출판물, 전화응답시스템, 컴퓨터활용 교수학습, 전시회, 품평회, 위성통신, 인터넷, 팜플렛, 리플렛

(2) 의사소통 형태에 따른 분류

의사소통 형태는 문서, 구두, 시각자료 등으로 구분

구분	문서에 의한 지도	구두에 의한 지도	시각자료에 의한 지도
지도 방법	회보, 리플릿, 보고자료 뉴스, 신문, 편지	회합, 농가 방문 지도기관 방문, 라디오	결과 전시, 전시회, 포스터 슬라이드, 비디오, 차트, TV

(3) 메시지 교환 형태에 따른 분류

일방적인 의사소통, 쌍방향 의사소통, 다방향 의사소통 방식으로 분류

기능	일방적 의사소통	쌍방향 의사소통	다방향 의사소통
농촌지도방법	신문, 잡지, 방송, 전시회, 품평회, 결과 전시, 강연회	농장 및 농가 방문, 농업기술센터 내방, 서신, 전화응답	토론회, 평가회
커뮤니케이션 유형	대중·공중 커뮤니케이션	대인 커뮤니케이션	소집단 커뮤니케이션
특성	어느 정도의 지속성	대면성, 비조직성, 일시성	대면성, 구조성, 정규성, 지속성

(4) 피교육자의 참여정도에 의한 분류

① 설명학습지도 : 농촌지도사가 중심이 되어 대상자들에게 설명으로 지도하는 방법
② 문제해결학습지도 : 생활에서 일어나는 문제를 중심으로 농촌지도사와 대상자인 농촌주민이 협동하여 토의과정을 거치면서 해결방법을 찾는 방법

③ 발견학습지도 : 농촌주민 스스로가 문제를 발견하고 해결하도록 하며, 농촌지도사는 뒤에서 도움만 주는 지도방법

(5) 기능(사용수단)에 의한 분류

① USDA CSREES의 농촌지도의 기능

미국 USDA CSREES의 특별위원회인 ECOP(An Extension Committee on Organization and Policy) Task Force에서 구분

㉠ 정보전달(information delivery) : 농촌지도사업이 고객에게 다양한 의사소통 채널을 통해 정보를 전달함 **예** 뉴스기사, 회합, 컨설팅 등이 포함

㉡ 교육프로그램 전달(educational program delivery) : 교육프로그램은 농촌지도 전문가와 지도요원이 고객의 지식·기술·능력(capabilities)을 향상시키기 위해 준비되고 실행되고, 다양한 활동 또는 교육경험을 제공함. 학습경험은 특별한 청중·요구·문제점에 초점을 맞춘 프로그램에 해당함

㉢ 문제해결(problem solving) : 고객은 그들의 농장에서 나타나는 문제점을 해결하기 위해 전문성·지식·기술을 갖춘 지도기관을 찾음

② 사용하는 기법에 따른 분류(Waldron & Moor)

정보제공 기법 (information-giving techniques)	강의(lectures), 패널 발표(panel presentations), 질의응답세션(question and answering sessions), 토론(debates)
기술습득 기법 (skill-acquiring techniques)	시뮬레이션(simulation), 전시(demonstrations), 훈련(drill), 역할극(role-playing), 워크숍(workshops), 실험(laboratores), 사례연구
지식적용 기법 (knowledge-applying techniques)	워크숍과 실험, 사례연구(case study), 집단토의(group discussions), 여러 형태의 집단활동(various forms of group activities)

③ 학습목표에 따른 분류(Van den Ban & Hawkins)

다양한 학습목표를 달성하기 위한 전략과 방법

학습목표의 특성	전략	선호되는 방법
인지적 : 지식 (cognitive)	외부에서의 정보 전이	출판물과 매스미디어, 강의, 리플릿, 직접적인 대화를 통한 조언
정의적 : 태도 (affective)	경험에 의한 학습 (외부에서의 정보)	집단토의, 간접대화, 시뮬레이션, 필름자료
심동적 : 기술 (psycho-motor)	기술의 연습(훈련)	교육, 전시 혹은 필름전시와 같은 활동촉진 방법들

④ 지도방법 선정시 참고가 되는 사항들
  ㉠ 지도목적과 내용의 성격   ㉣ 지도사의 자질
  ㉡ 지도대상자의 수   ㉤ 활용가능한 시간
  ㉢ 지도대상자의 특성   ㉥ 이용가능한 시설 및 보조교재

2 보편적 농촌지도방법

(1) 개인접촉방법(individual contact method)
  ① 의미
    가정이나 농가를 개별적으로 방문하거나 기술센터에서 농민의 전화나 편지 또는 지도기관 내방 등에 의한 방법으로 농촌지도사업에서 가장 오래되었으며 가장 보편적으로 사용됨
  ② 특성
    ㉠ 개인접촉방법은 접촉할 수 있는 고객의 수가 제한되는 반면, 가장 효과적인 방법 중 하나
    ㉡ 가장 일반적 접촉방법은 농가 혹은 가정방문, 지도기관 내방, 전화, 개별응답, 결과 전시 등
    ㉢ 개인접촉은 농촌지도에서 필수적. 지도요원은 고객의 현 상황을 파악하고, 문제점을 진단하며, 해결책을 조언하기 위해 개별 방문을 함
  ③ 장점
    • 학습을 위한 분위기 조성
    • 바람직한 공적 인간관계 형성
    • 조언에 대한 지역의 검증 제공
    • 지역 문제 해결에 최우선의 지식 제공
    • 지역사회 리더, 전시자와 협력자의 선택에 공헌
    • 문제점 혹은 의문사항에 대해 즉각적인 피드백 제공
    • 신뢰할 만한 정보원으로서의 농촌지도요원과의 신뢰형성
    • 농촌지도 활동에서 일상적으로 접촉하기 어려운 개인들과의 관계 형성에 도움
    • 개별방문은 일반적으로 정보를 확산하는 데 쉽고 빠르고, 효과적인 교수방법임
  ④ 단점
    • 접촉 비용이 타 방법에 비해 비쌈
    • 농가/가정 방문에 적절한 교수법 계획 필요
    • 지역의 지도전문가와 접촉할 수 있는 경우의 제한

- 농가 방문에 주의를 기울이지 않았을 경우 도움이 필요한 고객 경시
- 개별 접촉이 기관 또는 전화를 통해 이루어졌을 때 실제 상황에서의 교육자 배제
- 질문을 이해하지 못했거나 응답이 적절치 못했을 경우 의사소통문제 발생
- 개별 응답 혹은 전화응답이 즉각 이루어지지 않았을 때 잘못된 이미지 형성
- 결과 전시가 성공하기 위해서는 계획과 사후관리에 많은 시간이 소요
- <u>지원에 대한 지속적인 요구를 처리할 수 있는 시간관리 능력 필요</u>

1) 농가 방문

① 지도요원의 농가·가정 방문 목적 : 정보의 전달이나 획득, 전시농가의 확보, 미팅의 주제, 지역의 클럽 활동에 대한 토의 등
② 개별방문은 지역 지도기관의 요원, 공무원, 다른 핵심적인 사람들과 우호적인 공적 관계를 형성함
③ 개별방문지도는 전문적인 문제점에 대한 실제적인 해결책을 제시해 줌
④ 일반적으로 할 수 있는 조언을 특정 상황에 맞도록 변형할 수 있음
⑤ 바람직한 기술들을 개선하는 데 주민의 관심을 유발함
⑥ 프로그램의 결정이나 효과적인 지역의 리더를 선정하는 데 필수적
⑦ 방문 대상이 가장 선진 농가에 집중되면 도움이 절실한 농가는 등한시할 위험이 있음

2) 지도기관내방

① 지도기관의 정보나 지원을 바라는 농업인이 지도요원과 직접 접촉하는 방법
② 방문객은 현재 해결해야 할 문제가 있고, 이를 해결하려는 강한 의지가 있기 때문에 다른 기법보다 학습에 매우 호의적임
③ 지도요원의 시간을 절약하고, 동기화된 농업인을 대상으로 하기 때문에 지도효과가 크고, 농업인이 지도업무를 더 잘 이해할 수 있음

3) 전화

① 지역사회와 요원을 연결하는 1 대 1 의사소통의 중요한 수단
② 특정 주제의 정보를 요청하거나 교육활동을 촉진하는 데 사용되며, 전화를 통해 미리 녹음해 둔 메시지나 공공사업을 대중에게 알림

4) 개별서신

① 우편(mail)은 여전히 개인접촉방법 중 하나
② 농업인이 '○○의 성장과정'에 대한 자료를 요청하는 경우 유인물이나 관련 책자를 우편으로 보내 줌

(2) 집단접촉방법(group method)
    ① 의미
       농촌지도요원과 농업인의 1 대 1 대면 방법이 아니라, 2명 이상의 농업인 집단을 대상으로 하는 방법
    ② 특징
       ㉠ 개인접촉방법의 한계인 시간·노력·경비를 절감할 수 있고, 대중매체보다 적은 비용으로 변화를 달성할 수 있음
       ㉡ 농촌지도요원을 위한 피드백이나 목표 성취를 위해 농민 사이의 상호작용이 필요할 때 사용됨
       ㉢ 농촌지도에 많은 관심을 갖는 농민이나 농민조직의 구성원만 미팅에 참석하기 때문에 선택된 사람에게만 전달됨
       ㉣ 강의(lecture), 전시(demonstration), 집단토의(group discussion) 등
    ③ 장점
       • 다수의 사람과 접촉
       • 상대적으로 낮은 비용
       • 실제 모든 주제에 적용 가능
       • 다수 사람들의 학습방식에 적합
       • 사회적 접촉에 대한 개인의 기초요구 실현
       • 지역사회 리더를 통해 반복 활용 또는 전시 가능
       • 교육이 기술적으로 수행되었을 경우 지도요원과의 신뢰형성
       • 학습자로서 집단학습 과정에서 보고, 듣고, 토의하고, 참여하는 데 관련되는 행위의 축적
    ④ 단점
       • 장비에 대한 투자 필요
       • 청중 수에 따라 미팅의 제한
       • 성공하는 데 약간의 쇼맨십 필요
       • 적정 조직과 미팅 장소까지 교재와 도구의 이송 필요
       • 고객의 요구와 접근을 수용할 수 있는 유연한 스케줄 필요
       • 다양한 고객의 관심과 흥미를 고려한 다양한 교수 상황 제시
       • 집단접촉기법이 효과를 발휘하기 위해서는 여러 가지 교수기법에 관한 지식 필요
       • 집단접촉기법이 효과를 발휘하기 위해서는 말하기와 프레젠테이션 스킬에서 전문성 필요

1) 강의(speeches or talks)

농촌지도에서 지식전달 수단으로 강의가 가장 많이 활용

① 장점
- 강사는 청중의 교육수준, 특별한 요구·흥미를 충족시키기 위해서 강의 내용을 수정할 수 있음
- 강사는 강의 도중 청중 반응을 고려하고, 접근방식을 수정할 수 있음
- 청중은 강사를 보다 알고 싶어 하고, 몸짓·얼굴표정을 통해 주제에 대해 분명한 인상을 받고 싶고자 함. TV에서도 어느 정도는 가능함
- 강의는 청중에게 질문을 하고 이슈에 대해 깊이 있는 토의 기회를 제공함

② 단점
- 글로 쓰여진 단어보다 입으로 말한 단어가 쉽게 잊혀짐
- 출판물은 다시 읽어보면 되지만, 강의 듣는 사람은 강의 도중에 중요한 내용을 잊어버림
- 어떻게 정보를 적용해야 할지를 가르치는 방법으로 강의는 적절하지 않고, 다양한 토의와 실제 전시하는 것이 효과적
- 지식을 전달할 때 집단토의보다 강의가 효과적이지만, 관심을 끌거나 태도를 변화시키는 데 덜 효과적

③ 효과적 강의를 위해 고려할 사항
- 강사가 알고 있는 모든 정보를 전달하기보다 주요 요점을 강조하는 것이 좋으며, 많은 것을 말하면 청중은 쉽게 잊어버림
- 강사는 항상 **청중의 흥미, 경험 요구에 맞게** 강의내용을 구성해야 함
- 강사는 강의내용을 어떻게 배열할 것인지 정해야 함. 산만한 접근보다 논리적 사고가 더 쉽게 기억되는데, 강사가 먼저 강의 요점을 개괄적으로 설명할 때 맥락을 쉽게 따라가며, 주요 요점을 예시하거나 강의 마지막에 요약하는 것도 유용함. 청중들로 하여금 주제에 대해 스스로 생각할 수 있도록 자극하는 것도 효과적

④ 강의에서 활용하는 시청각 자료의 종류

(강사가 단순히 원고를 읽는 것은 바람직하지 않음)
- 사진 슬라이드, 인쇄물
- 라디오, 레코드
- 모델, 모형, 실물
- 연주, 인형극, 역할극
- 포스트, 차트, 그래프, 칠판, 게시판, 지도, 지구의

- 오버헤드프로젝터(OHP)
- 텔레비전, 영화 등 동영상

⑤ 시청각 교재 활용시 고려해야 할 준거
- 지도내용을 가장 잘 전달할 수 있는 교재는 어떤 것인가?
- 지도사가 가장 잘 사용할 수 있는 교재는 어떤 것인가?
- 사용이 가능한 교재는 어떤 것인가?
- 최소의 시간과 경비를 가지고 준비할 수 있는 교재는 어떤 것인가?
- 대상자들의 흥미를 높이고 이해를 증진하는 데 가장 효과적인 교재는 어떤 것인가?
- 교재를 이용할 수 있는 적당한 장소와 시설이 있는가?

2) 전시(demonstration, 실연)

① 의미
  ㉠ 농업인 스스로 혁신을 시도해보도록 자극하거나 농민에게 혁신의 시험을 대신하는 것
  ㉡ 전시가 어떤 행동의 결과 중 하나일 때는 복잡한 기술적 항목 없이 문제의 원인과 해결책을 보여 줌

② 전시 종류 : 결과 전시, 방법 전시, 행동 전시
  ㉠ 결과 전시(result demonstration)
    전시 포장·농장에서 이루어지며, 전시 포장은 새로운 실행(Do)과 전통적 실행(Do)의 결과를 비교하는 데 활용됨
    ⓔ 결과 전시는 농민이 적절량 비료를 사용하거나 우수품종을 사용하여 생산량을 증가시킬 수 있음을 보여 주기, 전시 농장은 농민에게 농장체계의 변화에 대한 결과를 보여 주기
  ㉡ 방법 전시(methods demonstration) : 연시
    어떤 기술에 대해 농민이 이미 사용하길 원한다고 확신하고 있는 대상에게 보여 주는 것
    ⓔ 과일을 재배하는 농민에게 어떻게 가지치기를 할 것인지 보여 주기
  ㉢ 행동 전시(action demonstration)
    정부정책이나 사회에서 대부분 사람이 바라는 변화를 보여 주려고 노력하는 것
    행동 전시는 농촌지도요원이 거의 사용하지 않음

> **보충**
>
> ㉠ 결과 전시
>   ⓐ 의미
>   • 미국 농촌지도사업의 시조라 할 수 있는 Knapp 박사가 최초로 개발한 지도방법
>   • 혁신의 효과를 지도대상자에게 실제로 관찰하게 하는 장기적인 방법
>   • 지도대상자들이 생활하고 일하는 현장에서 그들 중에 대표격이 되는 사람이 직접 새로운 품종을 재배하거나 새로운 기술을 영농에 적용하여, 그 효과를 지도대상자의 눈으로 직접 보게 하여 지도대상자 스스로 혁신사항을 수용하게 하는 지도방법
>   • 영농혁신의 효과를 새로이 인식시키기 위하여 주로 사용하는 방법으로, 신품종의 효과, 비료사용의 효과, 잡초 및 병충해 방제의 효과 등을 실증하여 보일 때 효과적이다.
>   ⓑ 포장 선정시 고려사항
>   • 이웃농가에 영향력을 발휘할 수 있고 사람이 많이 왕래하는 도로변이나 눈에 잘 띄는 장소를 선정함
>   • 전시농가에 전시 취지를 설명하고 전시포 운영을 계획하고 교육도 병행함
>   • 전시포에 대비구를 설치하는데 같은 크기로 하는 것이 좋음
>   • 전시포에 전시를 설명하는 표찰을 세운 다음 전시 목적, 내용, 기간, 성과, 전시자와 전시농가의 성명 등을 기록함
>   • 전시농가에는 전시로 인한 손해에 대한 보상을 약속하고 필요한 예산은 미리 확보해 줘야 함
> ㉡ 방법 전시(연시)
>   ⓐ 의미
>   • 새로운 기술을 실제로 어떻게 사용하는가를 시범하여 보임으로써 혁신을 사용하게 하는 단기적인 전시법
>   • 지도사나 기타 연시자가 직접 행동과 언어, 필요시에는 차트나 유인물을 이용하여 실질적 상황에서 어떻게 하는지를 시범적으로 보여 주는 지도방법
>   • 농사기술이나 농기계운전 등을 지도할 때 가장 많이 사용하는 효과적인 지도방법
>   ⓑ 장단점
>   • 이점 : 비교적 짧은 시간 내에 끝낼 수 있고 비용이 많이 들지 않으며 실제적 상황에서 행동으로 지도하기 때문에 쉽게 이해하기 쉬움
>   • 단점 : 훌륭한 연시자를 구하기가 쉽지 않음

③ 전시 특징
   ㉠ 전시는 전시 계획에 따라 적절한 크기의 농장에서 전통적 관행과 새로운 방법 간 분명한 차이가 눈으로 확인되어야 함
   ㉡ 지도요원은 전시하려는 것이 무엇인지, 전시의 역할이 무엇인지, 농민이 전시에서 얻을 수 있는 정보가 있는지 명확히 인식하고 있어야 함

■ 결과 전시 및 방법 전시의 비교

구분	결과 전시	방법 전시
수행자	농업인, 주부, 회원	농촌지도요원, 4-H 또는 사업프로젝트의 리더나 회원
설계	전시를 수행하는 인력	방법 전시를 수행하는 인력
장소	농장, 가정과 같은 지리적 영역	교육훈련 장소 또는 TV를 통해
기간	몇 주 또는 몇 개월(장기적)	미팅 기간에 따라 좌우됨(단기적)
목적	• 새로운 방법이 다른 방법들에 비해 가지고 있는 장점을 시각적으로 증명하기 위함 • 혁신사항의 가치를 입증하는데 효과적	• 기술 또는 기법을 가르치거나 수행방법을 단계별로 보여 주기 위함 • 혁신사항을 어떻게 다루는가에 대한 과정을 지도하는데 효과적

3) 집단토의(group discussion)

① 집단토의 역할
  ㉠ 집단토의는 다양한 목적으로 사용됨 : 위원회는 정치적 수준의 합의나 만장일치 의사결정을 도출하기도 하고, 농촌지도·지역사회개발·성인교육 프로그램에서는 구성원의 문제를 파악하고 해결책을 찾을 때 사용됨
  ㉡ 집단토의는 참여자의 행동에 영향을 미침 : 농촌지도요원은 집단 내 강사 역할뿐만 아니라 전문분야 정보원이기도 하고 집단의 일원으로 참여하기도 함
  ㉢ 농촌지도 프로그램에서 5~20명으로 구성되는 집단토의는 지식 증가, 태도 변화, 행동 변화를 이끌어 내는 역할을 함

② 집단토의 구분
농촌지도가 직접 개입하는 것보다는, 일반적으로 간접 개입하여 집단토의를 하는 접근이 선호됨
  ㉠ 직접 개입하는 집단토의 : 지도요원은 집단 구성원이 스스로 문제를 발견하도록 해서 그 문제에 적합한 해결책을 제시해 주는 것
  ㉡ 간접 개입하는 집단토의 : 지도요원은 구성원이 스스로 문제를 찾고 분석하는 것을 도와주고 해결책을 만들어 내도록 도와주는 것

③ 강의법과 비교한 집단토의 장점
  • 지도요원이 보는 것보다 참여자가 더 많은 측면을 논의할 수 있음
  • 지도요원이 제시한 솔루션이 실제적인지 아닌지 참여자가 더 잘 판단할 수 있음
  • 집단토의법은 강의법에서 표현되지 않은 일상적 실천과 연관이 높음
  • 토의과정에서 사용되는 언어는 참여자에게 보다 친숙함
  • 참여자들은 질문이나 반대의견을 제시할 수 있고, 이는 의견의 동조를 향상시킴

- 집단토의는 강의법보다 참여자의 활동을 더욱 촉진함
- 참여자는 문제점의 여러 가지 측면을 구명할 수 있고 집단토의에서 논의된 해결책을 수용할 가능성이 커짐
- 참여자는 논의되는 문제점의 선택에 영향을 미칠 수 있기 때문에 보다 관심을 가짐
- 집단토의는 의사결정뿐만 아니라 정보의 전이도 영향을 미침
- 집단토의 과정에서 집단의 규범이 고려될 수 있고, 수정할 수도 있음
- 리더는 구성원의 문제점과 지식수준에 대해 잘 알 수 있음

④ 강의법과 비교한 집단토의 단점
- 정보의 전이는 많은 시간이 필요함
- 논의했던 문제점은 강의법보다 덜 체계적임
- 참여자가 관심을 갖는 안건만 다루거나 소수가 토의를 장악하게 됨
- 바람직한 토의는 참여자가 필요한 지식을 숙지하고 있음을 가정함, 그렇지 않으면 토의가 초점을 잃어버림
- 회의집단에게 부정확한 정보가 제공될 경우 회의가 잘못 진행됨
- 집단토의는 예상치 못한 문제를 다룰 수 있는 지도요원이 필요함
- 집단토의 효과에는 사회적·정서적 분위기가 영향을 미치는데, 긍정적 방향으로 이끄는 것이 쉽지 않음
- 집단토의는 집단 내 동질성을 요구함
- 토의 참가자수가 너무 많으면 효과가 떨어짐

> **참고** 토의 지도시 유의사항
> ㉠ 토의목적과 안건을 참가자들에게 명확히 알림
> ㉡ 토의과열, 감정대립 등 비상사태에는 정회, 설득 등 적절한 조치를 취함
> ㉢ 토의가 토의목적과 조건 범위 내에서 이탈하지 않도록 회의를 이끎
> ㉣ 주어진 시간 내에 토의를 마치도록 안건 당 토의시간을 배분함
> ㉤ 발언내용이 명확하지 않을 때는 사회자가 쉽게 요약·설명함
> ㉥ 의견진술 기회를 고르게 주기 위해 많이 발언하는 사람을 억제시키고 침묵을 지키는 사람의 발언을 조장함

4) 다양한 토의법

① 토의법 개념
㉠ 토의법은 집단 상호 간 다양한 의견을 자유롭게 발표·수용함으로써 상호 협력의 의미를 구체화하는 민주주의 원리를 반영하는 교육방법
㉡ 민주적 학습활동뿐만 아니라 집단사고를 강조함으로써 모두가 가르치고, 모두가

배우는 일을 실현시키는 방법. 가르치는 자와 배우는 자를 이분법으로 나누기보다 이들 간 일원적·통합적 학습을 촉진시킴
ⓒ 집단 문제에 대해 각자 근거 있는 내용을 다른 집단 구성원과 동등한 처지에서 상호 비판·보완함으로써, 대립보다는 집단 사고와 집단 결론을 이끌어 주는 방법
ⓔ 토의법 유형 : 원탁토의, 공개토의(forum), 단상토의 허들집단토의, 버즈집단토의 등

여러 가지 토의법

구분	집단 크기	적용 상황
원탁토의	소집단	모든 참여자의 공통 경험에 관련된 특정 문제를 집중적으로 분석하고, 바람직한 결론을 얻고자 할 때
집단토의	소집단	관련된 문제나 학습과제를 처리하는 데 집단 구성원이 최대한으로 참여하고, 유기적 관계를 가질 수 있을 때
단상토의	중집단~대집단	그 집단에서 관심이 있는 주제에 관해 서로 다른 권위 있는 의견을 진술할 경우
배심토의	중집단~대집단	주어진 주제에 관해서 여러 견해와 태도 및 평가가 제시되고, 아무런 최종 결론을 얻지 못했을 때, 토론자들의 생각이 배심 과정에 따라 전개되는 경우
버즈집단토의	모든 집단 (200명 이내)	강사가 자신의 주제에 대해 청중의 흥미를 제고하고자 할 때, 버즈집단을 형성해 질문을 유발하거나, 상이한 내용을 각자 자신들의 생각이나 경험에 연결시킬 수 있는 기회를 제공하고자 할 때

✿ 소집단 20명 이하, 중집단 20~50명, 대집단 50명 이상

② 원탁토의(round table discussion)
   ㉠ 원탁토의 중심의 소집단 토의방법은 비교적 소수 집단(보통 5~20명)이 직접 대면하여 생각과 의견을 서로 교환하는 방법
   ㉡ 원탁회의는 공식적·민주적 과정임. 작은 집단이 모여 비조직적 대화(dialogue)하는 것과 구분됨
③ 단상토의(symposium)
   ㉠ 소규모 사람이 한 가지 주제를 여러 견해에서 논의하는 일련의 담화, 강연 또는 강의
   ㉡ 사회자가 시간과 주제를 통제함
   ㉢ 강연은 20분을 초과하지 않게 제한되며, 전체 시간은 1시간을 초과하지 않음
④ 배심토의(panel discussion)
   ㉠ 사회자의 인도 아래 선정된 3명에서 6명의 강사가 청중 앞에서 토의하는 것
   ㉡ 토의 형식은 대화식으로 진행

⑤ 허들집단토의(huddle group discussion)
  ㉠ 토의를 활발히 하기 위하여 큰 집단을 작은 단위로 나누는 방법
  ㉡ 어떤 집단이 토의 목적을 위해 회원을 4명 또는 6명의 소집단으로 구분하여 주어진 주제를 토의하는 방법
  ㉢ 미시간주립대학 Donald Phillips 교수에 의해서 보편화되어, 일명 66토의, 필립스 66이라고도 불림(6명이 6분 동안 문제를 토의함)

⑥ 버즈집단토의(buzz group discussion)
  ㉠ 토의를 활발하게 하기 위하여 큰 집단을 작은 집단들로 나누는 방법
  ㉡ 이 방법의 특징·기본요소는 허들방법과 유사하여 허들집단토의 방법과 혼용하여 사용됨

⑦ 자유의사토의법(Brain Storming)
  ㉠ 의미 : 모든 참가자가 의사결정에 참여토록 하는 특징이 있는 토의방법. 어떤 결정사항이나 문제해결에 참가자 모두가 차례로 의견을 진술하게 하여 마지막에 종합하여 결론을 내리는 토의법
  ㉡ 특징 : 참가자가 어떠한 의견을 제시하더라도 타인이 그것을 비판할 수 없다. 모든 성원의 창의성을 활용할 수 있고 모든 구성원의 참여에 의한 결정이므로 참여의식을 조장할 수 있다. 의견을 제시하면 사회자가 칠판이나 노트에 모두 기록하였다가 다 같이 종합해야 한다.

> **참고** 브레인스토밍
>
> ① 의미
>   Brain Storming은 A.F.Osborne이 개발한 두뇌선풍기법으로 심리적 제약이 없는 자유로운 상태에서 대면적 접촉관계를 유지하며 전문자의 창의적 의견이나 아이디어를 즉흥적이고 자유분방하게 창출·교환하여 문제해결방안을 개념화하려는 집단자유토의 기법임
> ② 특징
>   ㉠ 비판의 최소화 : 긍정적인 보강이나 창조적인 대안은 장려하되 아이디어 수집단계인 현장에서의 비판은 최소화
>   ㉡ 무임승차 : 제약 없는 아이디어 산출, 다른 아이디어에 편승(무임승차)한 창안을 적극 유도
>   ㉢ 질보다 양 우선 : 양이 질을 낳는다(Quantity breeds quality)는 전제하에 많은 아이디어를 얻는 것이 목적
>   ㉣ 대면적 토론 : 면대면 토론을 원칙으로 하나 최근에는 전자메일 등을 통한 브레인스토밍도 활용
>   ㉤ 테마의 한정성 : 주제가 구체화되어 있어야 함

5) 분임연구법
   ① 구성 : 집단과제법으로서 대집단을 10명 내외의 분반으로 나누는데, 매 분반은 소속과 배경이 다른 사람들로 구성한다.
   ② 운영 : 각 반마다 일정한 연구과제가 주어지며 분임원은 사회자와 서기를 선출하여 연구를 진행한다. 분임원은 문제해결을 위해 필요한 자료와 서적을 읽고, 문제 현장을 시찰하기도 하고, 외부 전문가를 초청하여 강의를 듣기도 한다. 각 반이 얻은 결론은 보고서로 제출하게 되며, 각 반 사회자는 피훈련자 전원 앞에서 발표하게 된다.
   ③ 장점 : 이 방법은 문제해결능력, 사고력을 기르는데 효과적이다.

6) 감수성 훈련
   ① 의미 : 피훈련자들로 하여금 일상적 생활과 장소에서 격리시키고 문화적으로 고립시켜서 의도적으로 집단참여에 대한 욕구를 갖게 하여, 대인적 공감을 갖게 하고 집단형성의 메커니즘과 집단기능의 본질을 체득시키는 것
   ② 특징 : 피훈련자는 작은 집단으로 분반하여 1~2주일 동안 집중적·지속적을 접촉하면서 허심탄회하게 내심을 털어놓게 한다. 훈련과정의 딱딱한 체계는 없고, 훈련자는 참여자들이 자기 참모습을 드러내고 솔직하고 역동적으로 상호작용하도록 분위기를 만든다.
   ③ 장점 : 피훈련자의 감수성을 높여 서로 신뢰하고 다른 사람의 입장을 존중하는 원만한 분위기를 조성할 수 있다.
   ④ 단점 : 노련한 훈련자가 필요하고, 심한 부적응자나 동양적 인간관을 가진 사회에서는 부적당할 수 있다.

(3) 대중매체(mass media)

대중매체를 통해서 얻을 수 있는 효과가 무엇이고, 지도요원이 어떻게 매체를 활용하여 농민에게 필요한 메시지를 보다 분명하게 전달할 수 있는지 고려해야 함

1) 대중매체의 장단점
   ① 농촌지도에서 대중매체의 장점
      • <u>여러 계층의 다수의 사람과 동시 접촉</u>
      • 농촌지도로부터 정보를 추구하지 않았던 이들과도 접촉
      • 빈번하고 규칙적으로 정보가 제공될 수 있기 때문에 정보의 즉각적인 제공
      • 지역의 프로그램과 지도기관에 대한 신뢰 형성
      • 문제점, 이슈 또는 주요 관점의 인식 형성
      • 사람들과 빠르게 접촉

- 다양한 고객과 정보의 주제 취급
- 효과적인 다른 교수 활동의 강화 제공
- 학습자의 편의 고려
- 지속적인 독자, 청취자 또는 시청자로서의 청중
- 비디오를 활용하여 짧은 시간 내 전파를 탈 수 있도록 확장된 시간이 필요한 절차 또는 과정

② 농촌지도에서 대중매체의 단점
- <u>다른 방법들에 비해 비용이 많이 투입됨</u>
- 현 상태를 유지하기 위한 지속적인 개정 필요
- 문제 능력이 떨어지는 학습자에게는 제한적 사용
- 기술 전문가의 지원 필요
- 의도했던 메시지를 편집자가 바꿀 경우 비효과적임
- 교육자가 프레젠테이션 능력이 떨어질 경우 효과성이 떨어짐
- 보통 방송국 혹은 매체의 편의를 고려해서 제작
- 방송국의 손해
- 장비와 네트워크 접근에 투자 필요
- 대부분의 매체 제작에 시간이 소요됨
- 화상회의에는 시간과 일정 조정 필요

참고 대중매체의 일반적 순기능 VS 역기능

순기능	역기능
• 다양하고 신속한 정보 제공	• 왜곡된 사실 전달 가능성
• 여론의 형성 및 주도	• 여론 조작의 가능성
• 사회 통합에 이바지	• 구성원의 가치와 사고방식 획일화
• 국가 권력에 대한 감시 및 비판	• 지배적 규범과 가치 주입
• 휴식 및 오락 제공	• 지나친 상업주의의 확산(폭력성, 선정성)

2) 대중매체의 효과

① 대중매체가 사람의 생각이나 행동에 영향을 주는 범위는 다양함

㉠ 1940년대는 대중매체가 큰 영향을 행사함

　◉ 독일 히틀러가 권력을 얻는 데에는 대중매체의 기여도가 매우 컸음

> **참고 히틀러의 대중조작**
>
> 제2차 세계 대전 당시 독일 나치의 선전상이었던 괴벨스는 라디오를 독일의 전 가정에 보급하기 위해 국가 보조금을 지불하는 정책을 실시했다. 그는 방송국 망을 확장하고, 길거리와 광장에 '제국 스피커 기둥'을 설치하여 저렴한 수신 장비 생산을 추진했다. '국민수신기'라 불린 이 라디오를 사람들은 '괴벨스의 입'이라고 불렀다. 그는 히틀러를 '구원자', '메시아'로 선포했다. 그 결과 사람들은 히틀러를 직접 보면 열광하고, 여성들은 심지어 집 한쪽에 있는 '하느님을 위한 공간'을 '총통을 위한 공간'으로 만들어 사진과 꽃으로 장식했다.
>
> 다음은 당시의 괴벨스의 대중 전략 지침 중 일부이다.
> - 단순화하라. 대중은 복잡하면 이해를 못하고 전파력이 떨어진다.
> - 형상화하라. 그림으로 보여 주고 소리로 전달하면 무의식적으로 주입된다.
> - 반복하라. 반복적으로, 대량으로, 지속적으로 보여 주어 대중의 의식을 지배하라.
>
> 당시 히틀러 정권에 의해 대중문화가 대중조작의 도구로 사용되었음을 알 수 있다. 대중조작은 정치권력을 가진 엘리트가 대중매체 등을 이용하여 자기 의도대로 대중이 동조하도록 교묘하게 유도하는 것을 말한다.
>
> 정치 권력자가 권력을 유지·재획득하기 위해서는 대중의 합의에 의한 동조와 지지가 필요하며, 반대세력의 결속을 파괴하고 해체시켜 버릴 필요가 있다.
>
> 오늘날 정치 권력자는 고도로 발달한 대중매체를 통해 대중을 상대로 일방적 선전과 설득, 혹은 상징조작을 구사함으로써 대중으로 하여금 무의식 중에 동조하고 지지하도록 하고 있다.
>
> 대중조작은 비단 정치에서뿐만이 아니라 다른 여러 분야에서도 행해지고 있다. 현대인들은 첨단 기술과 기계, 그리고 거대한 조직과 기구 등으로부터 조종을 받으며 물질적 풍요에만 만족한 채 그날그날 살아가는 경향이 있다. 이러한 사회 구조 속에 개인의 자아는 매몰되어버리기 쉽고, 특히 대중매체에 의한 일방적인 정보의 주입은 대중으로 하여금 획일적인 사고를 갖게 하고 대중조작을 가능하게 한다.

㉡ 1950년대 미국 대통령 선거에서 대중매체가 제한적 영향력을 행사함

　◉ Josep Klapper 「대중매체의 효과(The effect of Mass Communication)」

㉢ 대중매체가 대중에게 혁신 인지와 흥미 자극에 기여도가 크지만, 농업인의 경우는 결정적 단계에서 대중매체보다 믿고 잘 아는 사람의 판단을 중시함

㉣ 대중매체가 사회변화를 촉진시키지만, 송신자와 수신자가 대중매체를 사용할 때 선택적 과정을 사용하기 때문에 대중매체만으로 사람의 행동변화를 일으키지는 못함

② 송신자의 메시지를 왜곡하는 선택적 과정

・선택적 공개(selective publication)

- 선택적 주의(selective attention)
- 선택적 지각(selective perception)
- 선택적 기억(selective remembering)
- 선택적 수용(selective acceptance)

③ 변화하는 사회에서 대중매체의 특별한 기능
- 중요한 토의주제에 대한 의제 형성
- 지식의 전이
- 여론의 형성과 변화
- 행동의 변화

3) 제시방법

① 농촌지도를 위한 기술적 출판물은 이해하기 쉽게 작성되어야 함

② 정보를 이해하기 쉽게 하는 4요소

㉠ 간단하고 단순한 언어를 사용하라(use simple language).
기술적 용어는 짧고 간단한 문장과 구체적 의미를 지니고 있는 일상적 단어를 사용하고, 추상적 단어나 은어는 피해야 함

㉡ 주장을 명확하게 구조화하고 배열하라(structure and arrange arguments clearly).
핵심이슈와 보조이슈를 구분해서 논리적 순서로 내용을 제시해야 하며, 핵심주제가 분명하게 제시되어야 함. 레이아웃이나 인쇄술을 사용하는 것도 도움이 됨

㉢ 요점을 간결하게 서술하라(make main points briefly).
주장은 핵심이슈에 한정해야 하고, 불필요한 단어 사용 없이 분명하게 진술된 목적을 서술해야 함

㉣ 읽어 보고 싶도록 작성하라(make writing stimulating to read).
문체는 독자의 흥미를 유지할 수 있도록 다양화해야 함

■ 대중매체별 특성 비교

구분	TV	라디오	신문	농업잡지	전단지
수신자의 메시지 해석	2	4	3	2	2
피드백 정도	1	1	1	2	2
동료의 영향	3	1	1	2	2
수신자의 활동	1	2	2	2	3
청중 규모	4	3	3	2	2
청중의 교육수준	3	2	3	2	2
메시지 비용	3	1	2	2	1
농촌지도조직에 지불된 비용	2	1	1	1	3
정보원의 신뢰성 정도	3	1	1	2	3
매체에 대한 접근	1	2	1	3	4
메시지에 대한 농촌지도요원의 결정	1	1	1	2	4

✪ 숫자가 클수록 매체의 특성이 높은 것임

4) 대중매체를 활용한 지도방법

① 인쇄매체 : 신문, 뉴스레터, 포스터, 팜플렛

인쇄매체는 인쇄된 글과 그림을 통해 메시지를 전하는 방식

㉠ 특징
- 인쇄물은 농촌지도에서 필요한 많은 양의 지식을 전달할 수 있음
- 인쇄매체는 단독으로 지도사업에 활용되기보다 다른 방법을 보완하는 시청각 자료로 활용하는 것이 좋음

㉡ 인쇄매체의 장단점

장점	단점
• 재독(再讀)의 가능성이 있다. • 매체선택의 자유성이 있다. • 메시지 선택의 무제한성이 있다. • 기록의 영속성이 있다.	• 신속성이 뒤진다. • 비인격적, 비친근적이다. • 배포과정이 복잡하다. • 문맹자나 낮은 교육수준의 사람들에게 의사전달이 어렵다.

㉢ 신문
- 규모차이가 크지만 어떤 형태의 신문일지라도 농촌지도사업에서 가치 있게 사용할 수 있음
- **지도방법으로 신문을 이용할 때 유의점** : 경쟁관계에 있는 다른 일반기사가 농촌지도 관련기사보다 농업인의 관심과 흥미를 더 유발함

ㄹ 뉴스레터
- 비교적 적은 비용으로 발행된 뉴스레터는 지도요원이 농업인 목록을 가지고 있을 때 유용하게 사용할 수 있는 방법
- 신뢰할 수 있는 정보전달 시스템 **예** e-mail 발송

② 시청각 매체 : TV, 라디오
인쇄매체의 여러 가지 제한점을 극복할 수 있음

㉠ 장점
- 대량의 메시지를 비교적 짧은 시간에 전달 가능
- 문맹자나 교육정도가 낮은 사람들에게도 전달 가능
- 오락적 매체의 성향이 강하므로 인쇄매체보다 접근 용이

㉡ 단점
- 제작 및 전달에 경비가 많이 소요됨
- 재독의 가능성이나 기록의 연속성이 없음
- 매체 선택이나 메시지 선택이 어려움

㉢ 텔레비전 : 텔레비전의 경우에는 청각뿐만 아니라 시각까지 이용하기 때문에, 라디오보다 동기유발이 쉬움

㉣ 라디오
ⓐ 지도사업에 라디오가 널리 사용되는 이유
- 라디오의 신속성은 새로운 사항에 잘 적응하게 만듦
- 장소를 불문하고 널리 많은 사람들에게 접근할 수 있음
- 교육 수준이 낮은 사람에게도 접근할 수 있음

ⓑ 특성
- 라디오는 산업화가 더딘 나라의 농촌에서 가장 중요한 매체임
- 농업인에게는 농업인과의 인터뷰가 농업전문학자의 연설보다 더 효과적임
- 라디오는 일반적으로 인식(knowing) 단계에서 효율적으로 사용됨
- 라디오는 지역적으로 운영되어 특수 지역문제를 다룰수록 더 효율적임
- 라디오는 다시 듣기가 어렵고, 설명된 사항을 볼 수 없음
- 정부지원 방송국, 상업적 또는 개인소유 방송국 등 다양한 형태가 있기 때문에 기관 목적에 따라 서로 다른 프로그램을 방송할 수 있음

③ 현대 정보기술의 활용
정보는 현대 농업에서 중요한 자원으로서, 농업정보는 연구결과, 시장, 성장률, 자신이 소유한 농장의 경영과정 및 다른 경쟁농가의 정보 등을 모두 포함함. 농민은 가장 적합하게 생산하는 기술은 무엇이고, 투자를 통해 얻을 수 있는 적절한 기회는 무엇인지, 언제 어디서 자신의 생산물을 매각하는 것이 가장 적절한지 등의 정보를 선택

하여 이용할 수 있음.

정보기술을 활용한 농촌지도의 특징은 상호작용성, 탈대중성, 비동시성(이메일의 경우 메일을 보낸 시간과 받는 시간이 서로 다름)임. 농장을 직접 방문하지 않고서도 맞춤식 조언을 할 수 있고 편리한 시간 메시지를 보내그 수시로 확인할 수도 있음

㉠ 전자 데이터 기반 접근 및 검색 시스템(electronic data base access and search systems)

데이터와 시스템의 설계 공식, 기상예보, 식물의 특성 정보, 동식물의 병해충과 방제법, 사료 배급량 계산, 투입재의 시장가격과 다양한 생산품, 도서관 목록과 문서의 구조화 등이 이 시스템의 기초자료가 됨. 많은 데이터베이스를 얻기 위해 가정용 컴퓨터, 인터넷 전용선, 컴퓨터 활용능력, CD-Rom 등의 장비가 필요함

예 자동화된 전화응답시스템

㉡ 환류 시스템(feedback system)
ⓐ 현대기술은 더욱 빠르고 효과적으로 피드백이 가능함
ⓑ 감지장치를 통한 예측정보가 실제 생산량과 차이가 난다면 무엇인가 오류가 발생했음을 의미하고 그 원인을 찾을 수 있음

예 센서는 젖소 한 마리당 우유 생산량 계산, 젖소의 임신기와 수유기, 우유를 생산하지 못하는 시기 등을 파악해 줌

㉢ 조언 시스템(advisory system)

농업인은 전문컨설팅 회사, 농자재 회사, 관련 협회, 품목관련 연구소, 농업기술센터, 대학, 민간전문가 등을 통해 조언을 구하는데, 이들과 직접 접촉하지 않고도 조언 시스템을 활용해 시·공간 제약을 받지 않그 컨설팅을 받음

예 독일 컨설팅 업체는 매주 고객으로부터 장미생산에 관한 100가지 매개변수 자료를 받아 시뮬레이션을 통해 분석하고, 적절한 시비량을 조언해 주며, 식물보호 측정과 환경제어 등의 일을 수행함

㉣ 네트워크 시스템(network system)
ⓐ 현대 정보기술은 다른 지역 농장의 문제가 무엇이고, 그 문제를 어떻게 해결하였는가에 관해 원격지 농민 간 접촉이 가능함
ⓑ 농민단체도 지도요원처럼 연구단체를 만들고, 네트워크를 통해 정보를 획득하며, 다른 단체에게 질문을 하고, 전자메일도 서로 주고받으며, 인터넷을 통해 국제적 정보에도 접근이 가능함

㉤ 현대 정보기술을 활용한 지도요원의 지도내용
- 컴퓨터 및 컴퓨터 프로그램의 선택
- 농장에서 사용할 컴퓨터 프로그램에 사용될 자료의 수집과 기록
- 어떻게 자료를 수집할 것인가

- 농업인의 의사결정을 위한 요구에 관한 정보수집
- 농업인이 받은 정보를 어떻게 정확하게 해석할 것인가

■ 농업정보기술의 특성

구분	접근 및 검색 시스템	환류 시스템	조언 시스템	네트워크 시스템
실제 사용되는 명칭	database teletext videotext hypertext	경영정보시스템 (MIS)	의사결정지원시스템 전문가시스템 지식시스템	e-메일 화상회의시스템 videotex
목표	정보에 대한 효율적 접근 제공	적절한 피드백 제공	전문적 지원과 조언 제공	네트워킹 활동 촉진
수단	검색/선택 절차	자료의 입력, 조작과 표현	계산, 최적화, 시뮬레이션과 설명	의미 변화, 파일 전달(그림, 소리, 문자 등)
정보의 원천	정보 제공자	최종 사용자	최종 사용자와 전문가	최종 사용자와 정보제공자
학습, 의사결정과 문제해결 측면	주로 이미지 형성과 실행	주로 평가, 이미지 형성과 문제 인식	주로 대안의 검색/선택과 이미지 형성	메시지 내용과 특성에 따른 변수들
의사소통 중재자의 역할	정보 제공자	정보의 처리와 해석을 위한 토의 파트너	토의 파트너 사용자 수정자	사용자
현실적 문제점	최종 사용자의 로직과 지식의 모순 검색 절차	피드백은 최종 사용자의 관심을 충족시키지 못함	주요모델의 타당성에 의문, 다양한 원인의 해석에 대한 문제	사용자가 정보의 홍수에 직면함

(4) 민속매체

현대 농업인에게 대중매체를 활용한 하향식 의사소통방식의 효과가 떨어지기 때문에 이 방식은 크게 줄고, 민속매체의 활용(use of falk media)에 대한 관심이 증가하고 있음

① 민속매체 종류

연극에서의 행동과 노래, 꼭두각시놀이, 이야기 및 다른 전통적 오락 형태

② 민속매체 특징

㉠ 대중매체는 동시 발생적으로 위로부터 정보를 내보내지만, 민속매체는 청중의 감정에 호소하고 청중들 자신이 배우게 됨

㉡ 민속매체는 지역문화와 친밀하기 때문에 민속매체를 현실과 동일시하게 됨

㉢ 민속매체는 감정의 변화를 자극하는 데 효과적이며 청중은 메시지를 확인하는 경

향이 있음(자신들에게 익숙한 의사소통이고, 자신들의 지역 언어가 사용되기 때문)
ⓔ 마을 사람들은 다른 방식의 민속매체에도 참여하기도 함
ⓜ 민속매체와 현대식 매체는 완벽하지는 않지만 서로 보완이 가능함
　　예) 브라질 농촌지도에서 유명한 민속가수가 기술적 메시지를 노래가사로 작곡함

▪ 여러 가지 농촌지도방법의 특성 비교

	대중매체	담화	전시	민속매체	집단토의	대화
혁신의 인식	○○○	○	○○	○○	×	×
문제점 인식	×	○	○○	○○○	○○○	○○○
지식의 전이	○○○	○○	○○	○○	○○	○○
행동의 변화	×	×	○○	○	○○○	○○
다른 농가의 지식 활용	×	×	○	○○	○○○	○○
학습과정 촉진	×	×	○	○○○	○○○	○○
농가의 문제점 조정	×	×	○	○○	○○○	○○○
축약 수준	○○○	○○	×	×	○	○
(1인당) 비용	×	○	○	○○	○○	○○○

○ ; 적합, × ; 부적합

3 새로운 농촌지도방법

(1) SNS를 이용하는 방법

요즘 트위터, 페이스북 등 소셜네트워크서비스(Social Network Service, SNS)가 인터넷의 중심이 됨

① SNS 특징
　ⓐ 온라인상 불특정 타인과 관계를 맺을 수 있는 서비스로 이용자들은 소셜 네트워크 서비스를 통해 새로운 인맥을 쌓거나 기존 인맥관계를 강화시켜 나감
　ⓑ 개인의 표현 욕구가 강해지면서 사람들 간 사회적 관계(인적 네트워크)를 맺게 하고, 친분관계를 유지시킴
　ⓒ 기존 웹상 카페·동호회 등의 커뮤니티 서비스가 특정 주제에 관심을 가진 사람들이 집단화하여 폐쇄적 서비스를 공유하는 것이라면, SNS는 개인이 중심이 되어 자신의 관심사와 개성을 공유함
　ⓓ 초기 SNS는 주로 친목 도모·엔터테인먼트 용도로 활용되었으나, 이후 비즈니스·각종 정보공유 등 생산적 용도로 활용하는 경향이 나타남

　　　ⓜ 인터넷 검색보다 SNS를 통하여 최신 정보를 찾거나 이를 활용하는 경우가 많아짐
　② 농업분야에도 SNS의 활용가능성
　　　㉠ 기존의 많은 농업인이 고령자 또는 신규사용자이기 때문에 적응하는 데 어려움을 겪을 수도 있음
　　　㉡ 스마트폰을 활용한 날씨 확인, 일정 확인, 주문 및 배송조회, 상품구입, 대금결제 등
　　　㉢ 스마트 농업 사업 현실화 : 트위터를 활용하여 농산물을 판매하거나 페이스북 등 다른 SNS를 통해 판로를 개척함
　　　㉣ 농촌지도공무원이 농업인에게 정보·기술 지원을 빠르게 해 주기 위하여 농업현장에 태블릿 PC를 지원함
　　　㉤ <u>스마트 쇼핑몰을 구축한 농축산물 QR 코드를 시험·운영함</u>
　　　㉥ 농촌지도기관이 보유한 농업정보를 쉽게 다운로드받을 수 있도록 모바일 앱(Application) 개발이 이루어짐
　　　㉦ 기존 전문서적이나 교재를 스마트 단말기용 전자책으로 개발·보급함
　③ SNS 활용시 고려할 점
　　　㉠ SNS의 특성상 <u>농업CEO, 농업법인, 마을지도자, 관계공무원 등</u>을 대상으로 먼저 교육을 실시하여 육성한 후, 이들을 <u>지역사회 전파자로 활용</u>하는 단계별 접근을 고려해야 함
　　　㉡ SNS를 활용한 아이디어는 전문 분야에서 모든 틀을 짜서 공급하는 <u>하향식 일괄형 보급</u>보다는 농업·농촌·농민이 필요로 하는 것과 전문영역의 노하우를 결합한 <u>상향식 수요조사 및 협력·보완 시스템으로 추진</u>하는 것이 바람직함

4 농촌지도방법 선정시 고려사항

농촌지도방법이 다양하므로 대상의 특성 및 상황에 따라 다양한 방법을 사용할 수 있어야 함

(1) 적절한 지도방법 선정시 고려요인
　① 지도목적·내용의 성격
　　　㉠ 지도목적은 단순 사실 전달, 사고력 배양, 태도 및 기술 함양 등 다양하고, 지도내용도 다양함 → 지도목적과 내용에 따라 지도방법을 선택해야 함
　　　㉡ 지도목적이 단순 사실·정보 전달인 경우 강의법을, 기술 습득인 경우 시연 및 실습을, 사고력과 판단력 배양인 경우 토의법을 활용할 수 있음

ⓒ 학습자의 관심을 증대시키고 확신을 주기 위해 견학, 전시 등을 활용함
② 활용 가능한 시간
　　실제 농촌지도에서 대상자와 접촉할 때 시간 제약을 많이 받음
　　ⓐ 비교적 짧은 시간에 많은 정보를 제공할 수 있는 방법은 강의법이지만 이 방법은 최소화하는 것이 좋음
　　ⓑ 토의법은 진행시간이 많이 소요되므로 필요한 경우에만 사용함
　　ⓒ 시간이 충분하면 방문지도도 가능하지만, 시간이 부족할 때는 대상자의 농촌지도 기관 내방하는 방법도 활용할 수 있고, 인쇄물을 준비하여 배부할 수도 있음
③ 이용 가능한 시설 및 보조교재
　　경우에 따라 시청각 보조교재가 필요한 경우가 있는데 시청각기기와 보조교재를 사용할 수 있는지 확인해야 함
④ 지도사의 자질
　　ⓐ 지도사가 표현력이 풍부하고, 유머 감각이 있는 경우 강의법도 효과적
　　ⓑ 시청각교재를 잘 만들면 교재를 제작하여 활용할 수도 있음
　　ⓒ 연기를 잘하면 단막극을 통하여 지도할 수도 있음
⑤ 지도대상자의 수
　　ⓐ 개인지도·개별방문지도가 효과적이기는 하지만 지도요원의 수에 한계가 있으므로, 지도대상자가 많을 경우 강의법을 사용하거나, 슬라이드·영화 등을 활용할 수도 있음
　　ⓑ 더욱 많은 청중을 대상으로 할 경우 텔레비전·신문 같은 대중매체를 활용할 수도 있음
⑥ 지도대상자의 특성
　　지도대상의 특성에 따라 적절한 지도방법을 활용할 필요가 있음
　　ⓐ 토의법은 학습자의 참여를 이끌어낼 수 있으나, 민주적 회의진행방법에 익숙한 대상자가 아닐 경우 활용하기 어려움
　　ⓑ 학력이 높은 대상자에게는 인쇄 자료를 제시하는 것도 효과적
　　ⓒ 보수적 대상자가 많은 경우는 전시법, 관찰법, 견학 등이 효과적
⑦ 선진농가 및 소규모 농가에 따라
　　ⓐ 선진농가의 경우 상담 기능, 소규모 농가의 경우 지식과 정보 전달·교육 기능을 발휘하는 것이 좋음
　　ⓑ 상담 기능은 정보의 제공과 지도 조언을 하는 것이며, 전달·교육 기능은 과제 해결 과정을 체득하게 하는 것임

ⓒ 지도목적에 적합하게 인터넷이나 e-mail을 통한 정보교환시스템 등 다양한 매체를 활용함

⑧ 지도법에 대한 농업인의 문제점 지적
교육이수자에 대한 사후관리체제 미비, 대상자별 수준 고려 부족, 교육방법상 참여 및 실습 기회 부족, 시기와 기간의 부적절성, 내용의 비현실 등을 문제점으로 지적

(2) 농업 환경의 변화

① 세계화
시장경제 중심의 급속한 발전은 기후 및 환경적 변화를 비롯하여 농업비즈니스 중심의 시장주도적 변화를 통하여 세계적인 농업생산 증가의 요구와 식량 안보의 요구가 높아짐

② 지방화
지방분권화로 인해 지역에서는 협치(협력적 통치, governance) 차원의 참여적 지역개발이나 민간단체 및 기업의 참여 등으로 농촌지도 내용, 전달방법, 실제적 효과가 영향을 받음

③ 세계화·지방화에 따른 적합한 지도방법 선택시 고려할 점
  ㉠ 기술적 실현가능성(technical feasibility) : 농경영체 내 실행 가능한 적합한 기술이어야 함
  ㉡ 경제적 실현가능성(economic feasibility) : 경제적으로 인력 및 재력 등의 자원 측면에서 실현 가능해야 함
  ㉢ 사회적 수용성(social acceptance) : 그 실행방법이 사회적으로 수용·포용적이어서, 개인과 그룹간 힘의 균형에 소외나 갈등을 일으키지 않도록 해야 함
  ㉣ 생태적 지속가능성(environmental sustainability) : 지속적으로 요구되는 생산성 증대로 인한 자원고갈과 오염 등이 미치는 환경적 피해로부터 안전하며 지속가능성을 갖고 있어야 함

Chapter 03 기출 및 예상 문제

01 다음 중 전시에 대한 설명으로 옳지 않은 것은?   ●21 경북 농촌지도사(변형)

① 농촌지도요원은 행동전시를 많이 사용한다.
② 결과 전시는 냅프 박사가 최초로 개발한 지도방법이다.
③ 전시의 종류에는 방법전시, 행동전시, 결과전시 등이 있다.
④ 방법전시는 새로운 기술을 실제로 어떻게 사용하는가를 시범하여 보임으로써 혁신을 사용하게 하는 단기적인 전시법이다.

해설 행동 전시는 정부정책이나 사회에서 대부분 사람이 바라는 변화를 보여 주려고 노력하는 것이며, 농촌지도요원이 거의 사용하지 않음

02 다음 보기의 토의법은 무엇인가?   ●21 경북 농촌지도사(변형)

> ⊙ 사회자의 인도 아래 선정된 3명에서 6명의 강사가 청중 앞에서 토의하는 것
> ⓒ 토의 형식은 대화식으로 진행

① 허들집단토의(huddle group discussion)
② 패널토의(panel discussion)
③ 자유의사토의법(Brain Storming)
④ 단상토의(symposium)

03 다음 중 전시에 대한 설명이 옳은 것은?   ●20 경남 농촌지도사

> ⊙ 결과전시 장소는 농장, 가정과 같은 지리적 영역이다.
> ⓒ 행동전시는 농촌지도요원들이 거의 사용하지 않는 방법이다.
> ⓒ 방법전시 수행자는 농촌지도요원, 4-H 또는 사업프로젝트의 리더나 회원이다.
> ⓔ 결과전시의 목적은 기술 또는 기법을 가르치거나 수행방법을 단계별로 보여주기 위함이다.

① ⊙, ⓒ
② ⓒ, ⓒ
③ ⊙, ⓒ, ⓒ
④ ⊙, ⓒ, ⓔ

정답 01 ① 02 ② 03 ③

해설 ㉣ 결과전시의 목적은 새로운 방법이 다른 방법들에 비해 가지고 있는 장점을 시각적으로 증명하기 위함이며, 혁신사항의 가치를 입증하는데 효과적이다.
반면, 방법전시의 목적은 기술 또는 기법을 가르치거나 수행방법을 단계별로 보여주기 위함이며, 혁신사항을 어떻게 다루는가에 대한 과정을 지도하는데 효과적이다.

04 개인접촉방법의 장점이 아닌 것은?
● 20 경남 농촌지도사

① 실제 모든 주제에 적용가능
② 지역 문제해결에 최우선 지식제공
③ 학습을 위한 분위기조성
④ 바람직한 공적 인간관계 형성

해설 ① 집단접촉방법의 장점

개인접촉방법의 장단점
㉠ 장점 • 학습을 위한 분위기 조성 • <u>바람직한 공적 인간관계 형성</u> • 조언에 대한 지역의 검증 제공 • 지역 문제 해결에 최우선의 지식 제공 • 지역사회 리더, 전시자와 협력자의 선택에 공헌 • <u>문제점 혹은 의문사항에 대해 즉각적인 피드백 제공</u> • 신뢰할 만한 정보원으로서의 농촌지도요원과의 신뢰형성 • 농촌지도 활동에서 일상적으로 접촉하기 어려운 개인들과의 관계 형성에 도움 • 개별방문은 일반적으로 정보를 확산하는 데 쉽고 빠르고, 효과적인 교수방법임 ㉡ 단점 • 접촉 비용이 타 방법에 비해 비쌈 • 농가/가정 방문에 적절한 교수법 계획 필요 • 지역의 지도전문가와 접촉할 수 있는 경우의 제한

05 농촌지도 실천에 적용해야 할 원리로 가장 옳지 않은 것은?
● 20. 서울 농촌지도사

① 실용적 학습내용을 중심으로 해야 한다.
② 농촌 지역사회 내에서의 가시적 결과로써 지도해야 한다.
③ 획일적이고 주입식의 지도방법을 활용해야 한다.
④ 성인들의 자아의식을 상하게 해서는 안 된다.

해설 다양한 지도방법을 활용하여야 하며, 교육대상자로 하여금 그들의 경험과 의견을 표현하도록 유도하여야 한다.

정답 04 ① 05 ③

06 보기에서 설명하는 토의법은 무엇인가?

● 18. 경북 농촌지도사(변형)

> 3명이나 그 이상의 사람들이 그룹 앞에서 특정 주제에 대해 토의를 한 후 사회자의 진행으로 그룹 토의를 하는 방식으로 진행

① 강의식 포럼 ② 그룹토의
③ 심포지엄 ④ 배석토의

해설
- ㉠ 그룹토의(group discussion) : 2명이나 그 이상의 사람이 의견, 경험, 정보를 나누고 함께 아이디어를 제시한 후 평가를 하는 방식으로 진행됨. 그룹토의에서 참가자는 합의나 더 나은 의견을 도출하기 위해 서로 협동함
- ㉡ 강의식 포럼(lecture forum) : 한 사람이 강의도 하고, 특정 부분에 대해 질문도 받는 형식으로 진행됨
- ㉢ 심포지엄(symposium) : 3명이나 그 이상의 사람들이 서로 다른 시각으로 짤막한 발표를 하고 난 뒤 사회자의 진행으로 질문과 답변을 하는 방식으로 진행되는 토의법
- ㉣ 패널(panel) : 3명이나 그 이상의 사람들이 그룹 앞에서 특정 주제에 대해 토의를 한 후 사회자의 진행으로 그룹 토의를 하는 방식으로 진행됨. 패널 토의는 심프지엄과 유사한 형식으로 진행되는데, 심포지엄이 발표자와 사회자 사이에서만 상호작용이 일어남
- ㉤ 토론(debate) : 2명의 발표자가 사회자의 진행으로 하나의 주제를 놓고 서로 다른 관점에서 발표하는 방식

07 집단토의의 특성으로 적합하지 않은 것은?

● 18. 경북 농촌지도사(변형)

① 혁신의 인식 ② 행동의 변화
③ 다른 농가의 지식 활용 ④ 학습과정 촉진

해설

	대중매체	담화	전시	딘속매체	집단토의	대화
혁신의 인식	○○○	○	○○	○○	×	×
문제점 인식	×	○	○○	○○○	○○○	○○○
지식의 전이	○○○	○○	○○	○○	○	○○
행동의 변화	×	×	○○	○	○○○	○○
다른 농가의 지식 활용	×	×	○	○○	○○○	○
학습과정 촉진	×	×	○	○○○	○○○	○○
농가의 문제점 조정	×	×	○	○○	○○	○○
축약 수준	○○○	○○	×	×	○	○
(1인당) 비용	×	○	○	○○	○○	○○○

정답 06 ④ 07 ①

08 농촌지도방법 중 집단접촉방법에 해당하지 않는 것은?

가. 지도기관 내방	나. 지도자 교육
다. 워크숍	라. 결과 전시
마. 품평회	바. 현장답사

① 가, 나, 마 ② 나, 라, 바
③ 가, 라, 마 ④ 다, 라, 바

해설 접촉방식에 따른 분류

구분	개별접촉방식	집단접촉방식	대중접촉방식
지도방법	농가 방문, 지도기관방문, 결과 전시, 전화, 개인응답	회의, 단기회의, 화상회의, 강의, 지도자 교육, 포럼, 방법 전시, 현장답사(견학), 농업조직, 수련활동, 워크숍	TV, 뉴스, 라디오, 신문, 출판물, 전화응답시스템, 컴퓨터활용 교수학습, 전시회, 품평회, 위성통신, 인터넷

09 Waldron & Moor가 사용하는 기법에 의한 농촌지도방법의 분류로 옳지 않은 것은?

① 정보제공기법 - 패널발표, 집단토의
② 기술습득기법 - 워크숍, 실험
③ 기술습득기법 - 사례연구, 역할극
④ 지식적용기법 - 워크숍과 실험, 사례연구

해설 사용하는 기법에 따른 분류(Waldron & Moor)

정보제공 기법 (information-giving techniques)	강의(lectures), 패널 발표(panel presentations), 질의응답세션(question and answering sessions), 토론(debates)
기술습득 기법 (skill-acquiring techniques)	시뮬레이션(simulation), 전시(demonstrations), 역할극(role-playing), 훈련(drill), 사례연구(case study), 워크숍(workshops), 실험(laboratores)
지식적용 기법 (knowledge-applying techniques)	집단토의(group discussions), 사례연구(case study), 워크숍과 실험(workshops and laboratories), 여러 형태의 집단활동(various forms of group activities)

정답 08 ③ 09 ①

10 강의법과 비교한 집단토의의 장점에 해당하지 않는 것은?

① 집단토의에서 논의했던 문제점은 강의법보다 더 체계적이다.
② 참여자들은 문제점의 밝혀지지 않은 측면을 규명할 수 있는 기회를 갖게 되는데, 이는 참여자들이 집단토의를 통해 논의했던 문제점에 대한 해결책을 수용할 가능성을 키운다.
③ 집단토의는 의사결정뿐만 아니라 정보의 전이에도 중요한 영향을 미칠 수 있다.
④ 참여자들은 질문이나 반대의견을 제시할 수 있고, 이는 의견의 동조를 향상시킨다.

해설 강의법과 비교한 집단토의 장점
  ㉠ 지도요원이 보는 것보다 참여자가 더 많은 측면을 논의할 수 있음
  ㉡ 지도요원이 제시한 솔루션이 실제적인지 아닌지 참여자가 더 잘 판단할 수 있음
  ㉢ 집단토의법은 강의법에서 표현되지 않은 일상적 실천과 연관이 높음
  ㉣ 토의과정에서 사용되는 언어는 참여자에게 보다 친숙함
  ㉤ 참여자들은 질문이나 반대의견을 제시할 수 있고, 이는 의견의 동조를 향상시킴
  ㉥ 집단토의는 강의법보다 참여자의 활동을 더욱 촉진함
  ㉦ 참여자는 문제점의 여러 가지 측면을 규명할 수 있고 집단토의에서 논의된 해결책을 수용할 가능성이 커짐
  ㉧ 참여자는 논의되는 문제점의 선택에 영향을 미칠 수 있기 때문에 보다 관심을 가짐
  ㉨ 집단토의는 의사결정뿐만 아니라 정보의 전이도 영향을 미침
  ㉩ 집단토의 과정에서 집단의 규범이 고려될 수 있고, 수정할 수도 있음
  ㉪ 리더는 구성원의 문제점과 지식수준에 대해 잘 알 수 있음

11 다음 중기 성인기의 나이는?

① 45~60세
② 40~45세
③ 17~22세
④ 50~55세

해설

아동 및 청소년기 (3~17세)	사회생활의 기초에 대한 훈련의 시기로서, 성인들에 의해 주어진 생활양식을 따라야 할 의무가 있음
초기 성인기 (22~40세)	그 자신의 생활에 대한 선택과 유지·개선을 하여야 함
중기 성인기 (45~60세)	가정, 사회, 직업생활에 있어서 중심적인 위치와 역할을 수행하는 시기
후기 성인기 (65세 이상)	사회적 생활의 중심권에서 벗어나 중재자로서의 역할을 수행하는 시기

정답 10 ① 11 ①

12 다음 접촉방법 중 개별접촉방법이 아닌 것은?

① 연찬회
② 농업기술센터 내방
③ 농가 방문
④ 전화

해설 **개별접촉방식** : 농가 방문, 지도기관방문, 결과 전시, 전화, 개인응답

13 다음 중 개인접촉방법으로 볼 수 없는 대민접촉방법은?

① 견학
② 농업기술센터 및 농업인상담소 내방
③ 결과 전시
④ 포장 및 농가 방문

해설 **집단접촉방식** : 회의, 단기회의, 화상회의, 강의, 지도자 교육, 포럼, 방법 전시, 현장답사(견학), 농업조직, 수련활동, 워크숍

14 다음 중 집단접촉방법에 속하는 지도대상에 의한 분류는?

① 방법 전시
② 농가 방문
③ 농업기술센터 내방
④ 결과 전시의 시행

해설 **대중접촉방식** : TV, 뉴스, 라디오, 신문, 출판물, 전화응답시스템, 컴퓨터활용 교수학습, 전시회, 품평회, 위성통신, 인터넷

15 다음 중 집단접촉방법이 적용되지 않는 것은?

① 학습단체
② 농민단체
③ 이웃주민
④ 모든 부락단체

16 생활에서 일어나는 문제를 중심으로 농촌지도사와 대상자인 농촌주민이 협동하여 토의과정을 거치면서 해결방법을 찾는 방법은?

① 설명학습지도
② 발견학습지도
③ 방문학습지도
④ 문제해결학습지도

해설 **문제해결학습지도** : 생활에서 일어나는 문제를 중심으로 농촌지도사와 대상자인 농촌주민이 협동하여 토의과정을 거치면서 해결방법을 찾는 방법

정답 12 ① 13 ① 14 ① 15 ③ 16 ④

17 다음 중 지도를 받는 사람의 능동적 참여와 사고력이 요구되는 지도방법은?

① 방문지도
② 전시지도
③ 견학지도
④ 문제해결학습지도

18 다음 중 보기에 해당하는 농촌지도방법은?

> • 설명학습지도 : 농촌지도사가 중심이 되어 대상자들에게 설명으로 지도하는 방법
> • 문제해결학습지도 : 농촌지도사와 대상자인 농촌주민이 협동하여 해결방법을 찾는 방법

① 지도대상에 의한 방법
② 사용수단에 의한 방법
③ 피교육자의 참여정도에 의한 방법
④ 집단의 구성원에 의한 방법

해설 **피교육자의 참여정도에 의한 분류**
㉠ 설명학습지도 : 농촌지도사가 중심이 되어 대상자들에게 설명으로 지도하는 방법
㉡ 문제해결학습지도 : 생활에서 일어나는 문제를 중심으로 농촌지도사와 대상자인 농촌주민이 협동하여 토의과정을 거치면서 해결방법을 찾는 방법
㉢ 발견학습지도 : 농촌주민 스스로가 문제를 발견하고 해결하도록 하며, 농촌지도사는 뒤에서 도움만 주는 지도방법

19 다음 중 농촌지도실천과 관련 있는 내용이 아닌 것은?

① 일관성 있는 지도법에 의한 지도
② 실용적 내용중심 교육
③ 참여자의 의사교환 가능
④ 현장중심 교육
⑤ 시청각기구의 이용

해설 농촌지도는 대상자가 각계각층이며 내용도 다양하므로 지도방법도 다양한 방법으로 이루어진다.

20 다음 중 지도방법 선정시 관련요인과 거리가 먼 것은?

① 시청각 교재
② 지도대상자의 특성
③ 지도대상자의 수
④ 활동가능시간
⑤ 지도목적과 내용의 성격

해설 **지도방법 선정시 참고가 되는 사항들** : 지도목적과 내용의 성격, 활용가능한 시간, 지도대상자의 수, 이용가능한 시설 및 보조교재, 지도대상자의 특성, 지도사의 자질

정답 17 ④ 18 ③ 19 ① 20 ①

21 다음 중 지도사 위주의 지도로 끝나기 쉬운 지도방법은?
① 연시
② 집단접촉지도
③ 강의지도
④ 계획에 따른 지도

22 다음 중 농촌지도사업의 중심적인 지도방법으로서, 기술의 가치를 입증하는데 가장 효과적인 지도방법은?
① 품평회
② 연시
③ 결과 전시
④ 평가회

해설 결과 전시
㉠ 혁신의 효과를 지도대상자에게 실제로 관찰하게 하는 장기적인 방법
㉡ 지도대상자들이 생활하고 일하는 현장에서 그들 중에 대표격이 되는 사람이 직접 새로운 품종을 재배하거나 새로운 기술을 영농에 적용하여, 그 효과를 지도대상자의 눈으로 직접 보게 하여 지도대상자 스스로 혁신사항을 수용하게 하는 지도방법이다.
㉢ 영농혁신의 효과를 새로이 인식시키기 위하여 주로 사용하는 방법으로, 신품종의 효과, 비료사용의 효과, 잡초 및 병충해 방제의 효과 등을 실증하여 보일 때 효과적이다.

23 지도 대상자 스스로 혁신 사항을 수용하게 하는 지도방법은?
① 결과 전시
② 방법 전시
③ 강화이론
④ 지각이론

24 다음 중 농촌지도의 중심적인 지도방법으로 내프가 주장한 이론은?
① 방법 전시
② 결과 전시
③ 분임연구
④ 결과토의

25 다음 중 교육적 입장에서 가장 효과적이고, 교육적인 성과를 기대할 수 있는 지도방법은?
① 전시
② VTR
③ 연시
④ 슬라이드

정답 21 ③ 22 ③ 23 ① 24 ② 25 ③

26. 다음 토의지도법 중 문제해결에 참가자 모두가 차례로 의견을 진술하게 하여 마지막에 그것을 종합하여 결론을 내리는 토의법은?

① 자유의사토의
② 배석토의
③ 집단토의
④ 심포지엄

해설 자유의사토의법(Brain Storming)
  ㉠ 의미 : 모든 참가자가 의사결정에 참여토록 하는 특징이 있는 토의방법. 어떤 결정사항이나 문제해결에 참가자 모두가 차례로 의견을 진술하게 하여 마지막에 종합하여 결론을 내리는 토의법
  ㉡ 특징 : 참가자가 어떠한 의견을 제시하더라도 타인이 그것을 비판할 수 없다. 모든 성원의 창의성을 활용할 수 있고 모든 구성원의 참여에 의한 결정이므로 참여의식을 조장할 수 있다. 의견을 제시하면 사회자가 칠판이나 노트에 모두 기록하였다가 다 같이 종합해야 한다.

27. 다음 중 brain-storming에 대한 설명이 아닌 것은?

① 모든 참가자가 의사결정에 참여한다.
② 모든 성원들의 참여의식을 조장할 수 있다.
③ 참가자 전원이 자유롭게 남의 의견을 비판할 수 있다.
④ 서기나 사회자가 필요하다.

해설 브레인스토밍 특징
  ㉠ 비판의 최소화 : 긍정적인 보강이나 창조적인 대안은 장려하되 아이디어 수집단계인 현장에서의 비판은 최소화
  ㉡ 무임승차 : 제약 없는 아이디어 산출, 다른 아이디어에 편승(무임승차)한 창안을 적극 유도
  ㉢ 질보다 양 우선 : 양이 질을 낳는다(Quantity breeds quality)는 전제하에 많은 아이디어를 얻는 것이 목적
  ㉣ 대면적 토론 : 면대면 토론을 원칙으로 하나 최근에는 전자메일 등을 통한 브레인스토밍도 활용
  ㉤ 테마의 한정성 : 주제가 구체화되어 있어야 함

28. 국면접근법에 의해 사람의 발달단계를 4단계로 구분한 사람은 누구인가?

① 키츠너
② 콜버그
③ 피아제
④ 레빈슨

해설 국면접근법 : Levinson의 연구. 국면접근법은 성인의 생활주기를 4계절의 변화주기에 비유하며, 봄은 유년기, 여름은 청년기, 가을은 중년기, 겨울은 노년기에 해당하는데, 계절의 변화처럼 사람은 나이에 따라 발달 특성의 차이를 보인다.

정답 26 ① 27 ③ 28 ④

 농촌지도론

29 다음 중 농촌지도실천의 원리로 맞는 것끼리 연결된 것은?

> (A) 실용적 학습내용을 중심으로 가르친다.
> (B) 농촌환경 내의 가시적 결과로써 지도한다.
> (C) 지도법을 1개의 최신교재선택 후 일관성 있게 지도하여야 한다.

① A
② A, B
③ A, B, C
④ B, C

30 Verner와 Booth의 성인교육실천의 원리가 아닌 것은?

① 교육적 태도를 지양한다.
② 강의 중심적이어야 한다.
③ 사실 중심적이어야 한다.
④ 참가자 중심적이어야 한다.

해설 Verner와 Booth의 성인교육실천의 원리
- 교육자적 태도를 일체 버려라.
- 참가자를 중심으로 하라.
- 사실을 전하라.
- 공통의 분위기를 만들어라.
- 상대방에게 질문을 하게 하라.
- 강사도 함께 배우라.
- 반증은 하더라도 논쟁은 하지 말라.
- 사실을 간단명료하게 말하라.
- 의문을 일으키도록 하라.
- 배우는 방법을 가르치라.
- 생활을 도와주라.
- 가장 좋은 시간을 선택하라.

31 농촌지도방법을 선정할 때 고려하여야 할 사항으로 보기 어려운 것은?

① 지도목적과 내용의 성격
② 관리층의 편의성 강조
③ 지도대상자의 특성
④ 활용가능한 시간

해설 **지도방법 선정시 참고가 되는 사항들** : 지도목적과 내용의 성격, 활용가능한 시간, 지도대상자의 수, 이용가능한 시설 및 보조교재, 지도대상자의 특성, 지도사의 자질

정답 29 ② 30 ② 31 ②

32. 농촌지도방법 중에서 가정이나 농장을 개별적으로 방문하거나 농촌지도소에서 농민의 전화나 편지 등에 의한 방법은?

① 집단접촉방법
② 개인접촉방법
③ 전시지도법
④ 대중접촉방법

해설 접촉방식에 따른 분류

구분	개별접촉방식	집단접촉방식	대중접촉방식
지도방법	농가 방문, 지도기관방문, 결과 전시, 전화, 개인응답	회의, 단기회의, 화상회의, 강의, 지도자 교육, 포럼, 방법 전시, 현장답사, 농업조직, 수련활동, 워크숍	TV, 뉴스, 라디오, 신문, 출판물, 전화응답시스템, 컴퓨터활용 교수학습, 전시회, 품평회, 위성통신, 인터넷

33. 다음 지도방법 중 집단접촉방법이 아닌 것은?

① 품평회
② 연찬회
③ 견학
④ 평가회

34. 지도대상에 의한 분류 중 대중접촉의 지도방법에 해당되는 것은?

① 방법연시
② 전시포
③ 팜플렛
④ 강연회

35. 개별적 농가 방문을 할 때 유의해야 할 사항이 아닌 것은?

① 방문목적이 뚜렷해야 한다.
② 필요시 상황에 따라서 임기응변적으로 방문하기도 한다.
③ 상호신뢰의 분위기 속에서 지도가 이루어지도록 하여야 한다.
④ 방문지도의 내용과 결과를 기록해 주고, 방문 시에 약속한 사항은 반드시 이행토록 한다.

정답 32 ② 33 ① 34 ③ 35 ②

36 농민이 지도를 받고자 하는 의욕이 가장 강하게 나타나는 방법으로 볼 수 있는 것은?

① 서신
② 농민의 지도소 내방
③ 지도사의 농가 방문
④ 방법 전시

해설 지도기관내방
㉠ 지도기관의 정보나 지원을 바라는 농업인이 지도요원과 직접 접촉하는 방법
㉡ 방문객은 현재 해결해야 할 문제가 있고, 이를 해결하려는 강한 의지가 있기 때문에 다른 기법보다 학습에 매우 호의적
㉢ 지도요원의 시간을 절약하고, 동기화된 농업인을 대상으로 하기 때문에 지도효과가 크고, 농업인이 지도업무를 더 잘 이해할 수 있음

37 강의지도의 단점 중의 하나는?

① 추상적인 개념을 이해시키는데 효과적이다.
② 피교육자가 싫증을 느끼기 쉽다.
③ 짧은 시간 내에 많은 지식과 정보를 전달할 수 있다.
④ 준비하기가 비교적 쉽다.

해설 강의법의 단점
㉠ 글로 쓰여진 단어보다 입으로 말한 단어가 쉽게 잊혀짐
㉡ 출판물은 다시 읽어보면 되지만, 강의 듣는 사람은 강의 도중에 중요한 내용을 잊어버림
㉢ 어떻게 정보를 적용해야 할지를 가르치는 방법으로 강의는 적절하지 않고, 다양한 토의와 실제 전시하는 것이 효과적
㉣ 지식을 전달할 때 집단토의보다 강의가 효과적이지만 관심을 끌거나 태도를 변화시키는 데 덜 효과적

38 다음 중 결과 전시에 대한 설명으로 틀린 것은?

① 미국의 냅프 박사가 창안하였다.
② 시간과 비용이 많이 든다.
③ 의심이 적고 혁신적인 농민에게 효과적인 지도법이다.
④ 농촌지도사업에서 가장 중요하고 중심적인 지도방법이다.

해설 결과 전시
㉠ 미국 농촌지도사업의 시조라 할 수 있는 Knapp 박사가 최초로 개발한 지도방법
㉡ 혁신의 효과를 지도대상자에게 실제로 관찰하게 하는 장기적인 방법
㉢ 지도대상자들이 생활하고 일하는 현장에서 그들 중에 대표격이 되는 사람이 직접 새로운 품종을 재배하거나 새로운 기술을 영농에 적용하여, 그 효과를 지도대상자의 눈으로 직접 보게 하여 지도 대상자 스스로 혁신사항을 수용하게 하는 지도방법이다.

정답 36 ② 37 ② 38 ③

㉣ 영농혁신의 효과를 새로이 인식시키기 위하여 주로 사용하는 방법으로, 신품종의 효과, 비료사용의 효과, 잡초 및 병충해 방제의 효과 등을 실증하여 보일 때 효과적이다.

39 다음 중 결과 전시와 관계가 없는 것은?

① 새로운 사실을 발견하고 연구하기 위해서 한다.
② 전시포에 관한 기록을 정확하게 분석하도록 한다.
③ 농민이 믿을 수 있을 정도의 충분한 전시포를 설치한다.
④ 대조구를 설치하여야 한다.
⑤ 문제가 있는 지역에서 실시하는 것이 좋다.

40 다음 ( )에 적당한 말은?

> 전시지도는 혁신의 효과를 지도대상자에게 실제로 관찰하게 하는 장기적인 (　　)와 새로운 기술을 실제로 어떻게 사용하는가를 시범하여 보임으로써 혁신을 사용하게 하는 단기적인 (　　)로 나눈다.

① 연시 - 전시
② 결과 전시 - 방법 전시
③ 결과 전시 -전시
④ 방법 전시 - 전시

41 '신품종효과, 비료의 사용효과' - '농기계운전방식, 제초제사용법'의 지도에 가장 적합한 지도방법으로 볼 수 있는 것은?

① 전시 - 연시
② 연시 - 전시
③ 토의 - 견학
④ 분임 - 토의

42 소집단이나 마을회의에서 흔히 사용되는 토의방법은?

① 집단토의
② 패널토의
③ 심포지엄
④ brain storming
⑤ seminar

정답 39 ① 40 ② 41 ① 42 ①

43 다음 중 토의 지도시 유의해야 할 사항을 잘못 설명한 것은?

① 토의목적과 안건을 참가자들에게 명확히 알린다.
② 토의과열, 감정대립이 일어나도 사회자는 절대로 정회, 설득 등의 조치를 취하면 안 된다.
③ 토의가 토의목적과 조건 범위 내에서 이탈하지 않도록 회의를 이끌어 나간다.
④ 주어진 시간 내에 토의를 마치도록 안건 당 토의시간을 배분한다.

해설 토의 지도시 유의사항
㉠ 토의목적과 안건을 참가자들에게 명확히 알린다.
㉡ 토의과열, 감정대립 등 비상사태에는 정회, 설득 등 적절한 조치를 취하여야 한다.
㉢ 토의가 토의목적과 조건 범위 내에서 이탈하지 않도록 회의를 이끌어 나간다.
㉣ 주어진 시간 내에 토의를 마치도록 안건 당 토의시간을 배분한다.
㉤ 발언내용이 명확하지 않을 때는 사회자가 쉽게 요약·설명하는 것이 필요하다.
㉥ 의견진술 기회를 고르게 주기 위해 많이 발언하는 사람을 억제시키고 침묵을 지키는 사람의 발언을 조장해야 한다.

44 다음 중 집단과제법으로서 문제해결능력, 사고력을 기르는데 효과적인 방법은?

① 감수성 훈련
② 역할연기법
③ 분임연구법
④ 견학지도법

해설 분임연구법
집단과제법으로서 대집단을 10명 내외의 분반으로 나눈다. 각 반마다 일정한 연구과제가 주어지며 분임원은 사회자와 서기를 선출하여 연구를 진행한다. 분임원은 문제해결을 위해 필요한 자료와 서적을 읽고, 문제 현장을 시찰하기도 하고, 외부 전문가를 초청하여 강의를 듣기도 한다. 각 반이 얻은 결론은 보고서로 제출하게 되며, 각 반 사회자는 피훈련자 전원 앞에서 발표하게 된다. 이 방법은 문제해결능력, 사고력을 기르는데 효과적이다.

45 농촌지도의 집단접촉방법에서, 어떤 특수한 경우의 활동을 분석하고 토론하는 과정에서 거기에 내재된 원리를 스스로 터득하게 하는 방법은?

① 강의법
② 토의지도법
③ 전시지도법
④ 사례연구법

해설 사례연구는 사례를 놓고 토론하는 과정에서 거기에 내재된 원리를 스스로 터득하게 하는 방법이며, 사례는 구체적이고 현실적인 상황을 집약적으로 묘사한 것으로 그 속에 문제점이 포함되어 있어야 한다.

정답 43 ② 44 ③ 45 ④

46 피훈련자로 하여금 집단소속관계에서 절연시켜 문화적 고립을 만들어 집단형성에 메커니즘과 집단기능의 본질을 체득시키는 방법에 해당하는 것은?

① 역할연기법
② 브레인스토밍
③ 감수성 훈련
④ 참여연구법

해설 감수성 훈련
  ㉠ 의미 : 피훈련자들로 하여금 일상적 생활과 장소에서 격리시키고 문화적으로 고립시켜서 의도적으로 집단참여에 대한 욕구를 갖게 한다. 이것을 동인으로 하여 대인적 공감을 갖게 하고 집단형성의 메커니즘과 집단기능의 본질을 체득시키는 것
  ㉡ 특징 : 피훈련자는 작은 집단으로 분반하여 1~2주일 동안 집중적·지속적을 접촉하면서 허심탄회하게 내심을 털어놓게 한다. 훈련과정의 딱딱한 체계는 없고, 훈련자는 참여자들이 자기 참모습을 드러내고 솔직하고 역동적으로 상호작용 하도록 분위기를 만든다.

47 농촌지도사업에서 자주 활용되는 인쇄매체에 대한 것으로 틀린 것은?

① 신속성이 뒤진다.
② 재독 가능성이 높다.
③ 누구나 이용 가능하다.
④ 기록을 오래 보존할 수 있다.

해설 인쇄매체의 장단점

장점	단점
• 재독(再讀)의 가능성이 있다. • 매체선택의 자유성이 있다. • 메시지 선택의 무제한성이 있다. • 기록의 영속성이 있다.	• 신속성이 뒤진다. • 비인격적, 비친근적이다. • 배포과정이 복잡하다. • 문맹자나 낮은 교육수준의 사람들에게 의사전달이 어렵다.

48 다음 중 시청각 매체의 장점으로 볼 수 없는 것은?

① 메시지 선택의 무제한성이 보장된다.
② 인쇄매체보다 접근이 용이하다.
③ 문맹자나 교육정도가 낮은 사람에게도 전달이 가능하다.
④ 대량의 메시지를 비교적 짧은 시간에 전달하는 것이 가능하다.

해설 (1) 시청각 매체의 장점
  ① 대량의 메시지를 비교적 짧은 시간에 전달하는 것이 가능하다.
  ② 문맹자나 교육 정도가 낮은 사람들에게도 전달이 가능하다.
  ③ 오락적 매체의 성향이 강하므로 인쇄매체보다 접근이 용이하다.
 (2) 시청각 매체의 단점
  ① 제작 및 전달에 경비가 많이 든다.
  ② 재독의 가능성이나 기록의 연속성이 없다.
  ③ 매체의 선택이나 메시지의 선택을 어렵게 한다.

정답 46 ③ 47 ③ 48 ①

Chapter 04
See-농촌지도평가

단원 키워드
1. 농촌지도 평가의 목적과 구성요소
2. 농촌지도 평가의 영역
3. 농촌지도의 평가모형
4. 농촌지도 평가 절차 및 방법

농촌지도사업에 대한 가치 판단은 농촌지도사업이 이루어지는 모든 단계에서 반드시 이루어져야 하는 활동이며, 가치 판단을 위한 활동이 곧 농촌지도사업 평가다.

농촌지도 평가의 목적은 프로그램의 강점과 약점을 규명하여 프로그램의 질을 향상시키는 데 있다.

농촌지도 평가는 지도기관과 지도사업을 대상으로 한다. 지도기관 평가는 기관을 대상으로 체계적이고 조직적으로 접근하여 거시적으로 분석하고, 프로그램 평가는 프로그램 자체를 평가하는 것으로 상황적이고 과정적으로 접근하여 미시적으로 분석한다.

지도사업의 평가모형으로는 논리모형(Logic Model), Bennet의 위계모형, Van den Ban & Hawkins의 모형 등이 있다.

지도사업 평가의 절차 및 방법에 대해서도 다양한 관점에서 논의될 수 있다.

제1절 농촌지도평가

1 평가의 개념

(1) 평가의 의미
① 평가의 다양한 의미
㉠ 어떤 행위, 과정, 절차, 활동, 행사, 결과 등에 대한 가치부여의 과정
㉡ 의사결정에 필요한 정보를 수집·분석하여 활용하는 과정으로, 평가받는 대상의 가치(worth)를 판단하여 결정하는 것
㉢ 모든 혹은 일부의 프로그램에 대하여 수용 가능한 기준(standard)이 충족되었는 가를 결정하기 위한 증거(evidence)를 수집하여 가치 판단을 내리는 것
㉣ 측정(measurement)과 동일한 개념, 전문적인 가치판단, 본질적인 면에서 정치적 활동이라고 규정, 어떤 가치를 결정짓는 것
㉤ 과거의 행동이나 활동을 따져보는 것도 평가에 속하지만 평가의 취지와 목적은 미래지향적 성격이 더욱 강하므로, 평가에서는 앞으로의 발전과 개선에 필요한 자료와 정보를 수집·정리하여 활용하는 과정이 반드시 수반되어야 한다.
㉥ 의사결정을 해야 하는 상황에서 판단에 필요한 합리적인 기준을 제공하기 위하여 준거·측정·통계와 같은 형식적 수단을 통하여 합당한 정보를 수집·분석·활용하는 과정(Stufflebeam)

② 평가시 가장 중요한 사항
어떤 행사나 활동의 의도한 목표에 얼마만큼 달성되었는가를 검토하는 일이다. 즉 평가란 목표의 성취도를 측정하는 과정이다.

③ 농촌지도의 평가
㉠ 정의 : 농촌주민들이 농촌지도를 통하여 성취된 행동적 변화 정도를 측정함과 동시에 그에 관련된 농촌지도과정의 적절성을 조사하여, 그 결과를 앞으로의 지도 사업에 활용하기 위하여 필요한 자료와 정보를 체계적으로 수집·분석하고 활용하는 과정
㉡ 국가 예산을 통해 운영되는 각종 사업의 목적 달성 정도에 대한 판단, 미래 농촌 지도사업의 개선 또는 개발, 예산 대비 효과성 또는 산출물에 대한 증거자료 확보를 통한 재정투자의 공정성 획득 등을 위해 평가가 진행됨
㉢ 농촌지도사업이 계획한 목적을 달성했는지, 효과적으로 목적을 달성했는지, 어느 정도 달성했는지를 평정하기 위해 필요한 자료를 수집·분석하고, 현재 사업·향

후 사업을 계획하는 데 활용됨
② 농촌지도 정책의 목적을 보다 효과적으로 달성하기 위해 사업을 기획, 개발, 의사결정, 프로그램 운영같은 현재·미래의 활동을 위해 활용됨
⑩ 투입한 자원에 비하여 농촌지도사업의 가치를 판단·입증하는 활동임
⑪ 평가에서 수집·분석된 정보는 농촌지도사에게는 보다 현실적 목적을 설정토록 하고 더 효과적 지도방법을 찾도록 정보를 제공하며, 의사결정권자에게는 농촌지도기관에 대한 예산 지원의 범위를 결정하도록 정보를 제공함
ⓢ 농민이 다양한 농촌지도기관을 선택할 때 필요한 정보를 제공함

④ 농촌지도평가의 기준
㉠ 평가의 기준은 농촌지도계획이 되며, 그 중에서 농촌지도 목표가 중심이다.
㉡ 농촌지도목표는 농촌주민의 행동적 변화라 볼 수 있는데, 농촌지도평가란 농촌지도를 통한 농촌주민의 행동적 변화량의 측정이다.
㉢ 농촌지도사업을 통하여 농촌주민들이 인지적 측면(지식, 이해력, 사고력, 평가력 등)에서, 정의적 측면(태도, 흥미, 가치관, 적성 등)에서, 신체적 측면(기술, 운전, 체력 등)에서 얼마나 향상하였는가를 따져 보는 과정

⑤ 평가의 목적
농촌지도사업(extension program)에 대한 가치 판단(평가)은 지도사업이 이루어지는 계획(설계, Plan) – 실행(Do) – 평가(See)의 모든 단계에서 반드시 이루어져야 하는 활동
㉠ 프로그램(사업)의 강점과 약점을 규명하여 프로그램의 질을 향상시키기 위한 것
㉡ 농촌지도사업(프로그램)은 평가과정을 통하여 프로그램이 농촌주민에게 어떤 영향을 주었는지(영향평가), 지도사업 목적이 잘 달성되었는지(효과성평가) 확인할 수 있음
㉢ 프로그램에 대하여 농촌주민은 어떻게 반응했고, 무엇을 배웠으며, 프로그램이 시간·재원·자원 측면에서 충분한 가치가 있었는가를 검토하는 것
㉣ 프로그램 평가는 향후 프로그램이 계속되어야 할 것인지, 중단되어야 할 것인지에 대한 정보도 제공함

(2) **농촌지도평가의 원리**
① 농촌지도의 계획과 목표의 달성정도가 평가의 기준이 되어야 한다.
② 농촌지도목표의 달성 여부에 대한 배경과 원인이 밝혀져야 한다.
③ 평가는 연속적인 과정이어야 하며 특정기간의 판단은 아니다.
④ 평가는 위원회 같은 조직체를 만들어 이행하여야 한다.

⑤ 지도대상자의 인격이 존중되도록 자료를 수집하여야 한다.
⑥ 농촌지도는 투자와 산출의 관계에서 검토되어야 한다.
⑦ 농촌지도평가는 표본(모집단×)을 대상으로 평가하여야 한다.

> **보충**
>
> ① 농촌지도계획의 원리
> - 충분한 자료와 설명이 있어야 한다.
> - 관계기관과 긴밀히 협동하여야 한다.
> - 농촌지역사회의 실정에 기초를 두어야 한다.
> - 주어진 자원의 한계 내에서 계획하여야 한다.
> - 농촌지도계획에는 농촌주민이 참여하여야 한다.
> - 사업계획은 사회변화에 따라 수정·보완되어야 한다.
> - 농촌지도계획은 영세민과 노약자의 보호에 관심을 두어야 한다.
> - 농촌지도사는 변화촉진자로서 그 지역사회의 관습과 문화적인 측면을 이해하고 있어야 한다.
> - 현재의 계획은 과거의 계획과 미래의 계획이 상호 연관되도록 작성하여야 한다.
> - 계획은 국가 – 시·도 – 시·군 – 읍·면의 각 단위에서 일관성이 유지되어야 한다.
>
> ② 농촌지도실천의 원리
> - 실용적 학습내용을 중심으로 하여야 한다.
> - 농촌지역사회 내에서의 가시적 결과를 가지고 지도하여야 한다.
> - 다양한 지도방법을 활용하여야 한다.
> - 지도 장소의 교육환경은 불편이 없도록 정비되어야 한다.
> - 교육대상자로 하여금 그들의 경험과 의견을 표현하도록 유도하여야 한다.
> - 지도대상자가 근거리에서 접할 수 있는 사례를 들어 설명하는 것이 좋다.
> - 성인의 자아의식을 상하게 해서는 안 된다.
> - 지도 후에 서로 교제할 수 있는 기회를 제공하는 것이 좋다.
> - 성인은 학습을 즐기므로 흥미있게 지도하여야 한다.

(3) 평가의 종류

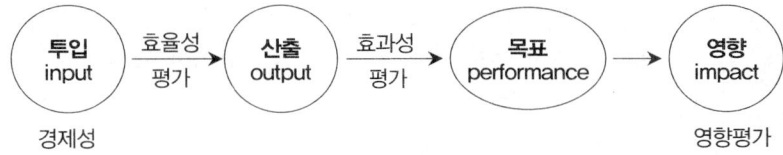

① 평가시기에 따른 유형

최근 사업이 진행되는 과정에서 점검을 함으로써 잘못된 부분을 쉽게 수정할 수 있는 형성평가가 중요해짐

㉠ <u>형성평가(과정평가)</u> : 사업이 집행되는 도중에 이루어지는 평가
㉡ <u>총괄평가</u> : 사업이 집행된 후 의도한 목적을 달성했는지 여부를 판단하는 평가

② 평가방법에 따른 유형

농촌지도사업은 농민간 순서를 매기는 것이 아니므로 절대평가를 중심으로 이루어지며, 경진대회 등은 상대평가로 이루어진다.
 ㉠ 상대평가 : 규준지향적 평가, 학습자의 성취도를 그가 속한 집단의 결과에 비추어 상대적으로 나타내는 평가
 ㉡ 절대평가 : 목적지향적 평가, 학습자의 성취도를 주어진 목표의 달성정도에 따라 절대적으로 나타내는 평가

③ 평가내용에 따른 유형

최근 방법평가가 중요해지는데, 때때로 결과가 수단을 정당화시킬 수 없는 경우가 있기 때문이다.
 ㉠ 방법평가 : 사업활동의 자체에 대한 평가
 ㉡ 결과평가 : 사업활동의 결과에 대한 평가

④ 평가시 고려할 요건

타당도	㉠ 사업의 효과가 다른 경쟁적 원인(외생변수)라기보다는 조작화된 처리(원인변수)에 기인한 정도 → 실험의 정확도 ㉡ 무엇을 측정할 것인가에 관한 요건으로, 조사문항으로써 측정하고자 하는 사항을 측정하는 정도 ㉢ 농촌지도목표의 달성여부와 그 배경을 알려 주는 문항이어야 그 타당도가 높아짐
신뢰도	㉠ 측정도구의 일관성, 즉 동일한 측정도구로 동일한 현상을 되풀이했을 때 동일한 결론이 나오는지의 확률 예 과녁에 활쏘기 ㉡ 어떻게 측정할 것인가의 요건으로, 얼마나 정확하게 착오 없이 측정하느냐의 정도 ㉢ 많은 사람으로 하여금 평가시키는 것은 신뢰도를 높이기 위한 방법
객관도	㉠ 얼마나 평가자의 주관이 배제되었는가의 정도 ㉡ 식량증산지도 평가시 단위면적당 수량조사를 해야 하는데, 농가소득 조사 등의 비객관적 조사는 객관도를 낮추는 요인이 됨
유용도	타당도, 신뢰도, 객관도가 아무리 높다 하더라도 그 도구가 시간이 너무 많이 소요되고 경비와 노력이 지나치게 요구되면 유용성이 낮음

2 농촌지도의 평가영역

농촌지도를 접근하는 관점에 따라 평가영역이 달라짐

(1) **기관 평가(Institute evaluation) VS 프로그램 평가**
  ① 의미
    ㉠ 기관 평가는 기관에 대한 종합적 평가로 정책을 추진하는 체계, 종합적 행정역량, 조직 문화, 구성원의 역할구조의 타당성 및 적합성 등을 평가하는 것이라면,
    ㉡ 프로그램 평가는 사업(프로그램) 자체를 평가하는 것임
  ② 분석수준
    ㉠ 기관 평가는 거시적 관점에서 지도사업을 종합 평가한다면,
    ㉡ 프로그램 평가는 그 범위가 미시적 관점
  ③ 접근법
    ㉠ 기관 평가는 기관을 대상으로 체제적·조직적으로 접근하여 거시적으로 분석하고,
    ㉡ 프로그램 평가는 프로그램 자체를 평가하는 것으로 상황적·과정적으로 접근하여 미시적으로 분석함
  ④ 평가내용
    ㉠ 기관 평가는 기관의 구조·관리·지원 활동에 관해 평가하고,
    ㉡ 프로그램 평가는 프로그램의 구성·운영·실제 활동을 평가함
  ⑤ 평가영역
    ㉠ 기관 평가는 양적 준거를 주로 사용하여 조직풍토, 관리자의 리더십, 재정, 시설설비, 지역사회 봉사 등을 평가하고,
    ㉡ 프로그램 평가는 질적 준거를 사용하여 내용, 방법, 성취도, 정의적 특성, 효과를 평가함
  ⑥ 결과 활용
    ㉠ 기관 평가는 주로 기관을 지원해 주거나 종합적 기관 운영을 효율화할 수 있는 정보를 제공하고,
    ㉡ 프로그램 평가는 프로그램의 존폐 여부를 결정하고, 프로그램을 수정·보완하며 프로그램에 대한 다양한 정보를 제공함

■ 기관 평가 VS 프로그램 평가(必 암기)

구분	기관 평가	프로그램 평가
평가대상	기관	프로그램
접근법	체제/조직적 접근	상황/과정적 접근
분석수준	거시적	미시적
평가내용	기관의 구조 및 관리지원활동	프로그램 구성, 운영 실제 활동
평가준거	양적 준거 > 질적 준거	양적 준거 < 질적 준거
평가영역	조직 풍토, 관리자의 리더십, 재정, 시설 설비, 지역사회봉사	내용, 방법, 성취도, 정의적 특성, 효과
평가결과 활용	기관 지원, 기관운영에 대한 효율화 정보 제공	프로그램의 존폐 결정, 프로그램의 수정 보완, 정보 제공

(2) 농촌지도평가의 다양한 관점

① 미국 관점 : 농촌지도를 프로그램적 관점으로 봄. 농촌지도를 하나의 프로그램으로 보고 프로그램 평가로 생각함
② 유럽 관점 : 농촌지도를 사업·프로젝트 개념으로 보고, 사업·프로젝트 평가로 생각함
③ 서울대학교 관점 : 농촌지도 평가는 지도사 개인에 대한 평가보다 지도기관으로서의 평가가 더 중요함
④ 농촌진흥청 관점 : 농촌지도 평가의 기준이 지도 계획이 되며 그 중 지도 목표가 중심이 됨
⑤ 목표대비 관점
  ㉠ 농촌지도 목표는 농촌주민의 행동 변화라 단정할 수 있고, 농촌지도 평가는 농촌주민의 행동적 변화량 측정이 됨
  ㉡ 지도사업을 통해 주민이 인지적 측면(지식, 이해력, 사고력, 평가력 등), 정의적 측면(태도, 흥미, 가치관, 적성 등), 심동적 측면(기술, 운전, 체력 등)에서 얼마나 향상되었는가를 측정하는 과정
⑥ 수혜자 관점 : 농촌지도프로그램이나 지도기관에 대한 평가가 아니라, 실제로 지도사업의 혜택을 받은 농촌주민의 행동적 변화를 살피는 것

3 농촌지도 평가의 구성요소

농촌지도 평가는 지도사업이 명확하고 구체적 목적을 설정하였다면, 준거와 대비하여 지도사업이 목적을 어느 정도 달성했는지 평가하는 것임

- 평가방법의 2요소 : 증거, 판단
  - ✪ 증거(evidence) : 평가를 위한 숫자, 단어 등과 같은 자료(data)
  - ✪ 판단(judgement) : 증거를 평가준거(criterion)에 비교함으로써 증거들이 갖는 의미를 결정하고 판단함
- 평가요소 : (1) 평가영역 및 평가항목, (2) 평가준거, (3) 평가지표, (4) 평가기준(standard) 또는 규칙, 가치판단 및 평가적 판단(Judgement) 등(평가준거와 평가지표는 동일한 의미로 사용되기도 함)

(1) 평가영역과 평가항목

① 평가영역 및 평가항목

평가하고자 하는 대상 또는 대상의 속성을 분류한 것으로서, 평가영역의 특성에 따라 최소 1개 이상의 평가항목이 포함되어야 함

② 평가항목의 기준

효율성, 대표성, 비교가능성, 개선가능성, 관리가능성, 측정가능성 등

㉠ 효율성
  ⓐ 평가활동은 평가대상 입장에서 고려되어야 함
  ⓑ 평가활동이 시간 소비적이라면 평가의 본질을 훼손하는 것이기 때문에 쉽게 이해되고 평가대상의 활동에 도움이 되어야 함

㉡ 대표성
  ⓐ 평가항목은 평가대상의 활동을 대표할 수 있어야 함
  ⓑ 평가대상은 다양한 활동을 수행하지만 모든 활동을 동일한 수준에서 고려하지 않음(고려함✕). 평가대상의 특성·기대 역할 측면에서 평가대상을 대표하는 활동으로 평가항목이 개발되어야 하며, 평가대상의 활동 중 중요하지 않은 활동은 평가항목에서 제외함

㉢ 비교가능성
  ⓐ 평가대상을 비교할 수 있어야 함
  ⓑ 평가활동은 하나가 아니라 다수를 대상으로 행해지며, 평가대상의 상대적 우열을 가리는 활동이기 때문에 평가항목은 평가대상을 차별화할 수 있어야 함. 평가 그 자체는 의미가 없고 평가활동으로 얻어진 결과를 활용했을 때만 의미가 있음

㉣ 개선가능성
  ⓐ 평가활동은 이상적 준거가 있으며, 이를 평가항목으로 전환시켜 측정할 수 있도록 해야 하며, 평가 목적을 달성할 수 있는 내용들이 평가항목에 포함되어야 함
  ⓑ 평가 기능 중 하나는 현재 상태를 더 나은 방향으로 변화시키고자 하는 것임

ⓜ 관리가능성
  ⓐ 평가항목이 평가대상의 통제범위에 있어야 함. 평가활동은 자연 상태에 있는 대상을 평가하는 것이 아니라, 평가대상의 자의적 활동을 대상으로 함
  ⓑ 평가항목은 평가대상을 변화시킬 수 있는 것이어야 함
ⓗ 측정가능성
  ⓐ 평가대상이 달성하고 있는 정도를 측정할 수 있어야 함
  ⓑ 평가항목은 우열을 가릴 수 있도록 측정되어야 하고, 평가항목은 정량적 방법·정성적 방법으로도 측정이 가능해야 함

(2) 평가준거(criterion)

① 평가준거 의미
  ㉠ 평가할 대상 및 내용 또는 평가하고자 하는 대상의 속성, 또는 그로 인한 산출 및 활동 결과의 특정 영역이나 차원
  ㉡ 평가 활동의 근거로서 평가활동의 범위나 영역 또는 초점을 결정해 주며 평가지표 및 기준의 근거가 됨
  ㉢ 평가자료를 효율적으로 수집하는 활동과 평가기준을 결정하는 일이 원활하게 이루어짐
  ㉣ 평가준거는 일반적·추상적 수준부터 구체적·행동적 수준까지 위계화가 가능하고, 평가목적에 따라 구체적으로 체계화하고 명료화시켜야 함

② 평가준거 특성(7가지)
  ㉠ 평가준거는 가치있는 대상의 속성을 지칭하는 개념으로 가치 있다고 여겨지는 양적·질적 성질, 상태, 행위 등의 속성임. 대상에서 단순히 발견되는 성질이라기보다 사람에 의해 가치를 부여받은 성질임
  ㉡ 하나의 준거는 구체화의 수준에 따라 상위준거, 하위준거, 측정준거로 구분되어 계층을 이루기 때문에 평가에서 어떤 수준의 준거를 선정하든 계층 간의 개념적 관계를 파악해야 함
  ㉢ 평가준거는 가치의 유무나 수준을 확인하는 데 사용되는 변수이므로 준거는 측정이 가능해야 함
  ㉣ 하나의 평가대상도 보통 복합적 성질로 구성되기 때문에 충분히 평가하기 위해서는 복수의 준거를 사용함
  ㉤ 평가준거는 표현 형식을 결정하는 1가지 방식만 있는 것이 아니기 때문에 다양한 형태의 준거가 존재함
  ㉥ 평가준거는 평가대상 관련 요인이 달라지면 준거의 설정 및 평가결과도 달라지므로 평가대상·평가자·평가상황과 함수관계가 있음

④ 평가준거는 연역적 방법과 귀납적 방법으로 도출됨
- **연역적 방법** : 평가대상의 특성·준거를 이론적으로 도출하는 방법
- **귀납적 방법** : 평가대상의 특성·준거에 대한 자료를 수집하여 범주화하여 준거를 설정하는 방법

(3) 평가지표(indicator)

① 평가지표
㉠ 평가준거에 관한 판단을 위하여 근거자료를 제시하는 표현 방식, 준거에 관한 결과 및 산출을 입증해 주는 자료, 또는 그 자료를 수집하기 위한 측정 방법 및 도구
㉡ 평가지표는 양적·질적인 것으로 구분하며, 하나의 준거에 1가지 평가자료만으로 그 달성 정도를 표현하기보다 2가지 이상의 평가지표를 사용하는 것이 바람직함

> 예 성과지표(performance indicator) : 특정 사업을 통해 산출된 행동적·외형적·물질적 변화나 학습결과를 표현하는 근거자료가 활용됨. 성과지표는 관련사업의 효과나 영향을 증빙하는 핵심 질적 근거자료가 됨

② 농촌지도사업의 평가지표와 평가질문

평가지표	평가질문(예)
효율성 (efficiency)	• 사업을 적절하게 운영했는가? • 사업계획은 만족스러운가? • 시간과 장소는 적절한가? • 시간과 노력이 가치로운가? • 사업 운영자 및 참여자에게 어느 정도의 시간과 비용이 소요되는가? • 비용 대비 이윤은 적절한가? • 사람들은 이 사업에 일정 비용을 감수하고도 다시 참여할 의사가 있는가?
효과성 (effectiveness)	• 이 사업은 필요한 것이었는가? • 사업에 필요한 활동을 했는가? • 어느 정도의 변화를 창출했는가?
고객의 기대 (expectation of clientele)	• 고객의 기대에 부응했는가? • 사람들이 만족스러워 했는가? • 사업의 질이 좋았는가?(고객의 관심사항, 최신의 정보 제공) • 이 사업은 당면과제에 관련한 것이며 적절한 것인가?(주요 주제, 중요한 정보, 난이도) • 계획된 것이 제대로 운영되었는가?(유용성, 문제해결, 새로운 학습내용 및 적절한 학습방법)

> **참고 행정 가치**
> ① **경제성** : 비용절감, 투입에 초점
> ② **효율성** : 투입에 대한 산출의 비율(투입 대비 산출), 양적·단기적·조직 내적
> ③ **효과성** : 목표의 달성도(산출이 목표를 달성한 정도 – 목표 대비 산출), 투입(비용)의 개념이 내포되어 있지 않음, 질적·장기적·조직 외적
> ④ **생산성** : 능률성 + 효과성, 목표를 달성하는데 있어 적은 비용으로 달성하는 것
> ⑤ **적합성** : 목표의 가치가 사회적으로 바람직한 것인가, 주어진 상황에서 목표설정이 제대로 되었는가를 의미
> ⑥ **적정성** : 목표가 사회문제 해결에 기여할 수 있는 정도, 목표가 문제해결을 하기 위한 수단으로서 충분한가를 의미
> ⑦ **책임성** : 관료가 국민의 여망이나 도덕적·법률적 규범에 따라 행동할 의무를 지는 것

(4) 평가기준(standard)

① 평가기준 : 평가준거의 속성과 내용 또는 그로 인한 산출 및 결과의 속성이나 그 자체를 나타내고 그것의 바람직한 달성 정도를 특정 수준, 범위, 점수로 표시한 것
② 평가기준은 평가적 판단을 위한 근거로 활용하기 위하여 평가준거에 관한 내용을 측정할 수 있도록 점수, 수준, 범위, 정도 등을 활용함
③ 점수, 수준 등 그 자체는 의미가 없고 평가준거와의 관련 하에서만 의미를 부여받음

제2절 농촌지도의 평가모형

(1) 논리모형(Logic Model)

① 개발

1990년대 중반 위스콘신 주립대학교 지도국은 GPRA(Government Performance and Result Act)의 요구로 논리모형을 개발

상황	투입(input)	산출(output)		성과(outcome) → 영향(impact)		
		활동	참여	단기	중기	장기
-요구·자산 -증상·문제점 -관계자 관심	무엇을 투자하는가? -비용 -기술 -직원 -연구자재 -자원봉사자 -파트너	무슨 활동을 하는가? -회의수행 -워크숍 -상담 -정보전달 -교재개발 -교육훈련	대상은 누구인가? -직원 -고객 -참여자 -결정자	단기결과로 인식, 지식, 기술, 태도, 사기, 동기부여 학습	중기결과로 행위, 실천, 정책, 의사결정, 사회운동 활동	궁극적 효과로 경제적, 사회적, 환경적, 시민사회 조건들

② 논리모형의 특징

㉠ 논리모형은 목표달성 모형에 가장 가까움
㉡ 프로그램 평가를 효과적으로 지원하며 지도사업 프로그램을 개선시키는 방법
㉢ 정형화된 틀 안에서 프로그램 계획·평가의 도구로 이용됨
　ⓐ **계획을 위한 도구** : 논리모형은 농촌지도사가 프로그램에 무엇을 투입해야 할 것인지, 무엇을 하길 원하는지, 무슨 성과를 바라는지를 규정해야 함. 지도사는 단기·중기·장기적 프로그램의 성과목표를 확정함
　ⓑ **평가를 위한 도구** : 논리모형은 농촌지도사가 무엇을·어떻게 평가해야 할지를 알려 줌
㉣ 다양한 교육 경험에서 발생하는 서로 다른 수준의 성과들을 고려할 수 있음 → 지도사가 평가자료를 수집할 장소와 프로그램 구상에 대하여 규정할 수 있음
㉤ 농촌지도사 역할 중 하나가 교수(teaching)이기 때문에 우선 무엇을 학습했는지에 대한 단기 성과를 측정하고, 행위의 사회적 영향에 관한 중기 성과를 측정하는 것도 중요함
㉥ 논리모형은 <u>단선적 모형(linear model)처럼 보일 수 있으나, 역동적 과정을 중시하는 체계모형에 해당함</u>

③ 논리모형은 학습평가에 초점을 둠

논리모형이 지도사에게 구체적·체계적 방법을 제공해 줄 수 있음
- ⊙ 학습평가를 위한 첫 단계는 학습 성과를 측정하기 위한 것인데, 지도사가 워크숍과 학습 성과를 연결하면 논리모형은 프로그램 활동과 학습내용을 연결시킴
- ⓒ 프로그램 마지막 단계에서 학습을 평가하는 설문조사
- ⓒ 설문지는 장기적 성과를 얻기 위하여 프로그램의 효과에 관한 즉각적인 피드백을 얻을 수 있음
- ⓔ 단순한 사전조사방식인 설문을 통해 교육 참가자는 성과 달성 정도를 평가함. 학습에 대한 참가자의 평가는 워크숍 전·후에 실시한 것을 비교·차이를 파악함

(2) Bennet의 위계모형

농촌지도사업에 대한 평가는 사업목표를 어느 정도 달성했는가와 적절한 절차에 따라 달성했는가를 중시함

① 의미

농촌지도사업은 여러 위계 수준의 목표를 갖기 때문에 여러 수준에서 사업을 평가함

② 특징
- ⊙ 사업 평가에 대한 수준(levels) 설정을 통해 지도사업의 계획부터 종료 후 일정 기간이 지난 뒤 나타나는 사회적 효과까지 평가할 수 있음
- ⓒ 농촌지도 프로그램의 투입요소(input)를 바탕으로 활동(activities)이 이루어지며, 프로그램 참여(involvement)를 통해 자신의 지식(knowledge)·기술(skill)·태도(attitude)·포부(ambition) 등이 변화(change)하고, 자신의 삶과 일에 적용될 때 실천의 변화(particle change)가 나타나서 최종결과(end results) 즉 궁극적 목적을 달성함

③ 농촌지도사업 평가의 위계 수준
- 제1수준 : 인력의 수, 시간, 재원에 대해 평가
- 제2수준 : 모임의 종류 및 지도 방법에 대해 평가
- 제3수준 : 참여자의 특성 및 수, 참여 횟수 및 기간에 대해 평가
- 제4수준 : 참여자의 만족도에 대해 평가
- 제5수준 : 참여자의 지식, 기술, 태도의 변화 정도에 대해 평가
- 제6수준 : 참여자가 실제 현장에 적용한 변화 정도에 대해 평가
- 제7수준 : 참여자의 삶의 질 및 지역 사회의 변화 정도에 대해 평가
    - ✪ 제1~2수준은 농촌지도사업의 투입요소에 대한 평가
    - ✪ 제3~7수준은 지도사업의 효과에 대한 평가

(3) Van den Ban & Hawkins 모형
① 특징
  ㉠ Bennet의 7수준 위계모형 기반에 '사회에 미친 결과의 평가'인 8수준을 추가한 지도사업 평가방법을 제시
  ㉡ 평가수준이 높아질수록 이를 평가할 수 있는 판단 준거(criterion) 설정이 어려우며, 지도사업의 직접적 결과 입증도 어려워짐
  ㉢ 인력·수단이 적절치 못한 경우 낮은 수준의 지도사업 평가가 많이 이루어짐
② 모형의 각 수준에 대한 지도사업평가
  - 제1수준 : 농촌지도사업이 의도한 목표를 어느 정도 달성할 수 있을 것인지 판단하는 평가
  - 제2수준 : 평가보다 모니터링에 더 적합한 활동이며, 모니터링은 효과적 사업수행을 위한 인력·자원에 대한 검토가 주로 이루어짐
  - 제3수준 : 농민이 농촌지도 활동에 얼마나 참여하고 있는가가 평가준거가 됨. 평가자는 농민이 읽은 문헌, 참여한 회의, 시연회, 농민에게 제공된 조언 등을 체크함. 얼마나 많은 농민이 참여했으며, 그들의 특성은 무엇인지를 판단함
  - 제4수준 : 농촌지도 활동에 대한 농민 의견을 수집하여 지도사업 과정 중 조정을 하기 위한 정보를 제공해 줌. 평가자는 지도사업의 내용·방법에 초점을 둠. 지도사업의 다양한 고객의 요구에 잘 대응하고 있는가, 지도사가 사업을 정확하게 이해하고 있는가를 평가함
  - 제5수준 : 평가자는 최소 2번에 걸쳐 농민의 지식·기술·태도 수준을 평가함. 많은 비용이 들지만, 교육활동으로서의 지도사업이 농민의 수준을 얼마나 변화시켰는지에 대한 객관적 정보를 수집할 수 있음
  - 제6수준 : 주로 연구 활동을 통해 이루어짐. 지도사가 지도한 영농방법을 어떤 농민이 사용했는지에 대한 평가를 통해 성과를 확인함. 농민의 행동 변화는 대개 지도사의 커뮤니케이션과 같은 다른 요소에 의해 영향을 받음
  - 제7수준 : 농촌지도사업의 궁극적 목적 달성에 관한 것이며, 대상 농민집단이 지도사업 내용을 영농현장에 얼마나 적용하여 변화가 일어났는지에 관한 것. 어떤 집단은 행동 변화를 보인 반면, 다른 집단은 그렇지 않았을 경우 평가자는 그 원인과 결과에 대해 평가함
  - 제8수준 : 7수준의 결과에 비추어 지도사업의 대상 집단 또는 지역, 사업의 목적에 대한 확대 또는 변경 등을 판단하기 위한 목적임. 7수준에서 특정 대상 집단의 변화는 그 외의 집단 또는 전체 사회에 영향을 미칠 수 있음

수준1	⇨	농촌지도 활동에 대한 사업계획
수준2	⇨	농촌지도사의 사업 실행 정도
수준3	⇨	농촌지도 활동에 대한 농민 참여 정도
수준4	⇨	농촌지도 활동에 대한 농민의 의견
수준5	⇨	지식, 기술, 태도, 동기, 대상 집단 수준의 변화
수준6	⇨	대상집단의 행동적 변화
수준7	⇨	대상집단에 미친 결과
수준8	⇨	사회에 미친 결과

▪︎ 농촌지도사업의 평가수준

제3절 농촌지도 평가절차

(1) Knox의 평가절차

평가목표 설정과 지도목표 분석 → 조사항목 결정 → 자료수집 → 조사결과 정리와 분석 → 조사결과의 활용

① 평가목표의 설정과 지도목표의 분석
  ㉠ 농촌지도의 평가는 ⓐ 목표에 비추어 달성도를 측정하고, ⓑ 달성도의 배경을 진단하고, ⓒ 평가에서 나타난 자료·정보를 지도의 발전에 활용하기 위해 정리하는 것
  ㉡ 평가활동은 농촌지도의 목적(대상자의 행동적 변화)을 분석하는 것에서 출발하는데, 목적을 정확하게 분석해야 평가의 준거를 설정할 수 있고, 목적은 구체적으로 명확하게 설정해야 함
  ㉢ 목표진술에서 많이 사용하는 행동적 용어

인지적 영역의 행동적 용어	ⓐ **지식** : 사물에 관한 단편적·사실적 혹은 경험적 인식·원리를 이해하여 알고 있는 상태(예 비료의 종류와 3요소를 알고 있음. 품종의 특성을 알고 있음) ⓑ **이해** : 깨달아 알아들음, 사리를 분별하여 해석함, 내부관계를 합리적으로 파악하고 있는 상태(예 병충해 예방의 필요성을 알고 있음. 영농부기의 가치를 알고 있음) ⓒ **적용** : 특수한 상태나 구체적 상태에 추상적인 개념을 사용할 수 있는 능력, 사고력, 문제해결과 수준의 능력, 문제를 인식하고 분석하여 착상이나 원리를 응용하여 해결하는 능력(예 청소년의 심리를 지도 시에 적용시킴) ⓓ **분석력** : 상호관계나 인간관계를 분석하는 능력, 결론을 지지하는 증거를 찾아내는 능력(예 경운기의 고장을 찾아내는 것) ⓔ **종합력** : 여러 개의 요소나 부분을 전체로서 하나가 되도록 돕는 능력(창의력과 비슷) ⓕ **평가력** : 가치를 판단하는 능력, 합리적으로 특정사항을 감정하고 진단하는 능력(판단력, 비판력과 비슷)
정의적 영역의 행동적 용어	ⓐ **태도** : 어떤 사업에 대한 개체의 고유한 잠재적 반응경향, 후천적이며 특정한 상태에서 나타나는 비교적 지속성 있는 반응경향(예 싫어함) ⓑ **습관** : 비교적 변화가 적고 자동적이며, 정형적으로 습득된 반응(예 늦잠 자기) ⓒ **흥미** : 어떤 대상에 대하여 적극적이고 선택적이며 정서적인 긴장이 뒤따르는 마음가짐, 어떤 대상에 좋은 감정을 가지고 쏠리는 주의(예 재미있음)

정의적 영역의 행동적 용어	ⓓ **가치관** : 행동목표나 양식에 대하여 바람직한가의 여부를 판단하는 평가적인 개념, 개인의 심리체계에 내면화되어 동기로서 작용하며 개인의 행동을 유발시키는 평가적 표준, 개념 내지 신념(예 인생에서 중요하게 보는 관점)
심체적 영역의 행동적 용어	ⓐ **숙련기능** : 단순히 연습을 반복함으로써 얻어지는 기술적 능력 ⓑ **전문기능** : 원리를 알고 계속적인 연습을 통하여 획득되는 기술적 능력 ⓒ **창조기능** : 원리를 알고 계속적인 연습을 통하여 그 원리를 응용하며, 창조적으로 미적인 감각도 나타내는 기술적 능력

② 조사항목의 결정
  ㉠ 평가목표의 설정 후에 이루어지는 평가조사내용 결정 단계에서는 어떤 내용을 알아야 목표달성 여부를 파악할 수 있는지 결정함. 목표가 달성되었다는 입증 근거를 수집하기 위해 어떤 문항을 중심으로 조사해야 하느냐에 대한 결정 단계에 해당됨
  ㉡ 평가조사 내용
    ⓐ 농촌지도 평가를 위한 조사에서 지도 계획, 수행과정, 접근법과 활동, 수행결과, 조직 및 행정 영역에 대해 조사해야 함
    ⓑ 농촌지도사와 기관의 열정, 교육 참여자수와 참석률, 매년 참석 추이, 신규 학교졸업자의 참가수, 교육결과로서 나타난 영농생활의 변화, 농촌지도사에게 요청되는 자문·상담면접 횟수 및 내용
    ⓒ 사업의 범위와 목표, 사업추진체계, 목표달성 전략, 수혜집단, 유관기관의 관계, 인식된 사업의 성과
    ⓓ 학습자, 목적 및 목표, 조직, 직원, 내용, 방법, 결과, 기자재 등을 평가내용에 포함해야 함

③ 자료수집
  ㉠ **의미** : 조사내용이 결정된 후 자료 수집을 어떻게 해야 하는지 결정해야 하는데, 평가 장면의 선정을 의미함
  ㉡ **평가 장면** : 자연 상태의 장면과 조작 상태의 장면으로 구분

자연 상태의 장면(natural situation)	조작 상태의 장면(artificial situation)
• <u>일상생활 그대로 자료를 수집하는 것</u>, 가장 이상적 장면이지만 실제로 수행하기 어려움 • **참여관찰법** : 가장 대표적, 평가자가 실제 현장에 들어가 실제 현장의 한 부분으로 활동하면서 관찰한 결과를 자료로서 수집하는 방법	• <u>자연적 상태를 잘 반영할 수 있는 상황을 만들어서 자료를 수집함</u> • 비교적 쉬운 방법 : 필답고사, 질문지 등 • 고도의 이해와 훈련을 요구하는 방법 : 면접법, 투사법, 작품분석법, 평정법 등

ⓒ 평가목표에 따른 자료수집방법
  ⓐ 평가목표가 농촌지도사업일 때 : 질문지법, 관찰법 등을 선택

> **보충** 자료수집 방법
>
> ① 질문지법
>   ㉠ 의미 : 조사대상자의 의견을 기입하게 하고, 그것을 분석·정리하여 자료로 활용하는 조사방법
>   ㉡ 질문지 작성시 절차
>   ⓐ 조사목표를 뚜렷이 하고 그에 관련된 조사내용과 문항형태를 생각해 본다.
>   ⓑ 자기 나름대로 질문지 초안을 작성해 본다.
>   ⓒ 선배나 전문가에게 초안을 보이면서 수정을 받는다.
>   ⓓ 본조사에 들어가기 전 시험적으로 소수 대상자를 상대로 사전조사를 실시하여 그 결과에 따라 다시 질문지를 수정·보완한다.
>   ⓔ 질문지 작성을 완료하여 본조사를 계획·실시한다.
>   ㉢ 개방식 질문
>   ⓐ 주관식 질문, 응답자가 자유롭게 자기의 모든 의견을 진술하게 하는 질문
>   ⓑ 질문에 대한 응답 이외의 정보를 얻을 수 있으나, 자료를 정리·분석·활용하는 데 어렵다.
>   ㉣ 폐쇄식 질문
>   ⓐ 객관식 질문, 응답자에게 자유를 주지 않고 제시된 응답 중에 선택하는 방식 **예** 찬반식, 선다식, 서열식, 평정식
>   ⓑ 질문을 작성하기가 대단히 어렵고 시간이 많이 소요되나, 자료를 정리·분석·활용하는 데 용이하다.
> ② 관찰법
>   ㉠ 의미 : 관찰을 보다 체계적·과학적으로 접근하여 타당성과 신뢰성을 확인하고 자료를 수집하는 방법
>   ㉡ 특징 : 관찰자의 객관성은 절대적으로 중요하며, 객관성을 높이기 위해 다수 관찰자로 하여금 자료를 수집케 해야 한다. 피상적인 현상뿐만 아니라 내면 현상까지도 관찰할 수 있어야 한다.
>   ㉢ 종류
>   ⓐ **참여관찰법** : 관찰대상자 속에 들어가 그들과 함께 생활하면서 자료를 수집하는 방법
>   ⓑ **비참여관찰법** : 관찰한다는 사실을 미리 알리고 자료를 수집하는 방법. 농촌지도는 비참여관찰법이 대부분이다.
>   ㉣ **장점** : 관찰을 통한 자료의 실재성이 높다. 언어소통이 되지 않는 특별한 사항이나 현상에 대해 객관적으로 기록·정리하기 용이하다.
>   ㉤ **단점** : 주관의 개입으로 자료의 신뢰성이 낮다. 사생활 같은 표면으로 나타나지 않는 현상은 자료수집하기 어렵다.
> ③ 면접법
>   ㉠ 조사자와 피조사자가 직접 상면하여 질의응답을 통해 필요한 자료를 수집하는 방법
>   ㉡ 표준화 면접
>   ⓐ 질문지를 갖고 신축성 여지 없이 진행되는 면접
>   ⓑ 조사자의 행동에 일관성을 유지할 수 있고, 비교적 신뢰도와 활용도가 높으며, 면접결과의 상호비교가 용이하다.

ⓒ 질문지를 갖고 면접하기 때문에 새로운 사실을 발견하기 어렵고, 면접상황에 대한 적응도가 낮으며, 신축성이 없다.
ⓒ 비표준화 면접
　ⓐ 조사 목표에 어긋나지 않는 범위내에서 일정한 순서·내용이 없이 융통성 있게 질의응답하여 자료를 수집하는 면접
　ⓑ 비교적 유능한 조사자가 할 수 있는 면접으로 면접상황에 적응도가 높고 깊이 있는 응답을 얻을 수 있으며, 계획에 없던 새로운 사실을 발견할 수 있다.
　ⓒ 상호비교하기가 상대적으로 곤란하고, 신뢰도가 낮으며, 면접결과 처리가 용이하지 않다.
ⓔ 준표준화 면접
　표준화와 비표준화를 혼합한 유형으로, 중요한 질문은 표준화 하고 그 외 질문은 비표준화 한다.

　　ⓑ 평가목표가 농민 개인적 성취도일 때 : 성취영역이 인지적·정의적·심동적인가를 결정하여 평가방법을 활용함

평가목표-방법의 적합관계

평가영역	평가목표	평가방법
인지	지식	객관적 테스트 인지
	이해	관찰법, 객관적 테스트, 논술형 테스트, 면접법
	문제의식 사고	관찰법, 평정법, 문제 장면 테스트, 면접법
정의	태도·관심·의욕	관찰법, 평정법, 일화기록법, 일기분석법, 질문지법
심동 (심체)	기능	관찰법, 평정법, 일화기록법, 객관적 테스트
	작품	평정법, 여러 가지 계측
	실천·습관	관찰법, 평정법, 일화기록법, 질문지법
집단의 특성		관찰법, 평정법, 사회적 측정법

④ 조사결과 정리와 분석
　㉠ 자료 분석·해석 단계 : 수집된 모든 자료를 특정 통계기법 등을 활용하여 분석하고 그 결과를 해석하는 과정. 통계방법 중 기술통계(빈도, 평균)를 가장 많이 사용함
　㉡ Norland 자료해석시 주의사항
　　• 많은 사람들이 특정 문항에 답하지 않는 경우, 그 문항은 따로 다룸
　　• 조사문항 중 몇 개 문항에만 답한 경우 분석에 활용하지 않음
　　• 자료가 무엇을 의미하는지 미리 짐작하지 말아야 함
　　• 선택 응답에 대해 해석하지 말아야 함
　　• 다섯 개 중 두 개 이상에 응답하지 않은 경우 분석에 그 질문지를 사용하지 않아야 함

⑤ 조사결과의 활용

조사결과의 활용단계는 평가자료 분석 결과를 보고서로 작성하고, 지도사업의 개선과 책무성의 입증에 활용하는 것임. 평가 시기·목적에 따라 활용이 달라짐

㉠ 중간평가(형성평가)의 경우

농촌지도 결과가 목표를 달성하였다면 지도활동을 계속하고, 그렇지 않다면 원인을 찾아 수정해야 함. 만약 지도사 능력이 미숙했다면 전문성 개발을 위한 교육 실시 또는 전문가 자문을 얻는 데 활용함

㉡ 결과평가(총괄평가)의 경우

평가 결과를 지도 대상의 수정 또는 변경, 지도활동 주제의 제고, 지도계획과 기관의 인원 및 체제 개선, 농민 관심 유도, 홍보 및 관련기관과의 협력, 지역사회 개선 등에 활용함

(2) Seevers의 평가 절차

① 농촌지도사업 평가절차

㉠ 기획(planning)

ⓐ 기획 단계는 프로그램 처음부터 시작되는데, 평가할 사업 목적과 의도했던 결과를 검토해야 함

ⓑ 기획단계의 의문점 : "이 사업을 평가할 수 있는가?", "이 사업을 평가하기 위해서는 어떠한 정보가 필요한가?", "어떻게 정보를 얻을 수 있는가?", "평가 결과를 어떻게 활용할 것인가?" 등

㉡ 정보 수집(gathering information)

ⓐ 정보 수집은 어떤 자료원을 활용할 것인가를 결정하는 것이며, 자료 수집에 쓰이게 될 자료원의 유형을 결정해야 함

ⓑ 정보 수집은 원문서, 보고서와 같은 1차 자료와 이를 가공한 2차 자료를 어떻게 얻을 것인가에 해당됨. 자료를 직접 응답자로부터 구할 것인가, 서류나 문서로부터 얻을 것인가도 결정해야 함

㉢ 정보 요약(summarizing information)

ⓐ 수집된 정보는 차트, 표 등의 형태로 가공하여 요약함

ⓑ 요약된 자료를 정확하고 편견없이 해석하는 것이 중요함

㉣ 기준과 비교(comparing to standards)

ⓐ 어떠한 준거로 사업을 평가할 것인가를 관계자들이 알 수 있도록 사전에 평가 기준이 기술되어야 함. 평가 기준을 평가자만 알고 있으면 안 됨

ⓑ 사업 평가자는 기획했던 사업 목적이 달성되었는가에 대해서 객관적으로 진술해야 함

ⓜ 가치 판단(determining worth)

ⓐ 평가는 본질적으로 평가자의 가치 판단이 포함됨

ⓑ 판단은 수집한 증거를 기준과 비교하는 것이며, 평가보고서 양식에 기록하고, 다양한 형태(보고서, 신문, 비디오테이프, 라디오 출연, 텔레비전 출연 등)로 프로그램의 관계자에게 공유시켜야 함

② 5단계 평가 절차를 12단계로 구체화 ☑기출

```
1. 평가대상 선정    →   5. 평가시기, 방법, 대상집단 선정   →   9. 주요결과 정리
        ↓                        ↓                              ↓
2. 평가목표 확인    →   6. 평가양식 개발                →   10. 보고서 작성
        ↓                        ↓                              ↓
3. 평가목표 설정    →   7. 예비조사 및 본조사 실시       →   11. 보고서 제출 및 배포
        ↓                        ↓                              ↓
4. 효과수준 선택    →   8. 자료 분석                    →   12. 평가활동에 대한 평가
```

㉠ 절차 : 평가 대상을 기술하고, 평가 목적을 설정하게 되며, 평가를 수행하기 위한 전략을 계획하고, 평가활동이 계획된 후에는 증거자료를 수집하고 분석하여, 그 결과를 보고하는 절차로 이루어짐. 이러한 평가 절차는 농촌지도 평가가 목적 중심 평가라는 것을 의미함

㉡ 농촌지도 사업목적이 적절하지 못하거나, 의도하지 않은 사업효과가 더 중요하거나, 상황이 변동되었을 때는 지도사업의 평가준거를 새롭게 개발해야 함

㉢ 농촌지도의 평가는 사업 관계자가 평가의 모든 단계에 참여하는 것이 매우 중요함

> ✪ Bender의 성인교육활동의 평가 절차(농촌지도평가 절차)
> 평가의 승인 및 지지확보 → 평가위원회의 구성 → 평가일정의 계획 → 형식평가의 시행 → 비형식평가의 시행 → 평가결과의 종합과 활용 → 추수평가회의 개최

(3) 미시간대학교의 평가절차

Suvedi, Heinze & Ruonavaara의 농촌지도사업 평가절차(11단계)

① Step 1. 평가 대상 프로그램 확인 및 기술

㉠ 첫 단계는 평가하고자 하는 프로그램을 확인, 기술하는 것

ⓛ 프로그램의 기술에는 목적과 목표, 적용할 지리적 영역, 대상 고객, 재원, 프로그램 관계자 등이 포함되며, 정보를 수집하게 될 대상 집단을 확인함
② Step 2. 프로그램 단계 확인 및 적절한 평가연구 유형 선정
  ㉠ 프로그램의 단계를 확인하고, 적절한 평가연구유형을 선정함
  ㉡ 프로그램 평가 유형(요구분석, 기초연구(baseline studies), 형성평가, 총괄평가, 추적연구 등)
    ⓐ 요구분석(needs assessment) : 대상 집단의 요구를 규명하고, 이론적으로 설명할 수 있도록 하며, 프로그램의 내용을 결정하고, 목적을 설정하는 데 초점을 맞춤. 요구분석에서 프로그램의 현재와 무엇이 요구되는가에 대한 질문을 던짐
    ⓑ 형성평가(formative evaluation, 과정평가, 발전평가) : 프로그램의 개선, 수정, 관리의 정보를 제공함
    ⓒ 총괄평가(summative evaluation, 효과평가, 감정평가) : 프로그램의 성공 여부, 효과성, 책무성 등을 결정함. 이를 통해 프로그램의 지속, 확대, 축소, 혹은 종료 등을 결정함
    ⓓ 추적연구(follow-up studies) : 프로그램의 장기적 효과를 측정하는 평가
③ Step 3. 평가 실행의 실현가능성(feasibility) 진단
  프로그램 설계 또는 성과의 개선에 평가가 공헌할 수 있고, 의미 있는 평가가 이루어지는 데 기여함
④ Step 4. 핵심 이해관계자 확인 및 면담
  ㉠ 이해관계자는 프로그램 재정부담자, 직원 행정가, 고객 또는 프로그램 참여자들이며, 프로그램 시작 전 핵심 이해관계자와 함께 프로그램 목적과 절차를 명확히 알림
  ㉡ 계획보다 생산적이라는 것을 증명할 근거가 되는 평가 유형을 결정하는 데 도움이 됨
⑤ Step 5. 자료 수집방법 확인
  자료 수집 유형은 양적 방법·질적 방법이 있음
  ㉠ 양적 방법
    ⓐ 주로 수치화된 자료에 치중함
    ⓑ 사전에 예상한 결과를 과학적 과정을 거쳐 수치로 측정하는 것
    ⓒ 효과 판단, 원인 도출, 비교 혹은 우선순위 설정, 결과의 일반화 또는 명확화에 적합한 방법

　　ⓒ 질적 방법
　　　ⓐ 글쓴이의 주관이 표현됨
　　　ⓑ 사람, 장소, 대화와 행위 등의 다양한 기술을 포함하는 여러 가지 형식을 취함
　　　ⓒ 개방적 특성을 가지며, 인터뷰 대상자가 자신의 시각에서 질문에 답하도록 함
　　ⓓ 통합적 방법 : 양적 및 질적 방법을 한 평가에서 통합하여 활용하는 것

⑥ Step 6. 자료 수집기법 선정
　㉠ 사업 평가를 위한 자료 수집에 활용되는 최상의 방법은 없음
　㉡ 방법 선정시 정보의 유형, 시간과 비용의 영향을 받으며, 최소한 수집된 정보가 믿을 만하고 정확하고 유용한지 고려해야 함

⑦ Step 7. 모집단 확인과 표본 선정
　㉠ 표집이 적절히 이루어지면, 표본은 모집단 전체의 특성을 대표하게 됨
　㉡ 표집은 정확성을 잃지 않으면서 시간, 비용, 노력을 줄일 수 있음
　　✚ 표본 : 조사를 목적으로 대규모 모집단에서 선택된 응답자들의 집합

⑧ Step 8. 자료의 수집, 분석 및 해석
　양적・질적 자료의 분석을 위한 여러 종류의 자료분석 방법이 있음

⑨ Step 9. 결과물의 보고
　㉠ 평가자는 이해관계자나 다른 고객에게 결과를 보고할 책임이 있음
　㉡ 이해관계자에게 평가결과를 보고할 때 언제, 어떻게, 누구에게 보고할 것인가를 명확하게 해야 함

⑩ Step 10. 결과물의 적용 및 활용
　평가는 평가 결과가 향후 과제에 적용되어야 종료되는데, 프로그램의 연장(continuation)에 대한 결정, 진행 중인 프로그램 개선을 위한 시사점, 향후 계획할 프로그램에 대한 시사점 등을 해당 이해관계자에게 알려야 함

⑪ Step 11. 평가 결과에 대한 평가(메타평가)
　㉠ 평가 결과의 평가는 동일한 기준(standard)이 적용되어야 하며 이전 평가와 유사한 절차를 따름
　㉡ 평가 결과를 평가할 때 고려사항
　　• 명확한 개념 : 평가 결과가 평가의 목적, 역할, 방법에 맞게 분명하게 기술되었는가?
　　• 대상의 기술 : 평가 결과에 평가 대상에 대한 기술이 자세하게 되어 있는가?
　　• 적절한 청중의 인식과 표상 : 평가 결과에 관심을 가진 청중에게 평가 결과를 검토할 기회가 적절히 제공되었는가?

- 평가시 정치적 문제의 민감성(sensitivity) : 잠재적으로 정치적, 대인관계, 윤리적 이슈를 초래할 민감한 사항은 아닌가?
- 정보 및 정보원의 제시 : 평가 결과가 필요한 정보와 정보원을 기술하고 있는가?
- 자료의 종합성 및 포괄성(comprehensive & inclusiveness) : 평가를 위한 부합한 자료의 수렴에 빠지지 않고 모든 중요한 변인과 이슈들에 대한 자료가 수집되었는가?
- 기술적 적절성(adequacy) : 평가 설계 및 절차에서 평가준거(criteria)들은 타당성, 신뢰성, 객관성을 충족시키고 있는가?
- 적절한 평가 방법 및 분석 : 평가에 적절한 방법이 선택되었는가? 자료는 신중하게 분석하고 해석하였는가?
- 비용에 대한 고려 : 다른 변인과 같이 평가 비용에 대한 적절한 고려가 있었는가?
- 평가 결과를 판단하기 위한 명확한 기준(standard)과 준거(criteria) : 평가목적에 대한 판단을 내리는 데 활용할 기준과 준거에 대해 명확하게 기술 혹은 제시되어 있는가?
- 평가 결과에 대한 판단과 조언 : 평가 결과의 평가가 단지 결과의 제시뿐 아니라 자료에 기반한 판단이나 조언을 제공하고 있는가?
- 고객 맞춤식 보고 : 평가 결과가 적절한 시간과 방식으로 적합한 고객에게 보고되었는가?

Chapter 04 기출 및 예상 문제

01 베넷의 위계모형에서 평가의 위계수준이 바르게 짝지어진 것은? ●21 경북 농촌지도사(변형)

① 제4수준 : 모임의 종류 및 지도 방법에 대해 평가
② 제2수준 : 참여자가 실제 현장에 적용한 변화 정도에 대해 평가
③ 제5수준 : 참여자의 지식, 기술, 태도의 변화 정도에 대해 평가
④ 제6수준 : 참여자의 만족도에 대해 평가

> 해설
> - 제2수준 : 모임의 종류 및 지도 방법에 대해 평가
> - 제4수준 : 참여자의 만족도에 대해 평가
> - 제5수준 : 참여자의 지식, 기술, 태도의 변화 정도에 대해 평가
> - 제6수준 : 참여자가 실제 현장에 적용한 변화 정도에 대해 평가

02 Bender의 성인교육활동의 평가절차 중 가장 마지막 절차는? ●21 경북 농촌지도사(변형)

① 평가위원회의 구성
② 추수평가회의 개최
③ 비형식평가의 시행
④ 평가결과의 종합과 활용

> 해설 Bender의 성인교육활동의 평가 절차 : 평가의 승인 및 지지확보 → 평가위원회의 구성 → 평가일정의 계획 → 형식평가의 시행 → 비형식평가의 시행 → 평가결과의 종합과 활용 → 추수평가회의 개최

03 농촌지도평가원리로 옳지 않은 것은? ●20 경남 농촌지도사

① 농촌지도평가는 계속적 과정으로 특정기간 내의 판단이 아니다.
② 농촌지도평가는 위원회와 같은 조직체를 만들어 이행한다.
③ 농촌지도평가는 투자와 산출의 관계에서 검토되어야 한다.
④ 농촌지도평가는 대상집단의 수에 관계없이 모집단을 대상으로 평가한다.

> 해설 **농촌지도평가의 원리**
> ㉠ 농촌지도의 계획과 목표의 달성정도가 평가의 기준이 되어야 한다.
> ㉡ 농촌지도목표의 달성 여부에 대한 배경과 원인이 밝혀져야 한다.
> ㉢ 평가는 연속적인 과정이어야 하며 특정기간의 판단은 아니다.
> ㉣ 평가는 위원회 같은 조직체를 만들어 이행하여야 한다.
> ㉤ 지도대상자의 인격이 존중되도록 자료를 수집하여야 한다.
> ㉥ 농촌지도는 투자와 산출의 관계에서 검토되어야 한다.
> ㉦ 농촌지도평가는 표본을 대상으로 평가하여야 한다.

정답 01 ③ 02 ② 03 ④

04 다음 중 평가준거에 관한 내용으로 틀린 것은?
● 20 경남 농촌지도사

① 평가준거는 가치 있다고 여겨지는 양적·질적 성질, 상태, 행위 등의 속성이다.
② 평가준거는 측정이 가능해야 한다.
③ 평가준거는 연역적 방법과 귀납적 방법으로 도출한다.
④ 평가준거는 한 가지 방식으로 고정되어 있어서 단일 준거를 사용한다.

> **해설** 평가준거는 표현 형식을 결정하는 1가지 방식만 있는 것이 아니기 때문에 다양한 형태의 준거가 존재한다. 하나의 평가대상도 보통 복합적 성질로 구성되기 때문에 충분히 평가하기 위해서는 복수의 준거를 사용한다.

05 E-비즈니스마케팅 전문가 집단의 특성을 평가할 때 타당하지 않은 것은?
● 20 경남 농촌지도사

① 사회측정법
② 관찰법
③ 평정법
④ 논문

> **해설** 평가 목표-방법의 적합관계
>
> | 평가영역 | 평가목표 | 평가방법 |
> | --- | --- | --- |
> | 인지 | 지식 | 객관적 테스트 인지 |
> | | 이해 | 관찰법, 객관적 테스트, 논술형 테스트, 면접법 |
> | | 문제의식 사고 | 관찰법, 평정법, 문제 장면 테스트, 면접법 |
> | 정의 | 태도·관심·의욕 | 관찰법, 평정법, 일화기록법, 일기분석법, 질문지법 |
> | 심동 (심체) | 기능 | 관찰법, 평정법, 일화기록법, 객관적 테스트 |
> | | 작품 | 평정법, 여러 가지 계측 |
> | | 실천습관 | 관찰법, 평정법, 일화기록법, 질문지법 |
> | 집단의 특성 | | 관찰법, 평정법, 사회적 측정법 |

06 '농촌치유 지원사업'의 프로그램 평가로 옳지 않은 것은?
● 20 경남 농촌지도사

① 거시적인 관점에서 농촌지도사업을 종합적으로 평가
② 상황적, 과정적으로 접근하여 평가
③ 프로그램의 구성, 운영 및 실제 활동을 평가
④ 질적준거를 사용하여 내용, 방법, 성취도, 정의적 특성효과를 평가

> **해설** 기관평가는 거시적인 관점에서 농촌지도사업을 종합적으로 평가하는 것이라면, 프로그램 평가는 그 범위가 미시적 관점이다.

정답 04 ④ 05 ④ 06 ①

07 반덴반과 호킨스가 주장한 농촌지도사업 평가수준에서 가장 높은 수준은?

● 20 경남 농촌지도사

① 농촌지도사의 사업 실행 정도
② 농촌 주민의 행동변화
③ 농촌 주민의 참여 정도
④ 농촌 주민들의 지식, 태도, 기술의 변화

해설 Van den Ban & Hawkins 평가수준 모형

수준1	⇨	농촌지도 활동에 대한 사업계획
수준2	⇨	농촌지도사의 사업 실행 정도
수준3	⇨	농촌지도 활동에 대한 농민 참여 정도
수준4	⇨	농촌지도 활동에 대한 농민의 의견
수준5	⇨	지식, 태도, 기술, 동기, 대상 집단 수준의 변화
수준6	⇨	대상집단의 행동적 변화
수준7	⇨	대상집단에 미친 결과
수준8	⇨	사회에 미친 결과

08 평가에 대한 설명으로 옳은 것은?

● 18. 경북 농촌지도사(변형)

가. 결과평가는 사업활동의 자체에 대한 평가이다.
나. 절대평가는 규준지향적 평가이다.
다. 상대평가는 학습자의 성취도를 그가 속한 집단의 결과에 비추어 나타내는 평가이다.
라. 형성평가는 사업이 집행되는 도중에 이루어지는 평가이다.

① 가, 나
② 다, 라
③ 가, 다
④ 나, 라

해설
㉠ 상대평가 : 규준지향적 평가. 학습자의 성취도를 그가 속한 집단의 결과에 비추어 상대적으로 나타내는 평가
㉡ 절대평가 : 목적지향적 평가. 학습자의 성취도를 주어진 목표의 달성정도에 따라 절대적으로 나타내는 평가
㉠ 방법평가 : 사업활동의 자체에 대한 평가
㉡ 결과평가 : 사업활동의 결과에 대한 평가

정답 07 ② 08 ②

09 기관평가와 프로그램평가에 대한 설명으로 옳지 않은 것은? ● 18. 경북 농촌지도사(변형)

① 기관평가는 정책을 추진하는 체계를, 프로그램평가는 사업 자체를 평가한다.
② 기관평가는 거시적 관점에서, 프로그램평가는 그 범위가 미시적 관점에서 지도사 업을 종합 평가한다.
③ 기관평가는 기관의 구조·관리·지원 활동을, 프로그램평가는 프로그램의 구성· 운영·실제 활동을 평가한다.
④ 기관평가는 질적 준거를 주로 사용하고, 프로그램평가는 양적 준거를 사용한다.

해설

구분	기관평가	프로그램평가
평가대상	기관	프로그램
접근법	체제/조직적 접근	상황/과정적 접근
분석수준	거시적	미시적
평가내용	기관의 구조 및 관리지원활동	프로그램 구성, 운영 실제 활동
평가준거	양적 준거 > 질적 준거	양적 즌거 < 질적 준거
평가영역	조직 풍토, 관리자의 리더십, 재정, 시설 설비, 지역사회봉사	내용, 방법, 성취도, 정의적 특성, 효과
평가결과 활용	기관 지원, 기관운영에 대한 효율화 정보 제공	프로그램의 존폐 결정, 프로그램의 수정 보완, 정보 제공

10 논리모형(Logic model)에 대한 설명으로 옳지 않은 것은? ● 18. 경북 농촌지도사(변형)

① 목표달성 모형에 가깝다.
② 프로그램평가를 효과적으로 지원한다.
③ 역동적 과정을 중시하는 단선적 모형이다.
④ 정형화된 틀 안에서 프로그램평가의 도구로 이용된다.

해설 논리모형은 역동적 과정을 중시하는 체계모형이다.

11 Knox의 평가절차에서 두 번째 과정은 무엇인가? ● 18. 경북 농촌지도사(변형)

① 조사결과 정리와 분석   ② 조사결과의 활용
③ 자료수집   ④ 조사항목 결정

해설 평가목표 설정과 지도목표 분석 → 조사항목 결정 → 자료수집 → 조사결과 정리와 분석 → 조사결과 의 활용

정답 09 ④ 10 ③ 11 ④

12 농촌지도사업 평가의 구성요소에 대한 설명으로 옳지 않은 것은?

● 18. 경북 농촌지도사(변형)

① 평가항목은 평가대상의 활동을 대표할 수 있어야 한다.
② 평가항목은 정량적 방법·정성적 방법으로도 측정이 가능해야 한다.
③ 평가활동은 자연 상태에 있는 대상을 평가하는 것이다.
④ 평가준거는 일반적·추상적 수준부터 구체적·행동적 수준까지 위계화가 가능하다.

> **해설** 평가항목의 기준 : 대표성, 비교가능성, 측정가능성, 개선가능성, 관리가능성, 효율성
> 평가활동은 자연 상태에 있는 대상을 평가하는 것이 아니라, 평가대상의 자의적 활동을 대상으로 함

13 보기에서 제시하는 평가의 유형은?

> 가. 사업이 집행되는 도중에 이루어지는 평가
> 나. 사업이 집행된 후 의도한 목적을 달성했는지 여부를 판단하는 평가

	가	나
①	상대평가	결과평가
②	형성평가	결과평가
③	상대평가	총괄평가
④	형성평가	총괄평가

> **해설** 평가의 종류
> ㉠ 평가시기에 따른 유형
>   ⓐ 형성평가 : 사업이 집행되는 도중에 이루어지는 평가
>   ⓑ 총괄평가 : 사업이 집행된 후 의도한 목적을 달성했는지 여부를 판단하는 평가
> ㉡ 평가방법에 따른 유형
>   ⓐ 상대평가 : 규준지향적 평가, 학습자의 성취도를 그가 속한 집단의 결과에 비추어 상대적으로 나타내는 평가
>   ⓑ 절대평가 : 목적지향적 평가, 학습자의 성취도를 주어진 목표의 달성정도에 따라 절대적으로 나타내는 평가
> ㉢ 평가내용에 따른 유형
>   ⓐ 방법평가 : 사업활동의 자체에 대한 평가
>   ⓑ 결과평가 : 사업활동의 결과에 대한 평가

정답 12 ③ 13 ④

14 다음 중 기관평가의 속성인 것은?

① 거시적, 양적
② 거시적, 질적
③ 미시적, 양적
④ 미시적, 질적

해설 기관 평가 VS 프로그램 평가

구분	기관 평가	프로그램 평가
평가대상	기관	프로그램
접근법	체제/조직적 접근	상황/과정적 접근
분석수준	거시적	미시적
평가내용	기관의 구조 및 관리지원활동	프로그램 구성, 운영 실제 활동
평가준거	양적 준거 > 질적 준거	양적 준거 < 질적 준거
평가영역	조직 풍토, 관리자의 리더십, 재정, 시설 설비, 지역사회봉사	내용, 방법, 성취도, 정의적 특성, 효과
평가결과 활용	기관 지원, 기관운영에 대한 효율화 정보 제공	프로그램의 존폐 결정, 프로그램의 수정 보완, 정보 제공

15 농촌지도사업의 효율성 평가지표에 해당하지 않는 것은?

① 시간과 장소는 적절한가?
② 비용 대비 이윤은 적절한가?
③ 고객의 기대에 부응했는가?
④ 사업계획은 단족스러운가?

해설 농촌지도사업의 평가지표와 평가질문

평가지표	평가질문(예)
효율성	• 사업을 적절하게 운영했는가? • 사업계획은 만족스러운가? • 시간과 장소는 적절한가? • 시간과 노력이 가치로운가? • 사업 운영자 및 참여자에게 어느 정도의 시간과 비용이 소요되는가? • 비용 대비 이윤은 적절한가? • 사람들은 이 사업에 일정 비용을 감수하고도 다시 참여할 의사가 있는가?
효과성	• 사업에 필요한 활동을 했는가? • 이 사업은 필요한 것이었는가? • 어느 정도의 변화를 창출했는가?
고객의 기대	• 고객의 기대에 부응했는가? • 사람들이 만족스러워 했는가? • 사업의 질이 좋았는가?(고객의 관심사항, 최신의 정보 제공) • 이 사업은 당면과제에 관련한 것이며 적절한 것인가? • 계획된 것이 제대로 운영되었는가?

정답 14 ① 15 ③

16. 베넷의 위계모형의 수준이 바르지 않은 것은?

① 제1수준 : 인력의 수, 시간, 재원에 대해 평가
② 제3수준 : 참여자의 특성 및 수, 참여 횟수 및 기간에 대해 평가
③ 제4수준 : 참여자의 만족도에 대해 평가
④ 제6수준 : 참여자의 삶의 질 및 지역 사회의 변화 정도에 대해 평가

> **해설** 농촌지도사업 평가의 베넷의 위계 수준
> ㉠ 제1수준 : 인력의 수, 시간, 재원에 대해 평가
> ㉡ 제2수준 : 모임의 종류 및 지도 방법에 대해 평가
> ㉢ 제3수준 : 참여자의 특성 및 수, 참여 횟수 및 기간에 대해 평가
> ㉣ 제4수준 : 참여자의 만족도에 대해 평가
> ㉤ 제5수준 : 참여자의 지식, 기술, 태도의 변화 정도에 대해 평가
> ㉥ 제6수준 : 참여자가 실제 현장에 적용한 변화 정도에 대해 평가
> ㉦ 제7수준 : 참여자의 삶의 질 및 지역 사회의 변화 정도에 대해 평가

17. 농촌지도 평가모형 중 논리모형에 대한 설명으로 옳지 않은 것은?

① 논리모형은 목표달성 모형에 가장 가깝다.
② 논리모형은 투입-산출-성과로 이어지는 단선적 모형이다.
③ 논리모형은 학습평가에 초점을 두고 있다.
④ 프로그램의 마지막 단계에서 이루어지는 설문조사는 학습을 평가하는 유용한 방법이다.

> **해설** 논리모형(logic model)은 단선적 모형(linear model)처럼 보일 수 있으나, 역동적 과정을 중시하는 체계모형에 해당한다.

18. 다음 중 농촌지도사업의 평가시 가장 중요한 사항은?

① 농촌지도사의 참여율
② 관계기관의 예산
③ 농촌주민과 지도원의 접촉횟수
④ 농촌지도목표의 달성 여부

> **해설** 평가시 가장 중요한 사항은 어떤 행사나 활동의 의도한 목표에 얼마만큼 달성되었는가를 검토하는 일이다. 즉 평가란 목표의 성취도를 측정하는 과정이다.

정답 16 ④ 17 ② 18 ④

19 다음 중 농촌지도사업의 평가시기로 옳은 것은?
① 한 사업이 종료된 후
② 관계기관의 평가 요청시
③ 진행 도중 수시로
④ 조사표의 작성 후

해설 농촌지도사업에 대한 가치 판단, 즉 평가는 농촌지도사업이 이루어지는 모든 단계에서 반드시 이루어져야 하는 활동이다.

20 다음 중 농촌지도사업의 중간 중간의 단계에서 평가하는 것은?
① 총괄평가
② 사업평가
③ 형성평가
④ 결과평가

해설 **형성평가** : 사업이 집행되는 도중에 이루어지는 평가

21 다음 중 농촌지도 사업이 마무리된 상태에서 하는 평가는?
① 방법평가
② 총괄평가
③ 형성평가
④ 결과평가

해설 **총괄평가** : 사업이 집행된 후 의도한 목적을 달성했는지 여부를 판단하는 평가

22 다음 중 평가방법에 의해 분류된 사항은?
① 지도평가
② 총괄평가
③ 절대평가
④ 결과평가

해설 평가방법에 의한 분류에는 상대평가와 절대평가가 있다.

23 다음 농촌지도평가의 원리 중 틀린 것은?
① 평가는 계속되어야 하며 특정기간의 판단은 아니다.
② 공공예산으로 충당되지만 교육사업이므로 투자와 산출의 관계는 아니다.
③ 농촌지도평가는 표본을 대상으로 평가하여야 한다.
④ 위원회 같은 조직체를 만들어 이행해야 한다.

정답 19 ③ 20 ③ 21 ② 22 ③ 23 ②

해설 **농촌지도평가의 원리**
㉠ 농촌지도의 계획과 목표의 달성정도가 평가의 기준이 되어야 한다.
㉡ 농촌지도목표의 달성 여부에 대한 배경과 원인이 밝혀져야 한다.
㉢ 평가는 연속적인 과정이어야 하며 특정기간의 판단은 아니다.
㉣ 평가는 위원회 같은 조직체를 만들어 이행하여야 한다.
㉤ 지도대상자의 인격이 존중되도록 자료를 수집하여야 한다.
㉥ 농촌지도는 투자와 산출의 관계에서 검토되어야 한다.
㉦ 농촌지도평가는 표본을 대상으로 평가하여야 한다.

24 다음 중 농촌지도의 평가원리가 아닌 것은?

① 농촌지도의 계획과 목표의 달성 정도가 평가의 기준이 되어야 한다.
② 농촌지도목표의 달성 여부에 대한 배경과 원인이 밝혀져야 한다.
③ 평가는 연속적인 과정이어야 하면 특정기간의 판단은 아니다.
④ 평가는 농촌지도사가 하여야 한다.

해설 평가는 위원회 같은 조직체를 만들어 이행하여야 한다.

25 다음 중 농촌지도사업의 평가단계에서 볼 수 없는 것은?

① 전수조사
② 설정된 목적의 분석
③ 수집할 정보종류의 결정
④ 정보수집

해설 평가를 위한 자료수집은 전수조사가 아니라 샘플조사를 실시한다.

26 다음 중 농촌지도평가에서 인지적 영역에 속하는 내용은?

① 분석력
② 숙련도
③ 태도
④ 흥미

해설 ㉠ 인지적 영역(知) : 지식, 이해력, 적용, 분석력, 평가력, 종합력 등
㉡ 정의적 영역(德) : 태도, 흥미, 습관, 가치관 등
㉢ 심체적 영역(技) : 숙련기능, 전문기능, 예술기능 등

정답 24 ④ 25 ① 26 ①

27 다음 중 관찰법의 단점에 대한 설명은?

① 관찰을 통한 자료의 실재성
② 주관개입에 의한 자료신뢰도의 하락
③ 특별한 현상에 대한 객관적 기록, 정리 용이
④ 언어표현이 불가능한 대상으로부터의 자료수집

해설 관찰법
  ㉠ 의미 : 관찰을 보다 체계적·과학적으로 접근하여 타당성과 신뢰성을 확인하고 자료를 수집하는 방법
  ㉡ 특징 : 관찰자의 객관성은 절대적으로 중요하며, 객관성을 높이기 위해 다수 관찰자로 하여금 자료를 수집케 해야 한다. 피상적인 현상뿐만 아니라 내면 현상까지도 관찰할 수 있어야 한다.
  ㉢ 장점 : 관찰을 통한 자료의 실재성이 높다. 언어소통이 되지 않는 특별한 사항이나 현상에 대해 객관적으로 기록·정리하기 용이하다.
  ㉣ 단점 : 주관의 개입으로 자료의 신뢰성이 낮다. 사생활 같은 표면으로 나타나지 않는 현상은 자료수집하기 어렵다.

28 다음 중 질문지를 통한 조사시 유의할 사항과 거리가 먼 것은?

① 사전조사가 필수적이다.
② 조사목표를 선명하게 한다.
③ 전문가의 조언이 필요하다.
④ 객관적 결과를 위한 사전조사 형식은 피한다.
⑤ 객관적 조사가 되도록 한다.

해설 질문지 작성시 절차
  ㉠ 조사목표를 뚜렷이 하고 그에 관련된 조사내용과 문항형태를 생각해 본다.
  ㉡ 자기 나름대로 질문지 초안을 작성해 본다.
  ㉢ 선배나 전문가에게 초안을 보이면서 수정을 받는다.
  ㉣ 본조사에 들어가기 전 시험적으로 소수 대상자를 상대로 사전조사를 실시하여 그 결과에 따라 다시 질문지를 수정·보완한다.
  ㉤ 질문지 작성을 완료하여 본조사를 계획·실시한다.

정답 27 ② 28 ④

29 다음 중 녹스(Knox)가 주장한 농촌지도평가의 단계는?

① 평가목표설정·분석 → 자료수집 → 조사항목결정 → 조사결과정리·분석 → 조사결과활용
② 평가목표설정·분석 → 자료수집 → 조사결과정리·분석 → 조사항목결정 → 조사결과활용
③ 평가목표설정·분석 → 조사항목결정 → 자료수집 → 조사결과정리·분석 → 조사결과활용
④ 평가목표설정·분석 → 조사항목결정 → 조사결과정리·분석 → 자료수집 → 조사결과활용

30 녹스가 제시한 농촌지도사업이나 활동의 평가에서 둘째 단계에 해당되는 것은?

① 평가목표의 설정
② 조사항목의 결정
③ 자료의 수집
④ 조사결과의 분석

해설 녹스의 평가 단계 : 평가목표설정·분석 → 조사항목결정 → 자료수집 → 조사결과정리·분석 → 조사결과활용

31 다음 중 평가에 대한 설명으로 바르지 않은 것은?

① 방법평가란 목표달성의 검토이다.
② 평가는 미래지향적인 성격이 강하다.
③ 평가란 어떤 행위, 활동, 결과 등에 대한 가치부여의 과정이다.
④ 농촌지도 평가에서 기준은 농촌지도의 목표이다.

해설 방법평가는 사업의 활동 자체에 대한 평가이다.

32 평가에서 '어느 정도 목적을 성취했는가'를 밝히는 내용은?

① 중요성
② 효과성
③ 효율성
④ 적합성

정답 29 ③ 30 ② 31 ① 32 ②

해설
- **효율성** : 투입에 대한 산출의 비율(투입 대비 산출), 양적·단기적·조직 내적
- **효과성** : 목표의 달성도(산출이 목표를 달성한 정도 – 목표 대비 산출), 투입(비용)의 개념이 내포되어 있지 않음, 질적·장기적·조직 외적
- **생산성** : 능률성 + 효과성, 목표를 달성하는데 있어 적은 비용으로 달성하는 것
- **적합성** : 목표의 가치가 사회적으로 바람직한 것인가, 주어진 상황에서 목표설정이 제대로 되었는가를 의미

33. 농촌지도사업의 평가에서 사업, 활동, 행사 등의 목표에 대한 달성도를 검토하는 평가 방법은?

① 방법평가 ② 이해평가
③ 인지평가 ④ 결과평가

34. 다음 ( ) 안에 알맞은 말은?

농촌지도의 평가에는 목표에 대한 달성도를 검토하는 (A)와 A에 대한 배경을 검토하는 (B)가 있다.

① 지도평가 – 결과평가 ② 방법평가 – 지도평가
③ 결과평가 – 방법평가 ④ 일반평가 – 특수평가

35. 다음 ( )에 알맞은 말은?

평가의 자료에는 숫자로 나타낸 ( )와 관찰기록에 의해 문장으로 나타낸 ( )의 두 가지가 있다.

① 질적 자료 – 양적 자료
② 양적 자료 – 질적 자료
③ 평가 – 자료
④ 분석도구 – 양적 자료
⑤ 통계적 자료 – 양적 자료

정답 33 ④ 34 ③ 35 ②

36 무엇을 측정할 것이냐에 관한 요건으로, 조사문항으로서 측정하고자 하는 사항을 측정하는 정도를 의미하는 것은?

① 신뢰도
② 타당도
③ 객관도
④ 적용도

해설 타당도
   ㉠ 사업의 효과가 다른 경쟁적 원인(외생변수)라기보다는 조작화된 처리(원인변수)에 기인한 정도
      → 실험의 정확도
   ㉡ 무엇을 측정할 것인가에 관한 요건으로, 조사문항으로써 측정하고자 하는 사항을 측정하는 정도
   ㉢ 농촌지도목표의 달성여부와 그 배경을 알려 주는 문항이어야 그 타당도가 높아짐

37 평가조사문항이 갖추어야 할 요건 중에서 얼마나 정확하고 정밀하게 측정할 수 있느냐의 정도를 나타내는 것은?

① 타당도
② 신뢰도
③ 객관도
④ 유용도

해설 신뢰도
   ㉠ 측정도구의 일관성, 즉 동일한 측정도구로 동일한 현상을 되풀이했을 때 동일한 결론이 나오는지의 확률 예 과녁에 활 쏘기
   ㉡ 어떻게 측정할 것인가의 요건으로, 얼마나 정확하게 착오 없이 측정하느냐의 정도
   ㉢ 많은 사람으로 하여금 평가시키는 것은 신뢰도를 높이기 위한 방법

38 다음 중 조사도구의 구비요건에서 조사자가 질문을 할 때에나 대상자의 응답을 분석 정리할 때 편견됨이 없는 것을 무엇이라 하는가?

① 신뢰도
② 객관도
③ 타당도
④ 주관도

해설 객관도
   ㉠ 얼마나 평가자의 주관이 배제되었는가의 정도
   ㉡ 식량증산지도 평가시 단위면적당 수량조사를 해야 하는데, 농가소득 조사 등의 비객관적 조사는 객관도를 낮추는 요인이 됨

정답 36 ② 37 ② 38 ②

39 다음은 조사항목의 작성에 필요한 요건이다. 잘못 설명한 것은?

① 타당도란 무엇을 측정할 것이냐에 관한 요건이다.
② 신뢰도란 어떻게 측정할 것인가에 대한 요건이다.
③ 객관도란 어느 정도로 일치된 평가를 하느냐의 정도이다.
④ 총괄도란 얼마나 정확하게 측정하느냐의 정도이다.

해설 조사항목의 작성에 필요한 요건으로 타당도, 신뢰도, 객관도, 유용도 등이 있다.

40 지도사업 평가방법에 속하지 않는 것은?

① 관찰법   ② 필기시험법
③ 질문지법   ④ 면접법

해설 지도사업 평가방법에는 관찰법, 질문지, 면접법, 투사법, 작품분석법, 필답고사, 평정법 등이 있다.

41 농촌지도 평가의 자료 수집을 위한 방법 중에 조사 대상자들의 의견을 기입하게 하고 그것을 분석, 정리하여 자료로 활용하는 조사방법은?

① 관찰법   ② 면접법
③ 참여연구법   ④ 질문지법

42 농촌지도가 수행되는 현장을 보거나 지도결과로 나타난 효과를 직접 보고 평가에 필요한 자료를 수집하는 방법은?

① 면접법   ② 관찰법
③ 질문지법   ④ 우편조사법

43 조사자와 피조사자가 직접 상면하여 질의응답을 통하여 자료를 수집하는 지도방법은?

① 면접법   ② 질문지법
③ 관찰법   ④ 우편조사법

정답 39 ④ 40 ② 41 ④ 42 ② 43 ①

44 다음에서 평가자료 수집상황을 자연적 상태의 장면과 조작적 상태의 장면으로 구분할 수 있는데, 참여관찰은 어디에 속하는가?

① 자연적 상태
② 조작적 상태
③ 둘 다에서 가능하다.
④ 둘 다에서 불가능하다.

해설

자연 상태의 장면	조작 상태의 장면
• 일상생활 그대로 자료를 수집하는 것, 가장 이상적 장면이지만 실제로 수행하기 어려움 • 참여관찰법	• 자연적 상태를 잘 반영할 수 있는 상황을 만들어서 자료를 수집함 • 필답고사, 질문지, 면접법, 투사법, 작품분석법, 평정법 등

45 사회조사에서 가장 많이 사용되는 평가방법은?

① 관찰법
② 질문지법
③ 면접법
④ 리커트조사법

46 다음 중 폐쇄식 질문에 속하지 않는 것은?

① 주관식
② 찬반식
③ 선다식
④ 서열식
⑤ 평정식

해설 폐쇄식 질문 : 찬반식, 선다식, 서열식, 평정식

47 다음 중 개방적 질문의 단점에 속하는 것은?

① 작성하기가 대단히 어렵다.
② 시간이 많이 소요된다.
③ 수집된 자료를 분석, 정리, 활용하는데 어려움이 많다.
④ 응답자에게 자유를 주지 않는다.

해설 ㉠ 개방식 질문 : 질문에 대한 응답 이외의 정보를 얻을 수 있으나, 자료를 정리·분석·활용하는 데 어렵다.
㉡ 폐쇄식 질문 : 질문을 작성하기가 대단히 어렵고 시간이 많이 소요되나, 자료를 정리·분석·활용하는 데 용이하다.

정답 44 ① 45 ② 46 ① 47 ③

48 농촌지도사업이 농민의 가치관과 부합되는가는 다음 어느 측면의 평가인가?

① 인지적 측면
② 정의적 측면
③ 심체적 측면
④ 건강적 측면
⑤ 정서적 측면

해설
㉠ 인지적 영역(知) : 지식, 이해력, 적용, 분석력, 평가력, 종합력 등
㉡ 정의적 영역(德) : 태도, 흥미, 습관, 가치관 등
㉢ 심체적 영역(技) : 숙련기능, 전문기능, 예술기능 등

49 다음 중 기술적 능력이 속하는 영역은 어느 것인가?

① 인지적 영역
② 정의적 영역
③ 심체적 영역
④ 가치적 영역

해설 심체적 영역(기술적 영역) : 숙련기능, 전문기능, 예술기능 등

50 다음 중 인지적 영역에 속하는 것은?

① 가치관
② 태도
③ 숙련공
④ 분석력

해설 인지적 영역(知) : 지식, 이해력, 적용, 분석력, 평가력, 종합력 등

51 비교적 유능한 조사자가 할 수 있는 면접방식으로 면접상황에 적응도가 높은 응답을 얻을 수 있는 면접은?

① 표준화 면접
② 준표준화 면접
③ 중간 면접
④ 비표준화 면접

해설 비표준화 면접
㉠ 조사 목표에 어긋나지 않는 범위내에서 일정한 순서·내용이 없이 융통성 있게 질의응답하여 자료를 수집하는 면접
㉡ 비교적 유능한 조사자가 할 수 있는 면접으로 면접상황에 적응도가 높고 깊이 있는 응답을 얻을 수 있으며, 계획에 없던 새로운 사실을 발견할 수 있다.
㉢ 상호비교하기가 상대적으로 곤란하고, 신뢰도가 낮으며, 면접결과 처리가 용이하지 않다.

정답 48 ② 49 ③ 50 ④ 51 ④

52 다음에서 비표준화면접의 단점은?

① 면접상황에 적응도가 높다.
② 깊이 있는 응답을 얻을 수가 있다.
③ 면접결과의 상호비교가 어렵다.
④ 계획에 없던 새로운 사실을 발견할 수가 있다.

해설   비표준화면접의 단점은 상호비교하기가 상대적으로 곤란하고, 신뢰도가 낮으며, 면접결과 처리가 용이하지 않다.

정답   52 ③

PART

03

조직론

Chapter 1 한국의 농촌지도조직
Chapter 2 외국의 농촌지도조직

컨셉 농촌지도론

Chapter 01

한국의 농촌지도조직

단원 키워드
1. 농촌지도조직의 현황 및 특징
2. 농촌지도의 발달과정
3. 지방화 이후 농촌지도 추진체계

농촌지도기관과 지도인력의 수는 1990년 초반까지 180여개 기관과 8,000명에 이르는 규모였으나 1990년대 중반 이후부터 크게 줄어들었다(150여개, 4,500여명).

1997년 농촌지도공무원 신분이 중앙직에서 지방직으로 전환되었고, 지방 농촌지도기관의 인사·재정·감사권이 지방자치단체장에게 귀속되었다. 그에 따라 지방자치단체장의 의지에 따라 지역의 농촌지도조직과 농업행정조직이 통합되는 사례가 발생하여 농업행정조직과 기능적 통합이 이루어진 농업기술센터가 다수이다.

지방직 전환 이후 농촌지도사업의 본질이라고 할 수 있는 농민들에 대한 기술지도 서비스의 수준이 떨어졌다는 비판을 받고 있는 가운데, 여러 가지 문제들(국가 및 지역농업 발전의 저해, 지도조직 및 인력의 감소, 예산의 감소, 유관 기관 간 연계의 약화, 농업행정과의 통폐합에 따른 위상 저하 등)이 제기되고 있다.

제1절 농촌지도 조직체계

1 조직론 일반

(1) 조직의 개념

① 조직의 의미

조직(organization)이란 일정한 환경 하에서 공동의 목표를 달성하기 위하여 의도적으로 정립한 체계화된 구조에 따라 구성원들이 상호작용하며 경계를 가지고 외부환경에 적응하는 인간들의 사회적 집단이나 협동체제(Daft)

② 조직의 특성

조직은 대체로 규모가 크고 복잡하며, 상당수준의 공식성과 합리성을 가지고 있지만 비공식적인 요인도 병존함

- ㉠ 공동의 목표 : 조직은 목표 달성을 위해 존재하며, 목표 없는 조직은 존재할 수 없다.
- ㉡ 체계화된 구조와 구성원들의 상호작용 : 목표의 효과적 달성을 위하여 과업을 분담시키고 구성원의 역할을 규명하며, 그 역할 간의 관계를 결정하는 규정과 절차를 말함. 구성원은 지속적이고 유형화된 상호작용을 하며, 체계화된 구조가 없는 우발적인 군중의 집단은 조직이 아님
- ㉢ 경계의 존재 : 조직과 환경을 구분해 주고 조직에 동질성이나 정체성을 제공하는 경계가 존재함
- ㉣ 외부환경에의 적응 : 조직은 외부환경과 상호작용하는 개방체제적 성격이 강함
- ㉤ 인간의 사회적 집단 : 조직은 목표를 달성하기 위한 개인들의 집합체로서, 인간이 없는 조직은 조직이 아님

(2) 조직의 유형

① Mintzberg의 조직 유형(1979)

조직구조를 주요구성부분(핵심부문), 조정기제, 상황요인이라는 복수국면적 접근법에 의하여 5자적 범주의 조직양태를 제시하고 효율성도 상황적으로 성장·결정된다는 조직성장경로 모형을 제시함

- ㉠ 단순구조 : 전략부문의 힘이 강한 소규모 신설조직으로 권력이 최고관리층으로 집권화되는 유기적 구조
- ㉡ 기계적 관료제 구조 : 기술구조부문의 힘이 강한 유형으로 전형적인 관료제조직

(M.Weber)과 유사한 조직. 단순하고 안정적 환경하여서 작업과정(업무)의 표준화(간접적 감독)를 중시하는 대규모 조직
- ⓒ 전문적 관료제 구조 : 핵심운영부문의 힘이 강한 유형으로 복잡하고 안정적인 환경하에서 적합한 조직으로 전문가들로 구성된 핵심운영계층이 오랜 경험과 훈련으로 표준화된 기술을 내면화하여 자율권을 가지고 과업을 조정함. 작업기술의 표준화를 중시함
- ⓔ 사업부제 구조 : 중간관리자를 핵심부문으로 하는 대규모 조직으로 시장의 다양성 하에서의 힘이 강한 유형. 시장의 다양성 하에서 각 사업부는 스스로 책임 하에 있는 시장을 중심으로 자율적인 영업활동을 수행함. 산출물의 표준화를 중시하며 성과관리에 적합하지만 기능부서간 중복 및 공통관리비 등 규모의 불경제나 사업 영역 간 갈등이 발생함 → 할거적 구조(분할적)
- ⓜ 임시특별조직(adhocracy) : 지원 스태프(참모)의 힘이 강한 유형으로 비정형적인 과제나 동태적이고 복잡한 환경에 적합한 조직. 표준화를 거부하며 느슨하고 자기혁신적인 조적으로 모든 면에서 기계적 관료제 구조와 반대되는 가장 분권화된 유기적 구조

② Daft의 조직 유형
- ㉠ 기계적 구조와 유기적 구조를 양극단에 위치시키고, 중간에 기능구조-사업구조-매트릭스구조-수평구조-네트워크구조를 추가하여 7가지 조직모형을 제시함
- ㉡ 매트릭스구조
  - ⓐ 기능구조와 사업구조를 화학적(이중적)으로 결합한 이중적 권한구조를 가지는 조직구조로서 기능부서의 전문성과 사업부서의 신속한 대응성을 결합한 조직
  - ⓑ 목표나 과업의 복잡성이나 불확실성이 높은 경우나 시장성이 불명확한 새로운 제품 생산에 적합
  - ⓒ 수평적 조정 곤란이라는 기능구조의 단점과 비용 중복, 전문성 부족이라는 사업구조의 단점을 해소하려는 조직
    - 예 외교부 장관과 소속장관의 이중적 명령을 받는 재외동관, 현행 농업기술센터 등
- ㉢ 학습조직
  - ⓐ 정보화 사회에서 중시되는 학습조직이란 가장 유기적인 조직으로서(Daft) 선발된 일부 구성원이 아니라 구성원 모두가 학습주체라는 인식으로 지식을 창출하고 활용하고 전달·공유하는데 능숙하며, 새로운 지식과 통찰력을 업무에 반영하기 위해 기존의 행동양식을 바꾸는데 능숙한 조직
  - ⓑ 효율성을 핵심적 가치로 하는 전통적 조직과 달리 학습조직의 핵심가치는 문제해결이며 네트워크조직이나 가상조직 등도 모두 학습조직에 포함

(3) 관료제

① 의미

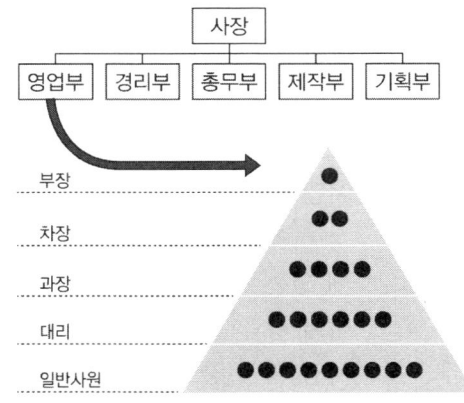

- ㉠ 구성원 간의 서열화된 위계를 바탕으로 명시적인 규범과 절차를 갖춘 대규모 조직의 운영 원리로서, 수직적으로는 계층화되고 수평적으로는 기능상 분업 체제를 이루고 있음
- ㉡ 어원 : 관료제(bureaucracy)라는 단어는 1745년 드 구르네(De Gournay, M.)가 처음으로 사용. 사무실과 사무용 책상이라는 두 가지 뜻을 가진 'bureau'라는 단어에다가 그리스어 '지배하다(kratia)'라는 단어를 합성시킴으로써 관료제라는 말을 만들었고, 이후 관료제는 '관료의 지배'를 의미하게 됨

② 등장 배경 : 근대 산업화 이후 조직 규모가 커지면서 대규모 조직을 효율적으로 관리할 수 있는 조직 운영 방식의 필요성 증대

③ 특징
- ㉠ 과업의 전문화 : 효율적인 업무처리를 위해 각각의 구성원들이 분담한 일만을 전문적으로 수행함
- ㉡ 위계의 서열화 : 권한과 책임의 정도에 따라 조직 내의 지위가 서열화되어 있음
- ㉢ 규약과 절차에 따른 업무 수행 : 문서화된 규약과 절차에 따라 과업 수행 → 구성원이 교체되더라도 안정적인 과업 수행이 가능함
- ㉣ 지위 획득의 공평한 기회 보장 : 연공서열 등 일정한 기준에 따라 공개 경쟁을 통해 지위를 획득
- ㉤ 경력에 따른 보상 : 구성원들의 경험을 중시하여 연공서열에 따라 보상함

> **참고 Weber의 관료제 특징**
> ① 업무는 일반적인 조직 규칙에 의해 수행된다.
> ② 조직 행위는 여러 상이한 업무로 분할되어 있고 각 직책의 권한과 의무는 세분화된다.
> ③ 조직의 직위 구조는 피라미드 형태의 위계 구조를 띤다.
> ④ 모든 중요한 업무는 기록되고 문서로 보관된다.
> ⑤ 종신 고용이 가능하다. 이는 조직 자체에 대한 충성심을 유발시키는 요인이다.
> ⑥ 직위의 위계 구조에서 상승 이동이 가능하고 연공 서열이 반영된다.
> ⑦ 조직에 채용되기 위해서는 훈련된 전문 자격이 요구된다.

④ 순기능
  ㉠ 효율성 : 과업을 세분화・전문화함으로써 신속하고 효율적인 업무 수행이 가능해짐
  ㉡ 안정성 : 문서화된 규약과 절차에 의존하며 연공서열로 인해 구성원들의 신분이 보장되므로 안정적인 조직 운영이 이루어짐
  ㉢ 지속성과 예측 가능성 : 구성원이 바뀌더라도 정해진 절차에 따라 지속적인 과업 수행이 가능하며 과업 수행의 예측 가능성이 높음
  ㉣ 권한과 책임의 명확화 : 구성원들의 권한과 책임이 명시되어 있기 때문에 과업 수행에 있어 책임 소재가 분명하며 불필요한 갈등 발생을 막음
⑤ 역기능
  ㉠ 목적 전치 현상 : 규약과 절차를 지나치게 강조한 나머지 오히려 본래의 목적 달성을 방해함
    예 병원에서 수술 동의서를 받는 절차 때문에 환자의 상태가 더 악화되는 경우, 위급한 상황이 되어 경찰에 신고했는데 관할 구역이 아니라서 도와줄 수 없다고 하는 경우
  ㉡ 인간 소외 현상 : 구성원들은 조직 내에서 분담한 일만을 반복적으로 수행함으로써 창의력이나 자율성을 발휘하지 못하고 조직의 부속품으로 전락함
  ㉢ 인간적 요소의 개입으로 인한 비능률성 : 조직 내 연고주의가 확산되는 한편 연공서열의 강조로 인한 무사 안일주의, 복지부동으로 인해 조직의 효율성이 떨어짐
  ㉣ 변화에 대한 낮은 대응력 : 규칙과 절차를 지나치게 강조하고 경직된 상명하복 구조를 지니고 있어 주변의 변화에 유연하게 대처하지 못함

(4) 농촌지도조직의 특수성
① 농촌주민과 농촌지도사가 농촌현장에서 역동적으로 상호접촉함으로써 농촌지도의 목표를 성취할 수 있다. 일선지역 중심적이고, 하의상달적이며, 지방분권적 조직구조를 갖추어야 한다.
② 농촌지도조직은 일반행정기관과 독립적인 조직기구를 소유한다.
③ 농업발전이나 농촌개발에 필수적인 연구, 협동조합, 행정, 교육 등과 같은 조직과 통합되어 있거나 횡적 협동체제를 갖추어야 한다.

2 우리나라 농촌지도조직

(1) 중앙정부 : 농촌진흥청(RDA)

① 기구의 변천

기구	특징

농사개량원
'47.12~48.12(1년)
	• 미국식 대학외연교육형 체계 도입
	  - 농과대학 + 시험장 + 교도국
	  - 도 및 군 기구를 지방행정과 분리
	• 인력, 예산 등 여건 불비로 성과 없이 개편

농업기술원 '49.1~56.2(7년)	• 정부수립 후 농과대학을 문교부로 이관 • 6·25 전쟁으로 지도사업 부진
중앙농업기술원 '56.3~57.5(1년)	• 6·25 전쟁 후 농촌 재건이 시급, 교도사업 재개 - 지방농촌지도기구를 행정에 통합(강력한 농사행정 지원) • 교도사업의 이원화 : 농업기술원과 농림부 농촌지도국

농사원
'57.6~62.3(5년)
	• Macy 보고서를 기초로 「농사교도법」 제정
	  - 지방기구를 행정과 분리, 국가체계로 일원화
	• 훈련된 전문 인력 확보
	  - 상향식의 교육적 지도활동 전개

농촌진흥청
'62.4~현재
	• 1962.~96 : 지도사업의 중앙집권 시기
	  - 농촌개발에 관련된 유사기능의 통합
	• 농촌진흥청을 유일한 농촌지도기관으로 지정
	  - 지방기구를 자치단체의 장 소속 외청 기관화
	• 국가와 지방자치단체가 협동사업화
	  - 읍면지소의 지도소로의 통폐합

	• 1997년 : 지도사업의 지방분권화 시대 • 지방자치단체 소속 지도공무원을 지방직(6,696명)으로 전환함에 따라 국가직은 179명만 남음 • 지방농촌진흥기구를 지방자치단체로 이관

	• 1998년 : 1단계 구조조정
	• 지방농촌진흥기구 명칭 변경
	  - 도 농촌진흥원→농업기술원
	  - 시군 농촌지도소→농업기술센터
	• 1999년 : 지방기구 2단계 구조조정

② 연혁
- 1906년 권업모범장 설치
- 1929년 농사시험장으로 개칭
- 1947년 농업기술교육령에 의하여 농사개량원이 발족

- 1949년 농업기술원 발족, 중앙에 중앙농업기술원, 지방에 도농업기술원
- 1957년 대통령령에 의거 농사원이 발족, 농촌지도업무를 통합·운영
- 1962년 농촌진흥청은 농촌진흥청직제 각령에 의거하여 발족, 2국-11개 연구소 시험장을 갖고 출발

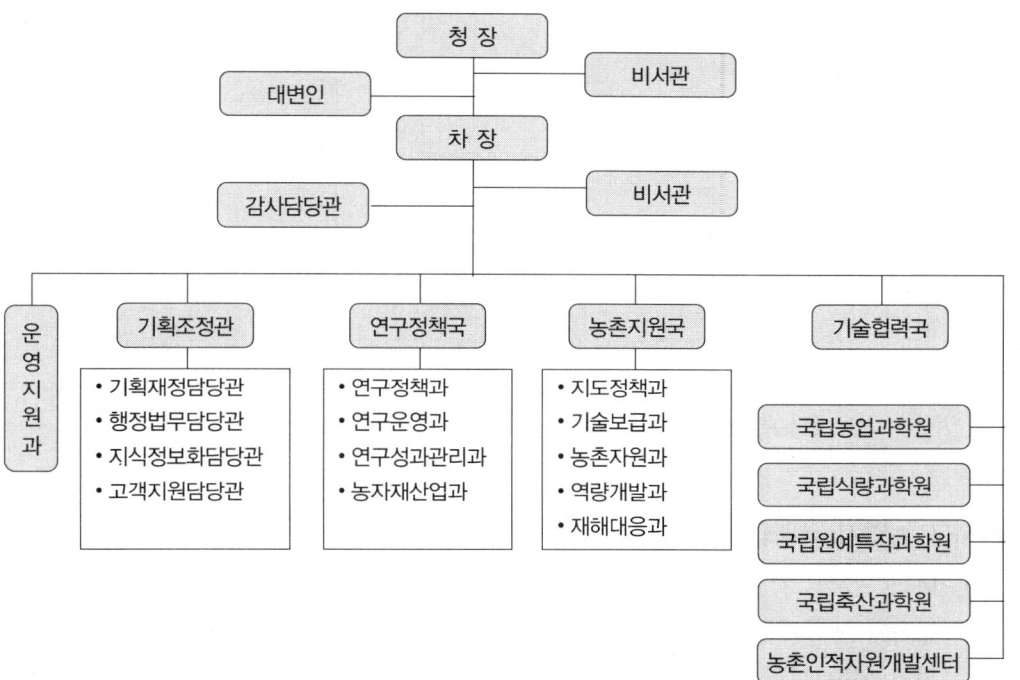

(2) 도 농업기술원

① 각 도에 도 농업기술원이 1개소씩 설치
② 1965년 도 농촌진흥원 → 1998년 도 농업기술원으로 개칭
③ 지방화 이전 농촌진흥청 산하기관이었으나, 이후 농촌진흥청과 독립 운영
④ 도 농업기술원과 농업기술센터 간 인사교류가 간헐적으로 이루어짐
⑤ 각 광역자치단체 지도사업은 각 도 농업기술원의 임무나 조직 업무계획 등에서 파악
⑥ 도 농업기술원의 업무

농업인 조직 육성, 농업후계인력 육성, 우량종자/종축보급, 개발기술보급, 지역농업개발, 현장애로기술개발 보급, 병충해 예찰, 방제정보 확산, 기상재해대비 기술지도, 농작물 품질향상 지도, 가축질병방역기술 지도, 비료·농약·토양·농작물 안정성 시험분석, 농업경영·농업정보 조사연구, 주요농산물의 저장·이용·가공연구, 농촌생활환경개선 지도, 잠업 육성, 보급종 벼·보리·콩 생산, 정선, 공급, 과학적 영

농기술보급, 농식품 고부가가치창출, 전통문화 계승발전 및 소득자원화, 자립형 녹색환경조성, 안전먹을거리 새 기술 확산, 농기계 교육, 여성인력육성사항, 생산비 절감기술개발 보급, 수출작목개발지원, 종자산업 육성, 틈새 소득작물 발굴과 집중육성, 농업기술 경쟁력제고와 실용화, 글로벌 농업기술 협력, 안전축산물생산, 신기술 녹색축산 특용작물 상품화, 녹색첨단농업육성을 위한 첨단기술 확보, 녹색기술지원 기반 강화, Top 농산물 생산확대, 농업경영체 현장지원 강화, 도농 교류 확산 및 귀농 귀촌 활성화 등

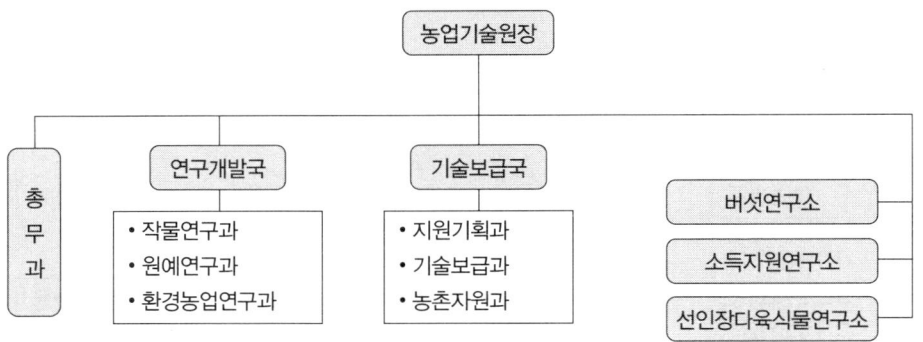

(3) 시군 농업기술센터

① 목적

농사와 생활기술의 신속한 보급과 농촌사회 개조를 촉진하고 농민생활의 향상을 꾀하기 위해 설립된 정부기구

② 기구 및 조직
- ㉠ 소장 1명 밑에 2~3개 과, 7~8개 팀으로 구성
- ㉡ 농업기술센터 소장·과장은 농촌지도관의 직급을 갖으며, 농촌지도사들이 일선 농촌지도업무를 담당

③ 연혁
- 1962년 농촌진흥법에 따라 전국에 농촌지도소 설치
- 1973년 별정직에서 일반직으로 전환
- 1998년 농업기술센터로 개칭, 농촌지도사는 지방직 공무원으로 전환, 각 시군 지방자치단체 산하기관으로 소속변경

④ 담당업무
- ㉠ 특광역시·시·군에 농업기술센터를 두고 농업기술센터 관내 주요 지구에 농업기술센터 상담소를 두어 순수 농민교육과 봉사사업을 전담함
- ㉡ 농업·임업·잠업·축산·생활개선·청소년지도·농촌사회지도사업 등을 담당

ⓒ 농업기술센터 지도사업은 강제로 생산목표를 달성하려는 전제적 지도방식이 아니라 교육을 통한 민주적 지도방식을 채택하고 있음

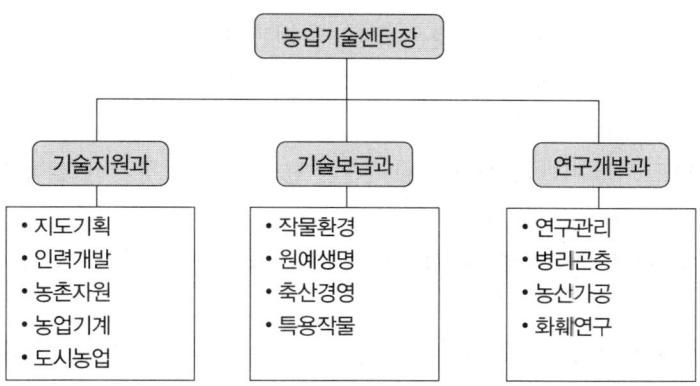

3 농업산학협동

(1) 농업산학협동의 의미

① 모든 유관기관과 단체가 그들이 갖고 있는 자원을 상호교환하여 활용하고 그들의 공동목적을 달성하기 위하여 자발적으로 융통성을 가지고 서로 협동하는 활동
② 농과계 학교, 농촌진흥청, 농업행정기관, 연구기관, 농업분야의 각종 협동조합, 공공단체와 기업체 그리고 농촌주민단체 등 모든 농업 및 농촌주민의 관련기관과 단체가 그들이 가지고 있는 각종의 자원을 공동으로 활용하고 그들 기관이나 단체의 목적은 물론 그들의 공동목적, 나아가 농업발전 및 농촌발전을 이루기 위한 일련의 횡적인 협동

(2) 농업산학협동의 대상·내용

① 국내 농업기관
  ㉠ 새로운 기술의 기능을 담당하는 농과계 대학과 농업연구기관
  ㉡ 농촌지도, 토지개발, 계획, 교통, 유인 등의 기능을 담당하는 농업유관기관
  ㉢ 조직활동, 시장, 공급, 신용 등의 기능을 담당하는 농업산업체, 농민단체, 농업관계조합
② 농촌발전기관들의 주요 협동내용
  ㉠ 정보교환 : 가장 기초적인 것이 협동이라고 할 수 있는데, 새로운 정보는 쉽게 필요한 기관이나 개인에게 교환·활용될 수 있어야 하고, 각 기관이나 개인이 요구 시에는 물론 자발적으로 신정보를 확보하고 공개하여 서로 이용할 수 있도록 하

여야 한다.
- ⓒ **연구협동** : 기관과 기관에 혹은 개인 간에 공동연구도 전개되어야 하며, 경우에 따라서는 이런 기관이 타기관에게 연구용역이나 보조연구비를 지원할 수 있다.
- ⓒ **교육협동** : 대학 등 교육기관은 그 외의 기관과 단체에 학생들의 현장실습을 요청할 수 있으며, 또한 대학은 그 기관의 종사자들에게 대학원교육, 단기교육, 재교육 등을 실시할 수 있다.
- ② **겸직제도** : 한 기관의 개인이 타기관에 단기간 혹은 장기간 겸직을 하며, 그 기관에서 특별한 업무를 처리하는 제도이다.
- ⑩ **인적 자원의 상호활용** : 특강강사·세미나강사 등을 상호교환하며, 수시로 상호 간 자문·상담 등을 한다.
- ⑪ **시설자료·기기의 상호활용** : 교실, 강당, 도서, 문헌, 시청각자료, 컴퓨터, 복사기, 기타 실습기기를 상호활용한다.
- ⑦ **공동행사 개최** : 연구·교육·세미나·심포지엄 등 각종 행사를 공동으로 혹은 후원기관으로 상호협동한다.

> **보충** Mosher의 농업발전에 필요한 10가지 기능
>
> 10가지 기능 사이의 상호협동을 강조하며, 필수불가결한 요소와 필수불가결한 요소는 아니지만 농업발전에 도움을 줄 수 있는 촉진제로 구분함
> ⓐ **농업발전 요소의 기능(필수불가결 요소)**
>   - 새로운 기술(new technology)
>   - 시장(markets)
>   - 공급(supplies)
>   - 교통(transport)
>   - 유인(incentives)
> ⓑ **농업발전 자극의 기능(촉진제)**
>   - 농촌지도(extension)
>   - 신용(production credit)
>   - 조직활동(group action)
>   - 토지발전(land development)
>   - 계획(project planning)

(3) 농업산학협동의 발생요인과 장애요인

① 발생요인
  - ⓐ **환경적 요인** : 농업관계기관들을 둘러싸고 있는 제환경의 변화를 말한다.
  - ⓑ **조직관계적 요인** : 어느 한 기관의 상대기관에 대한 인식의 정도에 관계되는 요인으로써, 영역·자원·권위의 세 가지가 산학협동에 영향을 미친다.

ⓒ 조직성격적 요인 : 어느 조직체 내부의 개별적 성격으로 산학협동에 관계하는 요인을 말한다.
② 산학협동의 장애요인
  ㉠ 내재적 필요성의 결함 : 우리나라에서는 산학협동이 필요한 정도로 전반적인 발전의 역사가 길지 못하고, 산학협동에 대한 인식의 범위가 넓지 못하다. 그 결과 유럽식의 산업계 주도형이나 미국식의 학계 주도형과는 달리 국가주도적 사업이 많다.
  ㉡ 국민의 의식구조와의 불일치 : 우리나라 국민의 의식구조가 유교사상의 영향으로 종적인 가치를 중요시하고 있고, 아직도 민주주의적인 평등한 유대관계가 형성되지 못하여 대등한 위치에서의 산학협동의 실현이 어렵다.
  ㉢ 기관 간의 불신과 이해부족 : 학계에 종사하고 있는 사람들은 기업경영에 경험이 없기 때문에 상아탑 속에 안주하여 기업으로 하여금 산학협동에 관심을 갖도록 유발시키는 개발노력이 부족하다. 기업체에서는 인력개발이나 연구개발에 대한 관심이 부족하고 학계의 능력을 과소평가한다.
  ㉣ 최고관리층의 견해차이의 심화 : 복잡한 대규모 조직에서는 협동을 저해하는 내재적 여러 요인들이 있다. 최고관리층 간의 사회적·교육적 배경이 상이하여 동질성을 확보하기 어려운 경우도 있고, 각 기관들 사이에 의사소통이 불충분하여 효과적인 협동이 이루어지지 못하는 경우도 있다.
  ㉤ 현대사회의 고도전문화와 경쟁의 심화 : 현대의 조직은 고도의 전문화·기술화의 경향을 나타내고 있으며, 조직의 기능 또한 확대되어 가고 있다. 이런 전문화·기술화 및 조직기능의 확대 역시 산학협동을 어렵게 한다.

(4) 농업산학협동의 추진단계
① 농업산학협동시 야기될 수 있는 갈등
  • 자본 전환(fund diversion)
  • 영역 침범(domain violation)
  • 사업 방해(program circumvention)
  • 과장(overstatement)
  • 정보의 감춤(withholding of information)
  • 혐오(annoyance)
  • 불신(distrust)
② 농업산학협동의 추진단계(Kelsey와 Hearne)
  ㉠ 협동할 상대기관이나 조직체의 권위와 책임을 존중하고, 평등적인 관계에서 협동할 자세를 확립하여야 한다.

ⓛ 협동할 상대기관이나 조직체의 사업영역을 파악하고 실정을 이해하여야 한다.
ⓒ 협동할 때 초래될 수 있는 효과와 이익을 중심으로 협동기관들의 목적이 동시에 달성될 수 있는 협동사항을 설정한다.
ⓔ 협동기관의 공동목표가 성취될 수 있는 협동사항을 실제로 이행하기 위한 구체적인 방안을 모색하여야 한다.
ⓜ 협동의 구체적 방안을 협동할 기관에서 상호준수하는 자세를 확고히 해야 하며, 다소 어려움이 있더라도 상호협약을 지켜 나가야 한다.

4 농촌지도 인력 및 예산

① 우리나라 농업기술센터 현황
  ㉠ 전체 156개소
  ㉡ 경기도 21, 강원도 18, 충청북도 12, 충청남도 16, 전라북도 14, 전라남도 21, 경상북도 23, 경상남도 18, 제주특별자치도 2, 특광역시 11

② 농촌지도인력 현황(2012년 기준)

구분	지도관	지도사	계
농촌진흥청	46	47	93
도농업기술원	70	167	237
센터	385	3,763	4,151
계	504	3,977	4,481

• 1957년(최초 통계) 167개 기관, 693명
• 2012년 기준 총 4,481명, 지도관 504명, 지도사 3,977명

③ 연도별 농촌지도기관 현황

| 연도 | 중앙 | 도 | 시군 | | | 상담소 | 비고 |
			계	시	군		
1960	1	9	167	27	140	–	
1964	1	9	171	30	141	410	지소설치
1992	1	9	182	46	136	1,302	상담소설치
1998	1	9	157	67	90	534	구조조정
2012	1	9	158	74	84	695	

• 1989년 전국 농업기술센터는 182개로 가장 많았음
• 1995년 도농통합을 계기로 161개로 감소

- 2009년 160개 소
- 2012년 158개 소

④ 농촌지도인력 변화

연도	계	중앙	도	시군			비고
				계	본소	지소	
1957	952	82	177	693	693		
1964	4,790	71	210	4,509	2,017	2,492	지소설치
1991	7,979	105	290	7,584	7,290	294	
1992	7,064	105	290	6,669	6,375	294	연구직 이체
1998	5,545	85	241	5,219	5,159	60	구조조정
2012	4,481	93	237	4,151	–	–	

- 1980년대 후반까지 계속 증가하여 7,980명까지 증가
- 1992년 농촌지도사의 연구직 이체로 1,000여 명 감소
- 1997년 IMF 사태 이후 지도인력 구조조정
- 2000년 4,700여 명까지 감소
- 2012년 4,500여 명 수준
- 2022년 4,445명

⑤ 연도별 농촌지도사업의 예산 변화추이

연도	예산액 (백만원)	재원별				비고
		국비	비율	지방비	비율	
1965	589	284	35	305	65	
1992	131,421	14,160	11	117,261	89	
1997	432,894	97,614	22	335,280	78	
1998	263,918	82,177	31	187,741	69	
2012	711,860	142,372	20	569,488	80	

제2절 우리나라 농촌지도 발달

	1884	농무목축시험장 개장
근대	1886	농무목축시험장 농무국으로 개명
	1900	잠사시험장(잠업과 시험장) 설치
	1904	잠사시험장을 잠상시험장으로 개명 관립농상공학교 설립(1904) 및 농업시험장 건설(1905)
	1906	농업시험장을 원예모범장으로 개명 농림학교(수원) 설립 및 권업모범장 설치 보성야학 설립
	1907	양잠강습소(여자잠업강습소) 개설(대한부인회)
	1908	종묘장(진주, 함흥) 설치
일제 강점기	1926	조선농회 설립
	1927	4-H 운동 소개
	1929	권업모범장을 농사시험장으로 개명
	1930	농민학원 개설(조선농민사)
	1932	농촌진흥운동 시작
해방 이후	1947	국립농사개량원 설립
	1949	농사개량원 폐지, 농업기술원 발족
	1952	4-H 클럽연구회 발족, 중앙농업기술원 농업교도요원제도 설치
	1955	농림부에 농업교도과 설치
	1956	농업기술원에 교도과 부활 한미 농사교도사업 발전에 관한 협정 체결
	1957	농사교도법 제정 농사원 설치 농사연구·교도 공무원 자격기준 마련
	1958	지역사회개발사업위원회 설치
	1959	농사개량구락부, 생활개선구락부 조직
	1961	농사교도법을 농사연구교도법으로 개명
	1962	농촌진흥법 제정
	1995	농촌진흥법 개정
	1997	농촌지도공무원의 지방직화

✪ 현대적인 농촌지도사업을 시작한 것은 1950년대부터
✪ 역사적 배경은 조선초기 모든 지방에 권농관 설치, 씨뿌리기·김매기 지도

(1) 조선시대 농촌지도

① 농업서적을 통한 농촌지도
- ㉠ 고려말 : 중국농서의 번역본 『농상집요』
- ㉡ 세종 : 최초의 농서로 정초의 『농사직설』(1429), 지방 노농의 경험을 근간으로 우리나라 풍토를 중심으로 엮음
- ㉢ 세조 : 강희안의 『양화소록』(최초의 원예서적), 강희맹의 『사시찬요』
- ㉣ 중종 : 김안국의 『농사언해』, 『잠서언해』(1518)
- ㉤ 효종 6년 : 신속의 『농가집성』(1655), 농업서 중에 가장 중요한 농서로서 농사직설·사시찬요·금양잡록·권농문(주자)을 종합하여 편찬
- ㉥ 영·정조 : 박지원의 『과농소초』, 박제가의 『북학의』, 박세당의 『색경』, 서유구의 『임원경제지』, 이익의 『성호사설』, 유형원의 『반계수록』, 정약용의 『목민심서』

② 국가시책에 의한 농촌지도
- ㉠ 모범장
  - ⓐ '농사는 만사지본, 적전은 권농지본'이라 하여 적전(籍田)은 왕실에 필요한 식량과 농산물을 생산. 모범적인 영농을 하여 전시적 기능 수행함
  - ⓑ 태조 4년 왕실에 서적전과 동적전을 설치하여 국립권농모범장 격으로 왕의 권농정신을 실현하고 진보된 농법과 신도입 작물의 시험재배도 하였음.
  - ⓒ 태종 14년을 전후하여 각 도에 모범장과 양잠소를 만들어 현장 실습과 현지 기술교육이 있었음
  - ⓓ 신라시대에는 원전이란 관전을 두어 왕실의 과일, 채소를 생산
- ㉡ 권농관 : 지방관직의 하나로, 태조 4년에 정분의 건의로 각 주·군·현의 향에 한량의 품관 중 청렴하고 재주 있는 사람을 권농관으로 임명

③ 농민에 의한 자발적 농촌지도
- ㉠ 조선시대의 노농(老農)들은 두레·계·향약 등과 같은 농민의 생활향상을 목표로 하는 자발적 민간조직을 통하여 농사에 경험이 많은 노농들이 농사에 관한 기술을 지도하였다.
- ㉡ 실질적 농촌지도의 기능이 관리에 의한 지도보다 노농들에 의해서 수행되었음은 세종 11년 『농사직설』을 편찬할 때의 과정으로 보아 짐작할 수 있다.
- ㉢ 박제가는 노농을 통한 농촌지도는 과학적인 영농방식이 아님을 지적하고 있어 노농들의 영농지도방식의 한계점을 지적하나, 그들의 농촌지도활동은 대단하였음을 알 수 있다.

④ 향약을 통한 농촌지도
- ㉠ 향약은 조선시대 윤리사상을 보급하는 향촌주민의 자치규약

ⓒ 국가가 권장한 최초의 사회교육활동이며, 지역사회의 민간단체를 대상으로 하는 최초의 관민협조사업
ⓓ 자발적인 협동정신에 기초하여 서민생활개선과 복지증진을 위한 민중교화사업
ⓔ 향약의 기본이념 : 덕업상권, 예속상교, 과실상규, 환난상휼

(2) 근대 시기

① 1884년
  ㉠ 보빙사가 미국 시찰 후 선진 미국 농업의 적용 목적으로 농무목축시험장 설치
  ㉡ 보빙사 단장 민영익은 미국 기술을 도입하기 위해 기술자 파견을 요청함, 보빙사로 참여하였던 최경석이 시험농장 관리관으로 임명

  ✪ 보빙사 : 일종의 사절단으로 조선이 1882년 5월 조·미수호통상조약을 체결한 1년 후 1883년 7월 보빙사를 미국에 파견

  ㉢ 미국의 농기계(벼 베는 기계, 벼를 터는 기계, 재식기, 보습과 쇠시랑, 서양저울 등)를 농무목축시험장에 비치
  ㉣ 농무목축시험장 농장에 각종 농작물, 채소, 과수 재배(보빙사가 귀국할 때 들여온 것, 후에 미국에서 보내온 것, 우리나라 재래종 등)
  ㉤ 시험장에 재배법·사용법을 소개하는 해설서를 첨부하고, 종자를 지방 군현에 보급함

② 1885년
  가축도 미국에서 도입하여 사육

③ 1886년
  시험장은 궁중과 직접 관련되어 독립기관으로 운영되었으나, 관리관 최경석이 사망 후 내무부 농사부로 소속 이전되고, 시험장 이름을 농목국으로 개명

④ 1900년 : 잠사시험장
  ㉠ 개량양잠기술훈련을 위해 서울 필동에 잠사시험장 설치·학생 교육
  ㉡ 정부에 의한 최초 근대적 기술보급기관, 시험사업보다 주로 양잠기술을 전습함

> **보충 양잠기관 변천**
>
> - 1900년 : 개량양잠기술훈련을 위해 서울 필동에 잠사시험장 설치
> - 1904년 : 관제개혁으로 잠사시험장은 잠상시험장으로 개칭
> - 1905년 : 양지, 소사, 대구 등 4곳에 양잠전습소 설치, 6~12개월간 단기강습을 실시함, 상전·상묘포 품평회 보조금을 주어 잠업을 장려함
> - 1907년 : 대한부인회에서 양잠강습소(여자잠업강습소, 1910년 권업모범장 산하로 이관)를 개설, 양잠에 대한 전반적인 기술을 강의·실습(조선농회×)

⑤ 1904년

근대적 실업교육기관으로 서울에 4년제 관립 농상공학교 설립, 뚝섬에 실험농장 설치

⑥ 1905년

농상공학교 부설 농사시험장관제를 공포하고 농업시험장을 건설

⑦ 1906년 : 권업모범장

   ㉠ 농업시험장을 뚝섬 원예모범장으로 개칭. 농과를 분리하여 수원에 농림학교(서울대 농생대의 모태)를 세워 농과와 염과를 둠(본과 2년, 연구과 1년 과정)

   ㉡ 농사시험장인 권업모범장(농촌진흥청 전신)을 수원에 설치. 출장소를 목포에 설치 후 군산·평양·대구에 추가 설치

   ㉢ 권업모범장은 일본 품종과 기술을 적응시험·보급을 위하여 설치

      ⓐ 각종 조사시험과 함께 종묘·종축의 배포, 강습회 개최, 유인물 발간 등의 활동을 함

      ⓑ 권업모범장은 전시포·채종포·종묘포 등을 두었으며,

      ⓒ 금융조합을 만들어 농촌지도사를 두고 단기강습회·품평회 등을 통해 일본 개량농법을 보급함

   ㉣ 농림학교는 권업모범장과 인적 측면에서 산학협력체계를 갖추고 밀접한 유대관계를 가짐

⑧ 1908년

정부는 종묘장관제를 공포하고 진주와 함흥 두 곳에 종묘장을 설치. 그 지역에 적합한 종자·종묘의 육성과 배부

⑨ 1909년

   ㉠ 종묘장을 농상공부 직속으로 운영. 전주·광주·해주·의주·경성·공주·춘천에 종묘장 설치

   ㉡ 종묘장은 종자·종묘·잠종·종금·종돈 등의 배부, 농사의 단기 강습 및 순회강좌, 농사의 현장지도 등을 담당함

(3) 일제강점기

① 1906년~ : 야학

   ㉠ 일제강점기에 주체적으로 가장 활발하게 운영된 농민교육 담당

   ㉡ 1906년 설립된 보성야학을 시작으로 1925년에는 26개, 1926년에는 59개, 1927년에는 113개가 설립

   ㉢ 주로 조선어·산수 중심으로 교육이 실시되었으나, 농업기술도 교육함

② 1926년 : 조선농회
  ㉠ 조선농회령과 산업조합령이 공포되면서 각종 관부단체와 조합을 조선농회로 통합시키고 전 농민을 당연회원으로 하여 의무적으로 회비를 납부함
  ㉡ 농회는 중앙, 도, 시군에 설치. 소작농을 제외한 모든 농민이 회원
  ㉢ 농회는 농업에 관한 연구 및 조사, 농업에 관한 분쟁 조정 등의 업무와 함께 농사지도를 위한 강습회, 정진회, 품평회, 농업자 대회, 농서출판, 표범부락 조성 등의 활동
  ㉣ 한국중앙농회가 일제강점 이후 조선농회로 개명된 것이며, 어용 농민단체로 성장
③ 1927년 : YMCA 활동
  ㉠ 미국 YMCA를 통해 4-H 운동 소개 : 뉴욕에 있는 국제 YMCA의 재정지원과 우리나라 각 지역에 지도사를 파견하면서 4-H 클럽이 조직됨
  ㉡ YMCA 활동 : 농촌청소년회, 사각청소년회라는 이름으로 조기회, 한글강습, 금주, 생활개선, 농사개선, 공동작업 등의 생활중심의 청소년 교육활동을 전개
  ㉢ YMCA는 1929년 서울 신촌에 농민고등학교를 설치하여 농민교육 실시
  ㉣ YMCA는 1923년부터 **농촌사업 시작** : 복음 전파, 운동경기 보급, 위생건강 및 성교육, 식생활 개선, 가정 치료법, 종자개량, 비료, 윤작, 원예, 양잠 교육, 농민계몽 및 문맹퇴치 교육, 도서관 설치 등
④ 1929년 : 농사시험장
  ㉠ 권업모범장을 농사시험장으로 개칭·기구 확대 개편하여 식민지 시대 농촌진흥사업이 전개
  ㉡ 각 도에 도종묘장과 군채종답을 설치하여 벼 장려품종을 보급, 각종 관부농민단체에 채종답을 설치하여 벼 장려품종과 개량농법으로 지도
  ㉢ 일제강점기의 농촌지도는 대부분 권업모범장이 핵심역할을 수행 : 산업의 발달 개량에 이바지할 모범 조사 및 시험, 물산의 조사 및 산업상 필요한 물류 분석 및 감정, 종자·종묘·잠종·종금·종축의 배부, 산업상 지도·강습·통신 등
  ㉣ 권업모범장의 농촌지도사업은 별도의 전담 부서가 없이 각 부서와 기관에서 인쇄물의 배부, 강습, 강의, 실습 지도, 기술자 양성, 견습생 지도, 현지출장 순회, 권업모범장 소유 농지의 소작인 지도 및 품평회 개최, 권업모범장 참관인 안내, 농민의 질의에 대한 서면 및 구두 설명 지도 등의 활동을 수행
⑤ 1930년 : 농민학원
  ㉠ 조선농민사는 농민의 지식 계발과 교양운동을 위해 여러 농촌에 농민학원 개설, 농한기를 이용하여 농촌강좌 개최, 월간 『농민』을 발간
  ㉡ 조선농민사는 농민공생조합운동, 농지 공동경작운동 등을 전개하며, 농민야학, 농민강좌, 농촌순회강연회를 개최

⑥ 1932년 : 농촌진흥운동
  ㉠ **농촌진흥운동 시작** : 농촌개발운동(1925년 천도교가 조직한 농민교육단체)의 일환
  ㉡ 농촌문제(고리채 문제, 관혼상제를 위한 과도한 비용 지출, 불합리한 생활 관습 등)를 해결하기 위해 일본인 중심으로 1927년경 보통학교를 졸업하고 우수한 사람을 선발하여 약간의 자금 지원과 농사 개량 및 발전을 위한 지도사업을 실시한 것이 후에 농촌진흥운동으로 발전함
  ㉢ 농촌진흥운동을 위해 총독부에 농촌진흥위원회를 설치, 각 도·군·읍면 단위에도 농촌진흥위원회를 설치하였으며, 부락에는 부락진흥회를 조직함
  ㉣ **주요 내용** : 식량작물의 영농기술 지도, 소득 증대를 위한 양계·양돈·양잠 등에 대한 기술지도, 채소 재배기술 지도, 겨울철 농한기에 가마니 짜기, 짚신 만들기 등의 교육. 소비절약, 가계부 기록, 실내청소, 변소 개량 등 농촌의 생활개선을 위한 사업도 실시
  ㉤ **지도 방법** : 민중을 각성시켜 스스로 듣고, 스스로 보고, 스스로 생각하게 지도하는 자치, 자율, 자력하도록 지도함
  ㉥ 당시 농촌진흥운동은 농민 자발적 노력보다 관공서가 중심이 되어 군과 읍면에 전담직원을 두고 월 1회 이상 농가를 방문하여 추진상황을 확인·독려토록 하는 체제로 운영

(4) 해방 후

① 1945년 : 미군정은 농업기술교육령을 공포
② 1947년 : 서울에 국립농사개량원 설립
  ㉠ **농사개량원 기구**
    ⓐ 미국식 제도를 도입하여 농과대학, 농사시험장, 교도국을 통합한 기구로서 농무부 산하에 설치된 교육, 연구, 지도 기능을 담당
    ⓑ 중앙교도국은 기술지도과·수련과·서무과(3과)를 두고, 각 도 지방교도국에는 기술지도과·서무과(2과)를 둠
    ⓒ 각 도에 농사시험장과 지방교도국을 따로 두고, 군에 농사교도소 설치
    ⓓ 심의기구로 중앙 농사개량위원회, 자문기관으로 군 농업기술자문위원회 설치
  ㉡ **의의** : 강제적·일방적 일제의 농촌지도에서 민주적·교육적 미국식 농촌지도를 처음으로 이식시킴
  ㉢ **한계** : 지도기구는 행정과 완전히 독립되어 있었고, 재정도 모두 국고에 지출되는 교육적 지도사업이 가능했으나, 훈련된 인력부족, 행정의 지원부족, 국고예산 부족, 미국식 농촌지도의 이념과 기구에 대한 이해부족 등으로 본격적인 사업 전개

못함
③ 1947년 : 4-H 클럽
　㉠ 경기도 지역에 4-H 클럽을 부활
　㉡ 1952년에 서울대학교 농과대학에 4-H 클럽 연구회가 발족. 이후 각 대학에 4-H 연구가 활성화되면서 대학 4-H연구회 연합회가 조직
④ 1949년 : 농업기술원
　㉠ 기존의 농사개량원을 폐지하고 농업기술원이 새로 발족
　㉡ 농업기술원은 시험부와 교도부로 구성, 각 도에 시험장과 교도국을 통합하여 도 농사기술원이 설치, 각 군에 농사교도소를 유지
⑤ 1952년 : 농업교도요원제도 마련
　㉠ 중앙에는 농림부장관 직속 하에 농사보급회를 두고, 지방에는 농사보급회 읍면 지부를 둠으로써, 중앙-도-시군-읍면-리동에 이르는 행정적 지도조직 구성
　㉡ 농업교도요원은 부락에서 선출된 사람들로서 자기 농사를 하면서 부락의 농사개량, 협동조합 육성, 청소년지도 등의 역할을 수행
　㉢ 농업지도요원 훈련을 위해 1953년 동래에, 1954년에는 서울 청량리에 임시양성소를 설치하여 읍면 교도원 및 부락 교도원을 대상으로 훈련을 강화
⑥ 6·25 전쟁 이후
공공단체를 통해서도 농촌지도사업이 시행
　㉠ **대한금융조합연합회** : 자연부락 단위로 조직되어 있던 식산계를 중심으로 농사개량, 생활개선, 부업권장 등의 사업과 순회강연, 단기강습, 소책자 발간, 청소년 회의와 부녀회 조성 등의 활동을 수행
　㉡ **대한수리조합연합회** : 일제강점기 때부터 실시해온 수리사업과 동시에 농사개량사업을 실시함
⑦ 1955년
농림부 농정국에 농업교도과가 신설, 중앙농업기술원에 교도부 부활, 각 도농산국에 농업교도과를, 시군 산업과에 농업교도계를 설치
⑧ 1956년 : 메이시 보고서
　㉠ ICA(한미국제협력처)의 요청으로 미국 미네소타대학교의 Macy, Rutford, Simmons 가 내한하여 우리나라 농촌과 농업 현장을 시찰하고, 메이시 보고서를 제출
　㉡ 보고서 내용
　　한국·미국 원조 당국 간에 농사교도사업 발전에 관한 협정 체결
　　　ⓐ 일반 행정기구와 분리된 농사교도사업 기구를 법률에 의해 설치함
　　　ⓑ 이 사업을 수행하기 위한 명백한 행정체계를 수립함

ⓒ 소요 예산은 국회의 예산 조치에 의해 충당함
ⓓ 농사교도기구는 농민을 위해 비정치적이고 공평한 입장에서 헌신적으로 일할 수 있도록 충분한 지식, 기술과 훈련을 받은 인자를 배치함

⑨ 1957년 : 농사원, 농사교도법
농사교도법 제정, 현대 농촌지도사업 기반마련
㉠ 농사교도법은 농사의 개량 발달을 위한 시험 연구와, 농사 및 생활지도에 관한 지식과 기술을 제공하는 지도사업을 통합하여 운영하도록 규정하고 있음
㉡ 기구 : 중앙에 농사원, 각 도에 도농사원, 각 시군에 농사교도소와 지소를 두도록 규정
㉢ 교도 공무원은 교도사업 이외의 사무에 관여·겸무 금지시킴. 이를 통해 연구사업과 교도사업을 단일행정체계에 총괄하게 되었고, 농업행정과의 이원적 지도체계를 농사원의 교도사업으로 일원화(행정으로부터 분리)
㉣ 농사연구 교도공무원의 자격규정과 자격검정 시험규정이 공포됨에 따라 농과계 학교 졸업자에 한해 응시자격을 부여하여 다른 공무원과 구별되는 농촌지도 공무원 제도를 확립
㉤ 농사원은 현직자에 대한 재교육, 시비, 못자리, 품종 등에 대한 전시포 운영, 부엌 개량, 메주개량, 작업복 등의 생활개선사업 및 청소년지도와 기술공보 등 대농민 지도와 청소년 과제훈련 등을 실시함
㉥ 농업협동조합 운동을 위한 지도도 병행함
㉦ 1959년 영농주로 구성된 농사개량구락부를 조직, 농가주부로 구성되는 생활개선구락부를 조직, 농촌청년의 조직체인 4-H 구락부, 모든 농촌주민을 학습단체에 가입하도록 하여 집단지도를 통한 영농기술을 보급
㉧ 농사원 발족 이후에도 산발적 농촌지도사업이 전개되어 효과는 미미했음

⑩ 1958년
후진국개발사업 일환인 지역사회개발사업 추진을 위해 국무회의에서 지역사회개발위원회를 중앙·도·군 단위에 설치, 이 위원회는 1961년 건설부로 편입됨

⑪ 1961년 : 농사연구교도법
정부 기구개편에 따라 농사교도법을 농사연구교도법으로 개정, 지방의 도농사원은 도지사 소속 외청 조직으로, 시군 농사교도소는 시군청 산업과 내에 하나의 계로 편입

⑫ 1962년 : 농촌진흥청, 농촌진흥법
㉠ 농촌진흥법 제정 : 지역사회개발사업을 농사교도사업에 통합, 기존의 다원적인 농촌지도사업을 일원화하기 위한 목적
㉡ 농촌진흥법을 근거로 하는 농촌진흥청이 발족

ⓒ 식량자급달성을 위한 농촌지도체제를 확립하기 위해 <u>상향식 농촌지도사업 계획 수립을 지양하고 하향식으로 변경</u>하였으며, 모든 읍면 단위에 지도소 지소를 신설, 지역별로 농촌지도를 책임지는 지역담당지도제를 채택함

② 제정 당시 농촌진흥법의 특징

ⓐ 농촌지도사업의 범위를 포괄적으로 규정하여 우리나라 모든 기관에서 행해오던 농촌개발을 위한 모든 교육사업을 통칭하게 되었다.

ⓑ 다른 기관에서는 농촌지도사업을 할 수 없고 필요시에는 사전에 승인을 얻게 되어 있으며 진흥청과 긴밀히 협조하도록 하였다.

ⓒ 지방 농촌진흥기관은 도지사, 시장·군수에게 귀속되었지만 외청으로 두게 되었으며, 그 인사권은 농촌진흥청장이 소유하도록 하였다.

제3절 지도사업 추진체계의 변화

(1) 농촌지도사업 추진체계의 변화

① 1957년 농사교도법
  농사교도법을 제정하여 최초 법적 지위를 보장받음
② 1962년 농촌진흥법
  농촌진흥법이 제정된 이후 현재의 농촌지도체계를 유지, 농촌지도사업은 독립된 하나의 기능으로 유지되고, 농촌지도공무원이란 신분을 보장받음
③ 1995년 농촌진흥법 개정
  ㉠ 문민정부(김영삼 정부) 시절 지방자치를 강화하기 위한 행정개혁 차원에서 농촌진흥법을 개정하면서 농촌지도사업 체계의 법적 지위의 취약성이 노정됨
  ㉡ 농촌지도사업에 대한 농촌진흥청(국가)과 지방농촌지드기관(도농업기술원, 시군 농업기술센터) 간의 역할 분담이 명확하게 규정된 바가 없었음
  ㉢ 농촌지도사업에 대한 국가와 지방자치단체 간 역할을 분담하기 위하여 지방농촌진흥기관을 지방자치단체 직속기관으로 설치하도록 구정
④ 1997년 농촌지도공무원 신분 : 국가직 → 지방직 전환
  ㉠ 지방 농촌지도기관의 인사·재정·감시권이 지방지치단체장에게 귀속되었고, 지방자치단체장 의지에 따라 농촌지도조직과 농업행정조직이 통합되는 사례가 발생
  ㉡ 지방화 이전의 농촌지도사업 추진체계는 중앙 농촌진흥청, 지방 각 도 농업기술원, 시군 농업기술센터가 수직적 구조였지만, 지방화 이후 도농업기술원과 시군 농업기술센터는 지자체의 통제 하에 놓인 반면, 농촌진흥청-도농업기술원-시군 농업기술센터로 이어지는 연결고리는 거의 단절됨
  ㉢ 상하 기관 간 정보·전문지식의 교류 및 의사소통이 없는 상태에서 160여개 농업기술센터의 폐쇄적인 지도사업은 인력과 자원의 비효율 야기와 농업인에 대한 지도서비스 수준을 저하시킴
  ㉣ 지역실정에 맞는 지도사업이 추진되고, 지방비 확보도 상대적으로 용이하게 되었으며, 시군 간 인사이동 없이 안정적으로 근무할 수 있음
  ㉤ 시장·군수의 의지에 따라 지도사업이 좌우되고 있고, 행정업무 과다로 지도사업 본래의 역할수행이 어렵게 되어 지도사업 본연의 업무가 퇴보하였다고 인식이 높음
  ㉥ 전국 농업기술센터 중 농업행정조직과 기능적으로 통합한 곳이 64개소에 이르며, 20개 농업기술센터에서는 지도업무가 농업행정조직으로 이관됨(2012년)

■ 농업기술센터 업무의 변화

시도	농정업무 센터 통합		지도업무이관 (센터→시군청 농업행정)	
	완전통합	부분통합	완전통합	부분통합
경기	고양, 시흥, 김포, 포천, 가평	파주, 평택, 안성	부천, 안양, 광명, 군포, 구리, 하남, 오산, 의왕, 과천, 동두천	
강원	춘천, 원주, 동해, 속초, 평창, 화천, 양구, 인제, 양양	–	–	강릉, 횡성, 정선, 고성
충북	–	–	–	–
충남	아산, 공주			
전북	익산, 완주, 무주, 진안, 장수	남원, 김제, 순창	–	
전남	여수, 순천, 나주, 광양, 곡성, 무안	화순	목포	해남, 완도, 진도
경북	김천, 영주, 영천, 경산, 봉화, 울릉, 포항, 고령	영양, 청도	–	울진
경남	창원, 진주, 통영, 사천, 김해, 밀양, 거제, 양산, 함안, 창녕, 고성, 남해, 하동, 산청, 함양, 거창, 합천		울주	–
제주	–	–	–	–
특광역시	달성, 강화	–	–	–
계	54	10	12	8

(2) 우리나라 농촌지도의 특색 및 과제

① 우리나라 농촌지도의 특색

우리나라 농촌지도는 교육적, 민주적, 협동적으로 전개되도록 제도적으로 보장함

- 농촌지도조직은 농사시험연구사업과 농촌지도사업이 동일조직에 병합되어 연구결과의 신속하고 효과적인 보급이 가능하고, 지도활동과 영농에서의 문제점을 연구사업에 쉽게 반영할 수 있으며, 농촌지도사에 대한 연구결과의 교육과 훈련이 용이하다.
- 도, 시군의 지방단위에서 농촌지도기구와 일반행정기구가 기능적으로 분화된 가운데 통합되어 도지사와 시장·군수 산하에 있기 때문에 농업행정과 농촌지도의 일원적 투입을 가능하게 한다.
- 농촌지도요원은 직제상으로 일반행정요원과 분리시켜 지도사업의 전문적, 교육적 기능을 제고함과 동시에 농민과 행정기관 간 교량적 역할을 담당하고 있다.

- 농촌지도기관은 농업계 학교와 횡적으로 협동하게끔 제도화되어 있다.

② 우리나라 농촌지도의 과제

지금까지 농촌지도가 주체지향적, 상의하달적, 작목증산적이었다면, 앞으로는 객체지향적, 하의상달적, 대상자의 소득증대와 삶의질 향상 중심으로 가야 한다.
- 농촌주민의 경쟁력과 창의력을 개발해야 한다.
- 농촌주민을 농촌지도과정에 참여시켜야 한다.
- 농촌지도인력의 전문화가 필요하다.
- 상업영농시대와 국제개방화시대에 알맞은 농촌지도체계를 확립해야 한다.
- 자연 및 환경보존지도를 강화해야 한다.
- 농촌지도기관은 학제적 접근으로 관련기관과 적극적으로 협동하여 사업을 추진해야 한다.

(3) 농촌지도사업 주요 업무의 변화

농촌지도공무원의 지방직 전환 이후 지도사업의 영역 중 경제작물이나 지역 특산물 육성이 강화됨

단체장의 선거공약 추진 및 행사 참여로 농촌지도사업의 본연의 업무와 농민 애로사항 요구가 잘 해결되지 못하고 있는 것으로 인식

업무량도 지방직 전환 이후 많이 늘어난 것으로 인식

① 기술지원
- 업무 중요도 : 자료작성 > 지도사업 계획 > 예산 회계 > 농업홍보 > 행사준비 > 기타
- 향후 육성해야 할 농업인 단체 : 작목별연구회 > 농업경영인 > 농촌지도자 > 여성농업인 > 4-H후원회 > 4-H회원, 생활개선회 등
- 지방직 이후 자체 추진교육 : 작목별 집합교육 > 여름철 순회교육 > 마을별 집합교육 > 야간순회교육 > 없다
- 농업인 교육시 중점 추진내용 : 유통정보 > 재배기술교육 > 견학 위주 교육 > 식량증산교육 > 기타
- 교육 전달방법 : 견학 위주 > 빔프로젝트 > 집합교육 > 인터넷 교육 > 기타
- 경영상담업무 중요도 : 가격 및 유통정보 > 작목별 경영설계 > 경영컨설팅 > 전산교육 > 기타
- 생활개선업무 중요도 : 농업소득사업 > 여성인력 육성 > 식생활 개선 > 주거 생활 개선 > 기타

② 기술보급
- 기술 보급 업무 중요도 : 지역특산물 및 특작 > 채소과수 > 농업개발센터 > 식량증산 > 현장애로기술 > 기타 > 축산
- 지방화 이후 자체 기술보급 업무 : 특산물 브랜드화 > 수출육성 > 소득 작목 발굴 > 특화작목육성
- 환경농업 업무중요도 : 품종보급 > 재배기술 > 병해충방제 > 보고자료 > 기타 > 수량증대
- 농가의 상담요청 집중도 : 병해충진단·방제 > 신규작목재배기술 > 시범사업 > 농업시책 > 기타
- 축산기술 직무의 어려운 점 : 축산물 브랜드화 > 가축질병방제 > 가축사양관리 > 기타
- 기술개발 담당업무 개편 요구 : 작목별 편성 > 업무분야별 편성 > 현행 유지 > 기탄
- 현장애로기술 시범사업 농가 도움 여부 : 조금 도움 > 많은 도움 > 거의 같다 > 도움 안 됨 > 기타

③ 시험 연구
- 연구소/시험장 결과 도움 여부 : 농업인 > 모두 > 지도사
- 주요 추진 직무 : 재배방법 개선 > 품종개량 > 품질향상 및 생산비 절감 > 병충해 체계적 방제 > 기타
- 자체 연구사업 내용 : 병충해 체계적 방제 > 품종개량 > 재배방법 개선 > 품질 향상 및 생산비절감

(4) 지방화 이후 농촌지도사업 문제점

① 국가 및 지역농업 발전의 저해
  ㉠ 지도직의 지방직화에 따라 국가 차원의 지도사업 조정 기능이 약화됨
  ㉡ 시군 농업기술센터가 새 기술 시범사업보다 자치단체별 지역특화작목 중심의 지도사업에 전념 → 새 기술 보급이 지연되고, 국가 차원의 조정 없이 시군별 지역특화작목 재배에 치중한 결과 농산물 공급과잉과 가격하락의 문제를 초래
  ㉢ 지도서비스의 수준이 약화됨. 그 원인으로 지도공무원이 행정업무와 지자체 전시 업무 지원에 대거 동원되기 때문
  ㉣ 자치단체 지원 하에 지역특화에 성공하는 지방 지도기관과 그렇지 못한 지도기관 간 인력 및 예산 확보 측면에서 양극화가 심화됨
  ㉤ 지방화 이후 지역농업의 균형발전이 더 저해되고 있다는 응답이 전체의 64%, 매우 저해되고 있다는 38%(서울대 행정대학원(2006) 설문조사)

ⓑ 지방화 이후 농업인 현장지도서비스가 더 악화되었다는 응답이 84%, 더 나아졌다는 응답은 10%(지방지도공무원 설문 결과)

② 지도조직 감소
㉠ 1997년 이후 지도기관 수는 큰 차이는 없으나 <u>지도기관과 농업행정이 통합되는 경우가 다수 발생</u>
㉡ 읍면 농업인 상담소는 1997년에 1,429개소에서 2005년 625개소로 56% 감소

③ 지도인력 감소
㉠ 1995년 지방자치제의 실행으로 인한 도농통합과 구조조정 결과, 1990년대 초반에 비해 약 3,000여 명이 감소
㉡ 농촌지도인력은 1980년대 후반 7,980여명까지 되었으나, 1992년 농촌지도사의 연구직 전환으로 7,000여명 수준, 지방자치와 1997년 IMF 사태 이후 2000년대 초반 4,700여명, 최근 4,500여 명 수준으로 감소
㉢ 설문조사 결과 : 지방화 이후 소속 자치단체의 인력 및 예산 확보가 매우 악화되었다는 응답이 도농업기술원 75%, 시군기술센터 63%, 매우 원활해졌다는 응답은 도농업기술원 11%, 시군기술센터 14%로 지방지도기관의 상황이 악화됨

④ 예산의 감소
㉠ 우리나라 농촌지도사업 예산은 1963년 처음으로 100% 국비로 지원, 1964년 53.2%, 1965년 48.2%로 초기에는 국비 부담률이 높았음
 • 1960년대 농촌지도사업에 대한 국비 부담률은 평균 32~35% 수준
 • 1970년대 초의 농촌지도사업비 중 국비 부담률은 20~36% 수준, 1975년에는 40.0%, 1976년에는 42.5%로서 비교적 높은 수준
 • 1980년대 농촌지도사업의 국비부담률은 10~21% 수준
 • 1990년대에 들어서면서 1991~1994년까지는 연간 1,000~1,500억 원이 투입, 1995~1997년까지 연간 254~284억 원의 국비 예산이 대폭 증액되어 투입
 • 1997년 농촌지도직 지방직화 이후 국고보조금 지원 비중이 줄어드는 추세였으나, 농촌지도 기반조성, 새기술 보급사업, 지역특화사업에 중점을 두고 지원함으로써 1995년부터의 국비 부담률은 33~37% 수준으로 증가
 • 2000년대 고품질안전농산물 생산과 농촌생활 환경을 개선하여 관광자원으로 육성하기 위한 사업지원이 확대되고, 지방자치단체에 대한 국고보조금도 지속적으로 확대 지원함
㉡ 우리나라 농촌지도사업에서 예산확보는 지도사업의 성패를 좌우할 만큼 중요함
㉢ 농업부문의 R&D 예산은 매년 증가 추세, 지도사업은 전체 예산에서 차지하는 비중이 감소 추세

⑤ 유관기관간 연계의 약화
　㉠ 지방화 이후 농촌진흥청-도농업기술원-시군농업기술센터의 관계가 농촌지도사업 운영에서만 농촌진흥청과 지방농촌지도기관이 관계되고 있을 뿐 실질적으로 농촌지도사업을 추진하는 데 많은 애로가 나타남
　㉡ 시군 농업기술센터는 중앙과 농업현장을 기능적으로 연결하는 역할을 하는데 지방화 이후 상호 간의 협력관계가 퇴색하면서 시군농업기술센터의 역할이 제대로 이루어지지 않음
　㉢ 각 시군이 폐쇄적 인력운용으로 우수 전문지도사의 타 시군 출강이 제한되어 전문가의 광역적 활용이 어렵고 자치단체 간 기술정보 교류가 단절되는 현상이 발생

⑥ 농업행정과의 통폐합에 따른 위상 저하
　㉠ 농업행정과 농촌지도는 역할·기능·특성이 전혀 다르기 때문에 통합의 대상이 될 수 없음.
　　농업행정이 지시·규제·통제 등의 기능을 수행하고 있는 것에 반해, 농촌지도는 농업의 경쟁력 강화와 농업인의 소득증대를 목표로 기술지도를 포함한 교육을 통해 농업인의 지식과 기술 태도를 변화시키는 활동이기 때문
　㉡ FTA 등 시장개방과 경쟁 속에서 우리나라 농업도 기술 경쟁력을 키워나가야 하는데, 중앙 및 지방의 농촌지도기관이 농업인의 조직화를 통한 기술농업 및 과학영농일 수밖에 없음
　㉢ 농업행정과의 통합 등으로 인한 지방농촌지도기관의 축소와 기능의 약화는 현장의 농업인에게 제공되는 농촌지도서비스의 약화를 의미하며, 이는 곧 농업 기술력의 약화로 이어짐

제4절 농업경영지도

1 농업경영지도의 개념

(1) **농업경영과 농업경영학**

① 농업경영

농업경영은 생산, 제도, 인간요소, 시장의 변화 등 불확실한 상황하에서 개별 영농단위가 목표하는 것을 달성하기 위한 의사결정과정

② 농업경영학

농업경영학은 생산, 제도, 인간요소, 시장의 변화 등 불확실한 상황하에서 개별 영농단위가 목표하는 것을 달성하기 위한 의사결정과정인 농업경영을 다루는 학문

③ 농업경영학 VS 생산경제학

농업경영학	생산경제학
개별 농가의 목표를 달성하기 위한 다양한 의사결정과정을 연구하는 학문	최고의 수익을 산출하는 투입재의 결합방식을 연구하는 경제학의 한 분야

✪ 경제(경세제민 ; 經世濟民, economy) : 인간의 공동생활을 위한 물적 기초가 되는 재화와 용역을 생산·분배·소비하는 활동과 그것을 통하여 형성되는 사회관계의 총체. 생산요소에는 노동, 토지, 자본, 경영 등이 있음

✪ 경영(經營, Management) : 일정한 목적을 달성하기 위하여 인적·물적 자원을 결합한 조직의 관리와 운영을 가리키는 경영학 용어

(2) **농업경영지도**

농업경영자가 의사결정을 위해 경영과정을 수행하는 것을 돕는 활동

① 농업경영지도 개념의 발달

㉠ 2차대전 직후 미국에서 시작하였는데 당시 농가소득과 지출에 대한 기록에 중점을 둠

㉡ 1950년대에는 대부분 농가의 예산설계에 중점을 둠

  예 농장과 농가의 발전프로그램

㉢ 1960년대에 영국에서 농가의 농가기록을 유지하기 위하여 보조금을 지급

② 초기 농업경영지도의 문제점

㉠ 다른 농장과의 기록을 비교하여 효율적 기술을 연구하고 배우려는 것이 목표였음

㉡ 각 농가의 환경과 목표를 고려하지 않고 단순비교를 통하여 효율적 기술을 이해하고 배우도록 하였음

ⓒ 같은 농가라 하더라도 시간의 흐름에 따른 다른 환경이 나타난다는 것을 고려하지 않았음

③ 학자별 농업경영지도 개념
  ㉠ Williams : 농업경영지도를 생산경제학의 범주로 생각하고 생산경제학의 배경을 농업경영지도의 출발점이라 보았다.
  ㉡ MacCallum, Burns, Potter : 농업경영지도를 경영기술과 경제정보를 개발하고 이를 농가 경영개선을 위한 조언으로 보았다.
  ㉢ Buggie : 농장경영은 투입재와 산출물의 관계하에서 농장의 현실적 목표와 환경적 여건을 반영하여야 한다고 보고 경영지도를 경영의 실질적 수행에 바탕을 두려 하였다.
  ㉣ Boone : 농업경영지도의 역할은 학습과정에서 농민의 독립적인 의사결정을 도와 사업수행을 효과적으로 하는데 있다. 농가 경영자가 스스로 과제를 해결할 수 있도록 관련된 지식을 소개해 주는 것을 주된 과제로 보고 있다.
  ㉤ Giles : 농업경영지도는 농가의 사회문화적 배경과 환경을 반영하여 지도사업을 전개해야 한다고 본다.

④ 성공적인 농업경영지도를 위하여 강조할 점(Biggue)
  ㉠ 다학문적 접근 : 농업경영지도는 여러 사회과학 학문에서 도움을 구해야 한다.
  ㉡ 전체적 접근 : 단순한 생물학과 경제학 등 자료의 접합보다는 종합적이고 체계적인 접근이 필요하다고 본다.
  ㉢ 고객본위 : 농업경영지도의 내용이 학습자의 성격에 따라 구성되어져야 하며 농업경영과 경영기법 등이 농민들의 학습과 의사결정과정에 연관되어야 한다고 본다.
  ㉣ 인간요소 : 농업경영지도는 인간과 기술과의 상호관계, 구성원 간의 상호관계 및 농장의 인적 체계를 포함하여야 한다.

⑤ 농업경영 VS 농업경영지도의 차이점

농업경영	농업경영지도
정보중심	고객중심
농장자료를 처리·가공하여 얻은 지식을 설명하는데 중점	농장의 실제상황 하에서의 농민의 학습과 의사결정을 돕는데 중점

농업경영지도를 효율적으로 수행하기 위해서는 의사전달결정과 인간요소를 이해하는 것이 매우 중요함. 농촌(경영)지도자의 역할은 농민의 의사결정과정에서 정보, 기술, 지식을 올바르게 사용하도록 가르치고 농민 스스로 의사결정의 주체라는 점을 가르치는 것임

(3) 의사결정의 분류

① 농업경영 의사결정의 대상
무엇을, 얼마나, 어떻게, 어느 정도의 규모에서 생산과 판매하며 자금을 조달할 것인가

② 경영범위에 따른 의사결정 유형

전략적 의사결정	• 장기성의 전반에 관한 계획과 정책결정 • 경영조직에 필요한 자원을 어떻게 조달할 것인가 하는 것 • 통상 경영자의 직접 통제하에 있지 않은 <u>조직 외부의 정보를 필요로 한다.</u> • 전략적 의사결정의 책임과 집행 소재가 고위 간부층에 있다.
전술적 의사결정	• 중기성의 사업목표를 효과적으로 달성 • <u>주어진 자원 내에서 효율적인 배분을 찾는 것</u> • 조직 내부의 정보를 필요로 한다. • 전술적 의사결정의 책임과 집행 소재가 중간 경영층에 있다.
운영적 의사결정	• 단기적이고 빈번한 직접적인 행위의 개선 위주 • 설정된 계획을 수행하는데 필요한 작업결정을 말하는 것 • 결과는 단시일에 나타나며, 이를 위한 정보는 성문화 되어 있고 찾기 쉬우며 만들어진 전략적 결정으로부터 도출되는 경우가 많다. • 운영적 의사결정의 책임과 집행 소재가 하위 관리감독층에 있다.

③ 문제의 유형에 따른 의사결정 유형

비정형적인 문제	• 쉽게 해결할 수 없을 만큼 복잡하고 정리되어 있지 않으며 인간의 경험과 판단을 요구하는 문제 • 많은 자료와 분석을 요구하는 문제
반정형적 문제	정형적 문제와 비정형적 문제의 중간 형태로 인간의 판단과 사무적인 판단의 중간형태의 문제
정형적 문제	수리적으로 나타낼 수 있고 표준화된 절차(매뉴얼)에 따라 풀 수 있다.

④ 농업경영에서의 의사결정의 유형

문제의 유형에 따른 분류	의사결정의 범위에 따른 분류			의사결정에 필요한 지원
	전략적 결정	전술적 결정	운영방법적 결정	
의사결정체계	고위간부층	중간경영층	하위관리층	
비정형적 (비구조적)	기업구조의 재편성	책임소재 결정	일손고용 시간짜기	인간의 판단능력
반정형적 (반구조적)	기업의 확장	<u>생산목표 결정</u>	농가 채무 구조 재편성	의사결정시스템
정형적 (구조적)	<u>업종의 선택</u>	최소비용 자원구성	<u>재고정리</u> 사료배합 장부·기록작성	사무적

⑤ 의사결정의 어려움

농가의 경우 일반기업과는 달리 대부분의 의사결정은 농부 자신이나 가족에 의해 결정되지만 오늘날 농업이 상업화 되고 경영이 복잡해지는 상황으로 볼 때 의사결정은 농가에 큰 부담을 주게 된다.

(4) 농업경영지도 분석의 종류

영농에서 농민이 직면하는 경영과정(Johnson, Halter) : 과제의 정의 → 관측 → 분석 → 의사결정 → 사업수행 → 책임

과제의 파악	농장경영자와 농촌지도사는 농업의 과제를 알기 위해 농장의 기록을 관찰 및 경영자에게 질문
관측	농장경영자와 농촌지도사는 과제파악이 끝나면 과제해결을 위한 여러 가지 대안을 모색하고 자료수집
분석	농장경영자와 농촌지도사는 관측되어진 대안과 자료를 이용하여 각각의 대안들이 실행되었을 때 농장에 가져다 줄 결과를 파악
의사결정	분석을 통하여 도달한 결과를 토대로 의사결정
사업수행	결정되어진 대안을 실행에 옮기는 것
책임	실행되어 나타난 결과에 대하여 농업경영자가 책임을 지는 것

① 상황분석
  ㉠ 경영의사의 결정은 경영자의 입장에서 과제를 파악하는 것에서 시작하며, 경영지도활동은 농가의 경영조건을 파악하는 것에서 시작된다.
  ㉡ 상황분석은 실험실 혹은 인위적으로 설정된 상황 하에서가 아닌 자연적인 상황하에서 볼 수 있는 행동을 분석하는 것
  ㉢ 상황정보는 농장의 과제와 환경, 성격을 파악하여 주는 중요한 정보로서 상황정보를 파악하지 않고는 경영과정이 성립할 수 없고 경영지도로 농가에 도움을 줄 수도 없다.
  ㉣ 특정 농가에 대한 상황분석은 농가가 처한 여러 가지 상황에 따라 판단하여 정보를 산출하게 된다. 농가의 위치, 역사, 조직, 구성원, 작목, 재정, 경영자의 성격 등에 관한 정보를 산출한다.
  ㉤ 외부적인 환경인 제도, 법률, 무역, 교육, 기술, 기상 등에 관한 상황분석도 중요하다.
② 진단분석
  ㉠ 진단분석 : <u>농장의 현황과 농장의 장단기 목표를 비교·분석하여 농장의 장단기 과제를 파악</u>

ⓐ **농장의 장단기 목표** : 일정기간 동안 경영성적으로 분석(경향분석) or 같은 기간의 다른 농장의 경영성적과 비교(비교분석)하여, 농업경영의 성적을 나타내는 가치화한 수행지표로 나타냄
ⓑ 상황정보만으로는 농장의 과제를 파악할 수 없고 상황분석에 의해 파악된 농장현황을 농업경영 수행도로 나타내는 가치나 기준치들과 비교하였을 때 과제가 파악됨
ⓒ 경영지도사는 농장의 수행기준치와 농장현황의 차이에 따라 과제를 설정하고 농장경영의 개선에 관한 결정을 내려야 하는데 이러한 과제분석을 포함하고 있다.
ⓛ 농장경영에 있어서의 가치
ⓐ **가족에 대한 가치** : 계층적인 배경, 종교적인 믿음, 사회적 가치체계 등에 영향을 받는다.
ⓑ **사업에 대한 가치** : 경영의 경험과 지식, 사업형태, 사업동기, 농장의 환경과 배경에 따라 서로 다른 가족가치와 사업가치 등에 영향을 받는다.
ⓒ **지역사회에 대한 가치** : 서로 다른 가족가치와 사업가치, 제도적 가치, 지역의 공통분모를 가지는 의사법칙 등에 영향을 받는다.
ⓒ 기록과 자료정리
ⓐ 자료를 전환시켜 의사결정을 위한 유용한 정보를 만드는 것
- 후진국에서는 차트, 그래프, 다이어그램 등의 시각자료를 많이 이용
- 선진국에서는 표, 메트릭스, 인과가지, 인과지도 등 복잡한 방법을 사용
ⓑ 자료정리 과정이 끝난 정보는 업무분석, 농장환경분석, 회계분석, 수익성 분석, 비교분석, 효율성 분석, 생산성 분석, 시차분석 등에 사용

③ 예측분석
㉠ 의미
ⓐ 정상 확률 과정의 표본값에 선형의 조작을 하여 예측값과 예측 오차를 얻고, 그로부터 스펙트럼 분해를 구하는 방법
ⓑ 예측분석은 농장이 선택 가능한 방안들이 선택되어 실행된 경우 농장의 장래 경영수행에 어떤 결과를 초래하게 되는지를 파악하여 농민이 미래에 발생할 문제들을 점검함으로써 문제점들을 제거할 수 있도록 하는 것
㉡ **농업경영지도사와 농가의 예측방법** : 시뮬레이션, 시스템 분석, 선형계획법 등
ⓐ 농업경영지도사는 농민의 마음에 있는 대안들을 들어내어 각 대안을 수행할 경우 나타날 결과를 예측해 주어야 하고 비슷한 조건을 가지고 있는 다른 농가의 과제해결 방안들을 포함하는 다른 대안들도 추천할 수 있다.

ⓑ **예산법** : 제한된 과제해결의 대안들을 가지고 각기 대안이 실행되었을 때 파생되는 기대비용과 기대수익의 차이를 평가하는 것. 이는 간편하고 쉬운 예측방법으로 컴퓨터가 없거나 기술교육이 되지 않은 곳에서 사용

ⓒ **감응도분석(sensitivity analysis)** : 후진국 농가의 예측분석시 여러 가지 가능한 여건 변화를 고려하여 그 결과가 어느 정도 변화할 것인가를 분석함. 농장의 여건변화에 따른 경향분석(trend analysis)이 감응분석에 도움을 줄 수 있지만 대부분의 농가는 경향분석의 능력이 없으므로 전문가가 분석함

④ **처방분석**

각 농장은 각자의 여건에 따라 가족목표, 사업목표, 지역사회 목표를 세우는데, 세 가지 목표가 상충할 경우 농업경영자와 농업지도사는 처방분석 이전에 이들 목표 사이에 절충점을 찾아야 함

㉠ 예측분석으로 얻은 정보는 의사결정에 사용하기에 부족하므로 예측되는 결과들을 경영목표(goal, 모든 경영행위의 최종점), 목적(objectives, 목표를 이루기 위해 계획된 작업)에 비추어 경영의사결정 과정에 포함되어야 한다.

㉡ 농업경영의 목표
  ⓐ **가족목표** : 가족의 가치요소와 가족환경요소(가족의 교육수준, 나이, 건강, 성격 등)에 의해 결정됨. **예** 가계비, 건강, 여가, 인지도 향상, 채무감소 등
  ⓑ **사업목표** : 사업의 가치요소와 사업환경요소(농장지원, 농장환경 등)에 의해 결정됨. **예** 수익성, 자산증식, 자금력, 사업성장, 경쟁력 등
  ⓒ **지역사회 목표** : 지역사회의 가치요소와 지역사회의 환경요소(농장이 위치한 여건, 영농환경 등)에 의해 결정됨. **예** 식량자급, 환경보호, 고용증대, 사회문제 감소 등

㉢ 결과 예측치의 평가
농업경영상 가능성이 있는 목표가 정해지면 경영지도사는 경영과제 해결을 위한 대안에 대하여 결과 예측치를 평가한다. 이들 대안은 실현가능하고 이해할 수 있으며 농장과 관련이 있어야 하며, 농장의 경영개선이 이루어져야 한다.

2 농업경영지도의 과제 · 내용

(1) 농업경영지도의 과제

① **농업경영지도와 컴퓨터의 활용**
  ㉠ 농업경영지도에서 인적 요소가 중요하지만 고객 중심의 사업이 어렵다. 농업의 전문화, 복잡화 등으로 일대일 지도가 어렵게 되었다.

ⓛ 컴퓨터의 도입과 활용 : 컴퓨터 프로그램의 개발로 인하여 전문화된 지식과 시간적 노력을 줄여주어 지도사들이 다양하고 전문화된 농장의 과제들을 정확하게 제시할 수 있게 되었다. 지도사들이 컴퓨터의 활용으로 보다 인적 요소에 시간을 할애할 수 있게 되었고 농업지도의 내용도 다양해지고 있다.
ⓒ 컴퓨터 도입의 문제점
  ⓐ 지도사가 새로운 프로그램의 사용에 필요한 지식을 가져야 하고, 이에 따른 시간이 투입되어야 한다.
  ⓑ 농민들이 농장관리에 컴퓨터 활용의 유용성을 인식하기까지 많은 시간이 필요하다.
  ⓒ 대부분의 농민은 프로그램의 복잡성, 시간부족을 이유로 컴퓨터의 사용을 주저하고 있다.
  ⓓ 농장관리용 프로그램을 교육시키기 위한 노력이 먼저 이루어져야 한다.
② 환경보전의 경영목표 설정
  ㉠ 환경보존과 생태계의 균형, 식량의 적정생산, 적정한 농가소득의 유지, 토양보존 등 인류의 지속가능한 생존을 위한 농업의 새로운 목표가 생겼다.
  ㉡ 종래의 과다 생산을 지양하고 환경보존을 위한 토양보존, 유기농 재배, 투입자원의 제한 등 농가의 소득 유지와 경쟁력 확보에 주안점을 두어야 한다.
③ 농가구조의 양극화와 극복방안
  ㉠ 농업구조의 변화와 양극화
    ⓐ 농산물 무역의 자유화로 인하여 농업보호정책이 퇴조하고 수입자유화에 따른 농산물 가격의 하락으로 생산조건이 악화되고 있다.
    ⓑ 상업적 농업으로 변화하고 있는 가운데 가족 중심의 소농이 여전히 존재하고 있어 양극화가 나타나고 있다.
    ⓒ 중·대농의 경우 규모의 경제성을 추구하여 자본집약적 기술을 채택하고 영농시설과 장비를 확충하여 생산성을 늘려 노동력의 부족을 메우고 있다. 소농에 비하여 정교한 사업원칙과 경제성을 바탕으로 복잡한 경제구조를 가지고 있다.
    ⓓ 소농의 경우 작목전환, 시장확보 등의 어려움이 있다.
  ㉡ 양극화의 극복방안
    ⓐ 기업예산법, 장기경영설계 등의 교육으로 농가의 농업경영 이론들을 농장에 활용하여 소득향상과 생활수준의 향상을 지도하여야 한다.
    ⓑ 농업금융, 경영분석, 위기관리, 농장설계 등 농가에 필요한 정보를 제공하여야 한다.
    ⓒ 소농의 경우 소농에 맞춤형 지도가 필요하고 이에 관한 전문가가 지도하여야 한다.

　　　　ⓓ 소농은 작목전환이나 기술습득 등에 어려움이 있으므로 노동, 토지, 자본 등에 최대한의 이윤을 얻을 수 있도록 지도하여야 한다.
　　④ 민간지도사업과의 연계
　　　㉠ 기존 농업지도사업 담당기관 : 농업의 공익적 성격에 따라 농업기술의 개발과 보급은 정부기관을 중심으로 이루어졌다.
　　　㉡ 민간지도기관의 등장 : 영농규모가 커지고 상업적 영농이 이루어지면서 민간에 의한 지도사업의 역할이 증가하고 있다. 특정농가를 중심으로 지도사업이 이루어지기 때문에 공공기관이 지도하기 어려운 점이 발생하게 되었고 경영분석도 개별 농가를 중심으로 이루어지기 때문에 다른 농가에 적용이 어렵다. 농업선진국에서는 사설 지도업체가 경영지도의 중요한 역할을 담당하고 있으며 그 유형도 다양화 되고 있다.
　　　㉢ 민간 농촌지도기관 **예** 유통업체, 조합들, 농자재 판매회사
　　　　ⓐ 작목별 유통협회는 경영기록은 물론 경영지도업무를 담당하고 있는데 대표적인 협회는 우유 유통협회이다.
　　　　ⓑ 기업은 농가의 경영개선을 통해 채무구조를 건전하게 하여 기업의 손실을 줄이고 자재의 판매확대를 도모할 수 있다. 소수의 기업들은 농민에 대한 봉사로 기업 이미지를 개선하기 위하여 경영지도를 담당하기도 한다.
　　　　ⓒ 농작물을 구매하는 회사도 경영지도를 담당하는데 농산품의 구매확보와 품질유지를 위해서 서비스를 제공한다.
　　　　ⓓ 경영자문을 해주는 자문회사 개념이 농업분야에 도입되어 토지투자를 자문해주는 부동산 회사나 은행 등이 운영하는 경영 자문회사가 이에 속한다.
　　　㉣ 민간지도사업과의 연계 : 농업인구의 감소 등으로 지도인력의 충원이 어려운 시점에서 농장의 경영을 보다 종합적으로 지도하기 위해서 공공지도기관과 사설지도기관의 연계가 필요하다.

(2) 농업경영지도의 내용
① 생산지도
생산지도는 가장 오래되고 전통적 방법. 작목선정, 농자재에 대한 분석, 농자재와 농산물 가격정보 파악 등을 지도
② 유통지도
유통전략의 제시, 유통전략과 생산전략, 유통정보, 유통 생산성의 향상, 공동출하 및 공동구매 등

③ 재정지도
  ㉠ 자금조달(농자재의 구입, 토지매입, 타인 노동력의 확보), 자금조달지도, 자금투자지도 등
  ㉡ 지도사의 역할
    ⓐ 농가의 부채, 자산상황, 경영성적과 금융기관들의 이자율과 대출조건 등을 파악하고 있어야 한다.
    ⓑ 필요한 운전자금은 가능한 자체적으로 조달하도록 하고 협동경영을 통하여 자금의 규모화를 도모하도록 지도한다.
    ⓒ 대출기간, 이자율 등을 고려하여 협동조합 등에 영농자금을 알선하고 필요한 서류와 신청절차를 알려주어야 한다.
④ 경영기록지도
  경영지도사는 농가의 내·외적인 상황을 파악하는 것이 우선이며 이를 위해서 농가에 대한 기본적인 기록이 있어야 한다. 농가에 대한 기록이 없으면 경영분석에 대한 자료를 얻기 어려워 경영지도가 부실하게 된다.
⑤ 경영조직 지도
  농산물의 수입자유화에 따라 농업은 규모의 경제를 필요로 하고 있다. 우리나라의 경우 영농규모가 적어 생산비와 경영비가 외국에 비해 상대적으로 높아 가격경쟁에서 불리한 상황이다. 규모의 경제를 실현할 수 있도록 농가경영의 일부 또는 전부에서 규모를 늘릴 수 있도록 조직화 하는 것이 필요하다.
⑥ 위기관리지도
  ㉠ 농업 현실의 급격한 변화에 따른 불확실성과 위험성이 늘어나고 있어 농업경영자와 농업경영지도사의 위기관리에 대한 바른 이해와 처리가 필요하다.
  ㉡ 농업경영지도사는 농업경영에 있어서 불확실성과 위험성은 생산, 가격, 기술, 시장, 규모, 금융, 제도, 사람 등에 관련된 것으로 구분한다.
  ㉢ 농업경영지도사는 개별농가의 종류, 성격, 자원, 경영목표, 재정, 환경과 위험에 대처하는 태도와 능력 및 예상되는 위험의 종류와 발생빈도, 손해의 정도에 따라 적절한 방법과 전략으로 농업경영자에게 제공되어야 한다.

Chapter 01 기출 및 예상 문제

01 우리나라 농촌지도 발달에 대한 설명이 옳지 않은 것은? ●21 경북 농촌지도사(변형)

① 개량양잠기술훈련을 위해 서울 필동에 잠사시험장 설치하였다.
② 농사시험장인 권업모범장(농촌진흥청 전신)을 뚝섬에 설치하였다.
③ 보빙사가 미국 시찰 후 농무목축시험장 설치하였다.
④ 정부는 종묘장관제를 공포하고 진주와 함흥 두 곳에 종묘장을 설치하였다.

해설 ① 1900년, ③ 1884년, ④ 1908년
1906년 농사시험장인 권업모범장(농촌진흥청 전신)을 수원에 설치하였다.

02 지방화 이후 농촌지도 환경의 변화로 옳은 것은? ●21 경북 농촌지도사(변형)

① 농촌진흥청-도농업기술원-시군농업기술센터의 상호협력이 강화되었다.
② 지방자치제의 실행으로 인한 도농통합으로 지도인력이 증가하였다.
③ 우수 전문지도사의 타 시군 출강으로 인하여 전문가의 광역적 활용이 용이해졌다.
④ 지도기관과 농업행정이 통합되는 경우가 다수 발생하였다.

해설 ① 농촌진흥청-도농업기술원-시군농업기술센터의 상호협력이 퇴색되었다.
② 지방자치제의 실행으로 인한 도농통합으로 지도인력이 축소되었다.
③ 우수 전문지도사의 타 시군 출강이 제한되어 전문가의 광역적 활용이 어려워졌다.

03 전술적 의사결정 유형으로 옳은 것은? ●21 경북 농촌지도사(변형)

① 주어진 자원 내에서 효율적인 배분을 찾는 것
② 장기성의 전반에 관한 계획과 정책결정
③ 설정된 계획을 수행하는데 필요한 작업결정을 말하는 것
④ 경영조직에 필요한 자원을 어떻게 조달할 것인가 하는 것

해설

전술적 의사결정	• 중기성의 사업목표를 효과적으로 달성 • 주어진 자원 내에서 효율적인 배분을 찾는 것 • 조직 내부의 정보를 필요로 한다. • 전술적 의사결정의 책임과 집행 소재가 중간 경영층에 있다.

정답 01 ② 02 ④ 03 ①

04 우리나라의 농촌지도기구 발전 과정으로 옳은 것은?
●20 경남 농촌지도사

㉠ 농사개량원 발족(1947)
㉡ 농업기술원 발족으로 중앙에 중앙기술원을 지방에 도기슬원을 분리(1949)
㉢ 농사원 발족하여 농촌지도업무 통합(1957)
㉣ 농촌진흥청 발족(1980)

① ㉠, ㉡
② ㉢, ㉣
③ ㉠, ㉡, ㉢
④ ㉡, ㉢, ㉣

해설 ㉣ 농촌진흥청 발족(1962)

05 우리나라의 근대 농촌지도사업에 대한 설명으로 가장 옳은 것은?
●20. 서울 농촌지도사

① 미국을 시찰하고 돌아온 보빙사의 제안으로 1884년경에 내무부 농사부 소속의 농무목축시험장이 만들어졌다.
② 1900년에 서울 필동에 설립된 잠사시험장은 정부에 의한 최초의 근대적 기술보급기관이다.
③ 1906년에 일본의 작물품종 및 기술의 적응을 시험하고, 이를 보급하기 위하여 농사시험장인 권업모범장을 뚝섬에 설치하였다.
④ 1907년에 조선농회에서 양잠강습소를 개설하여 양잠에 대한 전반적인 기술을 강의하고 실습하였다.

해설
① 미국을 시찰하고 돌아온 보빙사의 제안으로 1884년경에 궁중과 직접 관련된 독립기관으로 농무목축시험장이 만들어졌다.
③ 1906년에 일본의 작물품종 및 기술의 적응을 시험하고, 이를 보급하기 위하여 농사시험장인 권업모범장을 수원에 설치하였다.
④ 1907년에 대한부인회에서 양잠강습소를 개설하여 양잠에 대한 전반적인 기술을 강의하고 실습하였다.

정답 04 ③ 05 ②

06 경영범위에 따른 의사결정 유형 중 전술적 의사결정에 대한 설명으로 가장 옳은 것은?

● 20. 서울 농촌지도사

① 주어진 자원 내에서 효율적인 배분을 찾는다.
② 통상 경영자의 직접 통제하에 있지 않은 조직 외부의 정보를 필요로 한다.
③ 설정된 계획을 수행하는 데 필요한 작업결정을 말한다.
④ 단기적이고 직접적인 행위의 개선을 위주로 한다.

해설 ② 전략적 의사결정, ③④ 운영적 의사결정

경영범위에 따른 의사결정 유형

전략적 의사결정	• 장기성의 전반에 관한 계획과 정책결정 • 경영조직에 필요한 자원을 어떻게 조달할 것인가 하는 것 • 통상 경영자의 직접 통제하에 있지 않은 조직 외부의 정보를 필요로 한다. • 전략적 의사결정의 책임과 집행 소재가 고위 간부층에 있다.
전술적 의사결정	• 중기성의 사업목표를 효과적으로 달성 • 주어진 자원 내에서 효율적인 배분을 찾는 것 • 조직 내부의 정보를 필요로 한다. • 전술적 의사결정의 책임과 집행 소재가 중간 경영층에 있다.
운영적 의사결정	• 단기적이고 빈번한 직접적인 행위의 개선 위주 • 설정된 계획을 수행하는데 필요한 작업결정을 말하는 것 • 결과는 단시일에 나타나며, 이를 위한 정보는 성문화 되어 있고 찾기 쉬우며 만들어진 전략적 결정으로부터 도출되는 경우가 많다. • 운영적 의사결정의 책임과 집행 소재가 하위 관리감독층에 있다.

07 우리나라 농촌지도의 발달에서 가장 최근에 설립한 기구는 무엇인가?

● 18. 경북 농촌지도사(변형)

① 권업모범장
② 국립농사개량원
③ 관립농상공학교
④ 농사시험장

해설 ①은 1906년, ②는 1947년, ③은 1904년, ④는 1929년 설립

08 우리나라 농사원에 대한 설명으로 옳지 않은 것은?

① 우리나라 농촌지도를 일반행정과 완전히 독립시켰다.
② 상향식 농촌지도를 지양하고 하향식 성격의 지도사업체계를 구축하였다.
③ 우리나라 농촌지도가 비로소 법률에 의해 제도적으로 보장받게 되었다.
④ 현대적 농촌지도사업의 기반이 마련되었다.

정답 06 ① 07 ② 08 ②

해설 1957년 농사원 설립
농사교도법 제정, 현대 농촌지도사업 기반마련
㉠ 농사교도법은 농사의 개량 발달을 위한 시험 연구와 농사 및 생활지도에 관한 지식과 기술을 제공하는 지도사업을 통합하여 운영하도록 규정하고 있음
㉡ 기구 : 중앙에 농사원, 각 도에 도농사원, 각 시군에 농사교도소와 지소를 두도록 규정
㉢ 교도 공무원은 교도사업 이외의 사무에 관여·겸무 금지시킴. 기를 통해 연구사업과 교도사업을 단일행정체계에 총괄하게 되었고, 농업행정과의 이원적 지도체계를 농사원의 교도사업으로 일원화
㉣ 농사연구 교도공무원의 자격규정과 자격검정 시험규정이 공포됨에 따라 농과계 학교 졸업자에 한해 응시자격을 부여하여 다른 공무원과 구별되는 농촌지도 공무원 제도를 확립

09 현재의 농업기술센터에 대한 설명으로 옳지 않은 것은?

① '농촌진흥법'에 따라 설치하였다.
② 소장·과장은 지도관이고 농촌지도사는 일선농촌지도업무를 담당하고 있다.
③ 교육을 통한 민주적 지도방식을 채택하고 있다.
④ 일선 농촌지도소가 농업기술센터로 개칭되면서 농촌지도사들도 지방직 공무원으로 전환되었다.

해설 시군농업기술센터의 설치근거는 각 기초자치단체의 조례에 규정되어 있다.

10 해방 전까지의 우리나라 농촌지도 발달과정으로 옳지 않은 것은?

① 서울에 국립농사개량원이 설립되었다.
② 근대시기 보빙사가 미국을 시찰하고 돌아와 미국의 발달된 농업을 우리나라에 적용하였다.
③ 일제강점기 때 농촌개발운동의 일환인 농촌진흥운동이 시작되었다.
④ 일제강점기 때 농민의 지식 계발과 교양운동을 위해 농민학원을 개설하였다.

해설 ① 1947년, ② 1884년, ③ 1932년, ④ 1930년
국립농사개량원은 해방 이후 미국의 영향을 받아 설치된 농촌진흥기구이다.

정답 09 ① 10 ①

11. 다음 설명에 해당하는 법은?

- 우리나라 현대적인 농촌지도사업의 기반을 만들었다.
- 농사의 개량 발달을 위한 시험 연구와 농사 및 생활지도에 관한 지식과 기술을 제공하는 지도사업은 통합하여 운영하도록 규정하고 있다.

① 농사교도법   ② 산업조합법
③ 농촌진흥법   ④ 연구교도법

해설 1957년 농사교도법이 제정되면서, 현대 농촌지도사업 기반이 마련되었다.

12. 1997년 농촌지도공무원의 신분변화에 대한 설명으로 옳지 않은 것은?

① 농업기술센터와 지방행정기구와 인사교류로 인한 인적자원의 효율적 운영이 가능해졌다.
② 행정업무 과다로 인한 지도사업 본연의 업무가 퇴보되었다는 인식이 높다.
③ 지방농촌지도기관의 인사, 재정, 감시권이 지방자치단체장에게 귀속되었다.
④ 농촌진흥청–도농업기술원–농업기술센터의 연결고리가 단절되었다.

해설 1997년 농촌지도공무원의 지방직화 이후 농촌지도라는 본질적 속성을 고려하지 않은 채 농업기술센터와 지방행정기구 간 인사교류의 비효율성이 야기되었다.

13. 다음 중 우리나라의 농촌지도 조직체계는?

① 농림축산식품부–농촌진흥청–농업기술센터
② 농림축산식품부–도농촌진흥청–농업기술센터
③ 농촌진흥청–도농촌진흥청–일선 농촌지도소
④ 농촌진흥청–도농업기술원–농업기술센터

해설 우리나라 농촌지도 기구는 농촌진흥청(중앙 단위), 농업기술원(도 단위), 농업기술센터(시군 단위)로 구성되어 있다.

정답 11 ① 12 ① 13 ④

14 해방 이후 우리나라 농촌지도기구의 발달순서가 옳게 배열된 것은?

① 농사개량원 → 농업기술원 → 농사원 → 농촌진흥청
② 농사개량원 → 농사원 → 농촌진흥청 → 농업기술원
③ 농사개량원 → 농사원 → 농촌기술원 → 농촌진흥청
④ 농업기술원 → 농사개량원 → 농사원 → 농촌진흥청

해설 농사개량원(1947) → 농업기술원(1949) → 농사원(1957) → 농촌진흥청(1962) 순으로 발달하였다.

15 다음 중 농촌지도와 관련된 기관이 아닌 것은?

① 월드뱅크
② 유니세프
③ FAO
④ 국제농업개발원

해설 유니세프는 UN 산하 아동기구로서, 아동의 보건·영양·교육에 대한 각국의 노력을 지원하는 기구이다.

16 우리나라 최초의 농서로 정초, 변효문이 왕명에 의해 편찬한 농서는?

① 농사언해
② 농사직설
③ 농가집성
④ 양화소록

해설 조선시대 농업서적을 통한 농촌지도
　㉠ 세종11년 : 최초의 농서로 정초, 변효문의 『농사직설』(1429)
　㉡ 세조 : 강희안의 『양화소록』(최초의 원예서적)
　㉢ 중종 : 김안국의 『농사언해』, 『잠서언해』(1518)
　㉣ 효종 6년 : 신속의 『농가집성』(1655) (농업서 중에 가장 중요한 농서)
　㉤ 영·정조 : 박제가의 『북학의』

17 다음 중 최초로 법률적 보장을 받은 농촌연구·지도사업 기구는?

① 농업기술원
② 농촌진흥청
③ 농사원
④ 권업모범장

해설 농사원은 1957년 농사교도법을 제정하여 최초 법적 지위를 보장받은 농촌지도기구이다.

정답 14 ① 15 ② 16 ② 17 ③

18 다음 중 국립농사개량원에 속하였던 기구가 아닌 것은?

① 시험장
② 농과대학
③ 교도국
④ 농업기술원
⑤ 군농업교도소

해설 **국립농사개량원** : 1947년 서울에 설립
㉠ 미국식 제도를 도입하여 농과대학, 농사시험장, 교도국을 통합한 기구로서 농무부 산하에 설치된 교육, 연구, 지도 기능을 담당
㉡ 각 도에 농사시험장과 지방교도국을 따로 두고, 군에 농사교도소 설치

19 다음 중 미래의 농촌지도상의 과제를 잘 설명한 것은?

① 사회교육에서 강조하는 내실추구의 방향에서의 발전
② 환경농업에 적합한 농업기술센터 규모의 확대와 저변화
③ 농촌지도기관의 행정기관으로의 소속변경으로 연구와 지도를 구별하여 실시
④ 급변하는 사회에의 적응을 위하여 행정적인 지도기능 강화

해설 환경농업 실현은 미래농업으로 타당하지만 기구의 규모 확대와는 관련이 멀고, 시군 농업기술센터를 기초자치단체에서 광역자치단체로 변경하자는 논의가 진행되고 있으며, 농촌지도 본연의 업무를 위해서는 행정으로부터 독립이 이루어져야 한다.

20 다음 중 조직의 특성을 설명한 것으로 바르지 못한 것은?

① 규모가 크고 구성이 복잡하며 어느 정도 합리성의 지배를 받는다.
② 인간으로 구성하며 개별적인 구성원의 존재와는 별도로 하나의 조직원이라는 실체를 형성한다.
③ 시간적으로 항상 정지해 있는 정태적 현상을 유지한다.
④ 조직 내에는 비공식적 또는 자주적 관계가 형성된다.

해설 **조직의 특성**
㉠ 공동의 목표 : 조직은 목표 달성을 위해 존재하며, 목표 없는 조직은 존재할 수 없음
㉡ 체계화된 구조와 구성원들의 상호작용 : 조직내에서 비공식적 또는 자주적 관계가 형성됨
㉢ 경계의 존재 : 조직과 환경을 구분해주고 조직에 동질성이나 정체성을 제공하는 경계가 존재함
㉣ 외부환경에의 적응 : 조직은 외부환경과 상호작용하는 개방체제적 성격이 강함
㉤ 인간의 사회적 집단 : 조직은 목표를 달성하기 위한 개인들의 집합체로서, 인간이 없는 조직은 조직이 아님
㉥ 규모가 크고, 구성이 복잡하며, 어느 정도 합리성의 지배를 받음
㉦ 시간적으로 항상 움직여 나가는 동태적 현상을 유지함
㉧ 조직에는 분화와 결합에 관한 공식적 구조와 과정이 있음

정답 18 ④ 19 ① 20 ③

21 다음은 농촌지도조직의 특수성을 설명한 것이다. 잘못된 것은?

① 농촌지도조직은 일선지역중심적인 조직체계를 가져야 한다.
② 농촌지도조직은 상의하달적인 조직구조를 갖추어야 한다.
③ 농촌지도조직은 지방분권적인 조직구조를 갖추어야 한다.
④ 농촌지도조직은 일반 행정기관과는 독립적인 조직기구를 가져야 한다.
⑤ 농촌지도조직은 연구, 행정, 교육 등과 같은 조직과 횡적 협동체제를 갖추어야 한다.

> 해설 농촌지도조직의 특수성
> ㉠ 농촌주민과 농촌지도사가 농촌현장에서 역동적으로 상호접촉함으로써 농촌지도의 목표를 성취할 수 있다. 일선지역 중심적이고, 하의상달적이며, 지방분권적 조직구조를 갖추어야 한다.
> ㉡ 농촌지도조직은 일반행정기관과 독립적인 조직기구를 소유한다.
> ㉢ 농업발전이나 농촌개발에 필수적인 연구, 협동조합, 행정, 교육 등과 같은 조직과 통합되어 있거나 횡적 협동체제를 갖추어야 한다.

22 현재 우리나라의 농촌지도를 총괄하여 담당하고 있는 기구는?

① 농림부   ② 농촌진흥청
③ 농협중앙회   ④ 서울대학교 농업생명과학대학

23 농촌진흥청을 지휘·감독하는 상부기관은?

① 기획재정부   ② 농촌연구종합센터
③ 식품의약품안전처 ④ 행정안전부
⑤ 농림축산식품부

24 우리나라 농촌지도조직에 대한 설명으로 틀린 것은?

① 농촌진흥청은 연구·지도사업을 관장한다.
② 농업기술원은 연구·지도사업을 관장한다.
③ 시·군 농업기술센터는 주로 지도사업을 전담한다.
④ 농촌진흥청은 1962년에 설립되었다.
⑤ 서울대학교 농업생명과학대학은 독립적인 주도 연구기관이다.

> 해설 우리나라의 독립적인 농업연구기관은 농촌진흥청이다.

정답 21 ② 22 ② 23 ⑤ 24 ⑤

25 농촌진흥청의 기구에 속하지 않는 것은?

① 국립식량과학원 ② 국립농업과학원
③ 국립산림과학원 ④ 국립축산과학원
⑤ 국립원예특작과학원

해설 국립산림과학원은 산림청 소속 기구이다.

26 다음 중 산학협동 발생요인 중 권위, 자원이 속하는 요인은?

① 조직관계적 요인 ② 물질적 요인
③ 환경적 요인 ④ 조직성격적 요인

해설 **산학협동의 발생요인**
  ㉠ 환경적 요인 : 농업관계기관들을 둘러싸고 있는 제환경의 변화를 말한다.
  ㉡ 조직관계적 요인 : 어느 한 기관의 상대기관에 대한 인식의 정도에 관계되는 요인으로써, 영역, 자원 및 권위의 세 가지가 산학협동에 영향을 미친다.
  ㉢ 조직성격적 요인 : 어느 조직체 내부의 개별적 성격으로 산학협동에 관계하는 요인을 말한다.

27 다음 중 산학협동시 나타나는 장애요인이 아닌 것은?

① 현대사회의 고도전문화
② 타 학문에 비해 농업기술개발의 낙후성
③ 경쟁의 심화
④ 기관 간의 이해부족

해설 **농업산·학협동의 장애요인**
  ㉠ 내재적 필요성의 결함
  ㉡ 국민의 의식구조와의 불일치
  ㉢ 기관간의 불신과 이해부족
  ㉣ 최고관리층의 견해차이의 심화
  ㉤ 현대사회의 고도전문화와 경쟁의 심화

정답 25 ③ 26 ① 27 ②

28. 농촌지도 발달에 관한 사항 중 사실과 어긋나는 것은?

① 현대적 의미와 농촌지도사업의 원시적 형태는 순회농업교사를 초빙하여 농업에 관한 지식과 기술을 강의하는 형태였다.
② 오늘날 제3세계 농촌지도사업은 대부분이 직간접적으로 미국 등 선진국의 영향을 받았다.
③ 우리나라는 농촌지도사업이 전무한 상태에서 해방 후 일본 농촌지도사업의 영향을 크게 받았다.
④ 우리나라 농촌지도조직의 특징 중의 하나는 농촌지도조직과 연구기능이 같은 조직 내에 병합되어 있는 것이다.

해설 1945년 독립 이후 우리나라 농촌지도사업은 미국의 영향을 크게 받았다.

29. 우리나라의 농촌지도사업에 관한 내용으로 맞는 내용은?

① 농업서적을 통한 지도사업은 조선 이전에도 활발하였다.
② 조선시대에는 농사지도를 위한 자발적인 움직임이 노농(老農)들을 중심으로 이루어졌다.
③ 우리나라에 미국 4-H 운동이 소개된 것은 구한말 앤더슨 대령을 통해서였다.
④ 일제 치하에서 권업모범장이 설립되었다.

해설 ① 우리나라 최초의 농서는 세종 때의 농사직설이므로 조선 이전 농서를 통한 지도사업이 이루어졌다고 볼 수 없다.
③ 미국 4-H 운동이 소개된 것은 1927년 미국 YMCA를 통해서였다.
④ 권업모범장은 1906년 대한제국 시기에 일본인 주도하에 설립되었다.

30. 우리나라의 농촌지도사업을 설명한 것 중 타당치 않은 것은?

① 현재 우리나라 농업기술센터가 설치된 시군은 약 150개소이다.
② 현재 농촌지도 인력은 약 4,500여 명 수준이다.
③ 최근 농촌지도사업은 식량증산기술보급을 더욱 강화하고 있다.
④ 최근 농촌지도사업에 참여하는 인력은 전문화, 고학력화되고 있는 추세이다.

해설 식량증산기술보급은 주로 1960~70년대에 이루어졌다.

정답 28 ③ 29 ② 30 ③

31. 우리나라 농촌지도의 특징이 아닌 것은?

① 우리나라 농촌지도조직은 농사시험연구와 농촌지도사업이 병합되어 있다.
② 농촌지도요원은 농민과 행정기관 사이에 교량적 역할을 담당하고 있다.
③ 농촌지도기관은 농업계 학교와 횡적으로 협동하게끔 제도화되어 있다.
④ 농촌지도사업은 지방행정기관과는 기능적으로 통합되어 협력이 필요없다.

해설 우리나라 농촌지도의 특색
㉠ 농촌지도조직은 농사시험연구사업과 농촌지도사업이 동일조직에 병합되어 연구결과의 신속하고 효과적인 보급이 가능하고, 지도활동과 영농에서의 문제점을 연구사업에 쉽게 반영할 수 있으며, 농촌지도사에 대한 연구결과의 교육과 훈련이 용이하다.
㉡ 도, 시군의 지방단위에서 농촌지도기구와 일반행정기구가 기능적으로 분화된 가운데 통합되어 도지사와 시장·군수 산하에 있기 때문에 농업행정과 농촌지도의 일원적 투입을 가능하게 한다.
㉢ 농촌지도요원은 직제상으로 일반행정요원과 분리시켜 지도사업의 전문적, 교육적 기능을 제고함과 동시에 농민과 행정기관 간 교량적 역할을 담당하고 있다.
㉣ 농촌지도기관은 농업계 학교와 횡적으로 협동하게끔 제도화되어 있다.

32. 1900년 농상공부 소속하에 세워진 우리나라 최초의 근대적 기술보급기관은?

① 작물시험장
② 잠사시험장
③ 농업시험연구소
④ 권업모범장

33. 농사시험장으로서 현재 농촌진흥청의 전신은?

① 잠업전습소
② 원예모범장
③ 권업모범장
④ 농업연구진흥원

34. 1926년 조선농회령 및 산업조합령에 의해 각종 관부단체와 조합은 한 단체에 통합되었다. 다음 중 그 단체는?

① 농사시험장
② 권업모범장
③ 농사개량원
④ 조선농회

정답 31 ④ 32 ② 33 ③ 34 ④

35 일제시대의 4H운동에 대하여 잘못 설명한 것은?

① 일본, 독일 등 여러 국가에서 동시에 우리나라에 YMCA를 소개하였다.
② 농촌 청소년회, 사각청소년회란 이름으로 조직되었다.
③ 악극강습, 금주, 생활개선, 농사개량 등의 청소년교육활동을 전개하였다.
④ 4-H 운동을 통하여 민족독립운동을 전개하였다.

36 해방 후 우리나라 최초의 농업시험 및 농촌지도 사업기구와 가장 관계 깊은 것은?

① 권업모범장 ② 농사개량원
③ 농사기술원 ④ 농사원

37 농사개량원의 성격에 관한 설명 중 틀린 것은?

① 농사개량원의 연구활동은 매우 활발하였다.
② 교육, 연구, 지도의 기능을 가졌었다.
③ 행정과 완전히 독립되어 있었다.
④ 처음으로 미국식 농촌지도를 이식한 조직이었다.
⑤ 군 단위까지 조직되어 있었다.

해설 농사개량원의 연구활동은 시험장에서 이루어졌으나 매우 활발하였다고 보기는 어렵다.

38 1948년 정부수립 후 농사개량원을 폐지하고 시험부와 교도부로 성립된 것에 대한 내용은?

① 농업기술원 ② 농촌진흥원
③ 농촌진흥청 ④ 농사시험장

39 다음 중 농사원 발족의 의미로 볼 수 없는 것은?

① 민주주의적·교육적 성격의 지도사업체계를 구축하였다.
② 이때부터 농촌지도는 근대적 지도사업으로 출발하였다.
③ 우리나라 농촌지도를 행정과 완전히 일치시켰다.
④ 이때부터 법률에 의해 제도적으로 농촌지도사업을 보장받게 되었다.

정답 35 ① 36 ② 37 ① 38 ① 39 ③

해설 **농사원**
ㄱ. 교도 공무원은 교도사업 이외의 사무에 관여·겸무 금지시킴. 이를 통해 연구사업과 교도사업을 단일행정체계에 총괄하게 되었고, 농업행정과의 이원적 지도체계를 농사원의 교도사업으로 일원화
ㄴ. 농사연구 교도공무원의 자격규정과 자격검정 시험규정이 공포됨에 따라 농과계 학교 졸업자에 한해 응시자격을 부여하여 다른 공무원과 구별되는 농촌지도 공무원 제도를 확립

40. 1956년 미네소타대학교의 헤럴드 메이시 학장을 단장으로 하는 일행의 한국농사시험과 농촌지도사업에 관한 보고서를 기초로 작성한 농사 교도법에 관한 협정의 내용이 아닌 것은?

① 농사교도사업의 기구를 법률에 의하여 설치한다.
② 이 사업을 위하여 명백한 행정계통을 수립한다.
③ 소요예산은 국회의 예산조직에 의해 충당되어야 한다.
④ 농사교도기관은 정치적, 행정적인 입장에서 헌신적으로 일해야 한다.

해설 **메이시 보고서** : 한국·미국 원조 당국 간에 농사교도사업 발전에 관한 협정 체결
ⓐ 일반 행정기구와 분리된 농사교도사업 기구를 법률에 의해 설치함
ⓑ 이 사업을 수행하기 위한 명백한 행정체계를 수립함
ⓒ 소요 예산은 국회의 예산 조치에 의해 충당함
ⓓ 농사교도기구는 농민을 위해 비정치적이고 공평한 입장에서 헌신적으로 일할 수 있도록 충분한 지식, 기술과 훈련을 받은 인재를 배치함

41. 다음 중 농촌진흥법의 특징으로 잘못된 것은?

① 다른 기관에서도 농촌지도사업을 할 수 있도록 농촌진흥을 다양화했다.
② 우리나라 여러 기관에서 해오던 농촌개발을 위한 모든 교육사업을 통칭하였다.
③ 농촌지도사업의 범위를 포괄적으로 규정하였다.
④ 지방 농촌진흥기관은 도지사와 시장, 군수에게 귀속되었지만 외청으로 두게 되었고, 그 인사권은 농촌진흥청장이 소유하였다.
⑤ 타기관이 농촌지도사업을 할 경우 사전에 승인을 얻어야 한다.

해설 **농촌진흥법의 특징**
ㄱ. 농촌지도사업의 범위를 포괄적으로 규정하여 우리나라 모든 기관에서 행해오던 농촌개발을 위한 모든 교육사업을 통칭하게 되었다.
ㄴ. 다른 기관에서는 농촌지도사업을 할 수 없고 필요시에는 사전에 승인을 얻게 되어 있으며 진흥청과 긴밀히 협조하도록 하였다.
ㄷ. 지방 농촌진흥기관은 도지사, 시장·군수에게 귀속되었지만 외청으로 두게 되었으며 그 인사권은 농촌진흥청장이 소유하도록 하였다.

정답 40 ④ 41 ①

42 6·25 전쟁이 휴전되자 농업교도요원제도를 두어 교도사업과 원조기금의 관리를 담당한 잠정적 농촌지도기구는?

① 농사개량원
② 농사시험장
③ 농사보급회
④ 농사원

43 다음 중 농업계 학교 졸업자에 한하여 제도적으로 농촌지도 공무원이 될 수 있게 한 것은?

① 1947년 미 군정청에서
② 1957년 농사교도법의 국회통과로
③ 1962년 농촌진흥법의 제정 이후
④ 1930년 자력갱생운동의 전개로

44 농촌지도사업을 농촌지도를 담당한 농촌지도소에서만 담당하도록 규정한 것은?

① 농촌진흥법
② 농촌사업교육진흥법
③ 농사교도법
④ 농업교도사업실시에 관한 통첩
⑤ 농업지도사업령

45 다음 ( )에 알맞은 말은?

농촌진흥청은 농사원의 ( )와 농림부의 ( )이 통합되어 지도국으로 되었다.

① 지역사회국과 교도국
② 교도국과 기술보급과
③ 교도국과 기술보급연구과
④ 교도국과 지역사회국
⑤ 지역사회국과 시험국

46 연구사업과 지도사업의 상호보완으로 농촌지도사업을 하게 된 시기는 언제인가?

① 1907년 권업모범장 설치 발표시
② 1947년 과도정부령 제160호로서 농업기술령이 공포되어 서울대학교 내에 농과대학과 농업시험장을 통합한 때
③ 1957년 농사교도법 공포시
④ 1962년 농촌진흥법을 제정하고 농촌진흥청을 설립할 때

정답 42 ③ 43 ② 44 ① 45 ④ 46 ④

Chapter 02 외국의 농촌지도조직

단원 키워드

1. 농업선진국인 미국, 일본, 네덜란드의 농촌지도체계
2. 미국, 일본, 네덜란드의 농촌지도·농업연구의 연계
3. 우리나라 농촌지도사업에의 시사점

주요 선진국의 농촌지도는 최근 민영화 추세에 있다.

- **미국(대학 중심)** : 농업연구와 농촌지도체계의 특징은 농업연구(ARS)와 농촌지도(NIFA)를 기능의 축으로 하여 지역농업행정과 주립대학 및 농촌지도센터에서 협력적 농촌지도사업이 이루어지고 있다. 특히 ARS의 연구과제는 철저히 미국 농무부의 정책집행을 지원하는 수단적 기능을 수행하고 있다.
- **일본(정부 중심)** : 농업연구와 농촌지도체계의 특징은 농업행정기관과 별도로 농촌지도기관을 두고 있으며, 지역 내 시험연구기관과 농촌지도기관의 유기적 연계가 잘 이루어지고 있다. 즉, 농업자와 지역의 요구를 파악하여 시험연구기관에 요청하여 개발한 신기술에 대하여 농촌지도기관에서 지역의 실정을 감안하여 지역적응실증시험을 통하여 그 기술을 현장의 농업인에게 보급하고 있었다.
- **네덜란드** : 국가주도 농촌지도시스템에서 민간화로 전환한 대표적 사례로서, 농업연구는 Wageningen UR에서 전담하고, 농촌지도는 민간화한 DLV에서 수행하도록 하고 있다. 네덜란드에서는 농업연구 전담기관 설립과 농촌지도사업의 민간화를 통해 자문서비스의 질을 향상시켰을 뿐만 아니라 정부의 재정 부담 경감, 비용효율성 제고, 생산기술에서 유통 경영 및 가공까지의 지도내용의 확대 등 긍정적 측면도 있었다. 그러나 자문서비스 비용을 지불할 능력이 없는 농민과 소수 작목 농가들에 대한 지도서비스가 제한됨으로써 농가 간 불균형이 심화되었고, 공공재 성격이 강한 부문과 범용적 기술에 대한 공공서비스가 제공되지 않아 국가 정책프로그램의 시행에 차질이 발생하는 문제가 있다.

제1절 미국

1 농촌지도 발달 및 특징

(1) 미국 농촌지도 발달

1843	순회농업교사 활용(미국 뉴욕주 농업협회)
1847	아일랜드의 농업서비스 사업(농촌지도사업의 최초 형태)
1862	미국 모릴법 제정 : 주립대학 설립, 미국 농무부 창설
1863	농민학원 개설
1873	확장교육 실시(영국 케임브리지 대학)
1874	차우타우쿠아 운동 시작(영국 확장교육에 영향받음)
1886	농지전시사업 실시(Knapp)
1887	해치법 제정 : 농업시험장 설립
1890	대학확장교육협의회 창립
1899	이동식 학교 운동(movable school)
1900	생활개선사업 실시, 청소년지도사업 실시
1914	스미스-레버법 제정 : 농촌지도사업 법적 지위, 협동적 농촌지도사업

① 미국 농촌지도의 역사적 배경
  ㉠ 1847년 아일랜드에서 실시된 농업서비스 사업(유럽 최초의 농촌지도사업). 감자 기근의 문제를 해결하기 위해 농업순회교사를 채용하여 기근이 심각한 농가 및 지역을 순회하며 교육사업 수행
  ㉡ 1873년 현대적 농촌지도(extension)는 영국 케임브리지대학에서 일반시민을 대상으로 한 교육사업에서 유래

② 순회농업교사 활용
  미국 농촌지도사업의 최초 형태
  ㉠ 1843년 뉴욕주 의회 농업위원회에서 주 농업협회(Agricultural Society)가 순회교사를 초빙하여 주 전체를 순회하면서 농업 지식·기술을 강의 실시→ 미국 최초로 농업교사들을 채용하여 순회지도를 실시함
  ㉡ 1845년 오하이오주 농업협회도 순회교사을 채용, 지역사회마다 한 달에 한 번씩 주민회의를 소집하여 강의를 듣고, 결과를 보고함

③ 모릴(Morrill) 법 제정
  ㉠ 1862년에는 농업·공업 분야의 숙련기술자 육성을 목표

  ⓒ 농업과 공업을 가르치는 대학을 각 주에 하나 이상 설립하고 정부가 대학에 국유지를 제공함 → 미국 산업인력을 양성하는 주립대학이 설립됨
  ⓒ 초창기 교육환경은 열악하여 교외 농장에서 동식물에 대한 학습 또는 교수가 농장에서 직접 실험한 결과를 학생들에게 가르치는 수준임
 ④ 농민학원(farmer's institutes)
  1890년대~20세기 초 농민학원을 통해 대학의 교육적 기능을 확대함
  ㉠ 메사추세츠 주의 암허스트(Amherst) 대학의 히트콕(Hitcock) 총장이 설립 필요성 제기
  ⓒ 농민학원은 주 농업위원회(the State Board of Agriculture)에 의해 1863년에 메사추세츠 주의 스프링필드(Springfield)에 처음 설립, 1899년까지 3개 주를 제외한 모든 주에 농민학원이 설립
  ⓒ 농민학원은 농민, 농가주부, 청소년을 대상으로 2~3일 동안 농업과 가정에 관한 주요 주제를 토의하는 지역농민의 개별 집회였으며, 농촌지도사업이 정식으로 발족되기 이전에 여러 곳에 결성되어 농촌지도사업을 대행함
  ⓔ 농민학교에서는 미국 농촌의 흑인을 대상으로 한 농촌지도사업도 실시
  ⓜ 카버(Carver)는 농민교육을 위해 1899년 이동식 학교(movable school) 설립
 ⑤ 차우타우콰(Chautauqua) 운동
  ㉠ 뉴욕 주 차우타우콰(Chautauqua) 호숫가에서 1874년부터 여름철 10일 동안 다양한 주제로 강의·토의를 중심으로 하면서 오락과 휴식도 겸하는 모임
  ⓒ 코넬(Cornell)대학은 지역 포도 재배 농업인의 문제를 해결한다는 목적으로 농업시험장에서 포도 재배 연구·지도를 위해 정보 제공용 유인물을 발간하고, 단기 강좌를 개설, 독서회뿐만 아니라 강사의 현장지도를 실시
 ⑥ 대학확장교육협회
  ㉠ 1890년 대학확장교육협회(American Society for the Extension of University Teaching)가 창립
  ⓒ 1891년 뉴욕 주립대학이 처음으로 대학확장교육을 대학의 공식사업으로 인정하고 예산을 투자. 후에 1892년 시카고대학, 위스콘신대학으로 확산
 ⑦ 농사전시사업
  ㉠ Knapp에 의해 실시된 농사전시사업은 1886년 루이지애나(Louisiana)에 거주하는 원주민·이주민이 농사법에 관심이 없자 지도급 농부 몇 명을 선정하여 집중 지도하고, 그 결과를 이웃 주민에게 보여줌으로써 새 농사법을 보급시킴
  ⓒ Texas의 목화농장에 병충해가 심해 농무부 곤충과에서 연구한 구제법을 전시포를 통하여 농민들이 직접 관찰하게 함

ⓒ 청소년 옥수수 단체를 조직하고, 전시활동을 하게 하여 성인의 농업기술 수용에 영향을 줌
⑧ 해치(Hatch) 법 제정
　　㉠ 1887년 농업교육을 위한 연구와 실험의 필요성이 강조되면서 제정
　　㉡ 각 주 주립대학에 소속된 농업시험장(Agricultural experiment Station)이 설립되었고, 대학생 외에 농민학원의 농민에게도 보급됨
⑨ 청소년 지도사업
1900년대 공립학교에서 베일리(Baley), 그라함(Graham), 오트웰(Otwell), 냅(Knapp) 등에 의해 청소년에게 농업에 관한 지도사업이 시작. 벤슨(Benson)에 의해 4-H 명칭과 이념이 마련
　　㉠ Bailey는 농촌학교에서의 자연학습을 확대하기 위해 노력
　　㉡ Graham은 교실 밖 학습에 대한 아이디어를 제시하고, 도시학교의 청소년을 위한 직업교육 모형을 개발하였으며, 농촌 청소년을 위한 농업 및 가정관리와 같은 교육에 관심을 가짐
　　㉢ Otwell은 농촌 청소년을 대상으로 한 옥수수 기르기 경연 등을 통해 농촌 청소년들에게 농업교육을 실시
　　㉣ Benson의 4-H 사업은 1915년에 전국 47개 주에 4-H 단체가 조직
　　㉤ 생활개선사업도 1900년대 코넬대학에서 시작되어 1914년 미국 대부분 지역에서 생활개선활동이 전개
⑩ 스미스-레버법 제정(1914)
현대적 미국 농촌지도사업의 가장 핵심적인 근거법
　　㉠ 1906년 미국 농과대학과 농촌지도위원회는 농업인을 위한 정보 제공과 교육에 대한 재정 지원과 기구의 설립을 위해 연방정부에 제도적 지원을 제안하여 1914년 제정
　　㉡ 각 주립대학은 주요 기능의 하나로서 협동적 농촌지도사업(CES)을 전개하였으며, 연방정부·주정부에서 재정적 보조를 받게 되었고, 군단위에서 농촌지도사업을 전개할 농촌지도사를 채용하게 됨
　　㉢ 스미스-레버법은 기존에 대학, 농무성, 기타 각종 정부기관에서 중복적으로 수행해오던 농촌지도사업을 해소하기 위해 농촌지도사업 주체의 책무에 대한 양해각서(memorandum of understanding)를 작성함

보충 Smith-Lever act

① 의의
  ㉠ Smith-Lever법에 의하여 각 주립대학은 농촌지도사업을 전개하게 되었으며, 재정보조를 연방정부와 주정부로부터 받게 되었고, 군단위에서 농촌지도사업을 전개할 농촌지도사를 채용할 수 있게 되었다.
  ㉡ Smith-Lever법은 미국 농촌지도사업을 법적으로 보장하였으며, 미국뿐만 아니라 세계 여러 나라의 농업발전을 위한 농촌지도사업 성장에 크게 기여하였다.
② 농촌지도사업의 범위
  ㉠ 지도사업은 주립대학에 다니지 않는 모든 시민을 대상으로 하며, 연령·성별·종족·직업의 제한을 받지 않는다.
  ㉡ 지도내용의 범위는 실질적으로 제한을 둘 수 없으며, 농업가정 및 그에 관련된 분야에 대한 가르침을 주는 것이다.
③ 농촌지도사업의 특징
  ㉠ 협동적 성격
    • 지도사업은 연방농무성의 지원 아래 주립대학이 실시한다.
    • 지도사업은 연방농무성 장관과 주립대학이 상호 동의한 계획에 의하여 이행된다.
  ㉡ 교육적 성격
    • 지도사업은 주립대학이 가진 교수·연구·지도의 3가지 기능 중 하나이다.
    • 스미스-레버법은 지도사업이 가르침을 주는 활동으로 구성되어야 한다.
  ㉢ 전시법의 강조
    • 지도사업은 실용적인 전시법을 활용하여야 한다.
    • 지도사업은 전시법을 통하여 정보를 전달하여야 한다.
④ 지도사업의 예산
  ㉠ 지도사업의 예산은 농촌 및 농업인구에 비례하여 할당한다.
  ㉡ 지도사업의 예산은 건물의 구입·신축·수리, 토지의 구입·임대, 대학교육, 본법에 명시하지 아니한 다른 지도사업 목적으로 사용될 수 없다.

보충 세부 미국 농촌지도사업

- 1785년 최초 농업조직인 '농업 진흥을 위한 필라델피아협회' 발족
- 1790년 미국 특허청 발족
- 1823년 Gardiner Lyceum이 농업수업(agricultural instruction)을 위한 최초의 학교설립
- 1855년 미시간주에 최초의 농업대학설립
- 1862년 Morrill법에 의거 land-grant school 설립, 링컨 대통령
           Morrill법에 의거 land-grant school을 아이오와 주에 설립
           정부조직법에 의거 미국 농림성(USDA) 발족
- 1863년 메사추세츠 주의 spring Held 지역에 최초의 농민조직 결성
- 1875년 코네티컷 주에 최초의 농업시험장 세움
- 1887년 Hatch법에 의거 land-grant college 내에 농업시험장 설립
- 1890년 Morrill법에 의거 흑인을 위한 land-grant college 설립

- 1891년 Rutgers가 농촌지도 프로그램 제안
- 1896년 Seaman Knapp이 루이지애나주에 토지개발사업 시작
- 1899년 George Washington Carver가 터스키기 지역에 Moveable School 개설(붐조성)
- 1902년 Seaman Knapp이 Walter Porter 지역에 전시 농장 설립
- 1903년 USDA는 남부지역에 현장연구원(농촌지도사) 파견
- 1906년 Thomas Campbell이 최초 농촌지도사가 됨
- 1906년 W.C. Stallings이 텍사스 주의 Smith County에서 최초의 County 농촌지도사가 됨
- 1907년 미시시피 주에서 최초로 남학생들과 USDA가 협력하여 연구수행
- 1910년 최초로 USDA가 농가 대상의 생활 시범지도사(home demonstration agent) 파견
- 1912년 최초로 흑인 농가 대상의 생활 시범지도사(home demonstration agent) 파견
- 1914년 Smith-Lever법에 의해 협동지도사업(cooperative extension system) 구상
- 1916년 농촌지도를 위한 USDA와 주정부간의 상호조약서 체결
- 1953년 미 농무부 연구기능이 농업연구청(ARS)에 통합됨
- 1965년 Special Research Grants법에 의해 미 농무부 연구예산이 land grant college 외부의 연구기관에 지원되는 것이 가능해짐.
- 1970년 Plant Variety Protection법에 의해 종자개발업자에 대한 지적 소유권 인정을 인정함. 민간과 공공 관련 연구 투자가 증가함
- 1972년 Federal Variety Protection법에 의해 농업연구청의 연구 운영 체제를 지역단위 중심으로 개편함. 농업연구청 연구 인력을 land grant college에 파견하여 지역농업연구소와 연구 협력을 강화함
- 1980년 BoyhDole법에 의거 정부가 지원하는 대학 또는 정부연구소의 연구결과에 대한 소유권을 인정하여 민간투자와 민간연구 파트너십을 촉진함
- 2009년 2008년의 Farm법에 의해 국립식품농업연구원(NIFA)이 협력연구교육지도청(CSREES)을 대체하게 됨

(2) 미국 농촌지도 특징

① 미국의 농업연구-지도체계의 가장 큰 특징

   ㉠ 1862년 Morrill법 제정

      ⓐ 주립대학에서 시민들에게 고등교육 기회를 제공하는 토지공여제도(Land Grant System)를 도입
      ⓑ 그 이후 주립대학 내에 농업시험장을 설치, 농과대학 창립

   ㉡ 1914년 Smith-Lever법 제정

      ⓐ 농업과 생활 개선에 관련된 실용적인 정보를 제공하는 세계 최초의 농촌지도 사업의 법적 근거 마련
      ⓑ 주립대학에서 학생교육, 연구, 지도 3가지 기능을 통합 수행함

   ㉢ CSREES&ARS

      ⓐ 연방정부 농무부(USDA) 내에 협동연구교육지도청(CSREES)을 두고 주립 농

과대학의 농촌지도사업·시험연구사업·학교교육을 지원하고, CSREES는 NIFA로 개칭(2009)

ⓑ 농업연구는 농무부 산하 농업연구청(ARS)이 전담함

② REES

2007년 ARS와 CSREES를 통합한 농업연구교육지도청(REES) 설치

ⓐ ARS와 CSREES의 기능 중복을 방지하고, 연구사업과 지도사업의 협력을 강화하며, 통합 운영을 통한 예산 절감 효과의 장점이 있음

ⓑ 상대적으로 농촌지도 기능이 축소됨

◎ REE

ⓐ 2009년 식품·자연·에너지법(the Food, Conservation, and Energy Act)에 따라 USDA 산하 'REE' 설립

ⓑ REE 산하에 ARS, NIFA, ERS, NASS 4개 기구 설치

> **참고** 미국 농업관련 기구 용어 정리
> - USDA : United States Department of Agriculture
> - CSREES : Cooperative State Research Education & Extension Service
> - REES : Research, Education, and Extension Service
> - REE : Research, Education, and Economics
> - NIFA : National Institute of Food and Agriculture
> - ARS : Agricultural Research Service
> - ERS : Economics Research Service
> - NASS : National Agricultural Statistics Service

② 미국 농촌지도사업의 특징

㉠ 대학 중심으로 전개되고 있다는 점과 농촌지도의 계획(Plan)-실행(Do)-평가(See)에 농촌지도사 외에 농민대표, 관계기관 대표 등이 참여하고 있음

㉡ 농촌지도사업에 행정적 권위가 개입되지 않고, 대학의 연구결과가 곧바로 농촌지도에 활용됨

㉢ 농촌지도 대상자가 참여하여 지도사업 계획수립에 참여함으로써 그들의 필요와 문제를 반영할 수 있음

㉣ 농촌지도사의 대상 지역을 농촌지역에 한정하지 않고 도시지역의 성인과 청소년까지도 포함하고 있으며, 특히 도시지역의 소외집단과 소수 종족집단의 생활 향상 지도에 있어서도 중요한 역할을 담당함

③ 미국 농촌지도의 구분
  ㉠ 농업 및 연관기업에 대한 지도
    농업생산지도, 임업생산 및 시장지도, 토양 및 수자원의 보호, 농산물시장·가공·유통지도로 구분. 농업생산지도는 약화되고, 가공·유통·시장에 대한 지도가 강화되는 추세
  ㉡ 농업인의 사회경제적 발전을 위한 지도
    ⓐ 지역사회자원 개발지도, 공공사업교육, 자연자원 개발지도, 저소득 농가지도로 구분. 저소득 농가지도는 1966년까지 시행하지 않다가 1977년 점차 영역이 확대강화되어 사회경제적 발전을 위한 지도의 40%를 차지함
    ⓑ 지역사회자원 개발지도는 민주주의적 시민성을 갖고 능동적 참여를 조장하고, 경제·사회·문화·교육·보건 기구를 적절하게 이용할 수 있는 능력의 개발을 의미함
    ⓒ 공공사업 교육은 지역사회 공공 문제를 인식하고 분석하며 그 문제를 해결하는 지도를 말함
  ㉢ 농촌주민 생활의 질 개선지도
    ⓐ 가정생활 개선, 농촌 청소년 지도, 합리적 의사결정 지도, 인간관계 조성 지도, 지역사회 봉사의 활용과 참여지도, 사회경제적 지위 향상 지도 등으로 구분
    ⓑ 생활의 질적 개선지도는 주로 중산계층 이상 농촌가정이었으나 1970년대 이후 도시를 포함한 농촌의 경제·사회·소수집단의 가정을 지도 대상으로 삼음
  ㉣ 국제농촌지도
    개발도상국을 대상으로 식량이나 경제원조보다 기술과 정보를 제공하기 위해 농촌지도와 관련된 인쇄물 보급, 전문가 파견, 외국훈련생 교육 등을 하는 사업

2 농촌지도 사업체계

(1) 체계

① 협동지도사업(cooperative extension work)
  ㉠ 미국의 농촌지도사업은 주립 농과대학, NIFA 연방정부사업과 주 중심 협동지도사업, 농민단체의 상호 협동을 통해 전개됨

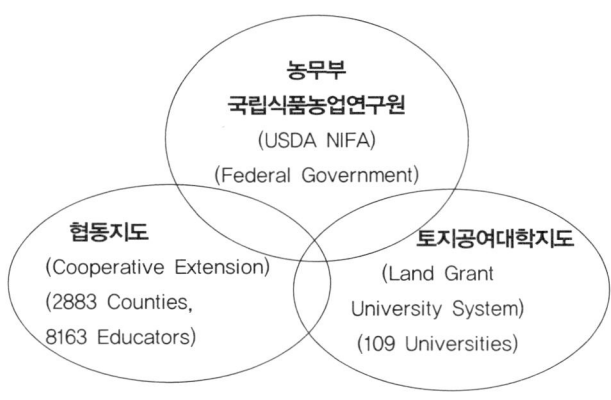

▪ 미국의 협동지도사업모델

  ㉡ 민간인 참여가 활성화되어 있음. 각 주와 군(county) 수준에서 농촌지도사업에 관계되는 민간인들로 자문위원회(advisory council)를 만들어 농촌지도의 계획, 전개, 평가에 적극 참여
  ㉢ 지도사업의 주요 방향 : 각 주가 연방농무부와 합의하여 설정

② 농촌지도 조직
  ㉠ 미국은 농과대학 내에 농촌지도국을 설치하여 농촌지도를 전담함
  ㉡ 국장 이하 지도국 간부는 대학교수로 임명되며 그들이 주의 농촌지도를 계획하고 관장함
  ㉢ 시군 단위 지도사업은 주립대학이 NIFA와 협력하여 수행하는 데, 주립대학 내에 주정부의 지도국(Extension Office)이 설치되어 있음

③ 농촌지도 인력
  ㉠ 최고관리자(director/assistant director), 관리자(supervisor), 지도행정가(administrative support), 전문지도사(specialist), 시군 단위 지도사(county agent/advisors/educators)로 구성
  ㉡ 시군 단위 지도사는 학사·석사 출신자가 대부분, 일부 박사도 포함

ⓒ 주립 농과대학 전문지도사(specialist)는 대부분 박사급의 교수들(faculty)로 교육(teaching)·연구(research)·지도(extension) 업무 간의 일정 비율을 정하여 겸직하고, 매년 심사에 의하여 비율을 조정함
② 보수는 같은 분야의 개인회사와 비슷한 수준에서 결정
⑩ 미국 총 농촌지도인력은 15,290명
  ⓐ 미국 전체 주립대학에 약 5,390명의 전문지도사(specialist)가 근무(2010년)
  ⓑ 시군 단위에 농촌지도센터(Local Extension Office, 주립대학 소속)가 1개소(전체 2,883개)씩 설치되어 있고, 전국적으로 전문지도사(주별 7~8명)와 8,163명의 농촌지도사(지소별 1~25명)가 농촌지도센터에 근무함
  ⓒ 관리자가 185명, 행정지원인력이 1,018명
④ 농촌지도 예산
  ㉠ 주 차원의 농촌지도가 활성화되어 있지만 농촌지도 예산의 1/5은 연방농무부에서 지원함
  ㉡ 연방정부에서 주정부로 배정되는 예산은 총인구/농업인수/농업생산 규모에 따라 주별로 차등 배분
  ㉢ 농촌지도 예산은 연방정부(21.2%), 주 정부(48.4%), 군 단위(22.9%), 기타(7.5%)로 충당됨(2010년 기준)
⑤ 최근 지도사업의 변화
  ㉠ 지도 대상 : 기존 농업인에서 농촌지역사회에 거주하는 주민으로 확대하여 기존 사업영역 외에도 건강, 영양, 수질, 비만, 실내 환경, 공공정책, 직업능력개발 등 다양한 프로그램을 진행함
    예 4-H는 농촌 청소년, 농업 중심에서 일반 청소년, 비농업과의 혼합 형태로 발전하고, 도시 청소년 대상으로 자연자원 활용, 수질, 영양 등의 프로그램을 운영함
  ㉡ 지도 방식 : 농촌지도의 정보화 사업이 본격 추진되고, 2008년부터 인터넷 기반의 농촌지도 정보시스템을 구축·운영하여 연구에 기초한 정보와 학습기회를 제공함

(2) 농촌지도 기관

1) USDA(미국 농무성)

① 자연자원 및 환경 지원국(NRE, Natural Resources and Environment)
  ㉠ 교육, 기술 및 금융지원을 통해서 사유지에 있는 자연자원 보전 활동을 수행
  ㉡ 여가나 기타 재화·서비스 공급에 대한 국민의 요구에 부응
  ㉢ 전국 산림 및 초지를 관리하는 업무를 담당

② 농가 및 해외농업 지원국(FFAS, Farm and Foreign Agricultural Service)
  품목별 지원, 소득 지지, 수출 진흥, 농가 신용, 위험 관리 등 각종 계획을 통해서 농민들이 경제 및 무역기회를 확대할 수 있는 소득 안전망을 제공
③ 농촌개발국(RD, Rural Development)
  농민 개개인, 지역사회 농업경영체를 대상으로 금융 및 기술 지원을 통해 쾌적한 주거환경 제공, 농업경영체 및 공동시설 구축, 현대식 수리시설 개발, 전기 및 통신서비스 설치 등을 지원
④ 식량·영양·소비자 지원국(FNCS, Food, Nutrition and Consumer Services)
  ㉠ 저소득 계층에 대한 지원을 확대하고, 적절한 영양과 운동을 촉구함으로써 미국인의 영양수준을 개선하는 업무를 담당
  ㉡ 국내식료 지원(food stamp), 아동급식 지원(child nutrition), 여성·유아·아동을 위한 영양공급 보조 등
⑤ 식품안전국(FS, Food Safety)
  ㉠ 쇠고기, 가금육, 가공 달걀 제품에 대한 표시제를 통해서 공급 안전성을 보장
  ㉡ 국제식품규격위원회의 업무 중 하나인 국제 식품안전성기준 개발을 지원
  ㉢ 식품유래 질병을 예방함으로써 식품의 안전성을 확보하기 위해 식품위해요소 중점관리기준(HACCP, Hazard Analysis and Critical Control Point)에 대한 규정을 제정 → 병원균 발생빈도를 감소
⑥ 연구·교육 및 경제 지원국(REE, Research, Education and Economics)
  농산물 및 식품 연구, 경제 분석, 통계, 지도사업, 고등교육 등과 관련하여 생물과학, 물리과학, 사회과학에 이르는 다양한 정보를 구축하고 보급하여 환경친화적 지속 가능한 영농기법을 확대함
⑦ 마케팅 및 규제 계획국(MRP, Marketing and Regulatory Programs)
  ㉠ 미국 농산물의 국내외 유통을 확장하고, 동식물의 건강과 후생을 보호하는 업무
  ㉡ 농산물 검역활동이나 외래 동식물, 병충해 및 질병유입에 대한 예방활동
  ㉢ 농산물 생산자의 무역기회 확대 및 유통 및 판매체계의 효율성을 증진하는 업무

2) **농업연구청(ARS, Agricultural Research Services)**
  ① ARS 특징
    ㉠ ARS는 세계최대 생물자원(식물, 미생물, 동물 자원)을 유지·보존하고 있고, 대학 및 민간 연구원에 분양을 지원하는 등 생명공학연구를 지원
    ㉡ ARS에는 다양한 분야별 전문가가 각자의 연구영역을 유지·발전시키고 있어 새로운 첨단기술 개발에 대한 요구가 발생할 경우, 시 대학·민간 연구소 연구원과 공동연구를 수행하는 시스템을 갖추고 있음

ⓒ ARS는 23개 국가전략 프로그램을 설정하여 지속적·체계적 국가주도의 농업연구를 추진
② ARS 주요 임무
   ㉠ 농업문제 해결을 위한 정책집행의 지원
   ㉡ 연구결과의 평가
      평가 시스템은 국가전략 프로그램에 대한 평가, 개별과제에 대한 평가로 구분됨. 과제 수행 전에 연구계획서에 대해 사전검토를 통해 발생가능한 문제점을 미연에 방지함
      ⓐ 국가전략 프로그램에 대한 평가
         • 마지막 연차(5년차)에 실시, 약 6개월 소요
         • 학계·산업체·소비자로 외부 패널을 구성하여 계획서(Action Plan) 대비 목표 달성 정도를 평가
         • 평가 결과는 차기 국가전략 프로그램 구성 및 추진방향을 수립하는 데 반영
         • 평가위원장은 차기 프로그램 수립을 위한 워크숍에 의무적으로 참석
      ⓑ 연구과제(Project)에 대한 평가
         • 매년 공개평가가 아닌 web을 통한 서면평가
         • 과제책임자가 자체평가서를 작성(자체평가서는 ARS web에 공개)하여 연구소장, 지역 연구청장을 거쳐 국가전략프로그램리더(National Program Leader, NPL)에게 제출하게 되면 문제점 해결 여부, 달성도, 최고 연구 성과물, 기술이전 여부 및 이용가치, 연구업적 발표 여부 등의 평가항목을 중심으로 서면평가가 진행됨
         • 평가결과는 연구원 평가(호봉 및 승급평가) 및 차기 과제 참여 여부에 반영
      ⓒ 매년 수행하는 연구원 평가 : 논문게재 실적을 기준으로 하나, 승진심사는 농업 및 국민 기여도를 기준으로 하고, 논문게재 실적은 참고사항 정도에 여겨질 뿐 연구결과의 검증 차원에 그치고 있음
   ㉢ 기술개발뿐만 아니라 기술의 이전
      ⓐ 기술이전은 모든 연구자의 의무사항이며, 연구원의 업적평가 및 승진심사에 반영
      ⓑ 기술이전 수단으로 학회를 통한 연·전시회, ARS Research Magazine 등의 홍보 간행물, 민간기업에 대한 지적재산권 이전 등
      ⓒ 지적재산권(특허 등) 이전 시 중소기업에 우선권을 부여함. ARS는 수익창출이 아니라 개발기술의 산업화가 목적
      ⓓ ARS는 개발된 신기술에 대한 마케팅을 수행함

③ ARS 연구 재원

경상연구비와 외부수주연구비로 구성

㉠ ARS 총 연구비는 약 1조 3천억 원(2008년 기준), 경상연구비가 1조 1천억 원, 외부수주 연구비가 2천억 원
  ⓐ 경상연구비는 의회에서 배정하며, 4대 연구 분야별 배분기준은 지역주민의 요구에 의해 결정된 의회나 농무부의 지침을 따름
  ⓑ 외부수주 연구비는 총 연구비의 약 20% 정도로 제한함(명확한 고객지향 및 국가전략 프로그램 수행의 독립성 및 공공성을 유지하기 위함)
㉡ 국가전략프로그램에 대한 평가(review, 5년마다 실시) 및 의회나 농무부의 요구에 의하여 연구비 배분비율을 수정

④ ARS 농업연구과제 수행의 주요 특징

㉠ 농업문제 해결을 위한 국가적 우선순위가 높은 공통 목표를 추구함
㉡ 연구비 재원이 안정적이므로, 장기적이고 위험도가 높으며 고비용의 기반기술 개발을 위한 연구과제 수행이 가능하고, 기초연구(basic research)와 응용연구(applied research)의 균형을 유지함
㉢ **고객 중심적 특성** : 워크숍 등을 통하여 의회, 농무부, 고객, 협력자, 이해당사자, 과학자 그룹 및 ARS 내 연구원의 의견을 수렴하여 연구과제를 선정
㉣ **연구과제는 USDA의 정책목표와 항상 일치** : 국가적 중대 현안이 발생하여 의회·농무부의 요구가 있을 경우 세부 연구과제 내용을 즉시 수정·보완 가능

3) 국립식품농업연구원(NIFA, National Institute of Food and Agriculture)

CSRS + ES → CSREES(1994) → NIFA(2009)

> **보충** 협동연구교육지도청(CSREES : 1994~2009)(Cooperative State Research, Education, and Extension Service)
>
> ① 기구
>   ㉠ 미국 농무부 산하위원회, 총 350명 근무
>   ㉡ 1994년 정부 재조직법에 의거 CSRS(Cooperative State Research Service)와 ES(Extension Service)가 통합하여 설립
> ② 업무
> 미국 연방 차원의 전체 지도사업 프로그램(정책) 수립, 예산지원, 각 주립대-시군 지도조직과 연계한 지도사업을 추진
>   ㉠ 프로그램 수립
>   ⓐ 시군(county) 단위에서 요구하는 지도과제를 주정부 → 연방정부에 요구하는 수요자 중심(Demand-Driven) 과제 선정 방식
>   ⓑ 주 정부 및 주립대학에서 중앙정부에 사업을 신청하면 CSREES의 프로그램 전문가(program specialist)가 심사를 해서 확정(막강한 파워)
>   ⓒ 실제 연구·교육·지도업무를 수행하지는 않지만 국가와 지역의 수준에 맞게 기금을 제공하는 권한
>   ㉡ 예산지원
>   ⓐ 예산은 시군 규모, 총인구, 농업인구 등을 고려해서 배분하며, 연방정부 : 주정부 간에 50:50의 매칭펀드(matching fund)를 기본으로 하지만, 연방정부 20%-주정부 50%-시군정부 30%를 평균적으로 부담함
>   ⓑ 연방정부는 주립대학(Land-grant University)에 사업비(Fund)를 주면서 국가적 지도과제를 지방정부에서 수행하도록 권한을 행사함. 지역의 지도전문가(Local level Specialist)가 사업계획, 예산 등에 막강한 힘을 가짐
>   ㉢ CSREES-주 정부-시군 지도조직 간 연계 : 프로그램 설정과 예산 등을 통해서 이루어짐
> ③ 주요 사업내용
>   ㉠ 동식물의 생산과 보호, 자연자원과 환경의 보전, 농촌경제와 사회의 개발, 가정관리, 영양관리, 4-H의 육성, 경쟁력을 갖춘 연구 협력 강화, 과학 교육자원의 개발, 홍보기술 및 원격교육 개발 등
>   ㉡ 농업관련 연구자(ARS, 농과대학 등)의 공동연구사업 지원 및 미국 내 도시민의 농업관련 정규 교육프로그램에 대한 업무도 관장
>   ㉢ 62개 National Extension Program 운영

① 설립
  ㉠ 미국 농업을 더 생산적이고, 환경적으로 지속가능한 연구·기술혁신에 자금지원 하고 촉진하기 위하여 Food, Conservation, and Energy Act(미 농업법, Farm Bill)에 의거하여 2009년 농무부 내에 NIFA 설립

　　ⓒ NIFA는 미국 농무부의 연구, 교육, 경제(REE, Research, Education, and Economics)를 담당하는 4개 기관 중 하나
　　　　✪ REE 산하기구 : 국립식품농업연구원(NIFA), 농업연구청(ARS), 경제연구청(ERS), 국가농업통계청(NASS)
　　ⓒ 기존의 CSREES를 대체하는 기관 : NIFA 설립으로 CSREES는 해체
② NIFA 미션
　　㉠ 주립대학시스템(Land-grant University System)이나 다른 파트너 기구에 있는 REE 프로그램을 지원함으로써 농업, 환경, 인간 건강, 웰빙, 지역사회를 위한 지식을 증진
　　ⓒ NIFA는 실제로 REE를 수행하지 않으며, 주 단위 또는 소지역 단위로 REE를 자금 지원하며, 리더십 프로그램을 제공

✓비교　ARS VS NIFA

	ARS	NIFA
차이점	연구를 직접 수행	• 직접 연구수행보다 주 단위의 지역 농림수산식품연구원에 연구자금을 배분·관리 • 공모과제를 모집하여 연구자금 지원
공통점	기초·응용 연구, 식물과 동물, 식품과 영양, 자연자원 등에 관한 광범위한 농림수산식품의 현안을 다룸	

③ NIFA 규모
　　㉠ 직원은 350명
　　ⓒ 예산은 총 13억 5,888만 달러(약 1조 5,500억 원)
　　　연구와 교육에서 52.3%, 지도(기술보급)가 35.0%, 통합(Integrated)이 1.6%, 의무(Mandatory)가 11.2%.
　　　미국 농식품 R&D 예산 중 49% 차지(가장 많은 예산 집행)
　　ⓒ NIFA는 NPL(National Program Leaders)을 조직하여 자금을 운용함
　　㉣ NPL
　　　ⓐ 각 부문별로 NIFA의 미션을 수행하기 위해 권한을 부여받은 전문가 그룹
　　　ⓑ NPL 역할
　　　　• 정부가 요구한 미션과 관계된 문제나 기회, 이슈 등을 조력자들과 협력
　　　　• 과학을 기반으로 한 연구개발을 통해 발굴된 문제, 기회, 이슈 등을 프로그램화·정형화시킴
　　　　• 과학과 지식을 응용·발전시키기 위한 프로그램을 관리
　　　　• 프로그램을 평가하는 역할 수행

④ NIFA 조직
  ㉠ 농업·자연자원과 식품·지역사회자원 부문으로 조직이 이원화
  ㉡ 4개 연구소 설치 : R&D 자금을 연구소·기업에 배분하는 역할을 전략적으로 수행하기 위해 설치함. 식량생산·지속농업연구소(Institute of Food Production and Sustainability), 바이오에너지·기후·환경연구소(Institute of Bioenergy, Climate and Environment), 식품안전·영양연구소(Institute of Safety and Nutrition), 청소년·가족·사회공동체연구소(Institute of Youth, Family, and Community)
  ㉢ 각 연구소는 책임과학자와 Assistant Director 공동으로 운영
    ⓐ 책임과학자는 각 연구원에 할당된 연구기획 및 추진을 총괄. 정부의 대규모과학사업에 농업 분야가 포함될 수 있도록 Director를 보조, 과학기술 정보를 제공
    ⓑ Assistant Director는 각 연구소의 관리·운영적인 측면을 총괄
  ㉣ NIFA 자금 수혜자들에게 행정, 재정, 기술적 지원을 하기 위해 2개의 국(Office)이 설치
  ㉤ 식량, 에너지 공급 등 글로벌 이슈에 대한 국제프로그램 센터 설치·운영
  ㉥ 협동지도정보화시스템(eXtension, www.eXtension.org) 구축
    ⓐ 연구, 지도사업의 노하우와 지식을 통합하고, 21세기 정보화시대를 대비하여 다양한 서비스를 제공
    ⓑ 협동지도 정보화시스템을 통해 1:1 질의 답변, 3천여 명의 전문지도인력이 컨설팅하고, 모든 과학정보의 통로 역할

⑤ NIFA 주요 기능
  ㉠ 농업·자연자원 부문과, 식품·지역사회자원 부문별 연구개발 프로그램을 기획 및 총괄
  ㉡ NIFA가 제공하는 프로그램에 적합한 지원자를 탐색하고 선정
  ㉢ 기술정보 제공 및 연구자금 집행 현황을 관리
  ㉣ 식량, 에너지 등 글로벌 이슈 관련 국제연구를 조직화하고 참여

⑥ 미션 달성을 위한 NIFA 사업방식
  ㉠ 국가리더십 프로그램을 제공한다.
    농업생산자, 소규모 자영업자, 청소년 및 가족, 기타 등을 대상으로 연구·지도(기술보급)·교육을 할 수 있도록 주정부를 지원
  ㉡ 연방정부의 지원을 대행한다.
    매년 정규적인 자금을 주립대학에 지원하며, 주립대학과 다른 대학에 공개경쟁을 통한 연구비를 지원함(NIFA의 핵심 사업영역 : 식량 안정과 기아, 기후변화, 지

속가능한 에너지, 어린이 비만, 식품 안전 등)

⑦ NIFA 자금의 지원형태

　㉠ Formula Grants : 토지증여대학, 임업대학, 수의과대학 등에 대해 지역인구, 농림업 인구 등의 기준에 따라 일정액의 연구 지원금을 제공함

　㉡ Competitive Grants : 국가적 관심사가 되는 농업 이슈를 해결할 수 있는 능력을 지닌 여러 지원자들 중 최고의 연구수행 능력을 보유한 개인 혹은 기관을 경쟁을 통해 선발하여 연구자금을 지원함

　㉢ Non Competitive Grants : 주나 지역의 주요 문제들을 해결하기 위해 의회의 주도하에 특정 연구기관 또는 연구그룹을 지정하여 연구자금을 지원함(특수목적 연구자금 또는 연방정부의 직접 지원 자금을 활용함)

4) 주립농과대학

① 주립 농과대학의 지도사업 목표
- 가정관리 강화, 아동·청소년의 건강과 안전 및 지역사회의 개발
- 농업환경변화에 대응하여 농업의 생산성과 소득증대 농업의 경쟁력 향상과 식품의 지속성 촉진
- 자연자원과 지역환경의 지속성을 유지하는 책임
- 농업인과의 대화를 통해 복잡한 현안의 문제해결과 세계화 시대에 농업인에게 도움을 줄 수 있는 선진기술 보급 및 경쟁력 제고

② 시군 농촌지도센터의 프로그램 유형
4-H 및 청소년 개발, 농업기술 이전, 지역사회 자원 및 경제개발, 가족개발 및 자원관리, 리더십 및 자원지도자 개발, 자연자원 및 환경관리, 영양, 다이어트 및 건강관리 등

③ 농촌지도 프로그램 위원회
시군별 15~25명으로 구성, 지역민과 지도사업을 연계하는 조직으로 활용
- 프로그램 개발 과정에 지역 주민의 참여 제공
- 프로그램/지도대상의 우선순위 부여
- 프로그램의 보급 및 평가
- 재정적 지원 및 자원지도자 확보

제2절 일본

1 농촌지도 발달 과정

① 일본 근대 농촌지도사업
  우리나라와 같이 2차대전 후 미국의 농촌지도가 소개되면서 시작됨
  ㉠ 1915년 : 농민단체인 '농회'에서 기술지도요원을 두어 각 부락을 순회하면서 농사시험장에서 개발한 품종과 농사법을 농민에게 보급하기 시작(최초의 농촌지도사업)
  ㉡ 2차대전(1939) 직전 : 일본사회가 전시체제로 바뀌었고 농회의 지도사업도 식량증산을 위한 책임생산제와 강제 식량공급 등 일방적인 독려사업으로 변화
  ㉢ 2차대전 직후 : 1948년 연합군 사령부의 지원으로 농민의 경제적 파탄을 복구함. 농지개혁을 단행하기 위하여 「농지개량조합법」 제정. 이 법에 근거하여 농업개량보급사업을 시행(일본식 농촌지도사업의 시작)
  ㉣ 1948년~1955년 : 주요 농산물의 증산에 주력
  ㉤ 1959년~1961년 : 채소, 과수, 축산 등 경제작목의 발전에 기여
  ㉥ 1962년~1970년 : 농업구조 개선에 주력
  ㉦ 1971년~1990년 : 시장유통, 가공 등의 지도를 통하여 생산조정과 농지이용률 증대
  ㉧ 1998년
    • 지방분권추진계획 조치사항을 통해 보급사업에 관한 지방(도도부현) 분권화(지방분권 추진을 위한 관계 법률의 정비 등에 관한 법률 ; 1999년 제87조).
    • 세부내용 : 지역농업개량보급 센터의 명칭 및 설치 형태, 설치기준, 보급직원의 배치, 보급직원의 전임규정, 교부금 신청양식의 간소화, 교부금 할당기준 개정, 개량보급수당 지급, 보급직원 자격시험 법 규정화 등

② 2차대전 이후 농촌지도 흐름
  ㉠ 농촌지도조직은 농업행정기구 내에 설치되어 있지만 독립성을 유지하며 교육적 농촌지도사업으로 발전
  ㉡ 중앙정부와 지방정부가 공동으로 예산을 조달하고 사업을 관장하고 있지만 농촌지도의 교육적 특성을 최대한 살려나감
  ㉢ 국가의 정책목표보다는 농민의 복지와 생활수준 향상에 가장 큰 목표를 둠

2 협동농업보급사업

(1) 협동농업보급사업의 특징

① 일본의 농촌지도사업 : 협동농업보급사업
  ㉠ 협동이란 용어는 국가와 도도부현과의 협동을 의미함
  ㉡ 일본의 보급사업은 정부 차원에서는 식량의 안정공급, 지방자치단체에서는 지역의 특성을 살린 농업·농촌 진흥에 초점을 두고 상호 협력하여 지도사업을 추진
    ⓐ **중앙정부** : 국가 차원의 농업생산력·식량자급률 향상을 위하여 보급기관을 설치·운영, 보급 활동의 기본방침을 제시
    ⓑ **지방기관** : 현장에서 활동주체로서의 역할 수행, 지방기관 간 지식·기술 교환
  ㉢ 보급사업 비용부담 : 정부와 지방정부가 각각 반씩 부담
  ㉣ 일본의 보급사업은 시험연구기관-농민 간 연결 역할
    ⓐ 도도현청의 전문기술원은 농민·지역 수요를 바탕으로 시험연구기관에 기술개발을 요청하고, 개발한 기술은 지역실정을 감안하여 개량보급원이 현지적응 실증시험을 거쳐 보급
    ⓑ 보급정보에 대한 네트워크(EI-net)를 형성하여 기술보급의 신속화 도모

② 일본 협동농업보급사업의 특징
  ㉠ 도도부현 주축으로 광역적 보급사업을 추진하고 있다.
    ⓐ 도도부현 소속의 '지역농업개량보급센터'를 설치, 보급직원을 배치하여 시정촌에 대한 보급 활동을 직접 관리함
    ⓑ 도도부현 직원과 시정촌 개량보급원센터 직원 간 원활한 인사교류
    ⓒ 도도부현 연구기관을 설치 : 지역실정을 감안한 '지역농업시험장'
    ⓓ 모든 도도부현에 농업대학교 설치 : 농촌청소년 등 농업후계 인력에 대한 교육과 적극적·체계적 육성
  ㉡ 농정과 보급사업 간 확고한 연계체계를 통해 농정을 뒷받침하고 있다.
    ⓐ 중앙단위의 보급기능은 농림수산성에 소속되어 농정업무와 유기적 협력체계를 유지함
    ⓑ 도도부현 단위에서도 현청 농정부서에서 보급사업 계획을 담당함
    ⓒ 일부 도도부현에 '농업종합센터'를 설치하고 연구·지도 사업을 종합·관리함
  ㉢ 보급인력의 전문능력 향상을 적극 추진하고 있다.
    ⓐ 보급인력을 전문기술원과 개량보급원으로 구분하여 운영함
    ⓑ 도도부현에는 일정한 자격을 갖춘 전문기술원이 배치됨
    ⓒ 전문기술원과 개량보급원의 관리는 자격시험 등을 통해 이루어짐

ㄹ. 개량보급원은 현지기술지도 등 보급업무에만 전념하도록 하고 있다.
   ⓐ 사업계획 수립 시에는 농정업무와 유기적 연계를 유지하되 기술보급 업무에만 전념
   ⓑ 현지지도에 관한 시간이 70%, 회의·연수 등 기타 시간은 30% 정도
ㅁ. 효율적인 '공익법인체' 운영을 통한 지도사업을 추진하고 있다.
   농림수산성 보급과 소속의 전국농업개량보급협회 등 11개 법인에서 보급정보 네트워크(EI-net) 운영, 보급사업의 조사연구, 간행물 편찬, 보급 직원 연수, 해외 기술 협력, 강연회, 연찬회 개최 등 실시
ㅂ. 협동농업보급사업에 대한 특징이 명확히 규정되어 있다.
   ⓐ 협동보급사업은 시험연구기관과 농업인과의 연계자로서 기능을 수행함. 시험연구기관에 기술개발을 요청하여 개발된 신기술을 지역실정에 맞게 가공하여 현지적용실증 등을 통해 보급을 도모함
   ⓑ 「사람」을 대상으로 한 사업임
      협동지도사업은 농업인 개인의 의욕과 기술력이 중요하므로 직접 「사람」을 대상으로 실시함. 개량보급원과 농업인과의 신뢰를 기초로 현장에서 직접 해결을 통해 기술경영개선을 도모해 나가는 농업인을 지원하는 것을 기본으로 후계농업을 담당할 청년 농업자에 대한 취농 정보의 제공, 단기연수 등의 신규 취농 촉진을 위한 보급 활동을 실시함
   ⓒ 농업과 농촌생활의 일체적 활동을 대상으로 함. 농업생산과 농가·농촌생활은 밀접한 관계가 있으므로 농업을 직업으로 선택하고 경영을 확립하기 위하여 농업생산과 농촌생활 개선을 동시에 추진함

(2) 관계 법령
① 농업개량조장법(1948 제정)에 근거하여 보급사업 추진
   47개 도도부현과 중앙정부가 협동으로 추진하며, 시험연구기관과의 연계에 의하여 농업자에게 원활한 기술이전, 농민 개개인의 경영개선 지원, 농촌생활 개선에 관한 자문 등의 사업이 골자

🔍 보충 개정 주요내용

• 1950. 7. 도도부현에 보조금 배분기준 변경 등
• 1952. 4. 전문기술원 및 개량보급원의 직무, 보조대상 범위 확대 등
• 1958. 4. 농업개량보급소 설치에 대한 규정 등
• 1963. 3. 전문기술원의 직무 강화, 농업개량보급 수당 신설 등
• 1977. 5. 농업후계자 연수교육 실시 강화, 보조금을 부담금으로 변경

- 1983. 5. 보급사업 운영방침의 명확화, 표준정액 교부금으로 변경
- 1994. 10. '지역농업개량보급센터'로 명칭 개정, 현 농업대학에서 연수 실시
- 1999. 7. 보급직원 임용자격, 교부금 교부절차 폐지
- 2003. 7. 지방독립 행정법인법과 연계 추진
- 2004. 5. 전문기술원 및 개량보급원을 보급지원으로 일원화
  '지역보급개량센터'를 '보급지도센터'로 개칭하고 설치근거를 자율화
  보급협력위원을 보급지도협력위원으로 개칭

② 식료·농업·농촌기본법(1997 제정)
  ㉠ 기본이념
   - 식료의 안전공급 확보
   - 다면적 기능의 충분한 발휘
   - 농업의 지속적 발전과 농촌진흥
  ㉡ 제25조의 인력육성 및 확보, 제29조의 기술개발 및 보급에서 보급사업을 명시
   - 효과적이고 안정적인 경영체 육성
   - 신규 취농자 육성
   - 첨단 농업경영을 위한 혁신적 기술보급
   - 소비자중심의 농업생산, 유통, 판매로 전환
   - 토지 이용형 농업의 확립
   - 환경과 조화로운 농업생산방식 도입
   - 중산간지역의 농업·농촌진흥

(3) 보급사업 체계

① 협동농업보급사업
  ㉠ 시험연구기관~농업자 간 교량 역할 : 협동농업보급사업은 농업인·지역 요구를 파악하여 중앙단위 독립행정법인 농연기구(NARO), 현 단위 시험연구기관에 기술개발을 요청하고, 개발된 기술에 대하여 지역적응 실증시험을 통하여 그 기술을 보급함
  ㉡ 독립행정법인(NARO)과 현 단위 시험연구기관의 역할 분담 : 현 단위 시험연구기관에서는 현 내 문제 해결을 중심으로 하고, 현 단위에서 개발하기 어려운 고도의 기술개발은 독립행정법인에서 담당
  ㉢ 중복 부분에 대한 조정 : 지역 연구·보급 연락회의, 중앙단위 독립행정법인 농연기구에 설치된 추진회의 등에서 담당

■ 정부와 도도부현의 연계 협력을 위한 역할 분담

구분	국가	도도부현
사업운영방침	운영지침·가이드라인·통지	실시방침(운영지침을 기본으로 책정함)
재정지원	협동농업보급사업 교부금(농정과제 추진 시점 등을 고려한 배분)	사업 실시에 필요한 일반재원 확보
지도수준의 확보	• 국가자격(보급지도원) • 고도 전문적인 기술연수 등 기술정보 제공	• 보급지도원의 설치 • 지역의 실정에 맞는 연수 • 현장 단계의 실천적 연수 제공 • 보급지도원의 계획적인 양성 • 경험이 풍부한 전문가 임용(무시험임용)
사업추진체계	전국적인 연계체계의 구축(정보 네트워크)	지역의 실정에 맞는 보급지도체제 정비

② 지도 체제

협동농업보급사업은 농정기획과, 농업진흥과, 농업기술과, 농업경영과 등에서 담당하고 있기 때문에 부현마다 상황이 다름

㉠ 지도체제 : 일본 농촌지도사업은 농림수산성-도도부현-보급지도센터(구 농업개량보급센터) 체제로 운영. 농민에게 가장 중요한 역할은 도도부현과 각 지역 보급지도센터가 수행

㉡ 중앙 정부

ⓐ 국가는 도도부현과의 역할분담 하에 운영지침 책정, 교부금 교부, 자격시험, 연수, 연대체제 구축 등의 역할 수행

ⓑ 농림수산성은 관계기관과의 일체적인 추진으로 지도요원을 시험연구기관에 파견하여 연수를 실시하고, 정보 네트워크(EI-net)를 정비하고 활용하여 신속한 기술보급

㉢ 도도부현

보급지도원을 지도센터 및 시험연구기관, 연수교육시설(농업대학교) 등에 배치하여 관계기관의 연대 하에 시험연구기관에서 개발된 기술을 지역에서 실증과 매뉴얼을 작성하고, 강연회를 개최함

■ 일본의 기관 수준별 보급사업

구분	역할	세부내용
중앙정부 농림수산성	도도부현의 의견을 청취하여 운영방침 수립	① 성격 • 약 5년간의 보급사업의 기본적인 방향과 운영내용 표시 • 실시방침 결정의 기본적인 지침 ② 내용 • 보급 활동의 기본적인 과제 • 보급직원의 배치에 관한 기본적인 사항 • 보급직원의 자질 향상에 관한 기본적인 사항 • 기타 협동농업보급사업의 운영에 관한 기본적인 사항
도도부현 농업관련국	운영지침을 기본으로 국가와 보급사업 시행 방침 수립	① 성격 • 약 5년간의 보급사업의 실시에 관한 기본적인 방향과 활동 내용표시 • 보급계획의 결정 등 사업의 실시에 대한 기본적인 지침 ② 내용 • 보급활동의 과제 • 보급직원의 배치에 관한 사항 • 보급활동 방법에 관한사항 • 기타 협동농업보급사업의 운영에 관한 사항
시정촌 보급지도 센터	실시방침에 맞추어 수립(5개년계획과 매년 계획 수립)	① 도도부현의 시행방침에 기초하여 5개년 보급계획 수립 • 보급직원의 직무와 활동 • 사업의 추진 및 평가 • 보급직원의 전문능력 향상을 위한 연수 • 유관기관과의 협력 등 ② 연간보급계획수립 • 5개년 보급계획에 기초한 연간 보급계획 수립 및 실천 ③ 연간 사업추진결과 보고서 발행 • 보급 활동성과 및 과제별 평가 내용

3 협동농업보급사업 조직 및 인력

(1) 보급조직 일반

① 일본의 협동농업보급사업 조직으로는 보급지도센터(구 지역개량보급센터, 설치근거는 자율), 보급인력으로는 전문기술원·개량보급원 → 보급지도원으로 일원화(2004년 농업개량조장법 개정)
② 전문기술원은 도도부현청의 시험장연구소나 현 본청 배치, 개량보급원은 현소속의 지역농업개량보급센터 배치
③ 2010년 일본의 지역보급센터 현황
보급센터는 전국에 369개소, 보급지도인력은 7,768명(보급지도원 7,231명, 실무경험 중인 직원 등 537명). 1997년 이후 보급지도센터와 보급지도원은 지속적으로 감소 ⓒf 한국은 농업기술센터 150여개, 농촌지도사 4,400여명)

(2) 전문기술원

① 특징
  ㉠ 미국의 전문지도사(SMS)와 같은 성격
  ㉡ 지방정부의 시험연구기관이나 현청에 배치
② 선발
  국가가 시행하는 전문기술원 자격시험에 합격한 개량보급원이나, 시험장 연구원 중에서 선발
③ **전문기술원의 활용내용**
  개량보급원에 대한 지도, 전문분야와 관련한 조사 연구, 시험연구기관 등 관계기관과의 제휴, 필요에 따라 프로젝트 팀을 구성하여 과제해결
  ㉠ 현지지도의 실시 : 각 도도부현 내의 지역농업개량보급센터, 보급지도 현장 등을 순회하면서 개량보급원을 지도함
  ㉡ 조사연구 실시 : 개량보급원에 대한 지도의 충실을 꾀하기 위해 농업생산 현장에서 일어나는 기술 및 경영 농촌생활 과제의 해결방법 등에 대해 농업자 등과 함께 실증조사를 실시함과 동시에 실험연구, 자료조사, 실태조사를 실시
  ㉢ 농업인 지도 : 개량보급원에 대한 지도·조사연구의 수행에 지장이 없는 범위 내에서 직접 농업인을 대상으로 농업경영·농촌생활 개선에 관한 과학기술 보급지도
  ㉣ 지도용 기자재의 정비
    전문기술원이 조사연구와 개량보급원에 대한 지도를 원활히 실시하기 위하여 토양, 물에 대한 측정, 휴대용 이산화탄소 모니터 등의 분석·진단 기자재, 시청각

기자재, 그 외 각종 전문 도서 등을 정비함

농업진흥상 중요한 지역, 전문기술원의 현지 지도 활동을 강화하는 것이 필요한 지역, 도도부현의 중심 시험연구기관이나 전문기술원과 원거리에 있는 지역은 시험연구기관에 지방 전문기술실을 설치함

(3) 개량보급원

① 지역농업개량보급센터 소속(대부분)
농민과 직접 접촉하며 기술·경영에 관한 상담, 정보의 제공, 전시포 설치, 연수강습회 개최, 농업대학교학생 지도 등의 활동 수행

② 농업연수교육 시설(현 농업자 대학교) 소속
농업후계자인 농촌 청소년과 그 외에 농업을 담당해야 할 사람들 연수를 실시

③ 임용
지방정부(도도부현)가 대학졸업자 대상 개량보급원 자격시험 합격자 중에서 임용

④ 교육연수
임용 후 신임자 연수, 근무년수 4년 이상 대상 기술·경영강화 연수, 10년 이상 대상 종합과제해결 연수, 15~20년 대상 기획·관리연수 등을 받음

(4) 전문기술원 + 개량보급원 → 보급지도원(일원화)

① 목적
농업인의 고도화·다양화하는 기술요구에 대응하기 위해

② 의미
보급지도원은 농업인과 직접 접하고 농업기술 지도를 실시하거나 경영 상담에 응하거나 농업 정보를 제공해 농업인의 농업기술이나 경영 향상을 위한 지원 및 지도를 전문으로 하는 도도부현의 공무원

③ 임용 : 국가, 도도부현, 농협 등에서 선발
㉠ 농업 또는 가정에 관한 시험연구 업무에 종사한 자
㉡ 농업 또는 가정에 관한 교육에 종사한 자
㉢ 농업 또는 가정에 관한 기술에 대한 보급 지도에 종사하고 있던 기간이 대학원 수료자 2년 이상, 대학 졸업자 4년 이상, 단기 대학 졸업자 6년 이상, 고등학교 졸업자 10년 이상의 실무경험을 득한 자

④ 기능
보급지도원은 고도의 기술 및 지식의 보급지도를 위한 전문가(specialist) 기능과, 농업인·내외관계기관과 연계하여 지역의 과제해결을 지원하는 코디네이터(coordinator) 기능을 수행

㉠ 전문가(specialist) 기능 : 전문가로서 농업인에게 지역 특성에 따라 농업 고도기술 및 해당 기술에 대한 지식(경영에 관한 것도 포함)의 보급지도하고, 현지 과제에 대처하는 기술을 지역 생산 조건에 맞게 보급하고, 경영진단 및 분석, 경영개선 계획의 책정 등을 지원
㉡ 코디네이터(coordinator) 기능 : 코디네이터로서 선도 농업인과 지역내외 관계기관과 연계체제를 구축하고, 장래 전망에 대해 제안하고, 대처방책의 책정 및 실시를 지원. 기술을 주축으로 농업인과 소비자와의 연결고리를 구축하고, 지역농업의 생산·유통 측면에서 혁신을 종합적으로 지원

⑤ 활동체제
㉠ 보급지도원 상호 간 밀접한 협력 하에 관할구역 내 농업·농촌의 실태를 근간으로 보급지도센터의 종합지도력이 발휘될 수 있도록 체제를 구축
㉡ 시읍면에 보급지도원을 두어 중요시책이나 보급지도 활동에 대한 구체적 요청을 파악하고, 시읍면·관계기관·단체와 밀접한 제휴를 꾀하면서 지역과 밀착하여 활동을 추진

⑥ 보급지도 활동방식
최근 보급활동체제는 지역분담방식이 감소하고 전문분담방식과 양자 병용방식으로 전환되고 있음
㉠ 지역분담 방식 : 관할구역을 몇 개의 활동지구로 구분하고 각각의 활동지역마다 보급지도원 팀을 편성하여 보급 활동을 실시
㉡ 전문분담 방식 : 보급지도원이 관할구역 전체를 대상으로 하여 전문분야마다 팀을 편성하여 보급 활동을 실시
㉢ 병용 방식 : 지역분담방식과 전문분담방식을 병행하여 편성

제3절 네덜란드

1 농촌지도의 발달 및 특징

① 발달

네덜란드 농촌지도사업은 주로 농촌지도국(DLV, 농업수산자연관리성 내 기구)에서 실시했고, 사회경제지도사업조직(SEV, 독립적인 농민조직)이 농업후계자육성, 농업경영, 농가문제 등을 무료로 지원

㉠ 1980년대 후반
- 국가에서 지원해 온 농촌지도조직·운영에 대한 검토
- 일부 농촌지도 비용을 농가가 부담할 수 있고, 규모가 크고 경쟁력 있는 소수 농장육성을 위한 새로운 시스템이 검토됨
- 농촌지도국(DLV)에 대한 정부의 재정지원은 1993년 100%에서 매년 5%씩 삭감되어 2002년 50%로 감소, 나머지 50%는 농민과 수익자가 부담*하는 계획 추진

㉡ 1990년 이후
- 정보지식센터(IKC) 설치하여 농업연구와 민영화된 농촌지도조직과 유대강화를 유지함
- IKC 주요업무는 시험연구기관과 공적·사적 지도사업과 연결하는 것이며, 연구/지도의 이원화 시 정보교류의 단절 문제를 완화하려는 조치임

㉢ 1992년 : 농촌지도국은 국가조직체에서 재단법인으로 변경

㉣ 1993년 : 본격적 민영화 단계, 필요 재원의 일부를 수요자의 이용수수료로 충당함. 당시 직원 1,120명 중 700여 명이 이직하고, 420명은 민영화를 추진

> **보충 수익자 부담주의(user charge)***
>
> ① 의미
> 서비스제공주체의 변동이나 기능 이관없이 공공서비스의 공급으로 개인이 혜택을 받았다면 그 혜택에 상응하는 반대급부를 지불해야 한다는 원칙에 근거하여, 공공기관이 제공하는 재화와 용역의 대가로 수혜자로부터 요금이나 수수료를 징수하는 것
>
> ② 효용
> ㉠ 공정성 : 특정시설을 이용하는 사용자에게만 비용을 부담시키는 것이 공평함
> ㉡ 신축성 : 공공서비스가 사용자에게 가격을 부담시킨다면 사업을 시장성에 의존하여 종료할 수 있기 때문에 더욱 신축성과 대응성 있는 서비스를 공급할 수 있음

ⓒ 자유와 참여의 신장 : 시민들이 행정의 의사결정과정에 참여하려는 의식이 증가함
ⓔ 낭비의 방지 : 비배제성과 무임승차성을 제거하고 실질적인 사용자에게만 일정한 부담을 지움으로써 필요한 주민만 이용하게 되어 불필요한 재화의 낭비를 감소시킬 수 있음

② 민영화 특징
- ㉠ 준민영화 : 네덜란드 농촌지도사업은 정부 주도도 아닌 민간 주도도 아닌 중간 단계 성격
- ㉡ 네덜란드 농촌지도국은 완전히 민영화된 것은 아니기 때문에 농업보급위원회(농민조직대표와 정부대표로 구성)의 관리와 감독을 받음
- ㉢ 정부 재정 지원을 받기 때문에 일부 무료로 제공되는 지도사업도 진행됨
- ㉣ 농촌지도의 준민영화에서 가장 큰 특징 : 농촌지도사들의 농촌지도 동기 결여, 지도조직의 불안정성 등으로 유능한 직원의 손실과 전문성 약화. 특히 복잡한 기술보급에 있어 전문가 부족은 지도조직 전체 위상을 저하시킴

③ 민영화의 문제점
- ㉠ 네덜란드에서 지도기관-연구기관 간 협력관계 약화
- ㉡ 정부 지원금 감소로 연구, 교육, 농민기관, 상담원과 공급·판매 대표자 간 지식체계에 경쟁을 야기하게 되어 상호 유기적 협조가 어려움
- ㉢ 조직간, 직원간 지나친 경쟁구도가 형성되어 인력의 이직을 야기함

④ 민영화 긍정적 영향
지도영역과 고객범위의 확대, 지도시장 확대와 상업화에 따른 수요자 중심의 지도강화로 농민을 포함한 모든 고객에 대한 서비스 질 제고

2 농촌지도체계

- 1990년 이전 : (네) 지도사업은 재정·운영의 모든 측면에서 정부가 주도
- 1990년 이후
  - ㉠ 농업정보지식센터(IKC)를 창설 : 정부조직으로 시험연구기관과 공·사적 농촌지도사업을 연결하는 기능
  - ㉡ 공적지도사업(DLV) : 농민에 대한 기술·경제적 서비스를 담당. DLV 역할은 '변화하는 환경, 시장조건에 대한 대응'으로 농민 지원과 동시에 생산물 품질, 안전성, 경쟁력을 확보하는 것. 1993년 민간화하여 농업인단체 주도형의 농촌지도사업 수행. 농촌지도사업은 국내외의 DLV 지역사무소를 통해 실시함
  - ㉢ 농업연구(WUR) : 와게닝겐 유알(Wageningen UR)을 설립하여 전담함

(1) 농업정보지식센터(IKC)

① 네덜란드 정부는 농업인 교육사업의 민간화를 위해 IKC 활동을 지원
② 네덜란드는 시험연구-지도의 연계를 위해 지도원 대부분 시험장에 상주시키고, 연구자와 커뮤니케이션 긴밀화를 도모함
③ IKC 관리기능은 중앙에 있고, 주체는 농업시험장이며, 지방 IKC팀은 보급과학, 정보기술, 경제 분야를 중앙에서 지원받음
④ 네덜란드에는 경종·원예 IKC와 축산 IKC로 구분

(2) DLV(전신 농촌지도국)

① 구성
  ㉠ 전체 직원 수는 총 680명(2003년 기준 450명)
  ㉡ 25개 지역사무소에 분야별 특화된 41개 팀 운영(1996년 기준)
  ㉢ 팀당 15~20명으로 구성되어 있으며, 팀 리더(team leader), 선임전문가(senior experts), 전문지도원(specialists), 작물전문지도원(crop specialists), 전 분야 전문가(all-round experts), 사무원(secretariat) 등으로 구분

② 민영화 : 농촌지도소 → DLV로 개명(1993년)
  ㉠ 민간 컨설팅 회사로서 농업컨설팅을 전문적으로 수행
  ㉡ 민영화 이후 정부 재정지원을 받고, 농업정책 대행 업무를 수행함(완전한 민간기관이라 보기 어려움)
  ㉢ DLV 모든 사무소는 독립채산제*를 원칙으로 지방 분권화됨
  ㉣ 컨설팅 결과도 해당 사무소에서 전적으로 책임짐

> **참고   독립채산제(self financing)***
> ① 도입 : 소련의 국영기업체에서는 기업의 자율성을 확립하고 그 능률을 발휘하기 위해 기업장 단독책임제와 기업장 기금제의 형태로 독립채산제를 채택했지만 자본주의 사회에서는 주로 공기업의 능률성을 높이기 위해 사용되고 있다.
> ② 필요성 : 자본주의 사회의 공기업과 사회주의에서 국유화된 기업은 국가나 공공단체에 의해 관리되기 때문에 관료주의적인 운영으로 인한 비효율성을 지니고 있다. 독립채산제의 도입은 개별기업이 자기이윤의 증대를 위해 전체적인 경영과 관리를 효율적으로 운영하고자 하는 물질적 생산동기를 제공해 줄 수 있기 때문에 사회주의 국가에서도 중요한 기업관리방식으로 인정되고 있다

③ 운영
  ㉠ DLV의 농촌지도사업은 전적으로 농민 요구에 기초하여 이루어짐. 팀 구성과 운영, 지역사무소의 위치 선정, 조직의 의사전달체계는 농민 요구에 맞춰 결정됨

ⓛ 농업부문별 컨설팅 팀의 마케팅 전략과 기획은 중앙단위 본부와 상관없이 독립적으로 이루어지며, 중앙본부는 단지 후방에서 지원함
④ 조직체계
　㉠ DLV의 각급 단위에는 위원회*가 구성
　　ⓐ **중앙농촌지도위원회(Board)** : 9명(회장 1, 농업위원회 대표 4, 농업자연관리수산부 4)으로 구성, DLV 방침을 결정하고 활동을 지시함
　　ⓑ **부문별 평의회(Sector Councils)** : 8명으로 구성, 부문별 지도과제를 검토하고 적절한 지도활동에 대하여 조언함
　　ⓒ **지도협의회(Guidance Committee)** : 지역단위 농민조직 대표와 일반농민으로 구성, 팀 사업에 대한 평가 및 피드백, 응용연구 및 교육과 관련된 조직과의 협력 등 팀의 활동에 관하여 조언함

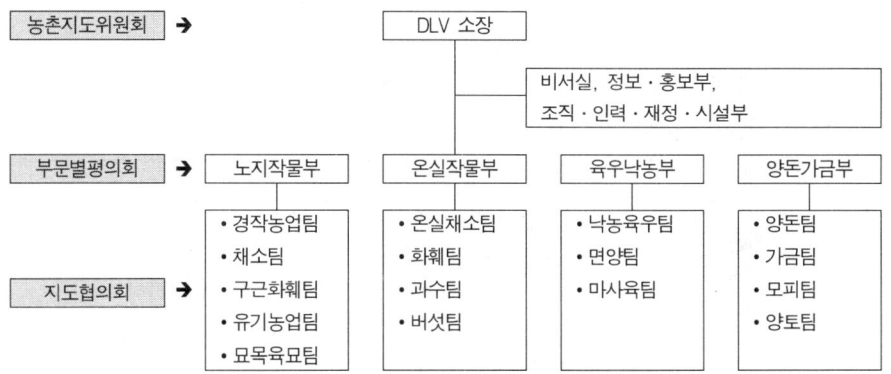

　㉡ DLV는 농업교육기관·연구기관·대학 등과 밀접한 연관을 맺고, 농업 최신 연구정보를 획득, 유기적으로 농민에게 전달(연계)함

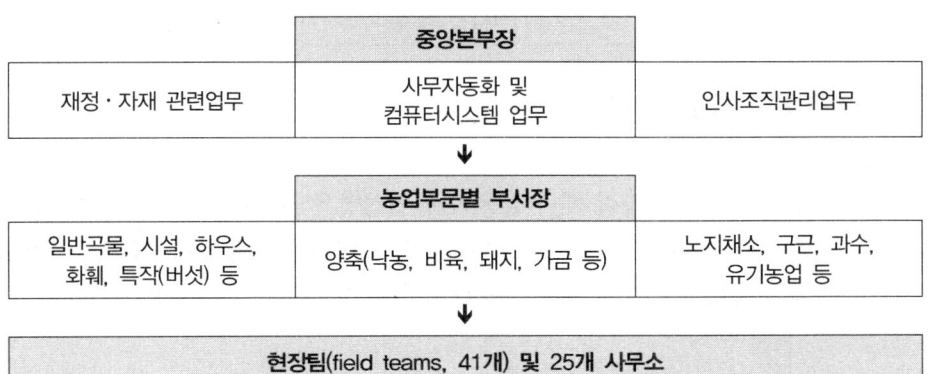

▪ (네) DLV(공적지도조직) 체계

> **참고 위원회***
> ① 의미 : 단독제·독임형 조직에 대응하는 조직으로서 민주적 결정과 조정을 촉진시키기 위해 복수의 구성원으로 구성되는 합의제 행정기관
> ② 특징
>   ㉠ 계층제 조직에 비해 수평화된 유기적·탈관료제적 조직의 일종
>   ㉡ 다수에 의한 결정이라는 점에서 조직의 민주성과 조정력 제고
>   ㉢ 전문가의 참여로 행정의 효율성 및 전문성을 제고할 수 있는 분권적·참여적 조직
>   ㉣ 행정국가의 출현으로 행정권의 비대화를 방지하기 위하여 행정부 외부에 설치한 독립적 조직

⑤ DLV의 후원조직 : 모든 DLV는 후원조직을 가짐
  ㉠ 본부단위 : 농민조직연합회 대표, 농민노조 대표, 농림부 대표 3자로 구성된 농업위원회의 후원을 받음
  ㉡ 농업부문별 부서 : 부문별 농민대표와 농림부 대표에 의한 자문위원단의 후원을 받음
  ㉢ 각 팀 : 지역농업 지도위원회(Guidance Committee)의 후원을 받음

⑥ 네덜란드 공적 지도사업(DLV)의 업무 내용

구분	내용
활동 영역	• 농장경제, 작물생산, 병해충방제, 토양비료, 농장건축, 농업기계화, 영양 등 다양한 영역에 활동영역에 걸쳐 활동하고 있음 • 장기적 농업 상담과 단기적 문제해결을 동시에 실시하고 있음
지도 수단	• 개별상담, 농가 방문, 전화상담 등을 통한 컨설팅 관리와 그 외 그룹 상담, 강의 및 단기 연수코스 등도 실시 • 컨설팅 　- 지도원 활동시간의 60%는 개별상담, 20%는 집단상담, 10%는 지도준비, 10%는 지도원 자신의 시간 　- 지도원 1인당 보통 100개 농장 담당 • 정기적으로 잡지에 기사를 게재하기도 하며, 팸플릿을 발행하기도 함

(3) 사회경제지도사업(SEV)

① 목적 및 구성

영농을 새롭게 시작할 때나 효율적 농업경영을 제고하기 위하여 5개 농민 조직(가톨릭농민연합, 프로테스탄트농민연합, 왕립 네덜란드 농업위원회 등)이 216명의 지도원을 고용하고, 25개 사무소를 배치하여 지도서비스를 수행함

② SEV의 농업인 지도서비스

특징	• 다른 지도사업과의 제휴를 중시하며 필요하면 다른 분야의 전문가의 도움을 받기도 하며, 지역 및 지방은행, 농업관계 학교와의 밀접한 협력관계 유지
지도원의 역할	• 회계, 재무, 보험, 토지의 차입, 경영계획, 법률, 규칙, 농업경제, 부기, 세법, 사회보장, 가족문제, 지도방법, 컴퓨터 등 채용 후에 상당히 광범위한 분야의 연수 담당
활동방식	• 일반적으로 농민 쪽에서 지도원에게 접촉을 요구해오는 방식 • 문제에 따라 전화 및 편지를 이용하기도 하며, 특수하고 개별적인 문제에 대해서는 지도원이 농가를 방문함 • 일반적인 문제를 취급할 때는 그룹을 대상으로 지도활동 수행
서비스 영역	농장의 후계	• 농장을 인수받을 때 가장 효과적인 방법에 대한 컨설팅 제공
	농업경영관리	• 농업경영을 어떠한 형태(사회, 공동경영 등)로 하는 것이 효과적인가에 대한 지도 • 판매, 구매의 가장 현명한 계약방법과 재무 문제의 대응방법 등에 대한 조언
	농업경영의 적응	• 농지의 매매, 경작의 수·위탁, 제3자와의 공동경영 등
	농업의 폐업	• 농업을 그만 둘 때 법률·규칙문제, 전직문제, 경제적인 전망 등의 문제 취급
	가족문제	• 농업소득과 가족의 수입, 결혼, 상속과의 관계 등의 문제

③ SEV 이외의 농촌지도사업 주체

구분	내용
원예농업재단	• 지역농민조직 안에 있는 원예농업재단을 통해 원예 분야의 지도사업을 실시하고 있음 • 농가는 경영규모에 따라 결정된 일정액의 부담금을 지불하고 있음. 필요한 경우 외부전문가를 고용하고 있지만, 그러한 경우는 유료로 실시되고 있는 경우가 많음
자재판매회사, 농산물집하업자, 저장회사	• 일반적으로 독자적인 지도원을 고용하고 있음 • 자재의 제조·판매회사는 농약, 농업기계, 컴퓨터 판매와 병행해서 지도사업을 실시하고 있음 • 지도원은 판매활동을 벗어나 독자적인 지도활동을 하기도 함
민간컨설턴트	• 기술혁신 및 자동화의 급속한 진전에 따라 농업지도 수요가 급속히 높아지면서, 특히 원예 분야에서 민간 컨설턴트회사가 기존의 지도사업을 대신하고 있음

(4) Wageningen UR(WUR)

(네) 농업연구는 Wageningen UR(와게닝겐 유알)에서 전담

① 설립 배경

농산업의 중요성이 감소하고 우수인력 영입이 불가능하게 되었고, 고객을 고려하지 않은 연구를 위한 연구로 연구의 질이 저하됨에 따라 정부 연구조직(DLO) 및 소속기관을 통폐합하면서 규모를 확대하여 Wageningen UR을 설립

② 조직구조

㉠ Wageningen UR은 영역과 역할에 따른 복합적 매트릭스 조직구조를 갖추고 있어서, 현안에 대하여 조직의 중요도와 우선순위에 따라 유연한 대처가 가능

> ✪ 매트릭스구조 : 기능구조와 사업구조를 화학적(이중적)으로 결합한 이중적 권한구조를 가지는 조직구조로서 기능부서의 전문성과 사업부서의 신속한 대응성을 결합한 조직

㉡ 각기 서로 다른 예산구조에도 불구하고 관련 분야의 통합을 통해 기초연구부터 응용연구까지 동일한 관리 하에 효율적으로 업무를 추진함

③ Wageningen UR의 농업연구 특징

㉠ 시장과 고객에 대한 철저한 분석을 바탕으로 연구 활동을 실천한다.

ⓐ 조직능력을 극대화하여 국가·사회가 대가를 지불할 만한 가치가 있는 부분에 연구를 확대·집중함

ⓑ 사회과학 전문가 그룹(농경제 연구소)을 설치하여 시장과 고객 분석

ⓒ WUR의 연구결과에 대하여 대가(자원, 정책적 지원 등)를 지불할 의사가 있는 주체(정부, 농민조직, 산업체, 소비자, 외국 등)가 고객이 됨

ⓓ 국내외 시장환경의 변화에 따른 현재·잠재고객 분석, 고객의 대가지불능력에 따른 중요성과 우선순위 선정, 우선순위에 따른 연구분야의 규모 조정, 선택과 집중을 추진함

㉡ WUR 연구는 지적재산권이나 연구결과물을 산업화로 연결한다.

직접 벤처 형태의 회사를 설립·운영(4~5개/년)하고 있으며, 지속적으로 연구와 연결하거나 성공한 형태의 농산업 관련 기업을 양성하여 외부에서 인수토록 하는 데 목적을 둠

㉢ WUR은 합리적·효율적·일관성 있는 경영 관리를 위해서 노력한다.

ⓐ top-down : 철저한 중장기계획(4~5년)에 따른 경영을 위해 최고관리자는 구성원 모두가 공감할 수 있는 미래지향적 미션과 임무를 제공하고, 중간관리자는 그에 맞는 연구가 세부조직에서 수행되는지 점검하고 문제점을 수정함

ⓑ bottom-up : 연구자 수준에서의 연구비 수주 현황과 중요성에 대한 분석을 통하여 시장과 고객의 요구 방향을 이해하고 다음 중장기 계획에 적용함

ⓒ 모든 성과(연구비 수주, 논문, 산업화 지원 등)는 수입/지출의 논리에 의해 조직별, 개인별로 분석되어 지원과 감축 기준으로 활용함
ⓓ 모든 경영 원칙과 세부사항은 충분히 조직원에 전달되고, 문제점은 항상 검토하여 원활한 의사소통이 이루어지도록 함

(5) (네) 농촌지도체계의 변화
네덜란드 정부는 국내시장 보호와 농가소득지원 정책 대신 연구·교육·지도 등 농업지식정보체계를 구축하여 농업 경쟁력을 높였으며, 이는 네덜란드 농업의 성공에 기여를 하였음

① (네) 농촌지도조직의 2차 조직개편(2005년 이후)
  ㉠ 정부 소유 주식을 직원에게 양도하여 완전한 민간회사로 전환
  ㉡ DLV를 DLV Aniaml, DLV Plant, DLV Belgium로 분리·재편
  ㉢ 공급자 중심에서 시장·고객중심으로 조직문화를 변화시킴
  ㉣ 자문비용 지불의 정당성에 대해 농업인의 설득과 이해를 도출하였으며, 철저한 자원 분석을 실행함
  ㉤ 인력의 전문성 강화 : 민영화에 따른 훈련을 강화하고 신규인력 채용 시 커뮤니케이션 능력, 가치창조, 창의성, 주도 능력에 대한 평가를 강화함

> **보충** DLV Plant 운영 사례
> - 매출액 연간 1,700만 유로 이상인 농업부문 세계 최대 자문회사
> - 네덜란드 내 11개 사무소와 벨기에, 러시아 등 해외 사무소를 운영
> - 자문 서비스의 경우 전문자문인력이 160명 이상이며, 12개 품목별 전문가 집단을 구성하여 품목별 생산기술을 제공, 연 10~25회의 정기적 농가 방문을 통한 자문을 수행
> - 연구 인력은 10명으로 새로운 재배기술의 개발 및 Wageningen UR 연구기능과 연계를 담당함
> - 프로젝트는 정부의 정책집행을 지원하기 위하여 실행하며, 정부과제의 설계 및 평가를 대행하며, 패키지화된 자문 서비스를 프로젝트화하여 제공함

② 지도사업 평가
  ㉠ 평가기준 : 팀(team)·관리자(adviser)당 총수익액, 생산물당·시장분할당 총수익액, 혁신적 생산물의 총수익액, 새로운 방문농가수, 상담보고서의 질, 고객 만족도, 고객감소율 등
  ㉡ 지도방법 : 개인접촉, 연시, 연찬회, 회의, 집단활동 등. 일반적으로 개별지도 75%, 집단지도 10~20%, 대중매스컴 활용 5%를 할애함
  ㉢ 현재 농가 컨설팅 수수료는 시간당 80유로가 기준

③ Agriconsult BV
　㉠ DLV의 자회사로서 국제적 지도사업 자문 역할
　㉡ **주요사업** : 시장지향적 농업지식체계(AKS) 내에서 지도사업 수행에 관한 전략 및 정책 조언, 농업지식체계의 커뮤니케이션 촉진, 정부 지도사업의 민간화, 시장 및 고객지향의 전략개발, 농업 및 농촌개발 과제 모니터링 및 평가, 농장 구조 및 운영 설계, 온실 설계, 건설, 공학 등
④ **다양한 주체에 의한 농촌지도사업 전개**
　DLV와 함께 전국농민연합회인 LTO, 농업자재공급사, 민간컨설턴트, 협동조합 등에서도 자체적인 지도서비스를 전개 → 자문서비스의 질적 경쟁을 추구·발전
⑤ PTC(Practical Training Centre) : **전문교육훈련 프로그램**
　㉠ 원예, 버섯, 축산, 식량작물, 농기계 등 5개 분야 실기 위주의 농업교육을 실시
　㉡ **역할** : 새로운 첨단기술 전문가 재교육, 농과계 학생들의 전문 현장실습 교육, 농가 및 전문회사의 요청에 의한 전문가 양성 교육, 신선농산물 친환경생산 기술 전파, 단위 면적당수량증대 및 품질 향상 기술교육 등

제4절 한국 지도조직의 시사점

최근 우리나라 시군농업기술센터에 약 140명의 농업연구사가 활동하는 상황을 보더라도 농업연구와 농촌지도의 유기적 연계가 농촌지도사업의 수행에 중요한 의미를 갖는다고 볼 수 있음

(1) 농업연구 – 농촌지도 연계를 위한 제도
① (미)국은 USDA 산하에 REE를 설립하여 ARS와 CSREES(현재 NIFA) 등을 통합·관리함
② (일)본은 지도기관의 요청에 의해 농업연구기관의 연구개발 및 지원 기능을 수행함
③ (네)덜란드는 DLV의 연구 인력(예 DLV Plant의 경우 10명)이 신기술 개발 및 WUR 연구기능과의 연계를 담당함

(2) 외국 사례가 우리나라에 제공하는 시사점
① 농업연구-농촌지도-농업인교육을 체계적으로 연계할 수 있는 메커니즘이 필요하다.
　㉠ (미) 농업연구와 농촌지도의 중복을 해결하기 위하여 ARS와 CSREES(현 NIFA)을 통합관리할 수 있는 상급부서(REE)를 설치
　㉡ (일) 농업종합기술센터를 설치하여 지도와 연구의 기능을 효율적으로 통합함
　㉢ (네) 지도사업을 수행하는 DLV에 농업 연구와의 연계를 전담하는 연구인력을 배치
　㉣ 우리나라도 농업연구-농촌지도-농업인교육을 동시에 수행할 수 있는 원스톱서비스(One-Stop Service)를 제공하고 있으나, 관련기관 간 유기적 연계는 물론, 지도사업의 국가차원의 여러 제도적 지원이 필요함
② 농업연구의 실효성을 증대할 수 있는 방안이 필요하다.
　㉠ (미) 연구과제 평가에서 기술이전을 매우 중요한 요소로 반영함
　㉡ (네) 직접 벤처기업을 설립 운영. 기초·응용 연구로 구분하고 전략적 관점에서 단일 연구를 배제하고 통합적 복합 연구를 확대함
　㉢ 우리나라도 농업연구의 실효성을 증대하기 위해 '농업기술실용화재단'을 설립하였음
③ 농업행정조직과 전략적 연계를 강화할 필요가 있다.
　㉠ (미) USDA, ARS, CSREES의 전략목표가 동일하며, 각 조직의 성격에 따라 사업과제를 도출하여 실행함
　㉡ (일) 국가와 도도부현이 5년 주기의 농촌지도사업 계획을 공동으로 수립하여 추진함

ⓒ 우리나라도 농업행정기관과 통합된 농업기술센터가 있는데 농촌지도기관의 기능을 명확히 하기 위해 농업행정기구와 분리하여 지도사업의 특수성을 보장해야 함 (교육적·민주적 전문성)

④ 지도사업 유관기간 간 유기적 네트워크를 구축할 필요가 있다.
  ㉠ (미) 지역별 농촌지도프로그램 위원회를 구성하여 지역 내 수평적 네트워크를 강화하고, 국가전략 프로그램을 통하여 수직적 네트워크를 강화하고 있음
  ㉡ (일) 보급사업의 효율적 운영을 위하여 공익법인체 전국농업개량보급협회 등의 11개 조직을 설립함
  ㉢ (네) DLV와 함께 LTO(전국농민연합회), 농업자재공급사, 민간컨설턴트, 협동조합 등도 자체 지도서비스를 전개함으로써 자문 서비스의 질적 경쟁을 추구함
  ㉣ 우리나라는 중앙-도-시군의 수직적 네트워크와, 농촌지도조직-농업인-농협 등 수평적 네트워크 간 유기적 연계 및 협력으로 사업의 효율화를 도모해야 함

⑤ 프로그램 중심의 유연한 조직구조와 시스템을 갖추어야 한다.
  ㉠ (네) 농업연구 또는 지도사업에서 사업단위별로 프로젝트 기반 조직으로 구성되어 있음
  ㉡ 우리나라도 농업기술센터에서 모든 지도사업을 담당하는 획일적 조직체계를 구성할 것이 아니라 전략적 선택과 집중에 의한 프로젝트 기반 조직을 시범적으로 도입·현장 여건에 맞게 확대할 필요가 있음

⑥ 농촌지도사업의 영역 및 내용에 대한 통·폐합과 확대가 필요하다.
  ㉠ 지도사업의 효율성·효과성을 제고하기 위해 지도사업의 고유 기능(기술개발 및 보급)을 강화해야 함
  ㉡ 농촌지도기관의 존립을 위해서라도 고객의 다양한 요구를 반영할 수 있는 조직체계 및 인력정비가 요구됨

⑦ 농촌지도사업의 통합 성과관리시스템이 구축되어야 한다.
  ㉠ 농촌진흥청에서 2007년 이후 성과관리시스템을 도입하였지만, 지방 지도기관까지 확대되지 못하고 있음. 사업성과가 개인성과에 연결되고, 적극적인 평가와 피드백이 가능한 성과관리시스템을 운영할 필요가 있음
  ㉡ 성과평가의 핵심은 어떤 영역이든 시장·고객에 대한 영향력 평가이어야 함

⑧ 농촌지도기관의 확고한 비전체계와 전략경영이 필요하다.
  ㉠ 선진국 : 구성원과 고객이 공감할 수 있는 비전을 설정하고 중장기 계획에 반영하였으며, 고객의 요구 변화에 계획도 수정될 수 있는 유연한 체계를 가짐
  ㉡ 우리나라 : 지도기관별 자율적·경쟁적으로 사업을 수행하는 과정에서 지역기관 간 연계가 이루어지지 않고, 경쟁 심화, 소요 인력의 부족 등이 문제가 됨

⑨ 고객 중심의 농촌지도시스템을 구축할 필요가 있다.
  ㉠ (미) 고객이 직접 참여하여 사업과제를 발굴하는 시스템을 갖춤
  ㉡ 우리나라도 지도인력의 기술전문성 강화도 필요하지만 사회과학 같은 비농업분야 출신의 인력을 적극 영입하여 대 고객서비스를 제고할 필요가 있음
  ㉢ 최근 지도사업 대상 고객(target group)이 도시민·소비자까지 확대되고 있음을 인지하고, 고객의 니즈에 따라 서비스 분석이 이루어져야 하며, 농업연구 또한 학문적 연구보다 시장·고객에 영향력을 행사할 수 있는 과제를 선정해야 함

■ (미), (일), (네) 농업연구-지도시스템 비교

구분		미국	일본	네덜란드
농업연구	조직	• 농업연구청(ARS)	• 국립시험연구기관 및 농업시험연구 독립법인(NARO) • 도도부현립 시험연구기관	• 와게닝겐 대학 내 매트릭스 조직
	내용	• 23개 국가전략프로그램	• 중앙기관은 기초연구 중심 • 지방기관은 지역실정에 맞는 연구주제 선정	• 기초기술 및 식품연구 • 동물, 식물, 환경, 사회과학 연구 • 독립전문교육대학 운영
	특징	• 국가적 우선순위가 높은 공통 목표 추구 • 안정적인 연구재원 확보 • 하향식 연구사업 선정 • 농무부의 정책집행 지원	• 도도부현 지도사업의 요구에 의한 연구개발	• 철저한 시장 및 고객 분석을 바탕으로 한 연구활동 • 연구결과의 산업화 추구 • 합리적·효율적이고 일관성 있는 경영관리
농촌지도	조직	• 식량농업청(NIFA)-주립대학-지도센터	• 도도부현의 농업종합기술센터 및 시정촌의 보급지도기술센터	• 25개 국내외 DLV
	내용	• 농업인에서 지역사회에 거주하는 주민으로 확대 • 기존 사업영역 외 다양한 프로그램 수행	• 농업인의 의향을 전제한 보급 활동 • 신규 취농 촉진활동	• 12개 사업부별 전문가 집단을 구성하여 품목별 생산기술 제공
	요원	• 관리자 및 행정가 • 전문지도사 • 시군단위 일반지도사	• 보급지도원(2004년까지 도도부현에 전문기술원, 시정촌에 개량보급원)	• 팀리더, 선임전문가 • 전문지도기술원 • 작물전문지도기술원 • 만능전문가 • 사무원
	특징	• 국가, 주, 지방에 의한 재원 확보	• 국가와 도도부현에 의한 협동사업 • 도도부현 중심 광역적 보급사업 • 농업대학에서 농업후계 인력 육성 • 공익법인체 운영(농업개량보급협회)	• 민간화로 자문서비스의 질 향상 • 정부의 재정부담과 비용 효율성 제고 • 생산기술에서 유통, 경영, 가공까지 내용 확대 • 농가 간 불균형 심화
연구-지도 연계		USDA 산하에 REE를 설립하여 ARS와 NIFA 등을 통합 관리	지도기관의 요청에 의해 농업연구기관의 연구개발 및 지원 기능 수행	DLV의 연구인력이 신기술 개발 및 WUR 연구기능과 연계를 담당

Chapter 02 기출 및 예상 문제

01 미국 농촌지도의 발달에 대한 설명으로 옳지 않은 것은?

① 스미스-레버법이 제정되어 농촌지도사업의 법적 근거가 마련되었다.
② Benson에 의해 농사전시사업이 실시되었다.
③ 순회농업교사는 미국 농촌지도사업의 최초 형태이다.
④ 해치법이 제정되어 각 주립대학에 소속된 농업시험장이 설립되었다.

해설 미국 농촌지도의 발달
  ㉠ 모릴(Morrill) 법 제정 : 1862년에는 농업·공업 분야의 숙련기술자 육성을 목표로 하고, 농업과 공업을 가르치는 대학을 각 주에 하나 이상 설립하고 정부가 대학에 국유지를 제공함 → 미국 산업인력을 양성하는 주립대학이 설립됨
  ㉡ 농사전시사업 : Knapp에 의해 실시된 농사전시사업은 1886년 루이지애나(Louisiana)에 거주하는 원주민·이주민이 농사법에 관심이 없자 지도급 농부 몇 명을 선정하여 집중 지도하고, 그 결과를 이웃 주민에게 보여줌으로써 새 농사법을 보급시킴
  ㉢ 해치(Hatch) 법 제정 : 각 주 주립대학에 소속된 농업시험장(Agricultural experiment Station)이 설립되었고, 대학생 외에 농민학원의 농민에게도 보급됨
  ㉣ 청소년 지도사업 : 1900년대 공립학교에서 베일리(Baley), 그라함(Graham), 오트웰(Otwell), 냅(Knapp) 등에 의해 청소년에게 농업에 관한 지도사업이 시작. 벤슨(Benson)에 의해 4-H 명칭과 이념이 마련
  ㉤ 스미스-레버법 제정 : 현대적 미국 농촌지도사업의 가장 핵심적인 근거법

02 NIFA에 대한 설명으로 옳지 않은 것은?

① Farm Bill에 의거하여 2009년 농무부 내에 설립되었다.
② 주 단위 또는 소지역 단위로 REE를 자금 지원한다.
③ 농업기초 및 응용 연구를 직접 수행한다.
④ 기초·응용 연구, 식물과 동물, 식품과 영양, 자연자원 등에 관한 광범위한 농림수산식품의 현안을 다룬다.

해설 NIFA(국립식품농업연구원)
  ㉠ 미국 농업을 더 생산적이고, 환경적으로 지속가능한 연구·기술혁신에 자금지원하고 촉진하기 위하여 Food, Conservation, and Energy Act(미 농업법, Farm Bill)에 의거하여 2009년 농무부 내에 NIFA 설립
  ㉡ NIFA는 실제로 REE를 수행하지 않으며, 주 단위 또는 소지역 단위로 REE를 자금 지원하며, 리더십 프로그램을 제공

정답 01 ② 02 ③

　　　ⓒ 기초·응용 연구, 식물과 동물, 식품과 영양, 자연자원 등에 관한 광범위한 농림수산식품의 현안을 다룸
　　　ⓔ 직접 연구수행보다 주 단위의 지역 농림수산식품연구원에 연구자금을 배분·관리
　　　ⓜ 공모과제를 모집하여 연구자금 지원

03 다음이 설명하고 있는 법은 무엇인가?

> • 미국 농과대학과 농촌지도위원회는 농업인을 위한 정보 제공과 교육에 대한 재정 지원과 기구의 설립을 위해 연방정부에 제도적 지원을 제안하여 1914년 제정되었다.
> • 각 주립 대학은 주요 기능의 하나로서 협동적 농촌지도사업을 전개하였으며, 연방정부와 주정부에서 재정적 보조를 받게 되었다.

① 모릴 법　　　　　　　　　　② 해치 법
③ 토지공여제도　　　　　　　　④ 스미스-레버법

04 미국의 농촌지도사업체계에 대한 설명이 옳지 않은 것은?

① 주립대학은 전문지도사, 시군 농촌지도센터는 일반농촌지도사가 각각 근무하고 있다.
② 시군 단위 지도사는 학사나 석사 출신자가 대부분이다.
③ 주립 농과대학 내에 농촌지도국을 설치하여 농촌지도를 전담하고 있다.
④ 주립대학 전문지도사는 대부분 박사급 교수들로 구성되어 있다.

해설　주립대학은 전문지도사, 시군 농촌지도센터는 일반농촌지도사가 주로 근무하지만, 시군농촌지도센터에 전문지도사도 근무하고 있다.

05 미국의 ARS에 대한 설명이 옳지 않은 것은?

① ARS는 개발기술의 산업화가 아니라 수익창출이 목적이다.
② 지적재산권(특허 등) 이전 시 중소기업에 우선권을 부여한다.
③ 기술이전은 모든 연구자의 의무사항이다.
④ 외부수주 연구비는 총 연구비의 약 20% 정도로 제한한다.

해설　미국 농업연구청(ARS)은 수익창출이 목적이 아니라 개발기술의 산업화가 목적이다.

정답　03 ④　04 ①　05 ①

06 일본의 협동농업보급사업에 관한 설명으로 옳지 않은 것은?

① 도도부현 주축으로 광역적 보급사업을 추진하고 있다.
② 보급인력의 전문성을 위해 개량보급원/전문기술원으로 구분하여 운영하였다.
③ 개량보급원은 현지기술지도와 행정업무를 병행한다.
④ 농정과 보급사업 간의 확고한 연계체계를 통해 농정을 뒷받침하고 있다.

해설 일본 협동농업보급사업의 특징
㉠ 도도부현 주축으로 광역적 보급사업을 추진하고 있다.
㉡ 농정과 보급사업 간 확고한 연계체계를 통해 농정을 뒷받침하고 있다.
㉢ 보급인력의 전문능력 향상을 적극 추진하고 있다.
㉣ 개량보급원은 현지기술지도 등 보급업무에만 전념하도록 하고 있다.
㉤ 효율적인 공익법인체 운영을 통한 지도사업을 추진하고 있다.
㉥ 협동농업보급사업에 대한 특징이 명확히 규정되어 있다.

07 네덜란드의 농촌지도에 관한 설명으로 옳지 않은 것은?

① IKC는 정부조직으로 시험연구 기관과 공·사적 농촌지도사업을 연결하는 기능을 한다.
② 네덜란드 정부는 국내시장 보호와 농가 소득지원 정책 대신 농업지식정보체계를 구축하는 데 적극적인 투자를 하였다.
③ 네덜란드의 농촌지도는 시장 및 고객중심에서 공급자 중심으로 조직문화를 변화시켰다.
④ 농업연구는 와게닝겐 유알, 농촌지도는 DLV에서 담당한다.

해설 네덜란드의 농촌지도는 공급자 중심에서 시장 및 고객 중심으로 조직문화를 변화시켰다.

정답 06 ③ 07 ③

08 미국, 일본, 네덜란드의 농업연구-지도 시스템의 비교로 옳지 않은 것은?

① 일본의 농업연구는 연구결과의 산업화를 추구한다.
② 네덜란드는 동물, 식물, 환경, 사회과학 연구를 강조한다.
③ 미국의 농촌지도는 기존 사업영역 외 다양한 프로그램을 수행한다.
④ 네덜란드의 농촌지도는 생산기술에서 유통, 경영, 가공까지 내용을 확대한다.

해설

구분		미국	일본	네덜란드
농업연구	조직	• 농업연구청(ARS)	• 국립시험연구기관 및 농업시험연구 독립법인 • 도도부현립 시험연구기관	• 와게닝겐 대학 내 매트릭스 조직
	내용	• 23개 국가전략프로그램	• 중앙기관은 기초연구 중심 • 지방기관은 지역실정에 맞는 연구주제 선정	• 기초기술 및 식품연구 • 동물, 식물, 환경, 사회과학 연구 • 독립전문교육대학 운영
	특징	• 국가적 우선순위가 높은 공통 목표 추구 • 안정적인 연구재원 확보 • 하향식 연구사업 선정 • 농무부의 정책집행 지원	• 도도부현 지도사업의 요구에 의한 연구개발	• 철저한 시장 및 고객 분석을 바탕으로 한 연구활동 • 연구결과의 산업화 추구 • 합리적·효율적이고 일관성 있는 경영관리

09 미국산업을 위한 인력공급의 터전인 주립대학의 설립 근거가 되는 법률은?

① Morrill 법　　　　② Hatch 법
③ 뱅크레드-존스법　　④ 스미스-헤버법

10 미국에서 1862년 만들어진 Morrill법은 무엇을 위한 법인가?

① 농촌지도사업　　　　② 농업연구기관 설치령
③ 지역사회개발사업　　④ 농과대학 설치령
⑤ 농촌행정조직의 개선

정답　08 ①　09 ①　10 ④

11 미국의 농촌지도 발달사와 관련이 없는 것은?

① 실질적인 농촌지도사업의 기원국이라 볼 수 있다.
② Morrill법에 의해 농과대학이 창설되었다.
③ 스미스-레버법에 의해 농과대학이 농촌지도기능을 수행하게 되었다.
④ Morrill법에 의해 농촌지도사업이 법률적으로 보장되었다.

해설 농촌지도사업이 법률적으로 보장은 스미스-레버법이다.

12 농학계열 대학을 중심으로 하여 농촌지도를 수행하는 나라는?

① 한국
② 대만
③ 일본
④ 미국

13 각국 농촌지도의 특색을 바르게 설명하지 못한 것은?

① 미국은 대학교에서 농촌지도를 전개한다.
② 대만은 4-H 클럽을 학교와 지역단위에 두고 있다.
③ 미국은 농촌지도 대상지역을 농촌지역으로 한정시키고 있다.
④ 일본은 영농후계자육성을 위해 중앙과 지방에 90여개의 농업자육성교육기관을 두고 있다.

해설 미국은 농촌지도 대상지역을 농촌지역으로 한정시키지 않고 도시지역의 성인과 청소년들도 포함시키고 있다.

14 미국의 농촌지도의 영역이 아닌 것은?

① 사회경제적 발전을 위한 지도
② 국제농촌지도
③ 생활의 질적 개선을 위한 지도
④ 농업 및 그 연관기업에 대한 지도
⑤ 농민의 정치의식

정답 11 ④ 12 ④ 13 ③ 14 ⑤

15 미국의 농촌지도사업 영역 가운데 인력투입률이 가장 큰 것은?

① 농업 및 그 연관기업에 대한 지도
② 농업인의 사회·경제적 발전을 위한 지도
③ 농촌주민생활의 질적 개선지도
④ 국제농촌지도

해설   미국의 농촌지도사업 영역 가운데 인력투입률은 농업 및 그 연관기업에 대한 지도(46%) > 농촌주민생활의 질적 개선지도(29%) > 농업인의 사회·경제적 발전을 위한 지도(24%) > 국제농촌지도(1%) 순이다.

16 미국의 농촌지도사업 중 농촌청소년지도사업은 어디에 속하는가?

① 생활의 질적 개선을 위한 지도
② 국제농촌지도
③ 사회경제적 발전을 위한 지도
④ 빈민구제지도
⑤ 농업 및 그 관련기업에 대한 지도

해설   미국의 농촌주민 생활의 질 개선지도는 가정생활 개선, 농촌 청소년 지도, 합리적 의사결정 지도, 인간관계 조성 지도, 지역사회 봉사의 활용과 참여지도, 사회경제적 지위 향상 지도 등으로 구분한다.

17 미국의 농업 및 그 연관기업에 대한 지도내용으로 옳지 않은 것은?

① 농업생산 지도
② 시장 지도
③ 지역사회자원개발 지도
④ 가공유통 지도
⑤ 토양보호와 농산물시장

해설   미국의 농업 및 연관기업에 대한 지도는 농업생산지도, 임업생산 및 시장지도, 토양 및 수자원의 보호와 농산물시장·가공·유통지도로 구분한다.

18 미국의 농촌지도사업에서 농업 및 그 관련기업에 대한 지도 중 최근 특히 강조되고 있는 지도내용은?

① 농업생산지도
② 임업생산지도
③ 농업경영시장 유통에 대한 지도
④ 토양 및 수자원 보호 지도

정답   15 ①   16 ①   17 ③   18 ③

19 미국의 농촌지도사업 내용에서 농업인의 사회경제적 발전을 위한 지도 중 1970년대 이후 강화되고 있는 것은?

① 자연자원개발 지도
② 공공사업교육
③ 지역사회자원개발 지도
④ 저소득농가 지도

20 4-H의 이념을 정리하고 4-H Club의 운영을 체계화하였고 농촌지도사는 농민들과 함께 생활하면서 지도하여야 한다는 생각에서 일선 농촌지도사 제도를 주장한 사람은 누구인가?

① Oska Benson(오스카 벤슨)
② Seaman Knεpp(시맨 냅)
③ Smith Lever(스미스 레버)
④ Morrill(모릴)

21 미국의 농촌지도에 관한 사항으로 잘못된 것은?

① 농촌지도사업을 제도적으로 가장 먼저 보장한 나라이다.
② 해방 이후 우리나라 농촌지도사업에 가장 큰 영향을 끼친 나라이다.
③ 냅프 박사는 농촌지도의 시조라고 할 수 있다.
④ 농촌지도에 필요한 예산의 약 1/2은 연방농무성에서 충당한다.

해설 농촌지도 예산은 연방정부(21.2%), 주 정부(48.4%), 군 단위(22.9%), 기타(7.5%)로 충당됨(2010년 기준)

22 미국의 농촌지도에 관한 설명이 옳지 않은 것은?

① 농촌지도사업의 제도적 기원국이라고 할 수 있다.
② 냅프 박사는 농촌지도의 시초라고 할 수 있다.
③ 미국 농촌지도사업의 특성은 계획수립에 민간이 참여하고 있다는 것이다.
④ 미국의 농촌지도사업은 민간단체에서 주도하고 있다.

해설 미국의 농촌지도사업의 특색은 주립대학에서 농촌지도를 전개하고 있다는 것이다.

정답 19 ④ 20 ① 21 ④ 22 ④

23 다음 중 미국 농촌지도사업의 특색은?
① 대학교에서 농촌지도를 전개하고 있다.
② 농민단체가 독자적으로 전개한다.
③ 관계기관간의 원활한 횡적 협동이 이루어진다.
④ 농촌지도의 교육적 특성을 살리고 있다.

24 미국 농촌지도예산의 충당비율이 옳은 것은?

	연방정부	주정부	군청	민간보조
①	21%	48%	23%	7%
②	43%	35%	3%	19%
③	19%	43%	43%	3%
④	35%	3%	19%	43%

25 미국에서 20년 정도의 정규교육을 받은 사람으로 박사학위를 갖고 있는 지도사를 무엇이라 하는가?
① 행정 및 장학지도사　② 전문지도사
③ 농촌지도사　　　　　④ 보조지도사

해설
• **행정 및 장학지도사** : 20년 정도의 정규교육을 받은 사람으로 박사학위 소지자
• **전문지도사** : 17~20년의 정규교육과 석사 및 박사학위 소지자
• **농촌지도사** : 16~18년의 정규교육과 학사 및 석사학위 소지자

26 다음 중 농촌지도의 특색이 제대로 연결된 것은?
① 우리나라 - 농민단체 주관　② 대만 - 중앙정부 주관
③ 일본 - 기초자치단체 주관　④ 미국 - 농학계대학 주관

해설
① 우리나라 - 농업행정기구 주관
② 대만 - 농민조합 주관
③ 일본 - 광역자치단체 주관

정답　23 ①　24 ①　25 ①　26 ④

27 일본의 농사기술지도기관(농회)이 최초의 농촌지도사업을 시작한 때는?

① 1894년   ② 1906년
③ 1915년   ④ 1939년

> 해설 1915년은 농민단체인 농회에서 기술지도요원을 두어 각 부락을 순회하면서 농사시험장에서 개발한 품종과 농사법을 농민에게 보급하기 시작하였으며, 최초의 농촌지도사업으로 볼 수 있다.

28 1948~1955년 사이에 주력했던 일본의 농촌지도사업은?

① 경제작목의 발전   ② 주요농산물의 증산
③ 농업구조개선   ④ 생산조정, 경지이용률 증대

> 해설
> • 1948년~1955년 : 주요 농산물의 증산에 주력
> • 1959년~1961년 : 채소, 과수, 축산 등 경제작목의 발전에 기여
> • 1962년~1970년 : 농업구조 개선에 주력
> • 1971년~1990년 : 시장유통, 가공 등의 지도를 통하여 생산조정과 농지이용률 증대

29 1960~1970년에 주력한 일본의 농촌지도는?

① 주요농산물 증산   ② 경제작목 발전
③ 농업구조개선   ④ 생산조정, 경지이용률 증대

30 1971년 이후 일본의 농촌지도사업의 중심적 사항이 아닌 것은?

① 시장유통   ② 농산물가공법
③ 생산의 조정   ④ 경지이용률 증대
⑤ 경제작목의 발전 강조

31 일본의 농촌지도사업목표에서 1971~1990년까지의 중점 목표는?

① 주요 농산물의 증산   ② 경제작물의 발전
③ 농업구조의 개선   ④ 청소년 지도
⑤ 생산과정과 경지이용률의 증대

정답 27 ③ 28 ② 29 ③ 30 ⑤ 31 ⑤

32 일본에서 농촌지도사업의 명칭은?
① 확장사업
② 농민교육사업
③ 추광사업
④ 협동농업보급사업

33 일본에서 중앙단위의 지도사업을 관장하는 기관은?
① 농림수산성
② 농업개량과
③ 농업시험장
④ 농업개량보급소
⑤ 농촌지도소

34 일본의 농촌지도기구의 특징으로 옳지 않은 것은?
① 일본의 농촌지도는 농림수산성에서 전담한다.
② 중앙정부와 지방정부가 협동하여 농촌지도를 전개하고 있다.
③ 농림수산성에 농업대학교가 있어 영농후계자 교육을 실시한다.
④ 생활개선연수관은 생활지도사의 연수를 담당한다.
⑤ 일본의 농촌지도원은 전문기술원과 개량보급원으로 구성되어 있다.

해설 일본의 보급사업은 정부 차원에서는 식량의 안정공급, 지방자치단체에서는 지역의 특성을 살린 농업·농촌 진흥에 초점을 두고 상호 협력하여 지도사업을 추진하면서, 도도부현 주축으로 광역적 보급사업을 추진하고 있다.

35 일본의 전문기술원에 대한 설명으로 옳지 않은 것은?
① 지방(도도부현)이나 농업시험장에 근무한다.
② 농업, 청소년지도, 생활개선 등의 기술을 개량보급원에게 지도한다.
③ 지도사업을 계획, 평가하고 관계기관과 횡적으로 협동조정한다.
④ 농민과 직접 상면하여 농업기술 지도를 실시한다.
⑤ 일정기간의 경험이 있는 지도원만이 될 수 있다.

해설 농민과 직접 상면하여 농업기술 지도를 실시하는 것은 개량보급원의 역할이다.
• 전문기술원의 역할 : 개량보급원에 대한 지도, 전문분야와 관련한 조사 연구, 시험연구기관 등 관계기관과의 제휴, 필요에 따라 프로젝트 팀을 구성하여 과제해결

정답 32 ④ 33 ① 34 ① 35 ④

36 일본의 농촌지도요원에 관한 설명으로 옳지 않은 것은?

① 일본의 농촌지도요원은 전문기술원과 개량보급원으로 나누어진다.
② 전문기술원은 농업이나 청소년지도·생활개선 등에 대한 전문기술을 개량보급원에게 지도한다.
③ 개량보급원은 대학 또는 초급대학 졸업자나 경력 10년 이상인 자에 한한다.
④ 개량보급원은 개량보급소에 근무하면서 농민들과 직접 만나 농업, 생활개선, 청소년지도를 담당한다.

해설 개량보급원은 지방정부(도도부현)가 대학졸업자 대상 개량보급원 자격시험 합격자 중에서 임용한다.

37 일본의 농촌지도 특색으로 옳지 않은 것은?

① 국가적 발전보다 농가나 농촌지역사회의 발전을 위해 많은 활동을 전개한다.
② 2차대전 이후에 미국의 농촌지도를 도입하여 토착화하였다.
③ 행정과의 독립성이 제도적으로 이루어져 있지 않다.
④ 농업기술 지도 활동이 교육적인 단계를 밟아서 농민의 행동적 변화를 유발한다.

해설 농촌지도조직은 농업행정기구 내에 설치되어 있지만 독립성을 유지하며 교육적 농촌지도사업으로 발전하였다.

38 다음 중 일본의 농촌지도의 특징을 설명한 것은?

① 일본 농회는 농민을 상대로 직접 농촌지도를 수행하고 있다.
② 대학교에서 농촌지도의 기능을 수행한다.
③ 국가기관에서 농촌지도사업을 시행한다.
④ 순수한 농민단체에서 농촌지도를 수행한다.

해설 일본의 농촌지도는 최초로 농민단체인 농회가 실시하였으나, 현재는 정부가 주도하고 있다.

정답 36 ③ 37 ③ 38 ③

컨셉
농촌지도론

PART

04

인적자원론

Chapter 1 농촌지도요원 전문성
Chapter 2 농촌 리더십
Chapter 3 농촌 인적자원개발(HRD)
Chapter 4 농촌지도사업 성과·과제

컨셉 농촌지도론

Chapter 01 농촌지도요원 전문성

> **단원 키워드**
> 1. 농촌지도요원의 역할과 전문성
> 2. 지도공무원의 전문성 개발을 위한 다양한 방안
> 3. 농업선진국의 농촌지도사 육성지원 방안

급격한 농촌사회 변동과 농민의 지도수요 및 욕구 변화에 대응하기 위하여 지도요원의 계속적인 전문성 개발이 요구되고 있다.

우리나라 농촌지도직공무원의 육성은 교육프로그램과 육성제도 등을 통한 공식적(formal) 육성방안과, 직무순환이나 직무이동 등의 직무경험을 통한 비공식적(informal) 방안으로 이루어지고 있다.

농촌지도요원의 역할이 전통적 역할에서 벗어나 농업기술컨설턴트나 인적자원개발자로서의 역할로 변화하고 그 폭이 커지고 있다. 이러한 역할 수행을 위한 역량에는 기초역량군과 직무역량군이 있다.

필요역량들을 개발하기 위해 교육대상을 구분하고 교육내용, 교육방법, 교육평가방법 등을 제시하여 농촌지도요원을 위한 교육체계를 설정해야 한다.

우리나라 농촌지도직공무원을 위한 채용 전 교육(직전교육)부터 신규채용자 교육, 재직자 직무교육 등이 필요하다.

농촌지도요원의 경력단계 설정 및 육성지원 방안에 관해 설명하고, 미국과 일본의 농촌지도요원 육성에 관해 알아보자.

제1절 지도공무원 선발·교육

1 지도직공무원

(1) 공무원의 분류

① 공직분류의 의의
  ㉠ 공직분류(classification) : 인사행정의 편의와 능률성·공평성을 기하기 위해 공직을 일정한 기준에 따라 분류하는 것
  ㉡ 공직분류 기준은 경력직과 특수경력직, 국가직과 지방직, 개방형과 폐쇄형, 일반행정가와 전문행정가 등 다양한 분류기준이 있으나, 직위분류제와 계급제가 대표적 기준임
  ㉢ 실정법상 국가공무원법에 따라 경력직과 특수경력직으로 구분

② 공직분류
  ㉠ 경력직
    실적과 자격에 의해 임용되고 신분이 보장되는 공무원으로, 평생동안 공무원으로 근무할 것이 예정되는 공무원을 의미 → 강학상 직업공무원
    ⓐ 일반직공무원
      • 행정일반·기술·연구·지도에 대한 업무를 담당하는 공무원으로서 직군·직렬별로 분류되는 공무원이며 직업공무원의 주류를 형성
      • 연구직과 지도직 및 고위공무원단에 속하는 공무원을 제외하고는 계급을 9급~1급으로 구분. 연구·지도직은 2개 계급(연구관·연구사, 지도관·지도사)으로 구분
    ⓑ 특정직공무원 : 법관·검사·외무공무원·경찰공무원·소방공무원·교육공무원(교원)·군인·군무원·헌법재판소 헌법연구관 및 국가정보원의 직원 등 특수분야의 업무를 담당하는 공무원으로서 다른 법률에서 특정직으로 지정한 공무원
  ㉡ 특수경력직
    경력직 이외의 공무원으로서 국가공무원법(직업공무원제)이나 실적주의의 획일적 적용을 받지 않으며, 계급 구분이 없고 정치적 임용이 필요하거나 특수한 직무를 담당하는 자
    ⓐ 정무직공무원
      • 선거에 의하여 취임하거나 임명할 때 국회 동의를 요하는 공무원(대통령·국

회의원·자치단체장·지방의회의원 및 감사원장·헌법재판소장·헌재재판관 등)
- 고도의 정책결정 업무를 담당하거나 이러한 업무를 보조하는 공무원으로서 법령에서 정무직으로 지정한 공무원(국무총리·국무위원(장관) 및 차관(급) 등)
ⓑ 법정직공무원 : 비서관·비서 등 보좌업무 등을 수행하거나 특정한 업무 수행을 위하여 법령에서 별정직으로 지정하는 공무원

(2) 지도직공무원 선발
① 농업연구사·농촌지도사 공개채용공고(RDA 기준)

시험과목 : 필수 7과목

계급	직렬	직류	1차 시험과목	2차 시험과목
연구사	농업연구	작물	국어(한문 포함), 영어, 한국사	재배학, 작물생리학, 분자생물학, 실험통계학
		농업환경	국어(한문 포함), 영어, 한국사	토양학, 농업환경화학, 식물영양학, 실험통계학
		잠업곤충	국어(한문 포함), 영어, 한국사	곤충학, 양잠학, 양봉학, 실험통계학
		원예	국어(한문 포함), 영어, 한국사	재배학, 작물생리학, 원예학, 실험통계학
	축산연구	축산	국어(한문 포함), 영어, 한국사	가축사양학, 가축번식학, 가축육종학, 축산식품가공학
지도사	농촌지도	농업	국어(한문 포함), 영어, 한국사	재배학, 작물생리학, 농촌지도론, 생물학개론
	생활지도	생활	국어(한문 포함), 영어, 한국사	생활과학학, 농촌사회학, 식품영양학, 농촌지도론

※ '영어'와 '한국사'는 능력검정시험으로 대체하며, 별도의 필기시험은 없음

시험방법

가. 제1·2차시험(병합실시) : 선택형 필기시험(사지선다형, 각 과목당 20문항)
나. 제3차시험 : 면접시험

응시자격

가. 응시결격사유 등 : 국가공무원법 제33조의 결격사유에 해당하거나, 동법 제74조(정년)에 해당하는 자 또는 공무원임용시험령 등 관계법령에 의하여 응시자격이 정지된 자는 응시할 수 없습니다.

○ 국가공무원법 제33조(결격사유)
- 피성년후견인
- 파산선고를 받고 복권되지 아니한 자
- 금고 이상의 실형을 선고받고 그 집행이 끝나거나(집행이 끝난 것으로 보는 경우를 포함한다) 집행이 면제된 날부터 5년이 지나지 아니한 자
- 금고 이상의 형의 집행유예를 선고받고 그 유예기간이 끝난 날부터 2년이 지나지 아니한 자
- 금고 이상의 형의 선고유예를 받은 경우에 그 선고유예 기간 중에 있는 자
- 법원의 판결 또는 다른 법률에 따라 자격이 상실되거나 정지된 자
- 공무원으로 재직기간 중 직무와 관련하여 「형법」 제355조 및 제356조에 규정된 죄를 범한 자로서 300만원 이상의 벌금형을 선고받고 그 형이 확정된 후 2년이 지나지 아니한 자
- 다음 각 목의 어느 하나에 해당하는 죄를 범한 사람으로서 100만원 이상의 벌금형을 선고받고 그 형이 확정된 후 3년이 지나지 아니한 사람
  가. 「성폭력범죄의 처벌 등에 관한 특례법」 제2조에 따른 성폭력범죄
  나. 「정보통신망 이용촉진 및 정보보호 등에 관한 법률」 제74조 제1항 제2호 및 제3호에 규정된 죄
  다. 「스토킹범죄의 처벌 등에 관한 법률」 제2조 제2호에 따른 스토킹범죄
- 미성년자에 대하여 「성폭력범죄의 처벌 등에 관한 특례법」 제2조에 따른 성폭력범죄 또는 「아동・청소년의 성보호에 관한 법률」 제2조 제2호에 따른 아동・청소년대상 성범죄를 범한 사람으로서 다음 각 목의 어느 하나에 해당하는 날부터 20년이 지나지 아니한 사람
  가. 금고 이상의 실형을 선고받고 그 집행이 끝나거나(집행이 끝난 것으로 보는 경우를 포함한다) 집행이 면제된 날
  나. 금고 이상의 형의 집행유예를 선고받고 그 집행유예가 확정된 날
  다. 벌금 이하의 형을 선고받고 그 형이 확정된 날
  라. 치료감호를 선고받고 그 집행이 끝나거나 집행이 면제된 날
  마. 징계로 파면처분 또는 해임처분을 받은 날
- 징계로 파면처분을 받은 때부터 5년이 지나지 아니한 자
- 징계로 해임처분을 받은 때부터 3년이 지나지 아니한 자

○ 국가공무원법 제74조(정년)
- 공무원의 정년은 다른 법률에 특별한 규정이 있는 경우를 제외하고는 60세로 한다.
- 공무원은 그 정년에 이른 날이 1월부터 6월 사이에 있으면 6월 30일에, 7월부터 12월 사이에 있으면 12월 31일에 각각 당연히 퇴직된다.

나. 응시연령 : 18세 이상
다. 학력 및 경력 : 제한 없습니다.

가산특전

- 직렬별로 적용되는 가산점
    - ○ 국가기술자격법령 또는 그 밖의 법령에서 정한 자격증 소지자가 해당 분야에 응시할 경우 필기시험의 각 과목 만점의 40% 이상 득점한 자에 한하여 각 과목별 득점에 각 과목별 만점의 일정비율(아래 표에서 정한 가산비율)에 해당하는 점수를 가산합니다. (채용분야별 가산대상 자격증의 종류는 「연구직 및 지도직공무원의 임용 등에 관한 규정」 별표7을 참조)

구 분	기술사, 기능장, 기사	산업기사
가산비율	5%	3%

- ○ 연구직 및 지도직공무원 채용시험 가산대상 자격증(제26조의2 관련)

직렬	직류	「국가기술자격법」에 따른 자격증	그 밖의 법령에 따른 자격증
농업연구	농식품개발	• 기술사 : 식품, 농화학, 축산 • 기사 : 식품안전, 바이오화학제품제조, 축산 • 산업기사 : 식품, 축산, 유기농업	산업기사 자격증 가산비율 적용 : 영양사, 위생사
농업연구	작물	• 기술사 : 종자, 시설원예, 농화학, 식품 • 기사 : 종자, 시설원예, 식물보호, 토양환경, 식품안전, 바이오화학제품제조, 유기농업, 화훼장식, 농작업안전보건 • 산업기사 : 종자, 식물보호, 농림토양평가관리, 식품, 유기농업, 화훼장식	
농촌지도			
농업연구	원예	• 기술사 : 종자, 시설원예, 농화학, 조경, 식품 • 기사 : 종자, 시설원예, 식물보호, 토양환경, 조경, 식품안전, 바이오화학제품제조, 유기농업, 화훼장식 • 산업기사 : 종자, 식물보호, 농림토양평가관리, 조경, 식품, 유기농업, 화훼장식, 버섯	
농촌지도			

농업연구	농업환경	• 기술사 : 시설원예, 농화학, 식품, 조경, 산림, 산업위생관리, 대기관리, 수질관리, 폐기물처리, 방사선관리, 기상예보 • 기사 : 시설원예, 식물보호, 토양환경, 식품안전, 바이오화학제품제조, 조경, 산업위생관리, 대기환경, 수질환경, 폐기물처리, 기상, 유기농업 • 산업기사 : 식물보호, 농림토양평가관리, 식품, 조경, 산업위생관리, 대기환경, 수질환경, 폐기물처리, 유기농업	
	작물보호	• 기술사 : 종자, 시설원예, 농화학, 식품 • 기사 : 종자, 시설원예, 식물보호, 토양환경, 식품안전, 바이오화학제품제조, 유기농업, 화훼장식 • 산업기사 : 종자, 식물보호, 농림토양평가관리, 식품, 유기농업, 화훼장식	
	생명유전	• 기술사 : 종자, 농화학, 식품 • 기사 : 종자, 식품안전, 바이오화학제품제조 • 산업기사 : 종자, 식품	• 기사 자격증 가산비율 적용 : 방사성동위원소취급자(일반), 방사선취급감독자
농촌지도	농촌생활	• 기술사 : 섬유, 의류, 조경, 산업위생관리, 수질관리, 폐기물처리, 농어업토목, 자연환경관리, 인간공학 • 기사 : 섬유, 의류, 조경, 산업위생관리, 수질환경, 폐기물처리, 토목, 자연생태복원, 인간공학, 바이오화학제품제조, 농작업안전보건	• 기사 자격증 가산비율 적용 : 평생교육사 1급 • 산업기사 자격증 가산비율 적용 : 평생교육사 2급, 위생사
	농업경영	• 산업기사 : 섬유, 패션디자인, 조경, 산업위생관리, 수질환경, 폐기물처리 • 사회조사분석사 1급 • 사회조사분석사 2급	

② 학력수준

우리나라의 지도사 학력·경력은 제한이 없으나 실제로는 대학교, 대학원 졸업자 이상이 농촌지도공무원으로 채용됨. 미국·유럽에서는 농촌지도사의 채용 조건으로 최소 대학 졸업자의 학력을 요구함

③ 전공 영역

주로 농업·가정을 요구하고 있으나 농촌지도 분야가 넓어지고 농촌지도사를 교육자로 보면서 교육학·사회과학적 지식도 필요함

④ 유능한 농촌지도사 선발
  ㉠ 학창 시절부터 농업과 농촌생활에 대한 긍정적 자세를 갖추고 농촌지도직에 대한 자부심을 가져야 함
  ㉡ 지도직에 대한 인턴십과 현장경험 등을 제공해야 함
  ㉢ 대학 수준에서 농촌지도를 가르치는 전공이나 학과의 설치가 필요함

2 전문성 개발을 위한 교육훈련

지도직공무원에 대한 교육은 1950년대 농촌지도사업이 시작된 농사교도사업과 지역사회개발사업부터 있었고, 1962년 농촌진흥청이 발족되면서 체계적으로 실시되었으며, 1997년 지도직공무원의 지방직 전환 이후 지도사업의 지역별 다원화와 대상별 특성화 등 직면한 문제를 해결하기 위해 농업 분야의 인적자원개발 영역을 다양하게 확장해가고 있음

(1) 채용 전 교육(직전훈련, pre-service training)

농촌지도요원으로 채용되기 이전에 받는 전문적인 훈련

① 지도공무원 직전교육 담당

농과계 고등학교 및 대학에서 담당함. 농과계 고등학교는 70개교(농업고, 자연과학고, 종합고 등)가 있고, 농과계 대학은 전문학사 11개, 학사 31개교가 있음

② 농촌지도론 교육기관의 변천
  - 1965년 : 대통령훈령으로 농촌지도론이 처음 개설
  - 1970년 : 농업산학협동을 강화한 이후 지도직공무원이 학교에 출강하여 농촌지도론을 강의하고, 각종 지도교재 배부와 실습교육을 통하여 지도직공무원의 채용 전 교육이 확대됨
  - 1970년대 : 서울대학교 농과대학(농업생명과학대학 전신) 농업교육과에 농촌지도전공 개설(지도사업 발전에 획기적), 농업전문대학에 농촌지도학과가 설치. 농업 분야에 대한 전문지식은 물론 농촌지도사업의 이념·정책·기구에 대한 지식, 사업계획의 개발, 집단 활동, 인간관계에 대한 지식, 커뮤니케이션, 평가 등을 교육과정에 포함
  - 1980년 중반 : 세계적으로 농촌지도사업이 전환기를 맞이함
  - 1990년 : 서울대학교 농과대학 '농촌지도전공'이 '농촌사회교육전공'으로 개명되고 학문영역이 확장됨

- 1997년 : '농촌사회교육전공'에서 농경제사회학부 '지역사회개발학전공'으로 변경
- 2007년 : 다시 '지역정보전공'으로 변경되면서 지도직공무원 양성 대학의 학과나 전공은 사라짐
- 현재 : 순천대학교 농업교육과·전남대학교 농업경제학과의 「농촌지도론」, 서울대학교 대학원 농산업교육과의 「농촌지도와 개발」이 교과목으로 채택됨

(2) 신규채용자 교육(신규훈련, 보수훈련, 수습훈련)

① 신규훈련의 개념
  ㉠ 의미 : 농촌지도요원으로 채용된 새 요원이 그에게 특정 업무가 할당되기 전에 주어지는 훈련
  ㉡ 수습을 받아야 할 내용
    - 농촌지도의 이념, 역사, 목적, 범위, 기구, 시책
    - 전문직으로서 농촌지도직의 장단점, 지도요원으로서 가져야 할 자세·신념, 이행해야 할 책임과 역할
    - 담당해야 할 지도영역, 지도방법, 교재작성 등에 대한 실용적 능력의 훈련
    - 주어진 사무적 업무의 수행능력
    - 직장인으로서의 규범과 기대
    - 근무하는 지역의 환경과 실태 및 주민의 특성

② 신규훈련의 변천
  - 1957년 : 농사원 발족 후부터 실시. 지역사회개발요원에 대한 교육도 농촌지도자훈련원에서 담당
  - 1962년
    ⓐ 농촌진흥청 발족 후 지도직공무원의 기초교육은 단기화 되었으며, 1차 기초훈련은 대부분 농촌진흥청 농민훈련과(현재 역량개발과)와 농업공무원교육원에서 4주~20주까지 실시
    ⓑ 실습교육 : 농촌진흥청 시험연구기관 해당 연구관들이 교관이 되어 실시
    ⓒ 교육내용 : 정부시책과 소양 중심으로 지도사업 전 분야를 총망라
  - 1987년 : 농촌지도직이 생활지도직으로 전직함
  - 1991년 : 농촌지도직이 연구직으로 전직함
  - 1997년 : 지방직 전환 이후 신규채용자 교육을 지방자치단체 교육기관에서 담당
  - 1999년~2000년 : 농촌진흥청이 주관한 교육이 잠시 중단
  - 2001~2002년 : 교육기간이 2주

- 2003년 : 교육기간을 4주로 확대하여 공직가치, 기초 농업기술, 기초 직무역량, 리더십 등 다양한 내용을 실시. 지도직뿐만 아니라 연구직 신규채용자에 대한 교육도 처음 실시
- 2007년 : 본격 연구직 신규채용자 교육 실시

✪ 비농업 전공자의 지도직공무원 입직 비율이 점점 높아지는 추세였으나, 최근에는 다시 농업 전공자 제한을 두고 있음

(3) 재직자 직무교육(재훈련)

① 재훈련 개념
   ㉠ 의미 : 정규 농촌지도요원에게 주어지는 모든 종류의 교육훈련
   ㉡ 직무교육 목적
      ⓐ 자기가 전공하고 담당하는 업무에서 새로 연구개발된 지식, 정보, 기술을 교육받기 위함
      ⓑ 과거 알고 있었던 지식을 잊지 않도록 환기시키기 위함
   ㉢ 재직자 직무교육은 기본교육과 전문교육을 1974년까지는 구분하지 않았으며, 1975년부터 구분하여 실시

② 지도직공무원 전문능력 개발 지원
   직무교육은 각 지역마다, 개인 노력에 따라 다양하게 이루어짐

현직훈련 (OJT, 현장훈련)	근무하고 있는 현지의 직장에서 필요한 지식이나 기술을 상위직 지도요원이 계획적 또는 그때그때 훈련시키는 것
단기과정훈련	1주일~2주일 또는 1개월 이상 근무지·학교·훈련기관에서 1가지 특수 주제에 대해 깊이 있게 훈련받는 것
멘토링과 코칭	ⓐ 새로운 지도요원이 자연스럽게 직업에 적응하도록 하기 위한 방법 ⓑ 숙련된 요원이 멘토로 지정되며 안내자 역할을 하며, 새로운 요원인 멘티는 멘토의 경험과 지혜를 학습함. 멘티의 역량과 자신감이 늘어남에 따라 멘토의 영향은 점점 감소함
위탁훈련과정	근무지에서 일정기간 농촌지도 계통의 기관이 아닌 수련기관이나 대학에 위탁해서 훈련시키는 과정
외국파견훈련	선진외국의 농촌지도기관·대학에 파견시켜 장·단기훈련을 받거나, 정규 학위 과정을 이수하는 외국에서의 훈련
연찬회 (workshops)	ⓐ 함께 공부하고 연구하는 회의 ⓑ 참석자와 강사가 1~3주 가량 한 장소에서 같이 생활하면서 특정 주제에 대하여 의문점과 문제점을 함께 토의하며 배우는 훈련과정
세미나 (연구발표회)	지도요원이 특정 주제에 대한 연구발표 내용을 듣고 각자 의견과 연구결과를 상호 토의과정을 거치는 동안 많은 학습을 하게 되는 모임

전문지도연구회	ⓐ 농촌지도공무원의 자율적인 연구모임체 ⓑ 신규 지도공무원들에게 가입을 권장하고 해당 연구회 작목을 체험하도록 다양한 교육기회를 제공함으로써 전문지도연구회를 활성화하고 전문능력을 개발함
개인적 독서	특정 관심 분야에 대한 기술 잡지뿐만 아니라 농촌지도에 관한 잡지도 읽고 최신 정보를 습득함. 미국의 『농촌지도학회지(Journal of Extension)』가 대표적
컴퓨터 네트워크	컴퓨터 네트워크를 통해 세계의 정보를 쉽고 간편하게 활용할 수 있음

보충 기타 재훈련

① 각종 정기직원회의 : 중앙에서 혹은 도단위에서 각종 직급의 지도요원들의 정기회의에서 행정과 시책 등에 관한 회의와 더불어 훈련을 실시한다.
  ㉠ 행정지시·시책소개 등
  ㉡ 지도요원의 정신교육·사기진작·지도사업의 중요성 인식 등의 절차
  ㉢ 각종 영역에 대한 교육과 훈련
  ㉣ 그들이 근무하는 지역에서 체험한 훌륭한 업적과 지도사례를 소개하고 토의
② 일선지역 훈련회의
  ㉠ 특수작물재배나 가축사육지역에서 그러한 작목생산과 경영에 관련된 혁신사항을 일선 농촌지도요원에게 훈련하기 위하여 모이는 반나절 혹은 일주일가량의 모임이다.
  ㉡ 일선 농촌지도요원이 강사가 되는 수도 있고, 중앙이나 도에서 강사를 모셔올 수도 있다.
③ 보충훈련(refresher course)
  ㉠ 훈련기간은 4~6주간 정도로써, 일반적으로 농촌지도방법·양계법·과수재배법 등과 같이 그 주제가 넓으며, 여러 가지 주제에 대해서 같은 기간 동안에 실시한다.
  ㉡ 과수에 대한 것이면 전반적으로 과수재배에 대한 모든 지식, 기술 및 그 경영에 관하여 훈련을 받는다.
④ 진학과정 훈련
  ㉠ 농촌지도요원으로 근무하다 보면 승진이나 업무수행상 학력을 더욱 높일 필요와 기회가 주어지게 된다.
  ㉡ 근무를 하면서 야간을 이용해 대학이나 대학원을 다니는 경우도 있고, 또는 방송통신대학에 등록하는 방법도 있다.
  ㉢ 그 외에 계절대학원에서 학위를 받을 수도 있으며, 근무하면서 혹은 휴직을 하고 대학원 과정을 이수하는 경우도 있다.

> **보충** 미국 농촌지도요원의 전문성 개발을 위한 조직
>
> - NACAA : the National Association of County Agriculture Agents
> - NAEHE : the National Association of Extension Home Economists
> - NAE 4-H : the National Association of Extension 4-H Agents
>
> 이 조직의 회원들은 워크숍, 세미나, 연구회의, 야외연구여행, 비슷한 관심을 가진 동료와의 네트워크, 전문적 간행물이나 시사통신(연보) 구독 등에 참여할 수 있다. 독서나 네트워크 활용은 의무나 외부 강요 없고 자신이 스스로 능력을 개발하는 방법이다.

③ 농촌진흥청 지도직공무원 전문능력 배양을 위한 프로그램 개발

　㉠ 1980년대 지도직공무원 전문 특기화 규정 시행부터 추진 : 전문지도사와 특기지도사 제도를 운영하였고 시험을 통해 자격을 인정하였음. 이 제도는 보직·전보 등에 반영하는 효과가 있었으나, 자격시험에 따른 제도적 미비점 때문에 중단됨

　㉡ 1997년 지도직공무원의 지방직 전환 이후 : 지도직공무원의 전문능력을 향상시키기 위하여 전 지도직공무원에게 1개 특기·1개 부특기 소지를 의무화하면서 12개 분야 42전공으로 분류 운영함

　㉢ 전문지도연구회 운영 : 조직학습의 중요성이 대두되고, 지식기반 사회가 도래함에 따라 전문능력 향상에 실천공동체의 중요성을 인식하여 지도직공무원의 자율적 학습조직을 구성함. 전문지도연구회의 효율적 운영을 위해 단위연구회 회장단으로 구성된 '한국농업전문지도연구협의회'가 결성됨

제2절 농촌지도공무원의 역량 및 교육체계

1 농촌지도요원 역할

(1) Havelock의 변화촉진자로서 개발요원의 역할

① 촉매자(catalyst)로서의 역할 : 자극을 통하여 문제상황의 인식과 개발욕구를 불러일으키는 역할
② 해결방안 제시자(solution giver)로서의 역할 : 문제상황에 적절한 해결방안의 제시와 그것을 수용하게 하는 역할
③ 진행협조자(process helper)로서의 역할 : 모든 개발단계에 따른 문제해결활동을 측면지원하고 그 활동의 성과제고를 유도하는 역할
④ 자원동원자(resource mobilizer)로서의 역할 : 활동에 필요한 자원을 발견하고 동원하는 역할

(2) Lippitt(1958)가 제시한 역할

농촌지도요원의 변화촉진자적 역할을 보다 구체적으로 분류하여, 시계열 순서에 의하여 설명하고 있다.

① 행동변화의 필요 인지 : 변화촉진자는 그의 고객이 스스로 행동변화의 필요를 인지하도록 도와주어야 한다. 이와 같은 변화적 필요의 발전은 특히 전통적 사회에서 더욱더 절실하다.
② 상호신뢰적 관계의 조성 : 변화적 필요가 창출되면 변화촉진자는 그의 고객과 상호신뢰적 관계를 발전·수립시켜야 한다. 즉, 고객의 필요와 문제와의 관련에서 신뢰성, 확실성, 감정이입 등의 깊은 상호관계적인 분위기를 조성시켜야 한다.
③ 문제의 진단 : 변화촉진자는 그의 고객의 문제상황을 분석하여, 왜 현실적인 대안이 그들의 필요를 충족시켜 주지 못하는지를 이해시켜야 한다. 이와 같은 진단적 결론은 감정이입적으로 베풀어져야만 된다.
④ 고객의 동기유발 촉진 : 고객의 목적을 달성하기 위하여 가능한 모든 행동사항을 모색결정한 후에 변화촉진자는 고객의 변화의지, 다시 말하면 혁신하려는 동기유발을 촉진시켜야 하는데, 이는 어디까지나 고객위주의 것이 되어야 한다.
⑤ 변화의지의 행동화 : 변화촉진자는 고객의 필요에 입각하여 작성한 권장사항에 따라서 고객의 행동을 변화하도록 촉진시켜야 한다. 단순한 합의나 의사가 아니라 행동·실천을 촉구시키는 것이다.

⑥ 변화의 고정과 중단방지 : 혁신을 수용한 고객에게 보강적 메시지를 전달함으로써 새로운 행동을 효과적으로 고정·동결시키도록 배려하여야 한다.
⑦ 종결적 상호관계의 수립 : 변화촉진자의 최종적 목적은 그의 고객이 내면화된 행동을 발전시키는데 있으므로 변화촉진자에게 의지하지 않고 자기 스스로, 자발적으로 의지하도록 만들어야 한다.

(3) 농촌지도자들에게 요구되는 자질(Cusack)
① 집단지도능력
② 인간관계조정능력
③ 의사소통능력
④ 새 기술의 전시능력
⑤ 선택한 연구결과와 정보의 변용능력
⑥ 지도대상자의 습관, 가치관, 사고방식의 이해
⑦ 사회의 변화에 따른 적절한 대안을 설정할 수 있는 능력
⑧ 지도대상자들에게 유용한 연구결과와 정보의 선택능력
⑨ 자기의 전공영역과 관련된 사회 및 자연과학분야의 각종 연구결과와 정보의 이해 능력

(4) 농촌지도요원 역할(김진모 외)
① **농촌지도사업의 성공에 있어 농촌지도공무원의 역할이 가장 중요함**
   농촌지도사는 주민들에게 개발욕구를 자극하고 실천에 옮기도록 격려하는 촉매자ⓐ, 농촌주민의 생활을 개선하는 데 필요한 정보·지식·기술 등을 제공하는 제시자ⓑ, 농민이 의사결정을 할 때나 자원을 동원할 때 도와주는 자문가ⓒ로서 다양한 역할을 하기 때문
② **지도사 역할은 인적자원개발 담당자의 역할과 유사함**
   농촌지도사업은 교육적 성격이 강하고, 우리나라 지도기관은 단순히 농업기술보급 기능뿐만 아니라 정부정책 전달자, 지역사회개발자, 지역 인적자원개발자 등 다양한 역할을 수행함
③ **생산-소비 전 과정에 다양한 능력이 요구됨**
   과거 지도직공무원이 선진농업기술을 보급·지원하는 전통적 역할이었다면, 최근에는 생산-소비 전 과정에 전문능력·지역특화 농업기술·컨설팅 능력 등 다양한 능력이 요구됨. 지도사는 농업 분야 인적자원개발자로서 전통적 역할을 수행했다면, 농업환경의 다각적인 변화는 지도사 스스로의 인적자원개발이 중요해짐

④ 농촌지도사가 평가한 인력개발의 중요역할
  ㉠ 개인개발 상담자로서의 역할
  ㉡ 매체 전문가로서의 역할
  ㉢ 요구분석가로서의 역할

⑤ 조직 수준에 따른 역할의 중요도

순위	1위	2위	3위
중앙 단위	전략가	전문가	평가자
도 단위	전략가	전문가	네트워커/메신저
시군 단위	자문가/상담자/코치	전문가	네트워커/메신저

  ㉠ 중앙·도 단위 지도인력 : 전략가가 가장 중요
  ㉡ 시군단위 지도인력 : 자문가/상담자/코치의 역할이 가장 중요
  ㉢ 담당분야의 전문가가 모든 조직수준에서 2순위로 중요
  ㉣ 네트워커/메신저의 역할은 시군·도 단위에서 중요
  ㉤ 중앙단위에서 평가자의 역할이 3순위로 중요

⑥ 우리나라 전문지도인력의 역할과 활동

역할	주요 활동
전문가 (subject matter expert)	• 담당 전문분야에 대한 깊이 있고 실용적 지식과 기술을 갖고 이를 활용함 • 응용연구에 참여하거나 연구에서 나온 지식을 이해함. 다양한 출처를 통해 필요한 정보를 수집하고 고객에게 유용한 형태로 가공하여 전달함
자문가/상담자/코치 (advisor/counselor/coach)	• 고객의 의사결정과 성과개선에 대해 조언과 후원을 함 • 대화를 통해 고객이 문제점을 이해하고 새롭게 인식할 수 있도록 돕고 스스로 의사결정을 할 수 있도록 도움
전략가 (strategist)	• 조직이나 고객요구와 자원을 분석함. 바람직한 상태와 현재 성과 간의 차이와 원인을 밝힘 • 지도조직이나 고객이 장기적으로 성공하고 부가가치를 창출할 수 있는 방법을 찾음 • 조직이나 고객의 전략적 방향을 뒷받침하는 전략의 기획과 수행을 이끔
네트워커/메신저 (networker/messenger)	• 바람직한 성과를 이루기 위해 필요한 사람들과 자원을 찾아 연계하며, 이들이 함께 일할 수 있도록 촉진함 • 수집, 가공된 유용한 정보를 내·외부 고객에게 전달함

변화촉진자 (change agent)	• 고객이 변화에 적응하고 일하는 방식, 절차, 전략 등을 바꿀 수 있도록 도움 • 고객이 새로운 기술의 가치와 이점을 알고 이에 적응할 수 있도록 도움 • 고객이 어떻게 변화해야 할지 제안하고 변화 절차를 따르도록 도움
평가자 (evaluator)	• 지도사업 프로그램의 결과 및 성과를 진단함 • 평가결과를 홍보하며 지도사업 프로그램 개선을 위해 활용함
파트너 (partner)	• 고객의 문제해결이나 성과 개선을 위해 부족한 점을 보완하고 협력함 • 고객이 문제의 원인과 해결책에 영향을 미치는 실제적인 요인을 찾도록 도움 • 고객이 여러 대안을 비교하고 그 대안에 영향을 미치는 중요한 인과관계를 구분하도록 도움
교육자 (educator)	• 고객이 지식과 기술을 습득할 수 있도록 형식/비형식 교육이나 다양한 학습경험을 제공함 • 기술적 특허용어를 쉬운 용어로 바꾸고 흥미롭고 이해하기 쉽게 강의함 • 고객이 가진 현재의 인식에 도전을 줄 수 있는 새로운 요소와 아이디어를 소개함
관리자 (manager)	• 효과적인 지도사업 프로그램의 추진을 위해 계획을 세우고 필요한 자원을 조달하며 진행을 감독함 • 사업 목적을 홍보하고 실행계획이 효과적으로 추진되도록 지원하며 장애요인을 제거하고 필요한 후원을 확보하며 사후관리를 함

2 농촌지도요원 역량

(1) 지도요원의 역량 개념

지도공무원의 전문성은 지도사업의 내외적 상황에 따라 다양하게 정의되고 변화됨

① 농촌지도공무원은 농업기술자이면서 교육자이기 때문에 농업기술 지식뿐만 아니라 교육자의 자질을 갖고, 다양한 활동을 하고 각자 자기 분야의 전문성을 가질 때 지도사업의 발전을 기대할 수 있음

② 지도공무원의 역량은 종합적 전문성으로 인식함. 종합적 전문성이란 기술보급・생활개선・농촌여성 및 청소년 지도 등의 전공영역 외에도 교육자적 자질・사업계획 및 평가・연구수행 등에 대한 전문성도 확보해야 함

③ 농촌지도공무원의 전문성은 지도공무원이 지도활동을 수행하는 데 필요한 능력・자질로 보거나, 각기 분야에서 전문 활동을 수행할 수 있는 제반 능력을 의미함

(2) 우리나라 농촌지도사 유형에 따른 전문능력

농촌지도조직 관리자, 전문지도사, 일반농촌지도사로 구분(유영철)

유형		요구되는 전문능력
농촌지도 조직관리자 (administrator/ supervisor)	전문 능력	• 농업에 대한 지식 • 기본훈련 및 선진기술훈련 능력 • 지도사업에 대한 전략적 기획 능력 • 전문지도사의 사업영역과 조정능력 • 인력배치능력 • 평가능력 • 예산 및 행정처리 능력 • 보고서 통계, 기타 서류 작성 능력
전문지도사 (subject -matter specialist)	자질	• 일반농촌지도사가 갖추어야 할 자질 • 성공적인 일반 농촌지도사로 적어도 1년간의 근무 경험 • 일반농촌지도사에 대한 기본적·전문적 훈련 능력
	품성	• 일반농촌지도사가 갖추어야 할 품성 • 협동능력 • 관리능력
	전문 능력	• 일반농촌지도사가 기술적으로 능력이 부족할 때 조언하는 능력 • 일반농촌지도사를 대상으로 한 적정한 기술 및 기법 사용 능력 • 일반농촌지도사를 대상으로 기본 및 전문교육을 할 수 있는 능력 • 문제해결 접근 원리를 가지고 가능한 해결책과 장애를 인지하는 능력 • 연구기관과 일반농촌지도사 간의 교량 역할을 수행할 수 있는 능력
일반 농촌지도사 (general extension agent)	자질	• 지역 언어 • 수혜집단과의 친밀성 • 농업에 대한 경험 • 최소한의 학력 • 농업기술에 대한 훈련
	품성	• 신체적인 건강 • 건전한 품성 • 독립심 • 동기 • 배우려는 태도 • 새로운 기술습득을 위한 커뮤니케이션 능력
	전문 능력	• 지도사업에서 실천한 내용 결정 능력 • 지도사업의 실행 능력 • 관리와 통제능력

✪ 우루과이라운드(UR) 타결(1993), WTO 출범(1995), 농촌지도공무원의 지방화(1997) 이후 급변한 세계농업과 국내 농촌지도환경 변화를 고려하지 못한다는 한계가 있음

(3) 역량 모델

① 역량 모델의 필요성
  ㉠ 농업연구기관에서 개발된 농업 신기술을 농업인에게 효과적으로 전파·보급하는 것을 지도업무의 최우선 과제로 여겨왔기 때문에 농촌지도공무원의 전반적 역량에 관한 논의보다 지도사의 직업적 전문성을 개발·강화하는 데 치중하였음
  ㉡ 농업기술 보급뿐만 아니라 주요 업무영역 대부분 지도공무원으로서의 역할 및 업무수행 표준이 제시되어 있지 않아 고성과자(high performer)를 판단할 근거가 미흡함
  ㉢ 향후 농업환경 변화에 대응한 농촌지도사업의 발전을 위해서 농촌지도공무원의 전반적 역량 개발 및 강화가 요구됨. 이를 위해 지도공무원의 현재 역량 수준을 체계적·구체적으로 파악할 수 있는 역량진단이 이루어져야 함
  ㉣ 역량중심의 인적자원개발 시스템은 역량모델에서 출발함. 직원 채용과 교육훈련, 수행평가, 보상 등 인적자원관리를 효율적으로 수행하기 위해 먼저 직원에게 필요한 역량이 무엇인지를 결정해야 하기 때문

② 농촌지도공무원의 역량모델링
농촌지도요원의 역량을 기초역량과 직무역량으로 구분
  ㉠ 기초역량
    기초역량은 전문지도인력의 성공적 업무수행을 위한 기본역량에 해당됨. 모든 역할을 수행하는 데 필요하고 전문 분야와 상관없이 일반적으로 적용함. 일부 기초역량은 매니저·전략가로서 역할을 수행하는 데 필요하나 그 역량은 지도사업 추진을 위한 기반으로 작용함
  ㉡ 직무역량
    기초역량보다 전문지도인력의 업무 수행에 직접적으로 연관이 되는 역량이며, 업무의 성공적 수행을 위해 보다 특정한 지식과 기술이 요구됨

(4) 농촌지도공무원의 역량모델

국내외 농촌지도사 역량 선행연구를 바탕으로 Dubois의 5가지 직무역량모델을 수정하여 사용함(김진모)

① 농촌지도공무원 역량모델 : 3개 역량군, 28개 역량, 80개 행동
  ㉠ 기초직무 역량군 : 외국어 능력·아이디어 창출 등의 3개 역량과 16개의 주요행동으로 구성

1. 외국어 능력	영어나 특정 외국어로 자신의 의사를 효과적으로 전달하는 데 필요한 듣기·말하기·읽기·쓰기를 실행하는 역량
2. 아이디어 창출	개인의 업무수행과정에서 독창적인 아이디어를 발상·제안하고 이를 사업화 가능한 아이디어로 발전시켜나가는 역량
3. 문제해결	직무 또는 역할수행중 문제가 발생하였을 경우, 창조적이고 논리적인 사고를 통해 신속히 인식하고 적절히 해결하는 역량
4. 컴퓨터활용능력	컴퓨터 장비 및 소프트웨어와 인터넷을 능숙하게 활용함으로써 지도사업 업무를 보다 효율적이고 정확하게 수행할 수 있는 역량
5. 네트워크 형성	업무수행에 도움이 되는 사람 또는 각종 기관과 협조적인 관계를 유지·발전시키는 역량
6. 조사분석능력	지도업무 수행에 필요한 국내외의 다양한 정보를 수집·분류하고, 분석한 결과를 지도사업 업무에 적절히 활용하는 능력

ⓒ 전문직무 역량군 : 전략적 지도사업계획·현장지도 등의 12개 역량과 34개의 주요행동으로 구성

1. 전략적 지도사업계획	전략적·개념적 사고를 바탕으로 전략과제 및 목표를 설정하고, 목표달성을 위한 실행계획을 수립할 수 있는 역량
2. 지도사업 자원관리	지도사업을 실행하는 데 필요한 장비와 시설, 기타 자원 등을 효과적이고 효율적으로 확보·운영·통제하는 역량
3. 예산·회계 관리	지도사업 수행에 필요한 예산 및 집행방식에 대한 이해를 바탕으로 비용효과적 측면에서 판단하여, 지도사업 예산의 효율적 확보 및 집행을 통해 지도조직의 성과 제고에 기여하는 역량
4. 지도인력관리	지도사업의 효율적 수행에 필요한 지도인력의 선발과 적절한 배치, 성과평가와 합리적인 보상을 통해 지도사업의 성과를 제고시키는 역량
5. 지도사업 프로세스 관리	지도사업의 목적을 효과적으로 달성하기 위해 지속적으로 농촌지도사업의 현상을 파악하고 개선하는 역량
6. 현장지도	지도사업의 고객에 대한 이해와 다양한 지도방법에 대한 이해를 바탕으로 연구기관 또는 자신의 연구결과를 적시에 적절한 지도방법을 활용하여 지도사업의 성과를 제고시키는 역량
7. 지도사업 평가	지도사업의 결과를 체계적으로 진단하고 이를 이해당사자와 공유하며, 사업개선을 위해 결과를 적절히 활용하는 역량
8. 지도사업 홍보	지도사업 고객의 참여를 유도하기 위해 각 지도사업에 대한 정보를 효과적으로 전달할 수 있는 역량
9. 기술/주제 전문성	고객의 요구를 효과적으로 만족시키기 위해 갖추어야 할 각 지도사업 영역별(기술보급, 생활개선, 농업인육성, 연구개발 등) 전문적 지식과 기술적 능력

10. 농업·농촌이해	농업환경 및 농촌생활환경, 농업 및 농촌에 영향을 미치는 내·외부 환경을 이해하고 이를 자신의 업무수행에 적용하고 활용할 수 있는 역량
11. 농촌지도조직 및 사업이해	우리나라 농촌지도조직과 지도사업의 특성을 이해하고, 업무수행에 영향을 미치는 제반 정보와 요소를 파악하여, 이를 자신의 업무수행에 활용하는 역량
12. 고객지향성	항상 고객의 입장에서 생각하며, 고객의 요구를 명확하게 파악하고 이를 업무에 반영하는 역량

ⓒ 리더십 역량군 : 자기개발·책무성 등 10개 역량과 10개의 주요행동으로 구성

1. 자기개발	자신의 전문성을 키우기 위해 비전과 목표를 세우고 주변의 다양한 자원들로부터 새롭게 발전하는 지식과 스킬을 습득하고 지속적으로 학습하는 역량
2. 책무성	지도직 공무원으로서 업무에 대한 책임감을 갖고 행동하며, 신뢰 있게 행동하는 역량
3. 의사소통	개인 또는 조직을 대상으로 상대방의 의견을 적극적으로 경청하고, 말 또는 글 등을 통해 자신의 의견을 명확하고 효과적으로 전달할 수 있는 역량
4. 협상	자신과 타인 모두에게 상호이익이 되는 더안을 도출하고 이에 대한 동의를 확보해나가는 역량
5. 팀워크	공동의 목표달성을 위해 조직 및 팀의 일원으로서 협력하거나 구성원들이 협력하도록 격려하고 촉진하는 역량
6. 동기부여	조직구성원이 업무에 몰입하고 높은 수준의 성과를 달성할 수 있도록 지속적으로 의욕을 고취시키는 역량
7. 갈등관리	조직구성원 간의 갈등과 부조화를 긍정적이고 건설적 방식으로 관리하고 해소하는 역량
8. 변화지향과 촉진	지도사업을 둘러싼 내·외부 변화를 긍정적으로 지향하며 지도사업의 비전 및 목적 달성에 필요한 변화를 촉진하는 역량
9. 비전설정 및 공유	조직의 핵심가치와 사명에 기반을 둔 명확한 비전과 목적을 설정하고 제시하는 역량
10. 구성원 육성	차세대 지도직공무원 육성을 위해 조직구성원의 체계적인 육성 필요성을 파악하고 다양한 방법을 통해 부하직원의 발전을 도모하는 역량

✿ 현재 가장 높은 역량은 리더십 역량군의 책무성이고, 그 다음이 전문직무 역량군의 고객지향성이며, 가장 낮은 역량은 기초직무 역량군의 외국어 능력이었음

② 숙련도 수준
  ㉠ 역량 모델을 구축함에 있어 개인이 수행할 수 있는 수준을 나타내기 위한 도구로써 역량에 대한 숙련도 척도(proficiency scale)를 설정함
  ㉡ 현재 개인의 역량 수준 측정과 앞으로 개인이 달성할 목표 설정에 활용됨

구분		숙련도
0	전혀 모름	• 해당 역량에 대한 개념과 기법에 대해 모름
1	단순 이해	• 해당 역량에 대한 기본적인 개념과 기법을 이해하는 수준
2	제한적 적용	• 해당 역량에 대한 기본적인 개념과 기법을 이해 • 전문가의 지원 및 감독 하에 제한된 범위 내에서 적용할 수 있는 수준
3	독자적 적용	• 해당 역량에 대한 기본적인 개념과 기법을 이해 • 전문가의 지원 및 감독이 없어도 독자적으로 적용할 수 있는 수준
4	독자적 적용과 창조적 방법론	• 해당 역량에 대한 기본적인 개념과 기법을 이해 • 독자적으로 적용할 수 있을 뿐만 아니라 해당 역량을 실행함에 있어서 창조적 방법론을 창출할 수 있는 수준
5	창조적 방법론의 타인 지도 가능	• 해당 역량에 대한 기본적인 개념과 기법을 이해 • 전문가의 지원 및 감독이 없어도 독자적으로 적용할 수 있는 수준 • 자신이 구축한 창조적 방법론을 통하여 타인에 대한 지도가 가능한 수준

3 지도공무원의 교육체계

(1) 농촌지도직공무원의 계층별 육성방안

일본의 농촌지도사 육성체계와 같이 중앙-도-센터를 지원 단위로 구분

■ 농촌지도직공무원 육성지원 방안

구분	계층	육성의 초점	육성방법		
			중앙 단위	도 단위	센터 단위
일반지도사	1계층 (3년 미만)	• 지도사업 및 농업 전반 이해 • 기초적 지도행정능력 개발	• 집합교육 • 오리엔테이션	집합교육	• 멘토링/코칭 • 부서별 OJT • 자기주도학습 유도
	2계층 (3~10년)	• 기초적 농업상담 및 기술지도 능력개발	• 집합교육 • 연구기관 연수 • 전문지도연구회 참여	집합교육	• 멘토링/코칭 • 과제수행 • 자율탐구 • 영농체험 • 시험장 파견 • 직무순환 • 자체 세미나 참여
	3계층 (10~20년)	• 특정 작물에 대한 전문성 확보 • 전업농 상담 및 경영지도 능력개발	• 집합교육 • 전문지도연구회 참여 • 국내외 학회 참여	집합교육	• 과제수행 • 자율탐구 • 시험장 파견 • 직무순환 • 자체 세미나 참여
	4계층 (20년 이상)	• 특정 작물에 대한 전문성 유지 • 농업경영체 상담 및 경영지도 능력개발	• 집합교육 • 전문지도연구회 참여 • 국내외 학회 참여	집합교육	• 현장영농컨설팅 • 농업기술강의 기회 제공 • 자체 세미나 참여
관리자	5계층 (담당)	• 개별 지도사업을 효과적으로 이끌 수 있는 리더십 개발	• 집합교육 • 성과평가 • 국내외 학회 참여	집합교육	• 과제수행
	6계층 (과장)	• 조직 비전달성을 위한 전략과제를 효과적으로 이끌 수 있는 리더십 개발	• 집합교육 • 성과평가	집합교육 연찬회	• 과제수행
	7계층 (소장, 국장, 원장)	• 조직 비전과 방향을 제시할 수 있는 리더십 개발	• 집합교육 • 성과평가 • 리더십 평가 센터	집합교육 연찬회	

① 1계층
  ㉠ 3년 미만 경력의 지도직공무원으로 구성
  ㉡ '농촌지도조직 및 사업 이해역량'과 '농업 및 농촌 이해역량'에 대한 교육 요구가 높음
  ㉢ 지도사업과 농업 전반에 대한 이해를 토대로 기초 지도행정능력을 개발함
  ㉣ 집합교육, 멘토링, OJT 중심의 육성
  ㉤ 지원 단위별 육성방법
    ⓐ 중앙단위에서는 오리엔테이션 및 집합교육 위주의 교육
    ⓑ 도 단위에서는 집합교육
    ⓒ 센터 단위에서는 멘토링/코칭, 부서별 OJT, 자기주도학습 유도 등

> **참고** OJT(on the job training ; 현장훈련)
> 현장훈련(직장훈련)이란 피훈련자가 직책을 정상적으로 수행하면서 담당업무의 수행능력을 향상시키기 위하여 상관이나 선임자로부터 지도·훈련받는 것을 말한다.
> 예 멘토링 : 선임자(mentor)가 신입공무원(mentee)을 1:1로 책임지도

② 2계층
  ㉠ 3~10년 미만 경력의 지도직공무원으로 구성
  ㉡ '지도사업자원관리'와 '현장지도' 등의 역량에 대한 교육요구가 높음
  ㉢ 기초적인 기술지도 및 기술지도능력을 개발
  ㉣ 지원 단위별 육성방법
    ⓐ 중앙·도 단위에서는 집합교육을 위주, 중앙 단위에서의 연구기관 연수 및 전문지도연구회 참여
    ⓑ 센터 단위에서는 농업인 상담 및 기술지도 역량의 향상을 위해 시험장 파견, 과제수행, 직무순환, 자율탐구, 자체 세미나, 영농체험 등

③ 3계층
  ㉠ 10~20년 미만 경력의 지도직공무원으로 구성
  ㉡ '기술/주제 전문성'과 '현장지도'에 대한 교육요구가 매우 높음 → 3계층의 지도사가 주도적으로 기술지도를 수행하기 때문
  ㉢ 특정 작물에 대한 기술적 전문성을 함양할 수 있는 육성방안이 필요함
  ㉣ 지원 단위별 육성방법
    ⓐ 중앙단위에서는 집합교육과 전문지도연구회 참여, 국내외 학회 참여
    ⓑ 센터 단위에서는 멘토링 및 코칭과 영농체험을 제외한 육성 방안을 모두 활용

④ 4계층
  ㉠ 20년 이상 경력의 일반지도사로 구성
  ㉡ 3계층과 유사한 요구를 나타내고 있었으나 3계층에 비해 전체적으로 요구도가 낮음→20년 이상 경력 지도사의 전문직무역량 수준이 상당부분 확보되어 있기 때문
  ㉢ 특정 작물에 대한 전문성을 유지하고, 농업 경영체에 대한 상담 및 경영지도 능력을 배양하는 육성방안이 필요함
  ㉣ 지원 단위별 육성방법
    ⓐ 중앙단위에서는 집합교육과 전문지도연구회 및 국내외학회 참여
    ⓑ 도 단위에서는 집합교육
    ⓒ 센터 단위에서는 과제수행

⑤ 5~7계층
  ㉠ 관리자 계층으로 일반지도사 계층에 비해 리더십 역량군에 대한 교육요구가 높음
  ㉡ '네트워크 형성', '전략적 지도사업 계획', '비전설정 및 공유', '변화지향과 촉진', '갈등관리', '문제해결' 관련 역량에 대한 교육요구도가 높음
  ㉢ 지도사업 전반을 관리하고 효과적으로 이끌 수 있는 리더십을 개발하는 육성방안이 필요함
  ㉣ 지원 단위별 육성방법
    ⓐ 중앙단위에서는 집합교육과 성과평가를 통한 리더십 개발
    ⓑ 6, 7계층은 도 단위에서의 연찬회를 통한 네트워크 형성과 정보공유
    ⓒ 각 지도조직의 최고관리자라 할 수 있는 소장, 원장, 국장의 리더십 개발을 위한 평가센터 운영

(2) 교육체계에 따른 교육과정 개발
  ① 계층교육체계의 필요성
    ㉠ 기업 : 직원의 경력에 따라 신입사원 교육과정, 일반사원 교육과정, 관리자 교육과정, 경영자 교육과정 등의 계층교육체계를 수립하여 각 직급에 요구되는 전문성 개발을 지원함
    ㉡ 지도조직 : 각 계층의 지도직 공무원 육성을 위한 교육체계가 필요함
      교육체계를 토대로 계층교육과정을 실시할 경우, 각 계층 지도직 공무원이 자신의 위치에서 요구되는 역량 및 전문성을 효과적·체계적 개발이 가능함

■ 지도직공무원의 계층교육체계

구분	Level	계층교육체계	기술교육체계	외국어/IT체계
일반지도직 공무원	Level 1	지도입문과정	초급기술 과정	외부기관(국제협력센터, IT 전문기관)과 협력을 통한 선택형 교육과정 운영
	Level 2	지도실무과정	중급기술 과정	
	Level 3	지도전문과정	고급기술 과정	
담당	Level 4	팀리더과정	특정 사업 분야별(식작, 특작, 원예, 축산, 생활자원 등) 최고 전문컨설틴트 육성을 위한 교육과정 개발 운영	
중간 경영자	Level 5	변화리더과정		
최고 경영자	Level 6	경영자 워크숍		

② 지도직공무원의 수준별 프로그램 개요

교육과정의 수준에 따른 인재상에 기반하여 각 프로그램명을 설정하고, 교육대상자를 확인한 후 이에 부합하는 프로그램의 목적을 수립함

프로그램명	지도 입문 프로그램	지도 실무 프로그램
교육목적	• 농업 및 농촌에 대한 애정과 농촌지도사업과 실무에 대한 기본지식 • 농촌지도직 공무원으로서 사명의식과 열정을 갖춘 초급 실무자 육성	• 고객지향적 현장지도 능력 • 농촌지도 실무(행정)능력을 갖춘 자기개발형 현장지도전문가 양성
교육대상자	입직 후 1년 이내 농촌지도직 공무원	3~7년 미만 농촌지도직 공무원
중점교육역량 (교육내용)	농업 및 농촌 이해 농촌지도조직·사업 이해 조사분석능력1 지도사업 자원관리1 예산·회계관리1 현장지도1 책무성	조사분석능력2 지도사업 자원관리2 예산·회계관리2 현장지도2 지도사업홍보1
교수학습전략	강의, 실습, 견학·체험, 역할연기	강의, 실습, 문제해결능력, 사례연구, 역할연기
교육평가	반응평가, 학습평가	반응평가, 학습평가
교육기간	30일	21일

③ 역량-모듈 매트릭스
  ㉠ 계층별 역량의 중요도 값을 설문조사 및 전문가 인터뷰 결과와 비교·분석하여 계층별 역량의 우선순위를 선정함
  ㉡ 각 프로그램을 구성하는 모듈에 대하여, 각 모듈에서 교육내용을 어떤 순서로 가르칠 것인가를 결정하고, 모듈별로 실행목표를 개발함

ⓒ 모듈의 주요내용과 실행목표를 바탕으로 교수설계 원리를 선정하고, 이를 통해 학습활동과 평가방법을 선정함
ⓓ 모듈 수행에 소요되는 시간을 산정함

■ 지도입문과정의 역량모듈 매트릭스(예시)

역량 \ 모듈	도입	농촌 지도 기초	우리나라 농촌지도 사업	사랑하는 농업· 농촌	우리농업 발전 가능성	지도 실무 기초	지도 사업과 나의 비전	과정 종료
농업·농촌이해				◎	◎		◎	
농촌지도조직·사업이해		◎	◎	◎	◎	◎		
책무성				◎			◎	
조사분석 능력					◎	◎		
예산·회계관리						◎		
지도사업 자원관리						◎		
현장지도				◎				
자기개발				◎				

제3절 농촌지도요원 경력단계

육성단계	소요기간	정의
입직	1~2년	
일반지도 단계	3~5년	• 농촌지도사업의 특성을 이해하고, • 농업 전반에 대한 기초적 지식을 획득하여 • 농업인을 대상으로 기초적인 농업상담 및 기술 지도가 가능하고, • 지도행정을 처리할 수 있는 사무 능력을 갖춘 농촌지도직 공무원
전문지도 단계	5~8년	• 농업에 대한 이해 및 특정 작물에 대한 전반적인 지식을 바탕으로, • 그 특정 작물 내 특정 품목에 대한 전문적인 지식을 갖추어, • 특정 품목 전업농에 대한 상담 및 경영지도가 가능한 농촌 지도직공무원
농업기술 컨설팅 단계	계속	• 특정 작물에 대한 전반적인 지식 및 다품목 또는 특정품목에 대한 전문적인 지식을 지속적으로 유지·개발하여, • 특정 품목 전업농 수준 이상의 농업경영체에 대한 상담 및 경영지도가 가능한 농촌지도직공무원

▪▪ 농촌지도직공무원의 바람직한 경력단계 설정

(1) 일반지도 단계(1단계)

입직 후 1~2년의 신규지도사, 그 후 3~5년간의 실무지도사 단계로 구분

1) 신규지도사

① 신규지도사

입직해서 1~2년 이내에 체계적 직무경험과 일정기간의 집합교육을 통해 농촌지도사업의 특성을 이해하고, 농업 전반에 대한 기초지식을 습득하여 지도행정을 처리할 수 있는 사무능력을 갖추는 단계

② 지도사 채용

㉠ 우리나라 지도직공무원은 일반공채, 제한공채, 특채 형식으로 채용

㉡ 최근 신규지도사의 대부분은 일반공채를 통해 입직하며, 비농업 전공자 비율이 높아지는 추세

㉢ 입직 후 곧바로 실무에 투입되어 지도업무를 수행하기 어렵기 때문에 일정기간 중앙단위나 광역단위(도)에서 집합교육이 필요함

③ 신규지도사 교육과정
  ⊙ 공통전문교육 이외에 농업·농업인에 대한 이해, 지도조직·업무에 대한 이해, 대표 작목기술에 대한 기초 이해를 위해 보다 장기적인 최소한 2~3개월 정도의 집합교육이 필요함
  ⊙ 부서별 OJT, 멘토링(멘티 역할), Self-Study(이론/지식, e-Learning 포함) 등의 방법이 유용함

2) 실무지도사
  ① 실무지도사
    ⊙ 신규지도사의 자질과 소양을 갖춘 후 다양한 작목(품목)에 대한 경험과 지식을 접할 수 있는 체계적 직무경험을 제도적 차원에서 제공받아 농업인을 대상으로 기초 농업상담 및 기술지도가 가능할 정도의 지도사
    ⊙ 신규지도사 단계를 거친 후 육성 목표에 따라 체계적 직무경험과 교육기회를 제공하여 전공분야를 선택하게 하고 그 분야 최고전문가로 성장해갈 수 있는 기회와 조직 차원의 지원이 필요함
  ② 실무지도사 교육과정
    ⊙ 멘토링에서의 멘티 역할, 자체세미나 참여, 현장 영농체험, 시험장 파견, 전문지도연구회 참여, 직무순환 등이 유용함
    ⊙ e-Learning 프로그램을 도입하여 기술적 교육이 가능하고, 사이버코칭(cyber coaching)도 가능함
    ⊙ 자체 세미나 : 주 1회 또는 격주 1회 정도 해당 품목에 대해서 세미나를 하면 효과가 높음
    ⊙ 현장 영농체험도 효과가 높음

(2) 전문지도 단계(2단계) : 책임지도사
  ① 책임지도사
    ⊙ 입직 후 10여년에 걸쳐 특정 작물 내 특정 품목에 대한 전문적인 지식을 갖추어, 특정 품목 전업농에 대한 상담 및 경영지도가 가능한 농촌지도공무원
    ⊙ 실무지도사 이후 지역 특성과 지도 환경을 고려하여 전략적으로 집중 육성해야 할 작목(품목)을 선정하여, 지도직공무원이 그 분야 전문가로 성장할 수 있도록 충분한 교육경험과 직무경험을 조직적 차원에서 제공해야 함
    ⊙ 작목(품목)전문가로서 생산기술뿐만 아니라 포장, 유통 판매에 이르는 전 과정에 대한 농업인 상담 및 경영지도가 가능한 작목 컨설턴트로서 성장할 수 있도록 제도적 지원이 필요함

② 육성방법

멘토링(멘토 역할), 자체세미나 주도, 전문지도연구회 참여, 국내외 학회 참여, 자율탐구, 농업기술강사 경험, 집합교육 등

㉠ 멘토링 : 현장실무능력을 배양할 수 있도록 지도사 선배와의 멘토링 체제를 구축
㉡ 전문지도연구회 : 조직 전략에 따라 제도적 차원에서 전공분야를 선택하게 되면 전문지도연구회 활동으로 해당 작목의 기술적 능력 및 자기개발을 유도
㉢ 학회 참여 : 세미나도 필요하지만 학회 참여를 권장할 필요가 있는데, 관련 학회에 참석하여 기술적 전문성을 강화시킬 수 있기 때문이다.
㉣ 자율탐구(project assignment) : 현장의 요구와 현장애로기술을 직접 개발·시험할 수 있는 연구기능까지 수행하도록 자율탐구제도를 확대 → 전공분야에 대해 심층 연구 기반 제공 예 현장애로기술
㉤ 작목(품목)에 대한 중앙지도기관의 교육기회·경험 제공

(3) 농업기술컨설팅 단계(3단계) : 수석지도사

① 수석지도사

㉠ 농촌지도직공무원으로서 최고 수준의 농업전문가
㉡ 특정 작물에 대한 전반적 지식 및 <u>다품목(또는 특정 품목)에 대한 전문적 지식</u>을 지속적으로 유지·개발하여, 특정 품목 전업농 수준 이상의 농업경영체에 대한 상담 및 경영지도가 가능한 농촌지도직공무원
㉢ 직무경험 및 교육기회의 제공보다 작목(품목)에 대한 개인별 연구기능을 지원하고, 지속적 자기개발을 통하여 농업 부문별 최고수준의 전문가로서 특정 작목(품목)에 대한 생산·가공·유통·판매 전 과정을 관리할 수 있는 컨설턴트
㉣ 개인 노력에 따라 작목(품목)을 확대하여 다품목전문가로서 성장함
㉤ 입직에서 20여년 기간이 소요되고, 이후 지도사업 관리자가 되거나 퇴직하게 됨

② 수석지도사 육성방법

㉠ 농업기술 강사로 활동, 자체 세미나 주관, 멘토링(멘토 역할), 국내외 학회 발표, 현장영농컨설팅, 집합교육 등
㉡ 농업기술교육 강사 : Learning by Teaching, 가르치는 것만큼 확실하게 내용을 자기 것으로 만드는 방법은 없음
㉢ 현장영농컨설팅을 집중적으로 하게 만드는 방법
㉣ 관련 학회에서 발표를 할 수 있도록 조직적 지원이 필요함

③ 퇴직 이후의 노력
  ㉠ 작목(품목)별로 최소 10여년 이상의 기간이 소요되고, 개인 노력과 의지, 조직적 차원의 전략적 육성 노력이 수반되는 전문지도사로서의 노하우와 기술을 사장시키지 않도록 국가적 차원의 노력이 필요함
  ㉡ 농촌지도직공무원은 농업행정과 달리 퇴직 후에도 농업부문 전문가로서 활동이 가능하며, 퇴직 후 재취업과정프로그램을 마련하여 전문 지식과 노하우를 지속적으로 유지·개발하는 작업이 필요함

■ 우리나라 농촌지도직공무원 육성 로드맵

단계	명칭	기간	정의	방법
일반지도 단계	신규 지도사	1~2년	농촌지도사업의 특성을 이해하고, 농업 전반에 대한 기초 지식을 획득하여, 지도행정을 처리할 수 있는 사무능력을 갖춘 농촌지도직공무원	• 집합교육(중앙·도) • 부서별 OJT • 멘토링(멘티 역할) • Self-study(e-Leaning)
일반지도 단계	실무 지도사	3~5년	농업인을 대상으로 특정 품목에 대한 기초적 농업상담 및 기술지도가 가능한 농촌지도직공무원	• 자체 세미나 참여 • 현장영농체험 • 시험장 파견 • 멘토링(멘티 역할) • 전문지도연구회 참여 • 직무순환
전문지도 단계	책임 지도사	5~8년	특정작물 내 특정품목에 대한 전문적인 지식을 갖추어, 특정품목 전업농에 대한 상담 및 경영지도가 가능한 농촌지도직공무원	• 국내외 학회 참여 • 자체 세미나 주도 • 자율탐구 • 전문지도연구회 참여 • 멘토링(멘토 역할) • 농업기술강사 • 집합교육
농업기술 컨설팅 단계	수석 지도사	3~5년	특정작물에 대한 전반적인 지식 및 다품목(또는 특정품목)에 대한 전문적인 지식을 지속적으로 유지·개발하여, 특정품목 전업농 수준 이상의 농업경영체에 대한 상담 및 경영지도가 가능한 농촌지도직공무원	• 농업기술강사 • 자체 세미나 주관 • 멘토링(멘토 역할) • 국내외 학회 발표 • 현장경영컨설팅 • 집합교육

제4절 외국 농촌지도공무원 HRD

✪ HRD : Human Resource Development, 인적자원개발

1 미국 HRD

(1) 미국의 지도요원

① 미국 농촌지도 계층
  ㉠ 구성 : 최고관리자(director/assistant director)
    관리자(supervisor)
    지도행정가(administrative support)
    지도전문가(specialist)
    시군 단위 지도사(county agent/ advisors/ educators)로 구성
  ㉡ 지도사의 경력 수준에 따라 계층을 구분하며, 계층별로 육성 목적이 달라 계층별 다른 교육내용과 육성방안을 제공함
② 미국 농촌지도사 인원(2010)
  ㉠ 전체 주립대학에 5,390여 명의 지도전문가(specialist)가 근무, 시군 단위 주립대학 소속하의 농촌지도센터(Local Extension Office)에 농촌지도사(지소별 1~25명) 8,163명이 근무
  ㉡ 미국 농촌지도는 주립대학 중심으로 이루어지고, 주별로 지도요원 육성체계가 다름
③ 지도전문가(specialist)
  ㉠ 주립대학 내에 주정부의 지도국(Extension Office)이 설치되어 있음
  ㉡ 주립 농과대학의 지도전문가는 대부분 박사급 교수(faculty)이며, 교육(teaching)·연구(research)·지도(extension) 업무 간의 비율을 정하여 겸직하고, 매년 심사에 의하여 비율을 조정함
④ 시군지도사(county agent)
  ㉠ 시·군 단위의 농촌지도사업은 주립대학이 NIFA와 협력하여 수행하며, 주립대학 소속의 농촌지도센터가 설치되어 있음
  ㉡ 시군 농촌지도사는 대부분 학사·석사이고, 일부 박사도 포함
  ㉢ 시군지도사 선발
    ⓐ 주별로 자체 선발, 사전에 대학에서 농촌지도요원 분야별 과목을 이수해야 함
    ⓑ 미국 농촌지도요원 이수과목

구분	과목	
4-H 청소년 육성	• 사회학 • 커뮤니케이션론 • 가족관계와 인적자원개발 • 동물, 낙농, 가금과학 • 교육학(농업, 초등, 중등, 가족·소비자과학, 물리)	• 심리학 • 청소년 육성 • 기타 관련 학문 • 레크리에이션
지역사회 개발	• 농산업 및 응용경제학 • 지역사회보건교육 • 공원, 레크리에이션, 관광경영	• 농업교육학 • 지도 및 토지정보과학
가족 및 소비자과학	• 지역사회보건교육 • 아동개발 • 식품과학과 영양 • 영양 및 식품관리	• 가족자원개발 • 가족관계와 인적자원개발 • 가정경제교육 • 섬유 및 의류
농업 및 자연자원	• 농산업 및 응용경제학 • 농업 커뮤니케이션 • 환경 커뮤니케이션 또는 교육·수질관리	• 농업교육학 • 농업시스템 관리

(2) 켄터키주 HRD

공통교육과정

1단계 오리엔테이션
신입지도사의 지도조직 및 지도사업에 대한 이해와 지도사의 역할정립
- 오리엔테이션 3일
- 지역의 최고관리자 방문
- 멘토링 프로그램
- 현장학습

↓

2단계 기본훈련
입직 1년 후 지도업무 수행에 요구되는 공통적인 직무능력 및 리더십, 관리능력함양
- 개인개발 및 조직개발
- 관리스킬
- 지도사업개발

↓

전문능력개발과정

3단계 프로그램 영역 훈련
지도사업 영역별 요구되는 역량 함양
- 지역별 지도사업 프로그램
- 최고관리자가 각 지도사의 임무 부여

↓

4단계 전문성 개발
지도사가 지역 및 개인의 요구에 부합할 수 있도록 전문성 함양
- 현직 교육
- 전문성 향상

▪ 켄터키주 농촌지도요원 육성체계

County Extension Agent Development System을 갖춰 농촌지도사의 입직부터 전문성을 완성하기까지 체계적으로 육성함
- 1·2단계 : 지도업무 수행을 위한 기초 지식·기술을 향상시키는 공통 교육과정
- 3·4단계 : 사업 또는 업무 영역별로 요구되는 전문 능력 개발 과정

① 1단계 : **오리엔테이션**(orientation)
  ㉠ 신입 지도사의 지도사업에 대한 이해와 지도사업의 절차·방법 등 기초 지식과 기술을 익히기 위한 과정
  ㉡ 3일간의 오리엔테이션 세션, 지역의 최고관리자 방문, 멘토링 프로그램으로 구성

② 2단계 : **기본훈련**(core training)
  ㉠ 지도사 입직 1년 후 3개의 교육과정을 2~3일간 이수해야 함
  ㉡ 주제는 개인개발·조직개발, 관리기술, 지도사업 프로그램 개발로 구성됨

③ 3단계 : **프로그램 영역 훈련**(program area training)
  ㉠ 각 지역 프로그램별 요구되는 차별적 능력을 함양하는 단계
  ㉡ 3단계 교육은 각 지역의 특수한 임무에 초점을 맞춤

④ 4단계 : **전문성 개발**(professional development)
  학습경험을 통해 지역 요구에 부합하는 능력을 함양하여 전문성을 확보하고, 장기적인 경력 목표를 달성해야 함. 정규교육과 다양한 육성방법을 통해 지도사의 전문성을 함양시키는데, 협동지도사업에서 제공하는 교육 외에 다양한 경험을 통해 전문성 함양시킴
  ㉠ 대학원 과정(Graduate Courses) : 많은 지도사가 특정 영역의 전문성을 확보 및 특정 영역의 학위가 필요할 경우 대학원 과정에 참여함(단, 협회에서 제안하는 코스에 참여해야 함)
  ㉡ 지도사 협회(Agent Associations) : 미국 내 3개 지도사 협회(The National Association of Extension Home Economists, The National Association of 4-H Agents, The National Association of County Agricultural Agents)는 매년 정기적 미팅·워크숍·세미나를 개최하여 지도사 네트워크를 형성하고, 전문성을 함양함
  ㉢ 기타 전문적 학회 및 협회(Other Professional Societies and Asociations) : 기타 지도사업에 필요한 여러 학회 및 협회는 정기적 학회·워크숍을 운영하고 있어 지도사의 전문성을 향상시킴
  ㉣ 학술지와 정기간행물(Journals and Periodicals) : Journal of Extension 같은 전문 학술지·지도사업 잡지를 읽는 것이 전문성 개발에 가장 비용 효과성이 높음

- ⓜ 자기주도적 연구(Self-Directed Study) : 요구분석 또는 프로그램 평가 분야에 대한 자기주도학습을 통해 전문성을 함양할 수 있음. 독자적으로 교수자료를 개발하거나 활용할 수 있음
- ⓑ 연구 탐방(Study Tours and Travel) : 미팅·워크숍·책으로 얻을 수 없는 실질적 부분은 탐방을 통해 학습할 수 있는데, 선진 프로그램의 절차와 방법 등을 배울 수 있음

(3) 오하이오주 HRD

오하이오 주립대학 농촌지도센터(Ohio State University Extension)의 Dalton은 농촌지도사의 경력단계를 3단계로 구분하고, 각 단계별 전문능력 개발을 동기부여하기 위한 유인책과 조직적 전략을 제시함

① 진입 단계
   ㉠ 조직에 대한 이해, 조직의 구조 및 문화, 직무 수행을 위한 필수 기술을 습득해야 함
   ㉡ 오하이오 주립대학 지도센터(OSU 지도센터)는 동료 멘토링 프로그램(peer mentoring program), 전문성 개발 지원팀(professional support teams), 리더십 코칭(leadership coaching), 오리엔테이션/직무훈련(orientation/job training) 같은 방법을 개발함

② 동료 단계
   지도사는 전문적 지식과 독립성을 갖추어야 하며, 현직교육(in-service education), 전문성 개발 예산 확충(professional development funding) 등의 방안이 활용됨

③ 카운슬러 및 어드바이저 단계
   ㉠ 조직에 대한 지도사 개인의 기여를 넘어 다른 지도사와 협업할 수 있는 능력을 개발해야 함
   ㉡ 지도사는 자기학습을 통하여 지식과 기술을 갱신하고, 강사로서의 기회도 갖으며, 특별한 프로젝트에 임시로 참여하기도 함
   ㉢ 자신의 삶을 되돌아보고 갱신할 수 있는 수련회(life and renewal retreats), 멘토링과 훈련가로서의 역할 수행(mentoring and trainer agent roles), 리더십 진단센터(assessment center for leadership), 조직 내 전문가 협의체(organizational sounding boards) 등의 조직적 전략을 고려할 수 있음

경력단계	강조점	조직적 전략
진입 단계	• 지도조직, 구조, 문화의 이해 • 직무수행에 필요한 필수 기술 획득 • 지도기관 내 동료들과의 관계 형성 • 이니셔티브와 창조성 발휘	• 동료 멘토링 프로그램 • 전문성 개발 지원팀 • 리더십 코칭 • 오리엔테이션/직무훈련
동료 단계	• 전문성 영역 개발 • 전문성 개발을 위한 예산 확보 • 독자적인 문제해결이 가능한 수준 • 전문가로서의 자격과 의식 갖기 • 혁신과 창조성 발휘 • 의존적 활동에서 독립적 활동으로의 변화	• 현직교육 • 전문성 개발 예산 확충 • 전문가 협회 참가 지원 • 정규교육
카운슬러 및 어드바이저 단계	• 광범위한 전문성 획득 • 리더십 발휘 • 조직적 문제해결에 관여 • 전문가로서의 상담/코칭 • 자기개발 강화 • 타인에게 영향력을 미칠 수 있는 지위 획득	• 수련회 • 멘토링과 훈련가로서의 역할수행 • 리더십 진단센터 • 조직 내 전문가 협의체

(4) 텍사스주 HRD

농촌지도사 계층을 New employees, Agents, Specialists, Supervisors로 구분

① 신규지도사(New employees) 육성 방법

전체적으로 지도조직·지도사업에 대한 이해와 전반 업무에 대한 기초 지식·기술을 함양하기 위한 과정

㉠ 오리엔테이션 4일

텍사스 농촌지도사업(Texas Cooperative Extension)의 비전과 미션, 시행하고 있는 지도사업 프로그램에 대한 정보를 제공하고, 프로그램 개발 및 지도사업의 영역에 대한 기본 지식을 교육함

㉡ 온라인 세미나와 교육훈련을 실시

ⓐ **온라인 세미나** : 신규지도사와 전문지도사(Specialist)가 웹을 통해 지도사업 기초 주제로 5회에 걸쳐 1회당 3시간씩 세미나를 실시함. 신규지도사는 질문·의견을 제시할 수 있으며, 전문지도사로부터 피드백을 받음

ⓑ **정규교육** : 4회 실시, 각 지역의 지도사업 관련 환경 및 이해관계자에 대한 이해와 전반적인 지도사업 프로그램에 관한 지식을 교육받음

ⓒ 스스로 학습할 수 있는 가이드를 제공함
　　　ⓓ 선배 지도사와의 연계를 통해 멘토링 및 코칭 프로그램을 제공함
　② 실무지도사(Agents) 육성방법
　　　㉠ 지역사회의 요구를 반영할 수 있는 현실적인 지도사업 프로그램을 실행하기 위한 전문성을 함양할 수 있는 다양한 육성방법이 활용됨
　　　㉡ 다양한 학습기회에 대한 정보 제공 : 지도사업 관련 학회, 워크숍, 자격 프로그램, 학위코스, 세미나 등 다양한 학습기회에 대한 정보를 제공하고 있으며, 지도사업과 관련된 협회 및 도서에 대한 정보를 제공하고, 멘토링 프로그램도 실시
　③ 전문지도사(Specialists) 육성방법
　　　㉠ 실무지도사의 육성방법과 거의 동일한 방법을 통해 전문성을 함양함
　　　㉡ 학습내용이 보다 전문적, 실무지도사와 달리 멘토링 프로그램은 실시하지 않음
　④ 관리자(Supervisors) 육성방법
　　　㉠ 대부분 리더십 및 관리 역량을 함양하기 위한 교육 실시
　　　㉡ 남부 지도사업 리더십 개발(Southern Extension Leadership Development) 프로그램을 통해 리더십의 이론 및 적용을 학습함
　　　㉢ 주지사 경영 개발센터(Governor's Center for Management Development) 프로그램을 통해 지도사업 프로그램 개발 및 실행에 필요한 자원(시간, 예산, 인력)을 관리하는 능력을 배양함
　　　㉣ 관련 대학 및 협회와 네트워크 형성을 통해 다양한 학습 자원을 제공함

2 일본 HRD

- 2000년 : 일본의 지도사업은 국가 단위에서 도 단위로 이관됨
- 2004년 : 농업개량조장법 개정으로 전문기술원 및 개량보급원을 보급지도원으로 일원화. 지역보급개량센터를 '보급지도센터'로 개칭하고 설치근거를 자율화시킴. 보급협력위원을 보급지도협력위원으로 명칭 변경. 보급지도원의 전문성 함양을 농림수산성의 기본지침으로 정함
- 2005년~ : 지도사의 전문자격시험이 폐지되고 지도역량이 점차 떨어지면서 역량개발에 중점을 둠

(1) 보급지도원 자기연수지원체제 정비

　① 보급지도원은 고도의 전문기술 지식을 갖추고, 현장의 과제해결능력이나 조사연구능력을 갖추어야 함 → 현지 조사연구 활동이나 연구회 활동을 통한 자기 연구 등 자발적 학습이 매우 중요함

② 보급지도원의 자발적 연구를 조장할 수 있도록, 보급사업·농업교육 등에 관한 자료 및 문헌의 제공이나 연수거점 정비, 연수환경 정비 등을 강조함

(2) 보급지도원의 자질 향상을 위한 연수

보급지도원이 농업인 요구에 부응하고 새로운 기술체계를 도입하며, 경영관리의 고도화에 의한 지역농업의 기술혁신을 추진할 수 있도록 정부와 도도부현이 역할분담을 하여 계획적 연수를 실시함

① 연수체계 4단계

실천지도력 강화 연수	보급지도원의 역할 및 목적의식의 함양, 기초적인 지도방법의 습득과 실천적 지도력 향상에 관한 연수
전문지도력 강화 연수	전문분야를 중심으로 문제해결능력 향상에 관한 연수, 마케팅·운영관리 등 경영적 관점을 중시한 지도력 향상에 관한 연수, 지적재산의 창조·보호·활용의 지원에 관한 지도력 향상에 관한 연수
종합지도력 강화 연수	농촌지역의 종합적 과제에 대한 해결능력을 향상하기 위한 보급지도방법의 고도화 등에 관한 연수
기획·운영능력 강화 연수	보급지도 활동의 총체로서의 기능을 발휘하기 위해 보급 활동의 종합적인 기획·조정, 보급지도원의 양성 및 자질 향상, 보급지도 활동의 관리운영에 관한 연수

② 보급지도원의 발전단계에 따른 연수 내용

기초적인 지도력 확립 (신임기, 제1기)	실천적 지도를 실행하기 위해 필요한 보급방법이나 기술·경영에 관한 기초적인 지도력과 커뮤니케이션 능력을 갖추기 위한 연수
스페셜리스트 기능(전문) 향상기 (제2기)	개별 경영이나 법인 경영 등의 농업경영체나 생산조직, 학습·연구·실천집단 등이 안고 있는 기술적인 문제나 경영관리기법에 대해 지도할 수 있는 능력을 갖추기 위한 연수
코디네이터(통합) 기능 충실기 (제3기)	전문기술을 보다 고도화하고, 지역의 통합적인 과제해결을 위한 효과적인 제안이나 지도를 실행할 수 있는 능력을 갖추기 위한 연수
기획관리력의 충실기 (제4기)	보급지도원의 조직적인 활동이나 효과적인 연수의 실시, 관계기관 및 단체와의 연계 강화, 시험연구 행정 분야의 성과기법의 종합적인 활용 등을 실행할 수 있는 능력을 갖추기 위한 연수

③ 연수방법

연수목적에 따라 집합연수, OJT(on the job training), 파견연수, e-러닝, 전문가에 의한 개별지도 등

㉠ 집합연수를 통해 강의뿐만 아니라 토의, 연습, 실습 등으로 연수효과를 향상시키고, OJT는 신임 보급지도원의 능력제고에 효과적이며, 파견연수 비중도 증가하고 있음

㉡ 보급지도원의 파견 연수

파견하는 곳	습득하고자 하는 지식 및 기술
지역의 선도적인 역할을 하는 농업인	농업생산, 농업경영 및 농촌생활에 관한 실천적 지식, 농업인과의 커뮤니케이션
대학, 대학원, 시험연구기관	농업에 관한 고도의 지식과 선도적 기술 등
소매업자, 식품사업자	마케팅, 식품가공에 관한 지식 및 지원 방법
민간 전문가 등	생산기술 및 경영 등에 관한 고도의 지식과 지원 방법 등

Chapter 01 기출 및 예상 문제

01 농촌 리더십 이론에 대한 설명으로 가장 옳지 않은 것은? ●20. 서울 농촌지도사

① 특성이론(traits theory)에서 어떤 개인적 자질은 리더가 리더십을 발휘하기 위하여 구비해야 할 요건 중 하나라고 본다.
② 상호작용이론(interaction theory)은 조직지도자, 조직구성원, 조직상황의 세 가지 요인을 동시에 고려해야 한다는 이론이다.
③ 상황이론(situation theory)은 특정 개인이 갖고 있는 자질보다는 조직의 목적 및 기능을 파악하고, 그것과 리더와의 관계를 규명하고자 하는 이론이다.
④ 성원이론(follower theory)에서 지도적 권위는 개인적 자질에 대부분 내재한다고 본다.

해설 성원이론에서 지도적 권위는 리더 개인적 자질에도 내재하지만, 그보다 공통 조직목표에 대한 충성에서 기인하는 구성원의 동의적 잠재력에 내재한다고 본다.

02 혁신을 창조하는 사람들의 특성 중 내외의 여러 가지 끊임없는 자극과 행동에 대하여 반응하고 적응하고자 하는 과정을 나타내는 욕구는? ●20. 서울 농촌지도사

① 자아규정의 욕구
② 기피의 욕구
③ 긴장해소의 욕구
④ 보상적 욕구

해설 긴장해소의 욕구는 혁신을 창조하는 사람들의 특성 중 내외의 여러 가지 끊임없는 자극과 행동에 대하여 반응하고 적응하고자 하는 과정을 나타내는 욕구이다.

03 농촌지도자(농촌 리더) 및 여론지도자(오피니언 리더)에 대한 설명으로 가장 옳지 않은 것은? ●20. 서울 농촌지도사

① 농촌지도자는 공식적 지도자일 수도 있고, 비공식적 지도자일 수도 있다.
② 여론지도자는 일반농민에 비해 광역지향적이며, 높은 사회적 지위를 가지고 있다.
③ 집단구성원들에 의해 선출된 농촌지도자와 존경받는 전통적 지도자는 공식적 지도자에 해당된다.
④ 사회관계 측정법은 농촌집단에서 여론지도자를 발굴하는 효과적인 방법으로 알려져 있다.

정답 01 ④ 02 ③ 03 ③

해설 집단구성원들에 의해 선출된 농촌지도자는 공식적 지도자에 해당하고, 존경받는 전통적 지도자는 비공식적 지도자에 해당된다.

04 보기에서 설명하는 교육훈련은 무엇인가?

●18. 경북 농촌지도사(변형)

> 참석자와 강사가 1~3주 가량 한 장소에서 같이 생활하면서 특정 주제에 대하여 의문점과 문제점을 함께 토의하며 배우는 훈련과정

① 세미나
② 현직훈련
③ 연찬회
④ 전문지도연구회

05 일본의 보급지도원의 발전단계에 대한 설명으로 옳지 않은 것은?

① 기초적 지도력 확립 : 기초적인 지도력과 커뮤니케이션 능력
② 스페셜리스트 기능 : 농업경영체의 기술적인 문제 지도
③ 종합지도력 : 시험연구 행정 분야의 성과기법의 종합적인 활용
④ 기획관리력 : 관계기관 및 단체와의 연계 강화

해설 보급지도원의 발전단계에 따른 연수 내용
  ㉠ 기초적인 지도력 확립(신임기, 제1기) : 실천적 지도를 실행하기 위해 필요한 보급방법이나 기술·경영에 관한 기초적인 지도력과 커뮤니케이션 능력을 갖추기 위한 연수
  ㉡ 스페셜리스트 기능(전문) 향상기(제2기) : 개별 경영이나 법인 경영 등의 농업경영체나 생산조직, 학습·연구·실천집단 등이 안고 있는 기술적인 문제나 경영관리기법에 대해 지도할 수 있는 능력을 갖추기 위한 연수
  ㉢ 코디네이터(통합) 기능 충실기(제3기) : 전문기술을 보다 고도화하고, 지역의 통합적인 과제해결을 위한 효과적인 제안이나 지도를 실행할 수 있는 능력을 갖추기 위한 연수
  ㉣ 기획관리력의 충실기(제4기) : 보급지도원의 조직적인 활동이나 효과적인 연수의 실시, 관계기관 및 단체와의 연계 강화, 시험연구 행정 분야의 성과기법의 종합적인 활용 등을 실행할 수 있는 능력을 갖추기 위한 연수

정답 04 ③ 05 ③

06 농촌지도요원의 역량모델에 관한 설명으로 옳지 않은 것은?

① 직무역량은 매니저 또는 전략가와 같은 특정한 역할을 수행하는 데 필요하다.
② 기초역량은 대부분 지도전문 분야와 상관없이 일반적으로 적용할 수 있다.
③ 기존에는 농촌지도공무원의 전반적 역량보다는 지도사의 직업적 전문성을 개발하는데 치중하였다.
④ 농촌지도공무원의 역량은 종합적 전문성으로 인식할 수 있다.

해설 **농촌지도공무원의 역량모델링**
㉠ 기초역량 : 기초역량은 전문지도인력의 성공적 업무수행을 위한 기본역량에 해당됨. 모든 역할을 수행하는 데 필요하고 전문 분야와 상관없이 일반적으로 적용함. 일부 기초역량은 매니저·전략가로서 역할을 수행하는 데 필요하나 그 역량은 지도사업 추진을 위한 기반으로 작용함
㉡ 직무역량 : 기초역량보다 전문지도인력의 업무 수행에 직접적으로 연관이 되는 역량이며, 업무의 성공적 수행을 위해 보다 특정한 지식과 기술이 요구됨

07 우리나라 농촌지도직 공무원을 계층에 따라 분류한 내용으로 옳지 않은 것은?

① 2계층 - 지도사업관리, 현장지도 등 역량에 대한 요구도가 상대적으로 높게 나타난다.
② 3계층 - 특정 작물에 대한 기술적 전문성을 함양할 수 있는 방안이 필요하다.
③ 4계층 - 기술/주제전문성, 현장지도에 대한 교육요구가 매우 높게 나타난다.
④ 5~7계층 - 관리자 계층으로 리더십 역량군에 대한 교육이 상대적으로 높게 나타난다.

해설 • **3계층** : 기술/주제전문성, 현장지도에 대한 교육요구가 매우 높게 나타난다.
• **4계층** : 기술/주제전문성, 현장지도에 대한 교육요구가 나타나기는 하지만 그 요구도가 전체적으로 낮다.

08 책임지도사의 설명으로 옳지 않은 것은?

① 특정품종의 전업농에 대한 상담 및 경영지도가 가능한 농촌지도공무원이다.
② 세미나보다는 학회참여를 권장한다.
③ 현장애로기술을 직접 개발·시험할 수 있는 연구기능까지 수행하도록 기반을 제공해야 한다.
④ 농업 부문별 최고수준의 전문가로서 특정 작목(품목)에 대한 생산·가공·유통·판매 전 과정을 관리할 수 있는 컨설턴트이다.

정답 06 ① 07 ③ 08 ④

해설 **책임지도사**
㉠ 입직 후 10여년에 걸쳐 특정 작물 내 특정 품목에 대한 전문적인 지식을 갖추어, 특정 품목 전업농에 대한 상담 및 경영지도가 가능한 농촌지도공무원
㉡ 실무지도사 이후 지역 특성과 지도 환경을 고려하여 전략적으로 집중 육성해야 할 작목(품목)을 선정하여, 지도직공무원이 그 분야 전문가로 성장할 수 있도록 충분한 교육경험과 직무경험을 조직적 차원에서 제공해야 함
㉢ 작목(품목)전문가로서 생산기술뿐만 아니라 포장, 유통, 판매에 이르는 전 과정에 대한 농업인 상담 및 경영지도가 가능한 작목 컨설턴트로서 성장할 수 있도록 제도적 지원이 필요함

09 미국의 농촌지도요원에 대한 설명으로 옳지 않은 것은?

① 지도요원 육성체계는 주별로 동일하다.
② 시군 농촌지도사는 주별로 자체 선발한다.
③ 지도전문가는 교육, 연구, 지도 업무 간 비율을 정하여 겸직한다.
④ 시군 단위 주립대학 소속하의 농촌지도센터(Local Extension Office)에 농촌지도사가 근무한다.

해설 미국의 일반지도사 선발 및 육성체계는 주마다 상이하다.

10 다음 중 직전훈련(pre-service training)의 설명은?

① 농촌지도요원으로 채용된 새 요원이 그에게 특정한 업무가 할당되기 전에 주어지는 훈련
② 농촌지도요원으로 채용되기 이전에 받는 전문적인 훈련을 의미
③ 정규농촌지도요원에게 주어지는 모든 종류의 훈련
④ 농촌지도요원이 자기 근무지에서 일정기간 동안 농촌지도 계통의 기관이 아닌 수련기관이나 대학에 위탁해서 훈련시키는 과정

해설 ①은 신규채용자 교육(신규훈련), ③은 재직자 직무교육(재훈련), ④는 위탁훈련과정을 설명하고 있다.

정답 09 ① 10 ②

11 다음 중 직전훈련에 대한 설명에 해당되지 않는 것은?

① 농촌지도요원으로 채용되기 이전에 받는 전문적인 훈련을 의미한다.
② 일선농촌지도요원이 되기 위해서는 모든 영역의 농촌기술보다 한 가지 작목에 대하여 깊이 알고 있는 것이 중요하다.
③ 국가에 따라서 직전훈련의 수준이 다르다.
④ 직전훈련의 내용은 기초적이고 실용적인 지식과 기술 및 정보에 대한 소양이 필요하다.
⑤ 농촌지도요원은 자연과학 및 사회과학에 대한 자질을 가지고 있어야 한다.

해설 일선농촌지도요원은 모든 영역의 농촌기술보다 한 가지 작목에 대하여 깊이 알고 있는 것이 중요하지만 전공 이외의 다른 작목에 대해 깊이 알고 있어야 한다.

12 농촌지도요원의 전문성 개발 중 수습훈련이라고도 불리는 훈련의 유형은?

① 재훈련
② 직전훈련
③ 신규훈련
④ 보수훈련

13 농촌지도공무원의 교육훈련 중 신규로 채용된 농촌지도사들이 대농민지도에 대한 최소한의 학문적 배경을 갖추는 훈련에 가장 적합한 것은?

① 보수훈련
② 기초훈련
③ 단기연찬회
④ 실무훈련

해설 보수훈련은 농촌지도요원으로 채용된 새 요원이 그에게 특정 업무가 할당되기 전에 주어지는 훈련으로 수습훈련이라고도 한다.

14 다음 중 재훈련에 해당하지 않는 것은?

① 각종 정기직원회의
② 농업행정절차수습
③ 세미나
④ 보충훈련

해설 재훈련의 종류 : 정기직원회의, 현직훈련, 단기과정훈련, 멘토링과 코칭, 위탁훈련과정, 외국파견훈련, 연찬회, 세미나, 전문지도연구회, 보충훈련 등

정답 11 ② 12 ④ 13 ① 14 ②

15 자기가 전공하고 담당하는 업무에서 새로이 연구·개발된 지식, 정보 기술을 교육받기 위한 교육에 대한 설명은?

① 신규적응훈련　　　　② 기술보급교육
③ 재훈련　　　　　　　④ 업무파악훈련

> **해설** 재훈련
> ㉠ 정규 농촌지도요원에게 주어지는 모든 종류의 교육훈련
> ㉡ 직무교육 목적
> 　ⓐ 자기가 전공하고 담당하는 업무에서 새로 연구개발된 지식, 정보, 기술을 교육받기 위함
> 　ⓑ 과거 알고 있었던 지식을 잊지 않도록 환기시키기 위함

16 정규 농촌지도요원에게 전공하고 있는 업무나 과거의 지식을 환기시키기 위해 교육하는 방법을 무엇이라 하는가?

① 직전훈련　　　　　　② 재훈련
③ 신규훈련　　　　　　④ 사전훈련

17 농촌지도방법 중에서 그 주제가 넓고 또는 여러 가지 주제에 대하여 4~6주간 실시하는 훈련은?

① 연찬회　　　　　　　② 보충훈련
③ 진학훈련과정　　　　④ 단기과정훈련

> **해설** 보충훈련
> ㉠ 훈련기간은 4~6주간 정도로써, 일반적으로 농촌지도방법·양계법·과수재배법 등과 같이 그 주제가 넓으며, 여러 가지 주제에 대해서 같은 기간 동안에 실시한다.
> ㉡ 과수에 대한 것이면 전반적으로 과수재배에 대한 모든 지식, 기술 및 그 경영에 관하여 훈련을 받는다.

18 다음 중 현직훈련에 대한 올바른 설명은?

① 행정과 시책 등에 관한 회의와 더불어 훈련을 실시한다.
② 근무하는 현지에서 상위직의 지도요원이 계획적으로 훈련시킨다.
③ 근무지에서 일정기간동안 농촌지도계통의 기관이 아닌 수련기관이나 대학에 위탁해서 훈련시키는 과정이다.
④ 승진이나 업무수행상 학력을 높이기 위한 훈련과정이다.

정답 15 ③　16 ②　17 ②　18 ②

해설 ①은 정기직원회의, ②는 위탁훈련과정, ④는 진학과정훈련을 설명한 것이다.

19 다음 중 농촌지도요원의 역할이라고 볼 수 없는 것은?
① 촉매자(catalyst)
② 변화촉진자(change agent)
③ 진행협조자(process helper)
④ 문제해결자(problem solutioner)

20 Lippitt이 주장한 내용 중 보기에 해당하는 농촌지도요원의 역할은?

- 농민 스스로 행동변화의 필요를 인지하도록 도와주어야 한다.
- 농민의 필요와 문제와의 관련에서 신뢰성, 확실성, 감정이입 등의 깊은 상호관계적인 분위기를 조성해야 한다.
- 농민의 문제상황을 분석하여 왜 현실적인 대안이 그들의 필요를 충족시켜 주지 못하는지 이해시켜야 한다.

① 해결방안제시자
② 진행협조자
③ 자원동원자
④ 변화촉진자

21 다음 중 헤브록이 제시한 농촌지도요원의 역할이 아닌 것은?
① 촉매자로서의 역할
② 자원동원자로서의 역할
③ 지도자로서의 역할
④ 해결방안 제시자로서의 역할

해설 헤브록이 제시한 농촌지도요원의 역할
㉠ 촉매자(catalyst)로서의 역할 : 자극을 통하여 문제상황의 인식과 개발욕구를 불러일으키는 역할
㉡ 해결방안 제시자(solution giver)로서의 역할 : 문제상황에 적절한 해결방안의 제시와 그것을 수용하게 하는 역할
㉢ 진행협조자(process helper)로서의 역할 : 모든 개발단계에 따른 문제해결활동을 측면지원하고 그 활동의 성과제고를 유도하는 역할
㉣ 자원동원자(resource mobilizer)로서의 역할 : 활동에 필요한 자원을 발견하고 동원하는 역할

정답 19 ④ 20 ④ 21 ③

22 문제상황에 적절한 해결방안의 제시와 그것을 수용하게 하는 지도요원의 역할은?

① 촉매자로서의 역할
② 해결방안제시자로서의 역할
③ 진행협조자로서의 역할
④ 자원동원자로서의 역할

해설 해결방안 제시자(solution giver)로서의 역할 : 문제상황에 적절한 해결방안의 제시와 그것을 수용하게 하는 역할

23 자극을 통하여 문제상황의 인식과 개발욕구를 불러일으키게 하는 지도자의 역할은?

① 촉매자로서의 역할
② 해결방안 제시자로서의 역할
③ 진행협조자로서의 역할
④ 자원동원자로서의 역할

해설 촉매자(catalyst)로서의 역할 : 자극을 통하여 문제상황의 인식과 개발욕구를 불러일으키는 역할

24 농촌지도요원의 변화촉진자적 역할 중 가장 먼저 이루어져야 하는 것은?

① 행동변화의 필요인지
② 변화의지의 행동화
③ 고객의 동기유발 촉진
④ 변화의 고정과 중단방지

해설 농촌지도요원의 변화촉진자적 역할의 순서(Lippitt)
㉠ 행동변화의 필요인지
㉡ 상호신뢰적 관계의 조성
㉢ 문제의 진단
㉣ 고객의 동기유발 촉진
㉤ 변화의지의 행동화
㉥ 변화의 고정과 중단방지
㉦ 종결적 상호관계의 수립

정답 22 ② 23 ① 24 ①

Chapter 02 농촌 리더십

단원 키워드

1. 리더십의 개념과 관련 이론
2. 농촌 리더의 유형 및 특징
3. 농촌 리더의 발굴 방법
4. 자원지도자의 관리법

　농촌 리더십이란 농촌이라는 지역사회 및 특수집단의 발전을 위하여 지역사회 주민이 자발적이고 상호 역동적으로 노력하게끔 유도하고 조정하여 이끄는 농촌 리더의 행동을 의미한다. 농촌 리더십 이론은 특성이론(traits theory), 성원이론(follower theory), 상황이론(situation theory), 최근의 상호작용이론(interaction theory)이 있다.

　농촌 리더는 농촌주민으로서 구성된 집단의 목적 달성과 유지·존속을 위해 집단성원의 자발적 참여를 중심으로 집단 내외적인 상호작용을 농촌 사회규범 속에서 비교적 많이 주도·조정·통제하는 업무를 이행하는 농촌주민을 의미한다.

　지역사회 리더에는 임명된 리더, 선출된 리더, 자원지도자 등이 있다. 농촌지도사업에서는 비공식적 리더의 역할이 중요하며, 그 중 오피니언 리더와 자원지도자의 역할이 강조되고 있다. 농촌 리더로서 오피니언 리더를 발굴하는 방법은 크게 사회관계 측정방식, 정보제공자의 평가, 자기 추천방식, 관찰 등이 있다.

제1절 리더십 이론

(1) 리더십 개념

① 리더십 정의
  ㉠ 집단의 목표 달성과 유지 발전을 위하여 집단성원의 자발적인 지지와 참여를 바탕으로 그들 간의 상호작용을 유도하고 집단 내외적 상황을 변화시키는 리더의 행동
  ㉡ 단순한 힘이나 영향력이라기보다 의도성과 방향성을 지닌 행동
  ㉢ Pigor : 다른 사람을 이끌고 다스리는 인성(personality) 지도와 인성을 강조
  ㉣ Alford & Beatley : 집단성원의 자발적 행동을 유도하는 인물의 영향력 또는 행동
  ㉤ Gibb : 집단성원의 상호작용을 위한 조정과 통제
  ㉥ Allport : 집단의 내외적 상황에 대한 영향력을 강조하여 리더와 성원 간의 인간관계를 통해서 집단상황에 크게 변화를 가져오는 활동

② 리더십 특징
  ㉠ 리더십은 선천성이 아니라 후천적 특성이 강하기 때문에 누구든지 수련하면 소유할 수 있음
  ㉡ 리더십은 모든 집단성원이 가질 수 있는 것이며, 리더십을 가장 많이 지닌 사람이 그 집단의 리더가 됨

③ 농촌 리더십
  ㉠ 일반적 리더십 + 농촌·지역사회 리더십
  ㉡ 농촌이라는 지역사회 혹은 그 지역사회의 주민으로 구성된 개개 특수집단들의 유지 발전을 위하여 농촌지역사회 주민이 자발적이고 상호역동적으로 노력하게끔 유도하고 조정하여 이끄는 농촌 리더의 행동

④ 리더십 이론의 변천
  ㉠ **특성론(1920~50)** : 리더 개인의 특성, 속성 및 자질에 초점을 둔 고전적 연구
  ㉡ **행태론(1950~60)** : 리더와 부하 간의 관계를 중심으로 리더십 행태(행동)의 다양한 유형 연구 → 행동유형론
  ㉢ **상황론(1970)** : 리더십의 효율성에 영향을 미치는 상황(환경)적 조건을 연구한 이론으로 자질론과 상황론을 종합한 상호작용이론이나 3차원이론도 이에 속함
  ㉣ **신속성론(1980~90)** : 리더의 카리스마나 신념, 가치관 등 개인적 특성을 리더십의 중요한 인자로 재차 강조하는 현대적 리더십연구(카리스마적 리더십이나 변혁적 리더십, 문화적 리더십 등)

- **카리스마적(위광적) 리더십** : 리더가 난관을 극복하고 현재 상태에 대한 각성을 확고하게 표명하고 수범을 보여 주어 부하들에게 존경심·자긍심과 신념 및 강한 헌신과 일체감을 심어주고 부하들로부터 존경과 신뢰를 얻음
- **영감적 리더십** : 리더가 부하로 하여금 도전적 목표와 임무 미래에 대한 비전을 열정적으로 받아들이고 계속 추구하도록 격려. 미래에 대한 구상이 핵심
- **지적 자극** : 부하로 하여금 형식적 관행을 타파하고 창조적 사고(혁신적 아이디어)와 학습의지, 새로운 관념을 촉발
- **개별적 배려** : 개인의 특성을 파악하여 이를 적합하게 격려하고 개인의 존재가치(자긍심)를 인정하며, 개개인의 특성과 다양성에 따라 코치하고 충고

(2) 농촌 리더십 이론

크게 특성이론, 성원이론, 상황이론으로 구분하지만 이들은 독자적이라기보다 상호 보완관계에 있음. 최근에는 리더특성 + 구성원 + 상황 요건을 동시에 고려하는 상호작용이론이 대두됨

① **특성이론**(traits theory)
  ㉠ 리더십 초기 연구는 리더가 지니고 있는 천부적인 특성에 초점을 맞춤
  ㉡ Smith & Kruger : 리더란 천부적인 것으로서 그들은 다른 사람들에 비해서 정신적·물질적·개인적으로 우월하여 어떤 상황 하에서도 변질될 수 없는 것이기 때문에 이런 특성을 지닌 사람만이 진정한 리더가 될 수 있다고 주장
  ㉢ Mann : 실증연구 결과 자질이란 천부적인 것이 아니며 인간의 어떤 자질이 바람직한 리더상이 될 수 있는지 예측하기 어렵다고 주장
  ㉣ 어떤 개인적 자질(특성)은 리더가 리더십을 행사하기 위하여 구비해야 할 요건 중 하나라고 봄

② **성원이론**(follower theory)
  ㉠ 배경 : 특성이론이 리더와 피지도집단 간의 기능 관계라는 점을 간과한다고 비판함(상황이론에 포함시키기도 함)
  ㉡ 특징
    ⓐ 지도적 권위는 리더 개인적 자질에도 내재하지만, 그보다 공통 조직목표에 대한 충성에서 기인하는 구성원의 동의적 잠재력에 내재한다고 봄
    ⓑ 동의적 잠재력에 구성원의 리더에 대한 인지, 구성원의 성격·습관, 문화적 배경 등이 포함됨
  ㉢ 장점 : 사람들은 자신의 개인적 욕망을 충족시켜 주는 사람을 추종하는 경향이 있다는 것을 밝혀냄

ⓔ 비판 : 리더와 성원들의 상호작용에 관계하는 환경이나 상황을 간과함
③ 상황이론(situation theory)
  ㉠ Ross & Hendry : 리더십을 특정 개인이 갖고 있는 자질이나 추종자의 태도보다는 그 조직의 목적·기능을 파악하고, 그것과 리더와의 관계를 규명하고자 하는 이론. 신앙, 사교, 학술 등 각각 그 조직의 목적·기능이 다른 경우 상이한 리더를 요구하며, 같은 조직에서도 상황이 변화하면 다른 리더가 요구된다고 주장함
  ㉡ Cartwright & Zander : 집단목표의 성격, 집단의 구조 집단 구성원의 태도와 요구, 외부환경에서 오는 기대라고 주장
  ㉢ Gibb : 집단을 둘러싼 사회적·물리적 환경의 성격, 집단 임무의 성격, 집단 구성원의 개인적 특성을 의미함
  ㉣ 집단이 관련된 어떤 요소가 리더십 기능에 영향을 미친다면 그 어떤 요소는 상황적 요인의 범주에 포함됨
④ 상호작용이론(interaction theory)
  ㉠ 배경 : 상호작용이론은 전통적 리더십 이론들이 리더의 행동에 따른 결과만을 연구하고 있다는 데 대한 반론으로 제기됨
  ㉡ 의미 : 조직지도자, 조직구성원, 조직상황의 세 가지 요인을 동시에 고려하여야 한다는 이론. 리더의 행동결과가 그 이후의 리더의 행동에 영향을 미칠 수 있음. 즉 리더의 행동에 의해 바람직한 결과가 나왔다면 그런 행동은 반복되고, 반대라면 반복되지 않음

(3) 동기부여 이론

① 내용이론

Maslow	생리적 욕구	안전 욕구	사회적 욕구	존경 욕구	자아실현 욕구
Alderfer	E : 생존욕구		R : 관계욕구		G : 성장욕구
McGregor	X 이론			Y 이론	
Herzberg	위생요인(불만족요인)			동기요인(만족요인)	
Argyris	미성숙 이론			성숙이론	
Likert	체제1, 체제2			체제3, 체제4	

Maslow의 욕구계층이론	• 5계층적 욕구 : 생리적 → 안전 → 사회적 → 존경 → 자아실현 욕구 • 순차적 진행 : 하위욕구 충족시(100%가 아닌 어느 정도) 상위욕구로 진행 • 충족된 하위욕구는 동기유발 無
Alderfer ERG이론	• 2개 이상의 욕구가 복합적으로 작용하여 동기유발 • 미충족시 좌절-퇴행

McGregor X-Y이론	• X이론은 통제지향적이므로 부적합, Y이론은 동기유발시키는 미래지향적 관리
Herzberg 위생-동기	• 만족과 불만족은 별개의 차원(만족의 반대 ≠ 불만족, 불만족의 반대 ≠ 만족) • 위생요인(불만족요인, 만족을 위한 필요조건) : 정책과 관리, 지위, 임금, 감독, 기술, 작업조건, 안전, 조직 방침과 관행, 개인 상호 간의 관계 • 동기요인(만족요인, 만족을 위한 충분조건) : 성취감(자아개발), 인정감, 직무 그 자체의 보람, 안정감, 직무충실, 책임감, 승진, 심리적 요인 • 장기적으로 동기요인을 충족시켜야 하며(동기화 전략) 직무확충을 대안으로 제시
Argyris 미성숙-성숙	• 개인은 미성숙(수동적·의존적) 상태에서 성숙(능동적·독립적) 상태를 지향 • 관료제는 이를 억제하므로 인간중심적 민주적 가치체계를 지닌 관료제 제시 • 조직발전, 조직학습을 대안으로 제시
McClelland 성취동기이론	• 권력욕구 → 친교욕구 → 성취욕구 순으로 발달 • 성취욕구가 높을수록 근무성과가 높고 경제적 번영을 달성
Hackman & Oldham 직무특성이론	• 직무의 특성이 개인의 심리상태와 결합되어 성장욕구에 부합되면 동기유발 (개인차이를 고려) • 직무특성 = {(기술의 다양성 + 직무의 정체성 + 직무의 중요성)/3} × 환류 × 자율성

```
         자아실현의 욕구
          존경의 욕구
       애정과 공감의 욕구
          안전의 욕구
          생리적 욕구
```

▪ Maslow의 욕구계층

② 과정이론

Vroom (VIE 이론) 선호-기대 이론	[노력] → [성과] → [보상] → [선호] 　　　E(기대감)　I(수단성)　V(유의성) • 기대감(E) : 노력이 성과(1차 결과)를 가져올 것이라는 신념, 주관적 확률, $(0 \sim +1)$ • 수단성(I) : 성과(1차 결과)이 보상(2차 결과)을 가져올 것이라는 믿음의 강도, $(-1 \sim +1)$ • 유인가(V) : 주관적인 선호의 강도, $(-n \sim +n)$ • 동기유발 = $E \times I \times V$ • 성과에 영향을 주는 요인 : 노력, 능력, 환경
Skinner 학습 이론	• 학습이론=강화이론=순치이론 : 외적자극에 의해 학습된 행동이 유발되는 과정을 설명 • 자극→반응→결과(Thorndike의 결과의 법칙에 근거 : 결과에 따라 행동이 달라짐) • 유인기제 　ⓐ 강화(반복확률↑) 　　- 적극적 강화 : 원하는 것을 부여(승진, 봉급인상, 칭찬) 　　- 소극적 강화 : 원하지 않는 것을 제거(징계 제거) 　ⓑ 처벌(반복확률↓) : 원하지 않는 것을 부여(징계) 　ⓒ 중단(반복확률↓) : 원하는 것을 중단(성과금 폐지, 칭찬 중단)

제2절 농촌 리더

1 농촌 리더의 유형

(1) 농촌 리더의 의미

① 농촌 주민들로 구성된 집단의 목적 달성과 유지 존속을 위해 집단 성원의 자발적 참여를 중심으로 집단 내외적인 상호작용을 농촌 사회규범에서 비교적 많이 주도, 조정·통제하는 업무를 이행하는 농촌주민
② 농촌 리더는 민간 리더이며, 집단을 지도하는 사람, 농촌사회조직에서 영향력을 가진 사람을 의미함
③ 농촌 리더는 농촌주민이나 집단구성원보다도 모든 면에서 훌륭한 자질을 지니고, 누구보다도 많이 구성원을 이끌고 깨우치고, 때로는 위로하고 협동을 호소하는 역할을 담당함
④ 일부 국가의 경우 농촌지도사의 역할을 보조해 주기 위해 농촌주민을 임명하는 경우가 있음. 이스라엘의 경우 실제로 영농을 하고 있는 농촌주민을 농촌 리더로 임명하고 있으며, 이들 농촌 리더들은 농촌지도사업에 매우 열정적인 사람들로 선출됨
⑤ 농촌 리더들은 다른 농촌 주민들의 영농을 돕기도 하고, 타의 모범이 되기도 하며, 농촌에 필요한 변화를 이끄는 주도적인 사람이 됨

(2) 농촌 리더와 권위

① 농촌 리더의 종류
  ㉠ 전통적 리더 : 연령, 학식, 경력, 신분 등으로 그 사회의 관습에 의해서 존경을 받고 있어서 영향력을 행사하는 리더
  ㉡ 카리스마적 리더 : 그 사람의 매력적인 특성에 의해 타인에게 존경을 받고 리더로 추앙받음 예 초인적인 인간성이나 능력을 가진 위대한 위인들
  ㉢ 관료적 리더 : 어떤 조직의 목적을 달성하기 위하여 제도나 규칙으로 규정된 역할을 착실히 수행하는 사람으로서 인간성이나 융통성을 배제하고 법과 질서를 지나치게 강조하는 리더의 유형 예 행정적 책임자들
  ㉣ 전제적 리더 : 권력과 지배를 강조하고 복종을 요구하는 리더 예 독재주의자
  ㉤ 민주적 리더 : 구성원의 의견과 인격을 존중하고 그들의 참여를 강조하며 집단의 견을 합리적으로 조정하여 집단을 협력적으로 이끌어가는 리더

② 리더의 권위
　㉠ 카리스마적 리더의 권위 : 리더의 매력적인 특성에서 발생
　㉡ 관료적 리더의 권위 : 법과 제도에서 발생
　㉢ 민주적 리더의 권위 : 집단성원의 위임에서 발생(가장 바람직)
③ 권력의 정당성의 근거에 따른 분류(M.Weber)
　㉠ 전통적 권력 : 전통에 의해 신성화된 신분이나 세습적 지위 지배자의 권력에 의한 권위(가부장제 하에서의 가부장의 권위, 군주제하에서 군주의 권위)
　㉡ 카리스마적 권력 : 법과 제도가 아닌 개인의 초인적 자질·영웅성·신비성에 의한 권위. 지도자 상실시 권위의 공백으로 인한 조직 혼란 발생 우려
　㉢ 합법적·합리적 권력 : 법과 제도에 의하여 법규화된 질서나 명령의 합법성에 대한 신념에 의한 권위 → 권한과 유사한 개념으로 M.Weber의 근대관료제에서 강조

(3) **형식과 선출방법에 따른 유형**
① 공식적 리더
　㉠ 의미 : 선거나 임명에 의하여 공식적으로 알려진 리더
　㉡ 선출된 리더 : 집단이 민주적 방식에 의해 선출 예 영농회장, 부녀회장 등
　㉢ 임명된 리더 : 정부기관이나 공공단체에서 하향적으로 임명 예 이장, 새마을 지도자 등
② 비공식적 리더
　㉠ 의미 : 선거나 임명이 없어도 집단이나 부락에서 커다란 영향력을 지닌 사람
　㉡ 유형 : 마을 여론을 좌우하는 오피니언 리더, 전통적 리더, 자원지도자
　　ⓐ **오피니언 리더** : 공식적인 직책과 아무런 관련 없이 다른 사람의 의견이나 여론에 영향력을 끼치는 개인
　　ⓑ **자원지도자** : 경제적 보수 없이 자원해서 자신의 시간과 노력을 보람 있고 가치 있는 일에 희생적으로 봉사하는 사람
　　ⓒ **전통적 리더** : 그가 갖고 있는 학식, 경력, 연령 등에 의해 영향력을 행사하는 유지급의 인사

2 농촌환경 변화에 따른 리더의 변화

(1) 시대별 농촌리더의 변화

시대구분	농촌리더의 특징
일제 강점기	• 일제의 식민정책 전달 창구 역할을 하는 교량적 성격의 리더십 • 이장 : 행정력 아래 놓여 일제 정책의 수용과 집행, 자원의 배분, 인력동원 등 권한 행사, 실질적으로 농촌을 이끌어가는 개념보다는 식민정부의 역할을 수행함
해방이후	• 정부주도의 농촌 근대화를 위한 지도사업 집행을 위해 들어선 여러 사회조직을 통해 공식적인 리더십 형성
1960년대	• 직·간접적으로 정치적 색채를 띠었으며, 촌락 내부의 유지 등의 영향력이 매우 큼 • 리더 : 전·현직 이장, 반장, 친목회장, 면장, 유지 등
1970년대	• 새마을운동 과정에서 농촌개발에 적극적인 추진력을 보임 • 주민의 이해를 계획 수립이나 집행에 충분히 전달하지 못함
1980년대	• 다원적이고 민주적인 리더십 출현 • 이장의 선출직 전환, 생산자 조직, 작목반 등장
1990년대	• 농업관련 조직의 리더나 핵심인력이 변화를 이끄는 리더로 등장 • 이장(행정 보조 역할), 새마을지도자(명목상 존재) 역할이 모호해짐

(2) 환경 변화에 따른 농촌리더의 변화

구분		과거	현재
농촌사회		• 자족적인 지역사회 • 혈연·지연의 강조 • 농업위주의 농민구조 • 분업적 협동	• 개방적 사회 • 평등주의적 관계 • 겸업, 혼주화, 고령화 • 조직적 협동
농업정책		• 농촌근대화, 농업발전 • 농업발전과 농촌발전의 동일시 • 하향식, 평균적 시책 • 정부의 시장개입	• 농업·농촌 유지/소득 복지 향상 • 농업정책과 농촌정책 구분 • 상향식, 선택과 집중 • 농가의 직접 시장 대응
농촌 리더	형태	• 공식적·형식적	• 공식·비공식·실질적
	범위	• 주로 마을단위	• 지역 작목 등 다양
	리더선출	• 관선적	• 지지와 선출
	리더역할	• 국가정책실현을 위한 지시 전달자	• 지역의 자발적 계획을 실천하는 조직가, 실천가
	기타	• 덕망과 외부대표 • 상황과 현실 순응자 • 수동적, 하향식, 권위적	• 전문성과 교섭력 • 동기부여, 변화 촉진자 • 자발적, 상향식, 민주적

3 농촌리더의 특징

농촌지도사업에서는 비공식적 리더의 역할이 중요함

(1) 오피니언 리더

오피니언 리더는 공식적 집단보다 비공식적이며, <u>광범위한 집단보다 대면적 작용을 하고, 직접 행동을 이끄는 것보다 의견·변화를 인도함</u>

① <u>오피니언 리더의 특성</u>
- <u>교육수준이 일반농민보다 일반적으로 높으나, 월등히 높은 것은 아님</u>
- 일반농민보다 광역 지향적, 농촌지도원·대량전달매체·외부사람들과의 접촉이 많음
- 전통적인 규범체제 하에서는 사회규범에 의해 그 지위가 결정되지만, 도시화 사회에서는 대부분 개인의 능력이나 공식적 직책에 의해 결정됨
- 보다 많은 사회참여를 하고 높은 사회적 지위에 있음

② <u>성원들과의 관계로 본 오피니언 리더의 특성</u>
- 오피니언 리더는 매스미디어를 통해 추종자보다 외부세계와 접촉이 활발하며 변화주도자와 더 많이 교류함에 따라 외부와 네트워크를 가짐. 오피니언 리더는 <u>추종자(성원, followers)보다 매스미디어</u>에 더 많은 주의를 기울이며 <u>더 많이 노출</u>되어 있음
- 오피니언 리더는 <u>개혁에 대한 개인 메시지를 전달하기 위해서 추종자와 직접</u>(간접X) 대화하며 사회참여가 더 많음
- 오피니언 리더는 보통 추종자들보다 사회적 지위가 높음. 추종자는 자신보다 사회적 지위가 높은 사람을 리더로 여김
- 오피니언 리더가 유능한 전문가로 인정받으려면 새 아이디어를 채택해야 한다는 점에서 추종자보다 더 개혁적임. 개혁성은 사회규범의 성격에 따라 달라지는데 규범이 사회변동에 유연하게 반응할 때 더 적극적으로 추진됨

(2) 자원지도자

① 자원지도자 의미
- ㉠ <u>농촌사회 구성원으로서 타인에 비하여 영향력을 비교적 많이 행사하는 사람</u>
- ㉡ 자원지도자 = 농촌민간리더 = 농촌지역리더(rural local leader)
  선거로 선출된 리더, 기관·단체에서 지명하는 리더가 아닌 <u>먼저 자원하는 것이 전제가 됨</u>

② 자원의 의미를 강조하는 이유
　㉠ 농촌지도사업에 참여하여 자신의 명예·경제적 이익에 도움을 받는 것이 아니라 시간·경제적 희생·봉사가 수반되는 일을 보수 없이 하기 때문
　㉡ 자원지도자는 사람들이 하기 싫어하는 일(노약자, 부모없는 어린이, 장애 청소년 등에게 정신적·교육적 봉사)을 하지만, 민간단체(친목단체, 동창회 등)의 리더는 보수는 없지만 다소의 명예와 지배욕구(지식·명령·감독 등)를 충족시켜 줌
　㉢ 자원지도자는 리더보다는 자원봉사자(voluntary servers)의 의미가 더 강한데, 자원봉사자 존중 차원에서 리더라는 명칭을 부여하였으며, 자원봉사자가 다소의 리더십이 있어야 그 역할을 훌륭히 수행하기 때문

③ 자원지도자의 지도사업 참여 동기
자원지도자는 영향력 행사에 대한 기대욕구, 타인과의 친목, 자아실현을 위한 것이라고 주장함. 자원지도자는 자원봉사를 통해 경제적 대가를 바라지 않지만, 정신적 보상을 기대하며, 친애욕구, 성취욕구, 자아존경 욕구, 자아실현 욕구 충족을 추구함
　㉠ Henderson : 권력동기 → 친애동기 → 성취동기로 구분
　　ⓐ 권력동기 : 타인에게 어떤 영향력을 행사할 수 있기를 기대하는 욕구
　　ⓑ 친애동기 : 타인과 사귀고 싶고 애정을 교환하고 싶어하는 욕구
　　ⓒ 성취동기
　　　• Maslow의 자아실현욕구와 유사한 개념으로, 자기 이상을 실현하여 자기존중과 만족감을 느끼려고 하는 동기
　　　• 자기가 하고자 하는 일, 어려운 일, 사회적으로 보람있는 일 등을 성공적으로 이룩하려고 하는 욕구
　㉡ Anderson & Lauderdale
　　• 소속
　　• 교육요구 성취
　　• 전문적 훈련 이수
　　• 팀의 구성원 되기
　　• 문제해결에서의 참여
　　• 평가받은 일 경험의 수용
　　• 새로운 관계 형성
　　• 지루함과 단조로움의 탈피
　　• 재미, 베풂
　　• 인정받는 것
　　• 새로운 기술의 습득
　　• 새로운 관심의 개발
　　• 진로 가능성의 검증
　　• 창의적이 되는 것
　　• 기존의 기술 활용
　　• 개인적 리더십 능력의 개발 등

4 자원지도자의 관리

(1) 자원지도자의 필요성

① 필요성

　미국에서 인적서비스에 대한 요구·수요는 계속 증가하고 있지만, 정부는 이런 요구를 충족시킬 수 있는 자원이 없기 때문에 시민사회의 자원봉사활동이 하나의 해결전략이 됨

② 자원봉사활동
　㉠ 자원봉사 기준 : 적극적 참여, 자발적인 행동, 금전적 보상 비지급, 공동의 선
　㉡ 자원봉사자원관리(volunteer resource management)가 등장
　㉢ 자원봉사 관련 협회, 회의, 국제학회지 등이 생김
　㉣ 자원봉사자원관리 역량모델이 개발됨 : 성공적으로 자원봉사활동에 참여하도록 준비하는 데 필요한 역량 11개, 목적에 따라 자원봉사자들을 모집·선발·훈련·배치·관리하는 데 필요한 역량 32개, 자원봉사활동이 지속적으로 이루어질 수 있도록 자원을 확보하고 프로그램을 운영하는 데 필요한 역량 20개

(2) 농촌지도자의 지도사업 참여

① 지도사업과 농촌지도자 육성

　농촌지도사업은 많은 사람이 새기술을 받아들이고, 협동하며 공익을 위한 사회조직과 운영에 능동적으로 참여시키는 것인데, 각종 학습조직을 육성하면 유능한 농촌지도자를 많이 배출할 수 있음

② 농촌지도자의 역할
　㉠ 과거의 상의하달식 지도방법에서 벗어나 하의상달은 물론 수평적 의사전달자로서의 역할을 수행 → 정부 말단행정체계와 농민 간의 심리적 거리를 좁혀 줌
　㉡ 지역사회의 협조자, 농촌지도자의 제안·발상은 지도사업 계획수립부터 사업 실시 단계까지 새로운 영농기술을 보급하는 데 기여함
　㉢ 농촌지도자가 지도사업 참여를 통하여 쌓은 성과는 지도자 개인발전, 지역 발전, 국가시책의 실행에도 기여함
　㉣ 학습단체의 조직·운영, 단체 구성원의 협동영농활동을 통하여 각종 시범사업을 주도함으로써 지역사회 발전에 기여함

(3) 지도사업 추진주체 : 지도원 – 농촌지도자의 협력지도

① 지도직공무원(농촌지도사, 지도원)
　㉠ 기술적 능력에다가 농민을 지도하는 교육자적 능력도 갖추어야 함

ⓒ 신규 지도공무원은 기초교육을 받고 임지로 가며, 매년 새로운 기술이나 교육이론, 봉사정신을 배양하기 위한 보수교육을 이수해야 함
ⓔ 농업기술은 관이 주도하기보다 독농가들의 시행착오를 통해 경험·기술이 축적되고 이웃으로 퍼져가며 개량되어 왔기 때문에 농촌지도자의 협력이 필요함

② 농촌지도자(지역선구자)
ⓐ 농민이 새로운 이념과 방법에 익숙해지는 시간이 필요한데, 농민과 지도공무원 간 고리를 연결하는 역할을 수행
ⓑ 농촌지도자는 생업에 종사하면서 이웃을 돕기 때문에 이들의 감화력은 직업적 지도자보다 훨씬 효과가 크고 피교육자가 잘 따름
ⓒ 직업적 외부지도자가 집단 내부의 농촌지도자에게 자극을 주고, 지도자는 빨리 소화하며 자기 실정에 맞도록 개량하여 이웃에게 전달함
ⓓ 농촌지도자의 효과적 활용을 위해 지도기관에서 농민학습단체를 육성하여 학습기능을 발전시켜야 함

(4) 자원지도자 관리 모형(volunteer management model)

- Penrod의 LOOP 모형: 찾기(location : selection, recruitment), 오리엔테이션(orienting : informal, formal), 운영하기(operating : education, accomplishment), 지속화하기(perpetuating : evaluation, recognition) 단계로 구분
- Boyce의 ISOTURE 모형: 효과적 자원지도자 조직을 구성·유지하기 위해 확인 → 선발 → 오리엔테이션 → 교육훈련 → 활용 → 인정 → 평가 요소로 모형화 하였고, 각 요소는 서로 독립적으로 분리되어 있지만 상호 관련성이 있음

① 확인(identification)
ⓐ 조직 내 자발적 참여 기회를 확인하고, 자원자를 위한 적절한 직무기술서를 개발하는 활동을 하고, 직무기술서는 중요 커뮤니케이션 도구로 사용
ⓑ 직무기술서 개발 목적: 직무에 대해 예측하고 수행해야 하는 과업을 기술하기 위함
ⓒ 직무기술서 내용: 직무명(title), 일반적 설명(general description), 요구되는 능력(skills), 구체적인 책무(specific responsibilities), 인적·물적 자원(resources), 감독(supervision) 또는 자문자(advisor), 직무수행 지역(location), 소요시간(time involved) 등

② 선발(selection)
ⓐ 자원지도자 선발
ⓐ 자원자 중 해당 직무를 가장 잘 수행할 수 있는 사람을 선택하지만, 많은 자원지도자가 모집(recruitment)을 통해 임명됨

ⓑ 선발의 가장 좋은 방법으로 개인적 계약(personal contact)이 있음
ⓒ 자원지도자와 계약 또는 고용할 때 그들이 해야 하는 일이 무엇이고, 언제까지 해야 하며, 해야 할 일의 목적이 무엇이고, 누구에게 도움이 되는지를 명확히 고지해야 함
ⓛ 선발 도구 : 직무기술서. 요구가 명확히 정의되어 있기 때문에 적절한 자격을 갖춘 자를 선발할 수 있음
ⓒ 선발 방법 : 인터뷰. 인터뷰가 지원자의 능력 및 자질에 관한 정보를 가장 잘 확보할 수 있기 때문
ⓔ 잠재적인 자원지도자 유형
  ⓐ 사업에 직접 관련한 사람 또는 그러한 사람들을 잘 아는 사람
  ⓑ 특정 기술을 다른 사람들과 공유하고자 하는 사람
  ⓒ 사업에 관계없이 기꺼이 남을 돕고자하는 사람
③ 오리엔테이션(orientation)
  ㉠ 목적 : 자원지도자가 전체 조직 및 부여된 특정 직무에 대해 익숙해지도록 하기 위해 실시함
  ㉡ 여러 방법 : 회의, 면대면 방식, 자기주도학습(예 질문, 매뉴얼 탐독) 등
  ㉢ 신규 자원지도자 오리엔테이션 내용
    • 사업 내용 및 역사
    • 조직구조 및 주요 직원 소개, 시설 소개
    • 감독 체계(보고체계, 불만 또는 관심사항 처리 절차)
    • 사업 정책 및 절차에 대한 검토
    • 자원지도자에 대한 혜택
    • 자원지도자 기록관리, 긴급절차
    • 직무에 대한 기대 사항 및 책무
    • 일정 변경 또는 결근 요청 절차 등
④ 교육훈련(training)
  ㉠ 선발된 자원지도자에게 직무를 보다 훌륭하게 수행하도록 추가적인 지식, 기술, 태도를 개발하기 위한 교육훈련을 제공해야 함
  ㉡ 교육훈련 수준
    ⓐ 자원지도자가 직무를 실제로 수행하기 전에 제공되는 직전 교육훈련(pre-job training)
    ⓑ 직무를 실제로 수행하면서 자신의 지식과 기술을 개선하기 위한 OJT
    ⓒ 기관 또는 개인 스스로 하는 계속교육(continuing education)

⑤ 활용(utilization)
  ㉠ 자원지도자의 지식, 기술, 태도를 활용하는 것. 사람을 일에 투입하는 것
  ㉡ 감독자는 자원지도자가 직무를 잘 수행할 수 있게 해 주는 사람인데, 감독자가 일을 잘 했느냐는 그가 맡은 자원지도자가 일을 잘 수행하였느냐에 달려 있음
  ㉢ 효과적 활용
    • 직무에 적합한 사람을 잘 준비시켜서 배치하는 것(placement)
    • 일을 하는 데 필요한 권한과 지침을 제공해 주는 것(delegation)
    • 규칙적인 훈련이 뒤따르도록 하는 것(follow-up)
    • 자원지도자와 농촌지도 직원 간의 지속적·쌍방향적 의사소통이 이루어지는 것(communication)

⑥ 인정(recognition)
  ㉠ 농촌지도사업에 공헌한 자원지도자에 대한 보상의 하나. 즉 인정은 자원지도자의 가치를 존중하고 공개적으로 표현하는 방식
  ㉡ 인정 방식
    ⓐ 공식적 방법 : 대개 실질적인 것을 제공하는 것, 자격증 부여, 감사편지 발송, 생활에 필요한 것을 주는 것 등
    ⓑ 비공식 방법 : 실질적이지는 않지만 보다 자연스럽게 일어나는 것, 감사의 표현, 특별한 기회에 대한 고려(추가적 역할 부여, 특별한 훈련에 참가할 수 있는 기회 제공, 농촌지도사를 대신하는 일 등)

⑦ 평가(evaluation)
  ㉠ 자원지도자에 대한 수행뿐만 아니라 자원지도자 개발 프로그램에 대한 평가
  ㉡ 농촌지도사와 동일하게 자원지도자도 자신의 업무수행에 대한 피드백을 받는데, 자원지도자의 열정에 감사를 표현하는 <u>인정</u>은 자원지도자의 수행내용에 대한 <u>평가 행위와는 다른 것</u>임. 성공적인 농촌지도를 위해 자원지도자의 수행 평가를 통해 개선해 나감
  ㉢ 자원지도자 평가
    ⓐ <u>비공식적 평가(주로 활용)</u> : 토론, 간단한 인터뷰 등
    ⓑ <u>공식적 기법</u> : 자가평정 체크리스트, 감독자의 평가, 동료 및 고객의 의견, 심층 인터뷰 등

5 농촌 리더의 발굴

지역사회개발사업이나 농촌지도사업에서 지역주민의 리더십은 매우 중요함. 농촌 리더와 관련하여 대부분 자원지도자를 다루기 때문에 그들을 발굴하는 것이 중요함. 농촌 리더로서 오피니언 리더를 발굴하는 방법은 사회관계 측정방식, 정보제공자의 평가, 자기추천방식, 관찰 등이 있음

(1) 사회관계 측정방식(sociometric techniques)

Moreno가 1934년에 창안. 가장 널리 알려진 방법

① 의미
  ㉠ 집단을 성원 상호의 견인·반발의 긴장체계로 보고, 이것을 측정하여 집단 구조·인간관계·집단성원의 지위 등을 측정하는 이론
  ㉡ 응답자들이 특정 혁신에 대한 정보와 충고를 얻기 위해 누구를 찾는지를 알아보는 방법

② 특징
  ㉠ 대면 접촉을 통해 서로의 존재를 심리적으로 인식하고 있는 사람들에게 적용할 수 있는 것으로 오피니언 리더 발견에 대단히 효과적
  ㉡ 직접적인 인지자료에 근거해 측정하므로 리더십 측정에 매우 합당함
  ㉢ 오피니언 리더는 집단성원이 정보원으로 가장 많이 선택하는 사람들이므로 다수의 네트워크 연결고리에 속해 있음

③ 방법
  ㉠ 집단성원에게 어떤 선택 상황을 제시하는 질문을 하고 응답의 비밀을 보장하는 약속을 한 후, 각 응답자 본인과 그가 선택하는 사람을 셋으로 제한하고, 그 세 사람에 대한 선호 순위를 표시하게 함
  ㉡ 응답의 결과를 감정지도(sociogram)로 도식화하여 집단 내의 선호 관계를 한눈에 볼 수 있게 함

④ 한계
  ㉠ 소수의 오피니언 리더를 발견하기 위해서 상당히 많은 응답자에게 질문해야 하는 번거로움. 적은 수의 표본보다는 모집단 전체의 네트워크 자료를 확보할 때 가장 효과적
  ㉡ 사회관계 측정 질문은 응답자가 네트워크를 통한 동료·지인을 모두 열거할 수 있도록 고안될 필요가 있음

⑤ 다른 접근법 : 명단 조사(roster study)
  ㉠ 응답자는 한 체계의 모든 구성원의 리스트를 제공받고 명단에 있는 다른 사람들

　　과 교류를 하는지, 얼마나 자주 하는지를 대답하는 것
　　ⓒ 강한 네트워크뿐만 아니라 약한 네트워크 연결고리를 측정할 수 있음

(2) **정보제공자의 평가**(informants' ratings)
　① 의미 : 지식이 많은 주요 정보제공자들(key informants)에게 질의하는 방법
　② 소규모의 체계에서 특정 정보제공자가 많은 정보를 가지고 있을 경우, 그들을 대상으로 조사하는 것만으로도 사회관계 측정방식 이상으로 효과적
　③ Buller의 연구사례 : 뉴멕시코의 Taos County에서 종교지도자들, 공무원들, 교직원들, 그 지역 장기 거주자 등의 주요 정보제공자에게 질문했는데, 그들이 두 번 이상 언급한 사람들이 오피니언 리더임

(3) **자기추천 방식**(self designating techniques)
　① 의미 : 응답자들로 하여금 체계 내에서 다른 사람들이 응답자들을 얼마나 영향력이 있는 사람으로 평가하는지 질문하는 방식
　② 예시 : '당신은 사람들이 정보나 충고를 얻기 위해서 다른 사람보다 당신을 찾는다고 생각하십니까?'
　③ 응답자들이 자신의 이미지를 얼마나 잘 지각하고 있느냐에 따라 정확성이 결정됨
　④ 한 체계 내에서 임의의 표본 응답자들에게 질의할 때 적절한 방법이며, 사회관계 측정방식을 적용할 수 없을 때 사용함

(4) **관찰**(observation)
　① 의미
　　㉠ 사람들을 관찰함으로써 피관찰자의 리더십을 측정하는 방법
　　ⓒ 연구자가 체계 구성원의 커뮤니케이션 행동을 확인하고 기록함으로써 리더십을 확인함
　② 장점
　　㉠ 자료의 타당도가 매우 높음
　　ⓒ 소규모 사회체계에서 가장 효과적, 대인적 교류가 일어날 때 관찰자가 실제적으로 관찰하고 기록하기 쉽기 때문
　③ 한계
　　㉠ 소규모 체계에서의 관찰은 피관찰자에게 개입할 수 있는데, 사람들은 자신이 관찰되고 있다는 것을 알기 때문에 실제와 다르게 행동할 수 있음
　　ⓒ 연구자가 관심 갖는 어떤 사회적 행위가 일어날 때까지 인내심 있게 행동해야 함

■ 오피니언 리더 발굴 방법

구분	사회관계측정방식	정보제공자의 평가	자기추천 방식	관찰
정의	구성원들에게 정보와 충고를 얻기 위해 누구를 찾는지를 묻는 방법	오피니언 리더를 식별하기 위해 주관적으로 선별된 주요 구성원들에게 질의하는 방법	응답자가 자신을 오피니언 리더로서 어느 정도 인식하는지를 알아보기 위해 질문하는 방법	커뮤니케이션 네트워크 연결고리들을 식별하고 기록하는 방법
질문	당신의 오피니언 리더는 누구입니까?	체계에서 오피니언 리더들은 누구입니까?	당신은 체계에서 오피니언 리더입니까?	없음
장점	• 사회관계 측정질문은 질의하기 쉬우며, 상이한 상황과 주제에 대해 적용하기 쉬움 • 타당도가 높음	<u>사회관계 측정방식에 비해 시간과 비용이 절약됨</u>	응답자 자신의 리더십에 대한 인식을 측정하는 것으로서 응답자의 행동에 영향을 끼침	타당도가 높음
한계	• 사회관계 측정자료를 분석하는 것이 복잡함 • 소수 오피니언 리더를 식별하기 위해 많은 응답자가 필요함 • <u>사회체계의 표본을 대상으로 할 경우 부적합함</u>(적합X)	• 개별 정보제공자는 체계에 대해 잘 알고 있어야 함	• 응답자가 자신의 이미지를 정확하게 식별하고 보고하는 것이 가장 중요함	• 관찰자가 노출됨 • 소규모 체계에 가장 적당함 • 관찰자는 상당한 인내심이 필요함

Chapter 02 기출 및 예상 문제

01 보기에서 설명하는 농촌 리더의 발굴 방법은? ● 21. 경북 농촌지도사(변형)

> 집단을 성원 상호의 견인·반발의 긴장체계로 보고, 이것을 측정하여 집단 구조·인간관계·집단성원의 지위 등을 측정하는 이론

① 관찰
② 자기추천 방식
③ 사회관계측정법
④ 정보제공자의 평가

02 보기에서 설명하는 리더십 이론은 무엇인가? ● 18. 경북 농촌지도사(변형)

> 조직지도자, 조직구성원, 조직상황의 세 가지 요인을 동시에 고려하여야 한다는 이론으로서 리더의 행동결과가 그 이후의 리더의 행동에 영향을 미칠 수 있다.

① 상호작용이론
② 상황이론
③ 성원이론
④ 특성이론

03 자원지도자에 대한 설명으로 옳지 않은 것은? ● 18. 경북 농촌지도사(변형)

① 자원지도자가 지명을 통해 임명한다.
② 수평적 의사전달자로서의 역할을 수행한다.
③ 각종 시범사업을 주도함으로써 지역사회 발전에 기여한다.
④ 농민과 지도공무원 간 고리를 연결하는 역할을 수행한다.

해설 많은 자원지도자가 모집(recruitment)을 통해 임명된다.

정답 01 ③ 02 ① 03 ①

04 사회관계 측정방법에 대한 설명으로 옳지 않은 것은? ●18. 경북 농촌지도사(변형)

① 응답의 결과를 감정지도(sociogram)로 도식화하여 집단 내의 선호 관계를 한눈에 볼 수 있다.
② 사회체계의 모집단 전체보다는 표본의 네트워크 자료를 확보할 때 가장 효과적이다.
③ 응답자들이 특정 혁신에 대한 정보와 충고를 얻기 위해 누구를 찾는지를 알아보는 방법이다.
④ 직접적인 인지자료에 근거해 측정하므로 리더십 측정에 매우 합당하다.

해설 사회체계의 표본보다는 모집단 전체의 네트워크 자료를 확보할 때 가장 효과적이다.

05 시대별 농촌리더의 변화로 옳지 않은 것은?

① 일제강점기 때에는 일제의 식민정책을 전달하는 창구 역할을 수행하였다.
② 1960년대 들어서는 촌락 내부 유지의 영향력이 매우 컸다.
③ 1990년대에는 다원적이고 민주적인 리더십이 출현하였다.
④ 1970년대는 주민의 이해를 계획 수립이나 집행에 충분히 전달하지 못하였다.

해설

시대구분	농촌리더의 특징
일제 강점기	• 일제의 식민정책 전달 창구 역할을 하는 교량적 성격의 리더십 • 이장 : 행정력 아래 놓여 일제 정책의 수용과 집행, 자원의 배분, 인력동원 등 권한 행사, 실질적으로 농촌을 이끌어가는 개념보다는 소민정부의 역할을 수행함
해방이후	• 정부주도의 농촌 근대화를 위한 지도사업 집행을 위해 들어선 여러 사회조직을 통해 공식적인 리더십 형성
1960년대	• 직·간접적으로 정치적 색채를 띠었으며, 촌락 내부의 유지 등으로 영향력이 매우 큼 • 리더 : 전·현직 이장, 반장, 친목회장, 면장, 유지 등
1970년대	• 새마을운동 과정에서 농촌개발에 적극적인 추진력을 보임 • 주민의 이해를 계획 수립이나 집행에 충분히 전달하지 못함
1980년대	• 다원적이고 민주적인 리더십 출현 • 이장의 선출직 전환, 생산자 조직, 작목반 등장
1990년대	• 농업관련 조직의 리더나 핵심 인력이 변화를 이끄는 리더로 등장 • 이장(행정 보조 역할), 새마을지도자(명목상 존재) 역할이 모호해짐

정답 04 ② 05 ③

06 오피니언 리더의 특징 중 옳지 않은 것은?

① 교육수준이 일반농민보다 일반적으로 높으나, 월등히 높은 것은 아니다.
② 대부분 개인의 능력이나 공식적 직책 또는 역할에 의해 결정되는 수가 많다.
③ 매스미디어보다 추종자(성원)에 더 많은 주의를 기울이며 추종자들과 더 많은 관계를 맺는다.
④ 보다 많은 사회참여를 하고 높은 사회적 지위에 있다.

> **해설** 성원들과의 관계로 본 오피니언 리더의 특성
> ㉠ 오피니언 리더는 매스미디어를 통해 추종자보다 외부세계와 접촉이 활발하며 변화주도자와 더 많이 교류함에 따라 외부와 네트워크를 가짐. 오피니언 리더는 추종자(성원, followers)보다 매스미디어에 더 많은 주의를 기울이며 더 많이 노출되어 있음
> ㉡ 오피니언 리더는 개혁에 대한 개인 메시지를 전달하기 위해서 추종자와 직접 대화하며 사회참여가 더 많음
> ㉢ 오피니언 리더는 보통 추종자들보다 사회적 지위가 높음. 추종자는 자신보다 사회적 지위가 높은 사람을 리더로 여김
> ㉣ 오피니언 리더가 유능한 전문가로 인정받으려면 새 아이디어를 채택해야 한다는 점에서 추종자보다 더 개혁적임. 개혁성은 사회규범의 성격에 따라 달라지는데 규범이 사회변동에 유연하게 반응할 때 더 적극적으로 추진됨

07 오피니언 리더를 발굴하는 사회관계측정방식으로 옳지 않은 것은?

① 직접적인 인지자료에 근거하여 측정하는 것이다.
② 사회체계의 표본을 대상으로 할 경우 부적합하다.
③ 타당도가 높다.
④ 소규모사회체계에서 가장 효과적인 방법이다.

> **해설**
>
> | 구분 | 사회관계측정방식 | 정보제공자의 평가 | 자기추천 방식 | 관찰 |
> |---|---|---|---|---|
> | 장점 | • 사회관계 측정질문은 질의하기 쉬우며, 상이한 상황과 주제에 대해 적용하기 쉬움
• 타당도가 높음 | 사회관계 측정방식에 비해 시간과 비용이 절약됨 | 응답자 자신의 리더십에 대한 인식을 측정하는 것으로서 응답자의 행동에 영향을 미친다. | 타당도가 높음 |
> | 한계 | • 사회관계 측정자료를 분석하는 것이 복잡함
• 소수 오피니언 리더를 식별하기 위해 많은 응답자가 필요함
• 사회체계의 표본을 대상으로 할 경우 부적합함 | • 개별 정보제공자는 체계에 대해 잘 알고 있어야 함 | • 응답자가 자신의 이미지를 정확하게 식별하고 보고하는 것이 가장 중요함 | • 관찰자가 노출됨
• 소규모 체계에 가장 적당함
• 관찰자는 상당한 인내심이 필요함 |

정답 06 ③ 07 ④

08 지도사업에서 농촌지도자에 대한 설명이 아닌 것은?

① 상의하달식 지도방법에서 벗어나 하의상달·수평적 의사전달자로서의 역할을 수행한다.
② 농민과 지도공무원 간의 고리를 이어 주는 역할을 한다.
③ 직업적 지도자의 감화력이 농촌지도자보다 훨씬 효과가 크다.
④ 직업적인 외부지도자가 집단 내부에 있는 농촌지도자에게 자극을 주고, 자기 실정에 맞게 개량하여 이웃에게 전달한다.

해설 농촌지도자
  ㉠ 농민이 새로운 이념과 방법에 익숙해지는 시간이 필요한데, 농민과 지도공무원 간 고리를 연결하는 역할을 수행
  ㉡ 농촌지도자는 생업에 종사하면서 이웃을 돕기 때문에 이들의 감화력은 직업적 지도자보다 훨씬 효과가 크고 피교육자가 잘 따름
  ㉢ 직업적 외부지도자가 집단 내부의 농촌지도자에게 자극을 주고, 지도자는 빨리 소화하며 자기 실정에 맞도록 개량하여 이웃에게 전달함

09 다음 중 리더십의 개념을 가장 잘 설명한 것은?

① 같은 목표를 가진 사람들의 모임
② 특정 개인이 다른 사람에 대하여 영향을 끼치는 능력
③ 특정 단체가 어떤 개인에 대하여 영향을 끼치는 능력
④ 어떤 단체에서 토의능력을 함양하는 것

해설 리더십 : 집단의 목표 달성과 유지 발전을 위하여 집단성원의 자발적인 지지와 참여를 바탕으로 그들 간의 상호작용을 유도하고 집단 내외적 상황을 변화시키는 리더의 행동

정답 08 ③ 09 ②

10 다음 농촌지도력에 대한 설명으로 틀린 것은?

① 특성이론은 지도자란 천부적인 것으로서 그들은 다른 사람들에 비해서 정신적, 물질적, 개인적으로 우월하여 이런 특성들은 어떤 상황 하에서도 변질될 수 없는 것이기에 이런 특성들을 소유하는 사람들만이 진정한 지도자가 될 수 있다는 것이다.
② 성원이론은 지도적 권위는 지도자의 개인적 자질에도 물론 내재하지만 그보다 오히려 공통적인 조직목표에 대한 광범한 충성에서 기인하는 피지도자의 '동의의 잠재력'에 내재한다고 보고 있다.
③ 상황이론은 지도력을 특정 개인이 갖고 있는 자질요소나 종속자들의 태도보다는 오히려 그 조직의 목적 내지 기능을 파악하고, 그것과 지도자와의 관계를 규명하고자 하는 이론이다.
④ 농촌지역사회 주민들을 강제성과 반강제성을 동원하여 농촌생활의 개선을 이끄는 농촌지도사의 행동을 농촌지도력이라고 한다.

> **해설** **농촌 리더십(농촌지도력)** : 농촌이라는 지역사회 혹은 그 지역사회의 주민으로 구성된 개개 특수집단들의 유지 발전을 위하여 농촌지역사회 주민이 자발적이고 상호역동적으로 노력하게끔 유도하고 조정하여 이끄는 농촌 리더의 행동

11 농촌지도사의 자질로 곤란한 것은?

① 내향성
② 성실성
③ 교육성
④ 적극성

12 다음 지도자의 자질 중 사명감에 해당되는 것은?

① 성실성, 신념
② 이해력, 설득력
③ 용기, 지구력
④ 농민에 대한 애착
⑤ 지적 능력, 기술적 능력

> **해설** **지도자의 자질** : 향토애(가장 필요한 조건), 사명감(성실성, 신념), 교육적 자질, 지성과 주도력, 애향정신, 외향성 등

정답 10 ④ 11 ① 12 ①

13 지도력이론 중에서 조직지도자, 조직구성원, 조직상황의 세 가지 요인을 동시에 고려하여야 한다는 이론은?

① 상호작용이론　　　　② 특성이론
③ 성원이론　　　　　　④ 상황이론

14 조직의 목적과 지도자의 관계에 중점을 두어 전개한 지도력의 이론은?

① 특성이론　　　　　　② 성원이론
③ 상황이론　　　　　　④ 목적이론

해설　㉠ 특성이론(traits theory) : 리더란 천부적인 것으로서 그들은 다른 사람들에 비해서 정신적 · 물질적 · 개인적으로 우월하여 어떤 상황 하에서도 변질될 수 없는 것이기 때문에 이런 특성을 지닌 사람만이 진정한 리더가 될 수 있다고 주장
　　　㉡ 성원이론(follower theory) : 지도적 권위는 리더 개인적 자질에도 내재하지만, 그보다 공통 조직목표에 대한 충성에서 기인하는 구성원의 동의적 잠재력에 내재한다고 보는 이론
　　　㉢ 상황이론(situation theory) : 리더십을 특정 개인이 갖고 있는 자질이나 추종자의 태도보다는 그 조직의 목적 · 기능을 파악하고, 그것과 리더와의 관계를 규명하고자 하는 이론

15 구성원에게 집단활동에 적극적으로 참여할 수 있도록 장려하고 공동목적 달성에 헌신적인 지도자의 유형은 어느 것인가?

① 전제적 지도자　　　　② 민주적 지도자
③ 관료적 지도자　　　　④ 카리스마적 지도자

해설　**민주적 리더** : 구성원의 의견과 인격을 존중하고 그들의 참여를 강조하며 집단의견을 합리적으로 조정하여 집단을 협력적으로 이끌어가는 리더

16 지도자의 형태로 볼 때 가장 초인적인 인간성이나 능력을 가진 지도자는?

① 카리스마적 지도자　　② 관료적 지도자
③ 전제적 지도자　　　　④ 민주적 지도자

해설　**카리스마적 리더** : 그 사람의 매력적인 특성에 의해 타인에게 존경을 받고 리더로 추앙받음
　　　예 초인적인 인간성이나 능력을 가진 위대한 위인들

정답　13 ①　14 ③　15 ②　16 ①

제 2 장　농촌 리더십

17 권력과 지배를 강조하고 복종을 요구하는 지도자의 유형은 무엇인가?

① 관료적 지도자　　② 전제적 지도자
③ 민주적 지도자　　④ 카리스마적 지도자

해설　**전제적 리더** : 권력과 지배를 강조하고 복종을 요구하는 리더
　　예 독재주의자

18 가부장적 전통사회에서 사회의 여론을 조성하여 지도해 나가는데 큰 힘을 가진 지도자의 형태는?

① 전통적 지도자　　② 공식적 지도자
③ 관료적 지도자　　④ 카리스마적 지도자

해설　**전통적 리더** : 전통적 리더는 연령, 학식, 경력, 신분 등으로 그 사회의 관습에 의해서 존경을 받고 있어서 영향력을 행사하는 리더

19 어떤 조직의 목적을 달성하기 위해서 제도적으로 규정된 역할을 착실히 수행하는 지도자는 다음 중 무엇인가?

① 관료적인 지도자　　② 전제적인 지도자
③ 민주적인 지도자　　④ 독재자
⑤ 카리스마적인 지도자

해설　**관료적 리더** : 어떤 조직의 목적을 달성하기 위하여 제도나 규칙으로 규정된 역할을 착실히 수행하는 사람으로서 인간성이나 융통성을 배제하고 법과 질서를 지나치게 강조하는 리더의 유형
　　예 행정적 책임자들

20 다음 중 비공식적 지도자들에 해당하는 내용은?

① 전통적 지도자, 관료적 지도자, 전제적 지도자
② 전통적 지도자, 여론지도자, 자원지도자
③ 전통적 지도자, 관료적 지도자, 민주적 지도자
④ 민주적 지도자, 여론지도자, 자원지도자

해설　비공식적 리더에는 전통적 리더, 오피니언 리더, 자원지도자 등이 있다.

정답　17 ②　18 ①　19 ①　20 ②

21 다음의 지도자 분류 중 다른 하나는?

① 공식적 지도자
② 여론지도자
③ 전통적 지도자
④ 자원지도자

22 다음 중에서 공식적 지도자로 볼 수 없는 것은?

① 여론지도자
② 새마을영농회장
③ 새마을지도자
④ 새마을부녀회장

23 여론지도자의 발견을 위해 사용하는 방법 중 가장 널리 알려진 방법은?

① 면접법
② 개인접촉방법
③ 여론형성조사법
④ 사회측정법

24 여론지도자의 특성으로 볼 수 없는 것은?

① 교육수준이 일반 농민보다 일반적으로 높다.
② 외부사람들과의 접촉이 그리 많지 않아도 직책을 원활히 수행한다.
③ 개인의 능력이나 공식적 직책에 의해 결정되는 수가 많다.
④ 보다 많은 사회참여를 하고 높은 사회적 지위를 가지고 있다.

해설 오피니언 리더의 특성
㉠ 교육수준이 일반농민보다 일반적으로 높으나, 월등히 높은 것은 아님
㉡ 일반농민보다 광역 지향적, 농촌지도원·대량전달매체·외부사람들과의 접촉이 많음
㉢ 전통적인 규범체제 하에서는 사회규범에 의해 그 지위가 결정되지만, 도시화 사회에서는 대부분 개인의 능력이나 공식적 직책에 의해 결정됨
㉣ 보다 많은 사회참여를 하고 높은 사회적 지위에 있음

정답 21 ① 22 ① 23 ④ 24 ②

25 다음 중 여론지도자의 개념을 가장 잘 표현한 것은?

① 여론지도자는 농촌지도의 전문가이다.
② 순수한 봉사정신으로 지도자적 역할을 하는 사람이다.
③ 학식, 재산, 경력 등에 의하여 영향력을 행사하는 사람이다.
④ 아무런 공식적 직책과 관계없이 여론이나 타인의 의견에 영향을 미치는 사람이다.

해설 오피니언 리더는 공식적 집단보다 비공식적이며, 광범위한 집단보다 대면적 작용을 하고, 직접 행동을 이끄는 것보다 의견·변화를 인도한다.

26 다음 중 자원지도자에 대한 설명과 관련이 없는 것은?

① 자원지도자란 지도자보다는 자원봉사자라는 의미가 더욱 강하게 내포되어 있다.
② 자원봉사자들이 하는 일에 있어서는 다소의 지도력이 있어야 한다.
③ 자원지도자들에게 주어지는 역할이란 도움을 필요로 하는 사람들에게 정신적으로나 교육적으로 또는 봉사를 통해서 도움을 주는 일이다.
④ 자원지도자는 선거에 의해서 피선된 지도자가 아니며 어떤 기관이나 단체에서 일방적으로 지명하는 지도자이다.

해설 자원지도자(농촌민간리더, 농촌지역리더)는 선거로 선출된 리더, 기관·단체에서 지명하는 리더가 아닌 먼저 자원하는 것이 전제가 되며, 농촌지도사업에 참여하여 자신의 명예·경제적 이익에 도움을 받는 것이 아니라 시간·경제적 희생·봉사가 수반되는 일을 보수 없이 하게 된다.

27 자원지도자에 대한 설명으로 가장 적당한 것은?

① 선거에 의해 피선된 사람이다.
② 어떤 기관이나 단체에서 일방적으로 지명하는 지도자이다.
③ 능력이나 지도력보다 자원한다는 것이 최우선이다.
④ 다소의 보수나 명예가 주어진다.

해설 자원지도자는 선거로 선출된 리더, 기관·단체에서 지명하는 리더가 아닌 먼저 자원하는 것이 전제가 된다.

정답 25 ④ 26 ④ 27 ③

28 Maslow의 인간의 욕구 5단계를 옳게 연결한 것은?

① 생리적 욕구 → 안전욕구 → 사회적 욕구 → 자기존중의 욕구 → 자아실현의 욕구
② 생리적 욕구 → 사회적 욕구 → 자기존중의 욕구 → 안전욕구 → 자아실현의 욕구
③ 생리적 욕구 → 자기존중의 욕구 → 자아실현의 욕구 → 사회적 욕구 → 안전욕구
④ 생리적 욕구 → 자아실현의 욕구 → 안전욕구 → 자기존중의 욕구 → 사회적 욕구
⑤ 생리적 욕구 → 안전욕구 → 자기존중의 욕구 → 자아실현의 욕구 → 사회적 욕구

해설 Maslow의 욕구계층이론
㉠ 5계층적 욕구 : 생리적 → 안전 → 사회적 → 존경 → 자아실현 욕구
㉡ 순차적 진행 : 하위욕구 충족시(100%가 아닌 어느정도) 상위욕구로 진행
㉢ 충족된 하위욕구는 동기유발 無

29 Henderson의 욕구이론 중에서 타인과 친해 보고 싶고, 애정을 교환하고 싶어하는 욕구는 어느 것인가?

① 친애동기
② 권력동기
③ 성취동기
④ 경제적 동기

정답 28 ① 29 ①

Chapter 03 농촌 인적자원개발(HRD)

단원 키워드

1. 농촌지도 대상 : 농업인, 청소년, 여성
2. 농촌지도 사업방법
3. 지도사업의 대상·영역의 변화

우리나라 농촌지도사업의 대상은 품목별 농업인, 농업후계인력 육성을 위한 농촌청소년, 그리고 여성농업인 및 이주여성농업인 등을 포함한 농촌여성을 대상으로 이루어졌으며, 전시성 시범사업의 보급을 통해 이루어졌다.

농업인 대상 농촌지도사업은 주로 과수, 생활자원, 채소, 화훼, 축산 영역 등에서 이루어졌으며, 농촌청소년지도를 위해 영농 4-H, 학생 4-H를 발전시켜 왔고, 농촌여성지도란 농촌여성을 대상으로 하는 모든 지도사업을 의미한다.

최근 국제결혼을 하여 농촌에서 거주하거나 농업에 종사하는 외국인 여성인 '이주여성농업인'을 대상으로 안정적인 농촌정착 지원과 과소화·고령화된 농가 인구구조에서 농촌의 젊은 여성결혼이민자를 농업인력으로 자원화하는 것을 목적으로 이주농촌여성의 기초농업교육, 농업후견인제도 등을 실시하고 있다.

제1절 농업인 지도

(1) 품목별 신기술 보급과 지원

① 채소 시범사업(농촌진흥 50년사)

1960년대	• 우량품종과 비료효과 전시사업 • 복합요인 투입 채소 시범사업 • 지역유망채소재배 기술지도
1970년대	• 고추 비닐멀칭 재배시범 • 농특사업지구와 주산지 시군 고추 등 전시시범 • 지역소득작목 시범사업 • 시설채소 재배기술 시범
1980년대	• 마늘, 양파 비닐멀칭 시범 • 간이저장고와 건조기 시범사업 • 표준화 하우스 시범 • 양채류 기술보급 시범
1990년대	• 백색혁명 성취 • 농가보급형 하우스 시범 • 시설원예 환경개선 시범 • 시설원예 에너지절감 시범 • 채소 기계화 촉진 시범 • 채소 수경재배 시범
2000년대	• 마늘 주아재배 시범 • 성페로몬 이용 해충방제 시범 • 딸기 우량묘 보급 시범 • 내재해형 하우스 보급 • 환경친화형 채소생산 시범

✪ 시범사업 : 시범농가로 하여금 혁신기술을 선도적으로 실천토록 하여 새 기술이 인근에 파급되도록 하는 기술보급으로 가장 효율적인 지도방법에 해당함

② 과수 시범사업

1960년대	• 과수 집단부락 전시사업 • 농어민 소득증대 사업-주산단지 조성 시범
1970년대	• 왜성사과 재배 시범 – 조기결실과 단위당 수량 제고 • 과수재배단지 조성과 사과 왜성재배 • 산지과수원조성 시범
1980년대	• 왜성대목묘 보급 • 점적관수시설 보급 • 생산비 절감 기술지도 • 토양 및 엽 분석에 의한 시비 지도 • 감귤 시설재배
1990년대	• 과수 품질향상 및 출하조정 • 고품질과실 안정생산 시범 • 수출전문단지 육성 시범 • 과수 토양수분감응 자동관수 시범 • 축열물 주머니 이용 에너지절감 시범 • 사과 저수고 밀식재배 시범 • 배 Y자 재배 시범
2000년대	• 성페로몬 이용 해충방제 시범 • 저온저장고 환경관리 자동화 시범 • 포도 덕 및 비가림 복합모델 시범 • 과원구조 생력화, 초생재배 • 야생조수류 피해방지 시범 • 미세살수장치 이용 늦서리 피해 방지 시범 • 꽃가루 은행, 영양 진단실, 바이러스바이로이드 진단 • 탑프루트 프로젝트 시범

③ 화훼 시범사업

1960년대	• 절화류 재배 시작 • 독농가를 중심으로 화훼단지 형성
1970년대	• 양란 조직배양 시작 • 구근류 생산 시작
1980년대	• 무궁화 신품종 보급 시범 • 농업기술센터에 조직배양실 설치 • 구근류 재배기술보급 시범 • 절화류 표준출하 규격집 발간
1990년대	• 우량꽃 생산 시범 • 구근류 종구생산 시범 • 국화 연3기작 시범 • 지역특성화 기술개발
2000년대	• 국화 비가림 재배 • 백합상자 재배기술 보급 • 화훼 벤처농 육성 • 소형분화생산 저면관수 • 장미 보광처리 시범 • 생활원예 가꾸기 시범 • 화훼 직무육성 품종 보급

④ 축산 시범사업

1960년대	• 한우 생산과 합리적 배합사료 급여 • 비닐이용 토굴 싸이로 담근먹이 제조 이용
1970년대	• 한우·샤로레 교잡종과 돼지 3원 교잡종 사육 • 섬바디 및 서강 사료용 고구마 재배
1980년대	• 한독·한영·한뉴 축산분야 국제협력사업 • 유휴지 산지 개발 초지 조성
1990년대	• 비육촉진을 위한 비육제 활용소 비육과 고급육 생산 • 돼지 분뇨로 인한 환경오염 방지
2000년대	• 안전 고품질 축산물 생산 사육단계 HACCP 적용 • 유용미생물을 활용한 친환경축산 기반 구축 • 가축분뇨 퇴액비 자원화 이용

⑤ 생활자원 시범사업

1960년대	• 식생활 개선 • 아궁이 개량
1970년대	• 농번기 탁아소 운영 • 응용 영양사업
1980년대	• 농가주거환경 개선 • 생활개선 종합시범마을
1990년대	• 농촌여성 일감갖기 • 농업인 건강관리실 • 농산물 가공기술 보급
2000년대	• 농촌전통테마마을 • 농촌체험교육농장 • 농촌건강장수마을 • 농작업 재해예방

(2) 우리나라 50대 농업기술

① 1960, 70년대 : 녹색혁명기, 전통적 농업 기반
  1. 통일벼 개발로 전 국민의 배고픔을 해결하다.
  2. 우리나라 최초의 일대잡종 배추 품종 육성
  3. 농업기계화 도입 및 식량 증산을 위한 농지개량 기술개발
  4. 양잠, 우리나라 근대화를 뒷받침하다.
  5. 우리가 즐겨먹는 교잡종 옥수수 시대를 열다.

② 1980년대 : 백색혁명기, 안정적 농업 기반
  6. 비닐하우스(백색혁명) 도입으로 우리 농촌과 식탁이 풍성해지다.
  7. 벼 도열병 극복으로 식량 안정 생산이 가능해지다.
  8. 벼 기계이앙으로 고된 벼농사가 쉽고 편리해지다.
  9. 쇠고기 품질고급화를 향한 과학적인 유통거래 제도 도입
  10. 과실 품질 향상을 위한 과수봉지재배 및 비가림재배

③ 1990년대 : 품질혁명기, 고품질 농업 기반
  11. 통일형 벼 품종에서 일반형 품종으로 성공적 교체
  12. 우리나라 토양의 족보『한국토양총설』발간
  13. 농산물 생산의 새로운 패러다임 병해충종합관리(IPM) 사업
  14. 다수확 과수 재배 시스템 확립
  15. 한국형 씨돼지, MADE IN KOREA
  16. 쪼개거나 자르지 않고도 맛을 알아낸다 '비파괴 품질판정기술'

17. <u>농가보급형 비닐하우스</u>, 시설원예에 날개를 달다 농업
18. 다양한 버섯 신품종 시대 진입 및 현장 실용화 성공
19. 일 년 내내 균일한 채소를 대량 생산하는 '공정육묘기술'
20. 국제경쟁력이 높은 과수 신품종 육성
21. 세계 최첨단 무병 씨감자 생산 기술
22. 천적활용 시대를 열다.
23. 한국형 순환식 수경재배 기술
24. FTA 대응 화훼 신품종 개발 토대 마련

④ 2000년대 : 지식혁명기, 융복합 농업 기반
25. 전국 토양정보가 한눈에 보이는 국가 농경지 관리체계 '흙토람' 구축
26. 로열티 파동을 극복한 국산 딸기 품종 개발
27. 누에와 꿀벌은 기능성 소재의 보배 농업
28. 풀사료 자급 달성을 위한 사료작물 품종 육성
29. 백마, 화훼품종 국산화의 비전을 제시
30. 쫄깃한 육질과 맛, 토종 '우리맛닭' 복원
31. 우수한 신토불이 한우 복제소 생산기술
32. <u>농촌 어메니티 자원</u>, 농촌의 활력을 불어넣다.
33. 한국형 가축사양표준 제정으로 생산비를 절감하다.
34. 농촌 인력 육성의 요람, <u>농업인대학 농업</u>
35. 탑라이스 생산으로 수입 쌀 개방화에 대응하다.
36. 석유대체 저탄소 친환경 시설원예 난방기술 개발
37. 설갱벼를 이용한 전통주 개발
38. 농식품 가공·창업 지원으로 <u>여성농업인 CEO 육성</u>

⑤ 2010년대 : 가치혁명기, 친환경 농업 기반
39. 해외농업기술개발센터(KOPIA) 설립 및 운영
40. 바이오장기 생산용 형질전환 복제돼지 생산기술
41. 배추 유전체를 해독하다.
42. 식물바이러스 종류 모두 알 수 있다.
43. 가축분뇨를 에너지 자원으로 활용
44. 난치병 신약개발에 불을 당기다! 농업
45. 최고품질의 맛있고 안전한 과실(탑프루트) 생산
46. 굳지 않는 떡을 아시나요?
47. 환경오염 제로형에 도전한다, 벼 부산물 이용 생분해성비닐 개발

48. 도시민도 농사를 짓는다, 도시농업 기반기술
49. 온실가스 감축 및 탄소성적 평가기술 개발
50. 안전 농산물 생산을 위한 유용미생물 이용 작물보호제 개발

제2절 농촌청소년지도

1 농촌청소년지도의 개념

농촌청소년 : 농촌이라는 지역에 거주하는 8~24세(협의는 13~19세)의 연령기

(1) 농촌청소년지도

① 농촌청소년지도의 필요성
  ㉠ 이촌현상에 대처
  ㉡ 영농후계자 양성의 필요성
  ㉢ 비진학 농촌청소년지도
  ㉣ 학교교육의 보완
  ㉤ 사회교육기회의 확대
  ㉥ 기술혁신의 촉매자

② 농촌청소년지도의 목표
  ㉠ 농촌지역사회 청소년으로서 긍정적 자아개념 확립
  ㉡ 건전한 시민성·지도력 함양
  ㉢ 직업선택능력과 준비성을 배양
  ㉣ 영농생활에 대한 가치
  ㉤ 행복한 가정생활능력 함양
  ㉥ 집단생활에 적극적으로 참여할 수 있는 능력 배양
  ㉦ 여가선용능력을 배양
  ㉧ 자연자원의 보호능력 배양
  ㉨ 국제적 안목을 증진

③ 농촌청소년지도의 원리
  ㉠ 청소년의 심리적 특성을 감안하여 지도한다.
  ㉡ 자원지도자를 확보하고 그들의 지도력을 활용하여야 한다.
  ㉢ 가정과 지역사회의 지원을 확보하여야 한다.
  ㉣ 개인지도를 중심으로 스스로 해결하도록 도와주어야 한다.
  ㉤ 계획과 평가에 모든 청소년을 참여시켜야 한다.
  ㉥ 발표와 봉사의 기회를 자주 부여하는 것이 필요하다.
  ㉦ 행동에 대한 보상 등으로 강화를 시켜주어야 한다.
  ㉧ 집단활동에 흥미를 부여하여야 한다.

(2) 농촌청소년 활동의 분류

지도대상자 수에 따른 분류	개별활동	과제활동, 상담활동, 체육활동, 현장연수활동, 현장참가
	집단활동	과제활동, 경진활동, 체육활동, 야영활동, 오락활동, 협동활동, 집단운영, 회의진행활동, 지역봉사활동 등
활동내용에 따른 분류	교양활동	독서, 산술, 예절, 일반상식
	여가선용 활동	체육, 오락, 야영
	가정관련 활동	의식주 개선, 가사돕기, 절약, 저축
	지역사회 활동	시민성, 지도력, 지역봉사, 회의참가, 자연자원보호
활동성격에 따른 분류		과제활동, 경지활동, 연수활동, 봉사활동, 집단활동, 회의활동, 오락활동, 야외활동 등

(3) 4-H 개념

① 4-H 의미

농촌 청소년에게 장차 농촌을 지키고 가꾸어나갈 훌륭한 농민으로서, 더 나은 민주시민으로서 갖추어야 할 기본 소양을 쌓아 변화하는 시대에 적응할 수 있는 유능한 제2세 국민을 육성하기 위한 사회교육 과정이며 사회개발 운동

✪ 1900년대 초 미국에서 처음 시작된 운동

② 4-H 목표

자기가 살고 있는 지역에서 작은 모임을 만들어 어려서부터 새로운 영농기술과 지식을 배우고 생활을 개선하며 사회적인 협동생활의 훈련을 쌓도록 함으로써 보다 잘사는 영농인이 되고 훌륭한 민주시민이 되어 지역사회개발에 중추적 역할을 담당할 수 있는 유능한 역군으로 성장하는 것

③ 4-H (실천)이념

- **지육**(智育, Head) : 명석한 머리. 머리를 명석하게 하여 올바른 판단과 계획능력을 기름
- **덕육**(德育, Heart) : 충성스런 마음. 덕성을 함양하고 진실과 겸손으로 인격을 도야하여 더불어 살아감
- **노육**(勞育, Hands) : 부지런한 손. 근로와 봉사를 통해 쓸모 있는 기능을 기르며 밝은 사회건설에 이바지함
- **체육**(體育, Health) : 건강한 몸. 건강을 증진하여 질병을 물리치고 능률을 증진하며 생활을 즐겁게 함

④ 4-H 운동의 변천

㉠ 1947~1951
- 해방 전후 농촌부흥을 위한 <u>중견농업인 양성</u>을 목표로 경기도 지역에서 처음 시작

- 명칭 : '농촌청년구락부'
- 자격 : 30세 이하의 농촌청소년, 5만여 회원

ⓒ 1952~1961
- 전후 농촌재건을 촉진하기 위해 정부사업으로 채택
- 명칭 : '새마을 4-H 구락부'
- 자격 : 10~20세 미혼남녀 청소년, 15~30만여 회원

ⓒ 1962~1973
- 후계영농주 육성에 목적을 두고 자격연령을 13~24세로 조정
- 전국 리동단위로 확대조직

② 1974~1979
- 후계 새마을지도자 육성을 목표로 새마을운동과 연계 추진
- 명칭 : 새마을 4-H 구락부
- 자격 : 13~26세 조정, 55만여 회원
- 1979년 명칭을 '새마을청소년회'로 개칭

⑩ 1980~1990
- 농촌을 이끌어갈 영농후계세대 육성에 중점을 두고 사업 추진
- 읍면회원의 자격연령 29세로 조정, 60~100만여 회원
- 1988년 명칭을 '4-H회'로 개칭

ⓑ 1991~2007
- 건전하고 생산적 농촌청소년 육성에 목표를 두고 직능별로 조직 개편
- 영농4-H회 : 첨단농업기술지도로 후계 영농주 육성
- 학생4-H회 : 초급영농과제이수로 농심 함양

ⓢ 2008~
- 민간추진 청소년운동으로의 전환을 위한 사업 추진(정부추진×)
- 『한국4-H활동 지원법』 제정(2007.12.21.)
- 한국4-H활동 지원 기본시책 수립

참고 한국4-H활동 지원법

제1조(목적) 이 법은 대한민국 청소년의 4에이치활동을 지원하여 청소년의 인격을 도야하고 농심을 배양하며 창조적 미래세대로 육성함으로써 국가발전에 이바지함을 목적으로 한다.

제2조(정의) 이 법에서 사용하는 용어의 정의는 다음과 같다.
1. "4에이치"란 명석한 머리 [Head, 지육], 충성스런 마음 [Heart, 덕육], 부지런한 손 [Hands, 노육] 및 건강한 몸 [Health, 체육] 을 의미하는 네 가지의 이념[4-H]을 말한다.
2. "4에이치활동"이란 4에이치 이념에 근거한 다음 각 목의 활동을 말한다.
   가. 4에이치 이념을 실천하기 위한 수련활동·문화활동, 그 밖의 교육훈련활동

　　　나. 4에이치 이념을 확산·발전시키기 위한 홍보출판 및 연구 활동
　　　다. 국가간 4에이치 교환훈련 등 국제교류활동
　　　라. 그 밖에 4에이치 이념을 강화하고 확산시키기 위한 활동

제3조(4에이치활동 시책의 수립) ① 농촌진흥청장은 4에이치활동을 체계적이고 효율적으로 추진하기 위하여 4에이치활동 지원에 필요한 시책을 수립·시행하여야 한다.

② 농촌진흥청장은 제1항의 시책을 수립하기 위하여 미리 관계 중앙행정기관의 장과 협의하여야 한다.

제4조(4에이치활동 주관단체의 지정) 농촌진흥청장은 4에이치활동을 체계적이고 효율적으로 지원하기 위하여 다음 각 호의 요건을 구비한 비영리법인 중에서 주관단체를 지정할 수 있다.

1. 4에이치활동 지원을 목적으로 설립되었을 것
2. 전문인력과 교육시설 및 장비를 갖추고 있을 것
3. 최근 1년 이상 전국적인 규모의 4에이치활동 지원실적이 있을 것

제5조(경비지원 등) ① 국가 또는 지방자치단체는 4에이치활동 단체의 운영경비와 시설비, 그 밖의 경비를 지원할 수 있다.

② 개인·법인 및 단체는 4에이치활동 단체를 지원·육성하기 위하여 금전이나 그 밖의 재산을 출연하거나 기부할 수 있다.

제5조의2(국유시설·공유시설의 사용) ① 국가나 지방자치단체는 4에이치활동 단체를 지원·육성하기 위하여 필요한 경우 「국유재산법」 또는 「공유재산 및 물품 관리법」에도 불구하고 국유시설 또는 공유시설을 무상으로 사용하게 할 수 있다.

② 제1항에 따라 국유시설 또는 공유시설을 사용하게 하는 경우 그 기간은 「국유재산법」 제35조 제1항 또는 「공유재산 및 물품 관리법」 제21조 제1항에도 불구하고 10년 이내로 할 수 있다. 이 경우 그 기간은 갱신할 수 있다.

제5조의3(조세감면 등) ① 국가는 4에이치활동을 육성하기 위하여 4에이치활동 단체에 대하여 「조세특례제한법」에 따라 조세를 감면할 수 있다.

② 국가는 제5조 제2항에 따라 4에이치활동 단체에 출연 또는 기부한 재산에 대하여 「조세특례제한법」에 따라 과세특례를 적용할 수 있다.

제6조(사업계획 등의 보고) 주관단체는 매 회계연도의 사업계획서 및 수입·지출예산서를 작성하여 회계연도 개시 전까지 농촌진흥청장에게 보고하여야 한다. 이를 변경할 때에도 또한 같다.

제7조(결산 보고) 주관단체는 매 회계연도의 수입·지출 결산서를 작성하여 공인회계사의 검사를 받아 회계연도 종료 후 3개월 이내에 농촌진흥청장에게 보고하여야 한다.

제8조(업무검사 등) 농촌진흥청장은 감독을 위하여 필요한 때에는 주관단체에 대하여 그 업무에 관한 보고를 하게 하거나 소속 공무원으로 하여금 그 업무를 검사하게 할 수 있다.

제9조(유사명칭 등의 사용금지) 누구든지 주관단체로 오인할 수 있는 명칭을 사용하지 못하며, 주관단체의 동의 없이 주관단체가 정한 수용품 및 표지를 제작·사용할 수 없다.

제10조(과태료) 다음 각 호의 어느 하나에 해당하는 자에게는 200만원 이하의 과태료를 부과한다.

1. 제8조에 따른 보고 또는 검사를 거부·방해·기피한 자
2. 제9조를 위반하여 주관단체로 오인할 수 있는 명칭을 사용하거나 주관단체의 동의 없이 수용품 또는 표지를 제작·사용한 자

⑤ 영농4-H 발전과정
- 1947년 : 경기도에서 4-H 구락부(club)가 처음 조직
- 1948년 : 경기도 농촌청소년구락부연합회가 발족
- 1949년 : 사단법인으로 등록되고 농업기술원이 설치됨
- 1953년 : 법인단체로 결성됨
- 1954년 : 제1회 4-H 구락부 중앙경진대회 개최
- 1957년 : 경북과 인천에서 4-H 구락부연합회 발족
- 2001년 : 민간총괄기구로 한국4-H 본부 발족
- 2003년 : 정보산업 발달에 맞춰 4-H 활동 전산시스템인 클로버넷을 개발, 제40회 4-H 중앙경진대회 개최
- 2004년 : 한국4-H 본부 창립 50주년 기념화보집·농어촌청소년백서 발간

⑥ 단위 4-H
4-H 활동의 기초조직. 지역사회, 각급학교, 직장단위로 영농4-H회, 학생4-H회, 일반 4-H회로 결성
  ㉠ 학생4-H회 : 각급학교(초·중·고·대학) 내 특별활동 동아리로서 교내외에서 특별활동의 일환으로 4-H 활동을 함. 학교 내에 4-H회가 조직되어 있지 않을 때는 같은 지역의 학생들이 조직함
  ㉡ 영농4-H : 원칙적으로 리동단위에서 영농에 종사하고 있거나, 앞으로 영농에 정착을 희망하는 농촌청소년들로 구성. 명칭은 회원들 관심에 따라 작목 중심으로 OOO 4-H회라고 부름
  ㉢ 일반4-H회 : 직장 또는 지역단위로 취미생활, 봉사활등 등을 통해 소속 집단이나 지역사회 및 회원 간 친목도모를 위해 조직·운영

2 영농4-H 주요 활동

(1) 회의 및 의식 활동
  ① 회의 활동
    ㉠ 회원들은 회의생활에 잘 참여하여 친숙하게 하고, 회의를 통해 자제력을 갖게 되며 민주주의의 기본 원칙과 절차를 익히고 실천함
    ㉡ 주요 회의로는 월례회의와 정례회의가 있음. 정례회의에는 연시·연말총회, 4-H 신입회원 가입식, 4-H 임원 임명식 및 취임식, 분고별 임원회 등
  ② 의식 활동
    봉화식과 촛불의식이 있는데, 각종 4-H 행사에서 자신을 태워 불을 밝히는 촛불을 보며 4-H 정신과 이념을 다시 생각하고 각오를 다짐

(2) 과제활동
① 과제활동의 개념
  ㉠ 의미
    ⓐ 과제를 생활 속에서 스스로 경험해서 배우는 실천적 학습(learning by doing) 활동
    ⓑ 농촌청소년들의 일상생활에서나 부모의 일을 도와주기 위해서, 혹은 앞으로의 직업에 관련하여 필요한 지식·기술 등을 학습시킬 목적으로 실천적인 학습내용을 중심으로 취사선택하여 조직한 학습경험
  ㉡ 과제활동의 목적
    ⓐ 흥미와 적성의 개발
    ⓑ 실천적 학습기회의 부여
    ⓒ 사업적 경영능력의 개발
    ⓓ 자주성과 창의성의 개발
    ⓔ 미래자산의 확보
  ㉢ 과제활동의 3요소 : 청소년, 부모, 지도자
  ㉣ 4-H 과제 : 개량 개선에 목표를 두고 무엇이든 관찰과 실천을 통해 체득하게 하는 일. 4-H 활동은 대부분 과제활동으로 이루어짐
  ㉤ 4-H 단체 과제 이수율 : 1968년 54.1% → 1985년 113.3%까지 상승
② 과제활동의 종류
  ㉠ 과제 이수 목적에 따라 : 생산과제(주과제), 개량과제, 보조과제
  ㉡ 과제 이수자수에 따라 : 개인과제, 공동과제, 단체과제
  ㉢ 과제 내용에 따라 : 흥미, 희망, 필요 등에 따라 다양함
③ 과제활동지도에서 고려되어야 할 사항
  • 경력별 지도 : 처음 초기년도에는 비교적 쉽고 단순하며 흥미로운 과제가 좋다.
  • 계속적 확대지도 : 자기에게 흥미로운 과제가 발견되면 연차적으로 규모를 확대하여 사업적 규모로 발전시켜 나가는 것이 바람직하다.
  • 청소년 스스로에 의한 활동 : 청소년의 자발성과 자주적 노력을 강조하므로 부모·지도자의 지나친 지도는 삼가는 것이 좋다.
  • 철저한 기록 : 과제활동은 계획과정부터 철저하게 기록하는 습관을 길러야 한다.
  • 과제이수 발표회 : 이수한 과제활동의 업적을 발표할 수 있는 기회를 준다.
④ 개인과제(분야별 과제이수 경향)
  • 1960년대 전반기 : 식량작물 과제가 32%
  • 1970년대 : 식량작물 과제가 42%로 크게 증가

- 1980년대 : 소득작목의 과제선택이 점차 증가, 식량작물 과제는 극히 낮아졌으며 생활 개선 과제도 다소 낮아짐
- 1980년대 후반 : 학생회원 증가와 시대적 여건의 변화에 따라 교양, 취미, 자연보호, 도의(道義) 과제 등이 전개됨
- 1990년대 이후 : 영농회원과 학생회원으로 구분
  ⓐ 영농회원은 고소득작목 과제 또는 농업기계화 과제를 대부분 이수함
  ⓑ 학생4-H 회원은 교양, 취미, 기능과제를 이수함
⑤ 단체과제
  새마을사업, 자연보호운동, 농번기 일손 돕기 등 각종 봉사활동과 공동 학습포장의 운영, 기계화 협동영농 등 생산 활동을 주축으로 단위조직별로 이수함

(3) 과제활동의 종류 : 과제 이수목적에 의한 분류
① 생산과제
  ㉠ 의미
    ⓐ 무엇을 만들거나 생산하는 활동
      예 도구상자만들기, 신발통만들기, 토끼장만들기, 라디오만들기, 옷만들기, 음식만들기, 토끼기르기, 송아지기르기, 돼지기르기, 꽃기르기, 채소재배 등
    ⓑ 생산과제(소유권과제라고도 부름)는 과제이수자가 책임을 지고 생산하여야 하며, 생산물은 과제이수자에게 소속되어야 한다. Harmonds and Binkley는 생산물이 과제이수자에게 소속되지 않으면 그것은 엄격한 의미에서 생산과제가 아니며 개량과제라고 하였다.
  ㉡ 생산과제 의의
    - 첫째 이수자의 책임 하에 생산하고 관리하게 할 때
    - 둘째 생산품의 소유가 이수자에게 있을 때
    - 셋째 시장유통에 관한 경험도 해볼 때 의의가 있음
  ㉢ 동업생산과제 : 생산과제를 부친과 동업으로 이수하는 경우가 있다. 부친의 자금과 자신의 자금을 반반으로 하였을 때, 이익금을 반반으로 나누어야 한다.
  ㉣ 생산과제의 분류
    ⓐ 주과제 : 한 사람이 여러 가지 생산과제를 이수할 때 가장 규모가 크고 소득이 높은 과제
    ⓑ 부과제 : 그 다음으로 비중이 있는 과제
    ⓒ 조과제 : 목초나 녹비작물 재배와 같이 주과제나 부과제의 이수에 필요로 사용되는 생산과제

② 개량과제
  ㉠ 의미 : 가정생활이나 지역사회생활, 영농이나 기타 사업경영에 있어서 편리와 효율을 도모하거나 재산상의 가치를 증진시키는 활동
    예 병해방제, 지력증진, 농로개수, 가축사육, 축사수선, 가정청소, 의복수선, 마을청소, 기금조성 등
  ㉡ 특징 : 개량과제는 생산과제와는 달리 그 소유권이 이수자에게 속하지 아니한다. 가축을 사육하는 경우 그 가축이 이수자 소유이면 생산과제에 속하나, 집안 소유이면 개량과제에 속하므로, 엄격히 말해서 생산과제와 개량과제란 그 소유권이 누구에게 속하느냐에 따라 구별될 수 있다.
③ 보조과제
  생산과제나 개량과제를 이수하는데 필요한 하나하나의 기능을 배우고 익히며 숙련하는 활동 예 전정법, 사료배합법, 종자소독법, 땜질하기, 칼갈기 등

(4) 교육행사 및 훈련
단체학습이나 활동을 통하여 새로운 기술을 습득하고, 협동심·극기력·적극성 등을 함양하며, 더불어 살아가는 사회인으로서 심성을 키워 줌
① 경진대회
  ㉠ 매년 1회 실시하는 전국 규모의 행사. 회원이 이수한 과제를 전시하고 평가하는 과정을 통해 앞으로 더 발전할 수 있도록 하는 교육행사
  ㉡ 전국 4-H가 모여서 서로 활동을 공유하기 때문에 인간관계가 넓어지고, 사회성이 향상됨
  ㉢ 경진대회는 단체회원들이 평소에 닦은 실력과 업적을 개인적으로 혹은 집단 간에 상호비교하여 우수자에게 포상하는 단순한 모임이 아니라, 집단 전체의 발전을 위한 친목과 다짐 등의 단합대회의 성격이 더 큰 모임이라고 할 수 있다.
  ㉣ 농촌청소년을 위한 경진대회도 영농과제의 경진 이외에 청소년지도목표에 비추어 다양한데, 웅변·오락·회의진행·일기장·봉사활동·집단운영·기금조성 등에 대하여 경진을 할 수 있다.
② 야외행사활동
  ㉠ 주로 여름철에 바다·산 등에서 청소년이 모여 일정기간 동안 휴식과 흥미를 위한 오락활동, 심신단련을 위한 규칙생활과 체육경기, 회원 상호 간의 친목과 협동정신의 함양을 위한 집단활동, 앞으로 청소년활동의 계획과 평가에 관한 토의와 결의 등 역동적이고 정서적인 행사이다. 예 봄·가을의 소풍, 등산, 자연보호운동 등
  ㉡ 야영교육 : 자연 속에서 심신을 단련하면서 호연지기를 키우고 협동·봉사 정신을 배우며 공동체 의식을 함양하는 교육행사이다.

③ 국내외 연수
  ㉠ 미래 영농인으로 성장할 학생을 위해 국내외 연수를 통하여 선진 영농기술 습득과 견문 확장 기회
  ㉡ 단기연수활동 : 단기연수활동은 청소년들에게 특정의 기술, 지식, 정신, 교양 등의 함양을 목적으로 비교적 학교교육과 같은 내용과 방법으로 교육을 하지만, 이론과 학문보다는 현실의 문제와 실용적인 내용을 중심으로 청소년의 적극적인 참여 하에 훈련이 진행되어야 하며, 연수기간 동안 숙박을 하므로 그 시간을 유효적절하게 활용하여야 한다.
  ㉢ 현장연수활동 : 농촌청소년의 현장연수활동이란 우수한 농장, 공장, 기업체, 기관, 단체 등에 일정기간 파견되어 그 곳에서 실습생으로서 연구하고 훈련받는 활동을 말한다. 현장연수활동을 하는 목적은 그 분야의 직업에 대한 탐색을 위해서 나가는 경우도 있지만, 대개의 경우 그 분야의 직업에 대한 지식과 기술을 배우고 어떻게 경영하고 있으며, 어떻게 모범적인 농장이나 기업체가 되었는가 하는 과정을 배우기 위하여 파견된다.
④ 교류활동
  ㉠ **도농교류활동** : 농촌지역 회원은 농산물 소비지인 도시를 탐방하고, 도시 거주하는 회원은 농산물 생산지인 농촌을 탐방하고 경험하는 활동을 교류하는 프로그램
  ㉡ **국제교류활동** : 개발도상국의 농촌발전에 공헌할 수 있는 인력을 확보하여 나가야 할 것이며, 해외농업의 발전을 위하여 일익을 담당하여 나가야 할 것이다. 농촌청소년들에게 국제적 안목과 능력을 육성하기 위해서는 그들에게 국제정세, 외국 사회의 특성, 해외농업 등에 대한 지식과 이해에 관련하여 도서·영화·텔레비전·특강 등을 통하여 이들을 습득시켜야 한다. 선진국에 파견하여 선진농업을 배우게 하고 그 나라 청소년활동을 견학하도록 하여야 한다. 국제회의·국제경진회 등 국제적 활동에 참가하며, 때로는 우리나라에서 그러한 회의를 개최하여야 한다.
⑤ **청소년의 달 행사** : 매년 5월에 열리며 주된 4-H 대상인 청소년들의 화합과 사기를 높이는 행사

3 영농후계자의 육성

(1) 영농후계자의 의의

① **영농후계자** : 농업분야 직종의 하나인 영농에 종사하기를 결심하여 영농정착과 발전을 위한 교육과 훈련을 쌓고 있는 청소년은 물론, 독립적인 영농정착을 위하여 이미 부분적으로 영농에 참여하고 있는 청소년

② 농업관련직의 분류
  ㉠ 영농직 : 전업영농직, 겸업영농직
  ㉡ 영농노동직 : 목동직, 농기계운전직, 농장관리직, 노임노동직
  ㉢ 농업산업직 : 유통시장업체, 가공공장, 농기계공장, 농화학공장직
  ㉣ 농업전문직 : 농업공무원직, 농업관계협동조합직, 공공 및 사설농업단체
③ 영농후계자의 육성단계
  ㉠ 1단계 : 청소년들로 하여금 영농분야에 취업하도록 결심하게 하는 단계의 과정이 주어져야 한다. 이 과정에서는 최소한 청소년들에게 영농에 대한 흥미와 관심, 그리고 나아가 그들에게 영농에 대한 적성을 개발하여 나아가야 그들의 영농정착에 대한 의사결정을 확고히 할 것이다.
  ㉡ 2단계 : 그들이 취업 전 농업분야의 취업을 위한 준비활동, 다시 말하면 교육과 훈련을 철저히 하여 영농에 대한 가치를 그들 스스로 부여하게 지도하여 나가는 단계이다.
  ㉢ 3단계 : 견습생이며 실습생으로 또는 부모의 감독 하에서 부모와 함께 영농에 종사하도록 계획적으로 지도하여 독립적인 영농정착을 위한 기술적인 측면은 물론 자산적인 측면까지 충실하게 준비시켜 나가야 한다.

(2) 영농후계자 육성의 목적

① 농촌청소년들의 영농에 대한 흥미와 적성을 계발한다.
② 영농후계자들에게 영농생활에 대한 긍지와 자신감을 갖게 한다.
③ 영농후계자들에게 향토발전에 대한 책임의식과 봉사자세를 배양한다.
④ 영농후계자들에게 이상에 맞는 배우자를 선택하여 행복한 가정생활을 조성할 수 있는 태도와 능력을 배양하게 한다.
⑤ 영농후계자들이 영농정착에 필요한 각종 자산을 장기적으로 구축하여 나가도록 한다.
⑥ 영농후계자들에게 개별적으로 또는 협동적으로 효율적인 농업경영을 통하여 영농소득을 증대시킬 수 있는 과학적인 영농능력을 함양하도록 한다.
⑦ 영농후계자들이 그들 주위에 있는 가용자원과 외부환경을 효과적으로 활용할 수 있는 능력을 개발하도록 한다.
⑧ 영농후계자들에게 닥쳐올 수 있는 시련과 위험을 극복할 수 있는 정신과 인내력을 기른다.
⑨ 영농후계자들이 세계적인 안목에서 정보를 입수하고, 현대사회의 변화에 대처할 수 있는 합리적인 의사결정력을 기르게 한다.

(3) 영농정착의 관련요인

① 직업선택의 과정에 영향을 미치는 요인
  능력, 직업적 흥미, 인성, 학력, 가정배경, 직업세계의 구조와 변화, 신체적 조건, 학교

② 직업발달의 단계
  ㉠ 환상적 단계 : 11세 이전의 어린이들이 자신의 흥미, 능력, 적성 등을 고려하지 않고 무조건 상위직에 관하여 호기심을 갖는 단계이다.
  ㉡ 시험적 단계 : 11~17세의 청소년들이 흥미, 능력, 가치의 요인을 기초로 직업을 선택하려고 하는 단계이다.
  ㉢ 현실적 단계 : 18세 이상의 청소년들이 흥미, 능력, 가치 이외에 현실적 요인, 즉 직업의 요구조건·부모의 기대·가정사정 등과 타협하여 직업을 결정하는 단계이다.

③ 우리나라 농촌청소년의 직업결정에 영향을 주는 요인
  ㉠ 개인의사결정요인 : 직업선택의 기회, 개인의 특성, 부모의 기대, 이주의사 등
  ㉡ 주변요인 : 가족구조, 가정의 농업형태, 4-H의 효과, 도시와 농촌의 사회적 환경, 도농격차, 농업정책, 대중매체 등

(4) 영농정착의 발달단계

① 진로인식 단계
  초등학교 과정의 나이(6~12세)에 있는 청소년들에게 다양한 직업세계를 소개하고, 일에 대한 가치를 인식시키며, 자신과 직업세계를 연관시켜 보는 경험을 갖게 한다.

② 진로탐색 단계
  중학교 과정의 나이(12~15세)에 있는 청소년들에게 각자의 흥미와 능력에 맞는 직업 분야에 관련되는 과제활동을 하게 하고, 그러한 과정에 익숙해지면 적성을 개발한다. 따라서 기회가 있는 대로 이들이 영농과 관련된 과제활동을 하게 하여 흥미와 능력, 적성을 개발한다.

③ 진로준비 단계
  고등학교 과정의 나이(16~18세)에 있는 청소년들에게 한 분야의 직업을 선택하게 한 후 다음으로 직업에 필요한 기술을 익히고 그 직업에 대한 가치를 부여하여 건전한 직업관을 갖게 한다.

④ 진로전문화 단계
  대학과정 이상의 나이에 있는 청소년들에게 선택한 직업에 필요한 전문직 지식과 기술을 확보하게 하고, 직업인으로서 건전한 인간관계의 조성능력을 갖게 하며, 또한 그 직업발전에 공헌할 수 있음은 물론 자신의 승진을 도모할 수 있는 능력도 갖게 한다.

(5) 부자협약영농(父子協約營農)

진로전문화 단계에서 영농정착을 지도하는 활동은 여러 가지가 있으나, 그 중에서 가장 중요한 지도활동은 부자협약영농활동이다.

① 부자협약영농의 의미
　㉠ 영농후계자는 대부분이 부친의 영농을 후계하는 경우가 많은데, 이러한 경우 부자 간에 영농책임·소득분배·영농이양 등에 있어서 부자 간이 상호협약하여 영농하는 것
　㉡ 부자를 중심으로 가족 간의 화합에 의하여 영농경영과 농가생활에서 가족 각자의 분담을 결정하고, 일정한 약속 하에서 노동보수를 나누는 가족 상호 간에 새로운 인간관계를 결성하는 것

② 목적
부자협약영농은 자녀로 하여금 영농후계를 성공적으로 이양하는데 있다.
　㉠ 부자 간에 상호협약을 통하여 자녀로 하여금 영농에 보다 적극적이고 체계적으로 보람을 가지고 참여할 수 있는 바탕을 마련하고,
　㉡ 영농후계자로서의 자질과 결심을 확고히 하며,
　㉢ 그들이 직접적으로 영농자산을 부모로부터 원활히 확보할 수 있도록 한다.

③ 부자협약영농의 형태
　㉠ 시안협약 : 자녀에게 영농을 후계시킬 목적으로 가축이나 농장의 일부를 경작시키는 협약
　㉡ 경영부문협약 : 경영의 일부분에 대한 책임을 주고 경영하게 한다.
　㉢ 임금협약 : 노동에 대한 책임협약이다.
　㉣ 임금 및 소득분배협약 : 임금을 지불하고 잉여소득을 배분하는 협약이다.
　㉤ 임대차협약 : 부모의 농지와 가축 등에 대하여 임차하는 소작경영협약이다.
　㉥ 공동경영협약 : 부자 간에 공동출자하여 동업협약으로 조합협약과 회사협약을 한다.
　㉦ 농장양도협약 : 자식에게 소유권을 이전하는 협약으로, 현금·연부지불, 부양계약에 의한 인수 등이 있다.

4 4-H 운동의 성과와 발전과제

(1) 4-H 운동의 성과

① 의식개혁 운동의 주도적 역할
　㉠ 건전한 시민정신을 갖춘 후계농업인의 자질을 형성함

ⓒ 4-H클럽의 집단활동은 이웃을 배려하는 협동정신을 익히게 하였으며 능숙한 자기표현과 남의 의견을 폭넓게 수용할 줄 아는 도량을 갖추어 사회적 지도자를 양성함
② 농촌 청소년의 건전한 성장과 산업화의 인적 기반 형성
　　㉠ 4-H는 젊은이에게 조직 활동을 통하여 자유민주주의 기본이념과 철학을 가르침. 민주적 절차를 통하여 조직을 만들고 민주방식에 의하여 조직성원이 의사결정을 하도록 함
　　ⓒ 1970년대 새마을운동의 성공 요인은 4-H활동으로 훈련된 인적 자원이 다수의 의견을 민주적 방법으로 목표를 설정하고 추진하였기 때문
　　ⓒ 4-H 과제활동을 통하여 과학적 사고·분석할 수 있는 인력이 산업현장 곳곳에 핵심인물이 되어 산업발달의 원동력이 됨
③ 농촌의 기간농업인과 지역지도자 배출
　　㉠ 4-H 운동은 농촌 건설을 위한 지도력 형성에 크게 기여함
　　ⓒ 4-H회(농촌 청소년 구락부)는 독립 후 우리나라 농촌부흥운동의 전위부대 역할을 수행
　　ⓒ 농촌계몽과 농업개량에 힘쓰고, 조직 활동을 통해 근대적 시민의식과 과학적 지식을 갖춘 수많은 지도자를 배출 → 새마을운동의 기반 마련
④ 농촌지도력 배양과 농업개발
　　㉠ 1950년대 하반기 농촌자원지도자의 집단 활동은 1986년 100만이 넘는 4-H회원을 갖는 3만개의 4-H회로 확대되었고, 농업생산력을 높이고 농촌 생활여건을 개선하여 농촌의 사회경제적 지위 향상과 생활문화의 수준을 높임
　　ⓒ 4-H활동의 지도자들이 시도 의원, 시장, 군수, 도지사, 국회의원이 됨
⑤ 농업기술혁신을 통한 소득증대
　　㉠ 4-H 과제활동은 새로이 개발·보급되는 영농기술을 포장에서 실천을 통하여 체득하고 농가소득증대에 기여하는 과학영농기술훈련으로 이웃농민에게 전파·보급시키는 촉매제 역할도 수행
　　ⓒ 우리 농업을 혁신하고 농가소득증대 기여 : 4-H 회원은 새 품종과 새 기술에 대해 진취적이며 농업경영인회(우리나라 영농의 핵심세력)와 성공한 농업지도자의 상당수가 4-H 회원 출신임

(2) 4-H 운동의 발전과제
① 변화시대에 적응할 수 있는 4-H 교육
　지식·기술도 중요하지만 여러 가지 미래사회의 문제(인간 내면 문제, 가치관 문제, 인구문제, 환경오염, 농작업 기계화 등)에 대비하는 체계적인 교육이 필요함

② 농촌청소년의 진로지도 확대

앞으로 4-H 회원에 대한 교육은 농업을 직업으로 삼을 청소년과 다양한 분야에 진출해도 농업·농촌을 이해하고 지지할 청소년을 고려해야 함

③ 4-H 연소 회원 및 여회원의 참여 확대

앞으로 연소회원(초등학생), 중고교학생회원, 여회원들의 참여를 더 높일 수 있는 방안을 강구하여야 하며, 프로그램을 다양하게 개발·추진해야 함

④ 전문지도자의 확보와 지원 기능의 강화

농업·농촌의 급격한 변화에 따라 농촌청소년들에 대한 지도와 과제 내용도 다양해지고 전문성을 요구하는 추세에 있음

농촌청소년의 효과적 진로지도를 위해 여러 분야 지식과 기술은 물론 지도내용과 기법까지 수준 높은 자질을 갖춘 전문지도자를 대폭 확보해야 하며, 지도기관에서 청소년 지도를 담당하는 지도사를 늘려 전문적 지도능력을 체계적으로 배양해야 함

제3절 농촌여성지도

1 여성의 특성

(1) 신체적 특성

① 생식관계적 특성 : 여성이 아이를 잉태하고 분만하고 수유하여 양육하는 일은 가장 중요한 여성의 성적 특성이라고 볼 수 있다.
② 생화학적 특성 : 여성의 생화학적 특성은 여성호르몬·생식호르몬·남성호르몬 등과 같은 신체 호르몬 구성의 남녀간 상대적 차이를 말하는데, 이러한 특성은 여성의 생식관계적 특성과 신체규모에 영향을 미친다.
③ 신체규모 : 개인의 성숙과정에서 남성은 보다 완력적인 활동에, 여성은 보다 비완력적인 활동에 종사하게 된다.
④ 감각기관적 특성 : 일반적으로 여성은 오감적 감각기관이 남성보다 더 잘 발달되어 있다고 한다.
⑤ 생물학적 강인성 : 대부분 외모적으로 남성은 여성보다 더 힘이 세고 건장하지만, 생물학적 측면에서는 남성이 여성보다 더 취약한 경향을 보인다.

(2) 심리적 특성

① 공격성 : 대부분의 연구결과에 의하면 어느 사회에서나 여성이 남성보다 비공격적 행위를 보여 주는 경향이 있다.
② 경쟁성 : 경쟁성이 강한 여성은 사회의 환영을 받기 힘들고 남성의 분개를 자아내는 경향이 있으며, 그러한 경향은 여성의 잠재적 능력을 발휘와 개발을 위축시키는 것이 상례이다.
③ 독립성과 수동성 : 여성은 보통 사회화 과정에서 정치, 사업, 종교, 교육 등 많은 분야에서 수동적이도록 교육·훈련되어 왔다는 점에서, 그러한 여성의 특성이 여성의 생득적 특성이라고 보기는 어렵다.
④ 양육성과 표현성 : 전통적으로 여성은 육아의 양육적 역할을 수행하고 있으며, 정서적 표현에 능하다. 사회심리학자들은 인간행동을 표출적 행동과 도구적 행동으로 구분하는데, 표출적 행동은 여성에게, 도구적 행동은 남성에게서 보다 더 많이 관찰된다고 한다.
⑤ 시기성, 심술성, 소심성, 수다성 등

(3) 적성적 특성

① 언어능력
  ㉠ 여성은 대체적으로 남성보다 언어적 능력이 탁월한데, 10대에 들어서면서 차이가 두드러진다.
  ㉡ 여성은 남성보다 일찍 언어를 습득하고 언어구사·쓰기·읽기 등에 있어서 남성보다 빨리 발달한다.
  ㉢ 여성의 언어적 능력의 발달은 신체와 정신의 성숙이 남성보다 빠르다는 사실과 관계가 있다.

② 공간지각
  ㉠ 공간지각이나 공간구성에 관한 능력은 여성보다 남성이 우월하다고 알려져 있다.
  ㉡ 남성은 종합적 이해와 상호조정을 요하는 공간작업에 있어서 여성보다 우수하다.
  ㉢ 남성의 근육적 능력을 요하는 작업들이 공간상 사물의 상호조정이나 사물의 공간 관계추리를 요하는 일이기 때문에 남성의 공간지각분야의 능력이 여성보다 더 숙달될 수 있기 때문이다.

③ 지능
  ㉠ 지능검사의 결과는 남성이 여성보다 높은 것으로 나타난다.
  ㉡ 정규교육이 시작되기 이전의 연령에서는 여성의 지능이 높게 나타나지만, 정규교육이 계속됨에 따라 남성의 지능지수가 더 높아지는 경향이 있다.

④ 분석적 능력
  ㉠ 어떤 물체들을 공통된 특성으로 모으거나 분류하는 일, 수학 등에 있어서의 분석적 능력은 남성이 여성보다 우월하다고 한다.
  ㉡ 사회에서 분석적 또는 해부적 능력을 요하는 일들이 대부분 근육적 능력을 요하는 일이어서 남성은 자연히 성장과정에서 분석적 능력이 잘 발달되기 때문이다.

2 농촌여성지도 개념

(1) 농촌여성의 개념

농촌여성이라는 용어는 농가여성, 여성농민, 여성농업인 등과 혼용됨

① 농촌여성
  ㉠ 행정구역상 읍이나 면의 농촌에 거주하고 있는 여성으로 경제적으로 열악한 농촌에 거주하면서 농업생산 활동과 가사노동을 병행하는 사회적인 약자
  ㉡ '농촌여성'이라는 용어는 '여성농업인'이라는 용어에 비해서 농촌에 거주하는 여성을 총칭하는 편의적인 말로서 여성을 수동적이고 우연히 모여 살게 된 집단으

로 보는 경향이 강함
ⓒ 농림업 이외 부문 취업여성과 비취업여성을 포함하고자 하기 때문에 '농촌여성'이라는 용어를 사용함
ⓔ '농촌여성'은 학계와 정책 전문가들 사이에서 널리 쓰임
② 농가여성
농업을 경영하거나 농업에 종사하는 가구에 거주하는 여성, 특히 주부를 의미하는 용어
③ 여성농민, 여성농업인
㉠ 직업인으로서의 여성의 역할을 강조하는 용어. 농산업 분야에서 경제활동을 수행하는 여성이라는 의미
㉡ '여성농업인'은 권익운동의 성격이 강한 단체들에서 사용

(2) 농촌여성의 역할
일반적으로 여성의 다양한 활동은 농업노동과 같은 가치생산적 활동, 육아나 의식주 생활관리 같은 노동력 재생산적 활동으로 구분될 수 있고, 또 기능적인 측면에서 농촌여성의 역할은 의식주 생활관리, 영농참여, 자녀양육과 교육, 보건위생관리, 소비생활 및 금전관리, 지역사회활동의 참여, 출산과 가족계획 등으로 구분한다.
① 의식주 생활관리
비록 급격한 농업발전과 농촌사회개발이 이루어졌다고는 하나 여성의 과중한 가사업무를 경감시켜 줄 시설이나 기구의 수용, 그리고 가족구성원 간의 합리적 역할분담이 아직 이루어지고 있지 않기 때문에 농촌여성의 가사역할 내용과 수행방법은 여전히 전통적으로 불리한 점이 많다.
② 영농참여
㉠ 농촌여성의 영농참여는 앞으로 농촌남성의 농외취업기회의 증가와 아울러 더욱 확대될 것으로 전망된다.
㉡ 영농참여의 문제점
ⓐ 여성의 육체적 노동은 가사노동과 더불어 더욱 가중되었다.
ⓑ 과중한 육체노동에 대한 사회·경제적 보상이 주어지지 못함으로써 오히려 충분히 개발·활용되고 있지 못하다.
ⓒ 농촌여성에 대한 영농지도와 교육훈련의 부족으로 인하여 여성의 영농능력이 충분히 개발·활용되고 있지 못하다.
③ 자녀양육과 교육
농촌사회에 있어서 가장인 남편은 주로 농사일에만 열중하는 경향이 있어 전통적으로 자녀양육과 교육에 대한 책임은 주로 가정주부에게 주어지는 것이 일반적이다. 따

　　라서 농촌아동의 건전한 성장과 발들을 위해서는 농촌여성의 자녀양육과 교육능력의 배양이 대단히 필요함은 물론, 농번기 탁아소나 유아원과 같은 유아 및 아동의 교육시설 확대가 시급한 실정이다.

④ 보건위생관리

건강은 인생의 가장 중요한 행복의 한 요소인데, 자녀를 비롯한 가족성원 전체의 건강과 위생은 특히 가정주부의 손에 달려 있다고 볼 수 있다. 주부들이 관장하고 있는 식생활의 영양학적 측면과 위생적 측면 그리고 생활환경의 위생여부는 가족성원의 건강과 위생에 직접적인 영향을 미친다.

⑤ 가정경제관리

농촌가정뿐만 아니라 도시가정에 있어서도 가정경제는 남성보다는 부녀자의 절약성, 저축성, 현금관리능력, 사치성 등에 의하여 더욱 좌우되므로 농촌여성들의 가정경제 관리능력의 함양은 대단히 중요하다.

⑥ 지역사회활동의 참여

오늘날 농촌여성은 과거와 달리 가사나 농사일 외에도 학교, 관청, 은행 등의 공공기관 방문, 계모임, 종교활동, 교육활동, 부녀회, 반상회 등의 참여, 관광, 관혼상제의 참석 등 많은 사회활동을 하고 있다.

⑦ 출산과 가족계획

농촌여성 자신과 가정, 그리고 국가적 입장에서 다출산 억제를 위한 가족계획의 실천은 매우 중요한 의미를 갖는다. 그것은 농촌여성의 입장에서 볼 때 자신의 건강과 능력을 개발하고, 원만한 부부관계를 유지하며, 보다 윤택한 가정생활을 영위하기 위하여 매우 필요하다.

(3) 농촌여성지도의 목표

① 농촌여성들에게 의사결정능력과 이행능력을 배양한다.
② 농촌여성들에게 건전한 인간관계를 조성할 수 있는 능력을 배양한다.
③ 농촌여성들에게 개인적으로, 지역사회활동에 능동적으로, 그리고 효과적으로 참여할 수 있는 능력을 배양한다.
④ 인생의 가치와 가정역할에 대한 중요성을 이해시킨다.
⑤ 농촌여성들에게 가정이나 사회에서 여성의 지위를 스스로 향상시킬 수 있는 능력을 함양한다.
⑥ 농촌자녀를 건전하게 육성할 수 있는 능력을 배양한다.
⑦ 합리적으로 현금과 재산을 관리할 수 있는 능력을 함양한다.
⑧ 의식주 생활을 합리적으로 이행할 수 있는 능력을 배양한다.
⑨ 영농직과 타직업의 고용기회에 대한 철저한 준비능력을 배양한다.

(4) 농업여성지도의 중요성

① 지난 30년간 농업노동력 부족과 노령화, 농업 후계자의 단절 등의 문제 발생 → 농업 인력 부족, 여성 농업인력이 그 자리를 대신함
② 농업분야는 다른 산업과 달리 여성 농업인력의 비중이 높음 → 여성 노동력을 적극 이용할 필요가 있음
③ 우리나라 농촌여성의 교육수준이 도시에 비해, 농촌남성에 비해 낮은 경향 → 앞으로 농촌여성에게 충분한 사회교육 기회를 부여 → 농촌여성의 잠재적 능력을 개발 및 농가생활 전반의 질적 향상을 추구해야 함
④ 농촌여성의 역할은 점점 늘어나는데 합당한 사회적 지위를 부여받지 못하면서 가사, 농사 병행, 육아문제 등으로 도시여성이 받는 사회적 배려 수준보다 낮은 대우를 받음
⑤ 농촌여성의 지위향상을 통한 남녀평등화는 농촌여성의 잠재능력 개발의 전제조건이 되며, 농촌여성이 주어진 역할을 효과적으로 수행할 수 있음

(5) 농촌여성지도의 의미

농촌여성지도와 농촌생활개선지도를 동일시하는 경향이 있는데 이들은 지도대상과 내용에 있어 서로 같은 개념이 아님

> **보충** 농촌여성지도와 생활개선지도를 동일한 의미로 본 전통적 관점의 기본목적
>
> ⊙ 농촌인의 영양개선
> ⓒ 자녀교육, 양육능력의 향상
> ⓒ 지도력과 시민정신의 함양
> ⓔ 농촌문화 수준의 향상
> ⓜ 건강과 위생관리 능력의 향상
> ⓗ 가정생활의 합리적 운영

① 농촌생활개선지도
  ⊙ 의미 : 농촌여성만을 대상으로 하지 않고 농촌생활개선에 관계되는 사회·경제적 모든 활동
  ⓒ 지도대상 : 모든 농촌인을 포함(다만 농촌사회에서 남성은 직업사회가, 여성은 가정생활이 주된 활동영역이기 때문에 지도의 대상이 주로 여성이 되는 경향)
  ⓒ 지도내용 : 생활의 질 개선사업(quality of living programs)과 비슷한 의미. 의식주 등 물질적 개선뿐만 아니라 교육과 보건기회의 증대, 청소년의 농촌이탈 문제, 농촌인력의 질적 빈곤, 영농 외의 취업문제, 여가 비용, 교통·통신 문제 등의 광범위한 영역이 포함

    ㉣ 농촌생활 개선사업 : 농촌주민 생활의 개선을 위하여 농촌여성을 중심으로 하는 모든 농촌주민이 그들의 가정이나 지역사회에서 농촌 생활의 질 향상에 관계되는 경제·사회·문화적 활동에 참여하고 스스로 개선을 추구할 수 있는 인격과 능력을 함양하고 그들에게 필요한 혁신과 정보를 제공하는 사업
  ② 농촌여성지도(extension work for rural women)
    남녀를 동등한 입장에서 보고 성(性)을 기준으로 구분된 개념
    ㉠ 지도대상 : 농촌에 거주하고 있는 청·장·노년층의 모든 여성
    ㉡ 기본이념 : 농촌여성의 불평등한 실태에 관심을 가지고, 농촌여성의 인간성 회복과 지위향상을 통한 농촌사회의 질적 향상을 추구함
    ㉢ 지도내용 : 영농참여, 농외소득 증대 등을 가정생활 개선과 똑같이 주요한 하나의 영역으로 취급하고, 농촌여성의 경제·사회·문화적 지위 향상, 여성인력의 질적 향상 등 여성과 관련된 광범위한 분야
  ③ 농촌여성 유관기관
    ㉠ 전국여성농민회총연합(약칭 전여농) : 1989년 발족. 전국여성농민의 권익을 대변, 넓게 농업인의 권익을 대변
    ㉡ 한국여성농업인중앙연합회
      ⓐ 1996년에 설립. 여성농업인 연합회
      ⓑ 목적 : 전국 후계자 부인과 여성 후계자의 자주적인 협동체이고 회원 상호 간의 친목을 도모하여 농업경영의 합리화, 과학화 및 여성농업인의 권익보호 외 지위 향상을 도모하고 농촌의 제반 문제 해결 및 향토문화의 계승 발전을 도모하여 복지 농촌 건설에 기여함
      ⓒ 구성 : 중앙에 회장이 있고, 9개의 시도, 118개 시군, 각 읍면 연합회로 조직

3 농촌여성지도의 접근방법

(1) 농촌여성지도의 장애요인
  ① 문화적 요인 : 남녀차별적 관습, 종교의식, 사고방식 등과 같은 농촌사회의 문화, 가치규범은 농촌여성의 지도활동에 대한 참여를 막는 장애요인이 되고 있다.
  ② 가정적 요인 : 농촌여성의 다중적 역할과 과중한 노동부담은 농촌여성 자신을 위하여 필요한 지도활동이나 사회교육 기회에 참여하는 것을 어렵게 한다.
  ③ 사회적 요인 : 농촌사회에 있어 여성은 전통적으로 남성보다는 낮은 사회·경제적 지위를 점하여 왔으며, 남성우위적 사회제도가 형성되어 있기 때문에 농촌지도활동이나 여타의 사회활동에 있어서 남성보다 활동적이고 적극적인 역할을 하는 것은 사실

상 배제되어 왔다.
④ 농촌지도기관적 요인 : 농촌지도기관이 농촌여성지도의 필요성을 인식하고 있지 못하였으며, 여성들에게 필요한 적합한 기술과 교육방법을 개발하지 못하였기 때문에 자연히 여성지도를 소홀히 해왔다.

(2) 농촌여성지도의 내용

① 기초 및 교양지도 : 농촌여성으로서 건전한 시민생활을 영위하고 보람있는 삶을 추구할 수 있는 기초적 능력과 교양을 함양시키는 지도활동
② 가정관리지도
  ㉠ 의미 : 여성에게 가정의 경제적 자산과 자본 및 노동시간을 과학적이고 합리적으로 관리하도록 하며, 가족구성원 간에 합리적으로 가사역할을 분담시킬 수 있는 능력을 개발·함양하는 사업
  ㉡ 지도활동 : 가계부정리·소비생활·현금관리·가정의례·농가생활진단·보험 등의 재해대책, 생활기기의 구입과 관리 등에 관한 여성지도활동
③ 의식주 생활개선지도
  ㉠ 의미 : 농촌의 의식주 생활의 개선·향상을 위하여 여성들에게 합리적이고 과학적인 의식주 생활관리능력을 배양시키는 지도활동
  ㉡ 지도활동 : 작업복만들기·간편한 일상복만들기·피복의 구입 및 보관관리 등의 의생활지도, 식품요리·영양개선·식품의 저장가공·부엌개량·단체급식·공동취사 등의 식생활지도, 주택개량·정원관리·실내장식·변소 및 부엌개량 등의 주생활지도
④ 자녀교육지도
  ㉠ 의미 : 자녀교육, 특히 취학 전 아동교육과 유아보육 등의 능력을 개발하고 지도하는 활동
  ㉡ 지도활동 : 농번기 탁아소(새마을유아원)의 설치·운영, 부모교육, 자녀의 가정학습지도, 자녀의 여가선용지도, 자녀 진학지도, 청소년문제지도 등

> ✚ 자녀교육지도 사례
> 청소년 자녀를 둔 다문화가족이 늘고 있지만 다문화 가족 자녀의 취학률은 전체 국민에 비해 낮은 수준으로 나타났다. 특히 도시지역의 다문화가족 청소년보다 농촌 지역의 다문화가족 청소년은 한국어 교육 등 정책 이용률도 낮아 더욱 소외되고 있다는 지적이다. 이에 농촌에 사는 다문화가족 청소년을 위한 한국어 교육 확대 등 농촌의 특성을 반영한 정책이 마련돼야 한다는 목소리가 나온다.

⑤ 보건위생지도
　㉠ 의미 : 농촌의 보건위생을 개선·향상시키기 위해 여성을 대상으로 보건위생에 관하여 실시하는 지도활동
　㉡ 지도활동 : 오물처리, 우물소독, 상하수도개량, 예방접종, 모자보건, 의료보험, 의료생활, 농약중독 등에 관한 여성교육

⑥ 소득증대지도
　㉠ 의미 : 농촌가정의 경제생활향상을 위하여 농촌여성을 대상으로 영농 및 부업에 대한 지식과 기술을 개발·함양시키는 지도활동
　㉡ 지도활동 : 영농기술교육, 부녀자 농기계훈련, 부업단지의 조성 및 부업기술지도, 농업생산의 부농을 위한 생산자재구입·판매 등에 관한 여성교육

⑦ 가족계획지도
　㉠ 의미 : 농촌의 고출산력을 억제하기 위하여 농촌여성을 대상으로 하는 가족계획의 필요성과 실천방법 등에 관한 지식을 보급·전파하는 지도활동
　㉡ 지도활동 : 가족계획사업을 통하여 전개되며, 피임지식과 도구의 보급, 가족계획의 홍보·계몽·피임시술, 산전·산후의 관리방법 등에 관한 교육

⑧ 사회참여지도
　㉠ 의미 : 농촌사회발전에 따라 증대하고 있는 농촌여성의 사회참여활동을 농촌여성들이 건전하고 바람직하게 수행할 수 있게 기초적 자질과 소양을 계발·함양하는 지도활동
　㉡ 지도활동 : 지도력의 개발, 집단활동참여, 인간관계조성, 의사소통방법, 지역사회개발활동의 참여 등에 대한 다양한 사회교육활동이 모두 포함됨

(3) 농촌여성지도의 방법

Maunder(1972)는 여성들이 선호하는 지도방법을 제시하고 있다.
① 여성은 전시를 좋아한다. 여성은 여러 가지 전시과정을 보고 싶어 하며, 그러한 전시과정을 스스로 돕고 참여하는데 즐거움을 느낀다.
② 여성은 견학과 여행을 좋아한다. 여성은 다른 가정이나 선진지를 방문하여 부엌개량, 새로운 취사도구와 취사방법, 영농기술 등을 보기 좋아하며, 자신들은 그러한 것을 남에게 보여 주고 싶어 한다.
③ 여성은 지도요원들이 자신의 집을 직접 방문하는 것을 좋아한다. 여성은 누가 자신에게 관심을 보여 주는 것을 좋아하며, 자신의 문제를 개인적으로 토론할 기회를 갖고 싶어 한다.

④ 여성은 자신이 직접 실습하는 것을 좋아한다. 여성의 생활은 줄곧 무엇인가 하는 것이 습관화되어 있어 실습을 요하는 경우에는 그것을 직접 실습하기를 좋아한다.
⑤ 여성은 조직을 좋아한다. 일반적으로 여성은 조직화되어 있을 때 남성보다 더 많은 열성을 갖는다. 농촌여성은 주로 집단활동을 통하여 새로운 생활양식·사고유형·협동정신·책임감 등을 배울 수 있으며, 또 그 조직 자체가 농촌여성에게 체계적인 교육을 제공할 수 있다.

(4) 농촌여성지도의 집단적 접근

① 농촌여성 조직육성의 장애요인
실제 농촌지도현장에서 농촌여성조직을 양성하는 데 많은 어려움이 뒤따른다.
㉠ 농촌사회의 남성우위적인 사회·문화적 규범은 농촌여성의 집단조직과 집단활동에 매우 저항적이다. 그러나 일반적으로 조직설립이 소득증대를 위한 경제활동, 신기술보급, 문맹퇴치나 보건향상 등과 같은 명확한 사회·경제적 효과를 목표로 하는 경우에는 그러한 저항은 경감될 수 있다.
㉡ 농촌여성은 자신의 운명이 달려 있는 가정의 한 구성원으로서의 역할을 최우선적으로 받아들이고 수행하는 경향이 있다. 때문에 농촌여성들은 농촌사회발전에 대한 자신들의 역할과 공헌을 인지하고 있지 못하며, 자연히 자신들의 능력개발이나 사회활동을 위한 집단조직이나 집단활동에 무관심하다.
㉢ 농촌의 전통적 여성집단활동이나 지도력을 찾아내어 그것을 효과적으로 활용하는 문제이다. 흔히 농촌여성지도활동에 있어 그러한 점들이 간과됨으로써 농촌여성의 효율적인 집단활동이 침체되는 경우가 많다. 어느 지역사회에서나 여성에게는 전통적으로 공식적·비공식적 집단활동과 여성여론지도자가 존재하는데, 그것을 활용하는 것이 여성의 조직체를 육성하는 데 매우 중요하다.
㉣ 일반적으로 여성은 어떤 동질성을 바탕으로 한 보편적 집단을 형성하는 것이 매우 힘들다는 점이다. 모든 가정은 생활주기나 세대구성, 사회·경제적 지위 등에 있어서도 차이가 있으며, 그에 따라 농촌여성들의 가정외 활동, 즉 집단활동참여에 대한 제약요인도 상이하다. 이러한 사실은 여성조직체의 형성에 어려움을 가져다 줄 뿐만 아니라 기존의 조직체들이 강한 통합성을 유지하지 못하게 한다.
㉤ 농촌여성조직체의 경우 집단활동이 쉽게 와해되거나 중단되는 경향이 있다. 전통적 자생집단을 제외한 외부주도적 비자생집단의 경우, 대부분 처음의 집단목표가 성취되면 그 집단활동은 더 이상 존속하지 않고 기존목표의 새로운 목표로의 전환과 대치가 쉽게 이루어지지는 못하는 것이 보통이다.

② 농촌여성조직체를 육성하기 위한 고려사항
　㉠ 농촌여성조직체는 여성들 스스로의 선택에 의한 독립적이고 자발적인 조직으로 형성되어야 한다.
　㉡ 농촌여성의 집단활동은 취업기회획득, 의식주에 관한 기본욕구충족, 인간존엄성의 회복 등 여성의 합리적 역할수행과 지위향상에 도움이 될 수 있도록 전개되어야 한다.
　㉢ 농촌여성은 농업노동력의 상당부분을 차지하고 있으므로 농촌여성들의 정부, 협동조합, 농촌지도기관, 지역의 생산업체나 고용자 등과 자신들의 문제와 취업에 관하여 서로 상의하고 그들의 사업에 능동적으로 참여할 수 있도록 해야 한다.
　㉣ 농촌여성들 중 특히 하위계층의 여성들을 위한 기초조직을 적절하게 형성하여 그들의 사회적 무능력을 극복하고, 나아가 상위조직활동의 참여를 활성화시킬 수 있도록 해야 한다.

(5) 농촌여성지도의 종합적 접근

① 농촌지도기관이나 유관기관의 입장에서 농촌여성의 역할과 지위에 대한 전통적 관념이 불식되고, 농촌사회발전을 위한 여성의 공헌이 충분히 인정될 수 있어야 하며, 동시에 농촌여성지도의 필요성이 충분히 인식되어야 한다.
② 농촌여성을 위한 보다 다양한 교육 프로그램과 소득증대사업이 개발되어야 하고, 농업 또는 비농업적 활동, 영양과 건강관리, 육아, 가정생활 등 농촌여성의 역할 전반에 관한 지도활동이 더욱 강화되어야 한다.
③ 농촌여성조직을 보다 많이 육성하고 그들의 활동을 강화함으로써 농촌여성들이 필요로 하는 지식・정보・교양・기술 등을 스스로 배우고 학습할 수 있도록 하고, 그것을 이끌어 갈 자발적 여성지도력을 계발・함양시켜야 한다.
④ 농촌여성의 사회・경제적 활동참여를 활성화시키기 위해서 과중한 농업노동과 가사노동을 경감시키고 다중적 역할을 덜어 줄 수 있는 적절한 방안과 기술개발이 이루어져야 한다.
⑤ 농촌지도기관에서는 보다 많은 여성농촌지도사를 양성하여야 하며, 그들의 활동도 생활개산분야 외에 영농지도・청소년지도・농업공보 등 농촌지도의 모든 분야에 균형적으로 배속될 수 있도록 해야 한다.
⑥ 협동조합・신용조합・부락개발위원회 등 모든 농민단체의 활동에 여성도 참여할 수 있도록 하여야 하며, 남녀 간의 동등한 투표권의 행사나 회원참여가 보장되어야 한다.

4 농촌여성지도 내용

(1) 농촌생활개선사업으로서의 지도

① 생활개선사업의 중점지도 내용·방법

- 1960년대

시대적 배경	• 6·25 전쟁 후 경제적 불안정 • 국민재건운동의 개시 • 식량부족과 잠재실업의 가중
중점지도내용	• 간편한 농작업복 입기 • 개량메주 만들기 • 식량 소비절약 및 분식 장려 • 아궁이 개량
지도방법	• 생활개선구락부 육성을 통한 집단지도

- 1970년대

시대적 배경	• 경제 급성장 시기 • 석유파동 • 새마을운동 전개 • 식량증산에 총력을 기울여 성공적 녹색혁명 성취
중점지도내용	• <u>농번기 공동취사장 운영</u> • 농번기 탁아소 운영 • 식생활 개선 • 부업 및 메탄가스 이용 지도
지도방법	• 생활개선구락부와 새마을부녀회 조직을 통한 집단지도

- 1980년대

시대적 배경	• 경제성장 지속 • 농산물 수출 • 쌀 자급생산 달성 • 여성 역할의 다양화
중점지도내용	• <u>아동영양 지도</u> • 농민건강유지 지도 • 부엌개량 지도 • 농촌여성 역할확대 대응지도
지도방법	• 생활개선실천요원 위촉 • 생활개선종합시범마을 운영

- 1990년대

시대적 배경	• 농촌사회 여건 변화 가속 • 농가소득 증대 및 영농구조 다변화 • 도농간 상대적 격차 심화 • 농민의 생활 향상 요구 증가 • 개방화, 지방화 시대 대응 요구
중점지도내용	• 농가 주거환경 개선 • 농작업 환경 개선과 노동관리 • 농민 건강 증진 • 우리농산물 애용 및 한국형 식생활 정착 지도 • 농촌여성 일감갖기 사업 • 농가 가계관리 • 농촌노인생활 지도 • 생활문화 지도
지도방법	• 생활개선시범마을 육성 • 생활개선회 조직을 통한 집단지도

- 2000년대

시대적 배경	• 지식정보화 사회 • 농업인의 요구와 기술수요의 다양화 • 농촌경제의 주체로서 여성의 역할과 기여도 증가 • 농업·농촌의 공익적 기능 가치 증대 • 농업·농촌의 정책방향이 농촌지역 개발, 복지인프라 확충 중시
중점지도내용	• 농특산물 가공상품화로 농가소득 증대 • 농촌 어메니티 자원 활용 • 농업인 건강관리와 농촌환경 조성 • 쌀 중심 한국형 식생활 정착 지도 • 여성과 노인의 생산적 복지 향상 • 농촌전통문화 보전 • 친환경주거모델 시범 및 화장실 설치 • 향토음식 자원화 및 전통식문화 계승 • 농촌여성 평생학습 센터 운영
지도방법	• 생활개선회 조직을 통한 집단지도 • 인터넷, e-mail 등 사이버를 통한 network화 도입

② 지도내용의 변천
- 1960년대 : 생활개선사업에서의 지도내용은 개량메주 만들기, 아궁이 개량과 같이 농촌여성의 역할을 단지 가정주부로서만 보고 이에 대한 생활개선사업을 추진

- 1970년대 : 농번기 탁아소 운영과 같이 농촌여성의 다중적 역할을 인지하였으나, 여성을 농업경영의 보조자 수준으로만 이해함
- 1980년대 : 확대된 농촌여성의 역할에 대한 대응지도 등 여성의 다양한 역할 수행에 대해 관심이 커졌고, 농민 건강 유지 지도와 같이 농가주부로서의 여성을 위한 지도 이상의 생활개선지도를 수행함. 하지만 부엌개량 지도와 같이 가정주부로서의 농촌여성에 대한 지도가 지속됨
- 1990년대 : 여성의 생활보다는 농촌주민의 복지를 위한 생활개선지도를 하기 시작. 농촌여성 일감 갖기 사업과 같이 본격적으로 가정주부 외에 다양한 방면으로 농촌여성의 노동력을 이용하려는 시도가 나타남
- 2000년대 : 여성뿐만 아니라 노인을 대상으로 하는 복지 향상에 중점을 두는 등 다양한 대상을 위한 농촌생활 개선사업을 실시. 여성을 보다 농촌경제의 주체로서 인식하게 되어 '여성농업인 육성 5개년 계획'과 같이 더욱 적극적인 방법으로 농촌여성에 대한 지도를 실시

③ 지도방법
  ㉠ 모든 시대에 걸쳐 생활개선회를 통한 집단지도 방법을 사용함
  ㉡ 생활개선회 사업은 농촌생활개선지도 내용과 거의 일치하는데, 생활개선회가 농촌생활개선사업의 중추적인 역할을 담당하고, 농촌여성 지도에도 많은 영향을 미침

(2) 생활개선회(사단법인 생활개선중앙회) 활동
  ① 목적
    ㉠ 농촌가정을 건전하게 육성하고, 회원 간의 친목을 도모하며, 지역사회 발전에 자발적으로 참여하여 밝은 지역사회를 만드는 것. 농촌여성의 지위 및 권익 향상, 농촌을 지켜나갈 여성 후계세대 육성 및 지원하는 것
    ㉡ 생활개선회원들은 지역사회에서 생활개선과제 및 각종 학습 활동을 선도 실천하고 그 결과를 주변에 파급하는 농촌여성지도자로서 농촌여성의 권익 향상을 위하여 조직 활동에 참여
    ㉢ 농촌사회가 다각도로 급변하면서 농촌여성의 역할은 점차 확대되어 가정적 역할은 물론 농업생산 및 농업 외 소득활동의 역할이 증대되고 있으며, 단순히 농업의 보조자가 아닌 영농주체이면서 선진농촌을 이끌어가는 파수꾼 역할 수행
  ② 역할과 과제
    - 건전한 가정육성 및 활력 있는 농촌사회의 형성, 회원 간 친목도모를 위한 교육행사
    - 농가소득 향상을 위한 농축산물의 생산·저장·가공식품의 개발 및 상품화·판매
    - 농촌생활 환경 가꾸기 및 환경보전 활동

- 전통문화 계승 및 효의 실천
- 농촌과 도시회원 간 교류 및 도농연대 농촌현장체험 교육
- 의식개발 및 리더십 배양과 회원의 복지증진을 위한 활동
- 여성농업인의 전문 인력화와 여성후계세대 육성을 위한 과제 활동
- 농업정보화기술능력 향상을 위한 정보화사업
- 농업생산활동 주체로서의 역할 및 경영능력의 전문기술 교육이수

③ 생활개선회의 활동과 기대
  ㉠ 생활개선회는 학습이나 다양한 활동을 목적으로 새로운 생활과학기술을 배우고 익히고 실천하여 자기생활 향상은 물론 이웃 농촌여성들에게도 새로운 기술을 널리 전파함
  ㉡ 생활개선 회원은 새로운 농업동향과 생활·농업의 신기술을 습득하기 위하여 영농기술·농업경영·의사결정능력을 배양해야 하며, 자기개발과 전문기술 습득을 위해 스스로 문제를 해결하고 실천하는 태도를 가져야함
  ㉢ 농촌여성의 생산자 지위 및 농촌지역사회 발전을 선도할 여성 지도자로서의 의식과 능력을 함양해야 함

(3) 여성농어업인 육성계획에서 농촌여성 지도

① 여성농어업인 육성 기본계획의 기본전략

기본전략	주요 정책과제	세부사업
여성농업인의 경영능력 강화 전문인력화와 영농활동 지원	여성농업인의 전문교육·훈련	여성농업인 정보화 교육 영농기술교육 전문농업경영교육
	여성농업인의 전문교육시스템 구축	여성농업인교육 교육방안 연구 여성농업인 교관반 운영
	여성농업인의 해외선진농업연수	
	후계여성농업인의 육성	
	여성농작업의 기계화 추진	밭농사용 농기계 현장접목시험 밭농사용 농기계 개발
여성농업인의 지위향상 촉진 여성농업인의 사회참여 활성화	각종 위원회의 여성 위촉 확대	
	여성농업인의 협동조합 참여 확대	여성조합원, 여성대의원, 여성임원
	여성단체위탁사업의 활성화	국민안전식생활 교육·홍보 농촌·도시 교류사업
	여성농업인 단체활동 지원	농림부, 농협중앙회
	여성농업인의 전문직업의식 고양	여성농업인 단체행사 지원 여성농업인 표창
	여성농업인센터 운영지원	

여성농업인 삶의 질 제고	농업인의 고교생 자녀 학자금 지원	
	농가도우미 제도 정착	
	농업인 영유아 양육비 지원	
여성농업인 정책시스템 구축	여성농업인의 정책과제 개발 연구	농림부, 농진청
	여성농업인 육성 정책추진체계 정비	연도별 시행계획 수립 여성정책반 운영

㉠ 여성농업인의 경영능력 강화
  ⓐ 신기술·신지식 농업으로의 이행과 친환경농업의 확산, 유통 및 식품안전을 비롯한 농업관련 산업의 발달 등 급속하게 변화하는 농업환경에의 대응능력을 강화함
  ⓑ 세부사업은 전문인력화와 영농활동 지원
  ⓒ 전문인력화 : 영농에 필요한 정보 활용을 위한 정보화교육, 전문영농기술이나 농가계조직과 같은 영농기술교육, 농업경영과 마케팅 등의 지식 기술 습득을 위한 전문농업경영교육을 실시. 전문교육시스템을 구축하고, 여성농업인의 해외선진농업 연수 실시
  ⓓ 영농활동 지원 : 후계여성농업인 육성과 여성농작업의 기계화 추진
㉡ 여성농업인의 지위 향상 촉진
  ⓐ 농업노동·가사노동 및 지역사회의 활동 등 농업·농촌에서 여성농업인의 역할에 대한 위상의 재정립과 양성평등의 실현을 통한 경제·사회적 지위 향상 촉진
  ⓑ 각종 위원회와 협동조합에 여성 참여를 확대
  ⓒ 여성단체위탁사업의 활성화로 다양한 식생활 개선 프로그램을 개발하고 국민 안전식생활 교육과 홍보가 이루어져야 함
  ⓓ 농업·농촌에 대한 이해와 사회적 공감대 형성을 위하여 농촌·도시 간 교류사업을 추진함
  ⓔ 다양한 세미나, 여성농업인 대회 등 단체행사를 지원하고 여성농업인을 시상하는 등 전문 직업의식을 고양해야 함
  ⓕ 자녀의 보육이나 학습지도, 교양·문화 활동 공간, 다용도 학습 공간, 여성농업인종합상담사업 등 지역특성 및 여성농업인의 여건을 고려한 프로그램 운영을 위해 여성농업인 센터 운영을 지원
㉢ 여성농업인의 삶의 질 제고
  ⓐ 유능한 여성세대의 안정적인 농촌 정주를 위한 농가도우미제도 등 농촌지역의 복지서비스 향상
  ⓑ 자녀 학자금 지원, 농가도우미 제도, 영유아 양육비 지원 등 필요

　　ⓔ 여성농업인 정책시스템의 구축
　　　여성농업인 육성정책의 체계적 추진을 위한 인프라 확충을 목표로 성 인지적 정책개발과 주요 정책과제에 대한 연구 등을 통해 여성농업인 정책의 효율적 추진을 위한 기반을 구축하는 것
② 여성농업인 육성 성과와 한계
　㉠ 성과
　　ⓐ 여성농업인 경영능력 향상을 위한 정책 관심도가 높아지고, 경영주체로서의 자각이 확산되었고, 지위향상 및 삶의 질 제고를 위한 지원이 확대됨
　　ⓑ 여성농업인센터 운영은 농촌생활에서 실질적 도움이 되는 사업으로 호응이 높음
　　ⓒ 농업인 자녀 학자금 제도는 농촌주민의 경제적 어려움을 완화시킴
　　ⓓ 농가도우미의 경우 인지도와 이용률이 낮지만, 적용대상의 확대와 국가 지원액 확대가 필요함
　㉡ 한계
　　ⓐ 사업량이 적어 종합복지기능 확산이 어렵고, 각종 사회보장제도의 수혜 대상자가 적었고, 양방향 정책 시스템이 부족함
　　ⓑ 소수의 엘리트 여성농업인만 교육을 받았다거나, 여성농업인에 대한 역할 증가로 노동에 대한 부담 증가
　　ⓒ 여성농업인이 사회활동에 참여한다고 해도 의사결정에 영향력을 행사할 수 없음

5 이주여성농업인 지도

(1) 농촌다문화가정

우리나라는 최근 개방과 교류의 확대, 결혼이민, 외국 노동력 유입 등으로 다문화사회로 진입하고 있음
① 다문화의 의미
　㉠ 이주민에 의해 새로운 문화와 생활양식이 도입된 국가와 지역사회에서 일어나는 사회현상, 문화의 다양성을 상징
　㉡ 2010년 우리나라의 등록 외국인 수는 총인구의 1.9% 수준인 92만 명
　㉢ 농촌에서는 국제결혼이 증가함에 따라 우리나라 다문화를 선도하는 지역과 새로운 일자리가 나타나고 있음. 1990년대부터 지방자치단체 중심으로 '농촌총각 장가보내기 운동'이 적극 추진되면서 농촌지역의 다문화가 시작됨. 2004~2010년 농림어업종사자들의 국제결혼 사례는 전체 농림어업종사자 결혼 사례의 27.4~41.4%를 차지함

　　　　ⓔ 현재 농어촌의 결혼이민 여성은 약 12만 명 정도로 추산
　② 다문화가족의 문제점
　　　㉠ 생활수준은 국내 농가에 비해 낮은 편이며, 사회적 편견과 차별
　　　㉡ 다문화부부의 문화적 갈등은 부모 부양 방식, 식문화와 가사 분담 순으로 크게 나타남
　　　㉢ 적응 과정을 도와줄 내국인이 없다거나 집안 분위기나 고향 등의 이야기를 주고받을 사람이 없다는 점
　③ 다문화의 가치 : 'MULTI'로 표현
　　• Maintenance(농촌유지와 발전의 원동력) : 농촌사회의 고령화 추세를 지연시키고 출산율을 높임으로써 농촌공동체를 유지하는 견인체 역할
　　• Universal(우리 농촌 속의 세계문화) : 에스닉푸드(ethnic food)와 다문화가 만드는 축제의 장을 통해, 우리 농촌의 세계화를 촉진하는 촉매 기능
　　• Linkage(다문화를 통한 신문화 동맹) : 지구촌시대를 맞이하여 미래의 문화 동맹을 형성하여 국제관계를 활성화
　　• Testbed(사회문제 해결의 시험장) : 다문화로 인한 각종 사회문제를 해결하기 위한 단서를 찾을 수 있는 시험장
　　• Improvement(마을 분위기와 소득 향상) : 기존 마을의 분위기를 개선하고, 새로운 작목을 재배함으로써 농가소득을 향상시키는 동력원
　④ 다문화사회를 맞이하기 위한 과제
　　• 세계화 시대에 걸맞은 성숙된 시민의식의 함양이 필요함
　　• 다문화가족의 인적・문화 자원적 가치를 활용하는 '두 갈래 전략'을 이용하는 한국형 다문화사회 모델의 개발이 필요함
　　• 정책의 시행은 다문화로 이행되는 속도가 상대적으로 빠른 농촌에 우선하여 시행되어야 함
　　• 다양한 문화적 배경을 지닌 역할 모델과 서비스를 개발하기 위한 연구가 필요함

(2) **이주여성농업인 1:1 맞춤 농업교육**
　① 목적 : 농업종사를 희망하는 이민여성농업인과 전문여성농업인을 연계 1:1 맞춤 농업교육을 통한 우수 여성농업인력 양성 및 농촌 정착을 유도하기 위한 사업
　② 대상 : 이주여성농업인(단, 한국어 소통이 가능하고 신청일로부터 1년 이상 실제 농업에 종사하고 있는 자)
　③ 농업교육후견인 제도 : 농촌 이주여성을 우수한 농업 농촌의 농업 인력으로 양성할 수 있는 의지가 있고, 5년 이상 농업에 종사하고 있는 전문 여성농업인을 대상

④ 교육장소 : 이주여성농업인과 농업교육후견인을 1:1로 연결시켜, 이주여성농업인의 농장이나 농업교육후견인의 농장에서 교육을 실시

▪ 이주여성농업인 1:1 맞춤 농업교육 변경

구분	2009	2010	변경사유
교육인원	700명	500명	교육횟수 조정
교육방법	1:1 교육	1:3 공동교육 가능	효과적 교육 진행
교육횟수	15회	15~20회	품목별 난이도 반영
교육과정	품목별 교육과정 및 교재 없음	품목별 표준화된 교육과정 및 교재 제공	교육방향 제시
수당지급방법	시군 지부 지급	농협중앙회 본부 일괄 지급	효율성 제고

(3) 이주농촌여성 기초농업교육

① 목적 : 농업종사 의지가 있는 농촌 여성결혼이민자의 안정적인 농촌정착 지원과 과소화·고령화된 농가 인구구조에서 농촌의 젊은 여성결혼이민자를 농업인력으로 자원화
② 대상 : 이주농촌여성 중 기초농업을 희망하는 이민 초기 여성으로, 세부 지원 조건으로 한국어로 의사소통이 가능해야 하고, 영농정착 의지와 실천능력이 있는 자, 남편 등의 가족이 동의한 자에 한함
③ 교육기관 : 연간 500명 정도 선발하여 지방자치단체, 농업기술센터, 다문화가족지원센터 등이 협조하여 강의지원, 교육자료, 기타 업무를 실행하고 이들을 교육시킴
✿ 한국어교육은 다문화지원센터나 시군의 평생교육센터에서 이루어짐

제4절 소농중심 농촌지도

(1) 소농중심 농촌지도의 의의

① 농촌지도의 의의
　㉠ 소농중심적 농촌지도에 대한 특별한 관심은 과거 대농중심적 농촌지도가 본래의 이념과는 달리 오히려 계층 간 사회·경제적 격차를 심화시키고, 농촌인구의 다수를 차지하는 소농이 어려운 생계수준에 시달리고 있다는 점에 기인한다.
　㉡ 소농중심적 농촌지도의 개념은 본질적으로 일반 농촌지도와 동일한 의미를 갖는 것이다.
　㉢ Seers : 과거는 농업소득·생산성 증대에 역점을 두었다면, 앞으로 모든 발전지향적 활동은 빈곤 제거, 실업 감소, 불평등 개선이라는 3 측면에서 재검토되어야 한다.

② 소농의 구분기준
　㉠ 소농은 일반적으로 영세한 토지규모와 낮은 소득수준으로 특징 지을 수 있다.
　㉡ 소농은 대부분 농업경영의 후진성과 빈약성을 면치 못하며, 낮은 기술과 자본투입, 불완전고용·잠재적 실업, 불합리한 토지 소유, 미래지향적 의식이 부족한 것이 일반적이다.
　㉢ 소농은 자신의 문제와 환경을 해결·개선하려는 노력보다는 비관적 운명주의에 사로잡혀 외부 또는 자기환경의 압력과 영향에 그대로 순응한다.

③ 농촌사회발전에 있어 비편익 집단을 위한 교육·지도(Goulet)
　㉠ 식량, 주택, 건강, 취업 등의 측면에서 기본생계유지 능력의 향상
　㉡ 자아가치, 인간존엄성, 인간평등 등에 대한 자아존중감의 향상
　㉢ 외부로부터의 물질가치관, 경제적 압력, 교조주의적 신념, 자신의 무지 등의 예속 상태로부터의 탈피능력 향상

④ 소농중심적 농촌지도의 정의
농촌사회의 비편익적 주민을 대상으로 그들의 빈곤, 실업. 불평등분배 등에 의한 한계적 생계수준을 탈피시키고, 그들의 불리한 사회·경제적 지위를 향상시킴은 물론, 인간으로서 자아존중과 행복한 삶을 추구할 수 있는 자질과 소양을 배양하고 향상시키는 과정

(2) 소농중심 농촌지도의 필요

공공사업으로서의 농촌지도는 민주적 원리에 입각하여 농촌주민 모두에게 평등하게 실시될 의무가 있다.

① 종래 소수 대농이나 진보적 농민만을 대상으로 농촌지도가 이루어진 이유

    ㉠ 과거의 농촌지도는 혁신전파이론을 지나치게 강조하였다.

        농촌지도는 혁신전파 방법으로서 다단계 의사전달방법(multi-stage communication)에 지나치게 의존함으로써 혁신사항을 직접 농민에게 전파하는 것이 아니고 여론지도자나 선진농가를 통해 단계적으로 전파함. 실제로는 소수 여론지도자나 대농민을 중심으로 실시되는 결과를 낳음

    ㉡ 농촌지도가 일반농민들에게 장려하였던 혁신사항들이 대부분 농민들의 현실에 부합되지 못했다.

        농촌지도에서 권장되었던 혁신사항은 가난한 농민의 한계생존(subsistence living)을 위협하는 것이 많아서 실제로는 다수 소농은 혁신사항을 거부함. 그 결과 소농은 농촌지도에서 소외당함

② 과거 농촌지도와 농촌개발의 문제점

    ㉠ 가난한 농민들의 다수가 농촌지도나 농촌개발로부터 혜택을 받지 못하고 있다.

    ㉡ 소농의 대부분은 지역사회 내의 농촌지도 또는 농촌개발에 대한 유용한 정보를 갖고 있지 못하며, 또 가지고 있더라도 자신들은 활용할 여건이 구비되어 있지 않다고 생각하며 자신들과 무관한 사업이라 느끼고 있었다.

    ㉢ 소농들은 공동구판장, 협동조합, 관심집단 등과 같은 부락단체에 거의 회원가입을 하지 않고 있으며, 그러한 단체활동에의 참여는 거의 이루어지지 않고 있다.

    ㉣ 소농의 대부분은 자금을 필요로 할 때 주로 부락의 고리대금업자나 부유한 친척에게 의존하고 있으며, 제도적 신용의 이용은 자신들이 무식하고 사회적 지위가 낮은 자신들과는 무관하다고 생각하고 있고, 은행 측에서도 그들에 대한 융자를 기피하고 있다.

    ㉤ 대부분의 농촌지도요원은 개량된 농업기술을 선진농가로부터 소농으로 전파시키는 낙수적 개발이론을 따르고 있다.

    ㉥ 영세부락을 위한 실험농촌개발사업은 초창기에는 성공적이었으나 농촌지도요원의 성급한 철수와 아울러 실패로 끝났고, 지나치게 하향적인 개발방식은 주민의 자율성 신장을 저해하였다.

    ㉦ 농촌지도는 임금노동자, 소농, 빈농의 부녀자나 청소년 등의 비편익적 소수집단을 위한 사업을 개발하지 못하고 있었다.

ⓞ 대부분의 농촌개발은 상부로부터 하부로의 하향식 계획에 의존하고 있으며, 특히 계획수립과 실천과정에 소농의 참여는 거의 무시되었다.
ⓩ 농촌지도 및 개발사업은 의식적·무의식적으로 다수인 저소득층의 필요욕구를 무시하여 왔으며, 오히려 대농과 소농의 상대적 빈부의 격차를 가중시키고 있다.

(3) 소농의 일반적 특성

① 소농의 경제적 특성
   ㉠ 영농규모의 영세 : 소농은 자급자족적인 영세한 규모의 토지를 소유하고 있어 농업생산성과 농업소득이 낮으므로 생활비 지출에 어려움을 겪음은 물론 대외신용력을 얻기 어렵다.
   ㉡ 노동집약적 생산방식
      소농은 수입을 주로 농업생산에 의존하고 있어 영세한 토지 이외에 노동력을 투하할 대상이 없다. 기계화와 같은 자본집약적 생산방식보다는 노동집약적 생산방식이 일반적이며, 생산의 능률도 낮다.
   ㉢ 낮은 노동생산성
      소농은 가족노동에 의존하여 농업생산을 영위하고 있다. 노동력이 부족할 경우에는 '품앗이'와 같은 형태의 공동노동력도 사용하나, 그들의 영세한 경지규모는 유휴가족노동력을 발생시킨다.
   ㉣ 낮은 상품화 비율
      소농은 생계유지를 위한 자급자족적 농업생산을 유지하고 있으므로 생산농산물의 상품화 비율이 매우 낮다.
   ㉤ 비능률적 농업경영
      소농은 농업경영의 측면에서 토지·노동·자본의 생산성 등이 대농에 비해 낮고, 유휴노동력의 활용이 제대로 이루어지고 있지 않다. 농산물유통에 있어서도 생산가격이 판매가격보다 더 높은 것이 일반적이다.

② 소농의 사회심리적 특성
   ㉠ 상호 불신적 성격
      소농은 대인관계에 있어서 상호 불신적 특성이 강하다. 전형적인 형태의 소농들은 개인주의적이고, 특수 외부인에 대하여 의혹적이고 회피적인 경향을 나타내며, 그들과 어떤 사회경제적 도움을 주고받거나 상호 협동하기를 꺼려한다.
   ㉡ 제한된 선의 지각
      소농은 대개 자신의 세계는 바람직한 일들이 매우 한정되어 있는 것으로 지각하는 경향이 강하다. 토지, 부, 건강, 애정, 권력, 안전 등 생활에 있어 바람직하다

고 생각될 수 있는 모든 것들이 부족하고, 그것의 취득기회가 매우 제한되어 있는 것으로 생각한다.

ⓒ 정부권위에 대한 의존성과 배타성

소농은 정부나 외부인의 권위에 대하여 의존적이며, 동시에 배타적인 경향이 두드러진다. 전통적으로 농촌인들, 특히 소농들은 정부기관의 사람들에 대하여 뿌리 깊은 불신감을 지니고 있다.

ⓔ 가족주의적 성격

소농은 특히 가족주의적 경향이 강하다. 전통적 농촌사회의 특성과 마찬가지로 소농들은 특히 강한 가족적 유대를 지니고 있다.

ⓜ 혁신성의 결여

소농은 많은 경우에 새로운 변화나 혁신사항에 긍정적으로 반응하지 않는다. 소농의 빈약한 사회경제적 상황과 혁신기술의 출처나 방법에 대한 지식이 없다는 데 기인한다.

ⓗ 운명주의

소농은 자신들의 미래를 조정할 능력이 없다는 생각, 즉 운명주의에 젖어 있는 경향이 강하다.

ⓢ 낮은 포부

소농은 생계수준, 사회적 지위, 교육, 직업 등에 대하여 낮은 포부를 가지고 있다.

ⓞ <u>현재지향주의</u>(미래지향 ×)

소농은 일반적으로 생활양식에 있어 현재지향주의적 성격이 강하게 나타난다. 사회이동도 꾸준한 향상보다는 순간적 도약에 의존하는 것이 보통이다.

ⓩ 제한된 세계관

소농은 지리적 이동성, 대중매체 노출성 등에 있어 지역성이 강하다.

ⓒ 낮은 감정이입

소농은 자신을 타인, 특히 자신보다 사회경제적 지위가 높은 사람의 역할에 투사할 수 있는 감정이입의 능력이 결여되어 있다. 도시문화의 접촉기회나 대중매체의 접촉기회가 제한되어 있는 등 지역성이 강한 소농의 세계는 현대문화나 도시엘리트들과는 매우 다르다.

③ 소농의 경제·사회·심리적 특성의 상호작용

㉠ Todaro(1977)는 개발도상국에 있어서 분배의 불공평과 인간의 불평등을 심화시키고 있는 종래의 경제발전을 비판하고, 질적 성장과 인간평등을 기본이념으로 새로운 경제발전이론을 제시하였다.

ⓒ 농업부문의 저개발 상태는 낮은 생계수준, 낮은 자아존중감, 외부종속과 제한된 선택자유가 경제·사회·심리적 기본요인의 상호작용에 의하여 규제된다고 하였다.
ⓒ 근본적으로 저소득에서 기인하는 낮은 생계수준은 낮은 자아존중감, 외부종속과 제한된 선택자유에 시발적 영향을 미친다.
② 소농의 경제·사회·심리적 요인들의 상호 역동적인 작용은 결국 소농의 영속적 저개발과 빈곤의 악순환을 불러일으키게 되는데, 그 근본동인은 소농의 낮은 생계수준에서부터 비롯된다.

(4) 소농중심 농촌지도의 접근방법

소농개발을 위한 가장 효과적인 접근법 : 소농의 의식화, 자조적 집단화
① 의식화 접근
  ㉠ 의식화의 의미
    ⓐ 앎(knowing)과 행위(doing)에 대한 통찰과정에서 이론과 실제를 결합시키는 것
    ⓑ 정치적·경제적·사회적 여러 모순을 인식하고 현실의 압제요인들에 항거하는 행동을 취하기 위한 학습
    ⓒ 사람들이 수용자가 아니라 지식습득의 주체로서 자신의 삶을 형성하는 사회문화적 현실과 그 현실을 변화시키는 능력의 심화를 달성하는 과정
    ⓓ Freire가 제시한 의식화 : 주민들이 고정관념을 일깨워 새로운 인식을 갖게 하고, 자신들의 삶을 조정할 수 있는 사람은 자기 자신이란 것을 일깨우고, 자신의 역량을 넘어서는 것으로 여겼던 압박감을 해소시켜 주는 것
  ㉡ Freire의 의식화 교육의 적용
    ⓐ 농촌사회 문제의 주체적 해결을 위해 농촌주민들이 직접 사회의 정치경제적 영역과 의사결정과정에 적극적으로 참여하여 더 많은 권력과 권리를 농촌주민이 갖도록 돕는 것이다.
    ⓑ 자신의 열악한 사회환경 구조를 변화시키는 의식을 고양하고, 실천력을 기르는데 도움을 주는 인간지향적 교육과정이다.
  ㉢ 의식화 교육의 전략
    ⓐ 문제해결방법으로 급진적 개혁보다는 점진적 개혁으로 민주적 방식을 취한다.
    ⓑ 의식화 교육의 실천적 방법으로서 참여연구가 중요한 전략이다.
② 집단적 접근
  ㉠ 집단적 접근의 의미
    ⓐ 소농의 집단화를 위한 효과적 농촌지도전략의 모색

ⓑ 소농의 만성적 저개발 상태는 낮은 소득에 기인하는 저위 생계수준, 부정적·사회심리적 특성, 외부와 사회·경제적 불리한 종속관계의 상호 복합적 작용으로 인해 빚어지는 현상으로, 이에 대처할 수 있는 방안으로 소농 협동조직체 육성과 자조적 집단활동이 있다.

ⓛ 소농 협동조직체와 자조적 집단활동이 필요한 이유
- 소농은 자본구조와 영농규모가 취약하므로 개별 농가단위보다는 협동조직체를 통하여 생산과 판매, 영농자재구입 등의 생산능력과 자원의 관리·활용능력을 제고시킬 수 있다.
- 자조적 집단활동의 통합을 통하여 대대농이나 외부상품 교환체제에 대비하는 등 자신들의 권익과 요구를 주장할 수 있는 정치적 압력집단을 형성함으로써 외부와의 불리한 위치에서 탈피할 수 있다.
- 생활 전반에 걸친 자조적 협동활동을 통하여 자신들의 문제와 필요에 대해서 자율적 의사결정을 하게 함으로써 생의 성취의욕 및 집단활동 참여의식을 고취·양양시킬 수 있다.

ⓒ 소농의 자조적 집단활동 육성방안
ⓐ 소농의 소규모 기초집단들은 공통된 이해와 관심사를 바탕으로 10~15명을 단위로 조직되는 것이 바람직하다.
ⓑ 기초집단들은 회원들의 지도력과 협동심 및 참여의식을 개발·함양시키기 위하여 회장, 서기, 회계 등 집단지도자를 선출하여 집단의 자율적 조직을 갖추어야 한다.
ⓒ 회원들 간의 공통된 관심사, 즉 소득 및 생산증대, 능력개발, 생활개선 등에 관계된 자신들의 문제와 필요를 규명하고 토의하기 위한 정기적 모임이 개최되어야 하며, 집단은 사업의 자율적인 운영능력과 의사결정능력이 신장되어야 한다.
ⓓ 기초적 소집단들의 자조적 협동활동이 신장됨에 따라 공통관심사와 이해를 바탕으로 그것들의 기능을 통합하는 하나의 협동조직체가 형성되어야 한다.
ⓔ 소농의 모든 자조적 집단활동은 궁극적으로 자신의 생활 전반에 걸친 관리능력과 자아존중감 및 신뢰감의 고취·함양에 기여할 수 있어야 한다.
ⓕ 자조적 집단활동의 육성방법으로는 집단역학에 전문성이 있는 지도요원이 채용되어야 하고, 충실한 현장연구를 통하여 소농의 필요와 문제를 정확히 파악하여야 하며, 그들의 참여를 전제로한 상향식 사업계획이 수립되어야 한다.

③ 농촌지도기관의 전략

소농중심 농촌지도 전략으로 소농의 의식화, 집단활동의 효과적 육성을 위하여 농촌지도체제도 변화가 필요하다.
  ⊙ 농촌지도기관 또는 유관기관들이 대농이나 중농보다는 소농들이 농촌지도나 개발사업으로부터 도움을 훨씬 필요로 하고 있다는 사실을 인식하는 것이 선행되어야 한다.
  ⓒ 종래의 소득증대와 농업생산성 증대에만 중점을 두었던 농촌지도의 양적 평가지표가 수정되어 평등과 분배가 강조되는 질적 평가지표가 채택됨으로써 비편익적 소농집단들의 이익과 생활향상에 우선순위를 둔 보다 많은 지도사업들이 개발·보급되어야 한다.
  ⓒ 소농들이 필요로 하는 지식이나 기술, 생활개선, 기초소양 등에 대하여 보다 다양한 교육훈련 프로그램을 개발·실시하여야 한다.
  ② 공동생산활동, 공동판매 및 구매활동, 공동농산물저장, 기계화 영농 등 소농의 자조적 협동활동에 대한 지도를 강화하여야 한다.
  ⓜ 소농들의 불리한 사회경제적 여건에 부합할 수 있는 규모의 적정기술과 소득증대사업을 개발·보급시켜야 한다.
  ⓗ 경제적 협동활동을 위한 소농의 자조적 집단활동을 효과적으로 지원하기 위해서는 공동생산과 판매 및 구매 등 원활한 사업들이 개발되어야 한다.
  ⓢ 소농들 중 특히 임금노동자나 소작자를 위하여 취업기회확대를 위한 농가부업, 농외취업 등에 대한 사업의 개발과 지도가 강화되어야 한다.
  ⓞ 소농의 기초적 생산기반 및 생활환경개선을 위해서 농로, 상하수도, 토지정리 등 농촌의 하부구조개선에 도움이 되는 사업이 보다 많이 전개되어야 한다.
  ⓩ 농촌지도요원들이 소농을 보다 잘 이해하고, 그들의 문제와 필요에 대한 상담을 효과적으로 지도할 수 있는 소농지도의 전문적 자질과 능력이 개발·함양되어야 한다.

④ 우리나라 소농의 개발전략
  ⊙ 농촌주민들의 경쟁력과 창의력을 개발하여 나가야 한다.
  ⓒ 농촌지도인력의 전문화가 필요하다.
  ⓒ 농촌주민을 농촌지도과정에 참여시켜 나아가야 한다.
  ② 소농의 질적 생활개선을 위한 사회사업, 특히 보건, 위생, 영양, 주택, 육아, 의복 등을 개선·향상시킬 수 있는 사업들이 보다 풍부하게 이루어져야 한다.

Chapter 03 기출 및 예상 문제

01 생활개선사업의 연대별 중점지도로 바르게 짝지은 것은?   ●20 경남 농촌지도사

① 1970년대 아동영양 지도
② 1980년대 농번기 공동취사장 운영
③ 1990년대 농작업 환경개선 및 노동관리
④ 2000년대 농가 주거환경 개선

해설 생활개선사업의 중점지도 내용

연대	내용
1960년대	• 간편한 농작업복 입기 • 개량메주 만들기 • 식량 소비절약 및 분식 장려 • 아궁이 개량
1970년대	• 농번기 공동취사장 운영 • 농번기 탁아소 운영 • 식생활 개선 • 부업 및 메탄가스 이용 지도
1980년대	• 아동영양 지도 • 농민건강유지 지도 • 부엌개량 지도 • 농촌여성 역할확대 대응지도
1990년대	• 농가 주거환경 개선 • 농작업 환경 개선과 노동관리 • 농민 건장증진 • 우리농산물 애용 및 한국형 식생활 정착 지도 • 농촌여성 일감갖기 사업 • 농가 가계관리 • 농촌노인생활 지도 • 생활문화 지도
2000년대	• 농특산물 가공상품화로 농가소득 증대 • 농촌 어메니티 자원 활용 • 농업인 건강관리와 농촌환경 조성 • 쌀 중심 한국형 식생활 정착 지도 • 여성과 노인의 생산적 복지 향상 • 농촌전통문화 보전 • 친환경주거모델 시범 및 화장실 설치 • 향토음식 자원화 및 전통식문화 계승 • 농촌여성 평생학습 센터 운영

정답 01 ③

02 우리나라 2000년대의 농업기술이 아닌 것은?   ●20 경남 농촌지도사

① 농촌 어메니티 자원, 농촌의 활력을 불어넣다.
② 농촌 인력 육성의 요람, 농업인대학 농업
③ 농가보급형 비닐하우스, 시설원예에 날개를 달다.
④ 농식품 가공·창업 지원으로 여성농업인 CEO 육성

해설 ③ 1990년대 농업기술

> **2000년대 : 지식혁명기, 융복합 농업 기반**
> 25. 전국 토양정보가 한눈에 보이는 국가 농경지 관리체계 '흙토람' 구축
> 26. 로열티 파동을 극복한 국산 딸기 품종 개발
> 27. 누에와 꿀벌은 기능성 소재의 보배 농업
> 28. 풀사료 자급 달성을 위한 사료작물 품종 육성
> 29. 백마, 화훼품종 국산화의 비전을 제시
> 30. 쫄깃한 육질과 맛, 토종 '우리맛닭' 복원
> 31. 우수한 신토불이 한우 복제소 생산기술
> 32. 농촌 어메니티 자원, 농촌의 활력을 불어넣다.
> 33. 한국형 가축사양표준 제정으로 생산비를 절감하다.
> 34. 농촌 인력 육성의 요람, 농업인대학 농업
> 35. 탑라이스 생산으로 수입 쌀 개방화에 대응하다.
> 36. 석유대체 저탄소 친환경 시설원예 난방기술 개발
> 37. 설갱벼를 이용한 전통주 개발
> 38. 농식품 가공·창업 지원으로 여성농업인 CEO 육성

03 우리나라 4-H 운동에 대한 설명으로 가장 옳은 것은?   ●20. 서울 농촌지도사

① 1990년 이후 4-H 운동은 농촌개발을 위한 중견농업인 양성에 목표를 두고 있다.
② 영농 4-H회는 첨단농업기술지도로 후계영농주를 육성하는 데 목표를 두고 있다.
③ 일반 4-H는 초급영농과제이수로 농심을 함양하는 데 목표를 두고 있다.
④ 정부 추진 청소년 운동으로의 전환을 위하여 2007년에 「한국4에이치활동 지원법」이 제정되었다.

해설 ① 1947~51년 4-H 운동은 농촌개발을 위한 중견농업인 양성에 목표를 두고 있다.
③ 학생 4-H는 초급영농과제이수로 농심을 함양하는 데 목표를 두고 있다.
④ 민간 추진 청소년 운동으로의 전환을 위하여 2007년에 「한국4에이치활동 지원법」이 제정되었다.

정답 02 ③ 03 ②

04. 청소년의 과제활동에 대한 설명으로 옳지 않은 것은?
●18. 경북 농촌지도사(변형)

① 과제 이수 목적에 따라 생산과제, 개량과제, 보조과제로 구분한다.
② 청소년의 과제수행 중 부모·지도자의 적극적인 지도로 과제를 완수하는 것이 좋다.
③ 자기에게 흥미로운 과제가 발견되면 연차적으로 규모를 확대하여 사업적 규모로 발전시켜 나가는 것이 바람직하다.
④ 개량과제는 영농에 있어서 편리와 효율을 도모하거나 재산상의 가치를 증진시키는 활동이다.

해설 청소년의 자발성과 자주적 노력을 강조하므로 부모·지도자의 지나친 지도는 삼가는 것이 좋다.

05. 과제활동에 대한 설명으로 옳은 것은?

> 가. 개량과제를 소유권 과제라 지칭하기도 한다.
> 나. 개량과제는 주과제, 부과제, 보조과제로 구분한다.
> 다. 생산과제는 과제이수자가 책임을 지고 생산하여야 한다.
> 라. 보조과제는 생산과제나 개량과제를 이수하는데 필요한 하나하나의 기능을 배우고 익히며 숙련하는 활동을 말한다.

① 가, 나   ② 나, 다
③ 다, 라   ④ 가, 라

해설 **과제활동의 종류**
  ㉠ 생산과제
    ⓐ 무엇을 만들거나 생산하는 활동
    ⓑ 생산과제(소유권과제라고도 부름)는 과제이수자가 책임을 지고 생산하여야 하며, 생산물은 과제이수자에게 소속되어야 한다.
    ⓒ 생산과제의 분류 : 주과제, 부과제, 보조과제, 조과제
  ㉡ 개량과제 : 가정생활이나 지역사회생활, 영농이나 기타 사업경영에 있어서 편리와 효율을 도모하거나 재산상의 가치를 증진시키는 활동
  ㉢ 보조과제 : 생산과제나 개량과제를 이수하는데 필요한 하나하나의 기능을 배우고 익히며 숙련하는 활동

정답 04 ② 05 ③

06 우리 농업의 역사를 새로 쓴 50대 농업기술과 사업 중 다음 내용은 어떤 시기인가?

> • 로열티 파동을 극복한 국산 딸기 품종 개발
> • 풀사료 자급 달성을 위한 사료작물 품종 육성
> • 백마, 화훼품종 국산화의 비전을 제시
> • 우수한 신토불이 한우 복제소 생산기술

① 녹색혁명기 ② 백색혁명기
③ 품질혁명기 ④ 지식혁명기

07 다음 중 새마을청소년회의 자격연령은?

① 10~20세 ② 13~29세
③ 15~30세 ④ 11~21세

08 다음 중 농촌청소년 지도목표의 내용과 거리가 먼 것은?

① 주요목표는 영농후계자 육성 ② 건전한 시민성 함양
③ 여가선용능력 배양 ④ 직업선택능력 배양

해설 농촌청소년지도의 목표
㉠ 농촌지역사회 청소년으로서 긍정적 자아개념 확립
㉡ 건전한 시민성·지도력 함양
㉢ 직업선택능력과 준비성을 배양
㉣ 영농생활에 대한 가치
㉤ 행복한 가정생활능력 함양
㉥ 집단생활에 적극적으로 참여할 수 있는 능력 배양
㉦ 여가선용능력을 배양
㉧ 자연자원의 보호능력 배양
㉨ 국제적 안목을 증진

09 다음 중 4-H회 교육행사를 개최하는 목적이 아닌 것은?

① 심신단련 ② 과제이수능력 향상
③ 발표력향상 결과발표 ④ 과제활동 촉진
⑤ 4-H회 정신계발

정답 06 ④ 07 ② 08 ① 09 ③

해설 4-H회 교육행사는 단체학습이나 활동을 통하여 새로운 기술을 습득하고, 협동심·적극성·극기력 등을 함양하며, 사회인으로서의 심성을 키우는 행사이다.

10 다음 중 4-H회의 활동내용에 속하지 않는 것은?
① 소득증대
② 봉사활동
③ 영리추구활동
④ 자연보호

해설 4-H회의 활동내용 : 과제활동, 경진대회, 국내외 연수, 교류활동, 야영교육, 봉사활동, 청소년의 달 행사 등

11 다음 중 농촌청소년들의 과제를 이수하는 목적으로 적당하지 않은 것은?
① 자주성과 흥미 계발
② 실천적 학습기회 부여
③ 사업경영능력 개발
④ 자신의 운명승패의 경험 부여

해설 과제활동의 목적 : 흥미와 적성의 개발, 실천적 학습기회의 부여, 사업적 경영능력의 개발, 자주성과 창의성의 개발, 미래자산의 확보

12 다음 중 농촌청소년의 과제활동에 대한 설명으로 적합한 것은?
① 농업 흥미유발을 위해 실시하는 교과활동
② 실천적 학습내용 중심의 학습경험
③ 가정학습
④ 연구활동에 따른 포장실습
⑤ 영농보조활동

해설 과제활동 : 과제를 생활 속에서 스스로 경험해서 배우는 실천적 학습활동

13 다음 중 부자협약이 필요한 시기로 바른 것은?
① 진로인식단계
② 진로탐색단계
③ 진로준비단계
④ 진로전문화단계

해설 ㉠ 진로전문화단계에서 영농정착을 지도하는 활동은 여러 가지가 있으나, 그 중에서 가장 중요한 지도활동은 부자협약영농활동이다.
㉡ 영농정착의 발달단계 : ⓐ 진로인식단계, ⓑ 진로탐색단계, ⓒ 진로준비단계, ⓓ 진로전문화단계

정답 10 ③ 11 ④ 12 ② 13 ④

14 다음 중 농촌여성지도의 내용에 부적합한 것은?

① 소득증대지도 ② 가정관리지도
③ 사회참여지도 ④ 문화활동지도

해설 농촌여성지도의 내용
㉠ 기초 및 교양지도   ㉡ 가정관리지도
㉢ 의식주 생활개선지도   ㉣ 자녀교육지도
㉤ 보건위생지도   ㉥ 소득증대지도
㉦ 가족계획지도   ㉧ 사회참여지도

15 다음 중 농촌생활개선지도에서 농촌여성이 참여하는 활동으로 볼 수 없는 것은?

① 문화적 활동 ② 사회적 활동
③ 복지적 활동 ④ 경제적 활동

해설 농촌생활개선사업 : 농촌주민 생활의 개선을 위하여 농촌여성을 중심으로 하는 모든 농촌주민이 그들의 가정이나 지역사회에서 농촌 생활의 질 향상에 관계되는 경제·사회·문화적 활동에 참여하고 스스로 개선을 추구할 수 있는 인격과 능력을 함양하고 그들에게 필요한 혁신과 정보를 제공하는 사업

16 다음 중 농촌지도의 전통적 목적에서 농촌여성지도의 목표는?

① 여성의 지위향상 ② 농촌인의 영양개선
③ 여성의 잠재능력 개발 ④ 지역 개선

해설 농촌여성지도의 기본이념 : 농촌여성의 불평등한 실태에 관심을 가지고, 농촌여성의 인간성 회복과 지위향상을 통한 농촌사회의 질적 향상을 추구하는 것이다.

17 다음 중 농촌여성의 심리적 특성에 대한 설명으로 틀린 것은?

① 표출적 행동은 여성에게, 도구적 행동은 남성에게서 더 많이 관찰된다고 한다.
② 정서적 표현에 능하다.
③ 경쟁성이 강한 여성은 사회의 환영을 받는다.
④ 여성이 남성보다 비공격적 행위를 보여 주는 경향이 있다.

해설 경쟁성이 강한 여성은 사회의 환영을 받기 힘들고 남성의 분개를 자아내는 경향이 있다.

정답 14 ④ 15 ③ 16 ① 17 ③

18 농촌청소년지도의 목표를 설명한 것 중 틀린 것은?

① 농촌청소년들에게는 농업을 최고의 직업으로 선택하도록 지도한다.
② 농촌청소년들에게 건전한 시민성을 함양한다.
③ 농촌청소년들에게 행복한 가정생활능력을 함양한다.
④ 농촌청소년들에게 그들의 향토개발의욕과 책임을 인식시킨다.

해설 농촌청소년지도의 목표
㉠ 농촌지역사회 청소년으로서 긍정적 자아개념 확립
㉡ 건전한 시민성・지도력 함양
㉢ 직업선택능력과 준비성을 배양
㉣ 영농생활에 대한 가치
㉤ 행복한 가정생활능력 함양
㉥ 집단생활에 적극적으로 참여할 수 있는 능력 배양
㉦ 여가선용능력을 배양
㉧ 자연자원의 보호능력 배양
㉨ 국제적 안목을 증진

19 농촌청소년지도의 원리로 가장 거리가 먼 것은?

① 청소년의 심리적 특성을 감안하여 지도하여야 한다.
② 지원지도자 및 지역유지의 지원과 그들의 지도력을 활용하여야 한다.
③ 집단지도 외에 개인지도는 배제하는 것이 좋다.
④ 발표와 봉사의 기회를 자주 부여하여 참여의식을 보장하고 소외감을 느끼지 않도록 해야 한다.

해설 농촌청소년지도의 원리
㉠ 청소년의 심리적 특성을 감안하여 지도한다.
㉡ 자원지도자를 확보하고 그들의 지도력을 활용하여야 한다.
㉢ 가정과 지역사회의 지원을 확보하여야 한다.
㉣ 개인지도를 중심으로 스스로 해결하도록 도와주어야 한다.
㉤ 계획과 평가에 모든 청소년을 참여시켜야 한다.
㉥ 발표와 봉사의 기회를 자주 부여하는 것이 필요하다.
㉦ 강화를 시켜주어야 한다.
㉧ 집단활동에 흥미를 부여하여야 한다.

정답 18 ① 19 ③

20 농촌청소년지도의 특색이라고 여겨지지 않는 것은?

① 청소년지도를 계획할 때는 학교에 다니는 학생까지 포함된다.
② 일종의 농촌청소년을 위한 사회교육이다.
③ 농촌청소년지도는 곧 영농후계자양성을 위한 지도사업이다.
④ 지도내용은 실용적, 사회생활중심적인 것이어야 한다.
⑤ 건전한 인간으로서의 육성이라는 교육적 목적을 강조한다.

21 다음 중 농촌청소년의 특성에 대한 설명으로 적합하지 않은 것은?

① 도시청소년에 비해 자기중심적인 사고방식을 가지고 있다.
② 농촌이라는 지역에서 살고 있는 청소년을 말한다.
③ 도시청소년에 비해 심리적 욕구를 충족시키는데 불리한 환경에 살고 있다.
④ 농촌에서 영농생활을 하는 자신에 대해 긍정적인 자아를 가지고 있지 않다.

해설 농촌청소년은 공동체적 사회구조 속에서 인간에 대한 신뢰와 의리가 강한 편이다.

22 농촌청소년에게 합리성을 부여하고 중견 영농인으로 육성하기 위해 전개하는 지도활동은?

① 야외활동
② 과제활동
③ 연수활동
④ 경진행사

해설 과제활동은 과제를 생활 속에서 스스로 경험해서 배우는 실천적 학습(leaning by doing) 활동을 말한다.

23 목적에 따른 과제활동으로 잘 연결되어 있는 것은 무엇인가?

① 생산과제, 공동과제, 단체과제
② 주과제, 개량과제, 공동과제
③ 주과제, 조과제, 단체과제
④ 생산과제, 개량과제, 보조과제
⑤ 생산과제, 개인과제, 부과제

해설 **과제활동의 종류**
㉠ 과제 이수 목적에 따라 : 생산과제, 주과제, 개량과제, 보조과제
㉡ 과제 이수자수에 따라 : 개인과제, 공동과제, 단체과제
㉢ 과제 내용에 따라 : 흥미, 희망, 필요 등에 따라 다양함

정답 20 ③ 21 ① 22 ② 23 ④

24 다음 중 주과제에 대한 설명으로 타당한 것은 무엇인가?

① 부친의 자금과 자신의 자금을 반반으로 하였을 때 이익금을 반반으로 나누어 수행하는 과제
② 한 사람이 여러 가지 생산과제를 이수할 때 가장 규모가 크고 소득이 높은 과제
③ 편리와 효율을 도모하거나 재산상의 가치를 증진시키는 활동
④ 목초나 녹비작물 재배 생산과제

해설 생산과제의 분류
㉠ 주과제 : 한 사람이 여러 가지 생산과제를 이수할 때 가장 규모가 크고 소득이 높은 과제
㉡ 부과제 : 그 다음으로 비중이 있는 과제
㉢ 조과제 : 주과제나 부과제의 이수에 필요로 사용되는 과제

25 다음 중 개량과제의 개념은?

① 토끼사육, 송아지사육 등과 같이 무엇을 만들거나 생산하는 활동이다.
② 소유권과제라고도 한다.
③ 가정생활이나 지역사회생활, 영농이나 기타 사업경영에 있어서 편리와 효율을 도모하거나 재산상의 가치를 증진시키는 활동이다.
④ 한 사람이 여러 가지 생산과제를 이수할 때 가장 규모가 크고 소득이 높은 과제이다.

해설 ① ②은 생산과제, ④는 생산과제 중 주과제라고 한다.

26 개량과제와 생산과제의 차이점을 설명한 것은?

① 개량과제와 생산과제는 의미상 별 차이가 없다.
② 생산과제와 개량과제란 그 소유권이 누구에게 속하느냐에 따라서 구별될 수 있다.
③ 가축을 사육하는 경우 그 가축이 이수자의 소유이면 개량과제, 집안의 소유이면 생산과제이다.
④ 개량과제와 생산과제의 구별은 이수대상자에 따라 달라진다.

정답 24 ② 25 ③ 26 ②

27 다음의 설명 중에서 그 의미가 옳지 않은 것은?

① 과제는 각 개인의 흥미에 맞는 것을 선택하여야 한다.
② 과제활동은 이론을 먼저 강조하고 실천을 한다.
③ 과제활동은 교육적 활동임과 동시에 사업적 경영활동이다.
④ 과제는 가능하면 스스로 해결할 수 있도록 지도하여야 한다.
⑤ 과제활동은 교육적 목적에서 점차 사업적 목적으로 유도해야 한다.

> 해설 학교교육은 이론을 먼저 강조하고 실천을 하지만, 청소년지도의 과제활동은 먼저 실천을 하면서 이론을 배운다.

28 다음 중 과제활동의 3요소는 무엇인가?

① 지도, 존경, 계몽
② 상의, 지원, 협력
③ 청소년, 부모, 지도자
④ 지원, 청소년, 부모

29 과제활동의 지도에서 고려되어야 할 사항으로 여겨지지 않는 것은?

① 계속적 확대지도
② 청소년 스스로에 의한 활동
③ 철저한 기록지도
④ 과제활동의 총괄적 지도
⑤ 과제활동의 평가지도

> 해설 과제활동의 지도에서 고려되어야 할 사항 : 경력별 지도, 계속적 확대지도, 청소년 스스로에 의한 활동, 철저한 기록지도, 과제활동의 발표 및 평가

30 단체회원들이 평소 닦은 실력을 서로 비교하며, 집단 전체의 발전과 친목을 위한 청소년들의 활동은?

① 야외행사활동
② 과제활동
③ 경진활동
④ 단기연수활동

정답 27 ② 28 ③ 29 ④ 30 ③

31 청소년들에게 짧은 기간(2~3일 또는 2~3주일)에 특정의 기술, 지식, 정신, 교양 등의 함양을 목적으로 비교적 학교교육과 같은 내용으로 교육을 시키는 활동은?

① 단기연수활동
② 야외행사활동
③ 현장연수활동
④ 경진활동

32 청소년의 야외행사활동에서 얻을 수 있는 장점으로 볼 수 없는 것은?

① 협동심의 배양
② 정서의 안정
③ 과제활동의 이수
④ 소속감의 배양
⑤ 청소년문화에 대한 욕구의 충족

33 기회가 있는 대로 영농과 관련된 과제활동을 하게 하여 흥미와 능력, 적성을 개발하는 단계는?

① 진로인식단계
② 진로탐색단계
③ 진로준비단계
④ 진로전문화단계

해설 **진로탐색단계**
중학교 과정의 나이(12~15세)에 있는 청소년들에게 각자의 흥미와 능력에 맞는 직업분야에 관련되는 과제활동을 하게 하고, 그러한 과정에 익숙하여지면 적성을 개발한다. 따라서 기회가 있는 대로 이들이 영농과 관련된 과제활동을 하게 하여 흥미와 능력, 적성을 개발한다.

34 진로발달단계 중 대학교에서의 직업에 필요한 지식과 기술을 확보하는 단계는?

① 진로인식단계
② 진로탐색단계
③ 진로준비단계
④ 진로전문화단계

해설 **진로전문화단계**
대학과정 이상의 나이에 있는 청소년들에게 선택한 직업에 필요한 전문직 지식과 기술을 확보하게 하고, 직업인으로서 건전한 인간관계의 조성능력을 갖게 하며, 또한 그 직업발전에 공헌할 수 있음은 물론 자신의 승진을 도모할 수 있는 능력도 갖게 한다.

정답 31 ① 32 ③ 33 ② 34 ④

35 다음 중 부자협약영농의 설명으로 바른 것은?

① 마을 단위 협동농업
② 부자(父子) 간에 영농책임·소득분배·영농이양 등에 대해 서로 협약하는 것
③ 토지를 남에게 빌려주는 것
④ 농산물을 공동으로 출하하는 것

해설 **부자협약영농의 의미**
  ㉠ 영농후계자는 대부분이 부친의 영농을 후계하는 경우가 많은데, 이러한 경우 부자 간에 영농책임·소득분배·영농이양 등에 있어서 부자 간이 상호협약하여 영농하는 것
  ㉡ 부자를 중심으로 가족 간의 화합에 의하여 영농경영과 농가생활에서 가족 각자의 분담을 결정하고, 일정한 약속 하에서 노동보수를 나누는 가족 상호 간에 새로운 인간관계를 결성하는 것

36 다음에서 부자협약영농의 형태 중 시안협약이란?

① 자녀에게 영농을 후계시킬 목적으로 가축이나 농장의 일부를 경작시키는 협약
② 노동에 대한 임금협약
③ 부모의 농지와 가축 등에 대하여 임차하는 소작경영협약
④ 임금을 지불하고 잉여소득을 배분하는 협약

해설 **부자협약영농의 형태**
  ㉠ **시안협약** : 자녀에게 영농을 후계시킬 목적으로 가축이나 농장의 일부를 경작시키는 협약
  ㉡ **경영부문협약** : 경영의 일부분에 대한 책임을 주고 경영하게 한다.
  ㉢ **임금협약** : 노동에 대한 책임협약이다.
  ㉣ **임금 및 소득분배협약** : 임금을 지불하고 잉여소득을 배분하는 협약이다.
  ㉤ **임대차협약** : 부모의 농지와 가축 등에 대하여 임차하는 소작경영협약이다.
  ㉥ **공동경영협약** : 부자 간에 공동출자하여 동업협약으로 조합협약과 회사협약을 한다.
  ㉦ **농장양도협약** : 자식에게 소유권을 이전하는 협약으로, 현금·연부지불, 부양계약에 의한 인수 등이 있다.

정답 35 ② 36 ①

37. 다음 중 영농후계자 육성의 목표가 아닌 것은?

① 농촌청소년들의 영농에 대한 흥미와 적성을 개발한다.
② 영농후계자들에게 영농생활에 대한 자신감을 갖게 한다.
③ 영농후계자들이 그 다음의 후계자들을 위해 가르칠 수 있는 능력을 습득시킨다.
④ 현대사회 변화에 대처할 수 있는 합리적 의사결정력을 기르게 한다.

해설 **영농후계자 육성의 목적**
㉠ 농촌청소년들의 영농에 대한 흥미와 적성을 계발한다.
㉡ 영농후계자들에게 영농생활에 대한 긍지와 자신감을 갖게 한다.
㉢ 영농후계자들에게 향토발전에 대한 책임의식과 봉사자세를 배양한다.
㉣ 영농후계자들에게 이상에 맞는 배우자를 선택하여 행복한 가정생활을 조성할 수 있는 태도와 능력을 배양하게 한다.
㉤ 영농후계자들이 영농정착에 필요한 각종 자산을 장기적으로 구축하여 나가도록 한다.
㉥ 영농후계자들에게 개별적으로 또는 협동적으로 효율적인 농업경영을 통하여 영농소득을 증대시킬 수 있는 과학적인 영농능력을 함양하도록 한다.
㉦ 영농후계자들이 그들 주위에 있는 가용자원과 외부환경을 효과적으로 활용할 수 있는 능력을 개발하도록 한다.
㉧ 영농후계자들에게 닥쳐올 수 있는 시련과 위험을 극복할 수 있는 정신과 인내력을 기른다.
㉨ 영농후계자들이 세계적인 안목에서 정보를 입수하고, 현대사회의 변화에 대처할 수 있는 합리적인 의사결정력을 기르게 한다.

38. 다음 중 농촌여성지도의 구체적 목표에 속하지 않는 것은?

① 농촌여성들에게 의사결정능력과 이해능력을 배양한다.
② 가정에서의 역할보다도 사회에서의 여성의 지위를 향상시키는데 역점을 둔다.
③ 농촌여성들에게 건전한 인간관계를 조성할 수 있는 능력을 배양한다.
④ 인생의 가치와 가정역할에 대한 중요성을 이해시킨다.

해설 **농촌여성지도의 목표**
㉠ 농촌여성들에게 의사결정능력과 이행능력을 배양한다.
㉡ 농촌여성들에게 건전한 인간관계를 조성할 수 있는 능력을 배양한다.
㉢ 농촌여성들에게 개인적으로, 지역사회활동에 능동적으로, 그리고 효과적으로 참여할 수 있는 능력을 배양한다.
㉣ 인생의 가치와 가정역할에 대한 중요성을 이해시킨다.
㉤ 농촌여성들에게 가정이나 사회에서 여성의 지위를 스스로 향상시킬 수 있는 능력을 함양한다.
㉥ 농촌자녀를 건전하게 육성할 수 있는 능력을 배양한다.
㉦ 합리적으로 현금과 재산을 관리할 수 있는 능력을 함양한다.
㉧ 의식주 생활을 합리적으로 이행할 수 있는 능력을 배양한다.
㉨ 영농직과 타직업의 고용기회에 대한 철저한 준비능력을 배양한다.

정답 37 ③ 38 ②

39 농촌생활개선의 목표에 대한 것으로 옳지 않은 것은?
① 의사결정의 능력과 수행능력을 배양한다.
② 영농직의 고용기회에 대한 준비능력을 배양한다.
③ 인생의 가치와 가정의 중요성을 이해시킨다.
④ 합리적으로 현금과 재산을 관리할 수 있는 능력을 함양한다.

40 농촌생활개선지도의 목표가 아닌 것은?
① 가정에 대한 중요성 인식
② 농촌자녀의 건전한 육성능력 배양
③ 합리적 현금관리능력 함양
④ 의식주 생활기술 함양
⑤ 농외소득기술의 함양

41 협의적 관점에서의 농촌생활개선이란 어떤 의미인가?
① 농촌여성이 참여하는 경제 사회 문화생활의 개선도 포함
② 경우에 따라 도시사회에서까지 경제 및 사회적 활동에 대한 개선도 포함
③ 교육과 보건기회의 확대문제도 관련이 있음
④ 농촌가정 내에 국한된 생활에 대한 개선을 의미
⑤ 농촌사회 내의 사회경제적 활동에 대한 개선을 의미

42 농촌여성지도와 생활개선지도를 동일한 의미로 본 전통적 관점의 기본목적에 해당하지 않는 것은?
① 농촌인의 영양개선
② 자녀교육, 양육능력
③ 지도력과 시민정신의 함양
④ 인생의 가치 인식

해설 농촌여성지도와 생활개선지도를 동일한 의미로 본 전통적 관점의 기본목적
㉠ 농촌인의 영양개선
㉡ 자녀교육, 양육능력의 향상
㉢ 지도력과 시민정신의 함양
㉣ 농촌문화 수준의 향상
㉤ 건강과 위생관리 능력의 향상
㉥ 가정생활의 합리적 운영

정답 39 ② 40 ⑤ 41 ④ 42 ④

43. 다음 중 특히 여성들이 선호하는 지도방법에 속하지 않는 것은?

① 여성은 전시를 좋아한다.
② 여성은 견학과 여행을 좋아한다.
③ 여성은 지도요원들이 자신의 집을 직접 방문하는 것을 싫어한다.
④ 여성은 자신이 직접 실습하는 것을 좋아한다.

> **해설** 여성들이 선호하는 지도방법
> ㉠ 여성은 전시를 좋아한다.
> ㉡ 여성은 견학과 여행을 좋아한다.
> ㉢ 여성은 지도요원들이 자신의 집을 직접 방문하는 것을 좋아한다.
> ㉣ 여성은 자신이 직접 실습하는 것을 좋아한다.
> ㉤ 여성은 조직을 좋아한다.

44. 다음 중 농촌여성지도의 이념에 해당하는 것은?

① 농촌생활의 전반적 개선
② 농촌여성의 인간성 회복과 지위향상
③ 농촌여성의 노동력 절감
④ 생활개선과제 이수를 통한 삶의 질 향상

> **해설** 농촌여성지도의 기본이념 : 농촌여성의 불평등한 실태에 관심을 가지고, 농촌여성의 인간성 회복과 지위향상을 통한 농촌사회의 질적 향상을 추구한다.

45. 다음 중 농촌생활개선 지도활동의 특징이 아닌 것은?

① 농촌지도의 계획, 평가, 방법의 과정과 같다.
② 지도활동의 내용은 농촌지도의 내용과 같다.
③ 타지도사업보다 여성의 지도인력이 많이 든다.
④ 지도대상은 여성이 남성보다 많다.
⑤ 지도접근방법 및 원리는 농촌지도의 방법원리와 같다.

> **해설** 농촌생활개선 지도내용은 생활의 질 개선사업(quality of living programs)과 비슷한 의미로서 의식주 등 물질적 개선뿐만 아니라 교육과 보건기회의 증대, 청소년의 농촌이탈 문제, 농촌인력의 질적 빈곤, 영농 외의 취업문제, 여가 비용, 교통·통신 문제 등으로, 농촌지도와는 다르다.

정답 43 ③ 44 ② 45 ②

46 다음 중 개량된 농업기술을 선진농가로부터 소농으로 전파시키는 이론은?
① 국면접근법 ② 단계접근법
③ 전시지도법 ④ 낙수적 개발이론

해설 선진농가로부터 소농으로 전파시키는 이론을 낙수적 개발이론이라고 한다.

정답 46 ④

Chapter 04 농촌지도사업 성과·과제

단원 키워드
1. 지방화 이후 농촌지도사업의 변화
2. 지방화 이후 지도사업의 문제점
3. 우리나라 지도사업의 성과와 과제

위기에 처한 한국 농촌지도사업을 되살려서 한국농업·농촌발전에 꼭 필요한 지도사업으로 인정받게 해야 한다.

- 급속한 시장개방화가 우리 농업부문에 미치는 영향을 철저히 분석하고, 그에 대응한 지도사업 방향을 수립해야 한다. 농촌지도사업의 큰 틀에 대한 변화는 필요하지 않고, 지역 특성에 맞는 지도사업을 보다 내실 있게 운영하는 것이 무엇보다 중요하다.
- 농업인에게 실질적 성과를 가져오게 하기 위해서는 중요한 핵심전략과제를 찾아내고, 효율적이고 효과적인 조직구조를 갖추며, 수요자 중심의 현장밀착 방식의 지도사업 시스템을 구축하고, 지도공무원의 필요역량을 강화시키며, 일하고 싶은 의욕과 분위기를 만들 필요가 있다.
- 연관기관끼리의 긴밀한 협조가 요구된다. 농림축산식품부가 단순히 하향 하달식으로 전달하는 방식이 아니라 농촌진흥청과 협조하는 분위기가 조성되어야 한다.
- 농산물은 수요·공급의 가격탄력성이 낮기 때문에 농업은 수요와 공급에 있어 유의해야 한다.

제1절 농촌지도사업 문제점·개선방안

(1) 농촌지도 환경의 변화와 방향설정

농촌지도의 변화와 도전은 전 세계적으로 동시에 발생하는 현상으로 농업정책의 방향은 지식기반사회가 내포되어 있음

① 지식기반사회의 농업기조
  ㉠ 개방·시장원리에 입각한 경쟁체제(신자유주의)에 토대를 두고,
  ㉡ 공급자 중심에서 수요자 중심으로,
  ㉢ 노동집약적 형태에서 저비용·고효율 체제의 지식 집약적 형태로,
  ㉣ 식량의 절대공급이라는 양 중심에서 품질 좋고 안전한 농산물이라는 질 중심으로의 변화

> **참고 신자유주의**
>
> ① 의미
> 냉전체제의 종식으로 공산권이 붕괴되고 미국중심의 신패권주의가 나타나면서 종래 Keynesian 이후 탄생하여 유럽 좌파에 의하여 지지되어 오던 복지국가 사상이 비효율, 저성장, 고실업, 도덕적 해이 등의 한계에 부딪히게 되자, 그 대안으로 모색된 1990년대 유럽 우파정권의 통치노선으로 세계화와 지방화를 기치로 '작은 정부, 큰 시장', 규제완화, 정부역할 축소, 공공부문의 시장화·민영화, 노동시장의 유연화(정규직의 축소 및 탄력적인 고용·보수체계) 등을 추구하는 일종의 정신혁명운동
>
> ② 특징
> 기본적으로 시장기능을 중시하되(자유주의), 시장이 제 기능을 수행할 수 있도록 정부에 공정한 제도나 규칙(rule)을 형성하는 기능을 부여한다는 점에서 신자유주의라고 하며, '작지만 효율적인 정부'를 구현하기 위한 총체적인 행정개혁으로 나타나고 있다는 점에서 1980년대 규제완화, 민영화, 복지정책 축소 등을 표방해 왔던 신보수주의(미국 레이건, 영국 대처 행정부)와는 구별된다.
>
> ③ 한계
> 신자유주의는 국가(중앙정부)의 침식, 국가의 사회적 책무 외면, 이윤극대화만 추구, 국가가 기업의 하수인으로 전락, 기업에 대한 일체의 사회적 통제 거부, 국가의 전통적 가치인 민주성과 형평성의 외면, 새로운 형태의 노동착취라는 비판과 함께 제3세계 국가나 NGO·노동자단체에 의하여 강력한 반발을 사며 1990년대말 이후 퇴조함

② 전 세계적으로 농촌지도사업의 2가지 도전(Feder)
  • 농업분야 정보·조직의 중요성을 인정받아야 한다.
  • 농촌지도사업의 본질적 성격으로 재원 확보에 어려움이 많다.
  ✪ 농촌지도의 본질적 요소 : 과업의 광범위성, 타 기관의 정책 및 기능에 의존성, 정치적·재정적 지원 획득의 이유와 효과 확보의 어려움, 농업지식 및 정보를 전달하는 기능을 넘어선 공공서비스 기능으로서의 책임성, 재정의 지속성, 지식 창출과의 상호작용 등

③ 농촌지도사업의 패러다임 변화
  ㉠ 농촌산업에서 삶의 공간으로 : 농업을 직업으로 하는 사람들이 소득을 높이고 행복한 삶을 살 수 있는 농촌으로 만들어야 함
  ㉡ 국가목표 중심에서 농업인 중심으로 : 국가목표 달성을 위한 하향식 농촌지도사업이 아닌 농가 또는 농민 중심의 사업으로 전환해야 함
  ㉢ 농업기술 중심에서 문화복지 중심으로 : 전통적인 농업기술 중심의 농촌지도가 아닌 농업인의 풍요로운 삶을 보장할 수 있는 문화복지적 차원을 강조해야 함
  ㉣ 중앙정부 중심에서 지방정부 중심으로 : 지역의 특색과 지역주민의 요구를 반영한 농촌지도가 이루어져야 함

④ 농촌지도사업의 기본방향
  ㉠ 지식기술지향적 농업과 소비자 농업을 함께 육성하는 것
  ㉡ 지도사업의 정체성을 재정립하고, 새로운 시대에 맞는 농촌지도사업을 새롭게 정의하는 것이 필요
  ㉢ 농업 지식정보사업으로의 전환, 농촌지도사업의 대상 확대, 농촌지도사업의 추진방법 전환
  ㉣ 농업기술지도(농촌지도사업의 본질적 기능)뿐만 아니라 농촌구조 개선에 관련된 비농업분야의 지식·정보 등을 제공하는 기능을 강화해야 함

⑤ 농촌지도사업이 수행해야 할 정책과제
  • 소비자 농업(consumers driven agriculture)의 육성
  • 친환경농업 실천 감시 기능 수행
  • 농촌지도기관의 농산물 품질관리를 통한 농산물의 통합 브랜드화
  • 농업·농촌의 다원적 기능 활용
  • 농업기술·경영 컨설팅 강화
  • 품목별 농업인조직 육성
  • 사이버 농업지식정보 제공
  • 수출지향 농업 육성
  • 수확후관리 및 가공기술 중점 보급
  • 종자생산보급기능 확대
  • 시군농업기술센터 연구개발 기능 확충

⑥ 농촌지도사업이 앞으로 강조해야 할 지향
  ㉠ 기관의 변화 방향 : 정부기관과 비정부기관의 연계 및 학교교육과 사회교육의 연계
  ㉡ 대상의 변화 방향 : 농촌주민에서 도시주민으로의 확대, 성인중심에서 전 연령층으로의 확대

ⓒ 내용의 변화 방향 : 농업기술과 농촌 관련 사업과의 연계 및 직업농업교육과 교양농업교육의 연계
ⓔ 방법의 변화 방향 : 온라인교육과 오프라인교육의 연계 및 교수학습방법의 다양화
⑦ 농촌진흥청의 농촌지도사업의 활성화 방안 모색
  ㉠ 농촌지도사업의 새 정의
    ⓐ 농업 및 농촌생활과 관련된 기술과 정보를 농업인과 소비자에게 보급하는 지식기반사업
    ⓑ 농업 농촌의 유지·발전과 이와 관련된 기술혁신, 문제해결, 의사결정 능력을 지원하기 위하여 농업인, 소비자, 연구자 등이 생성하거나 필요한 기술과 정보를 체계적으로 수집, 종합, 분산, 연계하는 공공서비스
  ㉡ 농업정책의 방향 설정(4가지)
    • 21세기 농업의 성격에 맞도록 농업 경쟁력 강화를 위한 기반 구축
    • 소비자 중심의 생산과 유통 실현
    • 지속농업의 정책과 안전한 농식품 공급체계 구축
    • 농촌복지의 확충과 지역사회 활성화
  ㉢ 농촌지도사업의 방향
    '농업인과 소비자를 위한 지식·정보·기술 지원 사업'
    • 21세기 지식정보화사회에 맞는 지식기반 농업의 실현을 위한 기술보급, 교육·인력육성을 담당
    • 개방화에 대응한 농업·농촌의 유지·발전을 위한 농업인·소비자 등 고객 중심의 공공서비스사업으로의 전환
  ㉣ 농촌진흥조직의 활력화를 위한 7대 개혁과제
    • 농촌진흥기관의 정체성 재정립
    • 조직 활력화를 위한 제도개선
    • 고객중심의 새로운 농촌진흥사업 확충
    • 영농현장중심의 기술개발역량 확충
    • 중앙과 지방의 업무 연계 활성화
    • 전문 인력육성 프로그램 혁신
    • 창조적 조직혁신 문화 기반 확충

참고 제2차 농촌진흥사업 기본계획(2018~2022)

① 기본방향
- 안심밥상 : 식량의 안정생산과 안전한 먹거리 공급 지원
- 혁신성장 : 첨단 융복합 기술을 접목한 미래 성장동력 확보
- 개방대응 : 농업의 경쟁력 제고 및 국제기술협력 강화
- 농촌활력 : 지역경제 활성화와 국민 삶의 질 향상을 지원

② 연구개발사업
  ㉠ 연구개발사업 비전
   - 농업과학기술 혁신으로 국민 삶의 질 향상과 농업 농촌의 지속 발전 선도
  ㉡ 연구개발사업 목표
   - 농업 농촌의 혁신성장을 선도하는 농업과학기술의 융복합화 추진
   - 국민 요구에 부응하는 농업 농촌의 다기능성 극대화
   - 안전한 먹거리의 안정 공급을 위한 기술혁신 강화

③ 농촌지도사업
  ㉠ 농촌지도사업 비전
   - 국민이 공감하고 지역이 함께하는 혁신적 농촌지도 서비스 창출
  ㉡ 농촌지도사업 목표
   - 안전·안심 기술로 국민에게 안정적 먹거리 제공
   - 농촌자원의 융복합화로 지역경제 활성화 및 일자리 창출
   - 소득연계 비용절감 식품기술 확산으로 농산물 가치 증대
   - 미래대응 혁신역량 강화로 경영개선 및 품목조직 활성화

참고 제3차 농촌진흥사업 기본계획(2023~2027)

① 기본방향
- 창의적 기술혁신과 디지털 생태계 구축으로 농업의 미래성장 산업화
- 식량주권 확보 및 환경 대응성 강화로 지속가능한 미래농업 실현
- 살고싶고 찾고싶은 풍요롭고 활력이 넘치는 농촌 구현
- 일상에서 누리는 건강하고 행복한 국민의 삶 실현

② 비전·목표 및 추진전략
  ㉠ 비전 : 과학기술로 만드는 활기찬 농업·농촌, 더 나은 미래
  ㉡ 목표 및 추진과제

목표	추진과제
농업의 미래성장 산업화	• 데이터 기반의 스마트농업 확산과 고도화 • 그린바이오 융복합화로 농업의 미래 경쟁력 제고
지속가능한 미래농업 실현	• 먹거리의 안정적 공급으로 식량주권 확보 • 탄소중립·환경친화적 농업기술로 농업의 지속가능성 강화 • 한국 농업기술의 글로벌 확산 및 국제협력 선도
풍요롭고 활력이 넘치는 농촌 구현	• 지역농업 활성화 및 농촌 재생 지원 • 청년농업인 육성 및 성장 생태계 구축
건강하고 행복한 국민의 삶 실현	• 치유농업 활성화로 국민 행복 증진 및 신산업 창출 • 농업인 안전재해 예방 및 복지향상

(2) 농촌지도사업 발전방안

1997년 농촌지도공무원의 지방직화를 전후로 제시함

농업연구	• 센터의 연구개발 기능 강화 • 연구-지도 연계와 연구개발 공유 및 유관기관과의 공동연구
기술보급 및 지도	• 농업의 공익성 및 농촌지도사업의 필요성에 대한 국민적 인식 제고와 공감대 확산 • 농촌지도사업의 지도대상, 지도방법, 지도영역 등에 관한 정체성 확립 • 안전 및 정밀영농기술 확대보급 • 농작물 재해예방 및 병해충 종합관리 방법 정착 등 환경친화적 주곡 안정생산 및 기술보급 • 수출농업 육성 및 국제경쟁력 강화를 위한 첨단농업기술개발 • 고객중심 농촌지도사업 전개 및 소비자농업 육성 • 선도 시범사업 및 고부가가치 지역특화 전략품목 선정 등 지역특성화개발 사업지원 • 영농실태조사, 기술경영 컨설팅 체계 구축 등 현장중심 기술·정보 지원체제 강화 • 사이버(디지털) 기술 정보지원 • 생산물 저장, 가공, 유통 등 수확후관리기술 보급 및 통합브랜드 운영 • 농촌지도사업 성과평가제 도입 • 품목별 농산물 품질관리 모니터링
교육 및 육성	• 농업인의 지식사회 자율대응능력 함양을 위한 농업인 정보화기술 향상 • 농업인의 집단화, 전문화 및 학습조직화 가속화 • 요구분석을 통한 다양한 프로그램 개발 등 수요자 중심교육 • 수혜자 경비 부담제 및 모니터 제도를 통한 과정 참여 확대와 질적 수준 향상
농촌자원 개발	• 농촌생활환경, 농촌관광 및 전통테마 마을조성 등 농업·농촌의 다원적 기능 활용 • 농작업환경개선 • 농촌여성 가정경영, 영농기술능력 배양 • 노후생활지원
수행체제	• 시군 센터의 광역자치단체 소속기관화 • 유관기관 간 기능특성화, 유사사업 통합, 효율적 역할분담 및 상호연계 • 대화의 장 상설화(한자리 종합상담) • 지도공무원 업무 단순화 및 명확화 등을 통한 전문능력 향상 • 전국단위 기술전문가 네트워크 구축 • 처우 개선을 통한 사기진작 • 연구직과 지도직의 상호 교환근무 및 센터 간 인력활용
기타	• 농촌지도사업 명칭 변경

(3) 우리나라 지도사업 문제점·개선방안

① 기술보급 및 지도

문제점	개선방안
• 21세기 유망 생명산업으로서의 농업에 대한 인식 부족 • 농촌지도사업 홍보 부족으로 사업 필요성에 대한 인식 저하 • 지식정보화 시대, 농촌지도직공무원의 지방직화 등 사업 패러다임 변화에의 대응 미흡	• 농업의 공익성 및 농촌지도사업의 필요성에 대한 국민적 인식제고와 공감대 확산 • 농촌지도사업의 지도대상, 지도방법, 지도영역 등에 관한 정체성 확립 • 최적 농자재와 재배기술의 적기·적량투입에 의한 안전·정밀영농기술 확대 보급
• 안전농산물에 대한 소비자 불신풍조 • 그린라운드에 따른 선진국의 환경규제 강화	• 농작물 재해예방 및 병해충 종합관리방법 정착 등 환경친화적 주곡 안정생산 및 기술 보급 • 품목별 안전농산물 기준 마련 등 농산물 품질관리 모니터링
• 농산물 교역 증대에 대한 국제경쟁력 미흡	• 수출농업(전략품목) 육성 및 국제경쟁력 강화를 위한 첨단농업기술개발·보급
• 고객 및 내용에 따른 차별적 기술보급 및 지도 미흡	• 고객 중심 농촌지도사업 전개 및 소비자농업 육성
• 중앙지원시범사업과 도·시·군 자체 추진시범 사업 내용의 일부 중복 등 실증효과 검증 미비 • 지방화 등에 따른 브랜드품목 및 차별화된 지역특화 전략품목에의 집중 부족	• 새 기술·정보 실증 효과가 높은 시범사업 및 고부가가치 지역특화 전략품목 선정 등 지역특성화 개발사업추진
• 농업전문화 및 정보화 진전에 따른 체계적 건설팅 수요충족 미비	• 영농실태조사, 기관별 농업기술경영 컨설팅 체계구축 등 현장중심 기술·정보관리 및 지원체제 강화
• 면대면 현장지도 형태의 높은 비중에 따른 시간 부족 및 대상 농업인수 제한	• 농업인 컴퓨터 지원 및 영역별 동영상 컨텐츠 제작 등을 통한 사이버(디지털) 기술·정보 지원
• 시설기자재 투입사업 치중으로 생산, 유통 등 종합적 지도 부족	• 생산물 저장, 가공, 유통 등 수확 후 관리기술 보급 및 통합브랜드 운영
• 현재 기관평가 중심의 농촌지도사업 평가와 사업물량 달성 중심의 개별 사업 평가	• 농촌지도사업 평가단-성과지향 계량평가 확대, 평가결과활용 • 농촌지도사업 성과평가제 도입-농업인 중심 사업평가
• 공공기관의 무료시스템에 의한 사업추진으로 농업인의 자발적 참여 유도 부족	

② 교육 및 육성

문제점	개선방안
• 도시(민)에 비해 상대적으로 낮은 컴퓨터 보급률과 인터넷 등 정보화기술 활용률	• 지식정보화사회 자율대응능력 함양을 위해 농업인 정보화 기술향상
• 현 농업인 집단의 전문성 부족 - 4-H : 지나치게 넓은 회원연령의 폭(만 9~29세), 경진대회·야영교육 등 행사위주 과제활동, 지도교사에 대한 비가점 - 농촌지도자회 : 노령화에 따른 생산적, 발전적 활동 미약 - 생활개선회 : 농촌생활 여건 향상에 따른 명칭 부적절 및 활동내용 홍보 부족	• 농업인 집단의 전문화 및 학습조직화 가속화 - 4-H, 품목별 학습조직, 농촌지도자회, 생활개선회육성
• 공공기관의 무료 운영체제에 따른 참여의식 부족	• 요구분석을 통해 지역 상황에 적합한 다양한 프로그램 개발 및 운영 등 수요자중심 교육 • 수혜자 경비 부담제 및 모니터 제도 등을 통한 참여확대와 질적 수준 향상
• 전업화 및 소득원 다양화에 따른 교육대상자 사전요구조사 체제 미흡	• 정기적 요구분석을 통한 수요자 중심 주문식 교육

③ 자원 개발

문제점	개선방안
• 농업·농촌영역의 경제적 비중 감소 및 경제외적 역할 확대에 따른 농업·농촌의 다원적 기능 활용 부족 • 각종 농촌개발사업의 종합적 연계, 조정 조직체계 부족	• 농촌생활환경, 농촌관광 및 전통 테마마을 조성 등 농업 농촌의 다원적 기능 활용 - 도시민 생활문화 체험기회 확대 및 소득 자원화 • 농작업환경 개선 및 농작업 휴식, 운동방법 등 개발보급 • 농촌여성 소득증대 및 영농기술능력 배양 - 지역특산물 가공기술 및 부업기술 습득 훈련 - 농촌여성중심 향토음식연구회 육성 • 전통기술보유자 발굴 및 명품호텔 통한 노후 생활지원

④ 농업연구

문제점	개선방안
• 지역농업발전을 위한 실용화 연구 부족	• 센터의 연구개발 기능 강화 : 농업인 개발과제 참여 및 지역농산물 가공연구 확대
• 연구사업에 현장애로기술 반영 미흡 및 연구결과의 신속한 농가보급 곤란으로 농업인이 필요한 전문기술지원 제한	• 연구–지도사업 협의체 정기회의 제도화 등 영농현장 애로기술의 연구–지도 연계
• 농업연구 관련 정보 교류 취약 기술개발 정보공유 및 D/B구축 미흡	• 센터 연구개발 결과에 대한 중앙단위 종합발표회를 통한 정보교류
• 유관기관 간 협력부재	• 센터, 연구기관, 대학, 농가와의 공동연구

⑤ 수행 체제

문제점	개선방안
• 지도기관은 권한 없는 기술지도와 사후관리를 과도하게 책임(농정기관은 대상자 선정, 자금지원 권한 보유) • 행정업무 우선 추진에 따른 영농현장지도 약화되어 현장성 및 전문기술 특성 감소	• 시군 센터의 광역자치단체 소속기관화 – 농업행정과 분리하여 전문 농촌지도사업 수행 – 센터의 지역특화 시험장 흡수통합 및 연계
• 유관기관 간 사업추진방향 연계 부족에 따른 지도사업 중복 경우 발생	• 농촌지도 공급자 다양화(중앙, 지방농촌진흥기관, 농협 등 농민단체, 민간 컨설팅 회사 등)에 따른 기능특성화, 유사사업 통합, 효율적 역할분담 및 상호협조
• 연구 및 지도기관 간 상이한 가치에 따른 커뮤니케이션 부족	• 대화의 장 상설화(한자리 종합상담)
• 지방직화 이후 지도인력 감소에 따라 확대되고 불분명해진 직무범위, 영농진단, 영농설계, 소득분석 등 영역별 기술전문가 부족, 선도농가에 앞설만한 기술 정보지원 미흡	• 농촌지도공무원 업무 단순화 및 명확화를 통한 전문능력 향상 – 단계별 전문화 전략수립 – 중앙/일선 지도공무원 간 전문기능 차별화
• 기술전문가 간 연계 채널 부족	• 전국 단위 기술전문가 네트워크 구축
• 전공과 일치하지 않는 잦은 보직 변경 등 비전문적 인사 및 인사 침체, 연구직이나 행정직보다 상대적으로 낮다고 생각하는 처우	• 처우개선을 통한 사기진작 – 우수공무원 해외연수 및 학위 취득 보장 – 지도직 특성에 부합되는 보수 및 수당체계 – 선별포상범위 확대
• 연구/지도기관 간 상이한 가치에 따른 커뮤니케이션 부족 및 센터간 인력교환 미흡	• 연구직과 지도직 상호 교환근무 및 센터 간 인력활용
• 농촌 : 도시화와 농업에 대한 소비자 수요, 다원적 기능 등을 포괄 못함 • 지도 : 지식정보의 일방적 전달의 권위적 의미 내포하여 수평적 연계・협력중시하는 현 상황에 부적절	• 행정기관과 지도기관의 분리 및 기술 정보보급의 특성 등을 반영한 농촌지도사업 명칭 변경

제2절 농촌지도사업 성과 · 과제

1 농촌지도사업 성과

① 1990년 이전까지 한국의 농업연구와 농촌지도사업의 조직을 농촌진흥청이라는 단일 기구로 통합하여 국가주도의 농촌지도사업을 수행함으로써 세계적으로 성공적인 연구-지도의 연계체제를 갖추고 있다고 평가받음
② 1997년 이후 한국의 농촌지도사업은 지도공무원의 신분이 지방직으로 전환되면서 어려운 상황이지만, 외형적으로 다양한 사업을 꾸준히 전가함
③ 우리나라 농업기술보급사업 주요 성과

1970년대	• **녹색혁명** : 식량증산/지도 보급 강화 • 통일벼 보급, 농촌생활개선지도(주거 · 식생활 가선)
1980년대	• **백색혁명** : 농업의 계절성 극복/생력화 • 수리시설 개선, 비닐하우스 설치기술 보급 → 사계절 신선채소 공급
1990년대	• **품질혁명** : 고품질/저비용 생산기술 • UR('93), WTO('95) 대응 → 고품질 원예 품종 개발 · 보급, 축산 자동화 규모화
2000년대	• **지식혁명** : BT · IT · NT 등 융 · 복합 녹색기술(전 분야) • BT · ET · IT · NT 등 첨단과학기술 접목 → 국가 신성장 동력원으로 부상
2010년대	• **가치혁명** : 강소농 육성, 친환경 · 건강기능성 고부가가치 • 藥食同原시대 → 고부가가치 창출, 식의약 소재산업, 수출농업

✪ **藥食同原(약식동원)** : 먹는 것이 바르지 못하면 병이 생기고 식을 바르게 하면 병이 낫는다는 의미 즉, 음식과 약의 근원은 같다는 의미
✪ BT : bio technology
✪ IT : information technology
✪ NT : nano technology
✪ ET : environment technology

2 농촌지도사업 과제

현재 농촌지도사업의 비전이 적절하게 설정되어 있고, 지도사업의 개념·대상·기능·방법·자원이 지식기반사회의 패러다임에 부합하기 때문에 농촌지도사업 자체의 틀을 바꿀 필요는 없지만, 1997년 지도공무원의 지방직화 이후 농업행정과의 통폐합으로 농촌지도 기능의 축소와 지도 본연의 업무를 충실히 수행할 수 없는 여건들이 지도사업을 크게 위축시켰고 지도사업이 국가 전체적으로 안정적·실질적 성과를 이루지 못하고 있음

■ 농촌지도사업의 패러다임 전환

구분	과거의 농촌지도사업	현재의 농촌지도사업
개념	새로운 기술을 교육 또는 시범사업을 통하여 보급하는 사업	농업 농촌의 유지 발전과 이와 관련된 기술·정보를 수집·가공·분산·연계하는 공공서비스
대상	농업인	소비자 + 농업인
기능	• 생산기술보급 • 학습단체육성 • 농촌생활개선 • 시범농가 전시지도	• 생산~소비 일관 기술보급 • 품목별 조직 및 후계인력 육성 • 농촌지역사회개발 • 기술·경영 컨설팅
방법	대면접촉 상담	사이버 상담
지원	지역 내 지도사 활용	전국 기술전문가 네트워크

(1) 전략과제의 도출

① 농업환경변화에 대응하는 전략
   ㉠ 대응전략(reactive strategy) : 단기적 전략. 이미 일어난 농업환경 변화에 적응하는 것
   ㉡ 선도전략(proactive strategy) : 장기적 전략. 앞으로 일어날 농업환경의 변화를 유리한 방향으로 이끌어가는 것. 바람직한 방향을 사전에 설정하고 농업환경과 조건을 그 방향으로 만들어나가는 전략

② 바람직한 전략과제
   ✿ 전략과제 : 지도사업의 비전 및 미션을 달성하는 데 직결되는 중요한 일
   • 전략과제가 농촌지도사업의 궁극 목적인 농업인의 소득향상, 삶의 질 향상, 복지 농촌사회 건설에 직접 기여할 수 있어야 함. 농업인의 행동변화보다는 실천성과까지 목적을 확장해야 함
   • 전략과제가 농촌지도사업의 수요자인 농업인과 소비자가 진정으로 원하는 것을 반영해야 함. 한-미 FTA 등 상황은 고객인 소비자의 요구에 부합하는 마케팅과 상품화가 요구됨

- 전략과제가 국가·지역 수준의 농업정책을 구현하는 데 직접 연계되어야 함. 농업정책 구현에 도움이 되는 지도기능이 되려면 반드시 정책과의 연계성을 충분히 검토해야 함

③ 경쟁력 있는 조직구축을 위한 인적자원의 역할 모델(Ulrich)

미래/전략에 초점(장기적)

	2사분면 〈전략적 인적자원 관리〉 • 전략적이고 프로세스 관리 성격의 활동 • 결과가 전략의 실행이고, 활동은 조직 전체의 전략 달성과 직접 연계된 활동 • 전략적 파트너(strategic partner) 역할	1사분면 〈변화와 혁신 관리〉 • 전략적이고 사람관리 성격의 활동 • 결과가 새로워진 조직의 창출 • 변화 촉진자(change agent) 역할
프로세스		
	3사분면 〈확고한 하부구조 관리〉 • 일상적이고 프로세스 관리 성격의 활동 • 결과가 효율적 하부구조의 구축이고, 활동은 조직 프로세스를 지속적으로 개선하는 활동 • 관리전문가(administrative expert) 역할	4사분면 〈조직구성원 기여 관리〉 • 일상적이고 사람관리 성격의 활동 • 결과가 조직구성원의 참여와 역량 증대이고, 활동은 조직구성원의 소리에 반응하는 활동 • 조직구성원을 관리하는 리더(employee champion) 역할

프로세스 ← → 사람

일상/운영에 초점(단기적)

✪ X축 : 활동을 나타냄. 사람관리 활동과 프로세스(도구와 시스템) 관리 활동으로 구분
✪ Y축 : 활동의 성격을 나타냄. 활동을 전략적·미래지향적·장기적, 일상적·운영적·단기적으로 구분

```
                              미래/전략에 초점(장기적)
        ┌─────────────────────────────┬─────────────────────────────┐
        │ 〈전략적 농촌지도사업 관리〉  │ 〈전략적 인적자원 관리〉     │
        │ • 고품질·적정생산 기술       │ • 4-H 육성                  │
        │ • 수확 후 관리 및 가공기술 중점│ • 영농후계자 육성          │
        │ • 수출지향 농업              │ • 품목별 농업인 조직 육성   │
        │ • 지속가능한 친환경농법      │ • 생활개선회 육성           │
        │ • 종합적 기술·경영 컨설팅    │                             │
        │ • 농업·농촌의 다원적 기능    │                             │
   프   │ • 지역특성에 맞는 과제 중점  │                             │   사
   로   │ → 전문화된 기술지도          │ → 농업인 조직육성           │   람
   세   ├─────────────────────────────┼─────────────────────────────┤
   스   │ 〈지도사업 시스템 효율화〉   │ 〈고객 관리〉                │
        │ • 지도사업 계획 프로세스     │ • 소비자 농업 육성           │
        │ • 지도사업 운영 프로세스     │ • 지역농업인의 일반적 기술상담│
        │ • 지도사업 평가 프로세스     │ • 농업연구 및 행정 등과의 연계│
        │                              │   (현장 피드백, 농정교육·홍보)│
        │                              │ • 농촌여성과 노인에 대한 건강 지원│
        │ → 지도사업 기반 구축         │ → 농업복지 및 위상 제고     │
        └─────────────────────────────┴─────────────────────────────┘
                              일상/운영에 초점(단기적)
```

■ Ulrich 모델에 근거한 한국의 농촌지도사업 분류

(2) 지도조직 구조 변화

농촌지도사의 지방직화 이후 시군 농업기술센터 기능이 약화되고, 농업인 기대에 미흡한 것으로 나타남

농업기술센터 조직 구조상 농업행정과 통합되어 운영되거나, 시장·군수의 농업 마인드가 취약하여 농촌지도 본연의 업무를 수행하지 못하기 때문

① 농업행정과 통합된 농업기술센터의 농촌지도 기능을 분리·독립적 기능을 수행해야 함
  ㉠ 현재 농업기술센터가 농업행정과 통합되었거나 지도업무가 시·군청으로 이관된 센터가 총 69개로 27%에 달함 → 지도기능의 축소나 위축
  ㉡ 농업행정과 농촌지도는 기능·특성이 전혀 다르기 때문에 통합 대상이 아님
  ㉢ 미국, 일본, 대만, 독일 등은 일선(시군) 농촌지도기구는 모두 행정과 분리·운영되고 있음. 농업행정은 지시·규제·통제를 중시하지만 농촌지도사업은 교육적·민주적 전문성을 보장해야 하기 때문
② 농촌지도공무원의 신분을 지방직에서 국가직으로 환원 또는 도원 소속으로 전환해야 함
  ㉠ 농업기술센터 기능이 국가 기능으로 작용해야 안정적 농촌지도 업무를 수행할 수 있고 농업인에게 도움이 되기 때문. 농촌지도직은 농업행정직·농업연구직에 비

해 상대적으로 권력이 없기 때문에 구조조정 대상이 됨
- ⓒ 지방직으로 있게 되면 인적 자원의 교류도 제한되고, 지도직공무원의 전문성 개발에도 한계가 많아 농업경쟁력이 약화되기 때문
- ⓒ 우리나라의 낮은 식량자급률(26%)을 감안하면 국가 기능으로 환원해야 하며, 농업인 요구에도 부합되기 때문. 선진국은 지도사업을 모두 국가기능으로 분류하고, 시행상 지방정부·농민조직 등과 협력체제하에 운영하고 있기 때문
③ 농촌지도-시험연구 기능의 연계를 보다 실질적으로 강화해야 함. 연구결과의 신속한 보급으로 농업인의 실용화를 촉진하기 위함
④ 지역적 특성(농업인구, 품목 등)을 고려하여 전략적으로 조직구조를 설계할 필요가 있음

(3) 지도사업 방식 및 시스템 변화

현장의 고객인 농업인과 소비자와 밀착된 지도사업방식을 강화해 나가야 함

① 농업기술·경영컨설팅·사이버 상담을 확대 강화해야 한다.
   농촌지도사업의 최종 결과는 농업기술 제공에서 그치는 것이 아니라 농업인 생산성과 소득이 향상되어야 하고, 지도공무원은 성과창출을 위한 컨설턴트로서 역할을 수행해야 함
② 개별농가 중심이 아니라 집단(조직) 중심의 농촌지도를 강화해야 한다.
   FTA 등 시장개방 상황에서 농업경쟁력을 갖기 위해 소비자의 요구조사에서부터, 생산, 가공, 유통, 마케팅, 상품화에 이르기까지 전 공정을 효율적·효과적으로 작업하려면 조직화를 통한 집단 지도방식이 매우 유용하고, 조직 스스로 학습할 수 있는 학습조직 역량도 배양해야 함
③ 농촌지도사업 고객(수요자)의 요구를 신속·정확하게 파악할 수 있고, 결과 평가에 고객 참여 방식을 도입할 필요가 있다.
   지도사업의 요구분석과 평가에 고객인 농업인과 소비자의 참여를 반드시 보장해야 함

(4) 지도사업 담당자 변화

① 농촌지도사업의 성패는 지도공무원의 능력과 노력 여하에 크게 좌우되기 때문에 그들의 능력·의식을 변화시켜야 함
   - ⓐ 각 역량을 지도공무원 단계별로 구분하고, 체계적으로 지원하기 위한 프로그램을 제공해야 한다.
   - ⓑ 지도공무원 스스로 자신의 전문성을 개발할 수 있는 방안을 마련하여 적극 활용토록 장려한다.
     예) 국가자격 취득을 장려하는 인센티브, 국가직 환원 후 인적 교류, 전문지도연구회 등

ⓒ 농촌지도사업은 현장지도 능력이 중요하기 때문에 현장의 실제 과제를 프로젝트 형식으로 수행할 수 있도록 하고, 시험연구기능과 협력하여 일할 수 있는 기회를 제공한다.

ⓔ 지도공무원은 중앙의 지시가 아니라 지역 농업인의 필요를 직접 해결할 수 있는 방향으로 사고를 전환해야 하며, 세계화·선진화·분업화·전문화·여가 공간화라는 변화의 흐름을 반영한 지도사업에 힘쓸 필요가 있다.

ⓜ 새로운 패러다임에 부합할 수 있는 농촌지도공무원의 역할을 규정하고, 역량을 개발할 수 있도록 지원해야 한다.

지도사업 업무영역에 따라 지도대상이 다르고, 지도공무원의 역할도 다름

② **농촌지도공무원의 역할**

인적자원 개발자 능력 (Ulrich 모델의 1사분면)	개인·조직의 잠재적 능력을 개발하는 일과 관련된 것으로서, 농업인의 리더십 개발(leadership development)에 필요한 능력
고객지원자 능력 (4사분면)	고객의 다양한 문제에 대응하는 것뿐 아니라 필요를 발굴·제시하여 고객만족 차원을 넘어 고객감동 단계까지 도달하도록 하는 고객만족(customer satisfaction) 능력
전략적 컨설턴트 능력 (2사분면)	농업의 성격과 사업적 가능성에 대한 이해를 바탕으로, 농업인 문제를 정확히 발견하고, 적합한 전문적 해결방안(기술)을 제공하는 수행 컨설팅(performance consulting)과 관련됨
관리전문가 능력 (3사분면)	지도사업의 효율성을 진단하고 개선하는 일과 관련된 것으로서, 지도사업 자체의 수행 개선(performance improvement) 능력

✪ 농촌지도공무원은 고객 파트너로서 기술적 문제해결(technical problem solver)을 지원, 인간/조직적 문제해결(human/organizational problem solver)을 함께 지원, 농업·농촌·농민의 변화를 주도하는 변화촉진자(change agent)라고 규정

③ 농촌지도사의 역할 수행에 요구되는 능력

역할	필요능력
인적자원 개발자	• 개인 및 집단의 요구에 맞는 프로그램을 개발할 수 있는 능력 • 집단의 분위기를 조절하고, 촉진할 수 있는 능력 • 조직(시스템)의 문제를 확인하기 위해 진단할 수 있는 능력 • 개인의 문제를 발견하고, 효과적으로 상담할 수 있는 능력 • 변화를 관리할 수 있는 능력
고객지원자	• 고객의 작업환경을 진단할 수 있는 능력 • 고객의 능력을 개발할 수 있는 능력 • 고객의 수행을 관리할 수 있는 능력 • 고객에게 필요한 정보나 자원을 찾아 적시에 제공할 수 있는 능력
전략적 컨설턴트	• 핵심 사업전략을 선정하고 수립할 수 있는 능력 • 품목별 전문지식 및 기술을 활용할 수 있는 능력 • 농업인의 수행 문제를 찾아낼 수 있는 능력 • 농업인을 비롯한 관련 이해당사자들에게 영향력을 행사할 수 있는 능력
관리전문가	• 지도사업 프로세스와 시스템에 대한 전문 지식 • 지도사업 프로세스 개선 능력 • 지도사업 서비스에 대한 요구분석 능력 • 정보기술을 활용할 수 있는 능력 • 고객과의 관계를 관리할 수 있는 능력

④ 지도사업 영역별 지도대상과 역할 설정

포괄적 역할	업무영역	지도대상	세부역할
인적자원 개발자	개인·조직의 변화역량 관리	• 4-H • 영농후계자 • 품목별 농업인 조직	• 교육프로그램개발자 • 강사(전달자) • 그룹 촉진자 • 상담자
고객지원자	고객관리	• 농업인 • 소비자 • 농업연구 • 농업행정	• 고객요구 분석가 • 정보제공자 • 지역사회 자원 동원자 • 마케터
전략적 컨설턴트	전략적 지도사업 관리	• 농업인(전업농가) (농업연구/행정과의 파트너십 중요)	• 수행전문가 • 기술내용전문가 • 조정자
관리전문가	지도사업 시스템 효율화	• 지도사업의 모든 수혜자	• 업무시스템 분석가 • 조직·시스템 설계자 • 조정자

(5) 지도사업 문화 변화

① 현재 우리나라 농촌지도기관의 조직문화는 시군센터의 통합·분리의 반복으로 조직의 불안정성이 높아서 사기가 떨어져 있고, 농업행정의 지위에 밀리어 피해의식이 커져 있음
② 향후 지도사업이 발전하기 위해서 지도기관 스스로 성찰하고, 활기차고 일하고 싶은 조직문화를 만들어가야 함
③ 농촌지도기관의 바람직한 조직문화는 어떤 것인지 구성원이 함께 토론하고 규정할 필요가 있으며, 모든 계층의 참여와 헌신을 통해 가능함
④ 농촌지도의 혁신주체는 지도공무원이기 때문에 국가 차원에서 농촌지도의 고유성·전문성을 인정하고, 지도공무원의 사기·의욕을 높여주는 지원이 필요함

> **참고 농지은행 사업**
>
> ㉠ 의미 : 영농이 어려운 고령은퇴농·상속자·이농자 등의 농지를 매입, 임차 등의 방법으로 제공받아 농지를 필요로 하는 청년농·전업농·기업농 등 수요자에게 매도, 임대 등의 방법으로 지원함으로써 여유농지의 생산적 이전 및 효율적 이용으로 농업발전과 농촌경제에 기여하는 사업이다.
> ㉡ 기능 : 농업구조 개선, 농지의 효율적 이용 및 농지시장 안정, 농업경영체 육성 및 일자리 창출, 농업인 소득안정 및 농촌경제 발전 등에 기여한다.
> ㉢ 농가의 생애주기별 다양한 사업을 지원
> • 관심단계 : 정보제공사업
> • 창업·성장단계 : 맞춤형농지지원사업, 임대수탁사업
> • 성장·위기단계 : 경영회생지원사업, 농지매입사업
> • 은퇴단계 : 농지연금사업

Chapter 04 기출 및 예상 문제

01 Ulrich 모델에서 농촌지도사의 역할수행에 요구되는 능력으로 옳지 않은 것은?

● 21 경북 농촌지도사(변형)

① 전략적 컨설턴트 : 농업인 문제를 정확히 발견하고, 적합한 전문적 해결방안(기술)을 제공하는 능력
② 관리전문가 : 지도사업의 효율성을 진단하고 개선하는 일과 관련된 것
③ 인적자원개발자 : 개인·조직의 잠재적 능력을 개발하는 일과 관련된 것
④ 네트워커 : 바람직한 성과를 이루기 위해 필요한 사람들과 자원을 찾아 연계하는 것

해설
- **농촌지도사의 역할수행에 요구되는 능력** : 인적자원개발자 능력, 고객지원자 능력, 전략적 컨설턴트 능력, 관리전문가 능력
- **고객지원자 능력** : 고객의 다양한 문제에 대응하는 것뿐 아니라 필요를 발굴·제시하여 고객만족 차원을 넘어 고객감동 단계까지 도달하도록 하는 고객만족(customer satisfaction) 능력

02 농촌진흥법 제1장 제2조에서 규정하는 농촌지도사업 중 다음 설명이 상이한 것은?

● 20 경남 농촌지도사

① 농업경영체의 경영진단 및 지원
② 농촌자원의 소득화 및 생활개선 지원
③ 농업후계인력, 농촌지도자 및 농업인 조직의 육성
④ 농업인, 청소년 및 이와 관련된 단체의 구성원에 대한 교육훈련

해설 ④ 교육훈련사업
농촌진흥법 제1장 제2조 : 농촌지도사업
가. 연구개발 성과의 보급
나. 농업경영체의 경영 진단 및 지원
다. 농촌자원의 소득화 및 생활 개선 지원
라. 농업후계인력, 농촌지도자 및 농업인 조직의 육성
마. 농작물 병해충의 과학적인 예찰, 방제정보의 확산 및 기상재해에 대비한 기술 지도
바. 가축질병 예방을 위한 방역 기술 지도
사. 그 밖에 농촌지도에 관하여 대통령령으로 정하는 업무

정답 01 ④ 02 ④

03 현재 우리나라 농촌지도사업목표로 옳지 않은 것은?
● 20 경남 농촌지도사

① 안전, 안심 기술로 국민들에게 안정적 먹거리 제공
② 국민요구에 부응하는 농업농촌의 다기능성 극대화
③ 미래대응혁신역량강화를 위한 경영개선 및 품목조직 활성화
④ 농촌자원의 융복합화로 지역경제의 활성화 및 일자리 창출

> 해설　제2차 농촌진흥사업 기본계획(18~22)
> ㉠ 농촌지도 사업목표
> ・ 안전 안심 기술로 국민에게 안정적 먹거리 제공
> ・ 농촌자원의 융복합화로 지역경제 활성화 및 일자리 창출
> ・ 소득연계 비용절감 식품기술 확산으로 농산물 가치 증대
> ・ 미래대응 혁신역량 강화로 경영개선 및 품목조직 활성화
> ㉡ 연구개발 사업목표
> ・ 농업 농촌의 혁신성장을 선도하는 농업과학기술의 융복합화 추진
> ・ 국민 요구에 부응하는 농업 농촌의 다기능성 극대화
> ・ 안전한 먹거리의 안정 공급을 위한 기술혁신 강화

04 전략적 컨설턴트 역할 수행이 아닌 것은?
● 20 경남 농촌지도사

① 농업인의 수행 문제를 찾아낼 수 있는 능력
② 핵심 사업전략을 선정하고 수립할 수 있는 능력
③ 개인 및 집단의 요구에 맞는 프로그램을 개발할 수 있는 능력
④ 농업인을 비롯한 관련 이해당사자들에게 영향력을 행사할 수 있는 능력

> 해설
>
> | 전략적 컨설턴트 | ・ 핵심 사업전략을 선정하고 수립할 수 있는 능력
・ 품목별 전문지식 및 기술을 활용할 수 있는 능력
・ 농업인의 수행 문제를 찾아낼 수 있는 능력
・ 농업인을 비롯한 관련 이해당사자들에게 영향력을 행사할 수 있는 능력 |
> |---|---|
> | 인적자원 개발자 | ・ 개인 및 집단의 요구에 맞는 프로그램을 개발할 수 있는 능력
・ 집단의 분위기를 조절하고, 촉진할 수 있는 능력
・ 조직(시스템)의 문제를 확인하기 위해 진단할 수 있는 능력
・ 개인의 문제를 발견하고, 효과적으로 상담할 수 있는 능력
・ 변화를 관리할 수 있는 능력 |

정답　03 ②　04 ③

05 농촌지도사의 역할 수행능력 중에서 관리전문가에게 필요한 능력은?

● 18. 경북 농촌지도사(변형)

① 품목별 전문지식 및 기술을 활용할 수 있는 능력
② 지도사업 프로세스와 시스템에 대한 전문 지식
③ 고객의 작업환경을 진단할 수 있는 능력
④ 개인 및 집단의 요구에 맞는 프로그램을 개발할 수 있는 능

해설

인적자원 개발자	• 개인 및 집단의 요구에 맞는 프로그램을 개발할 수 있는 능력 • 집단의 분위기를 조절하고, 촉진할 수 있는 능력 • 조직(시스템)의 문제를 확인하기 위해 진단할 수 있는 능력 • 개인의 문제를 발견하고, 효과적으로 상담할 수 있는 능력 • 변화를 관리할 수 있는 능력
고객지원자	• 고객의 작업환경을 진단할 수 있는 능력 • 고객의 능력을 개발할 수 있는 능력 • 고객의 수행을 관리할 수 있는 능력 • 고객에게 필요한 정보나 자원을 찾아 적시에 제공할 수 있는 능력
전략적 컨설턴트	• 핵심 사업전략을 선정하고 수립할 수 있는 능력 • 농업인의 수행 문제를 찾아낼 수 있는 능력 • 품목별 전문지식 및 기술을 활용할 수 있는 능력 • 농업인을 비롯한 관련 이해당사자들에게 영향력을 행사할 수 있는 능력
관리전문가	• 지도사업 프로세스와 시스템에 대한 전문 지식 • 지도사업 프로세스 개선 능력 • 정보기술을 활용할 수 있는 능력 • 고객과의 관계를 관리할 수 있는 능력 • 지도사업 서비스에 대한 요구분석 능력

정답 05 ②

06 울리히의 모델 중 일상적이고 프로세스 관리 성격의 활동에 해당하는 역할은 무엇인가?

① 변화 촉진자 역할
② 전략적 파트너 역할
③ 관리전문가 역할
④ 리더 역할

해설 경쟁력 있는 조직구축을 위한 인적 자원의 역할 모델(Ulrich)

미래/전략에 초점(장기적)

2사분면 〈전략적 인적자원 관리〉 • 전략적이고 프로세스 관리 성격의 활동 • 결과가 전략의 실행이고, 활동은 조직 전체의 전략 달성과 직접 연계된 활동 • 전략적 파트너(strategic partner) 역할	1사분면 〈변화와 혁신 관리〉 • 전략적이고 사람관리 성격의 활동 • 결과가 새로워진 조직의 창출 • 변화 촉진자(change agent) 역할
3사분면 〈확고한 하부구조 관리〉 • 일상적이고 프로세스 관리 성격의 활동 • 결과가 효율적 하부구조의 구축이고, 활동은 조직 프로세스를 지속적으로 개선하는 활동 • 관리전문가(administrative expert) 역할	4사분면 〈조직구성원 기여 관리〉 • 일상적이고 사람관리 성격의 활동 • 결과가 조직구성원의 참여와 역량 증대이고, 활동은 조직구성원의 소리에 반응하는 활동 • 조직구성원을 관리하는 리더(employee champion) 역할

프로세스 ← → 사람

일상/운영에 초점(단기적)

07 농촌지도사업이 앞으로 강조해야 할 지향점에 대한 것이 아닌 것은?

① 기관을 중심으로 한 변화의 방향은 정부기관과 비정부기관의 연계 및 학교교육과 사회교육의 연계이다.
② 대상을 중심으로 한 변화의 방향은 농촌주민에서 도시주민 및 성인중심으로의 확대이다.
③ 내용을 중심으로 한 변화의 방향은 농업기술과 농촌 관련 사업과의 연계 및 직업농업교육과 교양농업교육의 연계이다.
④ 방법을 중심으로 한 변화의 방향은 온라인교육과 오프라인교육의 연계 및 교수학습방법의 다양화이다.

해설 농촌지도사업이 앞으로 강조해야 할 지향점
㉠ 기관의 변화 방향 : 정부기관과 비정부기관의 연계 및 학교교육과 사회교육의 연계
㉡ 대상의 변화 방향 : 농촌주민에서 도시주민으로의 확대, 성인중심에서 전 연령층으로의 확대
㉢ 내용의 변화 방향 : 농업기술과 농촌 관련 사업과의 연계 및 직업농업교육과 교양농업교육의 연계
㉣ 방법의 변화 방향 : 온라인교육과 오프라인교육의 연계 및 교수학습방법의 다양화

정답 06 ③ 07 ②

08 다음 농촌지도사업의 패러다임 전환 내용이 옳지 않은 것은?

	과거의 농촌지도사업	현재의 농촌지도사업
① 대상	농업인	소비자 + 농업인
② 기능	생산~소비 일관 기술보급	학습단체육성
③ 방법	대면접촉 상담	사이버 상담
④ 지원	지역내 지도사 활용	전국 기술전문가 네트워크

해설

	과거의 농촌지도사업	현재의 농촌지도사업
기능	• 생산기술보급 • 학습단체육성 • 농촌생활개선 • 시범농가 전시지도	• 생산~소비 일관 기술보급 • 품목별 조직 및 후계인력 육성 • 농촌지역사회개발 • 기술 · 경영 컨설팅

09 농촌지도조직의 구조변화에 대한 설명으로 바르지 않은 것은?

① 농업행정에 통합되어 있는 시군농업기술센터의 농촌지도 기능을 분리하여 독립적 기능으로 만들어야 한다.
② 농촌지도공무원의 신분을 지방직에서 국가직으로 환원하거나 도원 소속으로라도 바꾸어야 한다.
③ 농촌지도 기능과 시험연구 기능의 연계를 보다 실질적으로 강화해야 한다.
④ 농업기술 · 경영 컨설팅 · 사이버 상담을 확대 강화해야 한다.

해설 농업기술 · 경영 컨설팅 · 사이버 상담을 확대 강화하는 것은 구조변화가 아니라 지도사업방식 및 시스템을 변화시키는 것이다.

정답 08 ② 09 ④

10 한국 농촌지도사의 역할 수행에 요구되는 능력으로 옳지 않은 것은?

① 전략적 컨설턴트는 핵심 사업전략을 선정하고 수립하는 능력이 필요하다.
② 인적자원 개발자는 조직의 문제를 확인하기 위해 진단할 수 있는 능력이 필요하다.
③ 고객지원자는 고객과의 관계를 관리할 수 있는 능력이 필요하다.
④ 관리전문가는 지도사업 프로세스와 시스템에 대한 전문지식이 필요하다.

해설

역할	필요능력
인적자원 개발자	• 개인 및 집단의 요구에 맞는 프로그램을 개발할 수 있는 능력 • 집단의 분위기를 조절하고, 촉진할 수 있는 능력 • 조직(시스템)의 문제를 확인하기 위해 진단할 수 있는 능력 • 개인의 문제를 발견하고, 효과적으로 상담할 수 있는 능력 • 변화를 관리할 수 있는 능력
고객지원자	• 고객의 작업환경을 진단할 수 있는 능력 • 고객의 능력을 개발할 수 있는 능력 • 고객의 수행을 관리할 수 있는 능력 • 고객에게 필요한 정보나 자원을 찾아 적시에 제공할 수 있는 능력
전략적 컨설턴트	• 핵심 사업전략을 선정하고 수립할 수 있는 능력 • 농업인의 수행 문제를 찾아낼 수 있는 능력 • 품목별 전문지식 및 기술을 활용할 수 있는 능력 • 농업인을 비롯한 관련 이해당사자들에게 영향력을 행사할 수 있는 능력
관리전문가	• 지도사업 프로세스와 시스템에 대한 전문 지식 • 지도사업 프로세스 개선 능력 • 정보기술을 활용할 수 있는 능력 • 고객과의 관계를 관리할 수 있는 능력 • 지도사업 서비스에 대한 요구분석 능력

정답 10 ③

APPENDIX

부 록

○ 농촌진흥법
○ 지방 연구직 및 지도직 공무원의 임용 등에 관한 규정
○ 뉴샤텔 이니셔티브(Neuchatel Initiative) 회의에 채택한
  「세계농촌지도사업에 대한 아시시 선언」
○ 2020. 서울 농촌지도사 농촌지도론 기출문제

컨셉 농촌지도론

농촌진흥법

제1장 총칙

제1조【목적】

이 법은 국가의 기본 산업인 농업의 발전과 농업인의 복지 향상 및 농촌자원의 효율적 활용을 도모하기 위하여 농업·농업인·농촌과 관련된 과학기술의 연구개발·보급, 농촌지도, 교육훈련 및 국제협력에 관한 사항을 규정함으로써 농촌지역의 진흥과 국가발전에 기여함을 목적으로 한다.

제2조【정의】

이 법에서 사용하는 용어의 뜻은 다음과 같다.
1. "농촌진흥사업"이란 농촌진흥청장과 지방자치단체의 장이 수행하는 농업·농업인·농촌과 관련된 과학기술의 연구개발, 농촌지도, 교육훈련 및 국제협력사업을 말한다.
2. "연구개발사업"이란 농업·농업인·농촌과 관련된 과학기술을 연구·개발하여 새로운 이론과 지식 등 성과를 창출하는 사업으로서 다음 각 목의 업무를 수행하는 사업을 말한다.
   가. 식량자원의 안정적 확보를 위한 조사·연구
   나. 품종개발 및 농업유전자원의 수집·보존·활용과 이에 관련된 조사·연구
   다. 농축산물·농식품의 생산성 향상, 안전성, 수확 후 관리, 가공·이용, 부가가치 제고 등에 관한 조사·연구
   라. 농업 및 농업환경의 유지·보전에 관한 조사·연구
   마. 농업·농촌 생활환경, 문화의 보존 및 여성 농업인의 실태에 관한 조사·연구
   바. 농업생물자원의 활용을 위한 첨단기술 연구개발
   사. 농기계·농약·비료 등 농자재의 표준규격 설정 및 품질관리에 관한 조사·연구
   아. 그 밖에 연구개발에 관하여 대통령령으로 정하는 업무
3. "농촌지도사업"이란 연구개발 성과의 보급과 농업경영체의 경영혁신을 통하여 농업의 경쟁력을 높이고 농촌자원을 효율적으로 활용하는 사업으로서 다음 각 목의 업무를 수행하는 사업을 말한다.
   가. 연구개발 성과의 보급
   나. 농업경영체의 경영 진단 및 지원
   다. 농촌자원의 소득화 및 생활 개선 지원
   라. 농업후계인력, 농촌지도자 및 농업인 조직의 육성
   마. 농작물 병해충의 과학적인 예찰, 방제정보의 확산 및 기상재해에 대비한 기술 지도
   바. 가축질병 예방을 위한 방역 기술 지도
   사. 그 밖에 농촌지도에 관하여 대통령령으로 정하는 업무
4. "교육훈련사업"이란 농촌진흥사업에 종사하는 공무원과 농업인 등의 역량개발을 지원하여 경쟁력 있는 전문 인력으로 양성하는 사업으로서 다음 각 목의 업무를 수행하는 사업을 말한다.
   가. 농촌진흥사업에 종사하는 공무원 등에 대한 교육훈련
   나. 농업인, 청소년 및 이와 관련된 단체의 구성원에 대한 교육훈련
   다. 농업관련 학교의 교원 및 학생에 대한 교육훈련
   라. 그 밖에 교육훈련에 관하여 대통령령으로 정하는 업무

5. "국제협력사업"이란 농업·농업인·농촌과 관련된 과학기술을 국제적으로 교류하고 확산하기 위하여 국제기구, 국제연구기관 및 외국 등과 협력하는 사업으로서 다음 각 목의 업무를 수행하는 사업을 말한다.
   가. 국제기구 및 국제연구기관 등과의 농업기술에 관한 공동연구개발·보급사업
   나. 외국의 정부, 대학, 민간기구 등과의 농업기술에 관한 공동연구개발·보급사업
   다. 그 밖에 국제협력에 관하여 대통령령으로 정하는 업무
6. "지방농촌진흥기관"이란 지방자치단체의 직속기관으로서 다음 각 목의 어느 하나에 해당하는 기관을 말한다.
   가. 도, 특별자치도: 농업기술원
   나. 특별시, 광역시, 특별자치시, 시, 군: 농업기술센터

제3조 【지방농촌진흥기관】
지방자치단체는 해당 지역의 농촌진흥사업을 수행하기 위하여 「지방자치법」 제126조에 따른 직속기관으로 지방농촌진흥기관을 둘 수 있다.

제4조 【다른 법률과의 관계】
농촌진흥사업에 관하여 다른 법률에 특별한 규정이 있는 경우를 제외하고는 이 법에서 정하는 바에 따른다.

제2장 농촌진흥사업

제1절 농촌진흥사업 기본계획 수립 등

제5조 【농촌진흥사업 기본계획 등】
① 농촌진흥청장은 농촌진흥사업의 체계적인 수행을 위하여 제6조에 따른 농촌진흥사업심의위원회의 심의를 거쳐 5년 단위의 농촌진흥사업 기본계획(이하 "기본계획"이라 한다)과 연도별 시행계획(이하 "시행계획"이라 한다)을 수립하고 추진하여야 한다.
② 기본계획에는 다음 각 호의 사항이 포함되어야 한다.
  1. 농촌진흥사업의 기본 방향과 중장기 목표
  2. 농촌진흥사업별 중점 추진전략
  3. 농촌진흥사업의 기반 조성과 재원 조달방안
  4. 그 밖에 농촌진흥청장이 필요하다고 인정하는 사항
③ 농촌진흥청장은 기본계획과 시행계획이 확정되면 관계 중앙행정기관의 장과 지방자치단체의 장에게 알려주어야 한다.
④ 지방자치단체의 장은 제3항에 따른 기본계획과 시행계획을 통보받은 때에는 지역여건에 맞는 농촌진흥사업 실시계획을 수립하고 추진하여야 한다.
⑤ 농촌진흥청장은 기본계획 및 시행계획을 수립한 때에는 지체 없이, 추진 실적 등에 관한 연차보고서는 매년 정기국회 개회 전까지 국회 소관 상임위원회에 보고하거나 제출하여야 한다.
⑥ 제5항에 따른 연차보고서에는 다음 각 호의 내용이 포함되어야 한다.
  1. 기본계획의 주요 내용
  2. 해당 연도 시행계획의 주요 내용
  3. 전년도 시행계획에 따른 추진 실적 및 그 평가 결과

4. 그 밖에 농촌진흥사업에 관한 중요 사항
⑦ 기본계획과 시행계획의 수립 등에 필요한 사항은 대통령령으로 정한다.

제6조【농촌진흥사업심의위원회】
① 농촌진흥사업에 관한 다음 각 호의 사항을 심의하기 위하여 농촌진흥청에 농촌진흥사업심의위원회를 둔다.
　　1. 기본계획과 시행계획에 관한 사항
　　2. 농촌진흥사업 육성을 위한 주요 정책 수립과 조정에 관한 사항
　　3. 농촌진흥사업의 평가와 성과관리에 관한 사항
　　4. 그 밖에 위원장이 필요하다고 인정하여 회의에 부치는 사항
② 농촌진흥사업심의위원회의 구성과 운영에 필요한 사항은 대통령령으로 정한다.

제2절 연구개발사업

제7조【연구개발사업의 실시】
① 농촌진흥청장은 연구개발사업을 효율적으로 추진하기 위하여 고유연구사업 이외에 공동연구사업 등을 실시할 수 있다.
② 제1항에 따른 공동연구사업은 분야별 연구개발과제를 선정하여 「국가연구개발혁신법」 제2조제3호에 따른 연구개발기관과 협약을 맺어 실시한다.
③ 농촌진흥청장은 공동연구사업 추진에 필요한 비용의 전부 또는 일부를 지원하기 위하여 제2항의 연구개발기관에 출연할 수 있다.

제8조【부정행위 등에 대한 제재처분】
연구개발사업에 참여한 연구개발기관, 연구책임자, 연구원 또는 연구개발기관 소속 임직원의 부정행위 등에 대한 제재처분에 관하여는 「국가연구개발혁신법」 제31조부터 제34조까지를 준용한다.

제9조【현장 수요조사】
농촌진흥청장은 현장에 필요한 농업과학기술을 발굴하고 이를 개발·보급하기 위하여 현장 수요조사를 할 수 있다.

제10조【연구개발사업의 심의·조정】
농촌진흥청장은 연구개발사업의 중복을 방지하고 효율성을 높이기 위하여 필요한 때에는 소속 기관 및 지방농촌진흥기관이 수행하는 다음 각 호의 업무를 심의·조정할 수 있다.
　1. 연구개발기관의 지원과 육성에 관한 사항
　2. 연구개발과제의 선정과 연구수행에 관한 사항
　3. 연구 인력의 양성·확보에 관한 사항
　4. 그 밖에 농촌진흥청장이 필요하다고 인정하는 사항

제11조【연구개발사업의 평가】
농촌진흥청장은 연구개발사업을 효과적으로 추진하기 위하여 이에 대한 평가와 성과관리를 실시하고 그 결과를 기본계획 또는 시행계획에 반영하여야 한다.

제12조【연구개발 성과의 확산】
① 농촌진흥청장은 매년도 연구개발 성과 중 농업인 등에게 기술보급과 지원 등이 필요한 사항에 대하여는 농촌지도사업에 반영하고 관계 중앙행정기관의 장에게 정책을 건의하여야 한다.

② 지방자치단체의 장은 자체적으로 실시한 연구개발사업의 성과를 농촌지도사업에 반영할 필요가 있는 경우에는 농촌진흥청장에게 반영하여 줄 것을 요청할 수 있으며, 농촌진흥청장의 의견을 들어 관계 중앙행정기관의 장에게 기술보급과 지원에 관한 정책을 건의할 수 있다.

③ 제1항과 제2항에 따라 정책 건의를 받은 중앙행정기관의 장은 이에 대한 정책을 마련하여 개발된 기술 등이 신속히 보급되도록 조치하여야 한다.

제13조【연구개발 성과의 이전】

① 농촌진흥청장은 연구개발 성과를 소유한 연구개발기관(이하 "연구개발성과소유기관"이라 한다)이 연구개발성과 실시계약을 통하여 기술료를 징수하거나 소유하고 있는 연구개발 성과를 직접 실시하여 수익이 발생한 경우 기술료의 일부 또는 수익의 일부에 대하여 납부를 요청하여야 한다. 다만, 농업인단체가 연구개발성과소유기관인 경우 등 대통령령으로 정하는 경우에는 납부액의 전부 또는 일부를 감면할 수 있다.

② 제1항에 따른 기술료 또는 수익의 납부대상, 납부방법 및 절차 등에 필요한 사항은 대통령령으로 정한다.

③ 농촌진흥청장은 소속 공무원이 직무와 관련하여 연구개발한 기술을 특허(실용신안을 포함한다) 출원하는 경우 특허 등록 전이라도 그 기술을 조기에 산업화하는 것이 공익 증진에 기여할 수 있다고 판단할 때에는 특허청장과 협의하여 특허 등록 전까지 이를 산업화하려는 자에게 그 기술을 산업화하게 할 수 있다.

제14조【북한 농업 연구개발사업 등】

농촌진흥청장은 관계 중앙행정기관의 장과 협의를 거쳐 북한 농업을 지원하거나 남·북한 농업과학기술의 발전을 위한 연구개발사업 등을 추진할 수 있다.

제3절 농촌지도사업

제15조【농촌지도사업의 조정】

① 농촌진흥청장은 지역농업의 균형적인 발전을 도모하고 효율적인 농촌지도사업을 추진하기 위하여 지방자치단체가 실시하는 농촌지도사업을 조정할 수 있으며, 지방자치단체의 장은 지역특성에 맞는 농촌지도사업을 개발하여 추진하여야 한다.

② 농촌진흥청장은 특정 지방자치단체가 개발한 농업과학기술을 전국이나 다른 지방자치단체의 관할지역으로 확산하는 것이 국가 전체의 이익을 위하여 필요한 경우 그 개발기술의 사용을 요청할 수 있다.

제16조【시범사업의 실시】

농촌진흥청장과 지방자치단체의 장은 농촌지도사업을 효율적으로 시행하기 위하여 시범사업을 실시하고 이에 참여하는 농업인 또는 단체 등에 대하여 재정적·기술적 지원을 할 수 있다.

제17조【농촌지도사업의 평가】

농촌진흥청장은 농촌지도사업을 효과적으로 추진하기 위하여 이에 대한 평가를 실시하고 그 결과를 기본계획 또는 시행계획에 반영하여야 한다.

제18조【농업인 조직의 육성】

농촌진흥청장 및 지방자치단체의 장은 농촌지도사업과 교육훈련사업을 촉진하기 위하여 농업인, 청소년 및 이와 관련된 단체를 육성할 수 있다.

제4절 교육훈련사업

제19조 【교육훈련사업의 실시】
① 농촌진흥청장 및 지방자치단체의 장은 교육훈련사업을 지속적으로 실시하여야 한다.
② 지방자치단체의 장은 제2조 제4호 가목의 농촌진흥사업에 종사하는 소속 공무원에 대한 교육훈련을 「공무원 인재개발법」 제4조 제1항에 따라 농촌진흥청장 소속으로 설치한 전문교육훈련기관에 위탁할 수 있다.

제20조 【교육훈련과정 등 연구·개선】
농촌진흥청장 및 지방자치단체의 장은 교육훈련의 성과를 높일 수 있도록 교육담당 공무원의 전문능력향상을 위하여 노력하여야 하며, 교과내용 및 교육방법이 농업인 등의 역량개발에 적합하도록 연구·개선하여야 한다.

제21조 【평생교육진흥사업 지원】
농촌진흥청장은 농업인 등에게 평생교육 기회를 부여하기 위하여 지방농촌진흥기관에서 실시하는 평생교육진흥사업을 지원할 수 있다.

제5절 국제협력사업

제22조 【국제기구 등과의 협력】
① 농촌진흥청장은 농업과학기술을 향상시키고 국제사회에 기여하기 위하여 국제기구나 국제연구기관 등과 협력사업을 추진하여야 한다.
② 제1항에 따른 협력사업의 범위와 내용 등에 필요한 사항은 농림축산식품부령으로 정한다.

제23조 【외국 등과의 협력】
① 농촌진흥청장은 농업·농촌의 발전과 농업과학기술의 향상을 위하여 선진농업기술의 도입 등 외국과의 협력사업을 추진하고, 개발도상국의 농업생산성 향상 등을 위한 협력사업에 대하여 필요한 재정적·기술적 지원을 할 수 있다.
② 농촌진흥청장은 개발도상국의 농업생산성 향상 등을 위한 협력사업을 효율적으로 추진하기 위하여 협력 상대국에 협력 상대국과 공동으로 해외농업기술센터를 운영할 수 있다.
③ 농촌진흥청장은 다수 국가와의 협력사업의 효율적 추진과 상호이익을 도모하기 위하여 해당 국가들과 협의하여 국제협력협의체를 구성할 수 있다.
④ 제1항부터 제3항까지에 따른 사업의 추진방법과 운영 등에 필요한 사항은 농림축산식품부령으로 정한다.

제24조 【농업기술 연수 등】
① 농촌진흥청장은 외국과의 협력사업을 촉진하고 농업기술을 보급하기 위하여 해당 국가의 농업 관련자에 대하여 농업기술 연수를 제공할 수 있다.
② 농촌진흥청장은 국제협력사업을 지원하기 위하여 전문가로서의 능력을 갖춘 농업 관련자를 선발하여 교육하여야 한다.

제6절 농촌진흥사업 지원

제25조【정부의 재정적 지원】
① 정부는 농촌진흥사업을 위하여 설립된 비영리법인, 학교, 단체 또는 개인에 대하여 보조금 지급 등 재정적 지원을 할 수 있다.
② 정부는 해당 지역의 농촌진흥사업을 하는 지방자치단체에 대하여 그 사업비의 전부 또는 일부를 보조할 수 있다.

제26조【농촌진흥사업 연구·조사】
① 농촌진흥청장은 농촌진흥사업의 실시를 위하여 필요하다고 인정하는 경우에는 지방자치단체의 장으로 하여금 연구 또는 조사 업무를 하게 할 수 있다.
② 지방자치단체의 장은 제1항에 따른 연구 또는 조사와 관련하여 농촌진흥청장으로부터 필요한 자료의 제출 등을 요청받은 경우 특별한 사유가 없으면 이에 따라야 한다.

제27조【농촌진흥사업 협조】
① 다른 법률에 따라 농촌진흥사업을 할 수 있는 공공단체는 농촌진흥청 및 지방농촌진흥기관과 긴밀히 협조하여야 한다.
② 지방자치단체의 장은 지역농업의 균형적인 발전을 도모하기 위하여 농촌진흥사업의 실시에 필요한 행정적·재정적 조치를 하여야 한다.

제28조【학술교류 활동 지원】
농촌진흥청장은 농촌진흥사업 종사 공무원이 농촌진흥사업과 관련된 국내외 연구자, 대학, 국제기구 및 국제연구기관 등과의 다양한 학술 교류와 협력 활동을 할 수 있도록 이를 촉진하고 장려하여야 한다.

제29조【시상】
농촌진흥청장은 농촌진흥사업에 관한 업적이 탁월하거나 기여한 공로가 뚜렷한 개인 및 단체 등을 선정하여 시상할 수 있다.

제30조【농업 산학협동사업의 추진 및 지원】
① 농촌진흥청장은 농촌진흥사업을 촉진하기 위하여 농업 관련 산업계·학계·관계 및 연구기관과의 협동사업(이하 "농업 산학협동사업"이라 한다)을 추진할 수 있다.
② 정부는 농업 산학협동사업을 원활하게 추진하기 위하여 매년 예산에서 지방농촌진흥기관, 농업 관련 학교, 농업단체, 연구기관, 기업, 농업인에게 농업 산학협동사업을 수행하는 데에 필요한 재정적 지원을 할 수 있다.

제3장 농촌진흥사업 종사 공무원

제31조【연구직·지도직 공무원 등】
① 농촌진흥사업에 종사하게 하기 위하여 연구직 공무원과 지도직 공무원을 둔다.
② 삭제〈2015.3.27.〉
③ 농촌진흥청장은 퇴직한 연구직·지도직 공무원으로서 그 재직 중 업적이 우수한 사람이 경험과 전문성을 활용하여 농촌진흥사업에 기여할 수 있도록 관련 제도를 마련할 수 있다.
④ 제3항에 따라 마련한 퇴직한 연구직·지도직 공무원 활용제도의 수립·운영 등에 필요한 사항은 대통령령으로 정한다.

제32조 【연구직·지도직 공무원의 복무】
　연구직 공무원과 지도직 공무원은 이 법에서 정한 사업 외의 사무에 관여하지 못한다.

제4장 한국농업기술진흥원

제33조 【한국농업기술진흥원의 설립·운영】
① 농촌진흥청장은 정부, 정부출연 연구기관과 민간 등의 농업과학기술 분야 연구개발 성과의 산업적 진흥을 위하여 한국농업기술진흥원(이하 "진흥원"이라 한다)을 설립한다.
② 진흥원은 법인으로 한다.
③ 진흥원은 다음 각 호의 사업을 수행한다.
　1. 연구개발 성과의 실용화를 위한 중개와 알선
　2. 연구개발 성과의 실용화를 위한 조사와 연구
　3. 영농 현장에서의 연구개발 성과 활용 지원
　4. 연구개발 성과의 사업화
　5. 특허 등 지식재산권의 위탁관리 업무
　6. 농가와 농업생산자 단체 등의 연구개발 성과 사업화 지원
　7. 농식품 벤처·창업 활성화 지원
　8. 농식품 온실가스 감축 관련 정책·사업 지원
　9. 연구개발 성과의 실용화 촉진을 위하여 국가 또는 지방자치단체가 위탁하거나 대행하게 하는 사업
　10. 그 밖에 연구개발 성과의 실용화를 위하여 대통령령으로 정하는 사업

제34조 【진흥원에 대한 예산 지원 등】
① 다음 각 호의 어느 하나에 해당하는 자는 진흥원의 설립·운영에 사용되는 경비의 일부를 출연하거나 지원할 수 있다.
　1. 정부
　2. 「공공기관의 운영에 관한 법률」 제4조에 따른 공공기관 중 대통령령으로 정하는 기관
　3. 「민법」에 따라 설립된 비영리법인
　4. 사업자단체
　5. 농업·식품 관련 법인 또는 단체로서 대통령령으로 정하는 자
② 진흥원은 제33조 제1항의 설립목적 달성에 필요한 경비를 조달하기 위하여 대통령령으로 정하는 바에 따라 수익사업을 할 수 있다.
③ 국가와 지방자치단체는 제33조 제3항 각 호의 사업을 진흥원에 위탁하여 추진하려는 경우에는 그 사업에 사용되는 비용의 전부 또는 일부를 지원할 수 있다.
④ 국가와 지방자치단체는 진흥원의 설립·운영을 위하여 필요하다고 인정하는 때에는 「국유재산법」, 「물품관리법」, 「공유재산 및 물품관리법」에도 불구하고 국유·공유 재산 및 물품을 진흥원에 무상으로 양여 또는 대부하거나 사용·수익하게 할 수 있다.
⑤ 제1항 및 제3항에 따른 출연 또는 지원에 관한 사항과 제4항에 따른 양여, 대부 및 사용·수익의 내용·조건 및 절차에 관한 사항은 대통령령으로 정한다.

제35조【진흥원 업무의 지도·감독 등】

① 농촌진흥청장은 다음 각 호의 사항에 대하여 진흥원을 지도·감독하고, 필요하다고 인정하는 때에는 그 업무·회계 및 재산에 관한 사항을 보고하게 하거나 소속 공무원으로 하여금 진흥원의 장부·서류·시설과 그 밖의 물건을 검사하게 할 수 있다.

1. 제33조 제3항 각 호와 관련하여 농촌진흥청장이 위탁한 사업이나 농촌진흥청 소관 업무와 직접 관련되는 사업의 적정한 수행에 관한 사항
2. 「공공기관의 운영에 관한 법률」 제50조에 따른 경영지침 이행에 관한 사항
3. 각 회계연도의 사업계획 수립·집행 및 예산편성·결산에 관한 사항
4. 그 밖에 농촌진흥청장이 필요하다고 인정하는 사항

② 진흥원은 제33조에 따른 목적을 달성하기 위하여 특히 필요한 경우에는 농촌진흥청장과 협의하여 국가기관 및 지방자치단체 소속 공무원의 파견을 요청할 수 있다. 이 경우 파견 요청을 받은 기관의 장은 그 소속 직원을 진흥원에 파견할 수 있다.

③ 진흥원에 관하여 이 법에서 규정하지 아니한 사항은 「민법」 중 재단법인에 관한 규정을 준용한다.

제5장 보칙

제36조【권한 등의 위임·위탁】

① 농촌진흥청장은 대통령령으로 정하는 바에 따라 이 법에 따른 권한의 일부를 소속 기관의 장 및 특별시장·광역시장·특별자치시장·도지사·특별자치도지사에게 위임할 수 있다.

② 제13조 제3항에 따른 연구개발 성과의 이전, 제19조에 따른 교육훈련사업 등에 관한 농촌진흥청장의 업무는 대통령령으로 정하는 바에 따라 전문기관 또는 관련 단체에 위탁할 수 있다. 이 경우 수탁기관 또는 단체에 대한 지원에 필요한 사항은 대통령령으로 정한다.

제37조【벌칙 적용 시의 공무원 의제】

제33조 제3항 각 호의 사업을 수행하는 진흥원의 임직원은 「형법」 제127조 및 제129조부터 제132조까지의 벌칙을 적용할 때에는 공무원으로 본다.

지방 연구직 및 지도직 공무원의 임용 등에 관한 규정

제1장 총칙

제1조 【목적】
이 영은 「지방공무원법」 제4조 제2항 및 「지방공무원 임용령」 제3조 제2항에 따라 지방 일반직 공무원 중 계급을 달리 구분하는 공무원의 계급 구분, 임용 및 임용시험 등에 관한 특례를 정하는 것을 목적으로 한다.

제2조 【적용 범위 등】
① 이 영은 별표 1 제1호의 각 직렬에 해당하는 공무원(이하 "연구직 공무원"이라 한다)과 같은 표 제2호의 각 직렬에 해당하는 공무원(이하 "지도직 공무원"이라 한다)에게 적용한다.
② 이 영에서 사용하는 용어의 뜻은 이 영에 정한 것 외에는 「지방공무원 임용령」(이하 "임용령"이라 한다)에서 정하는 바에 따른다.

제3조 【계급 구분 등】
① 연구직 공무원의 계급은 연구관과 연구사로 구분하고, 지도직 공무원의 계급은 지도관과 지도사로 구분한다.
② 연구직 공무원과 지도직 공무원(이하 "연구직 및 지도직 공무원"이라 한다)의 직군·직렬·직류 및 직급의 명칭은 별표 1과 같다.

제2장 신규 임용

제4조 【신규 임용후보자 명부의 유효기간】
연구직 및 지도직 공무원의 공개경쟁 신규 임용시험에 합격한 사람의 신규 임용후보자 명부의 유효기간은 2년으로 한다. 다만, 시험 실시기관의 장은 필요하다고 인정할 때에는 1년의 범위에서 유효기간을 연장할 수 있다.

제4조의2 【신규 임용방법】
연구직 및 지도직 공무원의 신규 임용은 임용령 제13조에 따르되, 연구사 및 지도사의 공개경쟁 신규 임용후보자 명부에 올라 있는 사람 중 최종 합격일부터 1년이 지난 사람은 임용의 유예 등 불가피한 사유가 있는 경우를 제외하고는 해당 기관에 그 직급에 해당하는 정원이 따로 있는 것으로 보아 신규 임용할 수 있다. 이 경우 따로 있는 것으로 보는 정원은 그 신규 임용후보자가 임용된 후 해당 직급에 이에 상응하는 결원이 발생한 때에 소멸되는 것으로 본다.

제5조 【임용후보자의 전직】
① 임용령 제15조에 따라 별표 1의 각 직렬에 임용 또는 추천될 수 있는 임용후보자는 지방자치단체의 장[특별시·광역시·특별자치시·도 또는 특별자치도(이하 "시·도"라 한다)의 교육감을 포함한다. 이하 같다]과 지방의회의 의장(시·도의회의 의장과 시·군·자치구의회의 의장을 말한다. 이하 같다)이 임용 또는 추천하려는 직렬로의 전직 예정 직급별로 지방자치단체의 규칙(교육규칙 및 의회규칙을 포함한다. 이하 "규칙"이라 한다)에서 정하는 자격기준을 갖추어야 한다.
② 임용후보자가 별표 1의 각 직렬로 전직하는 경우에 관하여 임용령 제15조를 적용할 때에는 같은 조 제2항 중 "제29조 제4호 또는 제5호"는 "「지방 연구직 및 지도직 공무원의 임용 등에 관한 규정」 제10조 제3호"로 본다.

제6조 【경력경쟁임용시험등을 통한 임용】

① 「지방공무원법」(이하 "법"이라 한다) 제27조 제2항에 따른 임용시험(이하 "경력경쟁임용시험등"이라 한다)으로 임용할 수 있는 사람은 같은 항 제1호부터 제4호까지, 제6호(연구직 공무원은 제외한다), 제7호(「국가공무원법」에 따른 연구직 및 지도직 공무원을 각각 지방공무원으로 임용하는 경우만 해당한다), 제8호부터 제10호까지 또는 제12호(연구직 공무원은 제외한다)의 요건 및 임용령 제17조에 따른 요건을 갖추어야 한다.

② 법 제27조 제2항 제6호 또는 제12호에 따라 지도직 공무원을 임용할 때의 임용예정 계급은 지도사로 한정한다.

③ 제1항 및 제2항에 따라 법 제27조 제2항 제2호부터 제4호까지 또는 제8호부터 제10호까지 및 제12호의 요건에 해당하는 사람을 연구직 및 지도직 공무원으로 임용하려는 경우의 임용예정 직급별 경력경쟁임용시험등의 응시자격은 규칙으로 정한다.

제7조 【시보임용】

연구직 및 지도직 공무원 중 별표 2 제1호라목・제2호 다목・제3호나목, 별표 2의2 제1호다목・제2호다목・제3호나목에 해당하는 공무원을 신규 임용할 때에는 1년간 시보로 임용하고, 연구사와 지도사를 신규 임용할 때에는 6개월간 시보로 임용하며, 그 기간의 근무성적・교육훈련성적과 공무원으로서의 자질 등을 고려하여 정규직 공무원으로 임용한다.

제8조 【시보임용의 면제 및 기간단축 등】

연구직 및 지도직 공무원에게 임용령 제24조를 적용할 때에는 같은 조 제2항 제1호 중 "제33조의 승진소요 최저연수를 초과하여 재직하고"를 "「지방 연구직 및 지도직 공무원의 임용 등에 관한 규정」 제12조의 승진소요최저연수를 초과하여 재직하고"로 본다.

제3장 전직

제9조 【전직】

① 연구직 및 지도직 공무원은 최초로 연구직 및 지도직 공무원으로 임용된 날부터 연구직렬 및 지도직렬 외의 다른 직렬로는 7년간, 연구직렬 상호간, 지도직렬 상호간 또는 연구직렬과 지도직렬 상호간에는 5년간 전직 임용될 수 없다. 다만, 다음 각 호의 어느 하나에 해당하는 경우에는 그러하지 아니하다.
  1. 직제(職制)나 정원이 변경되는 경우
  2. 전에 재직한 직렬로 다시 전직하는 경우
  3. 직무 내용이 유사한 연구직 공무원과 지도직 공무원 상호간의 전직 임용의 경우

② 제1항에 따른 전직 제한기간을 계산할 때에는 연구직 및 지도직 공무원이 시보로 임용된 기간과 「국가공무원법」에 따른 연구직 및 지도직 공무원으로 재직한 기간은 산입하고, 휴직・직위해제 및 정직 기간은 산입하지 아니한다.

③ 연구직 및 지도직 공무원을 다른 직렬로 전직 임용하거나 다른 직렬의 일반직 공무원을 별표 1의 각 직렬로 전직 임용할 때에는 임용권자는 미리 전직 임용예정자의 임용예정 직급이나 직위를 정하여야 한다. 다만, 연구직 공무원 상호간, 지도직 공무원 상호간, 연구직 공무원과 지도직 공무원 상호간에 전직 임용하는 경우는 그러하지 아니하다.

④ 다른 직렬(별표 1의 각 직렬을 포함한다)의 일반직 공무원 중 임용령 제28조에 따라 별표 1의 각 직렬의 공무원으로 전직 임용될 수 있는 사람은 규칙에서 정하는 전직 예정 직급별 자격기준

을 갖추어야 한다. 이 경우 연구관이나 지도관으로 전직 임용될 수 있는 사람은 전직 예정직렬에 관련된 분야에서 3년 이상 근무하였거나 연구한 경력이 있어야 한다.

제10조【전직시험의 면제】
다음 각 호의 어느 하나에 해당하는 경우에는 전직시험 없이 연구직 및 지도직 공무원으로 전직 임용할 수 있다.
1. 전에 재직한 직렬(공무원의 신분이 중단되지 아니한 사람이어야 하며, 임용령 제15조 및 이 영 제5조에 따라 전직 추천된 사람의 경우에는 임용예정 직렬을 말한다)로 전직 임용하는 경우. 다만, 연구사나 지도사가 다른 직렬의 연구관·지도관 또는 5급 이상 공무원으로 임용된 후 전직하는 경우는 제외한다.
2. 임용령 제28조 제1항 제2호에 따른 전직 중 같은 직군에서 직무 내용의 변경 없이 직급 명칭만 변경되는 경우
3. 규칙에서 정하는 자격증을 가진 사람을 그 자격증에 상응하는 직급으로 전직 임용하는 경우
4. 같은 직군에서 2급 및 3급 공무원을 연구관 또는 지도관으로 전직 임용하는 경우
5. 별표 2 제1호가목에 해당하는 연구관을 다른 연구직렬로 전직 임용하는 경우
6. 별표 2 제1호나목·제2호가목에 해당하는 연구관, 별표 2의2 제1호가목·제2호가목에 해당하는 지도관을 같은 직군에서 각각 다른 연구직렬이나 다른 기술직렬로 전직 임용하는 경우

제4장 승진임용

제11조【승진임용의 방법 등】
① 연구관이나 지도관으로의 승진임용은 임용령 제38조에 따르되, 같은 조의 "6급 공무원"은 "연구사나 지도사"로, "5급 공무원"은 "연구관이나 지도관"으로 본다.
② 제13조에 따른 연구 실적 심사에서 부결된 사실이 있는 연구사는 2년 이내에 일반 승진시험을 요구하거나 법 제7조 제1항에 따른 인사위원회(이하 "인사위원회"라 한다)의 승진 의결 대상으로 할 수 없다.

제12조【승진소요최저연수】
① 연구관이나 지도관으로 승진임용할 수 있는 사람은 재직연수가 3년 이상이어야 한다.
③ 제1항의 재직연수를 계산할 때에는 별표 3의 재직연수 환산율표에 따라 일반직 공무원의 경력 및 유사경력을 환산하여 산입하고, 별표 3에 규정되지 아니한 전문경력관, 임기제 공무원, 특정직 공무원 및 별정직 공무원의 경력은 임용령 제33조 제7항 및 제9항에 따라 재직연수에 산입한다. 다만, 같은 기간의 경력은 이중으로 산입할 수 없다.
④ 제1항의 재직연수와 제3항의 공무원경력 및 유사경력에는 휴직기간, 직위해제기간, 징계처분기간 및 임용령 제34조에 따른 승진임용의 제한기간을 포함하지 아니한다. 다만, 다음 각 호에 따른 기간은 산입한다.
1. 법 제63조 제1항 제1호에 따른 휴직 중 「공무원 재해보상법」에 따른 공무상 질병 또는 부상으로 인한 휴직과 같은 항 제2호·제4호·제5호 또는 같은 조 제2항 제1호에 따른 휴직은 그 휴직기간
2. 법 제63조 제2항 제2호에 따른 휴직은 그 휴직기간의 50퍼센트에 해당하는 기간. 다만, 제1항의 재직연수에 포함되는 기간은 1년을 초과할 수 없다.

3. 법 제63조제2항제4호에 따른 휴직(이하 "육아휴직"이라 한다)은 그 휴직기간. 다만, 제1항의 재직연수와 제3항의 공무원경력 및 유사경력에 포함되는 기간은 제6항 단서에 따라 육아휴직을 대신하여 임용령 제38조의15에 따른 시간선택제전환공무원(이하 "시간선택제전환공무원"이라 한다)으로 지정되어 근무한 기간과 합산하여 자녀 1명당 3년을 초과할 수 없다.

4. 법 제65조의3제1항에 따른 직위해제 처분기간 중 다음 각 목의 기간
    가. 법 제65조의3제1항 제2호에 따라 직위해제 처분을 받은 사람이 다음의 어느 하나에 해당하는 경우에는 그 직위해제 처분기간
        1) 해당 공무원에 대한 징계의결 요구에 대해 관할 인사위원회가 징계하지 않기로 의결한 경우
        2) 직위해제 처분 또는 직위해제 처분의 사유가 된 징계의결 요구에 의한 징계처분이 법 제13조에 따른 지방소청심사위원회 또는 교육소청심사위원회(이하 "소청심사위원회"라 한다)의 결정이나 법원의 판결에 따라 무효 또는 취소로 확정된 경우
    나. 법 제65조의3제1항 제3호에 따라 직위해제 처분을 받은 사람이 그 처분의 사유가 된 형사사건에 대해 법원의 판결에 따라 무죄로 확정된 경우에는 그 직위해제 처분기간
    다. 법 제65조의3제1항 제4호에 따라 직위해제 처분을 받은 사람이 1) 및 2)에 모두 해당하는 경우에는 그 직위해제 처분기간
        1) 법 제65조의3제1항 제4호에 따라 직위해제 처분을 받은 사람에 대한 징계의결 요구 또는 징계처분이 다음의 어느 하나에 해당하는 경우
            가) 법 제7조 제1항에 따른 임용권자가 법 제69조 제1항에 따른 징계의결 요구를 하지 않기로 한 경우
            나) 해당 공무원에 대한 징계의결 요구에 대해 관할 인사위원회가 징계하지 않기로 의결한 경우
            다) 조사 또는 수사 결과에 따른 징계처분이 소청심사위원회의 결정이나 법원의 판결에 따라 무효 또는 취소로 확정된 경우
        2) 법 제65조의3제1항 제4호에 따른 직위해제 처분의 원인이 된 비위행위에 대한 조사 또는 수사 결과가 다음의 어느 하나에 해당하는 경우
            가) 형사사건에 해당하지 않는 경우
            나) 사법경찰관이 불송치를 하거나 검사가 불기소를 한 경우. 다만, 「형사소송법」 제247조에 따라 공소를 제기하지 않는 경우와 불송치 또는 불기소를 했으나 해당 사건이 다시 수사 및 기소되어 법원의 판결에 따라 유죄가 확정된 경우는 제외한다.
            다) 형사사건으로 기소되거나 약식명령이 청구된 사람이 법원의 판결에 따라 무죄로 확정된 경우

5. 시보임용 기간
6. 징계의결 요구일 또는 관계 행정기관의 장의 징계처분 요구일부터 징계처분일 전날까지의 기간. 다만, 직위해제 기간과 겹치는 기간은 제외한다.

⑤ 제3항에 따른 재직연수에 산입하는 경력은 연구직 및 지도직 공무원의 재임용일(별표 3의 유사경력인 경우에는 임용일을 말한다)부터 10년 이내의 경력으로 한다.

⑥ 임용령 제3조의5제2항에 따른 시간선택제채용공무원 및 시간선택제전환공무원의 근무기간은 근무시간에 비례하여 제1항의 재직연수에 포함한다. 다만, 시간선택제전환공무원이 해당 계급에서 근무한 기간은 1년의 범위에서 제1항의 재직연수에 전부 포함하되, 육아휴직을 대신하여 시간선택제전환공무원으로 지정되어 근무한 기간은 대상 자녀별로 3년의 범위에서 전부 포함한다.

제13조【연구 실적 심사】
① 연구직으로 근무한 경력이 2년 이상인 연구사(석사 이상의 학위를 가진 사람은 제외한다)는 매년 12월 31일까지 그 연구 실적의 결과를 논문으로 제출하여야 한다. 다만, 제6항에 따른 연구 실적 심사평가 결과 3번 이상 통과한 연구사는 그러하지 아니하며, 임용권자는 인사관리상 특히 필요한 경우 연구 실적 제출의무를 면제하는 평가 가결횟수를 따로 정할 수 있다.
② 제1항의 연구 실적에는 직제 · 업무분장에 따라 해당 연구사가 담당하는 업무에 대한 실적 또는 기관장의 명에 따라 따로 부여받은 시험 · 조사 · 검정업무 등에 대한 실적을 포함한다.
③ 연구 실적의 심사를 위하여 임용권자(임용권의 위임을 받은 사람은 제외한다)별로 연구실적평가위원회를 둔다.
④ 연구실적평가위원회는 위원장을 포함한 5명의 위원으로 구성하고, 위원장은 위원회를 두는 기관에 설치된 인사위원회 위원장으로 하며, 위원 2명은 연구관(국가 연구관을 포함한다) 중에서, 위원 2명은 대학의 교원이나 연구기관 · 단체 또는 관련 단체의 직원 중 심사 대상 연구논문 관련 분야의 학식과 경험이 있는 사람을 연구실적평가위원회를 구성할 때마다 위원회를 두는 기관의 장이 임명하거나 위촉한다. 이 경우 위원 중에는 대학의 교원인 위원이 1명 이상 포함되어야 한다.
⑤ 연구실적평가위원회 위원장은 매년 말까지 제출된 연구논문을 각 위원에게 심사의뢰하고 그 심사 결과를 심의 의결하기 위하여 매년 1월 중에 회의를 소집한다. 다만, 필요한 경우에는 수시로 소집할 수 있다.
⑥ 연구 실적은 절대평가의 방법에 따라 가결 또는 부결로 평가하되, 회의의 표결은 무기명투표로 하며, 재적 위원 과반수의 찬성으로 의결한다.
⑦ 연구실적평가위원회는 연구 실적을 평가하기 위하여 다음 각 호의 사항을 심의한다.
  1. 논리전개의 일관성
  2. 결론의 이론적 타당성 및 실용성
  3. 논문의 독창성
  4. 그 밖에 논문의 독자성 등 연구실적평가위원회에서 정하는 사항
⑧ 연구실적평가위원회의 운영에 필요한 사항은 임용권자가 정한다.

제14조【승진후보자 명부 작성】
① 임용권자는 승진임용에 필요한 요건을 구비한 연구사나 지도사에 대하여 제15조에 따른 근무성적평정점 70퍼센트, 제19조에 따른 경력평정점 30퍼센트의 비율에 따라 승진후보자 명부를 작성한다. 다만, 임용권자는 기관 및 직무특성을 반영하여 근무성적평정점을 20퍼센트의 범위에서 가산하여 조정할 수 있고, 경력평정점은 20퍼센트의 범위에서 감하여 조정할 수 있다. 이 경우 조정한 내용은 그 조정일부터 1년이 지난 날부터 적용한다.
② 제1항의 승진후보자 명부 작성을 위한 평정에서 해당 공무원이 다음 각 호의 어느 하나에 해당하는 경우에는 교육부령 또는 행정안전부령으로 정하는 바에 따라 가산점을 주거나, 감점을 할 수 있다. 다만, 제6호에 해당하는 근무경력에 대해서는 가산점을 주어야 한다.

 1. 자격증이 있는 경우
 2. 섬·외딴곳 등 특수한 지역에 근무한 경력이 있는 경우
 3. 특수업무에 종사한 경력이 있는 경우
 4. 탁월한 근무실적이 있는 경우
 5. 교류직위 등 특정한 직위에서 근무한 경력이 있는 경우
 6. 재난 및 안전관리 업무 중 규칙으로 정하는 업무에 근무한 경력이 있는 경우
 7. 징계처분을 받은 경우
③ 제1항에 따른 승진후보자 명부는 직렬별로 작성하되, 임용권자가 필요하다고 인정하면 해당 인사위원회의 심의를 거쳐 그 소속 기관별, 지역별 또는 직무의 종류별로 분할하여 승진후보자 명부를 작성하거나, 직무 내용이 비슷하고 인원수가 적절한 균형을 유지하고 있는 직렬을 통합하여 승진후보자 명부를 작성할 수 있다.
④ 법 제39조 제5항 단서에 따른 연구사 및 지도사의 시·도 단위별 승진후보자 명부는 제1항부터 제3항까지의 규정에 따라 임용권자별로 작성한 승진후보자 명부의 총 평정점을 기초로 하여 작성한다. 이 경우 임용권자별로 작성한 승진후보자 명부 내의 순위는 변경할 수 없다.
⑤ 승진후보자 명부의 작성 시기와 방법에 관한 사항은 교육부령 또는 행정안전부령으로 정한다.

제15조【근무성적평정】
① 연구직 및 지도직 공무원에 대해서는 근무성적을 평정하여야 하며, 근무성적평정의 결과는 승진임용, 특별승급, 성과상여금 지급, 교육훈련, 보직관리 등 각종 인사관리에 반영하여야 한다.
② 연구관 및 지도관(제7조에 해당하는 연구관 및 지도관은 제외한다)에 대한 근무성적평정은 성과목표 달성도 평가, 부서단위의 운영 평가, 그 밖에 직무수행과 관련된 자질 또는 능력 등에 대한 평가(이하 "성과계약 등 평가"라 한다)에 의한다. 다만, 임용권자는 연구사, 지도사 중 성과계약 등 평가에 적합하다고 인정하는 연구사와 지도사에 대해서는 성과계약 등 평가를 할 수 있다.
③ 임용권자가 소속 공무원에 대하여 제2항에 따른 성과계약 등 평가를 할 경우 성과계약 체결 및 평가방법 등에 관하여는 「공무원 성과평가 등에 관한 규정」 제3조, 제4조, 제7조의2 및 제9조부터 제11조까지의 규정을 준용한다. 이 경우 "공무원"은 "지방 연구직 및 지도직 공무원"으로, "평가자"는 "평정자"로, "소속 장관"은 "임용권자"로 본다.
④ 연구사와 지도사의 근무성적평정은 평정대상기간 동안의 근무실적 및 직무수행능력을 구분하여 평가하되, 임용권자가 필요하다고 인정하면 직무수행태도를 평가항목에 추가할 수 있다.
⑤ 제4항의 평가항목에 따른 평정 결과를 고려하여 정하는 평정대상 공무원의 근무성적평정점은 직급별로 또는 제14조 제3항에 따른 승진후보자 명부 작성방법에 따라, 다음의 표에 따른 분포 비율에 맞게 정하여야 한다. 다만, 근무성적이 "가"에 해당하는 사람이 없는 경우에는 이를 적용하지 아니할 수 있으며, 이 경우 "가"의 비율은 "양"의 비율에 가산한다.

근무성적평점점	해당 점수	비율
수	64점 이상 70점 이하	20퍼센트
우	53점 이상 64점 미만	40퍼센트
양	32점 이상 53점 미만	30퍼센트
가	32점 미만	10퍼센트

⑥ 임용령 제31조의3제1항 및 제2항에 해당하는 공무원이 직무에 복귀한 후 2개월 이내에 해당 공무원에 대하여 최초의 정기평정을 할 때에는 그 공무원의 직전의 근무성적평정을 고려하여 제2항부터 제5항까지의 규정에 따라 평정하여야 한다.

제17조【근무성적평정위원회의 설치】
① 제15조 제5항에 따른 평정대상 공무원의 근무성적평정점을 정하기 위하여 승진후보자 명부 작성단위 기관별로 근무성적평정위원회를 둔다.
② 제1항의 근무성적평정위원회는 위원장을 포함하여 5명 이상(상위 직위의 공무원이 부족한 경우에는 2명 이상)의 위원으로 구성하고, 위원장은 승진후보자 명부 작성단위 기관의 부기관장(부기관장이 없는 기관은 임용권자가 지정하는 사람을 말한다)이 되고, 위원은 연구관·지도관 또는 5급 이상 공무원 중에서 임용권자가 지정하며, 그 밖에 위원회의 운영에 필요한 사항은 위원회에서 정한다.
③ 승진후보자 명부 작성단위 기관 내에 제2항에 따른 근무성적평정위원회 위원으로 지정할 대상 공무원이 없어 근무성적평정위원회를 구성할 수 없는 경우에는 제15조 제5항에 따른 근무성적평정점은 승진후보자 명부 작성 단위기관의 부기관장이 정한다.

제18조【근무성적평정의 시기 등】
근무성적평정의 시기·방법과 그 밖에 필요한 사항에 관하여 이 영에서 규정하지 아니한 것은 교육부령 또는 행정안전부령으로 정한다.

제19조【경력평정】
① 제12조의 승진소요최저연수에 도달한 연구사 및 지도사에 대해서는 그 경력을 평정하여 승진임용에 반영하여야 한다.
② 경력평정은 평정기준일부터 경력평정대상 공무원의 승진소요최저연수 이상의 범위에서 해당 지방자치단체 소속 공무원의 계급별 평균 승진소요연수를 고려하여 임용권자가 정하는 기간 중 실제로 직무에 종사한 기간("경력평정대상기간"이라 한다)에 대하여 별표 4의 환산율을 적용하여 산정한 경력기간("환산경력기간"이라 한다)에 교육부령 또는 행정안전부령으로 정하는 평정점을 곱하여 산정한다. 다만, 제12조 제4항 각 호에 따라 승진소요최저연수에 산입되는 기간은 각각 휴직 또는 직위해제 당시의 직급에서 직무에 종사한 것으로 보아 평정한다.
⑥ 경력평정의 시기·방법·기간계산에 관한 사항과 그 밖에 필요한 사항은 교육부령 또는 행정안전부령으로 정한다.
⑦ 임용권자는 제2항의 경력평정기간을 소속 공무원들이 알 수 있도록 예고하여야 하며, 해당 기간을 변경하는 경우 변경된 기준은 그 변경일 1년 후부터 적용한다.

제20조【특별승진임용】
① 법 제39조의3에 따라 특별승진임용(일반 승진시험에의 우선 응시를 포함한다. 이하 이 조에서 같다)을 하려면 다음 각 호의 어느 하나에 해당하는 공무원 중에서 승진임용하여야 한다.
  1. 법 제39조의3제1항 제1호에 따른 경우: 행정안전부장관이 정하는 포상을 받은 연구사나 지도사
  2. 법 제39조의3제1항 제2호에 따른 경우: 임용권자가 직무수행능력이 탁월하여 행정발전에 대하여 규칙에서 정하는 기준 이상의 공이 있다고 인정하는 연구사나 지도사. 이 경우 미리 해당 인사위원회의 승진의결을 거쳐야 한다.
  3. 법 제39조의3제1항 제3호에 따른 경우: 창안등급(創案等級) 동상 이상을 받은 연구사나 지도사

    4. 법 제39조의3제1항 제4호에 따른 경우: 명예퇴직하는 사람으로서 재직 중 특별한 공적이 있다고 인정되는 연구사나 지도사. 이 경우 해당 인사위원회의 의결을 거쳐야 한다.

    5. 법 제39조의3 제1항 제5호에 따른 경우: 임용권자가 재직 중 특별한 공적이 있다고 인정하는 연구사나 지도사. 이 경우 해당 인사위원회의 의결을 거쳐야 한다.

② 제1항에 따라 특별승진임용할 때에는 해당 공무원이 임용령 제34조에 따른 승진임용의 제한을 받지 않는 사람으로서 다음 각 호의 구분에 따른 요건을 갖추어야 한다.

    1. 제1항 제1호부터 제3호까지의 경우: 승진소요 최저연수에 도달한 공무원일 것. 이 경우 승진소요 최저연수를 1년 단축할 수 있다.

    2. 제1항 제4호의 경우: 재직기간 중 중징계 처분 또는 다음 각 목의 어느 하나에 해당하는 사유로 경징계 처분을 받은 사실이 없으며, 명예퇴직일 전날까지 해당 계급에서 1년 이상 재직한 공무원일 것

        가. 「지방공무원법」 제69조의2제1항 각 호의 징계 사유

        나. 「성폭력범죄의 처벌 등에 관한 특례법」 제2조에 따른 성폭력범죄

        다. 「성매매알선 등 행위의 처벌에 관한 법률」 제2조 제1항 제1호에 따른 성매매

        라. 「양성평등기본법」 제3조 제2호에 따른 성희롱

        마. 「도로교통법」 제44조 제1항에 따른 음주운전 또는 같은 조 제2항에 따른 음주측정에 대한 불응

③ 제1항 제1호부터 제3호까지의 규정에 따라 특별승진임용을 할 때에는 승진후보자 명부의 순위에도 불구하고 승진임용하거나 임용령 제35조 제1항에 따른 응시배수에도 불구하고 일반 승진시험에 우선 응시하게 할 수 있다.

④ 제1항 제4호 및 제5호에 따라 특별승진임용을 할 때에는 제11조에도 불구하고 승진임용할 수 있다.

⑤ 제1항 제4호에 따라 특별승진임용된 사람이 법 제66조의2제3항 제1호·제1호의2 또는 제1호의3에 해당하여 명예퇴직수당을 환수하는 경우에는 특별승진임용을 취소해야 한다. 이 경우 특별승진임용이 취소된 사람은 그 특별승진임용 전의 직급으로 퇴직한 것으로 본다.

제5장 시험

제21조【시험 실시기관】

① 연구관 및 지도관의 임용시험은 임용권자의 요구(시장·군수 및 자치구의 구청장은 특별시장·광역시장 또는 도지사를, 시·군·구의회의 의장은 특별시·광역시 또는 도의회의 의장을 거친다)에 의하여 교육부 장관이나 행정안전부장관이 실시한다. 다만, 일반 승진시험 및 임용예정 직무에 관한 자격증을 가진 사람에 대한 경력경쟁임용시험등은 임용권자의 요구에 의하여 시·도 단위로 각각 해당 시·도의 인사위원회(교육인사위원회를 포함한다. 이하 같다)가 실시한다.

② 제1항 외의 연구직 및 지도직 공무원의 임용시험은 임용권자의 요구에 의하여 시·도 단위로 각각 해당 시·도의 인사위원회가 실시한다.

제22조【시험과목 등】

① 연구직 및 지도직 공무원의 직급별 임용시험과목은 국가 연구직 및 지도직 공무원에 적용하는 「연구직 및 지도직 공무원의 임용 등에 관한 규정」 별표 4를 준용한다. 다만, 녹지연구직렬의 임업직류 및 조경직류는 임업연구직렬의 임업직류 및 산림조경직류의 시험과목을 각각 준용한다.

② 제1항에 따른 연구직 및 지도직 공무원의 직급별 임용시험 제1차시험과목 중 영어과목은 「공무원임용시험령」 별표 3에 따른 영어능력검정시험으로, 한국사과목은 같은 영 별표 4에 따른 한국사능력검정시험으로 각각 대체한다. 이 경우 5급 및 7급 공무원의 공개경쟁채용시험의 영어능력검정시험 및 한국사능력검정시험의 기준점수 및 기준등급을 적용한다.

③ 법 제27조 제2항 제6호 및 제12호에 따른 지도직 공무원의 경력경쟁임용시험등을 실시할 때에는 제1항에도 불구하고 제1차시험과목은 한국사로 하고, 제2차시험과목은 국가 연구직 및 지도직 공무원에 적용하는 「연구직 및 지도직 공무원의 임용 등에 관한 규정」 별표 4의 임용예정 직급별 경력경쟁채용시험등의 제2차시험과목 중에서 시험 실시기관의 장이 1개 과목을 지정한다.

④ 시험 실시기관의 장은 법 제27조 제2항 각 호 외의 부분 본문에 따른 경력경쟁임용시험의 경우와 직무의 특수성 또는 직무와 시험과목과의 관련성을 고려하여 제1항부터 제3항까지의 규정에 따른 시험과목으로 시험을 실시하는 것이 적당하지 않다고 인정하는 경우에는 시험과목을 변경·축소 또는 확대 조정할 수 있다. 다만, 전직시험의 경우에는 시험과목을 변경·축소 또는 확대 조정할 수 없고, 법 제27조 제2항 각 호 외의 부분 단서에 따른 다수인을 대상으로 하지 않는 시험의 경우에는 제1항에 따라 준용되는 「연구직 및 지도직 공무원의 임용 등에 관한 규정」 별표 4에서 정한 임용예정 직급별 시험과목 중 필수과목을 변경·축소 또는 확대 조정할 수 없다.

⑤ 제4항 본문에 따라 변경·축소 또는 확대 조정된 시험과목은 임용령 제62조에 따라 공고하거나 응시자에게 통지해야 한다.

⑥ 임용시험의 출제수준은 연구관과 지도관의 경우에는 정책의 기획 및 관리에 필요한 능력·지식을 검정할 수 있는 정도로 하고, 연구사와 지도사의 경우에는 전문 행정업무 수행에 필요한 능력·지식을 검정할 수 있는 정도로 한다.

⑦ 시험 실시기관의 장은 필요하다고 인정하면 제1항부터 제4항까지의 규정에 따른 시험과목의 출제 범위를 제한할 수 있으며, 직무의 특수성 또는 직무와 시험과목과의 관련성을 고려하여 제1항의 시험과목 중 선택과목에서 특정한 과목을 지정하여 시험을 실시할 필요가 있다고 인정할 때에는 시험 요구기관의 장과 협의하여 특정 과목을 시험과목으로 지정할 수 있다.

⑧ 연구관이나 지도관으로의 일반 승진시험의 경우 시험 실시기관의 장은 제7항에 따라 시험과목의 출제 범위를 제한하거나 특정 과목을 시험과목으로 지정하려면 시험요구일 1년 전에 시험 요구기관의 장과 협의해야 한다.

⑨ 시험 실시기관의 장은 필요하다고 인정하면 임용령 제54조·제55조 및 이 영 제23조에도 불구하고 제1항부터 제4항까지의 규정에 따른 시험과목의 시험을 실시할 때 시험 요구기관의 장과 협의하여 실기시험을 함께 실시하거나, 실기시험과목을 별개의 시험과목으로 추가할 수 있다. 이 경우 시험 실시기관의 장은 실기시험을 함께 실시하는 시험과목의 만점 또는 별개의 시험과목으로 추가된 실기시험과목의 만점을 다른 시험과목의 만점과 다르게 정할 수 있다.

⑩ 시험 실시기관의 장은 필요하다고 인정하면 제1항에 따라 준용되는 「연구직 및 지도직 공무원의 임용 등에 관한 규정」 별표 4에 따른 일부 시험과목의 만점을 다른 시험과목의 만점과 다르게 정할 수 있다. 이 경우 시험 실시기관의 장은 그 내용을 공보에 공고해야 하며, 공고된 내용은 공고일 1년 이후부터 적용한다.

⑪ 제10항에도 불구하고 제1항에 따라 준용되는 「연구직 및 지도직 공무원의 임용 등에 관한 규정」 별표 4에 따른 연구관 및 지도관 공개경쟁채용시험의 제2차시험과목 중 각 필수과목의 만점은 같게 정하고, 선택과목의 만점은 필수과목의 만점의 50퍼센트로 한다.

제23조 【시험의 방법 등】

① 연구관 및 지도관으로의 일반 승진시험은 제1차시험(연구관으로의 일반 승진시험의 경우에는 제1차시험을 면제한다)과 제2차시험으로 구분하여 실시하되, 시험 실시기관의 장이 필요하다고 인정하면 제3차시험을 실시할 수 있다.

② 제1항에도 불구하고 연구사나 지도사가 다음 각 호의 어느 하나에 해당하는 경우에는 서류전형과 면접시험의 방법으로 시험을 시행할 수 있다.
  1. 임용예정직과 관련된 분야의 박사학위를 소지하고 일반 승진시험에 응시하는 경우
  2. 연구관이나 지도관의 경력경쟁임용시험등에서 필기시험이 면제되는 자격증을 소지하고 일반 승진시험에 응시하는 경우

③ 임용권자는 연구직 및 지도직 공무원을 승진시험을 거쳐 승진임용할 때에는 제1항에 따른 시험을 거쳐 승진임용하는 인원과 제2항에 따른 시험을 거쳐 승진임용하는 인원 간에 적절한 균형이 유지되도록 하여야 한다.

④ 연구관이나 지도관으로의 전직시험에 관하여는 제1차시험과 제2차시험을 구분하여 실시하되 시험 실시기관의 장이 필요하다고 인정하면 제3차시험을 실시할 수 있고, 연구사나 지도사로의 전직시험은 제1차시험과 제2차시험을 병합하여 선택형으로 실시한다.

제24조 【일반 승진시험의 요구】

① 임용권자(법 제39조제5항 단서 및 이 영 제14조제4항에 따라 연구사, 지도사의 시·도 단위별 승진후보자 명부를 작성하는 경우에는 특별시장·광역시장·특별자치시장·도지사·특별자치도지사와 시·도의회의 의장을 말한다. 이하 같다)가 연구관이나 지도관으로의 일반 승진시험을 요구할 때에는 그 기관의 시험요구일 현재 연구관이나 지도관으로의 승진후보자 명부(법 제39조제5항 단서 및 이 영 제14조제4항에 따라 연구사·지도사의 시·도 단위별 승진후보자 명부를 작성하는 경우에는 그 승진후보자 명부를 말한다. 이하 같다)에서 승진임용이 제한되거나 응시자격이 정지 중에 있는 사람을 제외한 순위가 높은 사람부터 차례로 승진예정인원(결원과 예상 결원을 말한다. 이하 같다)의 2배수 이상 5배수 이하에 해당하는 인원에 대하여 시·도 단위로 각각 해당 시·도의 인사위원회 위원장에게 시험 실시를 요구하여야 한다.

② 제1항에 따른 승진예정인원의 산정방법 및 일반 승진시험 요구의 횟수에 관하여는 임용령 제35조 제2항 및 제3항을 적용한다.

③ 연구관이나 지도관으로의 일반 승진시험에 5번 불합격한 연구사나 지도사는 최종시험 응시일부터 5년이 지난 후에 일반 승진시험에 응시할 수 있다. 이 경우 질병, 임신·출산이나 법령에 따른 의무수행 등 정당한 사유로 일반 승진시험에 응시하지 아니하여 불합격한 경우에는 불합격한 것으로 보지 아니한다.

④ 승진예정인원에 대하여 일반 승진시험을 실시하는 경우에는 기관별 또는 직렬별로 1년에 한 차례 실시한다. 다만, 합격자가 승진예정인원에 미달되거나 그 밖에 특별한 사유가 인정되는 경우에는 추가시험을 실시할 수 있다.

제25조 【시험에 대한 임용령의 적용】

이 영에서 정하지 아니한 임용시험의 방법, 면제, 합격자결정 및 시험의 요구절차 등에 관하여 임용령을 적용할 때에는 연구관과 지도관에 대하여 실시하는 시험은 5급 공무원에 대하여 실시하는 시험에 관한 규정을 적용하고, 연구사와 지도사에 대하여 실시하는 시험은 6급 이하 공무원에 실시하는 시험에 관한 규정을 적용한다.

제6장 겸임 및 인사관리

제26조【겸임】
연구관 및 지도관이 지방자치단체 외의 기관의 직위를 겸임하려는 경우에는 미리 소속 기관장의 허가를 받아야 한다.

제26조의2【인사관리기준】
임용권자는 법 제30조의5와 임용령 및 이 영에서 정하는 바에 따라 소속 연구직 및 지도직 공무원에 대한 보직관리 기준과 채용, 전직, 전보, 승진, 연구 실적 평가 등에 관한 인사관리기준을 정하여 시행하여야 한다.

제27조 삭제〈2020.4.22.〉

제8장 징계 및 권익보장

제30조【징계의 관할】
연구직 및 지도직 공무원의 징계는 해당 지방자치단체의 인사위원회의 의결을 거쳐 임용권자가 한다. 다만, 징계 혐의자가 연구관이나 지도관인 경우 및 이와 관련된 연구사·지도사 또는 6급 이하 공무원의 징계와 소속 기관을 달리하는 동일 사건에 관련된 사람의 징계는 해당 소속 기관의 관할 구역을 관할하는 시·도의 인사위원회에서 관장한다.

제31조【고충처리의 관할】
연구직 및 지도직 공무원의 인사상담이나 고충의 심사는 해당 지방자치단체의 인사위원회에서 관장한다.

뉴샤텔 이니셔티브(Neuchatel Initiative) 회의에 채택한 「세계농촌지도사업에 대한 아시시 선언」

세계농촌지도사업에 대한 아시시 선언

2009년 9월 22일
이탈리아, 아시시

우리 참가자들은 세계가 직면하고 있는 빈곤과 식량 불안정을 해결할 수 있는 농촌지도사업의 잠재된 능력을 활성화시키기 위하여 리더십과 지원을 제공하기 위한 글로벌포럼을 조직하기로 결의한다.

국가적·국제적 개발 노력에도 불구하고 우리는 여전히 농촌 빈곤과 세계기아문제를 안고 있다.

농촌지도사업은 세계적으로 농촌주민의 생활개선을 위한 기본요소이며 자원 부족에도 불구하고 긍정적인 영향을 보여 왔다.

고객에게 보다 나은 서비스를 제공하기 위하여 농촌지도사업은 보다 강한 목소리를 낼 필요가 있고, 지도사업 정책, 원리, 접근법 등에 대한 활발한 분석, 상호작용 및 대화의 개선, 혁신 및 우수사례의 통합 등이 필요하다.

식량가격 상승, 농촌지도사업의 중요성에 대한 라퀼라 G-8 정상선언, 기금 기부기구의 농촌지도사업에 대한 관심 회복, 세계농업개발기관의 구조조정에 대한 폭넓은 합의 등과 같은 복합적인 요인으로 인해, 바로 지금이 농촌지도사업이 변화할 순간이다.

지금은 농촌주민을 위한 다원화되고, 수요중심적 농촌지도사업을 위해 핵심 당사자들에게 리더십과 지원을 제공할 수 있는 국제적 메커니즘을 제도화하는 데 있어 적기이다.

2009년 9월 아시시에서 열린 뉴샤텔 이니셔티브 회의에서 이 발의안에 대한 필요성과 타당성을 확인하였다.

2020 서울 농촌지도사 농촌지도론

이하에 게재된 2020년 서울 [농촌지도론] 기출문제는 시험에 임했던 수험생들의 기억에 의하여 출제경향과 난이도에 맞게 재구성한 문제이므로 실제문제와는 다소 다를 수 있음을 고지하며, 이점 착오 없기를 바랍니다.

01 성인교육의 교수학습 전략 중 액션러닝(Action Learning)에 대한 설명으로 가장 옳지 않은 것은?

① 액션러닝은 적절한 답변보다 적절한 질문에 더 큰 비중을 둔다.
② 액션러닝은 학습한 내용을 전 조직과 개인의 삶에 적용하는 것에 의미를 둔다.
③ 액션러닝 그룹은 문제에 관심이 있는 사람, 문제에 대한 지식이 있는 사람, 그룹의 결정사항을 실행할 권한이 있는 사람 등으로 구성된다.
④ 액션러닝은 문제해결을 통해 즉각적 이익을 얻는 것에 목적이 있다.

02 농촌 리더십 이론에 대한 설명으로 가장 옳지 않은 것은?

① 특성이론(traits theory)에서 어떤 개인적 자질은 리더가 리더십을 발휘하기 위하여 구비해야 할 요건 중 하나라고 본다.
② 상호작용이론(interaction theory)은 조직지도자, 조직구성원, 조직상황의 세 가지 요인을 동시에 고려해야 한다는 이론이다.
③ 상황이론(situation theory)은 특정 개인이 갖고 있는 자질보다는 조직의 목적 및 기능을 파악하고, 그것과 리더와의 관계를 규명하고자 하는 이론이다.
④ 성원이론(follower theory)에서 지도적 권위는 개인적 자질에 대부분 내재한다고 본다.

정답 01 ④ 02 ④

03 전략적 기획에 대한 설명으로 가장 옳지 않은 것은?
① 전략적 기획은 조직의 비전과 사명, 또는 가치를 확인하고, 이를 수정 또는 보완하는 과정이 중요하다.
② 전략적 기획은 기본적으로 환경 변화에 대응하기 위한 기획이지만, 사후 상황 극복뿐만 아니라 선도적 변화를 추구한다.
③ 과거에서 현재까지의 추세에 기초해 가장 높은 미래를 가정하여 목표 달성을 추구하는 경향이 강하다.
④ 정책집행 측면에서 법령이나 지침의 제약을 상대적으로 덜 받는다.

04 혁신을 창조하는 사람들의 특성 중 내외의 여러 가지 끊임없는 자극과 행동에 대하여 반응하고 적응하고자 하는 과정을 나타내는 욕구는?
① 자아규정의 욕구
② 기피의 욕구
③ 긴장해소의 욕구
④ 보상적 욕구

05 영농구조가 단순하고 영농소득을 생산에만 의존하는 농촌사회에 적용되던 농촌지도계획 방식은?
① 주체 중심 사업계획
② 객체 중심 사업계획
③ 사실 중심 사업계획
④ 종합 중심 사업계획

06 농촌지도사업의 세계적 흐름에 대한 설명으로 가장 옳지 않은 것은?
① 1950년대 농촌지도사업은 국가 차원에서 농촌지도가 제도화되고 중·단기 발전계획이 수립되어 추진되기 시작하였다.
② 1970년대 농촌지도사업은 통합적 농촌개발이며 이때 농촌지도 방법으로 훈련·방문 시스템(Training & Visiting System)이 등장하였다.
③ 1980년대 농촌지도사업은 전환기로서 참여접근법이 강조되었고 여성의 생산성 증대와 생태계 보전에 대한 관심이 부각되었다.
④ 1990년대 농촌지도사업은 개별 농가에 대한 관심보다는 농촌지역을 하나의 사업단위로 고려하는 지역사회개발에 초점이 맞추어졌다.

정답 03 ③ 04 ③ 05 ① 06 ④

07 Kaufman과 English의 지역요구 분석방법 중 Alpha 요구분석에 대한 설명으로 가장 옳지 않은 것은?

① 지역실정 분석에 대한 아무런 제약조건 없이 전면적 개혁을 목적으로 한다.
② 가장 큰 변화를 초래할 수 있지만 위험부담이 높다.
③ 현행 지도사업은 수행상 큰 문제가 없다는 전제조건하에 현재상황과 바람직한 상황의 차이를 분석한다.
④ 요구분석의 가장 기본적인 형태이다.

08 경영범위에 따른 의사결정 유형 중 전술적 의사결정에 대한 설명으로 가장 옳은 것은?

① 주어진 자원 내에서 효율적인 배분을 찾는다.
② 통상 경영자의 직접 통제하에 있지 않은 조직 외부의 정보를 필요로 한다.
③ 설정된 계획을 수행하는 데 필요한 작업결정을 말한다.
④ 단기적이고 직접적인 행위의 개선을 위주로 한다.

09 성인학습자의 특성에 따른 교수 방향에 대한 설명으로 가장 옳지 않은 것은?

① 교육의 출발점을 다양하게 제시한다.
② 내재적 동기부여보다 외재적 동기부여에 초점을 둔다.
③ 학습에 대한 강화는 부적 강화보다 정적 강화가 더 효과적이다.
④ 학습의 극대화를 위해 정보를 조직적으로 제시한다.

10 농촌지도 실천에 적용해야 할 원리로 가장 옳지 않은 것은?

① 실용적 학습내용을 중심으로 해야 한다.
② 농촌 지역사회 내에서의 가시적 결과로서 지도해야 한다.
③ 획일적이고 주입식의 지도방법을 활용해야 한다.
④ 성인들의 자아의식을 상하게 해서는 안 된다.

정답 07 ③ 08 ① 09 ② 10 ③

11 국가별 농촌지도 유형을 옳게 짝지은 것은?

① 민간주도형 - 뉴질랜드
② 학교외연 교육형 - 덴마크
③ 정부조직형 - 타이완
④ 농민조합기구형 - 네덜란드

12 우리나라의 근대 농촌지도사업에 대한 설명으로 가장 옳은 것은?

① 미국을 시찰하고 돌아온 보빙사의 제안으로 1884년경에 내무부 농사부 소속의 농무목축시험장이 만들어졌다.
② 1900년에 서울 필동에 설립된 잠사시험장은 정부에 의한 최초의 근대적 기술보급기관이다.
③ 1906년에 일본의 작물품종 및 기술의 적응을 시험하고, 이를 보급하기 위하여 농사시험장인 권업모범장을 뚝섬에 설치하였다.
④ 1907년에 조선농회에서 양잠강습소를 개설하여 양잠에 대한 전반적인 기술을 강의하고 실습하였다.

13 국가농촌지도 접근방법으로 가장 옳지 않은 것은?

① 훈련·방문지도(Training & Visit Extension)
② 영농체계개발지도(Farming Systems Development Extension)
③ 전략적 지도 캠페인(Strategic Extension Campaign)
④ 교육기관에 의한 지도(Educational Institution)

14 성인학습자의 학습이론 중 사회학습이론에 따른 인지적 과정(학습)의 4단계를 순서대로 바르게 나열한 것은?

① 주의집중 → 동기화 → 운동재생산 → 파지
② 주의집중 → 파지 → 운동재생산 → 동기화
③ 동기화집중 → 파지 → 운동재생산 → 주의집중
④ 파지 → 주의집중 → 운동재생산 → 동기화

정답 11 ① 12 ② 13 ② 14 ②

15 합의수준의 농촌지도이념에 대한 설명으로 가장 옳지 않은 것은?

① 농촌주민과 함께 인간 개개인의 발전과 행복을 추구한다.
② 농업과 농촌발전을 통한 국가발전을 지향한다.
③ 세계와 인류의 발전을 지향한다.
④ 농촌지역사회의 희생을 바탕으로 국가발전을 추구한다.

16 혁신의 의사결정과정 및 수용자 범위에 대한 설명으로 가장 옳지 않은 것은?

① 혁신의 의사결정과정 중 관심단계는 혁신사항에 대한 설득기능을 담당한다.
② 혁신의 의사결정과정에 참여하는 사람이 많을수록 수용률은 감소하게 된다.
③ 혁신에 대한 조기수용자의 지배적 가치관은 존경이라 할 수 있으며, 지역적인 성격을 가진다.
④ 혁신에 대한 조기수용자는 후기수용자에 비해 소규모 조직에 속해서 일하는 경우가 많다.

17 농촌지도의 기본성격 중 교육적 성격에 대한 설명으로 가장 옳은 것은?

① 지도대상자가 학습경험을 가질 때 비로소 농촌지도목표에 도달할 수 있다.
② 모든 의사결정은 지도대상자에게 달려 있으며, 그 책임도 지도대상에게 있다.
③ 농촌주민, 지역사회 및 국가의 목적들은 상호 간 상보적 관계를 유지해야 한다.
④ 농촌지도기구가 독자적으로 농촌지도(교육)사업을 전개할 수 없는 것은 아니다.

18 협동자조 농촌지도 접근법에 대한 설명으로 가장 옳은 것은?

① 교육과 정보를 하향식으로 전달하며, 농가소득 증진을 최우선으로 한다.
② 교육 및 기술이 단독으로 전파되어서는 아무런 효과가 없다고 강조한다.
③ 경제적인 측면의 양적 발전보다는 인간적인 측면의 질적 발전을 더 강조한다.
④ 수혜자가 비용의 일부분을 담당해야 그 지도의 효과가 크다고 강조한다.

정답 15 ④ 16 ④ 17 ① 18 ③

19 우리나라 4-H 운동에 대한 설명으로 가장 옳은 것은?

① 1990년 이후 4-H 운동은 농촌개발을 위한 중견농업인 양성에 목표를 두고 있다.
② 영농 4-H회는 첨단농업기술지도로 후계영농주를 육성하는 데 목표를 두고 있다.
③ 일반 4-H는 초급영농과제이수로 농심을 함양하는 데 목표를 두고 있다.
④ 정부 추진 청소년 운동으로의 전환을 위하여 2007년에 「한국4에이치활동 지원법」이 제정되었다.

20 농촌지도자(농촌 리더) 및 여론지도자(오피니언 리더)에 대한 설명으로 가장 옳지 않은 것은?

① 농촌지도자는 공식적 지도자일 수도 있고, 비공식적 지도자일 수도 있다.
② 여론지도자는 일반농민에 비해 광역지향적이며, 높은 사회적 지위를 가지고 있다.
③ 집단구성원들에 의해 선출된 농촌지도자와 존경받는 전통적 지도자는 공식적 지도자에 해당된다.
④ 사회관계 측정법은 농촌집단에서 여론지도자를 발굴하는 효과적인 방법으로 알려져 있다.

정답 19 ② 20 ③

컨셉
농촌지도론

컨셉
농촌지도론

수험서의 NO.1
서울고시각

편저자 약력

장사원

- (전) 7·9급 공무원 시험 합격
  - 농촌지도사·농업연구사 시험 합격
  - 9급 공무원 시험 출제편집위원
  - 5급 사무관 승진시험 출제편집위원
  - 농촌지도사 및 농업연구사 출제편집위원
  - 농업연구사(생명공학 연구)
- (현) 서울 윌비스 고시학원 전임교수
- 저서 : 컨셉 재배학(개론)
  - 컨셉 식용작물(학)
  - 컨셉 작물생리학
  - 컨셉 농촌지도론
  - 컨셉 토양학
  - 컨셉 공무원 생물학
  - 컨셉 재배학(개론) 기출문제집
  - 컨셉 식용작물(학) 기출문제집
  - 컨셉 작물생리학 기출예상문제집
  - 컨셉 농촌지도론 기출예상문제집
  - 컨셉 토양학 기출예상문제집
  - 컨셉 공무원 생물학 기출문제집
  - 컨셉 유기농업기능사(필기+실기)

※ 인터넷강의 : www.willbesgosi.net (윌비스 고시학원)
※ Q&A : cafe.daum.net/youryang

CONCEPT
농촌지도론

인쇄일 2025년 10월 15일
발행일 2025년 10월 20일

편저자 장사원
발행인 김용관
발행처 ㈜서울고시각
주 소 서울시 마포구 양화로7길 83 2층(데이비드 빌딩)
대표전화 02.706.2261
상담전화 02.706.2262~6 | FAX 02.711.9921
인터넷서점·동영상강의 www.edu-market.co.kr
E-mail gosigak@gosigak.co.kr
표지디자인 이세정
편집디자인 김수진, 황인숙
편집·교정 오지영

ISBN 978-89-526-5146-4
정 가 40,000원

• 이 책에 실린 내용에 대한 저작권은 ㈜서울고시각에 있으므로 무단으로 전재하거나 복제, 배포할 수 없습니다.